普通高等教育一流本科专业建设成果教材

第二版

工程力学

GONGCHENG LIXUE

■ 顾成军 姜益军 廖东斌 主编

化学工业出版社

·北京·

本书分为工程静力学、工程运动学与工程动力学三篇，包括：绪论、力系的简化、力系的平衡、轴向拉伸与压缩、平面图形的几何性质、扭转、弯曲、剪切与挤压、应力状态分析与强度理论、组合变形、能量法、压杆稳定、实验应力分析基础、点的运动与刚体的基本运动、点的合成运动、刚体的平面运动、质点动力学、动力学普遍定理、达朗贝尔原理、虚位移原理、动载荷与疲劳强度。每章末有小结和习题，习题有答案。

本书适用于土木交通类、能源动力类、机械类、工程管理类等工科各专业，可供不同层次本、专科院校选用，同时也可供其他专业及有关工程技术人员参考。

图书在版编目（CIP）数据

工程力学/顾成军，姜益军，廖东斌主编．—2版．—北京：化学工业出版社，2015.12（2022.7重印）

ISBN 978-7-122-26139-7

Ⅰ．①工…　Ⅱ．①顾…②姜…③廖…　Ⅲ．①工程力学　Ⅳ．①TB12

中国版本图书馆CIP数据核字（2015）第320686号

责任编辑：李玉晖　杨　菁　　文字编辑：云　雷

责任校对：宋　夏　　装帧设计：张　辉

出版发行：化学工业出版社（北京市东城区青年湖南街13号　邮政编码100011）

印　　装：北京捷迅佳彩印刷有限公司

787mm×1092mm　1/16　印张26　字数664千字　2022年7月北京第2版第5次印刷

购书咨询：010-64518888　　售后服务：010-64518899

网　　址：http：//www.cip.com.cn

凡购买本书，如有缺损质量问题，本社销售中心负责调换。

定　　价：55.00元

前言

Preface

本书第一版于2011年12月出版，荣获2014年中国石油和化学工业优秀出版物奖，出版后经多所学校采用。第二版保持了第一版“结合工程实际，强化基本概念、基本知识、基本技能”的特色，充分听取了工程力学教师和读者的意见。本书是东南大学工程力学国家级一流本科专业建设成果教材，江苏高校优势学科（二期）/品牌专业建设工程资助项目。

本书第二版主要进行了以下修订：

（1）充实了“组合变形”、“能量法”、“摩擦”等章节内容，加强力学与工程的结合；

（2）大部分章节增加了思考题，激发学生学习兴趣，拓展学生学习空间；

（3）完善了例题和习题；

（4）对第一版的不妥处作了修正。

参加本书修订工作的有：东南大学顾成军、姜益军、廖东斌、洪俊；东南大学成贤学院迟英姿、钱声源、陈亮。东南大学工程力学系的老师们对本书的修订提出了许多宝贵意见，借此机会，深表谢意。

本书虽经修订，但由于水平有限，书中难免有不足之处，望广大教师和读者批评指正，以利今后再次修订。

编　者

2022年7月

第一版前言

Preface

工程力学作为工科院校中一门重要课程，其教育重点是素质教育、工程概念教育和创新教育。本教材按照教学改革和课程体系要求围绕工程力学教育重点编写，从培养应用型人才这一总目标出发，结合工程实际，强化基本概念、基本知识、基本技能。将工程力学理论课程和基础实验课程进行了融合与贯通，适当引进新内容，教材结构紧凑，力求文字简明、内容精炼、说理透彻、突出重点、兼顾一般。与大学物理重合的三大定理在编排上例题偏向于刚体系统而非质点，避免了重合。在内容选取时，原理的论证、公式的推导酌情从略。力求体现启发式教学特点，激发学生兴趣并促进基本知识和技能的学习。引入工程图片，深化工程概念教育，强调力学在工程实际中的应用，力求培养学生综合素质。通过对工程实例的分析，培养学生建立力学模型与解决实际问题的能力，体现编者长期从事工程力学教学与实践的经验。通过合理安排教材内容，同时兼顾优秀、一般和基础较差的学生的需求，易于自学。

本教材编写在充分调研相关高校工程力学教材使用基础上进行，在体系编排上，吸收同类优秀教材中的精华，又有所创新。编写实验应力分析基础一章，介绍传统的电测技术及现代光测技术，强调实验技术在工程力学学科中的地位及其重要性。

本教材编写满足学科发展和人才培养需求，力求体现当前教育改革的经验，适应教学改革需要。全书分工程静力学、工程运动学与工程动力学三篇。可适用于土木交通类、能源动力类、机械类、工程管理类等工科各专业。编写采用模块结构，便于使用者选择，以适应不同类型不同学时的教学要求，可供不同层次本、专科院校选用。

本书由顾成军、姜益军、廖东斌主编。参加编写的有：杨福俊、费庆国、董萼良、糜长稳、洪俊、付广龙。东南大学工程力学系的老师们对本书的编写提出了许多宝贵意见，借此机会，深表谢意。

由于编者水平有限，书中难免有不足之处，望广大教师和读者批评指正。

编　者

2011 年 8 月

目录

Contents

第一章 绪论

第一节 工程力学的研究内容和任务

工程力学是研究物体机械运动普遍规律及其在荷载作用下变形等方面基本规律的学科。工程力学不仅与力学相关，而且与工程实际紧密联系，是解决工程技术问题的基础。

工程结构或机械中的每一个基本组成部分，统称为**构件**。构件在工作时都要受到各种外力的作用，例如，建筑物的梁、桥梁的索及吊杆（图 1-1）受其自身重力及其上外力的作用。由于力的作用，构件处于平衡或运动状态，同时产生变形。

图 1-1

组成工程结构的构件，其主要作用是承受荷载和传递荷载，与此同时也产生内力和变形。随着荷载的增加，构件的变形程度与内力也逐步增大，最后将使构件发生不符合使用要求的变形或破坏。显然，要保证工程结构能正常地工作，必须先确保它们的每一个构件能正常地工作。因此在设计每一个结构时，必须保证构件在受到荷载的作用（或其他外界因素的影响）时，能够同时满足以下三个方面的要求。

（1）**强度要求** 构件在荷载的作用下不会发生不能恢复的变形（失效）或断裂，即构件必须具有足够的强度。

（2）**刚度要求** 构件在荷载的作用下，即使有足够的强度，但若变形过大，仍不能正常工作。所以，变形必须限制在正常工作所容许的范围以内，即构件必须具有足够的刚度。

（3）**稳定性要求** 有一些构件在荷载作用下，会改变原有的平衡形式。例如，房屋中受压柱如果是细长的，随着压力的增加，就有可能会从直线的平衡形式突然变弯而丧失工作能力。这种细长受压杆件变弯的现象，被看作是它在其原有直线形状下的平衡丧失了稳定性，亦称作失稳。构件失稳的后果是严重的，例如上述的柱如果失稳，就可能使房屋倒塌。因此，对于类似于细长压杆的这类构件，还要求它具有足够的稳定性。

设计构件时，不仅要满足上述强度、刚度和稳定性要求，还必须满足**经济要求**。安全与经济之间是存在着矛盾的，工程力学的任务就在于合理地解决这种矛盾，设计出既安全又经济的构件。同时也可以说，正是这种矛盾的不断出现和解决，又促使着工程力学学科不断地向前发展。

为了保证既安全又经济地设计每一构件，除了依靠合理的理论、方法和先进的计算技术以外，还需要有工程力学实验技术。通过实验，可以测定各种材料的力学性能（主要是指在外力作用下材料变形与受力之间的关系），并解决现有理论和方法还不足以解决的某些形式复杂构件的设计问题。所以，实验分析和理论研究同是工程力学学科解决问题的方法，具有同等的重要性。

第二节 工程力学的研究方法

任何一门学科由于研究对象的不同而有不同的研究方法。通过实践去发现真理，又通过实践而证实和发展真理，这是任何科学技术发展的正确途径。力学的发展历史表明，与任何其他学科一样，工程力学的研究方法也遵循辩证唯物主义认识过程的客观规律。概括地说，工程力学的研究方法是从观察、实践和科学实验出发，经过分析、综合和归纳，总结出工程力学的最基本的概念和规律。在这个过程中，抽象化和数学演绎这两种方法起着重要的作用。

客观事物总是复杂多样的，得到大量来自实践的材料后，必须根据所研究问题的性质，抓住主要的、起决定作用的因素，撇开次要的、偶然的因素，深入事物的本质，了解其内部联系，这就是力学中普遍采用的抽象化方法。通过抽象化处理，得到研究对象的力学模型。例如，在某些问题中撇开摩擦的作用就得到理想约束的概念，撇开流体的黏性就得到理想流体的概念，等等。

通过抽象化，将长期实践和实验所积累的感性材料加以分析、综合、归纳，得到一些基本的概念和定律或原理后，再在此基础上建立起系统的理论。在这个过程中，数学演绎是广泛应用的方法。即以基本概念和定律或原理为基础经过严密的数学演绎，得到一些定理和公式，构成系统的理论。但是，应当注意，数学演绎是在经过实践证明其为正确的理论基础上进行的，并且，由此导出的定理或公式，还必须回到实践中去检验，证明其为正确时才能成立。力学的许多定理都是以牛顿定律为基础，经过严密的数学推导得到的。这些定理揭示了力学中的一些物理量之间的内在联系，并经实践证明是正确的。但是，这些定理只是相对真理，只在一定的范围内才成立。所以，对数学演绎既要重视，又不能错误地把数学演绎绝对化，不能把力学理论当作只是数学演绎的结果而忽视实践的作用。

从实践到理论，再由理论回到实践，通过实践进一步补充和发展理论，再回到实践，如此不断地循环往复，每一循环都比原来的提高一步，这是每门学科发展的共同道路，工程力学也是沿着这条道路向前发展的。

第三节 可变形固体及其基本假设

构件在荷载作用下将产生变形，其形状和几何参数都会发生变化。当荷载不超过一定范围时，绝大多数的材料在去除外力后能恢复原有形状和尺寸。但当外力过大时，则在外力去除后只能部分地复原而残留下一部分变形不能消失。在外力去除后能完全消失的那一部分变形，称为**弹性变形**，不能消失而残留下来的那一部分变形，则称为**塑性变形**。工程中构件的变形往往是极微小的，有些情况下可忽略这种微小变形，将构件抽象为不变形的**刚体**。

但是，有些情况下构件的变形将上升为主要因素。例如，研究构件的强度、刚度及稳定性问题时，必须考虑构件的变形。此时，称其为**可变形固体**或**变形固体**。固体有多方面的属性，为了使研究的问题得到简化，必须抓住与研究问题有关的主要属性，略去一些次要属性，将它们抽象为一种理想模型，然后进行理论分析。为此，对可变形固体的性质作出如下基本假设。

（1）**连续性假设** 认为组成可变形固体的物质毫无空隙地充满了它的整个几何容积。这样，当把某些力学量看作是固体内点的坐标的函数时，对这些量就可以进行坐标增量为无限小的极限分析，从而有利于建立相应的数学模型。

（2）**均匀性假设** 认为在可变形固体内各部分有相同的力学性能。这样，如从固体中取出一部分，不论从何处取出，也不论大小，力学性能总是相同的。请读者注意，这种可以代表材料力学性能的取出部分的尺寸大小，随材料的组织结构不同而变化。

（3）**各向同性假设** 认为可变形固体在各个方向具有相同的力学性能。具有这种属性的材料称为各向同性材料。

（4）**小变形假设** 认为构件在外力作用下所产生的变形与构件本身的几何尺寸相比是很小的。这样做不但引起的误差很微小，而且使实际计算大为简化。

就工程上使用最多的金属材料来说，每一晶粒的力学性质具有方向性，且晶粒之间是不连续的。但因构件中包含的晶粒数量极多，晶粒的尺寸及晶粒间的间隙与构件尺寸相比均极微小，并且晶粒的排列方位又无规则，所以按统计学的观点，即从宏观上看，可以认为物体的性质是均匀、连续和各向同性的。实践证明，在工程计算所要求的精确度范围内，将实际材料抽象为均匀、连续和各向同性的，可以得到较为满意的结果。

沿不同方向力学性能不同的材料，称为各向异性材料，如木材、胶合板、纤维增强复合材料及一些人工合成材料等。

综上所述，工程力学主要研究均匀、连续和各向同性的可变形固体，并且只限于在弹性变形范围内和小变形条件下进行分析。

第一篇 工程静力学

静力学是研究物体在力系作用下的平衡规律的科学，主要研究力系的简化方法和力系的平衡条件，为构件的强度、刚度和稳定性计算提供基础，并为研究动力学问题创造条件。

第二章 力系的简化

第一节 静力学基本概念

一、力的概念

力的概念是人们从长期的观察和实践中经过抽象而得到的，可概括为：**力**是物体与物体之间的相互机械作用，这种机械作用对物体有两种效应：一是使物体的运动状态发生变化，称为力的**运动效应**或外效应；二是使物体的形状或尺寸发生变化，称为力的**变形效应**或内效应。

实践表明，力对物体的作用效应取决于力的大小、方向和作用点，这三者称为力的三要素。力的大小反映物体相互间机械作用的强弱程度。力的方向表示物体间的相互机械作用具有方向性，它包括力的作用线的方位和力沿其作用线的指向。力的作用点是物体间相互机械作用位置。在国际单位制中，集中力的单位以“牛顿”或“千牛”度量，分别以符号“N”或“kN”表示。

力的作用点是物体间相互机械作用位置的抽象化。实际上物体相互作用的位置是物体的某一区域，按照力的作用区域一般将力分为集中力和分布力，如果作用区域相对于问题的研究影响程度很小以致力的作用区域可以不计，则可将它抽象为一个点，作用于这个点上的力称为集中力。如果力的作用区域不能忽略，则称为分布力。

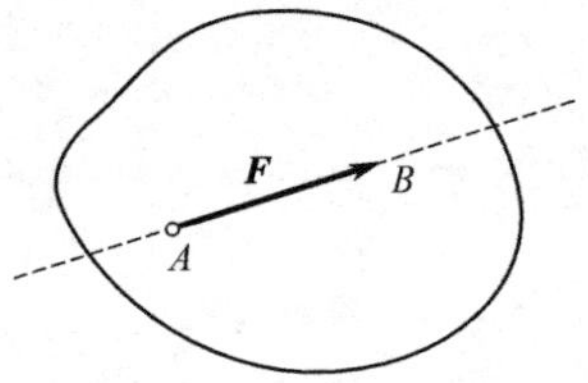

图 2-1

根据力的三要素可见，力是矢量，可用一沿力的作用线的有向线段表示，即用矢量表示，这种强调作用点位置的矢量称为定位矢量。此矢量的起点或终点表示力的作用点，长度按一定比例尺表示力的大小，指向表示力的作用方向，如图 2-1 表示了物体在 A 点受到力 $\boldsymbol{F}$ 的作用。本书中用黑体字母表示力矢量，如 $\boldsymbol{F}$ 表示力矢量。

二、平衡的概念

平衡是指物体相对于惯性参考系保持静止或做匀速直线平动的状态。在一般的工程问题中，平衡通常是相对于地表而言的。平衡是物体机械运动的特殊情况，一切平衡都是相对、有条件和暂时的，而运动是绝对的和永恒的。

三、力系的概念

同时作用于物体上的一组力，称为**力系**。根据力系中各力作用线的分布情况分为平面力系和空间力系。各力作用线位于同一平面内，称为**平面力系**，否则称为**空间力系**。根据力系中各力作用线的关系分为汇交力系、平行力系和任意力系。作用线汇交于同一点，称为**汇交力系**，作用线相互平行，称为**平行力系**，其他称为**任意力系**。

如果作用在物体上的力系能使物体处于平衡状态，这种力系称为**平衡力系**。

四、力偶的概念

如果构成力系的两个力等值、反向、不共线，则将这一对平行力构成的力系称为**力偶**，如图 2-2 所示，记作（$\boldsymbol{F}$，$\boldsymbol{F}'$）。力偶中两力作用线所决定的平面称为力偶作用面。实践表明，作用在自由刚体上的力偶，使刚体绕垂直于力偶作用面的轴产生转动，称为力偶的转动效应。力偶的转动效应取决于下列三个要素：①力偶矩的大小，即构成力偶两力的其中一个力与力偶的两力之间的垂直距离（力偶臂）的乘积；②力偶作用平面在空间的方位；③力偶在其作用平面内的转向，这三个要素称为力偶三要素。

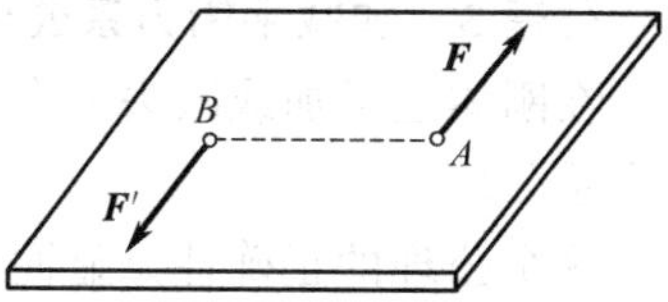

图 2-2

五、力系的简化

同一物体上作用效应相同的两个力系称为等效力系，用一个更简单的力系等效代替原力系的过程称为**力系的简化**。特别地，如果用一个力就可以等效地代替原力系，则称该力为原力系的合力，而原力系中各力称为该力的分力。

第二节　静力学基本公理

公理是人们在长期的生活和生产实践中，经过反复的观察和实验总结出来的客观规律。静力学基本公理是关于力的基本性质的概括和总结，是研究力系的简化和平衡的基础。

公理 1　力的平行四边形法则

作用于物体上同一点的两个力 $\boldsymbol{F}_1$ 和 $\boldsymbol{F}_2$ 可以合成为一作用线过该点的合力 $\boldsymbol{F}_R$，合力 $\boldsymbol{F}_R$ 的大小和方向由以力 $\boldsymbol{F}_1$ 和 $\boldsymbol{F}_2$ 为邻边所构成的平行四边形的对角线确定，这称为力的平行四边形法则。如图 2-3(a) 所示。记为

$$\boldsymbol{F}_R=\boldsymbol{F}_1+\boldsymbol{F}_2$$

即合力 $\boldsymbol{F}_R$ 等于两分力 $\boldsymbol{F}_1$ 和 $\boldsymbol{F}_2$ 的矢量和。为了简便，作图时亦可采用力三角形求得合力 $\boldsymbol{F}_R$，如图 2-3(b)。

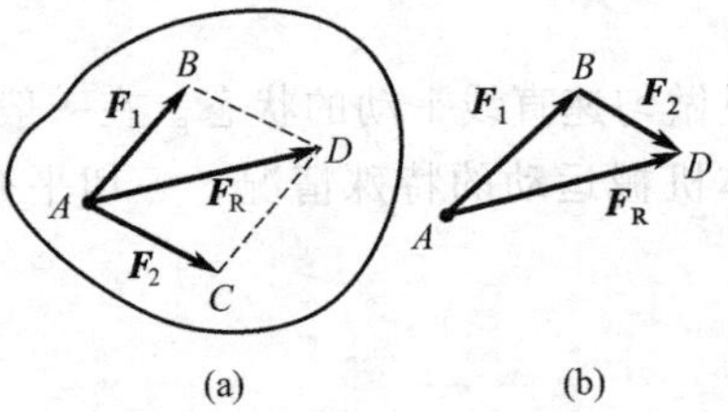

图 2-3

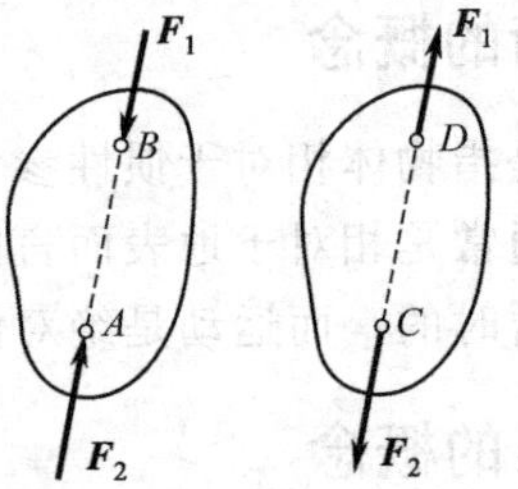

图 2-4

力的平行四边形法则既是力系合成的法则，同时也是力分解的法则。这一公理是复杂力系简化的基础。

公理 2　二力平衡公理

作用在刚体上的两个力使刚体保持平衡的充分和必要条件是：这两个力大小相等、方向相反、作用线沿同一直线，如图 2-4。

这个公理指出作用在刚体上的力平衡时必须满足的条件，二力平衡公理是推证力系平衡条件的基础。

公理 3　加减平衡力系公理

在刚体上增加或减去一个平衡力系，不会改变原力系对刚体的作用效应，这称为加减平衡力系公理。

这个公理的正确性是显而易见的，因平衡力系中各力对刚体作用的总效应等于零。加减平衡力系公理是研究力系等效变换的重要依据。

根据以上公理可推出以下推论。

推论 1　力的可传性

作用于刚体上的力，可以沿其作用线滑移至该刚体内任意一点，而不改变该力对刚体的作用效应。

证明：设力 $\boldsymbol{F}$ 作用于刚体的 A 点，如图 2-5(a)。在力 $\boldsymbol{F}$ 的作用线上任取 B 点，并且在 B 点加一对沿 AB 的平衡力系 $\boldsymbol{F}_1$ 和 $\boldsymbol{F}_2$，且使 $\boldsymbol{F}_1=-\boldsymbol{F}_2=\boldsymbol{F}$，如图 2-5(b)。由加减平衡力系公理知，$\boldsymbol{F}$、$\boldsymbol{F}_1$ 和 $\boldsymbol{F}_2$ 三力组成的力系与原力 $\boldsymbol{F}$ 等效。再从该力系中减去由 $\boldsymbol{F}$ 和 $\boldsymbol{F}_2$ 组成的平衡力系，则剩下的力 $\boldsymbol{F}_1$ 与原力 $\boldsymbol{F}$ 等效，如图 2-5(c)。即把原来作用在 A 点的力 $\boldsymbol{F}$ 沿作用线移到了任取的 B 点。由此可见，作用于刚体上的力是**滑动矢量**。

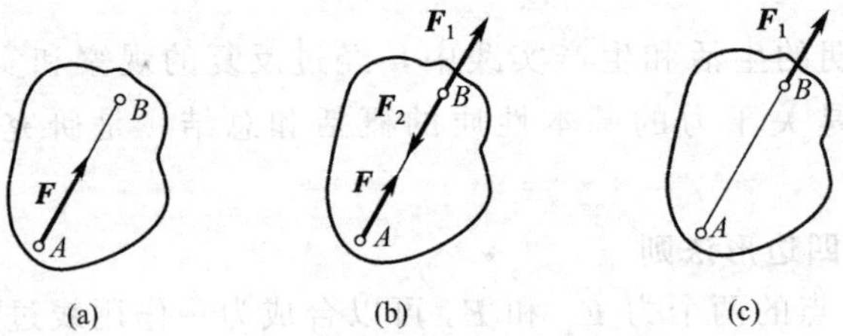

图 2-5

推论 2　三力平衡汇交定理

设刚体在不平行的三个力作用下平衡，若其中两个力的作用线交于一点，则第三个力的作用线必定过这一汇交点，且三力的作用线共面。

证明：设有相互平衡的三个力 $\boldsymbol{F}_1$、$\boldsymbol{F}_2$ 和 $\boldsymbol{F}_3$ 分别作用于刚体的 A_1、A_2 和 A_3 三点

（图 2-6），已知力 $\boldsymbol{F}_1$ 和 $\boldsymbol{F}_2$ 的作用线交于 B。由力的可传性，可将力 $\boldsymbol{F}_1$ 和 $\boldsymbol{F}_2$ 移至交点 B，并用公理 1 求得合力 $\boldsymbol{F}$。根据平衡条件，则合力 $\boldsymbol{F}$ 应与力 $\boldsymbol{F}_3$ 平衡，由公理 2 可知，力 $\boldsymbol{F}_3$ 与合力 $\boldsymbol{F}$ 作用于同一直线，即 $\boldsymbol{F}_3$ 的作用线亦在力 $\boldsymbol{F}_1$ 和 $\boldsymbol{F}_2$ 所构成的平行四边形平面内，且通过交点 B。

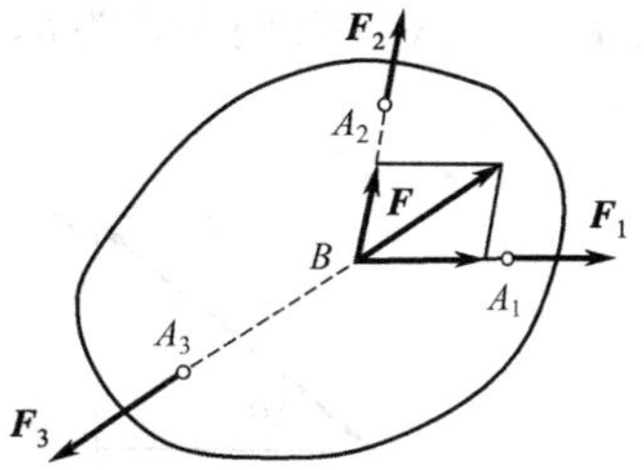

图 2-6

三力平衡汇交定理只说明了不平行三力平衡的必要条件，而不是充分条件。它常用来确定刚体在不平行三力作用下平衡时，其中某一未知力的作用线方位。

思考：如果刚体在三个力的作用下处于平衡，那么这三个力的作用线是否一定共面？

公理 4　作用与反作用定律

两物体间的相互作用力，总是大小相等，指向相反，沿同一直线分别作用于这两个物体上。这称为作用与反作用定律。或叙述为：对应每个作用力，必有一个与其大小相等、方向相反且在同一直线上的反作用力。

这个定律概括了任何两个物体间相互作用的关系，表明一切力总是成对出现的。它是分析物体受力时必须遵循的原则，为研究由一个物体过渡到多个物体组成的物体系统问题提供了基础。

公理 5　刚化公理

变形体在某一力系作用下处于平衡，如将此变形体刚化为刚体，其平衡状态不变，这称为刚化公理。

这个公理指出，刚体的平衡条件，也同样是变形体平衡的必要条件，但非充分条件。对于变形体的平衡来说，除了满足刚体平衡条件之外，还应满足与变形体的物理性质相关的附加条件。

思考：物体在某个平衡力系作用下处于平衡状态，如果在该物体上再增加一个平衡力系，则该物体是否仍处于平衡状态？

第三节　力系的简化

一、力的投影

1. 力在轴上的投影

力 $\boldsymbol{F}$ 在 x 轴上的投影可进行如下定义，力 $\boldsymbol{F}$ 的始点 A 和终点 B 分别向 x 轴作垂线，两垂足间线段冠以适当的正负号，称为力 $\boldsymbol{F}$ 在 x 轴上的投影，用 F_x 表示。如图 2-7，符号可由两垂足位置来确定，当终点垂足坐标大于起点垂足坐标时 F_x 为正，反之为负。若力 $\boldsymbol{F}$ 和 x 轴正向之间的夹角为 α，则有

$$F_x = F\cos\alpha \tag{2-1}$$

即力在 x 轴上的投影等于力的大小乘以该力与 x 轴正向夹角的余弦。显然，力在轴上的投影是一个代数量。在实际运算时，也可取力与轴之间的锐角计算投影的大小，而正负号按规定通过观察直接判断。

2. 力在平面上的投影

力 $\boldsymbol{F}$ 在 Oxy 平面内投影定义如下，从力 $\boldsymbol{F}$ 的终点和始点分别向 Oxy 平面作垂线，由起点垂足指向终点垂足的矢量称为力 $\boldsymbol{F}$ 在 Oxy 平面上的投影，记作 $\boldsymbol{F}_{xy}$，如图 2-8 所示。若

力 $\boldsymbol{F}$ 与 Oxy 平面间夹角为 θ，则投影力矢 $\boldsymbol{F}_{xy}$ 的大小为

$$F_{xy}=F\cos\theta \tag{2-2}$$

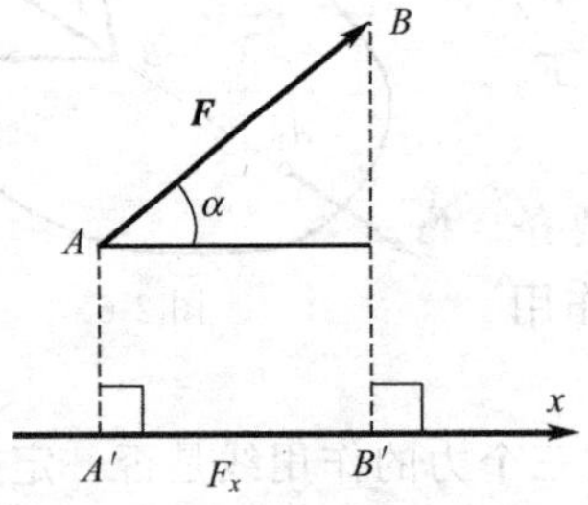

图 2-7

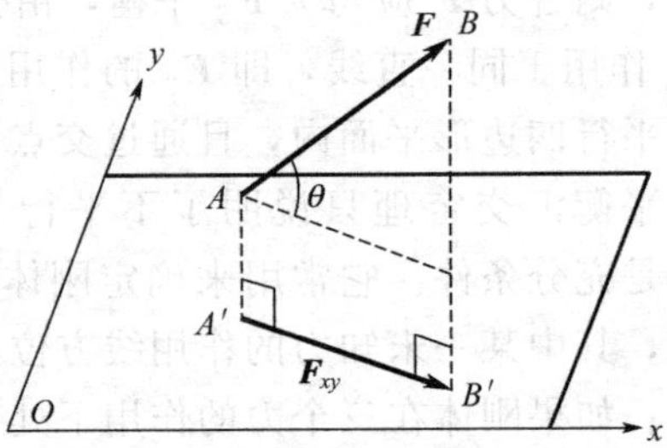

图 2-8

3. 力在正交轴系上的投影

（1） 直接投影法

已知力 $\boldsymbol{F}$ 与直角坐标轴 x、y、z 正向间的夹角分别为 α、β 和 γ，如图 2-9 所示。则力 $\boldsymbol{F}$ 在各轴上的投影为

$$\left.\begin{aligned}F_x&=F\cos\alpha\\F_y&=F\cos\beta\\F_z&=F\cos\gamma\end{aligned}\right\} \tag{2-3}$$

这种投影方法称为直接投影法。

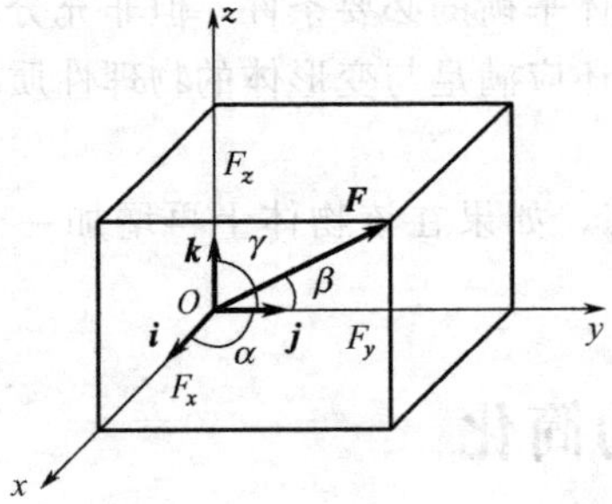

图 2-9

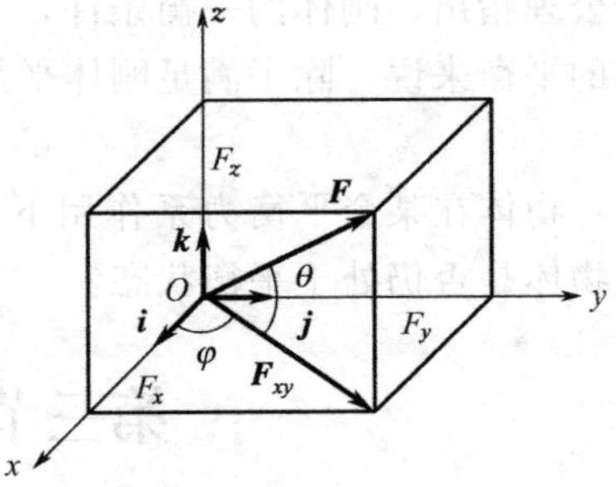

图 2-10

（2） 二次投影法

已知力 $\boldsymbol{F}$ 与 Oxy 平面的夹角为 θ，力 $\boldsymbol{F}$ 在该平面上的投影 $\boldsymbol{F}_{xy}$ 与 x 轴的夹角为 φ，如图 2-10 所示。则可用二次投影法将力 $\boldsymbol{F}$ 先投影到 Oxy 平面上，投影得 $\boldsymbol{F}_{xy}$，再将 $\boldsymbol{F}_{xy}$ 分别投影到 x、y 轴上，于是力 $\boldsymbol{F}$ 在各轴上的投影为

$$\left.\begin{aligned}F_x&=F\cos\theta\cos\varphi\\F_y&=F\cos\theta\sin\varphi\\F_z&=F\sin\theta\end{aligned}\right\} \tag{2-4}$$

这种投影方法称为二次投影法。

若分别以 $\boldsymbol{i}$、$\boldsymbol{j}$、$\boldsymbol{k}$ 表示 x、y、z 轴向单位矢量，则力矢 $\boldsymbol{F}$ 可用 $\boldsymbol{F}$ 在轴上的投影表示为

$$\boldsymbol{F}=F_x\boldsymbol{i}+F_y\boldsymbol{j}+F_z\boldsymbol{k}$$

其大小和方向分别为

$$F=\sqrt{F_x^2+F_y^2+F_z^2}$$

$$\left.\begin{aligned}\cos(\boldsymbol{F},\boldsymbol{i})&=\frac{F_x}{F}\\ \cos(\boldsymbol{F},\boldsymbol{j})&=\frac{F_y}{F}\\ \cos(\boldsymbol{F},\boldsymbol{k})&=\frac{F_z}{F}\end{aligned}\right\} \tag{2-5}$$

思考：力的矢量表达式 $\boldsymbol{F}=F_x\boldsymbol{i}+F_y\boldsymbol{j}+F_z\boldsymbol{k}$ 能否完整表达力的三要素？

二、力对点之矩

若刚体上有一固定点 O，则作用在刚体上的力 $\boldsymbol{F}$ 使刚体绕点 O 产生转动，力对点之矩反映了力使刚体绕该点的转动效应。点 O 称为矩心，O 点到力的作用线的垂直距离 h 称为**力臂**，力 $\boldsymbol{F}$ 的作用线与矩心 O 决定的平面称为**力矩平面**。在一般情况下，力使物体绕某点的转动效应取决于以下三个要素，即：力矩大小、力矩平面的方位和力矩转向。力矩大小由力和力臂的乘积确定，力矩平面的方位反映了物体转动轴的空间方位，力矩转向反映了在力矩平面内力使物体绕矩心的转向。为了准确描述力对点之矩的三要素，力对点之矩可以用一个矢量来表示：过矩心 O 作一垂直于力矩平面的矢量，该矢量的方位表示力矩平面的法线方位，即转轴的方位，该矢量的指向由右手螺旋法确定，以右手四指弯曲的方向表示力矩的转向，则拇指的指向就是该矢量的指向，该矢量的长度表示力矩的大小，如图 2-11 所示。这个矢量称为**力对点之矩**，用符号 $\boldsymbol{M}_O(\boldsymbol{F})$ 表示。$\boldsymbol{M}_O(\boldsymbol{F})$ 是一个作用线通过矩心的固定矢。

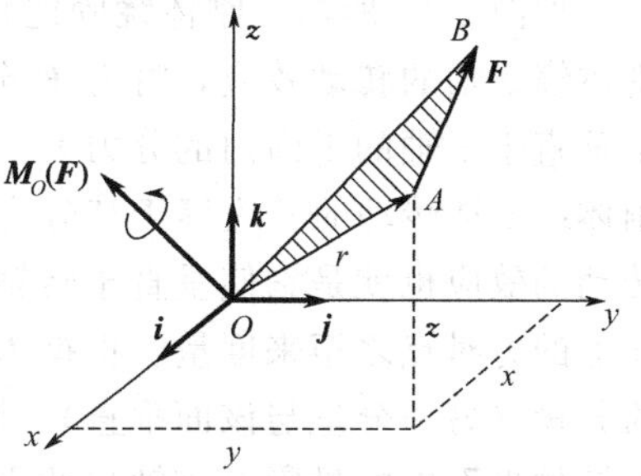

图 2-11

若从力 $\boldsymbol{F}$ 的作用点 A 作相对于矩心 O 的位矢 $\boldsymbol{r}$，则力对点之矩可用力的作用点相对于矩心的位矢与力矢的矢积表示

$$\boldsymbol{M}_O(\boldsymbol{F})=\boldsymbol{r}\times\boldsymbol{F} \tag{2-6}$$

矩心相同的各力矩矢合成时服从矢量合成法则。力对点之矩的单位是 N·m 或 kN·m。

可以证明，若力系 $\boldsymbol{F}_1$、$\boldsymbol{F}_2$、…、$\boldsymbol{F}_n$ 存在合力 $\boldsymbol{F}_{\mathrm{R}}$，则 $\boldsymbol{F}_{\mathrm{R}}$ 对任一点之矩等于原力系中各分量对同一点之矩的矢量和，即

$$\boldsymbol{M}_O(\boldsymbol{F}_{\mathrm{R}})=\sum\boldsymbol{M}_O(\boldsymbol{F}_i)$$

上式也称为**合力矩定理**。

如图 2-11，在空间直角坐标系 $Oxyz$ 中，$\boldsymbol{i}$、$\boldsymbol{j}$、$\boldsymbol{k}$ 分别表示 x、y、z 轴向单位矢量，F_x、F_y、F_z 表示力 $\boldsymbol{F}$ 在 x、y、z 轴上的投影，x、y、z 表示位矢 $\boldsymbol{r}$ 在 x、y、z 轴上的投影，即

$$\boldsymbol{r}=x\boldsymbol{i}+y\boldsymbol{j}+z\boldsymbol{k}$$
$$\boldsymbol{F}=F_x\boldsymbol{i}+F_y\boldsymbol{j}+F_z\boldsymbol{k}$$

则式(2-6) 可改写为

$$\begin{aligned}\boldsymbol{M}_O(\boldsymbol{F})=\boldsymbol{r}\times\boldsymbol{F}&=\begin{vmatrix}\boldsymbol{i}&\boldsymbol{j}&\boldsymbol{k}\\ x&y&z\\ F_x&F_y&F_z\end{vmatrix}\\ &=(yF_z-zF_y)\boldsymbol{i}+(zF_x-xF_z)\boldsymbol{j}+(xF_y-yF_x)\boldsymbol{k}\end{aligned} \tag{2-7}$$

上式称为力对点之矩矢的解析表达式，由此式可得力对点之矩矢在直角坐标轴上的投影分别为

$$\left.\begin{array}{l}[M_O(F)]_x=yF_z-zF_y\\ [M_O(F)]_y=zF_x-xF_z\\ [M_O(F)]_z=xF_y-yF_x\end{array}\right\} \tag{2-8}$$

在平面力系问题中，力对点之矩只取决于力矩的大小和转向，因此平面内力对点之矩可以用一个标量来反映，即

$$M_O(\boldsymbol{F})=\pm Fh$$

其中：h 为矩心到力的作用线的垂直距离，Fh 反映了力矩大小，“±”表示力矩的转向，一般规定逆时针转向为正，顺时针转向为负。

三、力对轴之矩

在工程中，经常遇到刚体绕定轴转动的情形，采用力对轴之矩来度量力对绕定轴转动刚体的转动效应。

如图 2-12 所示，刚体绕固定转轴 z 转动，在刚体上 A 点作用一力 $\boldsymbol{F}$。为了确定力 $\boldsymbol{F}$ 使刚体绕 z 轴的转动效应，将力 $\boldsymbol{F}$ 分解为两个分力：与转轴平行的分量 $\boldsymbol{F}_z$ 和通过 A 点且位于垂直于 z 轴的平面内的分力 $\boldsymbol{F}_{xy}$。实践表明，分力 $\boldsymbol{F}_z$ 不能使刚体绕 z 轴转动，故力 $\boldsymbol{F}$ 使刚体绕 z 轴转动的效应等于其分力 $\boldsymbol{F}_{xy}$ 使刚体绕 z 轴转动的效应。而分力 $\boldsymbol{F}_{xy}$ 使刚体绕 z 轴转动的效应也就是它使垂直于转轴的刚体上的面绕转轴与其垂面交点的转动效应，这可用平面上的力对点之矩来度量。根据力在平面上的投影可知，力在平面上的投影等于力在该面内的分量（另一分量与该面垂直）。因此，力对轴之矩可定义为：力对轴之矩等于力 $\boldsymbol{F}$ 在垂直于轴的平面内的投影对该轴与此平面交点的矩。用符号 $M_z(\boldsymbol{F})$ 表示，即

$$M_z(\boldsymbol{F})=M_O(\boldsymbol{F}_{xy})=\pm F_{xy}h \tag{2-9}$$

力对轴之矩是标量，其正负号由右手螺旋法则确定，即右手四指的弯曲方向表示刚体转动方向，若拇指的指向与 z 轴正向一致，则规定力矩为正；反之为负。力对轴之矩的单位是 N·m 或 kN·m。

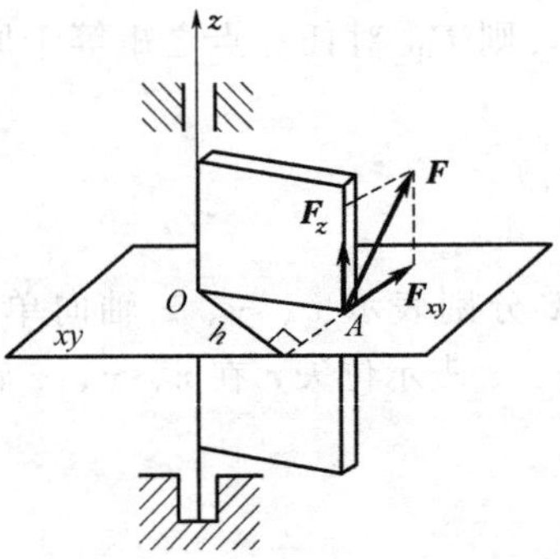

图 2-12

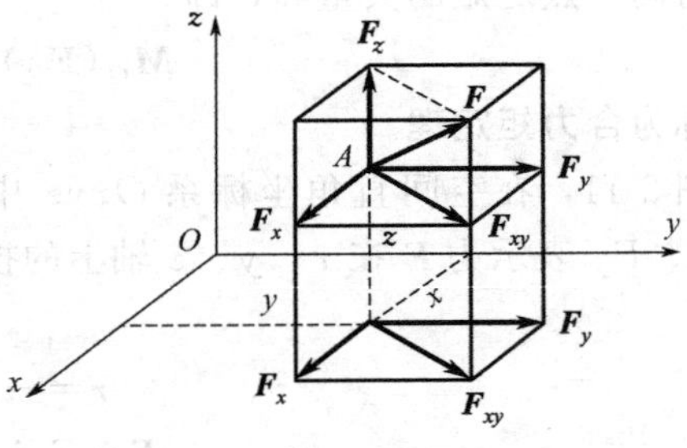

图 2-13

如图 2-13 所示，在空间直角坐标系 $Oxyz$ 中，设力 $\boldsymbol{F}$ 作用于刚体上 A 点，F_x、F_y、F_z 为力 $\boldsymbol{F}$ 在 x、y、z 轴上的投影，$\boldsymbol{F}_x$、$\boldsymbol{F}_y$、$\boldsymbol{F}_z$ 为力 $\boldsymbol{F}$ 沿 x、y、z 轴方向的分量，x、y、z 为位矢 $\boldsymbol{r}$ 在 x、y、z 轴上的投影，根据力对轴之矩的定义以及力系等效原理，可得力 $\boldsymbol{F}$ 对 Oz 轴之矩为

$$M_z(\boldsymbol{F})=M_O(\boldsymbol{F}_{xy})=M_O(\boldsymbol{F}_x)+M_O(\boldsymbol{F}_y)=xF_y-yF_x$$

类似可得力 $\boldsymbol{F}$ 对 x 轴和 y 轴之矩，则力 $\boldsymbol{F}$ 对直角坐标轴之矩的解析表达式为

$$\left.\begin{aligned} M_x(\boldsymbol{F})&=yF_z-zF_y \\ M_y(\boldsymbol{F})&=zF_x-xF_z \\ M_z(\boldsymbol{F})&=xF_y-yF_x \end{aligned}\right\} \tag{2-10}$$

比较式(2-8) 与式(2-10)，可得

$$\left.\begin{aligned} [M_O(\boldsymbol{F})]_x&=M_x(\boldsymbol{F}) \\ [M_O(\boldsymbol{F})]_y&=M_y(\boldsymbol{F}) \\ [M_O(\boldsymbol{F})]_z&=M_z(\boldsymbol{F}) \end{aligned}\right\} \tag{2-11}$$

即力对点之矩矢在通过该点的某轴上的投影，等于力对该轴的矩。这就是力对点之矩与力对通过该点的轴之矩的关系，通常称为**力矩关系定理**。

应用力矩关系定理可以通过计算力对正交坐标系中 3 个坐标轴之矩来计算力对坐标原点之矩，也可通过力对点之矩来求力对轴之矩，其关系为

$$\boldsymbol{M}_O(\boldsymbol{F})=M_x(\boldsymbol{F})\boldsymbol{i}+M_y(\boldsymbol{F})\boldsymbol{j}+M_z(\boldsymbol{F})\boldsymbol{k}$$

或表述为

$$M_O(\boldsymbol{F})=\sqrt{[M_x(\boldsymbol{F})]^2+[M_y(\boldsymbol{F})]^2+[M_z(\boldsymbol{F})]^2}$$

$$\left.\begin{aligned} \cos\alpha&=\frac{M_x(\boldsymbol{F})}{M_O(\boldsymbol{F})} \\ \cos\beta&=\frac{M_y(\boldsymbol{F})}{M_O(\boldsymbol{F})} \\ \cos\gamma&=\frac{M_z(\boldsymbol{F})}{M_O(\boldsymbol{F})} \end{aligned}\right\}$$

式中，α、β、γ 分别为力矩矢 $\boldsymbol{M}_O(\boldsymbol{F})$ 与 x、y、z 轴的夹角。

思考：在什么情况下力对轴之矩为零？

例 2-1 如图 2-14 所示，手柄 $ABCD$ 在 Axy 平面内，在 E 处作用一个力 $\boldsymbol{F}$，它在垂直于 y 轴的平面内，偏离铅垂线的角度为 β，若 $CE=a$，杆 BC 平行于 x 轴，杆 CD 平行于 y 轴，AB 和 BC 的长度都等于 b。试求力 $\boldsymbol{F}$ 对 x、y 和 z 轴的矩。

解：将力 $\boldsymbol{F}$ 沿坐标轴分解为 $\boldsymbol{F}_x$ 和 $\boldsymbol{F}_z$ 两个分力，其中 $F_x=F\sin\beta$，$F_z=F\cos\beta$。根据合力矩定理，力 $\boldsymbol{F}$ 对轴之矩等于分力 $\boldsymbol{F}_x$ 和 $\boldsymbol{F}_z$ 对同一轴之矩的代数和。于是有

$$M_x(\boldsymbol{F})=M_x(\boldsymbol{F}_z)=-F_z(\overline{AB}+\overline{CE})=-F(b+a)\cos\beta$$

$$M_y(\boldsymbol{F})=M_y(\boldsymbol{F}_z)=-F_z\overline{BC}=-Fb\cos\beta$$

$$M_z(\boldsymbol{F})=M_z(\boldsymbol{F}_x)=-F_x(\overline{AB}+\overline{CE})=-F(b+a)\sin\beta$$

本题也可用力对轴之矩的解析表达式计算。确定力 $\boldsymbol{F}$ 在 x、y、z 轴上的投影为

$$F_x=F\sin\beta,\quad F_y=0,\quad F_z=-F\cos\beta$$

力的作用点 E 的坐标为

$$x=-b,\quad y=b+a,\quad z=0$$

按式(2-10) 得

$$M_x(\boldsymbol{F})=yF_z-zF_y=(b+a)(-F\cos\beta)-0=-F(b+a)\cos\beta$$

$$M_y(\boldsymbol{F})=zF_x-xF_z=0-(-b)(-F\cos\beta)=-Fb\cos\beta$$

$$M_z(\boldsymbol{F})=xF_y-yF_x=0-(b+a)(F\sin\beta)=-F(b+a)\sin\beta$$

力对点之矩和力对轴之矩的计算，可以利用式(2-8)和式(2-10)直接进行计算，也可根据合力矩定理进行计算，通常情况下，利用合力矩定理计算更为方便。

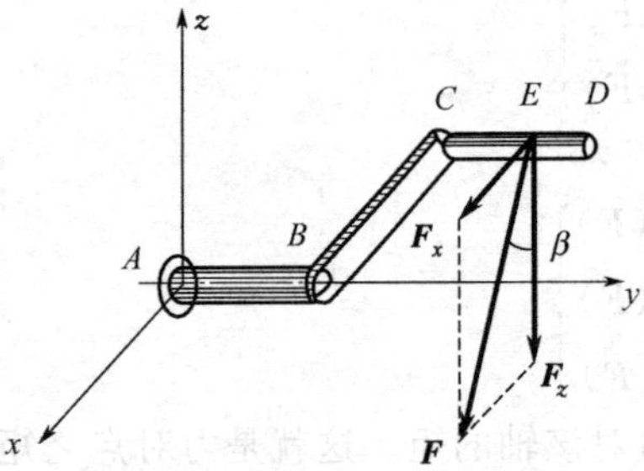

图 2-14

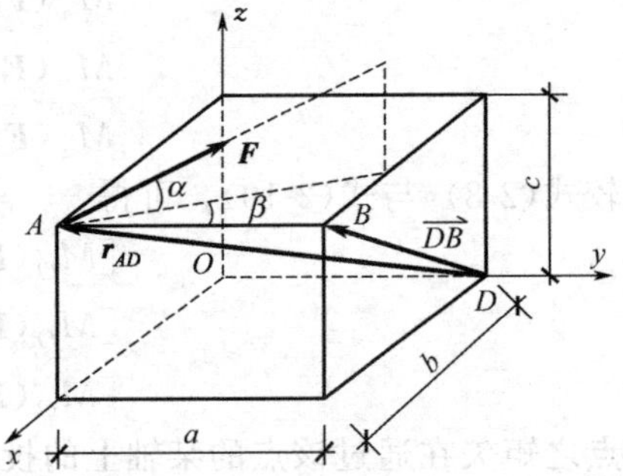

图 2-15

例 2-2 如图 2-15 所示，某长方体边长分别为 a、b、c，在顶点 A 处作用一力 $\boldsymbol{F}$，方向如图，α、β 均已知。求：(1) 力 $\boldsymbol{F}$ 对另一顶点 D 之矩；(2) 力 $\boldsymbol{F}$ 对 DB 轴之矩。

解：(1) 建立图 2-15 所示 $Oxyz$ 直角坐标系。

(2) 计算力 $\boldsymbol{F}$ 在各坐标轴上的投影

$$F_x = -F\cos\alpha\sin\beta$$
$$F_y = F\cos\alpha\cos\beta$$
$$F_z = F\sin\alpha$$

(3) 确定力 $\boldsymbol{F}$ 作用点 A 相对于矩心 D 的位矢 $\boldsymbol{r}_{AD}$ 在各坐标轴上的投影

$$x=b,\ y=-a,\ z=c$$

(4) 利用力对点之矩矢的解析表达式(2-7) 确定力 $\boldsymbol{F}$ 对 D 点之矩矢

$$\boldsymbol{M}_D(\boldsymbol{F})=\boldsymbol{r}_{AD}\times\boldsymbol{F}=\begin{vmatrix} \boldsymbol{i} & \boldsymbol{j} & \boldsymbol{k} \\ b & -a & c \\ -F\cos\alpha\sin\beta & F\cos\alpha\cos\beta & F\sin\alpha \end{vmatrix}$$

$$=F[-(a\sin\alpha+c\cos\alpha\cos\beta)\boldsymbol{i}-(b\sin\alpha+c\cos\alpha\sin\beta)\boldsymbol{j}+(b\cos\alpha\cos\beta-a\cos\alpha\sin\beta)\boldsymbol{k}]$$

(5) 确定 DB 轴的单位矢量 $\boldsymbol{e}_{DB}$

$$\boldsymbol{e}_{DB}=\frac{\overrightarrow{DB}}{|\overrightarrow{DB}|}=\frac{(b\boldsymbol{i}+c\boldsymbol{k})}{\sqrt{b^2+c^2}}$$

(6) 应用力矩关系定理确定力 $\boldsymbol{F}$ 对 DB 轴之矩

$$M_{DB}(\boldsymbol{F})=\boldsymbol{M}_D(\boldsymbol{F})\cdot\boldsymbol{e}_{DB}=-\frac{Fa(b\sin\alpha+c\cos\alpha\sin\beta)}{\sqrt{b^2+c^2}}$$

四、力偶矩矢

力偶对物体的转动效应取决于力偶三要素：力偶的大小、力偶作用面方位和力偶的转向。力偶的三个要素可用一个矢量完整地表示，即：在空间过任意一点作垂直于力偶作用平面矢量 $\boldsymbol{M}$，矢量的长度表示力偶矩的大小，矢量的方位表示力偶作用面的法线方位，矢量指向由右手法则确定，即以右手四指弯曲的方向表示力偶的转向，则拇指的指向就是该矢量的指向，将这个矢量 $\boldsymbol{M}$ 称为力偶矩矢，如图 2-16 所示。力偶矩的单位是 N·m 或 kN·m。

如图 2-16，设力偶（$\boldsymbol{F}$，$\boldsymbol{F}'$）的力偶臂为 d，在两个力的作用线上分别取 A、B 两点，

若 A 点相对于 B 点的位矢 $\boldsymbol{r}_{AB}$，则

$$M=Fd=|\boldsymbol{r}_{AB}\times\boldsymbol{F}|$$

进一步观察发现，M 的指向与 $\boldsymbol{r}_{AB}\times\boldsymbol{F}$ 的指向一致，因此，力偶矩矢可用矢量积表示为

$$\boldsymbol{M}=\boldsymbol{r}_{AB}\times\boldsymbol{F}$$

即力偶矩矢等于力偶中的一个力对另一个力作用线上的任一点之矩矢。力偶矩矢同样服从矢量运算规则。

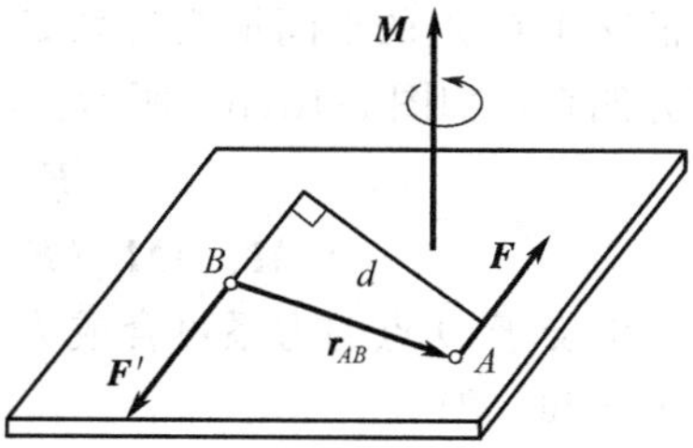

图 2-16

在平面中，力偶矩矢退化为力偶矩代数量 $M=\pm Fd$，正负号表示力偶在其作用平面内的转向，一般规定逆时针转向取正。

作用在刚体上的力偶具有以下性质。

(1) 力偶是最简单的力系，力偶和力都是最基本的力学量。力偶不能与一个力等效，即力偶没有合力，因此力偶也不能与一个力相平衡，力偶只能与力偶平衡。

(2) 力偶中的两力对任意点之矩之和恒等于力偶矩矢，而与矩心位置无关。

(3) 力偶矩矢是力偶对刚体作用效应的唯一度量，因而力偶等效的条件是两个力偶矩矢相等，可表述为：若两个力偶的作用面平行、大小相等、转向一致，则两力偶等效。

五、力线平移定理

如图 2-17(a) 所示，设力 $\boldsymbol{F}$ 作用于刚体上的 A 点。现在刚体任取一点 O，讨论力 $\boldsymbol{F}$ 向 O 点的等效平移。

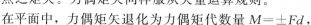

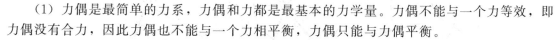

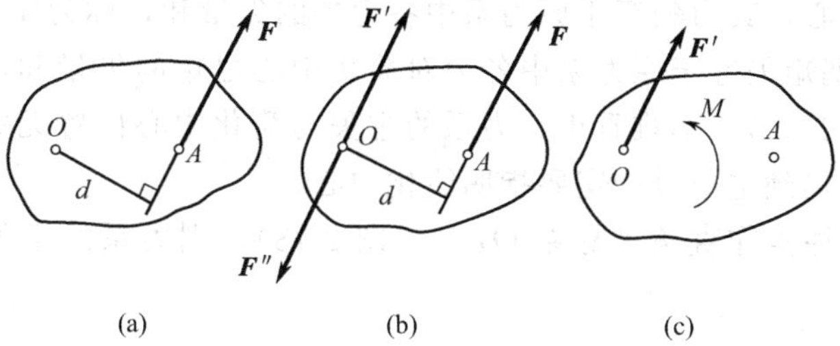

图 2-17

根据加减平衡力系原理，在点 O 加上一个平衡力系 $\boldsymbol{F}'$ 和 $\boldsymbol{F}''$，使它们与力 $\boldsymbol{F}$ 平行，且 $\boldsymbol{F}'=-\boldsymbol{F}''=\boldsymbol{F}$，如图 2-17(b) 所示。显然，3 个力 $\boldsymbol{F}$、$\boldsymbol{F}'$ 和 $\boldsymbol{F}''$ 组成的新力系与原来的一个力 $\boldsymbol{F}$ 等效。容易看出，力 $\boldsymbol{F}$ 和 $\boldsymbol{F}''$ 组成了一个力偶，因此，可以认为作用于点 A 的力 $\boldsymbol{F}$ 平行移动到另一点 O 后成为 $\boldsymbol{F}'$，$\boldsymbol{F}'=\boldsymbol{F}$，但同时又附加了一个力偶，如图 2-17(c)，附加力偶的矩为

$$M=Fd=M_O(\boldsymbol{F})$$

由此可得力线平移定理：作用在刚体上的力可以向刚体上任一点等效地平移，但必须附加一个力偶，此附加力偶矩等于原力对新的力的作用点之矩。力线平移定理是力系向一点简化的理论依据。

六、力系的简化

设刚体上作用一空间力系 $\boldsymbol{F}_1$、$\boldsymbol{F}_2$、…、$\boldsymbol{F}_n$，如图 2-18(a) 所示。在空间任选一点 O 为简化中心，根据力线平移定理，将各力平移至 O 点，并附加一个相应的力偶，可得到一

个汇交于O点的空间汇交力系$\boldsymbol{F}_1'$、$\boldsymbol{F}_2'$、…、$\boldsymbol{F}_n'$，以及力偶矩矢分别为$\boldsymbol{M}_1$、$\boldsymbol{M}_2$、…、$\boldsymbol{M}_n$的力偶系，如图2-18(b) 所示。其中

$$\boldsymbol{F}_1'=\boldsymbol{F}_1,\ \boldsymbol{F}_2'=\boldsymbol{F}_2,\ \cdots,\ \boldsymbol{F}_n'=\boldsymbol{F}_n$$

$$\boldsymbol{M}_1=\boldsymbol{M}_O(\boldsymbol{F}_1),\ \boldsymbol{M}_2=\boldsymbol{M}_O(\boldsymbol{F}_2),\ \cdots,\ \boldsymbol{M}_n=\boldsymbol{M}_O(\boldsymbol{F}_n)$$

汇交于O点的力系可合成为作用线通过O点的一个力$\boldsymbol{F}_R'$，其力矢等于原力系中各力矢的矢量和，即

$$\boldsymbol{F}_R'=\sum \boldsymbol{F}_i'=\sum \boldsymbol{F}_i$$

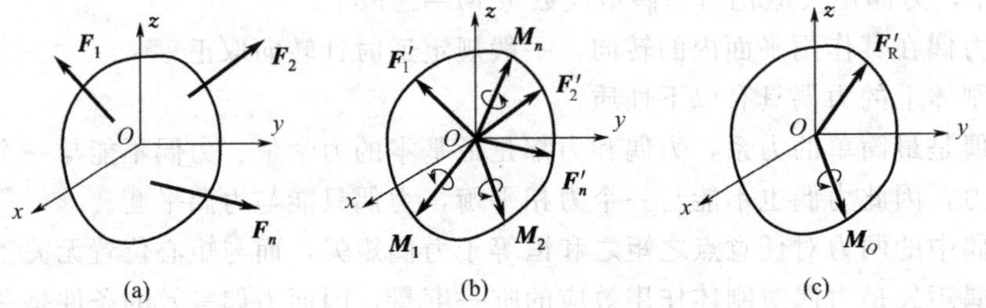

图 2-18

力偶系可合成为一合力偶，其力偶矩矢$\boldsymbol{M}_O$等于各附加力偶矩矢的矢量和，也就是等于原力系中各力对简化中心之矩的矢量和，即

$$\boldsymbol{M}_O=\sum \boldsymbol{M}_i=\sum \boldsymbol{M}_O(\boldsymbol{F}_i)$$

由此可见：空间力系可以向空间任一点O等效简化，一般可得一个力和一个力偶，此力作用线通过简化中心，其力矢等于原力系中各力矢的矢量和，称为原力系的**主矢量**（简称主矢），此力偶的力偶矩矢等于原力系中各力对简化中心之矩的矢量和，称为原力系对简化中心的**主矩**，如图2-18(c)。不难看出，力系的主矢与简化中心位置无关，主矩一般与简化中心的位置有关，故提到主矩时一定要指明简化中心。

若以简化中心为原点作直角坐标系$Oxyz$（图2-18)，则力系的主矢和主矩可用解析法计算。

主矢的解析式为

$$\boldsymbol{F}_R'=(\sum F_{ix})\boldsymbol{i}+(\sum F_{iy})\boldsymbol{j}+(\sum F_{iz})\boldsymbol{k}$$

主矩的解析式为

$$\boldsymbol{M}_O=[\sum M_x(\boldsymbol{F}_i)]\boldsymbol{i}+[\sum M_y(\boldsymbol{F}_i)]\boldsymbol{j}+[\sum M_z(\boldsymbol{F}_i)]\boldsymbol{k}$$

七、力系简化结果分析

(1) 若$\boldsymbol{F}_R'=0$，$\boldsymbol{M}_O=0$，表明原力系为平衡力系，此时，简化结果与简化中心的位置无关。

(2) 若$\boldsymbol{F}_R'=0$，$\boldsymbol{M}_O\neq 0$，表明原力系和一个力偶等效，即原力系简化为一合力偶。其力偶矩矢等于原力系对简化中心的主矩$\boldsymbol{M}_O$。由于力偶矩矢与矩心位置无关，因此，在这种情况下，主矩与简化中心位置无关。

(3) 若$\boldsymbol{F}_R'\neq 0$，$\boldsymbol{M}_O=0$，表明原力系和一个力等效，即力系可简化为一作用线通过简化中心的合力，其大小和方向等于原力系的主矢，即$\boldsymbol{F}_R=\boldsymbol{F}_R'=\sum \boldsymbol{F}_i$。

(4) 若$\boldsymbol{F}_R'\neq 0$，$\boldsymbol{M}_O\neq 0$，当$\boldsymbol{M}_O\perp \boldsymbol{F}_R'$时，如图2-19(a) 所示，此时，主矢$\boldsymbol{F}_R'$和主矩$\boldsymbol{M}_O$的作用平面为同一平面，如图2-19(b)，若取$\boldsymbol{F}_R=\boldsymbol{F}_R'=\boldsymbol{F}_R''$，且各力作用线平行，根据

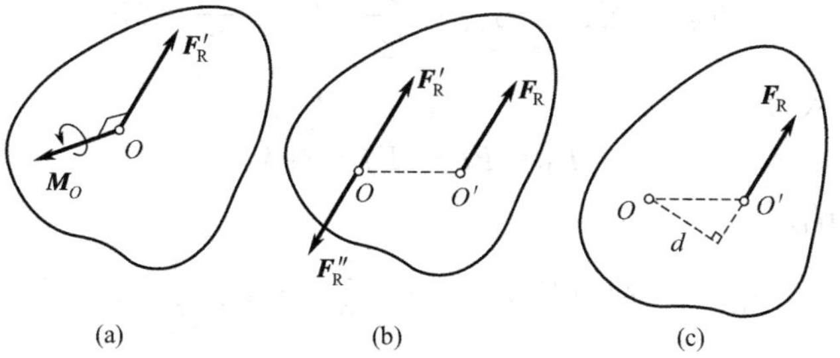

图 2-19

加减平衡力系原理可将力系作进一步简化，力系可简化为一作用线通过 O 点的一个合力 $\boldsymbol{F}_R$，如图 2-19(c)。合力的力矢等于原力系的主矢，其作用线到简化中心 O 的距离为：$d=|M_O|/F_R'$，合力作用线位置由主矩的转向决定，即：合力对简化中心 O 之矩等于主矩 $\boldsymbol{M}_O$。

(5) 若 $\boldsymbol{F}_R'\neq 0$，$\boldsymbol{M}_O\neq 0$，当 $\boldsymbol{M}_O$ 与 $\boldsymbol{F}_R'$不垂直时，如图 2-20(a) 所示，此时，可将分 $\boldsymbol{M}_O$ 分解为与主矢 $\boldsymbol{F}_R'$平行和垂直的两个分矢量 $\boldsymbol{M}_O'$和$\boldsymbol{M}_O''$，如图 2-20(b)，显然 $\boldsymbol{F}_R'$与 $\boldsymbol{M}_O''$可合成为一作用线通过 O'点的一个力 $\boldsymbol{F}_R''$，$\boldsymbol{F}_R''$作用线位置由下式确定

$$d=\frac{M_O''}{F_R'}=\frac{M_O\sin\alpha}{F_R'}$$

由于力偶矩矢是自由矢量，故可将 $\boldsymbol{M}_O'$，平行移至 O'点，使之与 $\boldsymbol{F}_R''$共线，如图 2-20(c)，这时力系不能再进一步简化。这种由一个力和一个在力垂直平面内的力偶组成的力系，称为**力螺旋**。

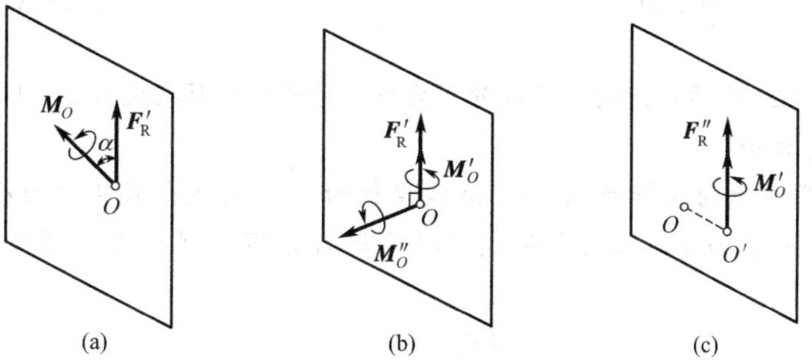

图 2-20

思考：空间任意力系向某点简化时，若其主矩的大小为该力系向任一点简化所得主矩中的最小值，则此时主矢和主矩的位置关系如何？

例 2-3 如图 2-21 所示长方体，相邻三棱 CD、CO、CA 边长分别为 $2a$、a、a，在 4 个顶点 O、A、B、C 上分别作用有大小为 $F_1=\sqrt{5}F$、$F_2=\sqrt{5}F$、$F_3=\sqrt{2}F$、$F_4=\sqrt{5}F$ 的 4 个力，方向如图所示。试求此力系向 D 点的简化结果。

解：(1) 以 O 点为简化中心，建立图示直角坐标系 $Oxyz$。

(2) 计算主矢 $\boldsymbol{F}_R'$

$$F_{Rx}'=\sum F_{ix}=F_1\times\frac{1}{\sqrt{5}}-F_2\times\frac{1}{\sqrt{5}}+F_3\times\frac{1}{\sqrt{2}}=F$$

$$F_{Ry}'=\sum F_{iy}=F_1\times\frac{2}{\sqrt{5}}+F_2\times\frac{2}{\sqrt{5}}+F_4\times\frac{2}{\sqrt{5}}=6F$$

$$F'_{Rz}=\sum F_{iz}=F_3\times\frac{1}{\sqrt{2}}+F_4\times\frac{1}{\sqrt{5}}=2F$$

主矢 $\boldsymbol{F}'_R$ 的解析式为

$$\boldsymbol{F}'_R=F\boldsymbol{i}+6F\boldsymbol{j}+2F\boldsymbol{k}$$

(3) 计算主矩 $\boldsymbol{M}_O$

$$M_{Ox}=\sum M_x(F_i)=-F_2\ \frac{2}{\sqrt{5}}a+F_3\ \frac{1}{\sqrt{2}}2a=0$$

$$M_{Oy}=\sum M_y(F_i)=-F_2\ \frac{1}{\sqrt{5}}a-F_4\ \frac{1}{\sqrt{5}}a=-2Fa$$

$$M_{Oz}=\sum M_z(F_i)=F_2\ \frac{2}{\sqrt{5}}a+F_4\ \frac{2}{\sqrt{5}}a-F_3\ \frac{1}{\sqrt{2}}2a=2Fa$$

主矩 $\boldsymbol{M}_O$ 的解析式为

$$\boldsymbol{M}_O=-2Fa\boldsymbol{j}+2Fa\boldsymbol{k}$$

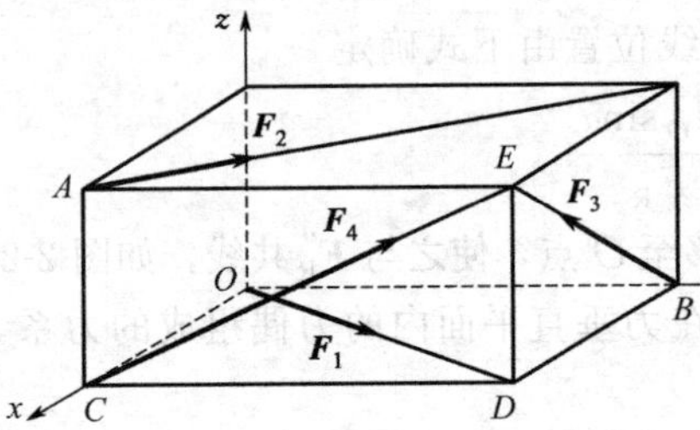

图 2-21

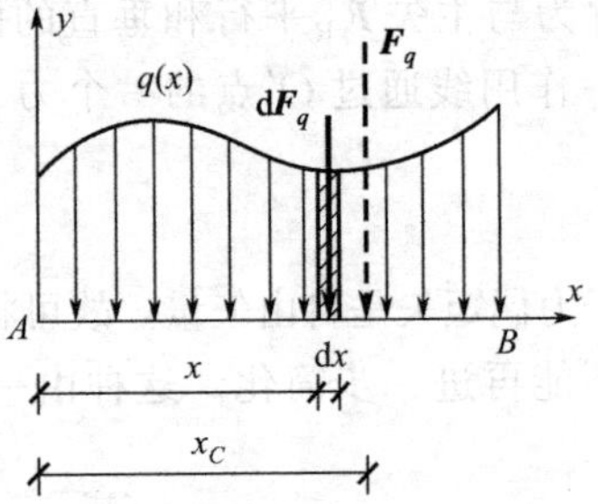

图 2-22

例 2-4 如图 2-22 所示，同向平行线分布力系，荷载的分布集度为 $q(x)$，求其合力 $\boldsymbol{F}_q$。

解：(1) 合力大小

建立如图 2-22 所示的坐标系 Axy，沿横坐标为 x 处的线荷载集度为 $q(x)$，荷载分布图形的面积记为 A，在微段 $\mathrm{d}x$ 上的线荷载可视为均匀分布，则作用在微段 $\mathrm{d}x$ 上分布力系合力的大小为

$$\mathrm{d}F_q=q(x)\mathrm{d}x$$

整个线荷载的合力大小为

$$F_q=\int_A^B \mathrm{d}F_q=\int_A^B q(x)\mathrm{d}x=A_q$$

(2) 合力作用线位置

设合力 $\boldsymbol{F}_q$ 作用线与 x 轴交点坐标为 x_C，应用合力矩定理

$$M_A(\boldsymbol{F}_q)=\sum M_A(\mathrm{d}\boldsymbol{F}_q)$$

则有

$$-F_q x_C=-\int_A^B q(x)x\,\mathrm{d}x$$

$$x_C=\frac{\int_A^B q(x)x\,\mathrm{d}x}{F_q}=\frac{\int_A^B x\,\mathrm{d}A_q}{A_q}$$

由高等数学知识可知，x_C 是线段 AB 上荷载图形形心 C 的横坐标。

以上结果表明：沿直线分布的同向线荷载，其合力的大小等于荷载分布图形的面积，合力的方向与原荷载方向相同，合力作用线通过荷载分布图形的形心。

第四节　约束与约束力

一、约束的概念

在运动的物体中常可以观察到这样一类物体，如空中自由飞行的气球、飞出枪膛的子弹等，它们在空间的运动不受任何限制，这一类可以在空间作任意运动的物体称为**自由体**。但工程实际中的大多数物体，往往受到周围物体的阻碍、限制而使其不能在某些方向上发生运动，这类的物体称为**非自由体**。如路面上行驶的汽车、安装在桥墩（台）上的大梁等，都是非自由体。在力学中，把这些限制物体运动的条件称为**约束**。这些限制条件总是由被约束物体周围的其他物体用相互接触的方式构成的，构成约束的周围物体称为约束体，有时也称为约束。如在路面行驶的车辆，其运动受到道路的限制，道路就是约束体。

约束体阻碍或限制了物体的自由运动，改变了物体的运动状态，因此，当被约束物体沿着约束所限制的方向有运动趋势时，约束体对该被约束物体必然有力作用，以阻碍该被约束物体的运动，这种力称为**约束力**或**约束反力**。约束力的方向总是与约束所能阻止的被约束物体的运动趋势方向相反，它的作用点就是约束与被约束物体的接触点，而约束力的大小与使被约束物体产生运动趋势的力有关。物体上受到的除约束力外其他各种荷载，如重力、风力等，它们是促使物体产生运动或有运动趋势的力，属于主动力。在一般情况下，约束力是由主动力引起的，因此是一种被动力。

二、常见的约束类型及其约束力

工程中约束的构成方式是多种多样的，为了确定约束力的作用方式，必须对约束的构成及性质进行具体分析，并结合具体工程，进行抽象简化，得到合理、准确的约束模型。下面介绍在工程中常见的几种约束类型及其约束力的特性。

1. 柔性体约束

由柔软而不计自重的绳索、胶带、链条等所构成的约束统称为**柔性体约束**，也称为柔索约束。由于柔索约束只能限制被约束物体沿柔索中心线伸长方向的运动，所以柔索约束的约束力必定过连接点，沿着柔索约束的中心线且背离被约束物体，表现为拉力，以 $\boldsymbol{F}$ 表示。如图 2-23 所示。柔索约束是工程中常见的约束。

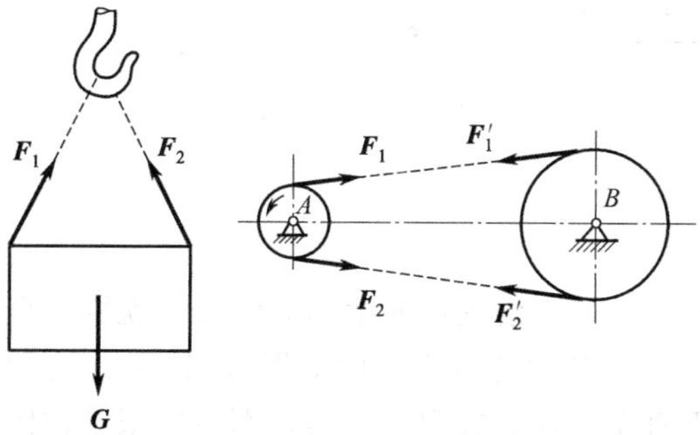

图 2-23

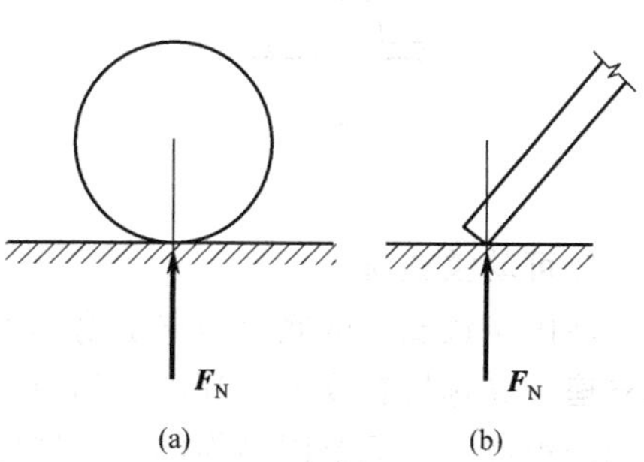

图 2-24

2. 光滑接触面约束

当两物体的接触面上的摩擦力远小于其他作用力时，摩擦力可忽略不计，认为接触面是光滑的。这类约束称为**光滑接触面约束**，其特点是不论支承接触面的形状如何，只能限制物体沿两接触表面在接触处的公法线且趋向支承接触面的运动。因此，光滑接触面的约束反力只能是压力，作用在接触处，方向沿着接触表面在接触处的公法线而指向被约束物体，即表现为压力。通常用 $\boldsymbol{F}_N$ 表示，如图 2-24 所示。

3. 光滑圆柱形铰链约束

两物体 B 和 C 分别被钻上直径相同的圆孔并用销钉 A 连接起来，不计销钉与销钉孔壁间的摩擦，这类约束称为**光滑圆柱形铰链约束**，如图 2-25(a) 所示。若忽略摩擦，则构件 B、C 上的圆柱孔面与销钉 A 实际上是以两光滑圆柱面相接触。这类约束的特点是只能限制物体在垂直于销钉轴线的平面内移动，不能限制物体绕销钉轴线的转动。按光滑接触面的特点，其约束力应是沿接触线上的一点到圆柱销中心的连线且垂直于轴线，但由于销钉与圆孔接触点的位置随物体所受荷载的改变而改变，所以约束反力作用线方位无法预先确定，如图 2-25(b) 所示。工程中常用通过铰链中心的相互垂直的两个分力 $\boldsymbol{F}_{Ax}$、$\boldsymbol{F}_{Ay}$ 来表示，如图 2-25(c)。当用圆柱销连接几个构件时，连接处称为**铰结点**。

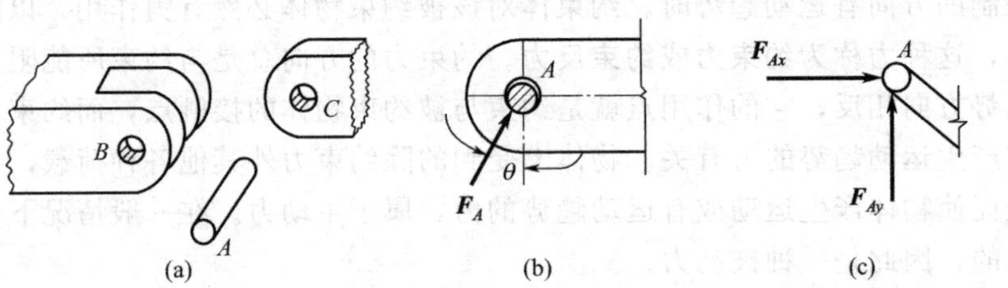

图 2-25

4. 固定铰支座

支座是把结构物或构件支承在墙、柱、墩、机身等固定支承物上的装置，其作用是把结构物或构件固定于支承物上，并把所受的荷载通过支座传递给支承物。将结构物或构件用光滑圆柱形铰链与支承底板连接在支承物上而构成的支座，称为**固定铰支座**，如图 2-26(a) 所示。其构造示意简图如图 2-26(b)。这种支座约束的特点与铰链相同，在进行受力分析时，其约束力也可用两个正交分力 $\boldsymbol{F}_{Ax}$、$\boldsymbol{F}_{Ay}$ 来表示，如图 2-26(c) 所示。

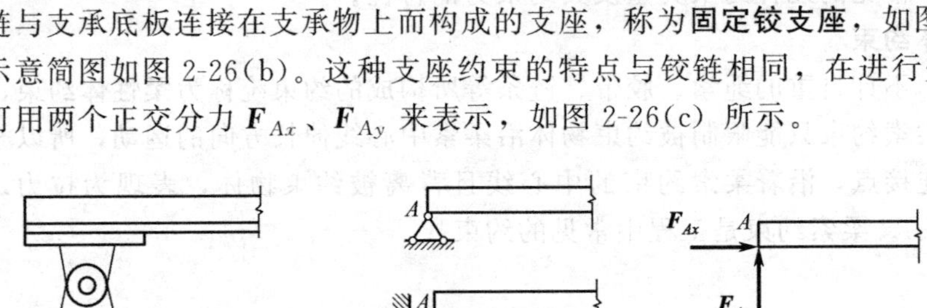

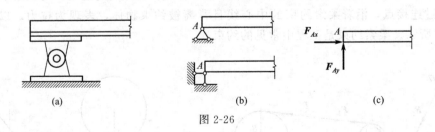

图 2-26

5. 可动铰支座

在固定铰支座的底座与支承物体表面之间安装几个可沿支承面滚动的辊轴，就构成**可动铰支座**，又称辊轴支座，其结构如图 2-27(a) 所示。其构造示意简图如图 2-27(b)。这种支座的约束特点是只能限制物体上与销钉连接处垂直于支承面方向的运动，而不能限制物体绕铰链轴转动和沿支承面运动。因此，可动铰支座的约束力通过铰链中心线并垂直于支承面，

常用符号 $\boldsymbol{F}$ 表示，如图 2-27(c)。

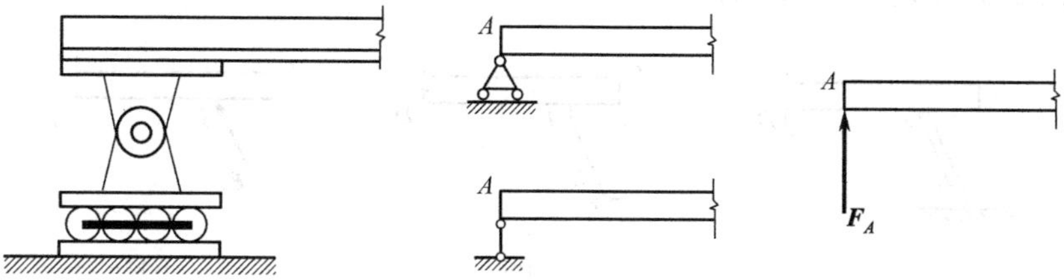

(a) (b) (c)

图 2-27

6. 向心轴承

如图 2-28(a) 所示的向心轴承，又称为径向轴承。向心轴承约束特点与固定铰支座的约束特点相似，不过此时圆轴本身是被约束物体，故向心轴承对圆轴的约束力通过轴线且位于与轴垂直的平面内，方向待定，在进行受力分析时，通常用相互垂直的两个分力 $\boldsymbol{F}_{Ax}$、$\boldsymbol{F}_{Ay}$ 来表示，如图 2-28(b)、(c) 所示。

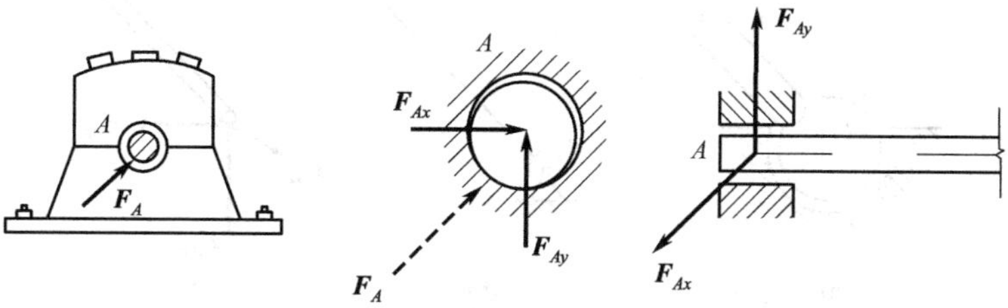

(a) (b) (c)

图 2-28

7. 止推轴承

止推轴承可视为由一光滑面将向心轴承圆孔的一端封闭构成，如图 2-29(a)。其构造示意简图如图 2-29(b) 所示。这种约束的特点是能同时限制轴的径向和轴向（止推方向）的移动，所以止推轴承的约束力常用垂直于轴向和沿轴向的 3 个分力 $\boldsymbol{F}_{Ax}$、$\boldsymbol{F}_{Ay}$、$\boldsymbol{F}_{Az}$ 表示，如图 2-29(c) 所示。

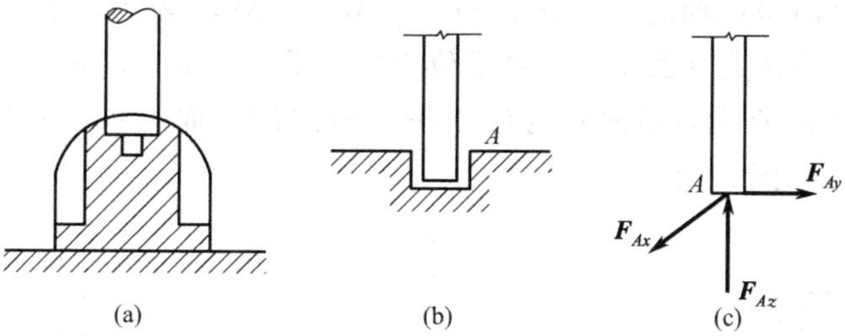

(a) (b) (c)

图 2-29

8. 二力构件

只有两点受力而处于平衡状态的刚性构件称为**二力构件**。两端用铰链与其他物体连接且不计自重，杆上又无其他外力作用的刚性直杆称为**链杆**，如图 2-30(a) 中杆 AB。这种约束只能限制物体上的铰结点沿杆上二力作用点的连线方向的运动，而不能限制其他方向的运动。根据实际情况既可表现为拉力，也可表现为压力，常用符号 $\boldsymbol{F}$ 表示。其构造简图和约束力分别如图 2-30(b)、(c) 所示。

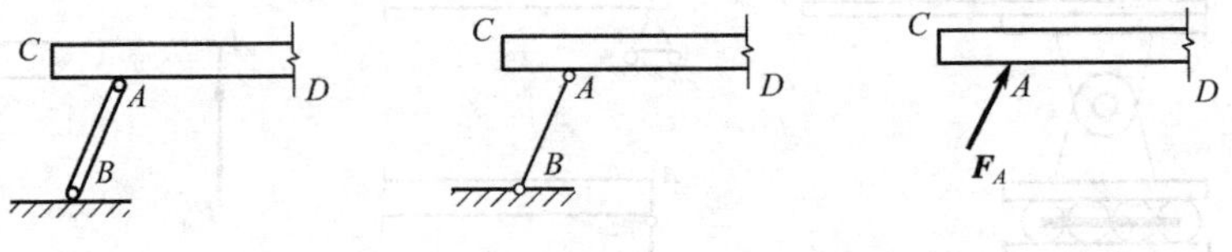

(a) (b) (c)

图 2-30

9. 球铰链

将固结于物体一端的球体置于球窝形的支座内，就形成了球铰链支座，简称**球铰链**，如图 2-31(a)。其约束的特点是只限制球体中心沿任何方向的移动，不限制物体绕球心的转动。若忽略摩擦，球铰链的约束力常用 3 个正交的分力 $\boldsymbol{F}_{Ax}$、$\boldsymbol{F}_{Ay}$、$\boldsymbol{F}_{Az}$ 表示。球铰链的构造简图及约束力如图 2-31(b)、(c) 所示。

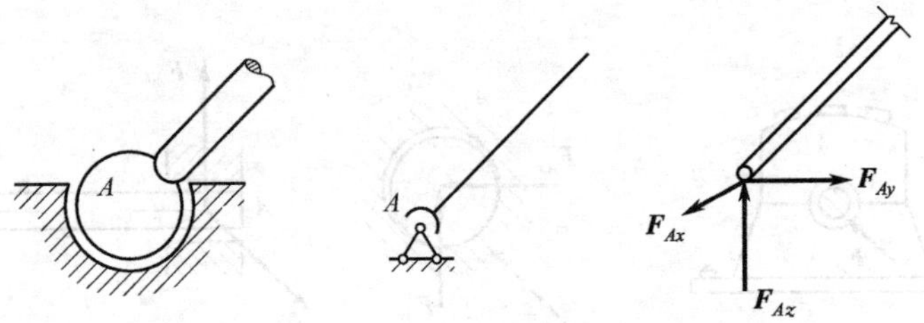

(a) (b) (c)

图 2-31

10. 固定端约束

固定端是一种常见的约束形式，这类约束的特点是连接处有很大的刚性，不允许连接处发生任何相对移动和转动，即约束与被约束物体彼此固结为一整体，这种约束又称为**固定端支座**。固定端支座的构造简图如图 2-32(a) 所示。固定端支座对被约束物体的约束力是一空间分布力系，当被约束物体受到空间主动力系作用时，约束力向支座中心 A 点简化得一约束力主矢量 $\boldsymbol{F}_{AR}$ 和一约束力偶主矩 $\boldsymbol{M}_A$，主矢量通常用相互垂直的分力 $\boldsymbol{F}_{Ax}$、$\boldsymbol{F}_{Ay}$ 和 $\boldsymbol{F}_{Az}$ 表示，主矩通常用其沿坐标轴的 3 个分量 $\boldsymbol{M}_{Ax}$、$\boldsymbol{M}_{Ay}$、$\boldsymbol{M}_{Az}$ 表示，如图 2-32(b) 所示。当被固定端支座约束的物体所受的主动力系是位于同一平面（如 xy 平面）的平面力系时，固定端支座对被约束物体的反力系简化为位于该平面内的平面力系，通常用 3 个分量 $\boldsymbol{F}_{Ax}$、$\boldsymbol{F}_{Ay}$ 和 M_A 来表示，如图 2-32(c) 所示。

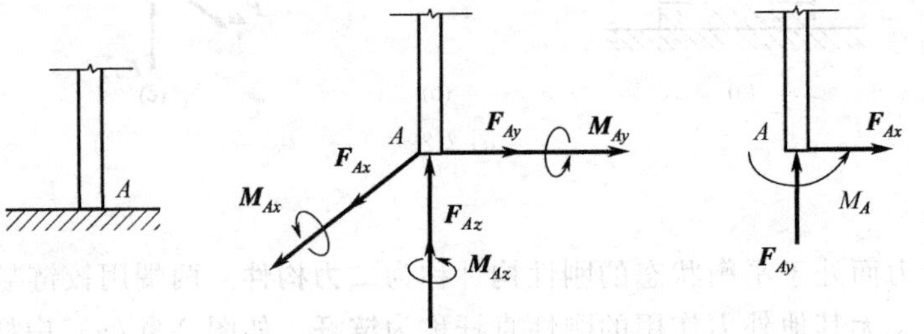

(a) (b) (c)

图 2-32

第五节　物体的受力分析

在求解工程中的力学问题时，无论是解决静力学问题还是解决动力学问题，一般都需要根据待解决的问题，选定合适的研究对象。为了分析周围物体对研究对象的作用，需要将所研究物体的约束全部解除，使其从与周围物体的接触中分离出来，并加上与所除去约束相应的约束力。解除约束后的物体，称为**分离体**。画有分离体及其所受全部的作用力（包括主动力和约束反力）的简图称为研究对象的**受力图**，而整个分析的过程称为物体的**受力分析**。

取分离体、画受力图，是力学所特有的研究方法。恰当地选取研究对象，正确地画出受力图，是解决力学问题的一个重要环节。画受力图的步骤如下：

（1）明确研究对象，取分离体，并画出分离体的简图；

（2）画出作用于研究对象上的全部主动力，注意力的作用位置；

（3）解除约束，根据约束类型，画出相对应的约束力；

（4）受力图要清楚表示出每一个力的作用点、作用线的方位、指向，并进行标注，同一力在不同的受力图上的表示要完全一致；

（5）受力图上只画研究对象所受的外力，内力不画，已被解除的约束不画。

下面举例说明如何画研究对象的受力图。

例 2-5　重量为 $\boldsymbol{G}$ 的小球，在 A 处用绳索系在铅垂墙上，如图 2-33(a) 所示。球与墙面摩擦不计，试画出小球的受力图。

解：(1) 取小球为研究对象，将小球从绳索和铅垂墙面的约束中分离出来，并画出其轮廓简图。

(2) 画出作用于小球的主动力 $\boldsymbol{G}$，$\boldsymbol{G}$ 作用于球心，铅垂向下。

(3) 画出作用于小球的约束力。小球 A 处绳索的约束反 $\boldsymbol{F}_A$，沿绳索轴线方向背离小球；B 处为光滑接触面约束，其约束反力 $\boldsymbol{F}_B$ 沿接触点公法线方向指向小球。受力图如图 2-33(b) 所示。

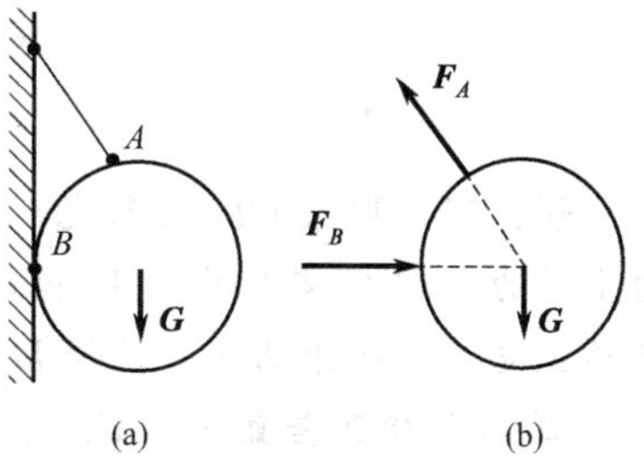

图 2-33

例 2-6　如图 2-34(a) 所示简支梁 AB，自重不计，跨中 C 处受一集中力 $\boldsymbol{F}$ 作用，A 端为固定铰支座约束，B 端为可动铰支座约束。试画出梁 AB 的受力图。

解：(1) 取梁 AB 为研究对象，解除 A、B 两处的约束，并画出其简图。

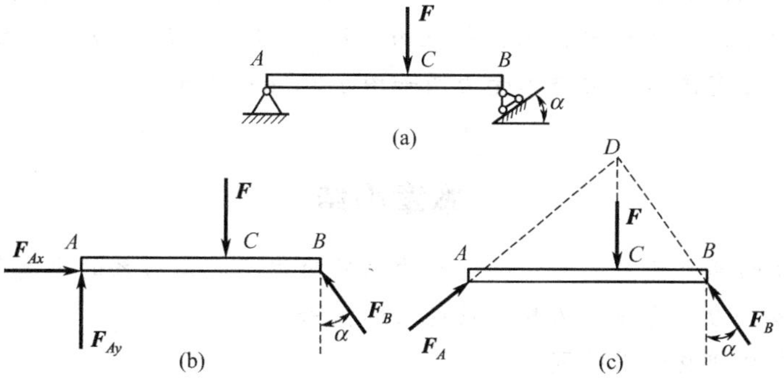

图 2-34

(2) 在梁的 C 处画出主动力 $\boldsymbol{F}$。

(3) 在受约束的 A、B 处，根据约束类型画出约束力。B 处为可动铰支座，其反力 $\boldsymbol{F}_B$ 过铰链中心且垂直于支承面；A 处为固定铰支座，其反力可用过铰链中心 A 的相互垂直的分力 $\boldsymbol{F}_A$、$\boldsymbol{F}_B$ 表示，受力图如图 2-34(b) 所示。

此外，考虑到梁仅在 A、B、C 三点受到三个互不平行的力作用而平衡，根据三力平衡汇交原理，已知 $\boldsymbol{F}$ 与 $\boldsymbol{F}_B$ 的作用线相交于 D 点，故 A 处反力 $\boldsymbol{F}_A$ 的作用线也应相交于 D 点，从而确定 $\boldsymbol{F}_A$ 必沿 A、D 两点连线，此时受力图如图 2-34(c) 所示。

例 2-7 如图 2-35(a) 所示的组合梁，由梁 AC 和梁 CD 在 C 处铰接而成，A 端为固定铰支座，B 处和 D 处为可动铰支座。在 G 点受集中力 $\boldsymbol{F}$、在 BE 段受均布荷载作用，其荷载集度为 q，梁自重不计。试分别画出梁 AC、CD 和 ACD 整体的受力图。

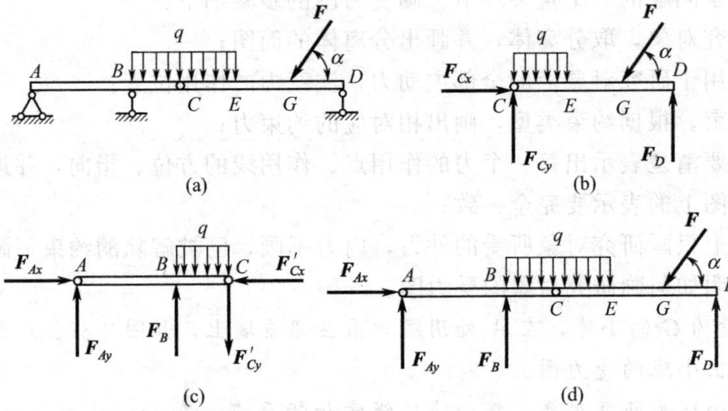

图 2-35

解：(1) 取梁 CD 为研究对象，解除 C、D 处的约束，画出 CD 的简图。画出梁 CD 上的主动力，即 G 点集中力 $\boldsymbol{F}$ 和 CE 段集度为 q 的均布力。画出梁 CD 上的约束力，D 点为可动铰支座，约束力 $\boldsymbol{F}_D$ 过铰 D 并垂直于支承面。C 点铰链的约束力过铰 C，可用过铰链中心 C 的两个相互垂直分力 $\boldsymbol{F}_{Cx}$、$\boldsymbol{F}_{Cy}$ 表示，受力图如图 2-35(b) 所示。

(2) 取梁 AC 为研究对象，解除 A、C 两处约束，画出 AC 的简图。画出梁 AC 上的主动力：即 BC 段上集度为 q 的均布力，C 处铰链受有梁 CD 给它的反作用力 $\boldsymbol{F}'_{Cx}$、$\boldsymbol{F}'_{Cy}$。画出梁 AC 上的约束力：B 处为可动铰支座，其约束力 $\boldsymbol{F}_B$ 过铰心 B 并垂直于支承面，A 处为固定铰支座，其约束力用过铰链中心 A 的两个相互垂直分力 $\boldsymbol{F}_{Ax}$、$\boldsymbol{F}_{Ay}$ 表示。梁 AC 受力图如图 2-35 (c) 所示。

(3) 取整体 ACD 为研究对象，解除 A、B、D 处约束，画出结构简图。画上主动力：集中力 $\boldsymbol{F}$，集度为 q 的均布荷载；画出约束力：$\boldsymbol{F}_{Ax}$、$\boldsymbol{F}_{Ay}$、$\boldsymbol{F}_B$、$\boldsymbol{F}_D$。此时铰链 C 处的相互作用力为内力，无需画出，梁整体受力图如图 2-35(d) 所示。

本章小结

1. 静力学研究的两个基本问题是：(1) 力系的简化；(2) 力系的平衡条件。
2. 平衡、刚体、力、力偶、力矩以及约束的概念。
3. 静力学基本公理及适用范围。
4. 力在坐标轴上的投影方法：直接投影法和二次投影法，力在直角坐标系中的解析表达式。

5. 力对点之矩及力对轴之矩的计算。力对点之矩是一个矢量，它垂直于力矢和矩心所在的平面，方向按右手螺旋法则确定，而力对轴之矩是一个代数量。

6. 力矩关系定理：力对空间任一轴之矩等于力对该轴上一点之矩在该轴上的投影。

7. 合力矩定理：如果一力系合力存在，则合力对任一点（轴）之矩等于原力系中各分力对该点（轴）之矩的和。

8. 力偶矩的计算及力偶的等效条件。

9. 受力分析的步骤和受力图的画法。

习　题

2-1　如图 2-36 所示。画出下列各物体的受力图，凡未特别注明者，物体的自重均不计，且所有的接触面都是光滑的。

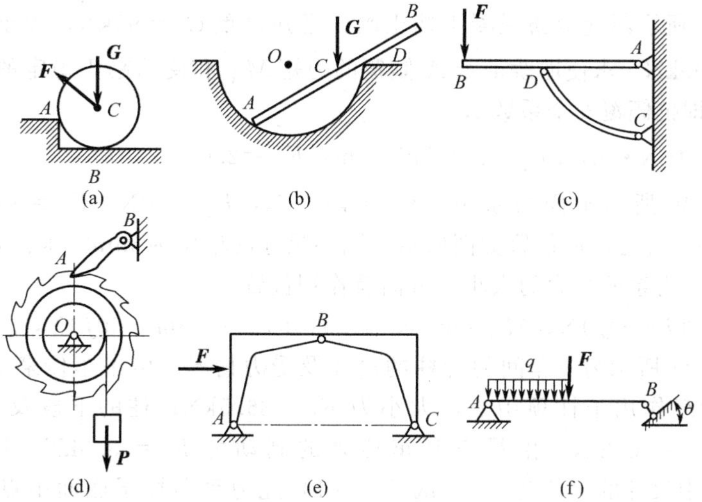

图 2-36　习题 2-1 图

2-2　如图 2-37 所示。画出下列图中各构件及整体的受力图。凡未特别注明者，物体的自重均不计，且所有接触面都是光滑的。

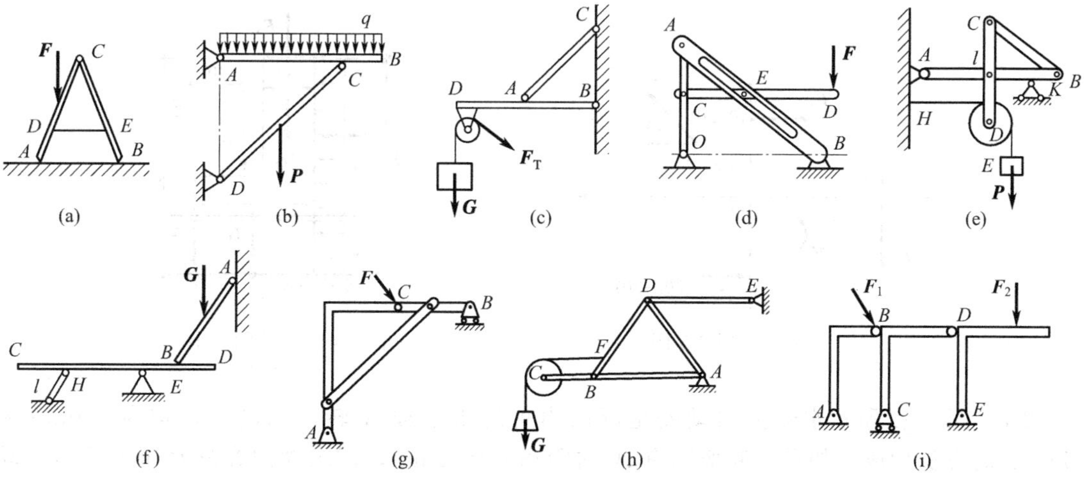

图 2-37　习题 2-2 图

2-3　图 2-38 所示正四面体的三个侧面上分别作用一力偶，设力偶矩的大小是：$M_1=M_2=M_3=m$，求合力偶。如在第四个面上增加力偶矩 $M_4=m$ 的另一力偶，它能否平衡前面的三个力偶。

答：合力偶矩大小为 m，指向平面 BCD 内侧

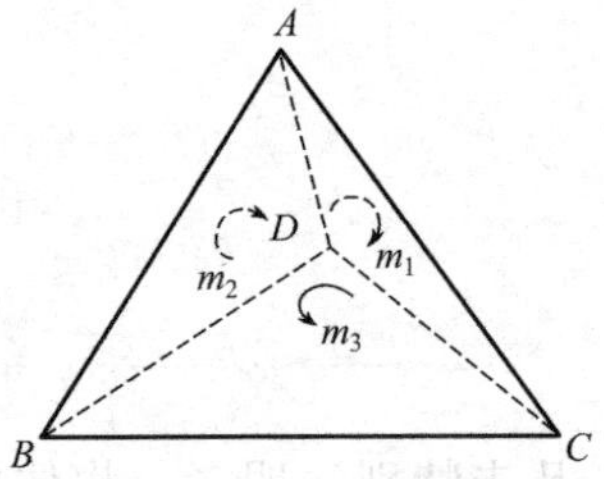

图 2-38　习题 2-3 图

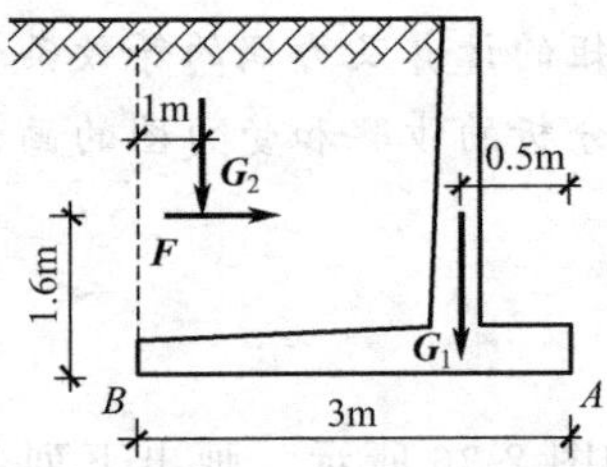

图 2-39　习题 2-4 图

2-4　图 2-39 所示薄壁钢筋混凝土挡土墙，已知墙重 $G_1=95$kN，覆土重 $G_2=120$kN，水平土压力 $F=90$kN。求使墙绕前趾 A 倾覆的力矩 M_A^q 和使墙趋于稳定的力矩 M_A^w，并计算两者的比值，即抗倾覆安全系数 K_q。

答：$M_A^q=144$kN·m，$M_A^w=287.5$kN·m，$K_q=2.0$

2-5　如图 2-40 所示平面力系中：$F_1=40\sqrt{2}$N，$F_2=40$N，$F_3=100$N，$F_4=80$N，$M=3200$N·mm。各力作用位置如图所示，图中尺寸的单位为 mm。求：(1) 力系向 O 点的简化结果；(2) 力系的合力的大小、方向及作用位置。

答：$\boldsymbol{F}=(-80\boldsymbol{i}-60\boldsymbol{j})$N，$M_O=600$N·mm；$\boldsymbol{F}_{\mathrm{R}}=(-80\boldsymbol{i}-60\boldsymbol{j})$N，$x=-10$mm

2-6　如图 2-41 所示为一车间的砖柱的尺寸及受力情况。由吊车传来的最大压力 $F_1=56.2$kN；屋面荷载作用于柱顶中点，大小为 $F_2=86.5$kN；柱的下段及上段自重分别为 $G_1=43.3$kN，$G_2=3.2$kN，由吊车刹车传来的制动力 $F_3=3.3$kN，风压力集度 $q=0.236$kN/m。图中尺寸的单位为 cm。试求：(1) 此力系向柱子底面中点 O 简化的结果；(2) 此力系简化的最后结果。

答：$\boldsymbol{F}_{\mathrm{R}}=(4.68\boldsymbol{i}-189.2\boldsymbol{j})$kN，$M_O=6.15$kN·m；

$\boldsymbol{F}_{\mathrm{R}}=(4.68\boldsymbol{i}-189.2\boldsymbol{j})$kN，$x=3.25$cm

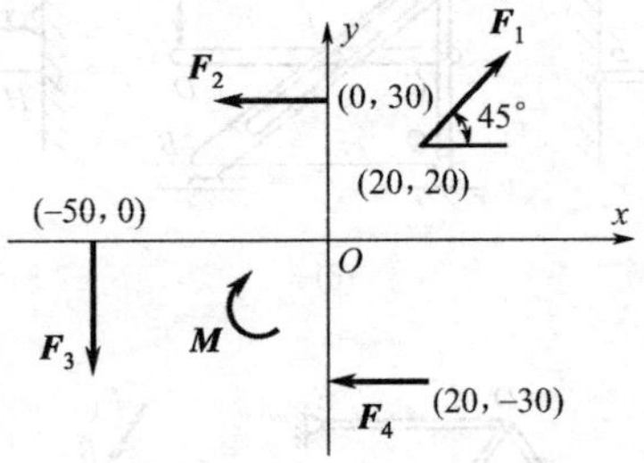

图 2-40　习题 2-5 图

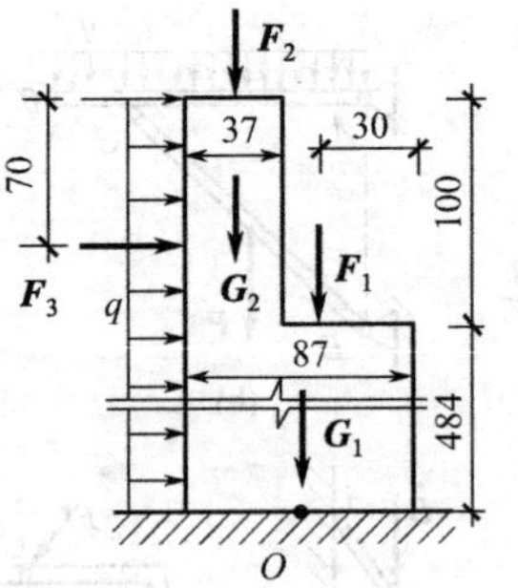

图 2-41　习题 2-6 图

2-7　图 2-42 所示水箱的自动安全阀门由可绕水平轴 A 转动的高与宽均为 150mm×150mm 的方板构成。如果自底部到点 A 的距离 $h=70$mm，试求阀门在静水压力下能自动开启时水的深度 d。

答：$d=450\text{mm}$

2-8　如图 2-43 所示力系，已知：$q_1=10\text{kN/m}$，$q_2=80\text{kN/m}$，$M=100\text{kN}\cdot\text{m}$。试将力系简化为最简单力系。

答：合力 $\boldsymbol{F}=-605\boldsymbol{j}\,\text{kN}$，$x=1.42\text{m}$

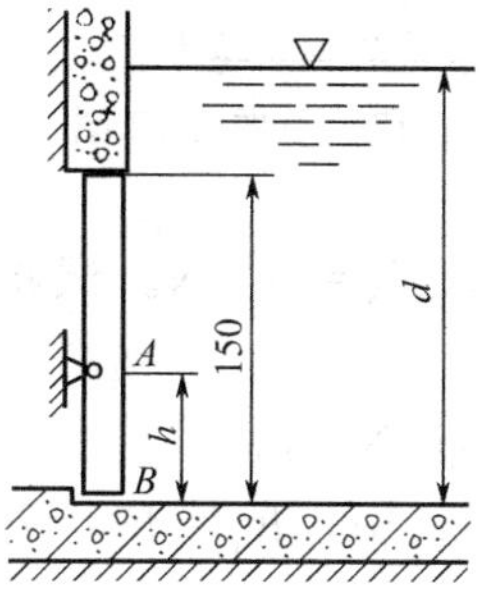

图 2-42　习题 2-7 图

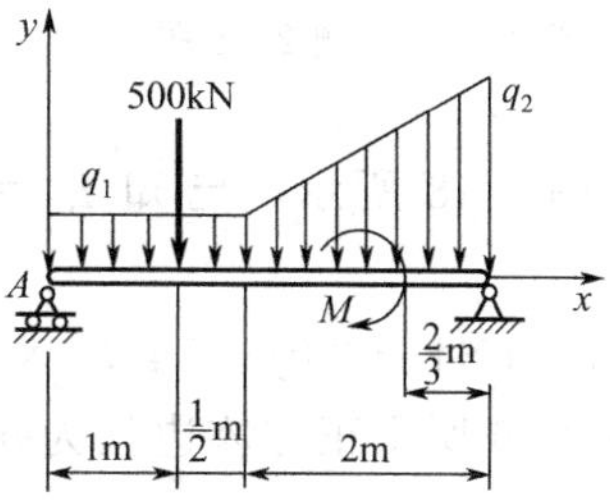

图 2-43　习题 2-8 图

2-9　设在图 2-44 中水平轮上点 A 作用一力 $\boldsymbol{F}$，方向与轮面成 60°角，且在过点 A 与轮缘相切的铅垂面内，而点 A 与轮心 O' 的连线与通过点 O' 平行于轴 y 的直线成 45°角。试求力 $\boldsymbol{F}$ 在三坐标轴上的投影和对三个坐标轴的矩。设 $F=1000\text{N}$，$h=r=1\text{m}$。

答：$F_x=354\text{N}$，$F_y=-354\text{N}$，$F_z=-866\text{N}$，$M_x=-259\text{N}\cdot\text{m}$，$M_y=967\text{N}\cdot\text{m}$，$M_z=-500\text{N}\cdot\text{m}$

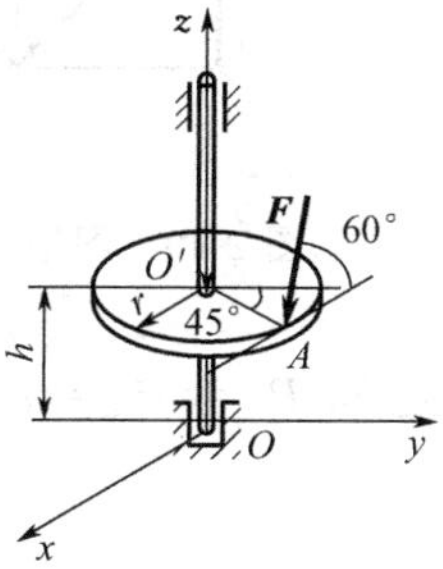

图 2-44　习题 2-9 图

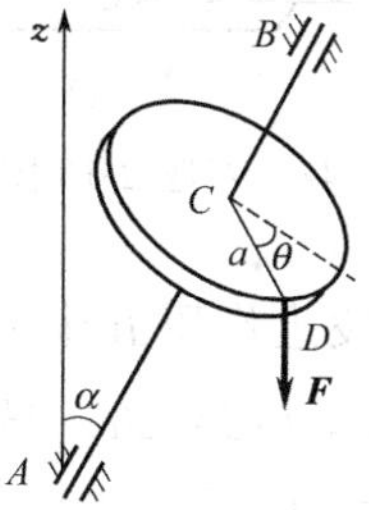

图 2-45　习题 2-10 图

2-10　轴 AB 与铅垂线成 α 角，轮盘盘面与轴垂直。半径 $CD=a$，且与铅垂面 zAB 成 θ 角，如图 2-45 所示。如在点 D 作用一铅垂向下的力 $\boldsymbol{F}$，大小已知，试求此力对轴 AB 的矩。

答：$M_{AB}=Fa\sin\alpha\sin\theta$

2-11　已知力 $F_1=2\text{kN}$，$F_2=1\text{kN}$，均作用于如图 2-46 所示 A 点，图中长度单位为 cm。试分别求 $\boldsymbol{F}_1$ 和 $\boldsymbol{F}_2$ 对 O 点之矩。

答：$\boldsymbol{M}_O(\boldsymbol{F}_1)=0.2\boldsymbol{i}\,\text{kN}\cdot\text{m}$，$\boldsymbol{M}_O(\boldsymbol{F}_2)=-0.0816\boldsymbol{i}+0.0408\boldsymbol{j}\,\text{kN}\cdot\text{m}$

2-12　力 F 沿边长为 a、b、c 的长方体的棱边作用，如图 2-47 所示。试计算：(1) 力 $\boldsymbol{F}$ 对各坐标轴之矩；(2) 力 $\boldsymbol{F}$ 对 B 点之矩；(3) 力 $\boldsymbol{F}$ 对于长方体对角线 AB 之矩。

答：(1) $M_x(\boldsymbol{F})=-Fa$，$M_y(\boldsymbol{F})=Fb$，$M_z(\boldsymbol{F})=0$　(2) $\boldsymbol{M}_B=Fb\boldsymbol{j}$　(3) $M_{AB}(\boldsymbol{F})=\dfrac{Fab}{\sqrt{a^2+b^2+c^2}}$

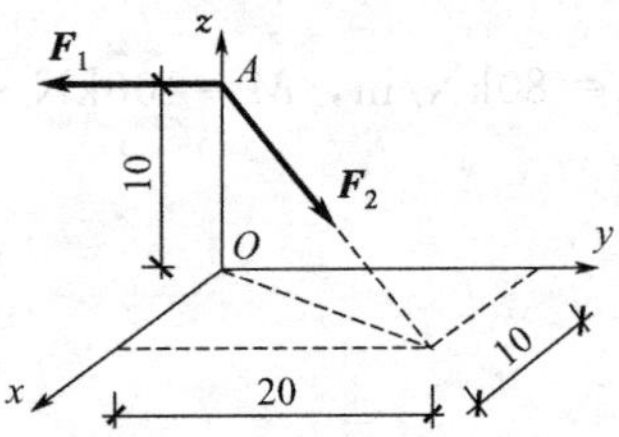

图 2-46　习题 2-11 图

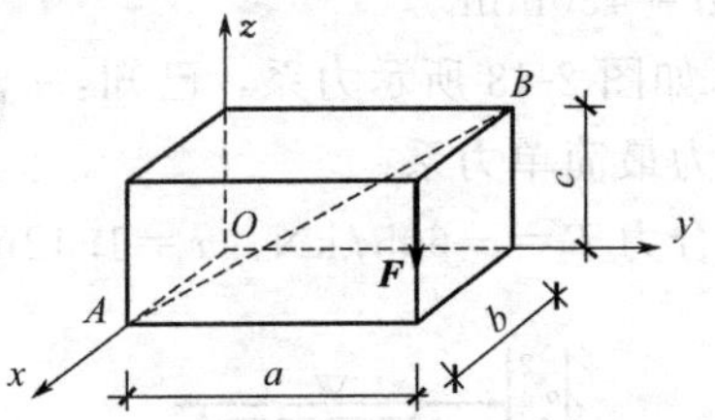

图 2-47　习题 2-12 图

2-13　如图 2-48 所示，已知 $F_1=400\text{N}$，$F_2=300\text{N}$，$F_3=500\text{N}$。试将力系向点 O 简化。

答：$\boldsymbol{F}=(-100\boldsymbol{i}-300\boldsymbol{j}+746\boldsymbol{k})\text{N}$，$\boldsymbol{M}_O=(1200\boldsymbol{i}-1093\boldsymbol{j})\text{N}\cdot\text{m}$

2-14　图 2-49 所示正方体边长为 b，其上作用 5 个力，其中，$F_1=F_2=F_3=F$，$F_4=F_5=\sqrt{2}F$。试将力系向点 A 简化，并给出简化的最终结果。

答：$\boldsymbol{F}=F\boldsymbol{k}$，$\boldsymbol{M}_A=Fb(\boldsymbol{i}+2\boldsymbol{j}+\boldsymbol{k})$；$\boldsymbol{F}=F\boldsymbol{k}$，$\boldsymbol{M}_O=Fb\boldsymbol{k}$

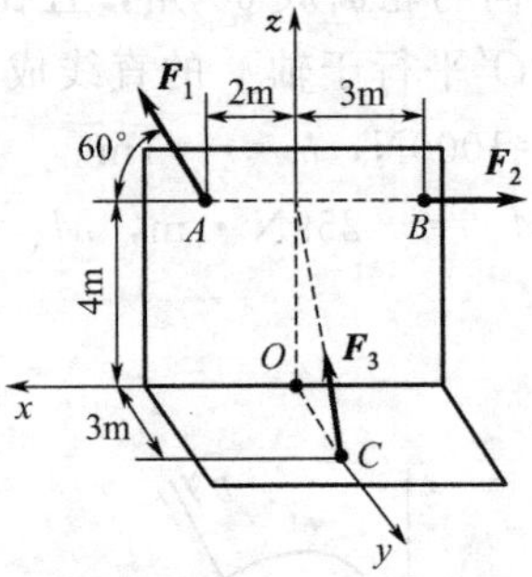

图 2-48　习题 2-13 图

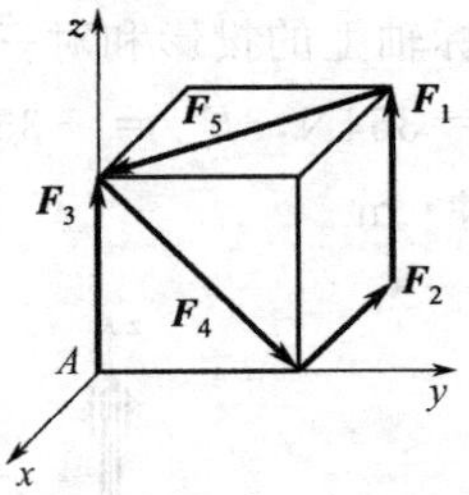

图 2-49　习题 2-14 图

2-15　沿着直棱边作用五个力，如图 2-50 所示。已知 $P_1=P_3=P_4=P_5=P$，$P_2=\sqrt{2}P$，$OA=OC=a$，$OB=2a$。试将此力系简化。

答：$\boldsymbol{M}=Pa(-3\boldsymbol{i}-\boldsymbol{j}-3\boldsymbol{k})$。

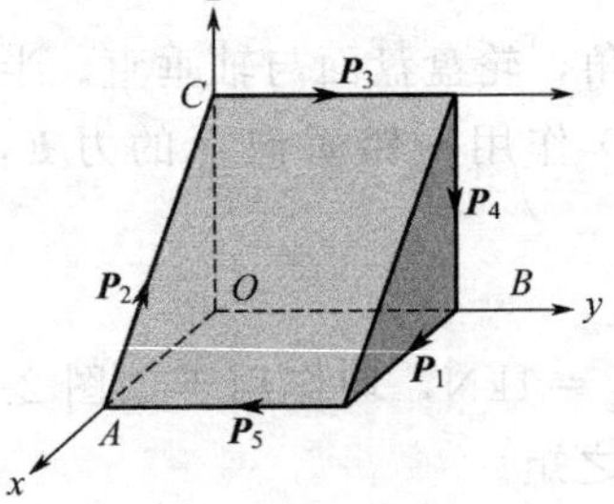

图 2-50　习题 2-15 图

第三章 力系的平衡

第一节 平面力系的平衡

根据上一章力系的简化结果可知，平面任意力系向作用平面内任一点简化后得到作用于原力系作用平面内的主矢和主矩，当力系平衡时，则主矢与主矩同时为零，即

$$\left.\begin{aligned}\boldsymbol{F}'_{\mathrm{R}}&=0\\M_O&=0\end{aligned}\right\}\tag{3-1}$$

式(3-1) 为平面任意力系平衡的必要条件，可以证明式(3-1) 同时也是平面任意力系平衡的充分条件。由此可知，平面任意力系平衡的必要与充分条件是：力系的主矢和力系对任一点的主矩都等于零。

设物体在 Oxy 平面内受到一平面任意力系作用而平衡，根据主矢和主矩的计算式

$$\left.\begin{aligned}\boldsymbol{F}'_{\mathrm{R}}&=(\sum F_{ix})\boldsymbol{i}+(\sum F_{iy})\boldsymbol{j}\\M_O&=\sum M_O(\boldsymbol{F}_i)\end{aligned}\right\}$$

可得平面任意力系平衡条件的解析表达式为

$$\left.\begin{aligned}\sum F_{ix}&=0\\\sum F_{iy}&=0\\\sum M_O(\boldsymbol{F}_i)&=0\end{aligned}\right\}\tag{3-2}$$

即：力系中各力在作用面内任意坐标轴上的投影的代数和等于零，各力对平面内任意点之矩的代数和等于零。式(3-2) 称为平面任意力系的平衡方程。

一、平面汇交力系的平衡

力系中各力的作用线位于同一平面内且汇交于一点的力系称为**平面汇交力系**，根据力系的简化结果分析，汇交力系可以合成为一作用线通过原力系汇交点的合力，当合力为零时，原力系为平衡力系，并且此时原力系对任一点的主矩必定为零。因此，平面汇交力系平衡的必要和充分条件是：力系的合力等于零。

根据力系的矢量合成法则，汇交力系的合力为力多边形的封闭边，在平衡情形下，力多边形中最后一个力的终点与第一个力的起点重合，构成一个自行封闭的力多边形。于是，可得如下结论，即平面汇交力系平衡的必要与充分条件是：该力系的力多边形自行封闭。这就是平面汇交力系平衡的几何条件。利用这一性质可以求解平面汇交力系的平衡问题，求解时按比例先画出封闭的力多边形，然后根据图形的几何关系计算出所要求解的未知量，这种解题方法称为**几何法**。

对平面汇交力系的平衡问题除了用几何法求解外，还可应用平面力系的平衡方程进行求解，由平面汇交力系的平衡条件，即：该力系的合力等于零，式(3-2) 退化为

$$\left.\begin{aligned}\sum F_{ix}&=0\\\sum F_{iy}&=0\end{aligned}\right\}\tag{3-3}$$

于是，平面汇交力系解析法平衡的必要与充分条件可表述为：力系中各力在作用面内任意坐标轴上投影的代数和为零。式(3-3) 称为平面汇交力系的平衡方程，这是两个独立的方程，可以求解两个未知量。

例 3-1 图 3-1 所示是汽车制动机构的一部分。司机踩到制动蹬上的力 $F=212\text{N}$，方向与水平面成 $\alpha=45°$ 角。当系统平衡时，DA 铅直，BC 水平，求拉杆 BC 所受的力。已知 $EA=24\text{cm}$，$DE=6\text{cm}$ (点 E 在铅直线 DA 上)，又 B、C、D 都是光滑铰链，机构自重不计。

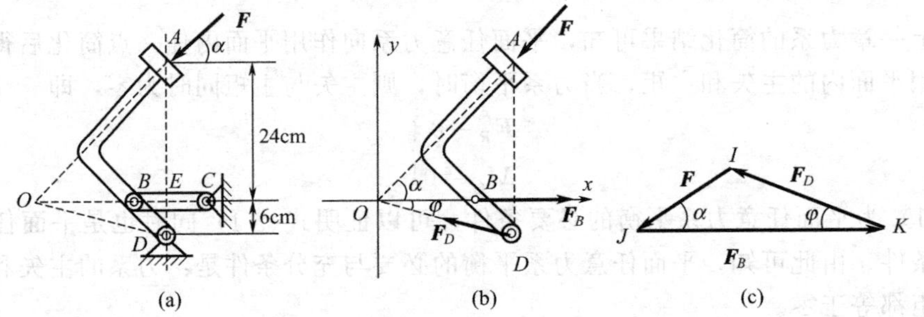

图 3-1

解一：几何法

(1) 选取制动蹬 ABD 为研究对象，作出受力图，如图 3-1(b) 所示；

(2) 作力多边形 IJK，如图 3-1(c) 所示。

(3) 由几何关系得：$\varphi=14.01°$

(4) 解力三角形，由正弦定理可得

$$F_B=\frac{\sin(180°-\alpha-\varphi)}{\sin\varphi}F=750\text{N}$$

解二：解析法

(1) 选取制动蹬 ABD 为研究对象，作出受力图，如图 3-1(b) 所示；

(2) 列出平衡方程

建立如图所示的坐标系，列平衡方程

$$\sum F_{ix}=0\quad F_B-F_D\cos\varphi-F\cos45°=0$$

$$\sum F_{iy}=0\quad F_D\sin\varphi-F\sin45°=0$$

(3) 联立求解平衡方程有

$$F_B=750\text{N}$$

通过以上例题，可以总结几何法解题的主要步骤如下：

(1) 根据题意选取适当的物体作为研究对象，并画出简图；

(2) 分析研究对象的受力情况，并画出其受力图；

(3) 作力多边形，作图时总是先画出已知力，然后根据矢序规则和封闭特点来确定未知力的指向；

(4) 利用多边形的性质求解未知量。

利用解析法求解平衡问题时，必须明确力的投影轴方位。

思考：若某力系构成的力多边形封闭，则该力系是否一定为平衡力系？若否，该力系简化的最终结果是什么？

二、平面力偶系的平衡

根据力系的简化结果可知，平面力偶系的合成结果仍为一个力偶，合力偶矩等于原力偶系中各力偶矩的代数和，即

$$M=M_1+M_2+\cdots+M_n=\sum M_i$$

当力偶系平衡时，其合力偶矩等于零。因此，平面力偶系平衡的必要和充分条件是：力偶系中各力偶矩的代数和等于零，即

$$\sum M_i=0 \tag{3-4}$$

式(3-4) 即为平面力偶系的平衡方程。

例 3-2 在梁上作用二力偶，其力偶矩的大小为 $M_1=30\text{kN}\cdot\text{m}$，$M_2=18\text{kN}\cdot\text{m}$，如图 3-2(a) 所示。梁长 $l=6\text{m}$，不计自重，求支座 A、B 的约束力。

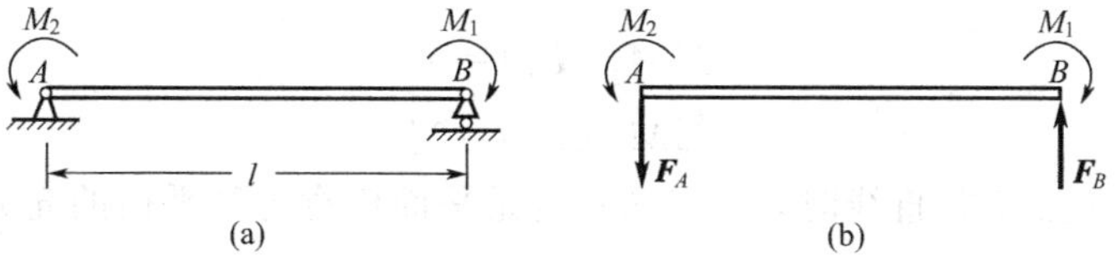

图 3-2

解： 取梁 AB 为研究对象并进行受力分析。梁受到力偶矩大小为 M_1 和 M_2 的主动力偶作用，在支座 A 和 B 处受约束力 $\boldsymbol{F}_A$ 和 $\boldsymbol{F}_B$ 的作用，$\boldsymbol{F}_B$ 的作用线应通过铰链 B 的中心垂直于支承面，支座 A 的反力 $\boldsymbol{F}_A$ 的作用线通过铰链 A 的中心，方向不能确定。由于力偶只能与力偶相平衡，可以断定 $\boldsymbol{F}_A$ 与 $\boldsymbol{F}_B$ 必构成一力偶，因此 $\boldsymbol{F}_A=-\boldsymbol{F}_B$，于是梁 AB 在三个力偶的作用下平衡，图 3-2 (b) 由平面力偶系平衡方程

$$\sum M_i=0 \qquad M_2-M_1+F_Bl=0$$

解得

$$F_A=F_B=\frac{M_1-M_2}{l}=2\text{kN}$$

三、平面任意力系平衡

设物体在 Oxy 平面内受到一平面任意力系作用而平衡，根据平面任意力系的平衡条件，得到平面任意力系的平衡方程，即

$$\left.\begin{aligned}\sum F_{ix}&=0\\ \sum F_{iy}&=0\\ \sum M_O(\boldsymbol{F}_i)&=0\end{aligned}\right\}$$

上式称为平面任意力系平衡方程的基本形式，也称为一矩式平衡方程。此外，还有两种平衡方程形式：二矩式平衡方程和三矩式平衡方程。

二矩式平衡方程

$$\left.\begin{aligned}\sum F_{ix}&=0\\ \sum M_A(\boldsymbol{F}_i)&=0\\ \sum M_B(\boldsymbol{F}_i)&=0\end{aligned}\right\} \tag{3-5}$$

当 A、B 两矩心所连直线与所选投影轴（x 轴）不垂直时，式(3-5) 也是平面任意力系平衡的充分与必要条件。

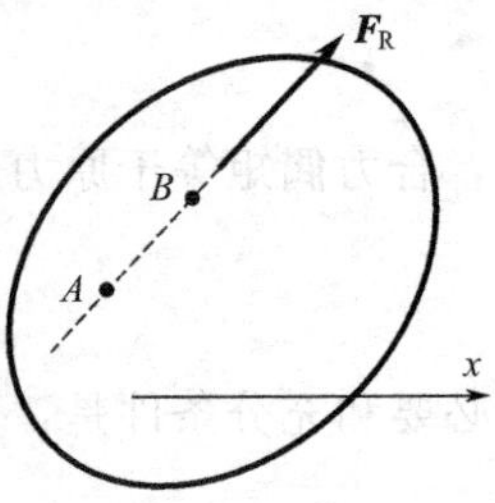

图 3-3

证明：

(1) 充分性

在式(3-5)中，若后两式成立，则力系简化为一作用线通过 A、B 两点的合力 $\boldsymbol{F}_R$ 或平衡（图 3-3)。若力系合成结果为一合力，由于第一式也成立，则表明力系的合力作用线只能与 x 轴垂直，但式(3-5)的附加条件为 A、B 两矩心所连直线与所选投影轴（x 轴）不垂直，所以，不可能存在此种情形，故该力系必为平衡力系。充分性得证。

(2) 必要性

如力系平衡，则其主矢量和对任一点的主矩均为零，必要性显然成立。

三矩式平衡方程

$$\left.\begin{array}{l}\sum M_A(\boldsymbol{F}_i)=0\\ \sum M_B(\boldsymbol{F}_i)=0\\ \sum M_C(\boldsymbol{F}_i)=0\end{array}\right\} \tag{3-6}$$

当 A、B、C 三点不共直线时，式(3-6)也是平面任意力系平衡的充分与必要条件。

证明：

(1) 充分性

在式(3-6)中，若三式均成立，则力系简化为一作用线同时通过 A、B、C 三点的合力 $\boldsymbol{F}_R$ 或平衡。若力系合成结果为一合力，则 A、B、C 三点必定在合力 $\boldsymbol{F}_R$ 作用线上，即：A、B、C 三点共直线，但式(3-5)的附加条件为 A、B、C 三点不共直线，所以，不可能存在此种情形，故该力系必为平衡力系。充分性得证。

(2) 必要性

如力系平衡，则其对任一点的主矩均为零，必要性显然成立。

平面任意力系的平衡方程虽有 3 种不同的形式，但对处于平面任意力系作用下的一个平衡物体最多只能有 3 个独立的平衡方程式。在实际应用中，应根据受力图中力系的分布特点，特别是要分析未知力的分布特点，灵活地选择投影轴、矩心或矩轴，建立平衡方程。建立平衡方程的原则是：力求达到一个方程式中只含一个未知量，避免求解联立方程，以使解题过程简单。

特殊情况下，如果平面力系 $\boldsymbol{F}_1$、$\boldsymbol{F}_2$、$\boldsymbol{F}_3$、…、$\boldsymbol{F}_n$ 中各力的作用线都相互平行，如图 3-4 所示，则称该力系为**平面平行力系**。如选取 x 轴与各力垂直，则不论力系是否平衡，每一个力在 x 轴上的投影均为零，即 $\sum F_{ix}=0$。于是，平行力系的独立平衡方程的数目只有两个，即

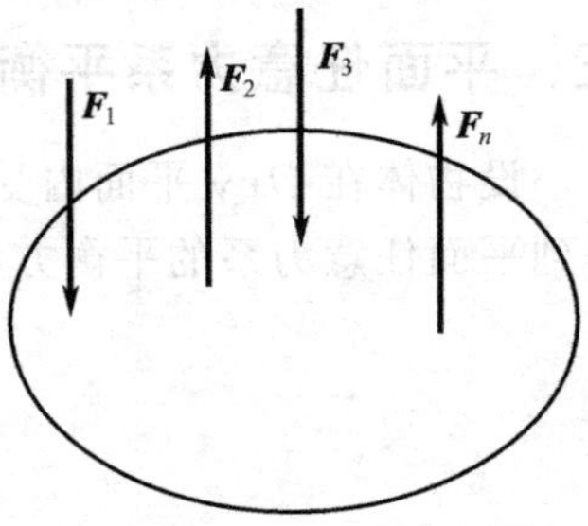

图 3-4

$$\left.\begin{array}{l}\sum F_{iy}=0\\ \sum M_O(\boldsymbol{F}_i)=0\end{array}\right\} \tag{3-7}$$

平面平行力系的平衡方程，也可用两个力矩方程的形式，即

$$\left.\begin{array}{l}\sum M_A(\boldsymbol{F}_i)=0\\ \sum M_B(\boldsymbol{F}_i)=0\end{array}\right\} \tag{3-8}$$

其中 A、B 两点的连线不与各力的作用线平行。

例 3-3 图 3-5 所示为一管道支架，其上搁有管道，设每一支架所承受的管重 $G_1=$

12kN，$G_2=7$kN，且架重不计。求支座 A 和 C 处的约束力，尺寸如图所示。

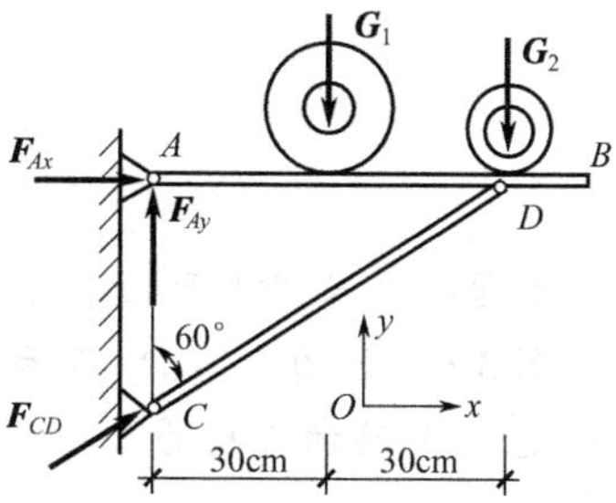

图 3-5

解： 以支架整体为研究对象，进行受力分析。

画出整体受力图，支架受力有：主动力 $\boldsymbol{G}_1$、$\boldsymbol{G}_2$ 和未知的约束力 $\boldsymbol{F}_{Ax}$、$\boldsymbol{F}_{Ay}$、$\boldsymbol{F}_{CD}$。其受力如图 3-5 所示。

建立参考系 Oxy，列平衡方程，求解未知力。

$$\sum M_A(\boldsymbol{F}_i)=0$$

$$F_C\cos30°\times60\tan30°-G_1\times30-G_2\times60=0$$

$$F_{CD}=G_1+2G_2=26\text{kN}$$

$$\sum F_{ix}=0 \qquad F_{Ax}+F_{CD}\sin60°=0$$

$$F_{Ax}=-F_{CD}\sin60°=-22.5\text{kN}$$

$$\sum F_{iy}=0 \qquad F_{Ay}+F_{CD}\cos60°-G_1-G_2=0$$

$$F_{Ay}=G_1+G_2-F_{CD}\cos60°=6\text{kN}$$

例 3-4 简支梁 AB 受一个力偶和两个集中力作用。已知力偶矩的大小 $M=100\text{N}\cdot\text{m}$，$F_1=300$N，$F_2=100$N。支承与荷载情形如图 3-6(a) 所示。试求支座 A 和 B 的反力。

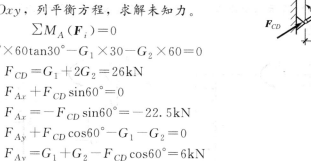

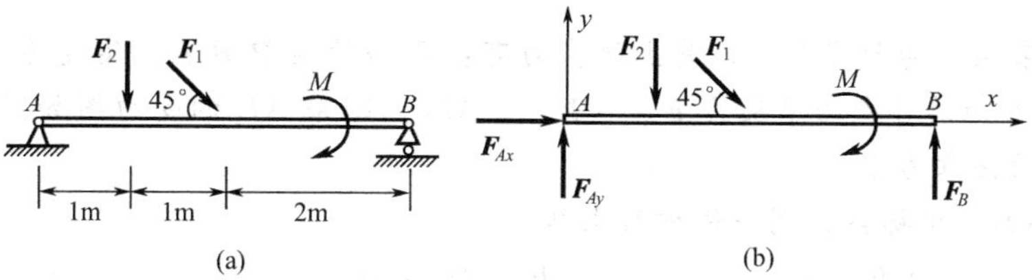

图 3-6

解：(1) 取梁 AB 为研究对象。

(2) 画受力图：作用在 AB 梁上的主动力包括力矩为 M 的力偶和集中力 F_1、F_2。此外，梁还受 A、B 两支座的约束力作用。梁端 A 是固定铰支座，它的约束力的方向不能事先确定，用它的两个正交分力 $\boldsymbol{F}_{Ax}$ 和 $\boldsymbol{F}_{Ay}$ 表示。梁端 B 是可动铰支座，其约束力通过铰链中心 B，并与支承面垂直，用 $\boldsymbol{F}_B$ 表示，如图 3-6(b) 所示。

(3) 选取投影轴和矩心：应用平面任意力系的平衡方程求未知量时，应尽可能使每个方程中的未知量的数目减少，最好是在一个方程中只有一个未知量。因此，应使投影轴与未知力垂直或平行，矩心选在未知力的交点上。本题取如图 3-6(b) 所示的 x、y 轴为投影轴，以点 A 为矩心。

(4) 列平衡方程，求未知量

$$\sum F_{ix}=0 \qquad F_{Ax}+F_1\cos45°=0$$

$$F_{Ax}=-F_1\cos45°=-300\times\frac{\sqrt{2}}{2}=-212.1\text{N}$$

$$\sum M_A(\boldsymbol{F}_i)=0 \qquad F_B\times4-F_1\sin45°\times2-F_2\times1-M=0$$

$$F_B=\frac{2F_1\sin45°+F_2+M}{4}$$

$$=\frac{2\times300\times\frac{\sqrt{2}}{2}+100+100}{4}=156.1\text{N}$$

$$\sum F_{iy}=0 \qquad F_{Ay}+F_B-F_1\sin45°-F_2=0$$

$$F_{Ay}=F_1\sin45°+F_2-F_B$$

$$=300\times\frac{\sqrt{2}}{2}+100-156.1=156\text{N}$$

本题也可采用平面任意力系平衡方程的二矩式或三矩式进行求解，读者可自行解答。

例 3-5 如图 3-7(a) 所示悬臂刚架，荷载：$q=10\text{kN/m}$，$F=10\text{kN}$，$M=8\text{kN}\cdot\text{m}$。试求固定端 A 的约束反力。

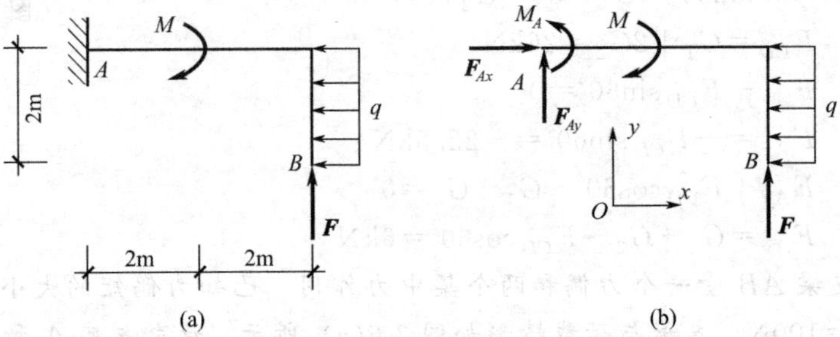

图 3-7

解：取刚架 AB 为研究对象，其上所受力有：已知的集中力 $\boldsymbol{F}$、集度为 q 的均布荷载，集中力偶 M；未知的 3 个约束反力 $\boldsymbol{F}_{Ax}$、$\boldsymbol{F}_{Ay}$、M_A。刚架 AB 的受力图如图 3-7(b) 所示。各力组成一平面任意力系。

建立图示 Oxy 坐标系，列平衡方程求解

$$\sum F_{iy}=0 \qquad F_{Ay}+F=0$$

$$F_{Ay}=-F=-10\text{kN}$$

$$\sum F_{ix}=0 \qquad F_{Ax}-q\times2=0$$

$$F_{Ax}=20\text{kN}$$

$$\sum M_A(\boldsymbol{F}_i)=0 \qquad M_A+F\times4-q\times2\times1-M=0$$

$$M_A=-12\text{kN}\cdot\text{m}$$

第二节　物体系统的平衡

一、静定与超静定的概念

由若干个物体通过约束组成的系统称为**物体系统**，简称为物系。在研究物体系统的平衡问题时，不仅要知道外界物体对于这个系统的作用，有时还需要分析系统内各物体之间的相互作用，外界物体作用于系统的力称为该系统的外力，系统内部各物体间的相互作用力称为该系统的内力。

当物体系统平衡时，组成该系统的每一个物体都处于平衡状态，因此对于每一个受平面任意力系作用的物体，均可写出三个独立平衡方程。如系统由 n 个物体组成，则共有 $3n$ 个独立方程。如系统中有的物体受平面汇交力系或平面平行力系作用时，则系统的独立平衡方程数目相应减少。当系统中的未知量数目等于独立平衡方程的数目时，则所有未知量都能由平衡方程求出，这样的问题称为**静定问题**。显然前面列举的各例都是静定问题。在工程实际中，有时为了提高结构的刚度和稳固性，常常增加一些多余的约束，因而使这些结构的未知

量的数目多于独立平衡方程的数目，未知量就不能全部由平衡方程求出，这样的问题称为**超静定问题**或静不定问题。对于超静定问题仅用刚体平衡方程是不能解决的，还必须考虑物体因受力作用而产生的变形，再增列某些补充方程后才能解决。此类问题将在本书后续相关章节中讨论。

二、物体系统的平衡

在研究物体系统的平衡问题时，不仅要分析系统外的其他物体对这个系统的作用，而且还要分析系统内各物体之间的相互作用。根据作用与反作用定律可知，内力总是成对出现的，因此当取整个系统为分离体时，可不考虑内力。由于内力、外力的划分是相对于所选取的研究对象而言的，因此，欲求物体系统内部某处的相互作用力，必须从欲求相互作用力的约束处，将物体系统拆开，取其中某部分为研究对象，使欲求处的相互作用力转化为该研究对象的外力，再用平衡方程求解。

当物体系统平衡时，系统内的每个组成物体都处于平衡，反之，系统内每一个组成物体都平衡时，则物体系统也一定是平衡的。因此，在解决物体系统的平衡问题时，既可选整个系统为研究对象，也可选其中某几个物体或某个物体为研究对象，取出相应的分离体，画出受力图，然后列出相应的平衡方程，以解出所需的未知量。

物体系统的平衡问题既是工程力学的重点，也是一个难点。解这类问题时，要根据物体系统的构造特点，灵活运用各类平衡方程。具体求解时，可以选单个物体或系统局部作为研究对象，列出全部平衡方程，然后求解；也可先取整个系统为研究对象，列出平衡方程，这样的方程因不包含内力，式中未知量较少，解出部分未知量后，再从系统中选取某些物体作为研究对象，列出另外的平衡方程，直到求出所有的未知量为止。

例 3-6 如图 3-8(a) 所示无底的圆柱形空筒放在光滑的水平面上，内放两个重球。设每个球重为 P，半径为 r，圆筒的半径为 R，若不计各接触面之间的摩擦，试求圆筒不致翻倒最小重量 $Q_{\min}$（$r<R<2r$）。

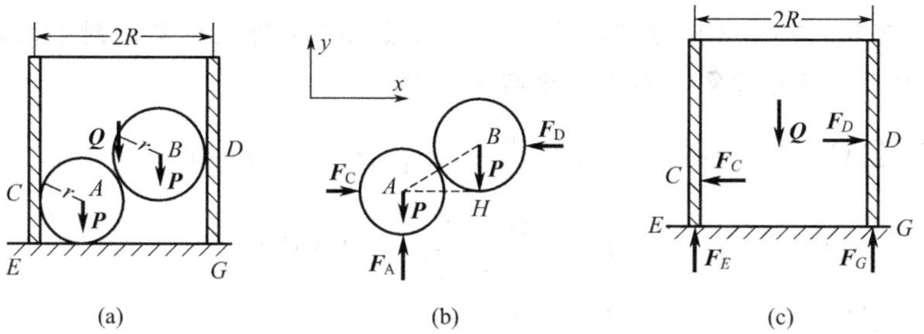

图 3-8

解： 先研究两球，受力如图 3-8(b) 所示。

$$\sum M_A=0 \qquad F_D\times BH-P\times AH=0$$

$$F_D=\frac{AH}{BH}P$$

$$\sum F_x=0 \qquad F_C=F_D=\frac{AH}{BH}P$$

再以圆筒为研究对象，受力如图 3-8(c) 所示。

$$\sum M_G=0 \quad Q\times R+F_C\times r-F_D\times(BH+r)-F_E\times 2R=0$$

当圆筒将翻未翻时，$F_E=0$。代入上式可得

$$Q\times R-AH\times P=0$$

又 $AH=2R-2r$ 代入有

$$Q_{\min}=\frac{2(R-r)}{R}P$$

圆筒不翻倒的条件为

$$Q\geqslant\frac{2(R-r)}{R}P$$

例 3-7 图 3-9 所示静定多跨梁由 AB 和 BC 梁在中间用铰链 B 连接而成，支承和荷载情况如图 3-9(a) 所示。已知 $F=15\text{kN}$，$q=5\text{kN/m}$，$l=1\text{m}$，$M=10\text{kN}\cdot\text{m}$，求支座 A、C 和中间铰 B 处的约束力。

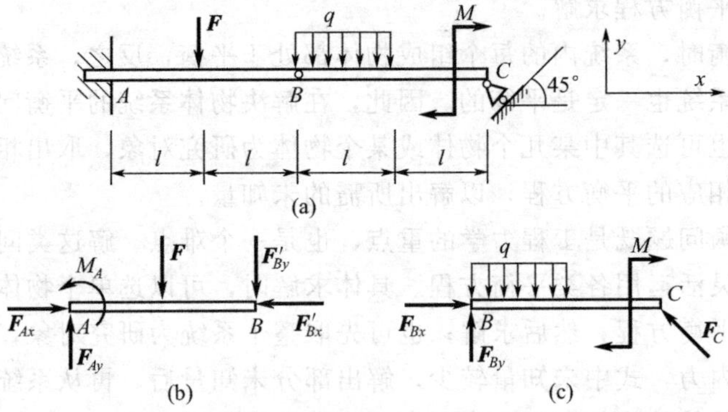

图 3-9

分析：选择研究对象：若取整个组合梁 ABC 作为研究对象，则整体共受四个未知力的作用，不能由平面任意力系的平衡方程求出。若取梁 AB 作为研究对象，会出现五个未知量，受力如图 3-9(b)，用平衡方程也不能求出。若取梁 BC 作为对象，未知量仅有三个，受力如图 3-9(c) 所示，可由平衡方程求出，故先取梁 BC 为研究对象，列平衡方程并求解。

解：取梁 BC 为研究对象，列平衡方程并求解。

$$\sum M_B(\boldsymbol{F}_i)=0 \qquad -M-\frac{ql^2}{2}+F_C\sin45^\circ\times2l=0$$

$$F_C=\frac{M+ql^2/2}{2l\sin45^\circ}=8.84\text{kN}$$

$$\sum F_{ix}=0 \qquad F_{Bx}-F_C\cos45^\circ=0$$

$$F_{Bx}=F_C\cos45^\circ=6.25\text{kN}$$

$$\sum F_{iy}=0 \qquad F_{By}-ql+F_C\sin45^\circ=0$$

$$F_{By}=ql-F_C\sin45^\circ=-1.25\text{kN}$$

再取 AB 梁为研究对象，受力如图 3-9(b) 所示，列平衡方程并求解

$$\sum F_{ix}=0 \qquad F_{Ax}-F_{Bx}=0$$

$$F_{Ax}=F_{Bx}=6.25\text{kN}$$

$$\sum F_{iy}=0 \qquad F_{Ay}-F-F_{By}=0$$

$$F_{By}=F+F_{By}=13.75\text{kN}$$

$$\sum M_A(\boldsymbol{F}_i)=0 \qquad M_A-Fl-F_{By}\times2l=0$$

$$M_A = Fl + F_{By} \times 2l = 12.5\text{kN} \cdot \text{m}$$

讨论：上例中组合梁由两部分构成，梁 AB 为基本静定结构，在其自身的约束条件下能独立承担荷载并维持平衡，这类构件称为物体系统的基本部分。BC 梁必须依赖于梁 AB 支承才能承受荷载并维持平衡，这类构件称为物体系统的附属部分。可以看出：作用在基本部分的荷载不传递给附属部分，而作用在附属部分的荷载，一定要传递给与它相关的基本部分。因此，在研究这类物体系统的平衡问题时，应先分析附属部分，后分析基本部分或整体。

例 3-8 如图 3-10(a) 所示三铰刚架，其顶部受沿水平方向均匀分布的铅垂荷载作用，荷载集度 $q=8\text{kN/m}$，在 D 处受其值 $F=30\text{kN}$ 的水平集中力作用，刚架自重不计。试求 A、B、C 处约束力。

分析：系统由刚架 BC 和 AC 两部分构成，无论先选取 BC、AC 或整体为研究对象，都有 4 个未知量，无法通过一个研究对象解出其上所有未知力，需解联立方程才能求解。要想避免方程组联立求解，必须首先选取其他研究对象，解出其中一个未知力，观察发现，如先以整体为研究对象，其受力如图 3-10(a) 所示。虽然仍然有 4 个未知力，但其中有 3 个未知力作用线汇交于一点，如以此交点为矩心列平衡方程，即可简便地求出其中一个未知力，故先以整体为研究对象，解出一个未知力后，再选取单个构件为研究对象。

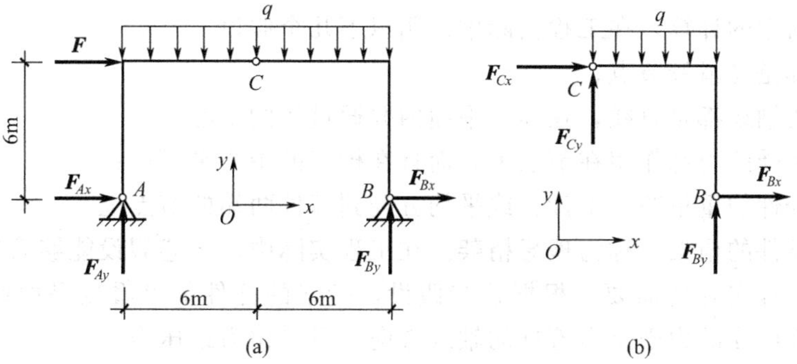

图 3-10

解：选取整体为研究对象，受力如图 3-10(a) 所示，列平衡方程有

$$\sum M_A(\boldsymbol{F}_i)=0 \qquad F_{By}\times 12 - F\times 6 - q\times 12\times 6 = 0$$

$$F_{By}=\frac{F\times 6+q\times 12\times 6}{12}=63\text{kN}$$

同样可列平衡方程

$$\sum M_B(\boldsymbol{F}_i)=0 \qquad -F_{Ay}\times 12 - F\times 6 + q\times 12\times 6 = 0$$

$$F_{Ay}=\frac{F\times 6-q\times 12\times 6}{12}=33\text{kN}$$

其次选择 BC 部分为研究对象，其受力如图 3-10(b) 所示，建立图示 Oxy 参考系。由于 $\boldsymbol{F}_{By}$ 已成为已知量，故

$$\sum M_C(\boldsymbol{F}_i)=0 \qquad F_{Bx}\times 6 + F_{By}\times 6 - q\times 6\times 3 = 0$$

$$F_{Bx}=\frac{-F_{By}\times 6+q\times 6\times 3}{6}=-39\text{kN}$$

$$\sum F_{ix}=0 \qquad F_{Cx}+F_{Bx}=0$$

$$F_{Cx}=-F_{Bx}=39\text{kN}$$

$$\sum F_{iy}=0 \qquad F_{Cy}+F_{By}-q\times 6=0$$

$$F_{Cy}=-F_{By}+q\times 6=-15\text{kN}$$

最后，回到整体分析，列平衡方程

$$\sum F_{ix}=0 \qquad F_{Ax}+F_{Bx}+F=0$$

$$F_{Ax}=-F_{Bx}-F=9\text{kN}$$

讨论：这是一类无主次之分的物体系统，解除其中任何一个构件都不能使剩下的构件平衡，同时，作用在各组成部分上的荷载，一般要通过相互连接的约束进行相互传递。因此，一般需要通过几个构件联立求解才能解出作用其上的所有未知力，为选择出最优的解题方案，需根据具体情况，灵活选取研究对象及分析次序。

第三节 平面桁架的内力分析

桁架是由一些细长直杆两端用铰链连接而成的几何不变结构，所有杆件的轴线在同一平面内的桁架称为**平面桁架**，该平面称为桁架的中心平面；否则称为**空间桁架**。桁架在工程中有着广泛应用，如屋架、桥梁、电视塔、油田井架等。桁架中杆件的铰链接头称为节点。

桁架的优点是：在节点荷载作用下，各杆都可近似为二力杆，主要承受拉力或压力，可以充分发挥材料的作用，节约材料，减轻结构的重量。

为了简化桁架的计算，在工程实际中采用以下几个假设：

(1) 节点都是光滑铰节点；

(2) 杆件的轴线都是直线，在同一平面内并通过铰的中心；

(3) 桁架所受的力都作用在节点上，而且在桁架的中心平面内；

(4) 桁架杆件的重量略去不计，或平均分配到杆件两端的节点上。

符合这些条件的桁架，称为**理想桁架**。在工程实际中，上述假设能够简化计算，而且所得的结果满足工程实际的需要。根据这些假设，桁架的杆件都可看成是两端受力的二力杆件，因此各杆件所受的力必定沿着杆的轴线方向，只受拉力或压力。

本节只研究平面桁架中的静定桁架。如果从桁架中任意除去一根杆件，则桁架形状可变，这种桁架称为**无余杆桁架**。如图 3-11(a) 所示。反之，如果除去某几根杆件，桁架形状仍然不变，则这种桁架称为**有余杆桁架**，如图 3-11(b) 所示。图 3-11(a) 所示的无余杆桁架是以三角形框架为基础，每增加一个节点需增加两根杆件，这样构成的桁架又称为平面简单桁架。容易证明，当支反力分量不超过三个时，平面简单桁架是静定的。

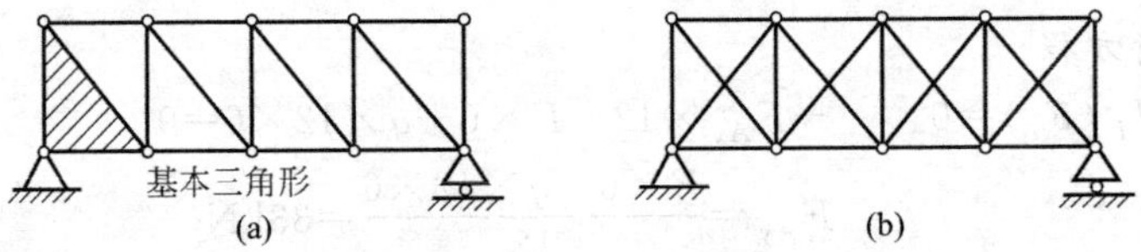

图 3-11

下面介绍两种计算桁架杆件内力的解法：节点法和截面法。

一、节点法

桁架的每个节点都受一个平面汇交力系的作用，为了求桁架的各杆内力，可以逐个地取节点为研究对象，由已知力求出全部未知力，这就是**节点法**。应注意每次选取的节点其未知力的数目不宜多于两个。

例 3-9 平面桁架的尺寸和支座如图 3-12(a) 所示。在节点 C 处受 $F=20\text{kN}$ 的集中荷载作用。试求桁架 1、2、3、4 和 5 杆的内力。

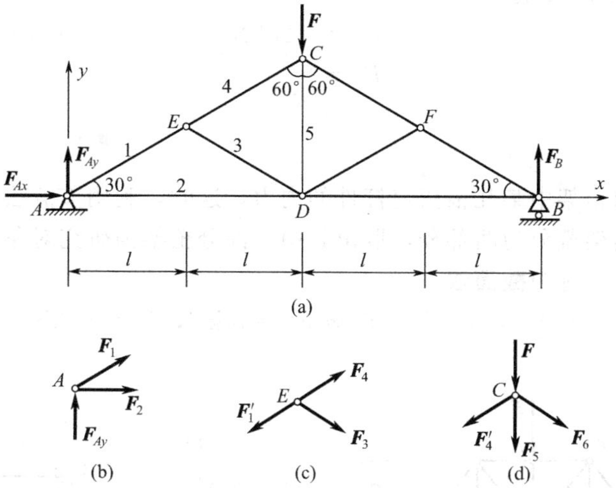

图 3-12

解：(1) 求支座反力

以桁架整体为研究对象。在桁架上受四个力 $\boldsymbol{F}_{Ax}$、$\boldsymbol{F}_{Ay}$、$\boldsymbol{F}_B$ 和 $\boldsymbol{F}$ 作用，列平衡方程

$$\sum F_{ix}=0 \qquad F_{Ax}=0$$

$$\sum M_A(F_i)=0 \qquad F_B\times 4l-F\times 2l=0$$

$$F_B=\frac{F}{2}=10\text{kN}$$

$$\sum M_B(F_i)=0 \qquad F\times 2l-F_{Ay}\times 4l=0$$

$$F_{Ay}=\frac{F}{2}=10\text{kN}$$

(2) 依次取节点为研究对象，计算左半部分杆件的内力，由于桁架的结构与荷载都对称，则另一半杆件的内力对称相等。假定各杆均受拉力，依次分析各节点受力如图 3-12(b)、(c)、(d) 所示，为计算方便，逐次列出只有两个未知力的节点的平衡方程。

节点 A，受力如图 3-12(b) 所示，杆的内力 $\boldsymbol{F}_1$ 和 $\boldsymbol{F}_2$ 未知，列平衡方程

$$\sum F_{iy}=0 \qquad F_{Ay}+F_1\sin 30°=0$$

$$F_1=-\frac{F_{Ay}}{\sin 30°}=-20\text{kN}$$

$$\sum F_{ix}=0 \qquad F_2+F_1\cos 30°=0$$

$$F_2=-F_1\cos 30°=17.32\text{kN}$$

节点 E，受力如图 3-12(c) 所示，杆的内力 $\boldsymbol{F}_3$ 和 $\boldsymbol{F}_4$ 未知，列平衡方程

$$\sum F_{ix}=0 \qquad F_4\cos 30°-F_1'\cos 30°+F_3\cos 30°=0$$

$$\sum F_{iy}=0 \qquad F_4\sin 30°-F_1'\sin 30°-F_3\sin 30°=0$$

代入 $F_1=-20\text{kN}$，解得

$$F_4=-20\text{kN}$$

$$F_3=0$$

节点 C，受力如图 3-12(d) 所示，杆的内力 $\boldsymbol{F}_5$ 和 $\boldsymbol{F}_6$ 未知，列平衡方程

$$\sum F_{ix}=0 \qquad -F_4'\cos30^\circ+F_6\cos30^\circ=0$$
$$\sum F_{iy}=0 \qquad -F-F_5-F_4'\sin30^\circ-F_6\sin30^\circ=0$$

代入 $F_4=-20\text{kN}$，解得

$$F_6=-20\text{kN}$$
$$F_5=0$$

二、截面法

有时，只需要求桁架中某几根指定杆件的内力，这时，利用节点法计算比较繁琐。可假想地用某一截面将桁架截分为两部分，取出其中一部分桁架为研究对象，可快速地求出指定杆件的内力，这种方法称为**截面法**。

例 3-10 如图 3-13(a) 所示桁架，已知 $F_1=40\text{kN}$，$F_2=60\text{kN}$，$F_3=80\text{kN}$，求 CK、CD 和 ED 杆的内力。

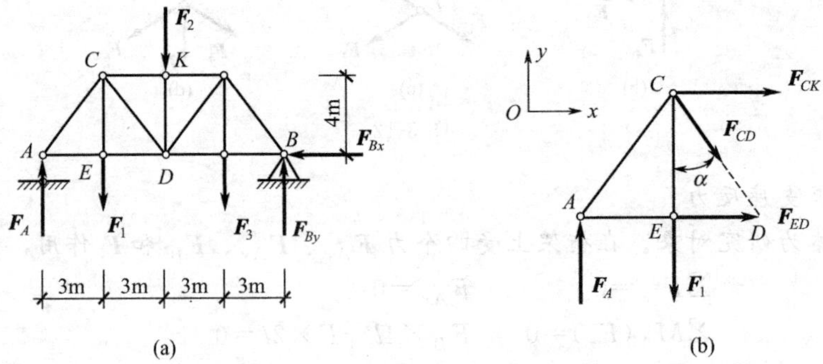

图 3-13

解：(1) 取整体研究，受力图如图 3-13(a) 所示，列平衡方程，求支座 A 处约束力

$$\sum M_B(\boldsymbol{F}_i)=0 \qquad -F_A\times12+F_1\times9+F_2\times6+F_3\times3=0$$
$$F_A=80\text{kN}$$

(2) 用截面法求 CK、CD 和 ED 杆的内力。为此，取图 3-13(b) 所示分离体，设杆件均受拉，受力如图所示。建立图示坐标系 Oxy，列平衡方程求解

$$\sum M_D(F_i)=0 \qquad -F_{CK}\times4-F_A\times6+F_1\times3=0$$
$$F_{CK}=-90\text{kN}$$
$$\sum F_{iy}=0 \qquad -F_{CD}\times\frac{4}{5}-F_1+F_A=0$$
$$F_{CD}=50\text{kN}$$
$$\sum F_{ix}=0 \qquad F_{CD}\times\frac{3}{5}+F_{ED}+F_{CK}=0$$
$$F_{ED}=60\text{kN}$$

第四节　空间力系的平衡

一、空间汇交力系的平衡条件

设物体受到一空间汇交力系作用，如图 3-14 所示，过汇交点建立直角坐标系 $Oxyz$，根据力系的简化规律，空间汇交力系合成的结果是一个合力，合力大小为

$$F_R=\sqrt{(\sum F_{ix})^2+(\sum F_{iy})^2+(\sum F_{iz})^2}$$

力系平衡条件为合力为零，则必须满足力系中各力在 x、y、z 轴上的投影的代数和分别等于零。因此，空间汇交力系有三个独立平衡方程，即

$$\left.\begin{aligned}\sum F_{ix}=0\\ \sum F_{iy}=0\\ \sum F_{iz}=0\end{aligned}\right\} \tag{3-9}$$

于是可得结论，空间汇交力系平衡的必要与充分条件为：该力系中所有各力在三个坐标轴上的投影的代数和分别等于零。式(3-9) 称为空间汇交力系的平衡方程。

应用解析法求解空间汇交力系的平衡问题的步骤，与平面汇交力系问题相同，只不过需列出三个平衡方程，可求解三个未知量。

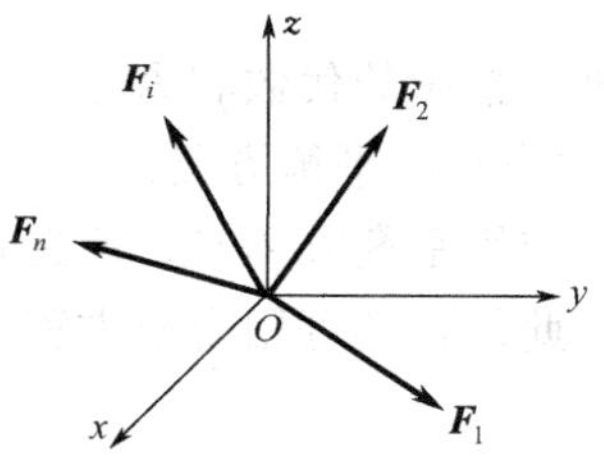

图 3-14

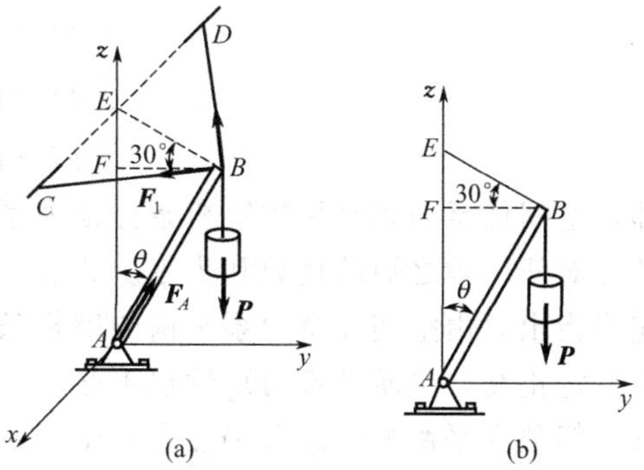

图 3-15

例 3-11 如图 3-15 所示，用起重杆吊起重物。起重杆的 A 端用球铰链固定在地面上，而 B 端则用绳 CB 和 DB 拉住，两绳分别系在墙上的点 C 和 D，连线 CD 平行于 x 轴。已知：$CE=EB=DE$，$\alpha=30°$，CDB 平面与水平间的夹角 $\angle EBF=30°$，物重 $G=10\text{kN}$。如起重杆的重量不计，试求起重杆所受的压力和绳子的拉力。

解：取起重杆 AB 与重物为研究对象，其上受有主动力 $\boldsymbol{P}$，B 处受绳拉力 $\boldsymbol{F}_1$ 与 $\boldsymbol{F}_2$；球铰链 A 的约束力方向一般不能预先确定。本题中，由于杆重不计，又只在 A、B 两端受力，所以起重杆 AB 为二力构件，球铰 A 对杆 AB 的反力 $\boldsymbol{F}_A$ 必沿 A、B 连线。$\boldsymbol{P}$、$\boldsymbol{F}_1$、$\boldsymbol{F}_2$ 和 $\boldsymbol{F}_A$ 四个力汇交于点 B，为一空间汇交力系。

取坐标轴如图所示，由已知条件知：$\angle CBE=\angle DBE=45°$，列平衡方程

$$\sum F_{ix}=0 \qquad F_1\sin45°-F_2\sin45°=0$$

$$\sum F_{iy}=0 \qquad F_A\sin30°-F_1\cos45°\cos30°-F_2\cos45°\cos30°=0$$

$$\sum F_{iz}=0 \qquad F_1\mathrm{cso}45°\sin30°+F_2\mathrm{cso}45°\sin30°+F_A\cos30°-G=0$$

求解上面的三个平衡方程，得

$$F_1=F_2=3.54\text{kN}$$

$$F_A=8.66\text{kN}$$

二、空间任意力系的平衡条件

1. 空间任意力系的平衡方程

空间任意力系向任一点简化后，一般得到一个力和一个力偶。此力和力偶分别决定于力系的主矢和力系对简化中心的主矩。因此，空间任意力系平衡的充分必要条件是：力系的主

矢和对于任一点的主矩同时都等于零。即

$$\left.\begin{array}{l}\boldsymbol{F}_{\mathrm{R}}'=0\\ \boldsymbol{M}_O=0\end{array}\right\}$$

在直角坐标系 $Oxyz$ 中，主矢和主矩大小的计算式分别为

$$F_{\mathrm{R}}=\sqrt{(\sum F_{ix})^2+(\sum F_{iy})^2+(\sum F_{iz})^2}$$

和

$$M_O=\sqrt{[\sum M_x(F_i)]^2+[\sum M_y(F_i)]^2+[\sum M_z(F_i)]^2}$$

于是，空间任意力系平衡条件的解析式表示为

$$\left.\begin{array}{l}\sum F_{ix}=0\\ \sum F_{iy}=0\\ \sum F_{iz}=0\\ \sum M_x(\boldsymbol{F}_i)=0\\ \sum M_y(\boldsymbol{F}_i)=0\\ \sum M_z(\boldsymbol{F}_i)=0\end{array}\right\} \tag{3-10}$$

即：空间任意力系平衡的解析条件是力系中各力在任一轴上投影的代数和为零，同时力系中各力对任一轴之矩的代数和为零。式(3-10) 称为空间任意力系的平衡方程。

应当指出，由空间任意力系平衡的解析条件可知，在实际应用平衡方程时，所选各投影轴不必一定正交，且所选各力矩轴也不必一定与投影轴重合。此外，还可用力矩方程取代投影方程，但独立平衡方程总数仍然是 6 个。

思考：空间汇交力系的平衡条件能否采用三矩式方程？如果可以，则对三力矩轴有何限制条件？

在实际空间力系的平衡问题求解中，对每个研究对象，独立平衡方程总数应不超过 6 个，在一些特殊的力系中，其独立平衡方程数目往往少于 6 个。因此，在平衡问题求解中，应仔细分析物体的受力特点，选取合适的平衡方程。

2. 空间力偶系的平衡方程

如图 3-16(a) 所示，设物体受到一空间力偶系作用而平衡。建立图示参考系 $Oxyz$，则力偶系中各力在 x、y、z 轴上的投影都恒等于零。因此式(3-10) 退化为三个方程，于是，空间力偶系平衡条件的解析式表示为

$$\left.\begin{array}{l}\sum M_{ix}=0\\ \sum M_{iy}=0\\ \sum M_{iz}=0\end{array}\right\} \tag{3-11}$$

即：空间力偶系平衡的解析条件是力偶系中各力偶矩矢在任一轴上投影的代数和为零。式(3-11) 称为空间力偶系的平衡方程。

3. 空间平行力系的平衡方程

如图 3-17 所示，物体受到一空间平行力系作用而平衡，设各力作用线与 z 轴平行，则力系中各力在 x 轴和 y 轴上的投影以及各力对于 z 轴的矩都恒等于零。因此式(3-10) 退化为三个方程，于是，空间平行力系平衡条件的解析式表示为

$$\left.\begin{array}{l}\sum F_{iz}=0\\ \sum M_x(\boldsymbol{F}_i)=0\\ \sum M_y(\boldsymbol{F}_i)=0\end{array}\right\} \tag{3-12}$$

上式也称为空间平行力系的平衡方程。

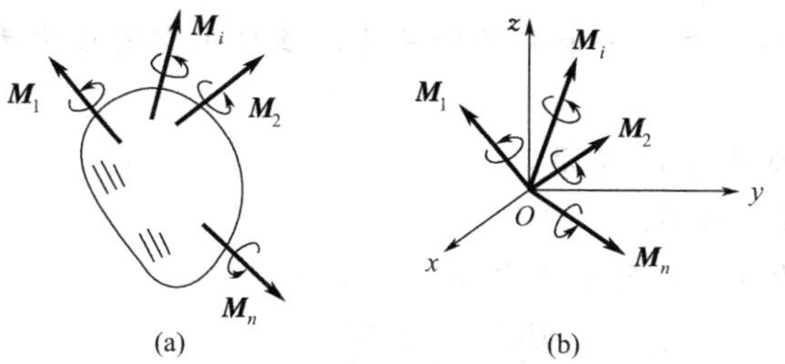

图 3-16

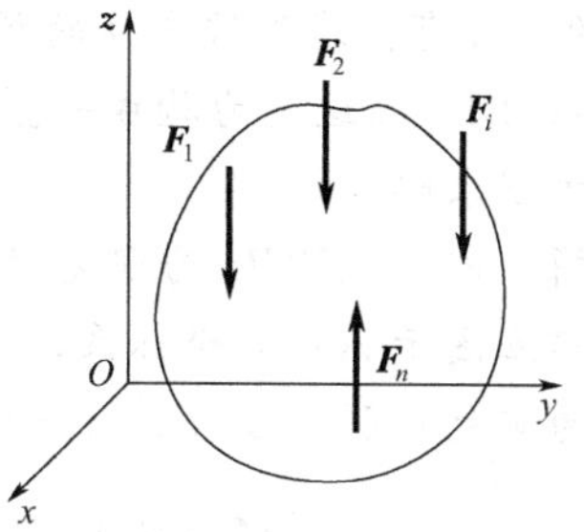

图 3-17

4. 空间任意力系平衡方程的应用

由于空间任意力系的平衡方程数目较多，如果选取的方程形式和方程顺序不尽合理，势必带来方程组的联立求解，使平衡问题变得复杂。在实际的平衡问题求解中，如何针对研究对象受力的特殊性，选取合适的方程形式和顺序是提高解题效率的关键。

思考：一空间任意力系向空间任一点简化时其主矩恒为零，该力系是否一定为平衡力系？

例 3-12 图 3-18 所示的三轮小车，自重 $G=4\text{kN}$，作用于点 E，荷载 $F=5\text{kN}$，作用于点 C。求小车静止时地面对车轮的反力。

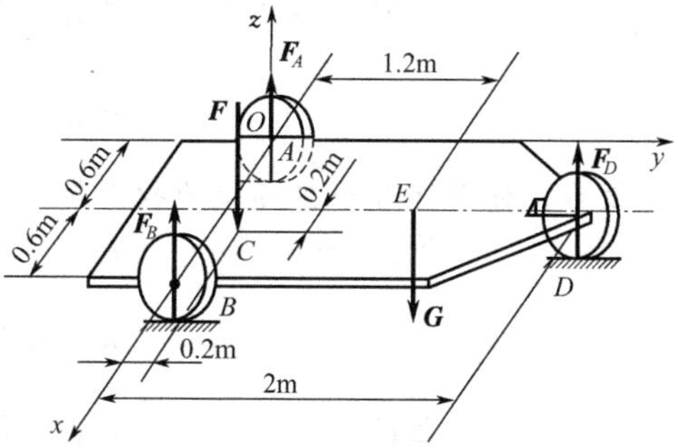

图 3-18

解：以小车为研究对象，受力如图 3-18 所示。其中 $\boldsymbol{G}$ 和 $\boldsymbol{F}$ 是主动力，$\boldsymbol{F}_A$、$\boldsymbol{F}_B$ 和 $\boldsymbol{F}_D$ 为地面对小车的约束力，此 5 个力平行，组成空间平行力系。

取如图所示坐标系 $Oxyz$，列出平衡方程并求解。

为避免解联立方程，首先以 x 轴为力矩轴，列平衡方程

$$\sum M_x(\boldsymbol{F}_i)=0 \qquad -0.2F-1.2G+2F_D=0$$

$$F_D=\frac{0.2F+1.2G}{2}=2.9\text{kN}$$

其次，以 y 轴为力矩轴，列平衡方程

$$\sum M_y(\boldsymbol{F}_i)=0 \qquad 0.8F+0.6G-0.6F_D-1.2F_B=0$$

$$F_B=\frac{0.8F+0.6G-0.6F_D}{1.2}=3.89\text{kN}$$

最后，以 z 轴为投影轴，列平衡方程

$$\sum F_{iz}=0 \qquad F_A+F_B+F_D-G-F=0$$

$$F_A=G+F-F_B-F_D=2.21\text{kN}$$

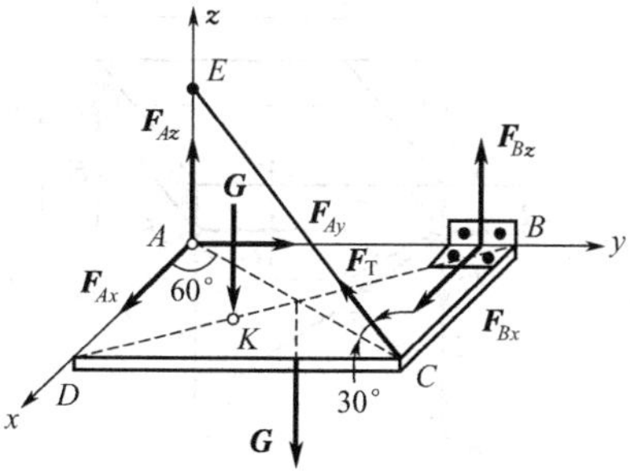

图 3-19

例 3-13 均质长方形板 $ABCD$ 重量为 $\boldsymbol{G}$，用球形铰链 A 和蝶形铰支座 B 约束于墙上，并用绳 EC 连接使其保持在水平位置，现在板的对角线 DB 的 K 处（$DK=DB/3$）搁置一重量为 $\boldsymbol{G}$ 的物体，如图 3-19 所示。求支座 A、B 的约束力及绳的拉力。

分析：若以板 $ABCD$ 为研究对象，板所受的主动力有：板的重力 $\boldsymbol{G}$；K 处物体的重力 $\boldsymbol{G}$。约束力有：球形铰支座的约束力 $\boldsymbol{F}_{Ax}$、$\boldsymbol{F}_{Ay}$ 和 $\boldsymbol{F}_{Az}$；蝶形铰支座的约束力 $\boldsymbol{F}_{Bx}$、$\boldsymbol{F}_{Bz}$ 及绳的拉力 $\boldsymbol{F}_{T}$。这些力构成一空间任意力系，共 6 个未知的约束力，故可用空间任意力系的平衡方程求解。

解：以板 $ABCD$ 为研究对象，受力如图 3-19 所示。

建立图示 $Axyz$ 坐标系，列平衡方程并求解。

为避免解联立方程，首先以 y 轴为力矩轴，列平衡方程

$$\sum M_y(\boldsymbol{F}_i)=0 \qquad -F_T\sin30°BC+G\frac{BC}{2}+G\frac{2BC}{3}=0$$

$$F_T=\frac{7}{3}G$$

其次，选 z 轴为力矩轴，列平衡方程

$$\sum M_z(\boldsymbol{F}_i)=0 \qquad -F_{Bx}AB=0$$

$$F_{Bx}=0$$

再选由 A 点指向 C 点的 AC 轴为力矩轴，列平衡方程

$$\sum M_{AC}(\boldsymbol{F})=0 \qquad F_{Bz}\frac{1}{2}BD\sin60°+G\frac{1}{6}BD\sin60°=0$$

$$F_{Bz}=-\frac{1}{3}G$$

最后，分别选 3 个坐标轴为投影轴，列平衡方程

$$\sum F_{ix}=0 \qquad F_{Ax}-F_T\cos30°\cos60°=0$$

$$F_{Ax}=\frac{7\sqrt{3}}{12}G$$

$$\sum F_{iy}=0 \qquad F_{Ay}-F_T\cos30°\sin60°=0$$

$$F_{Ay}=\frac{7}{4}G$$

$$\sum F_{iz}=0 \qquad F_{Az}+F_T\sin30°+F_{Bz}-2G=0$$

$$F_{Az}=\frac{7}{6}G$$

例 3-14 如图 3-20 所示均质长方板由六根直杆支持水平位置，直杆两端各用球铰链与板和地面连接，板自重为 $\boldsymbol{G}$，在 A 处作用一水平力 $\boldsymbol{F}$，且 $G=F/2$。求各杆的内力。

解：取长方体板为研究对象，各支杆均为二力杆，设它们均受拉力。板的受力如图 3-20 所示，列平衡方程

$$\sum M_{AB}(\boldsymbol{F}_i)=0 \qquad -F_6\times a-G\times\frac{a}{2}=0$$

$$F_6=-\frac{G}{2}$$

$$\sum M_{AE}(\boldsymbol{F}_i)=0 \qquad F_5=0$$

$$\sum M_{AC}(\boldsymbol{F}_i)=0 \qquad F_4=0$$

$$\sum M_{EF}(\boldsymbol{F}_i)=0$$

$$-G\times\frac{a}{2}-F_6\times a-F_1\times\frac{a}{\sqrt{a^2+b^2}}\times b=0$$

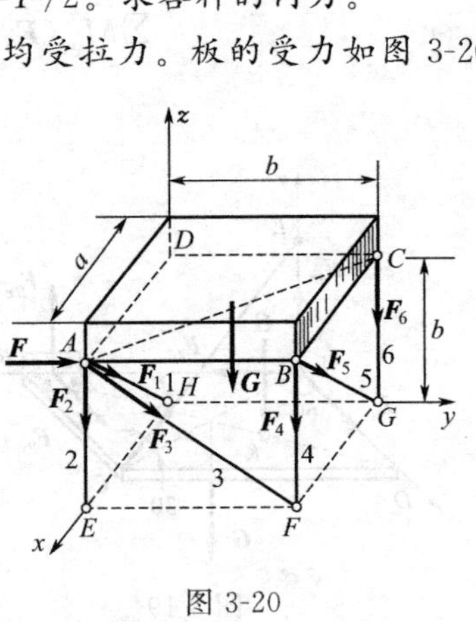

图 3-20

$$F_1=0$$

$$\sum M_{FG}(\boldsymbol{F}_i)=0 \qquad -G\times\frac{b}{2}+F\times b-F_2\times b=0$$

$$F_2=1.5G$$

$$\sum M_{BC}(\boldsymbol{F}_i)=0 \qquad -G\times\frac{b}{2}-F_2\times b-(F_3\times\cos45°)b=0$$

$$F_3=-2\sqrt{2}G$$

此例中采用 6 个力矩方程求解 6 个杆件的内力。当平衡力系中出现几个未知力相交或平行时，采用力矩方程较为方便，此时常取过未知力的交点的轴或与未知力平行的轴为力矩轴，可以有效减少力矩方程中未知力的个数，避免多个方程的联立求解。

例 3-15 水平传动轴装有二皮带轮 C 和 D，可绕 AB 轴转动。皮带轮的半径各为 $r_1=20\text{cm}$，$r_2=25\text{cm}$，皮带轮与轴承间的距离为 $a=b=50\text{cm}$，两皮带轮间的距离为 $c=100\text{cm}$。套在 C 轮上的皮带是水平的，其张力为 $F_{T1}=2F_{t1}=5\text{kN}$，套在 D 轮上的皮带和铅垂线成角 $\alpha=30°$，其张力为 $F_{T2}=2F_{t2}$，求在平衡情况下，张力 F_{T2} 和 F_{t2} 之值，并求由皮带张力所引起的轴承约束力。

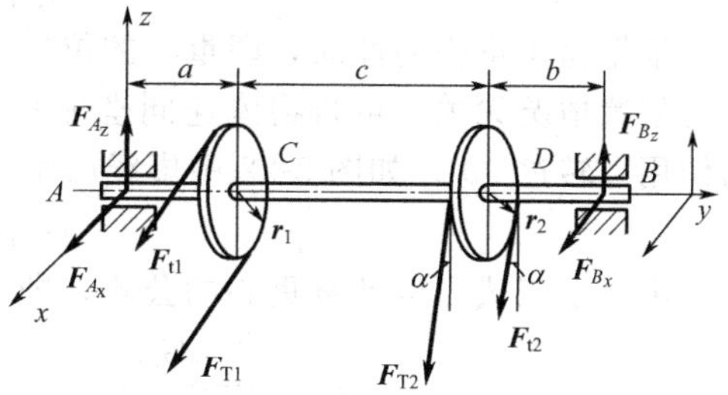

图 3-21

分析： 以传动轴和皮带轮为研究对象，受力分析如图 3-21。作用在传动轴和皮带轮上的力构成空间一般力系，但该问题由于在 y 方向的位移没有任何限制，y 方向的力平衡条件自动得到满足，故只存在五个独立平衡条件，分析研究对象发现只有五个未知力，所以静力学可解。

解： 以传动轴和皮带轮为研究对象，受力分析如图。列写平衡条件。

$$\sum M_y=0 \qquad (F_{T2}-F_{t2})r_2-(F_{T1}-F_{t1})r_1=0$$

又$(F_{T2}=2F_{t2})$ 得：$F_{T2}=4\text{kN}$，$F_{t2}=2\text{kN}$

$$\sum M_z=0 \qquad -(F_{T2}+F_{t2})\sin\alpha(a+c)-(F_{T1}+F_{t1})a-F_{Bx}(a+b+c)=0$$

$$F_{Bx}=-4.125\text{kN}$$

$$\sum F_x=0 \qquad F_{Ax}+F_{Bx}+F_{T1}+F_{t1}+(F_{t2}+F_{T2})\sin\alpha=0$$

$$F_{Ax}=-6.375\text{kN}$$

$$\sum M_x=0 \qquad -(F_{T2}+F_{t2})\cos\alpha(a+c)+F_{Bz}(a+b+c)=0$$

$$F_{Bz}=3.897\text{kN}$$

$$\sum F_z=0 \qquad F_{Az}+F_{Bz}-(F_{t2}+F_{T2})\cos\alpha=0$$

$$F_{Az}=1.299\text{kN}$$

5. 重心

在地球附近的物体都受到地球对它的作用力，亦即物体的**重力**。重力作用于物体内每一微小部分，是一个分布力系。对于工程中一般的物体，这种分布的重力可足够精确地视为空间平行力系，一般所谓的重力，就是这个空间平行力系的合力。不变形的物体在地球表面无论怎样放置，其平行分布重力的合力作用线，都通过此物体上一个确定的点，这一点称为物体的**重心**。重心的位置在工程上有重要的意义，例如要使起重机保持稳定，其重心的位置应满足一定的条件；飞机、轮船及车辆等的运动稳定性也与重心的位置有密切的关系；此外，

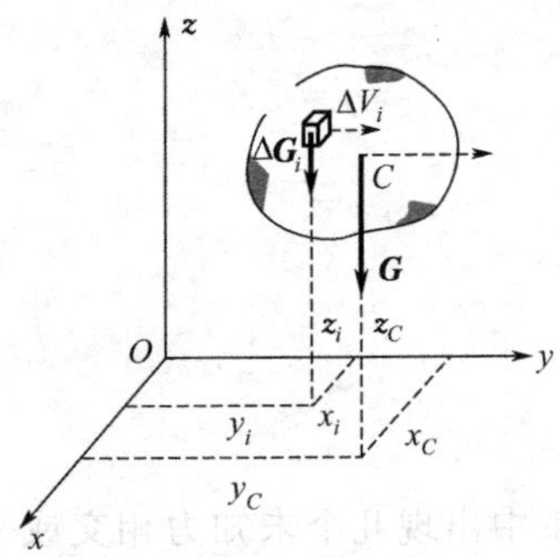

图 3-22

如高速运转的飞轮如果重心不在轴线上，将引起激烈的振动而影响机器的寿命，因此在工程中常要确定物体重心的位置。

下面导出确定物体重心位置的一般公式。

如图 3-22 所示，取直角坐标系 $Oxyz$，将物体分成许多微小部分，其所受的重力各为 $\Delta \boldsymbol{G}_i$，作用点即微小部分的重心各为 C_i，其坐标各为 x_i、y_i、z_i，所有 $\Delta \boldsymbol{G}_i$ 的合力 $\boldsymbol{G}$ 就是整个物体的重力，即

$$\boldsymbol{G}=\sum \Delta \boldsymbol{G}_i$$

其作用点即物体的重心 C。设 C 的坐标为 x_C、y_C、z_C，由合力矩定理，先分别对坐标轴 y 和 x 取矩，得

$$Gx_C=\sum \Delta G_i x_i$$

$$-Gy_C=-\sum \Delta G_i y_i$$

根据物体重心的性质，即重心的位置相对于物体本身始终在一个确定的几何点，而与物体的放置情况无关，可将物体连同坐标系一起绕 x 轴转过 90°，各力 $\Delta \boldsymbol{G}_i$ 及 $\boldsymbol{G}$ 分别绕它们的作用点转过 90°，如图 3-22 中虚线所示，再应用合力矩定理对 x 轴取矩得

$$Gz_C=\sum \Delta G_i z_i$$

由以上三式可得计算重心的公式，即

$$x_C=\frac{\sum \Delta G_i x_i}{\sum \Delta G_i},\ y_C=\frac{\sum \Delta G_i y_i}{\sum \Delta G_i},\ z_C=\frac{\sum \Delta G_i z_i}{\sum \Delta G_i} \tag{3-13}$$

如物体是均质的，其每单位体积的重力为 $\boldsymbol{\gamma}$，各微小部分的体积为 ΔV_i，整个物体的体积为

$$V=\sum \Delta V_i$$

则

$$\Delta \boldsymbol{G}_i=\boldsymbol{\gamma} \Delta V_i,\ \boldsymbol{G}=\boldsymbol{\gamma} V$$

代入式(3-13) 得

$$x_C=\frac{\sum \Delta V_i x_i}{V},\ y_C=\frac{\sum \Delta V_i y_i}{V},\ z_C=\frac{\sum \Delta V_i z_i}{V}$$

可见均质物体的重心位置完全决定于物体的几何形状，此时物体的重心就是物体几何中心——形心。式(3-13) 也可改写为下述积分形式

$$x_C=\frac{\int x\,\mathrm{d}V}{V},\quad y_C=\frac{\int y\,\mathrm{d}V}{V},\quad z_C=\frac{\int z\,\mathrm{d}V}{V}$$

如果物体是均质薄壳（或曲面）或均质细杆（或曲线），引用上述方法求得其重心坐标分别为

$$\left.\begin{aligned} x_C&=\frac{\sum \Delta A_i x_i}{A}=\frac{\int_A x\,\mathrm{d}A}{A} \\ y_C&=\frac{\sum \Delta A_i y_i}{A}=\frac{\int_A y\,\mathrm{d}A}{A} \\ z_C&=\frac{\sum \Delta A_i z_i}{A}=\frac{\int_A z\,\mathrm{d}A}{A} \end{aligned}\right\} \tag{3-14}$$

式中，A 为面积，ΔA_i 为微小部分的面积。

$$\left.\begin{aligned} x_C &= \frac{\sum \Delta l_i x_i}{l} = \frac{\int_l x\,\mathrm{d}l}{l} \\ y_C &= \frac{\sum \Delta l_i y_i}{l} = \frac{\int_l y\,\mathrm{d}l}{l} \\ z_C &= \frac{\sum \Delta l_i z_i}{l} = \frac{\int_l z\,\mathrm{d}l}{l} \end{aligned}\right\} \tag{3-15}$$

式中，l 为长度，Δl_i 为微小部分的长度。

求重心位置的方法很多，这里只介绍工程上常用的几种确定物体重心的方法。

(1) 积分法

对于简单的规则形体或形体边界方程较为简单的物体，可采用积分方法找到其重心，具有对称面、对称轴或对称中心简单形状的均质物体，其重心一定在它的对称面、对称轴或对称中心上。

例 3-16 试求图 3-23 所示半径为 R、圆心角为 2φ 的扇形面积的重心坐标。

解： 取中心角的平分线为 x 轴。由于对称关系，重心必在这个轴上，即 $y_C=0$，现在只需求出 x_C。

把扇形面积分成无数无穷小的面积元，每个面积元的重心都在距顶点 O 为 $2R/3$ 处。任一位置 θ 处的微元面积 $\mathrm{d}A=\frac{1}{2}R^2\mathrm{d}\theta$，其重心的 x 坐标为 $x=\frac{2}{3}R\cos\theta$。扇形总面积为

$$A=\int \mathrm{d}A = 2\int_0^{\varphi}\frac{1}{2}R^2\mathrm{d}\theta = R^2\varphi$$

由重心坐标公式，可得

$$x_C=\frac{\int_A x\,\mathrm{d}A}{A}=\frac{2\int_0^{\varphi}\frac{2}{3}R\cos\theta\,\frac{1}{2}R^2\mathrm{d}\theta}{R^2\varphi}=\frac{2R\sin\varphi}{3\varphi}$$

(2) 组合法

在计算较复杂形体的重心时，可将该物体看成由几个简单形体组合而成，若这些简单形体的重心是已知的，则整个物体的重心可用有限形式的重心坐标公式求出。

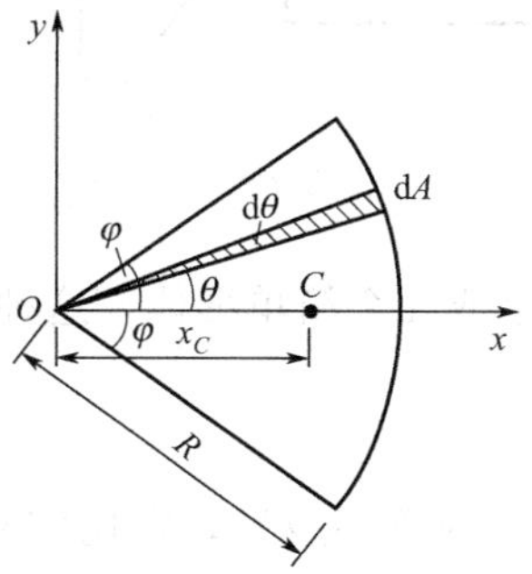

图 3-23

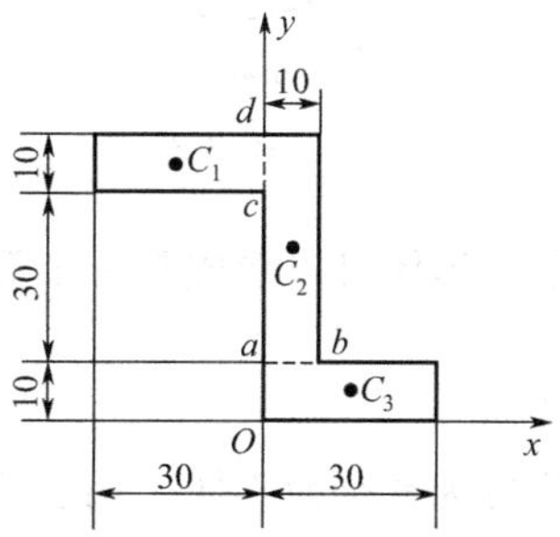

图 3-24

例 3-17 试求 Z 形截面重心的位置，其尺寸如图 3-24 所示。

解：取坐标轴如图所示，将该图形分割为三个矩形，以 C_1、C_2、C_3 表示这些矩形的重心，以 A_1、A_2、A_3 表示它们的面积，则它们的面积和重心坐标分别为

$$A_1=10\times30=300\text{mm}^2$$
$$x_1=-15\text{mm},\ y_1=45\text{mm}$$
$$A_2=10\times40=400\text{mm}^2$$
$$x_2=5\text{mm},\ y_2=30\text{mm}$$
$$A_3=10\times30=300\text{mm}^2$$
$$x_3=15\text{mm},\ y_3=5\text{mm}$$

用组合法，可求得

$$x_C=\frac{A_1x_1+A_2x_2+A_3x_3}{A_1+A_2+A_3}=\frac{300\times(-15)+400\times5+300\times15}{300+400+300}=2\text{mm}$$
$$y_C=\frac{A_1y_1+A_2y_2+A_3y_3}{A_1+A_2+A_3}=\frac{300\times45+400\times30+300\times5}{300+400+300}=27\text{mm}$$

上例中将一个复杂的形体分割为几个简单形体的组合，这种方法称为**分割法**。

例 3-18 从均质圆板中挖去一个等腰三角形面积（图 3-25），求板的重心位置。

解：取坐标系如图 3-25 所示，x 轴为圆板的对称轴，重心 C 必在 x 轴上，所以 $y_C=0$，圆板的面积可分为两个部分；一部分是半径为 15cm 的圆面积，一部分是等腰三角形，这一部分面积是从圆面积上挖去的，应为负值。所以这两部分面积和重心的横坐标分别为

$$A_1=\pi R^2=3.14\times15^2=706.5\text{cm}^2,\ x_1=0$$
$$A_2=-10\times10=-100\text{cm}^2,x_2=-10/3\text{cm}$$

用组合法求得圆板的横坐标为

$$x_C=\frac{A_1x_1+A_2x_2}{A_1-A_2}=\frac{706.5\times0+(-100)\times\left(-\frac{10}{3}\right)}{706.5-100}=0.55\text{cm}$$

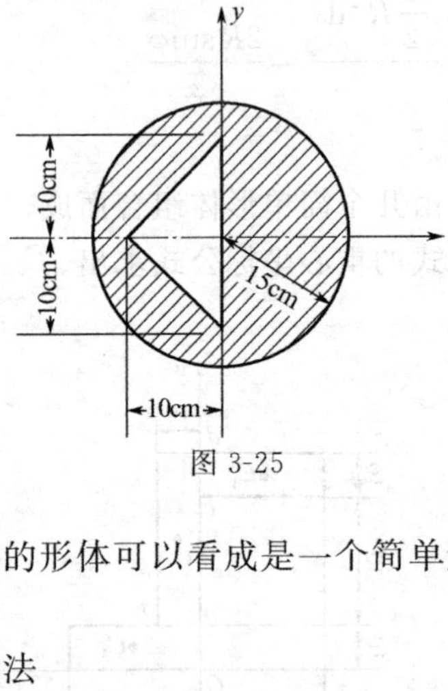

图 3-25

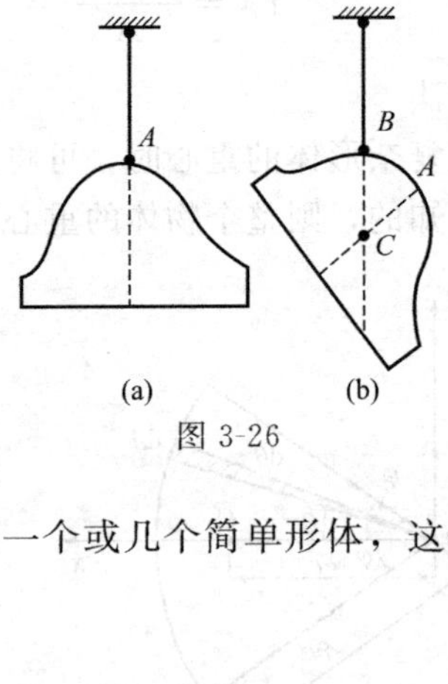

图 3-26

一个复杂的形体可以看成是一个简单形体中切去一个或几个简单形体，这种方法称为**负面积法**。

（3）试验法

对于形状更为复杂而不便于用公式计算或不均质物体的重心位置，常用实验方法测定。另外，虽然设计时已计算出重心，但加工制造后还需用实验法检验。常用的实验方法有悬挂法，对于平板形物体或具有对称面的薄零件，可将该物体先悬挂在任一点 A，根据二力平衡原理，重心必在过悬挂点 A 的铅垂线上，标出此线，如图 3-26(a)。然后再将它悬挂在任

意点 B，标出另一条铅垂线，如图 3-26(b)。这两条铅垂线的交点 C 就是该物体的重心。有时再作第三次悬挂用来校核。对于一些形状复杂而又体积很大的物体，可采用称重法来确定，详细介绍请参阅有关资料。

第五节　具有摩擦的平衡问题

摩擦现象在自然界里是普遍存在的，不但在粗糙接触中有摩擦存在，就是在极光滑的接触中也有摩擦存在。摩擦是一种非常复杂的物理现象，关于摩擦机理的研究，目前已形成一门学科——摩擦学。

摩擦在生产和生活中起着很重要的作用，既表现为有害的一面，也表现为有利的一面。由于摩擦给各种机械带来多余的阻力，使机械发热，引起零部件的磨损，从而消耗能量，降低效率和使用寿命。但是摩擦也可用于传动、制动、调速、连接、夹物等。如果没有摩擦，人就不能行走，车辆不能行驶，甚至人类不能保持正常的生活。为了发挥摩擦对生产的积极作用，减少它对生产的消极作用，对于摩擦力的规律应作进一步的认识和研究。

在前几节中，把物体相互间的接触面都看成是理想光滑的，而忽略了摩擦的影响。但在实际生活和生产中，摩擦有时会起到重要的作用，必须考虑其影响。

摩擦现象比较复杂，可按不同情况分类。如按接触物体之间可能会相对滑动或相对滚动，摩擦可分为滑动摩擦和滚动摩擦；按相互接触物体有无相对运动来看，可把摩擦分为静摩擦和动摩擦；又根据物体之间是否有良好的润滑剂，滑动摩擦又可分为干摩擦和湿摩擦。

一、滑动摩擦

两个表面粗糙的物体，当其接触表面之间有相对滑动趋势或相对滑动时，彼此作用有阻碍相对滑动的阻力，即滑动摩擦力。摩擦力作用于相互接触处，其方向与相对滑动的趋势或相对滑动的方向相反。滑动摩擦根据物体接触点（面）之间有无相对速度可分为：已发生相对滑动的物体间的摩擦称为**动（滑动）摩擦**，仅出现相对滑动趋势而尚未发生运动时的摩擦称为**静（滑动）摩擦**。

1. 静滑动摩擦

在粗糙的水平面上放置一重为 $\boldsymbol{G}$ 的物体，该物体在重力 $\boldsymbol{G}$ 和法向反力 $\boldsymbol{F}_\mathrm{N}$ 的作用下处静止状态，如图 3-27(a)。今在物体上作用一大小可以变化的水平拉力 $\boldsymbol{F}_\mathrm{P}$，当拉力 $\boldsymbol{F}_\mathrm{P}$ 由零逐渐增加但不超过一定限度时，物体仍保持静止。这说明：支承面对物体除了法向约束反力 $\boldsymbol{F}_\mathrm{N}$ 外，还有一个阻碍物体沿支承面向右滑动的阻力，这个阻力即静滑动摩擦力，简称静摩擦力，以 $\boldsymbol{F}_\mathrm{S}$ 表示，如图 3-27(b) 所示。它的大小需用平衡条件确定，此时有

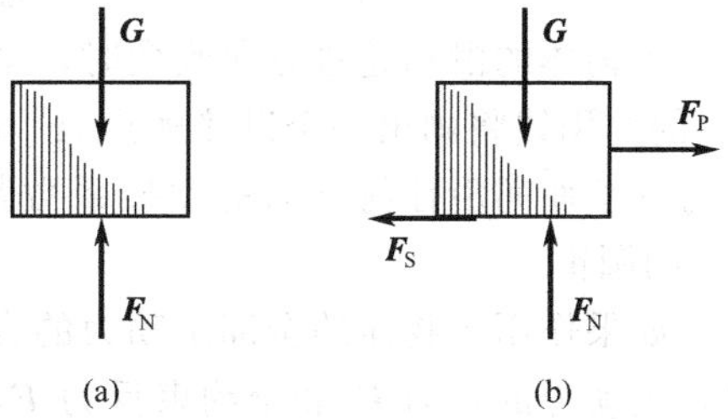

图 3-27

$$\sum F_{ix}=0 \qquad F_\mathrm{S}=F_\mathrm{P}$$

可见，物体平衡时静摩擦力的大小随水平力 $\boldsymbol{F}_\mathrm{P}$ 的增大而增大，这是静摩擦力与一般约束反力相同的性质。

但是，静摩擦力大小又与一般约束反力不同，它并不随力 $\boldsymbol{F}_\mathrm{P}$ 的增大而无限制地增大。当力 $\boldsymbol{F}_\mathrm{P}$ 的大小达到一定数值时，物体处于将要滑动，但又未开始滑动的临界状态。此时，只要力 $\boldsymbol{F}_\mathrm{P}$ 再大一点，物体就开始滑动。当物体处于平衡的临界状态时，静摩擦力达到最大

值，即为最大静滑动摩擦力，简称最大静摩擦力，以 F_{max} 表示。此后，如再继续增大力 F_P，则静摩擦力不能再随之增大，物体将失去平衡而滑动。这就是静摩擦力的特点。

综上所述，静摩擦力的大小随主动力的情况而改变，但介于零与最大值 F_{max} 之间，即

$$0 \leqslant F_S \leqslant F_{max} \tag{3-16}$$

根据大量的实验确定：最大静摩擦力的大小与两个物体间的正压力（即法向反力）成正比，即

$$F_{max} = f_S F_N \tag{3-17}$$

这就是库仑静摩擦定律，式中 f_S 是比例常数，称为静摩擦系数，它是无量纲数，静摩擦系数的大小需由实验测定。它与接触物体的材料和表面情况（如粗糙度、温度和湿度等）有关，而与接触面积的大小无关。静摩擦系数的数值可在工程手册中查到，表 3-1 中列出了一部分常用材料的摩擦系数。

表 3-1　常用材料的摩擦系数

材料名称	静摩擦系数(无润滑)	动摩擦系数(无润滑)
钢-钢	0.15	0.15
木-木	0.4～0.6	0.2～0.5
钢-铸铁	0.3	0.18
土-混凝土	0.3～0.5	—

当摩擦存在时，支承面对平衡物体的约束反力包含两个分量：法向反力 F_N 和切向反力 F_S（即静摩擦力），两者的合力 F_R 称为全约束反力，它的作用线与接触面的公法线成一偏角 φ，如图 3-28(a) 所示。当物体处于平衡的临界状态时，静摩擦力达到最大值，偏角 φ 也达到最大值 φ_f。如图 3-28(b) 所示。全约束反力与法线间的夹角的最大值 φ_f 称为**摩擦角**，由图可得：

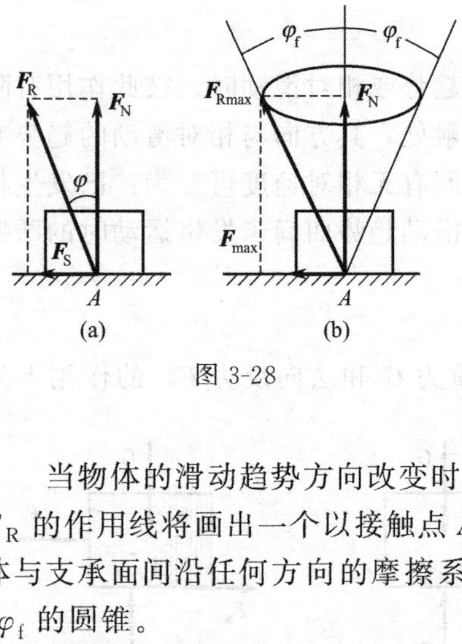

图 3-28

$$\tan\varphi_f = \frac{F_{max}}{F_N} = \frac{f_S F_N}{F_N} = f_S \tag{3-18}$$

即：摩擦角的正切等于静摩擦系数。可见，摩擦角与摩擦系数一样，都是表示材料的表面性质的量。

当物体的滑动趋势方向改变时，全约束反力作用线的方向也随之改变，在临界状态下，F_R 的作用线将画出一个以接触点 A 为顶点的锥面，如图 3-28(b) 所示，称为摩擦锥。设物体与支承面间沿任何方向的摩擦系数都相同，即摩擦角都相等，则摩擦锥将是一个顶角为 $2\varphi_f$ 的圆锥。

如果作用于物体的全部主动力的合力 F_R' 的作用线在摩擦角 φ_f 之内，则无论这个力有多大，主动力的合力 F_R' 和全约束反力 F_R 必能满足二力平衡条件，物体必定保持平衡。这种现象称为自锁现象。如果作用于物体的全部主动力的合力 F_R' 的作用线在摩擦角 φ_f 之外，则无论这个力怎样小，支承面的全约束反力 F_R 和主动力的合力 F_R' 不能满足二力平衡条件，物体一定会滑动。

2. 动滑动摩擦

当滑动摩擦力已达到最大值时，若主动力 F_P 再继续加大，物体将产生滑动现象。此时，接触物体之间仍有阻碍相对滑动的阻力，这种阻力称为**动滑动摩擦力**，简称动摩擦力，

以 **F** 表示。实验证明：动摩擦力的大小与接触面间的正压力成正比，即

$$F=fF_N \tag{3-19}$$

式中，f 是动摩擦系数，它与接触物体的材料和表面情况有关。一般情况下动摩擦系数略小于静摩擦系数。

3. 具有滑动摩擦的平衡问题

考虑摩擦的平衡问题的解法与以前没有摩擦的平衡问题一样，但其有如下几个特点：

（1）分析物体受力时，必须考虑接触面间切向的摩擦力 $\boldsymbol{F}_S$，通常增加了未知量的数目；

（2）为了确定这些新增加的未知量，还要列出补充方程，即 $F_S \leqslant f_S F_N$，补充方程的数目与摩擦力的数目相同；

（3）由于物体平衡时摩擦力有一定的范围（即 $0 \leqslant F_S \leqslant F_{max}$），所以有摩擦时平衡问题的解亦有一定的范围，而不是一个确定的值。

工程中有不少问题只需要分析平衡的临界状态，这时静摩擦力等于其最大值，补充方程只取等号。有时为了计算方便，可先在临界状态下计算，求得结果后再分析、讨论其解的平衡范围。

例 3-19 将重为 **G** 的物体放置在斜面上，斜面倾角 θ 大于接触面的静摩擦角 φ_f，如图 3-29(a) 所示，已知静摩擦系数为 f_S。若加一水平力 $\boldsymbol{F}_1$ 使物体平衡，求力 $\boldsymbol{F}_1$ 的值的范围。

解： 如果力 $\boldsymbol{F}_1$ 太小，物体将下滑，如果力 $\boldsymbol{F}_1$ 太大，物体将上滑，因此力 $\boldsymbol{F}_1$ 的数值必在一范围内，即力 $\boldsymbol{F}_1$ 应在最小与最大值之间。

首先求力 $\boldsymbol{F}_1$ 的最小值。也就是当力 $\boldsymbol{F}_1$ 达到此值时，物体处于将要向下滑动的临界状态。在此情形下，摩擦力 $\boldsymbol{F}_S$ 沿斜面向上，并达到最大值 $\boldsymbol{F}_{1max}$。物体共受四个力作用：已知力 **G**，未知力 $\boldsymbol{F}_1$、$\boldsymbol{F}_N$、$\boldsymbol{F}_{1max}$，如图 3-29(a) 所示。列平衡方程

$$\sum F_{ix}=0 \qquad F_1\cos\theta-G\sin\theta+F_{1max}=0$$
$$\sum F_{iy}=0 \qquad F_N-F_1\sin\theta-G\cos\theta=0$$

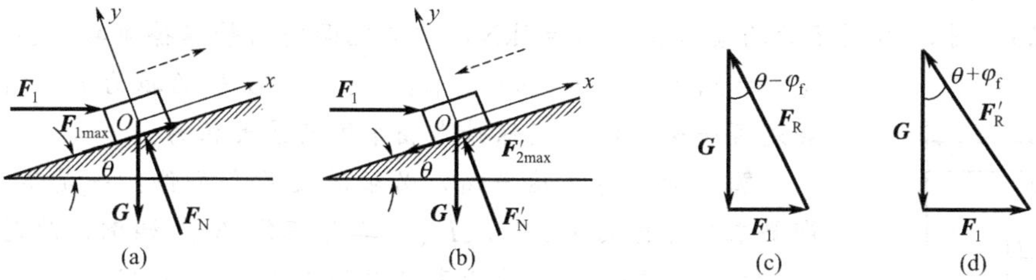

图 3-29

此外，还有一个补充方程，即

$$F_{1max}=f_S F_N$$

三式联立，可解得水平推力 $\boldsymbol{F}_1$ 的最小值为

$$F_1=\frac{\sin\theta-f_S\cos\theta}{\cos\theta+f_S\sin\theta}G$$

其次求力 $\boldsymbol{F}_1$ 的最大值。也就是当力 $\boldsymbol{F}_1$ 达到此值时，物体处于将要向上滑动的临界状态。在此情形下，摩擦力 $\boldsymbol{F}_S$ 沿斜面向下，并达到最大值 $\boldsymbol{F}_{2max}$。物体共受四个力作用：已知力 **G**，未知力 $\boldsymbol{F}_1$、$\boldsymbol{F}'_N$、$\boldsymbol{F}_{2max}$，如图 3-29(b) 所示。列平衡方程

$$\sum F_{ix}=0 \qquad F_1\cos\theta-G\sin\theta-F_{2max}=0$$

$$\sum F_{iy}=0 \qquad F'_N-F_1\sin\theta-G\cos\theta=0$$

此外，还有一个补充方程，即

$$F_{2\max}=f_S F'_N$$

三式联立，可解得水平推力 $\boldsymbol{F}_1$ 的最大值为

$$F_1=\frac{\sin\theta+f_S\cos\theta}{\cos\theta-f_S\sin\theta}G$$

综上所述可知，要维持物体平衡时，力 $\boldsymbol{F}_1$ 的值应满足的条件是

$$\frac{\sin\theta-f_S\cos\theta}{\cos\theta+f_S\sin\theta}G\leqslant F_1\leqslant\frac{\sin\theta+f_S\cos\theta}{\cos\theta-f_S\sin\theta}G$$

这就是所求的平衡范围。

本题也可利用摩擦角和平衡的几何条件求解。当 $\boldsymbol{F}_1$ 有最小值时，物体受力如图 3-29(c) 所示，此时 $\boldsymbol{G}$、$\boldsymbol{F}_1$ 与支承面的全反力 $\boldsymbol{F}_R$ 三力平衡，由力三角形可得

$$F_1=G\tan(\theta-\varphi_f)$$

当 $\boldsymbol{F}_1$ 有最大值时，物体受力如图 3-28(d) 所示，此时 $\boldsymbol{G}$、$\boldsymbol{F}_1$ 与支承面的全反力 $\boldsymbol{F}'_R$ 三力平衡。由力三角形可得

$$F_1=G\tan(\theta+\varphi_f)$$

所以力 $\boldsymbol{F}_1$ 的平衡范围为

$$G\tan(\theta-\varphi_f)\leqslant F_1\leqslant G\tan(\theta+\varphi_f)$$

将上式中的 $\tan(\theta-\varphi_f)$ 及 $\tan(\theta+\varphi_f)$ 展开，并以 $\tan\varphi_f=f_S$ 代入，可得

$$\frac{\sin\theta-f_S\cos\theta}{\cos\theta+f_S\sin\theta}G\leqslant F_1\leqslant\frac{\sin\theta+f_S\cos\theta}{\cos\theta-f_S\sin\theta}G$$

与解析法的计算结果相同。

在此例题中，如斜面的倾角小于摩擦角，即 $\theta<\varphi_f$ 时，水平推力 $\boldsymbol{F}_1$ 为负值。这说明，此时物体不需要力 $\boldsymbol{F}_1$ 的作用就能静止于斜面上，无论其重力 $\boldsymbol{G}$ 值多大，物体也不下滑，这就是自锁现象。

例 3-20 图 3-30 所示的均质木箱重 $G=5\text{kN}$，它与地面间的静摩擦系数 $f_S=0.33$。图中 $h=2a=2\text{m}$，$\theta=30°$。求：(1) 当 B 处的拉力 $F=1\text{kN}$ 时，木箱是否平衡？(2) 能保持木箱平衡的最大拉力。

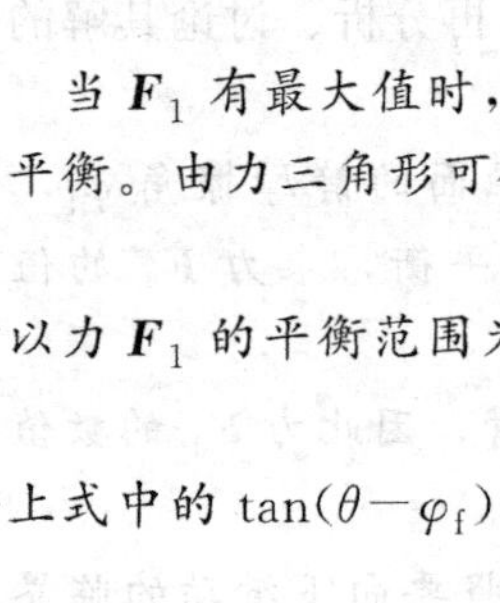

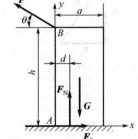

图 3-30

解：欲保持木箱平衡，必须满足两个条件：一是不发生滑动，即要求静摩擦力 $F_S\leqslant f_S F_N$；二是不绕 A 点翻倒，此时法向反力 F_N 的作用线距点 A 的距离 d 必须大于零，即 $d>0$。

(1) 取木箱为研究对象，其受力图如图 3-30 所示，列平衡方程

$$\sum F_{ix}=0 \qquad F_S-F\cos\theta=0$$

$$\sum F_{iy}=0 \qquad F_N+F\sin\theta-G=0$$

$$\sum M_A(F_i)=0 \qquad G\times\frac{a}{2}-F\cos\theta\times h-F_N\times d=0$$

联立求解以上方程，得

$$F_S=0.866\text{kN},\ F_N=4.5\text{kN},\ d=0.171\text{m}$$

此时木箱与地面间最大静摩擦力

$$F_{\max}=f_S F_N=1.49\text{kN}$$

可见，$F_S < F_{max}$，木箱不滑动；又 $d>0$，木箱不会翻倒。因此，木箱保持平衡。

（2）为求保持平衡的最大拉力 $\boldsymbol{F}$，可分别求出木箱滑动时的临界拉力 $F_{滑}$ 和木箱绕 A 点翻倒的临界拉力 $F_{翻}$。二者中取其较小者，即为所求。

木箱将滑动的条件为

$$\sum F_{ix}=0 \qquad F_S - F_{滑}\cos\theta = 0$$

$$\sum F_{iy}=0 \qquad F_N + F_{滑}\sin\theta - G = 0$$

$$F_S = F_{max} = f_S F_N$$

联立方程求解，有

$$F_{滑}=\frac{f_S G}{\cos\theta + f_S\sin\theta}=1.6\text{kN}$$

木箱将绕点 A 翻倒的条件为：$d=0$，代入力矩方程有

$$\sum M_A(\boldsymbol{F}_i)=0 \qquad G\times\frac{a}{2}-F_{翻}\cos\theta\times h - F_N\times d=0$$

$$F_{翻}=\frac{Ga}{2h\cos\theta}=1.443\text{kN}$$

所以保持木箱平衡的最大拉力为 $F=F_{翻}=1.443\text{kN}$。这说明，当拉力逐渐增大时，木箱将先翻倒而失去平衡。

二、滚动摩阻

以滚子滚动代替滑动可以省力，是人们早已知道的事实，并在实际生活中得到广泛应用，我国自殷商起就已开始使用有轮的车来代替橇了。在工程中，为了提高效率，减轻劳动强度，常利用物体的滚动代替物体的滑动。

设在粗糙的水平面上有一重量为 $\boldsymbol{P}$ 的滚子，半径为 $\boldsymbol{r}$，在其中心 C 上作用一水平力推 $\boldsymbol{F}$，当力 $\boldsymbol{F}$ 较小时，滚子仍保持静止。若滚子的受力情况如图 3-31(a) 所示，则滚子不可能保持平衡。因为静滑动摩擦力 $\boldsymbol{F}_S$ 与推力 $\boldsymbol{F}$ 组成一力偶，将使滚子发生滚动。但是，实际上当力 $\boldsymbol{F}$ 不大时，滚子是可以平衡的。这是因为滚子和平面实际上并非刚体，它们在力的作用下接触处都会发生变形，有一个接触面，如图 3-31(b) 所示。在接触面上，物体受分布力的作用，这些力向点 B 简化，得到一个力 $\boldsymbol{F}_R$ 和一个力偶，力偶的矩为 M_f，如图 3-31(c) 所示。这个力 $\boldsymbol{F}_R$ 可分解为摩擦力 $\boldsymbol{F}_S$ 和法向约束力 $\boldsymbol{F}_N$，这个矩为 M_f 的力偶称为滚动摩阻力偶（简称滚阻力偶），它与力偶（$\boldsymbol{F}$，$\boldsymbol{F}_S$）平衡，它的转向与滚动的趋向相反，如图 3-31(d) 所示。

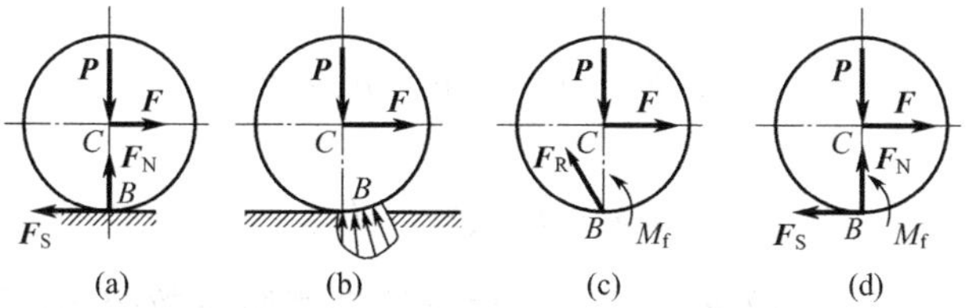

图 3-31

与静滑动摩擦力相似，滚动摩阻力偶矩 M_f 随着主动力的增加而增大，当力 $\boldsymbol{F}$ 增加到某个值时，滚子处在将滚未滚的临界平衡状态，此时，滚阻力偶矩达到最大值，称为最大滚阻力偶矩，用 M_{max} 表示。若力 $\boldsymbol{F}$ 进一步增大，轮子就会滚动。在滚动过程中，滚阻力偶矩近

似等于 $M_{\max}$，由此可知，滚阻力偶矩 M 的大小介于零与最大值之间，即

$$0 \leqslant M_f \leqslant M_{\max} \tag{3-20}$$

实验表明：最大滚动摩阻力偶矩 $M_{\max}$ 受滚子半径影响较小（一般忽略这一影响），而与支承面的正压力 $\boldsymbol{F}_N$ 的大小成正比，即

$$M_{\max} = \delta F_N \tag{3-21}$$

式中，δ 是比例常数，称为滚动摩阻系数，简称滚阻系数。上式就是滚动摩阻定律，由上式可知，滚动摩阻系数具有长度的量纲，单位一般用 mm。滚动摩阻系数由实验测定，它与滚子和支承面材料的硬度和湿度等有关。表 3-2 是几种材料的滚动摩阻系数值。

表 3-2　常用材料的滚动摩阻系数 $\boldsymbol{\delta}$

材料名称	δ/mm
铸铁与铸铁	0.5
钢质车轮与钢轨	0.05
木材与钢	0.3～0.4
木材与木材	0.5～0.8
轮胎与路面	2～10

对滚动摩阻系数 δ 可作如下解释，当滚子 C 在水平推力 $\boldsymbol{F}$ 作用下仍保持静止时。其受力如图 3-32(a) 所示。根据力的平移定理，可将其中的法向约束力 $\boldsymbol{F}_N$ 与滚动摩阻力偶 M_f 合成为一个力 $\boldsymbol{F}'_N$，且 $\boldsymbol{F}_N = \boldsymbol{F}'_N$。此时力 $\boldsymbol{F}'_N$ 的作用线由中心线位置向运动趋势方向平移距离为 d，如图 3-32(b) 所示。且 $M_{\max} = dF_N$，当力 $\boldsymbol{F}$ 进一步增大时，$\boldsymbol{F}'_N$ 的作用线的偏移量 d 也将进一步增大。当滚阻力偶 M_f 到达极限 $M_{\max}$ 时，d 也到达极限，此时 d 的对应值即为滚动磨阻系数 δ。因而滚动摩阻系数 δ 可看成在即将滚动时，法向约束力 $\boldsymbol{F}'_N$ 偏离中心线的最远距离，也就是最大滚阻力偶（$\boldsymbol{F}'_N$，$\boldsymbol{P}$）的力偶臂。故它具有长度的量纲。

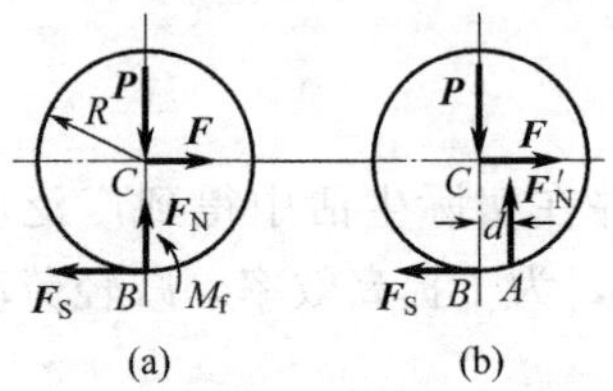

图 3-32

了解了滚动磨阻的性质，就可以说明为什么使物体滚动比使物体滑动更加省力。由图 3-32(a) 可以分别计算出使滚子滚动或滑动所需要的水平拉力 $\boldsymbol{F}_{滚}$ 和 $\boldsymbol{F}_{滑}$。由平衡方程

$$\sum M_A(F) = 0 \qquad M_f - FR = 0$$

可以求得

$$F_{滚} = \frac{M_{\max}}{R} = \frac{\delta}{R} F_N$$

由平衡方程

$$\sum F_x = 0 \qquad F - F_S = 0$$

可以求得

$$F_{滑} = F_{\max} = f_S F_N$$

一般情况下，有 $\dfrac{\delta}{R} \ll f_S$，故 $F_{滚} \ll F_{滑}$，由于滚动摩阻系数较小，因此，在大多数情况下滚动摩阻是可以忽略不计的。

例 3-21　水平面上放一球，其半径为 R，重量为 G。球对平面滑动摩擦系数为 f，滚动摩阻系数为 δ。问在什么条件下，水平力 $\boldsymbol{P}$ 作用于球心而能使球作等速纯滚动？

解： 设球处于滚动的临界状态，受力如图 3-33 所示。

$$\sum F_x=0 \qquad F_S=P$$
$$\sum F_y=0 \qquad F_N=G$$
$$\sum M_A=0 \qquad M_f-PR=0$$

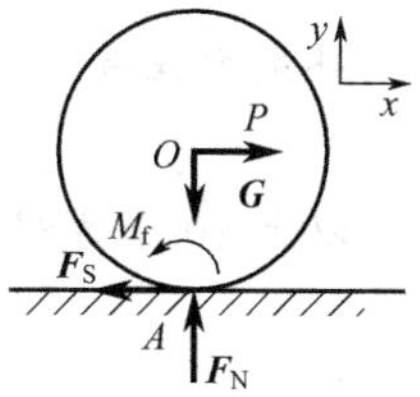

图 3-33

其中 $$M_f=\delta F_N$$

解得 $$P=\frac{\delta}{R}G$$

P 为轴维持平衡的最大值，也是轮作等速滚动时的值。

作纯滚动的条件是

$$F_S \leqslant F_{max}=fF_N$$

即 $$\frac{\delta}{R}G \leqslant fG$$

所以球作纯滚动的条件是 $$\frac{\delta}{R} \leqslant f$$

例 3-22 如图 3-34(a) 所示，在半径各为 r、重为 G_1 的两个滚柱上放置一设备重为 G_2。在设备底部作用一水平力 $\boldsymbol{F}$。如滚柱与水平地面间的滚阻系数为 δ，而滚柱与设备底面间的滚阻系数为 δ'，求能使该设备向右移动的力 $\boldsymbol{F}$ 的最小值。假定所有接触面均无相对滑动。

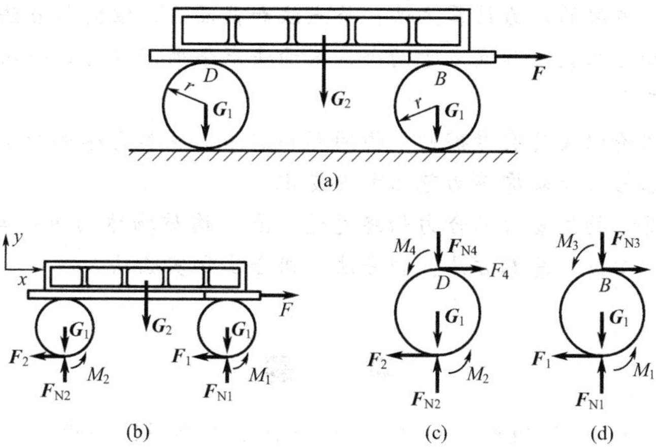

图 3-34

解： 设 $\boldsymbol{F}$ 为设备向右运动的最小值，亦即维持其平衡的最大值，此时，滚柱对地面和滚柱对设备均处于滚动临界平衡状态。接触处除正压力、静摩擦力外，还有最大滚阻力偶。滚阻力偶的转向与滚柱对接触面的相对滚动方向相反，均为逆时针方向。

先以系统整体为研究对象，受力图如图 3-34(b) 所示，图中 M_1、M_2 为最大滚阻力偶矩。根据图示坐标系列平衡方程：

$$\sum F_x=0 \qquad F-(F_1+F_2)=0$$
$$\sum F_y=0 \qquad F_{N1}+F_{N2}-2G_1-G_2=0$$

再分别以滚柱为研究对象，受力图如图 3-34(c)、(d) 所示，图中 M_3、M_4 为最大滚阻力偶矩。列平衡方程：

$$\sum M_B=0 \qquad M_1+M_3-2rF_1=0$$
$$\sum F_y=0 \qquad F_{N1}-G_1-F_{N3}=0$$
$$\sum M_D=0 \qquad M_2+M_4-2rF_2=0$$

$$\sum F_y=0 \qquad F_{N2}-G_1-F_{N4}=0$$

补充方程有

$$M_1=\delta F_{N1},\ M_2=\delta F_{N2},\ M_3=\delta' F_{N3},\ M_4=\delta' F_{N4}$$

以上 10 个方程共包含 10 个未知量，经过变换整理可得

$$(2G_1+G_2)\delta+G_2\delta'=2rF$$

故

$$F=\frac{(2G_1+G_2)\delta+G_2\delta'}{2r}$$

本章小结

1. 本章重点介绍了各类力系平衡的必要与充分条件及其对应的平衡方程。平衡问题求解中注意分析物体的受力特点，并依此选取合适的坐标及平衡方程。

2. 静定和超静定概念。静定问题是指未知量的数目不超过独立平衡方程数目，超静定问题是指未知量的数目多于独立平衡方程数目。

3. 物体系统平衡问题的求解方法，根据结构的构造特点确定研究对象的选取次序。

4. 平面简单静定桁架的内力计算方法：节点法和截面法。注意节点法求平衡问题时，每次选取的节点其未知力的数目不宜多于两个，截面法求平衡问题时，每次截开的内力未知的杆件数目不宜超过三个。

5. 摩擦的基本理论以及具有摩擦的平衡问题的解法，在具有摩擦的平衡问题中，静摩擦力随主动力变化在零与最大静摩擦力范围之内变化。

6. 物体的重心是该物体重力的合力始终通过的点。均质物体的重心与几何中心相重合。在工程上确定物体重心位置基本方法：积分法、组合法和实验法。

习　　题

3-1　如图 3-35 所示，电机重 $F=3\text{kN}$，放置在水平梁 AC 中央，A、B、C 都是铰链。求杆 BC 所受的力。

答：$F_{BC}=3\text{kN}$

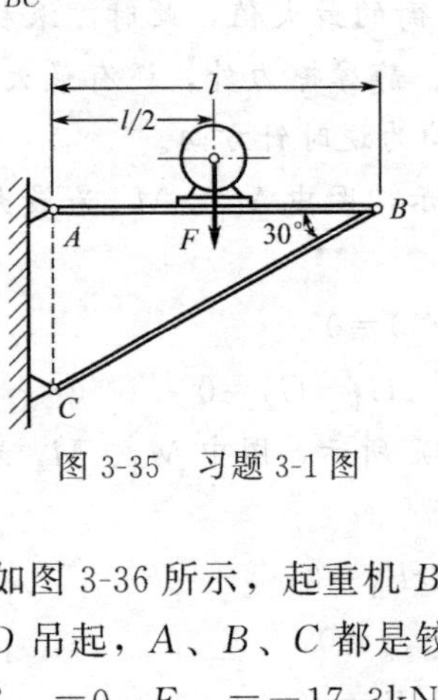

图 3-35　习题 3-1 图

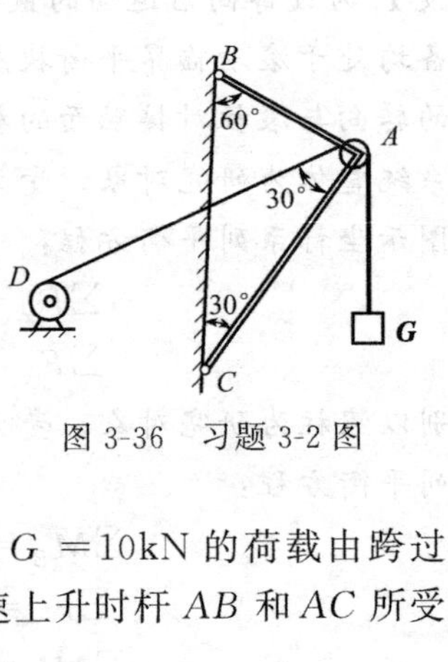

图 3-36　习题 3-2 图

3-2　如图 3-36 所示，起重机 BAC 上装一滑轮。重 $G=10\text{kN}$ 的荷载由跨过滑轮的绳子用绞车 D 吊起，A、B、C 都是铰链。试求当荷载匀速上升时杆 AB 和 AC 所受到的力。

答：$F_{AB}=0$，$F_{AC}=-17.3\text{kN}$

3-3 图 3-37 所示水平杆 AB，受固定铰支座 A 和斜杆 CD 的约束。在杆 AB 的 B 端作用一力偶（$\boldsymbol{F}'$，$\boldsymbol{F}$），力偶矩的大小为 50N·m，如不计各杆重量，试求支座 A 的反力 $\boldsymbol{F}_A$ 和斜杆 CD 所受的力 $\boldsymbol{F}_{CD}$。

答：$F_A=F_{CD}=200\text{N}$

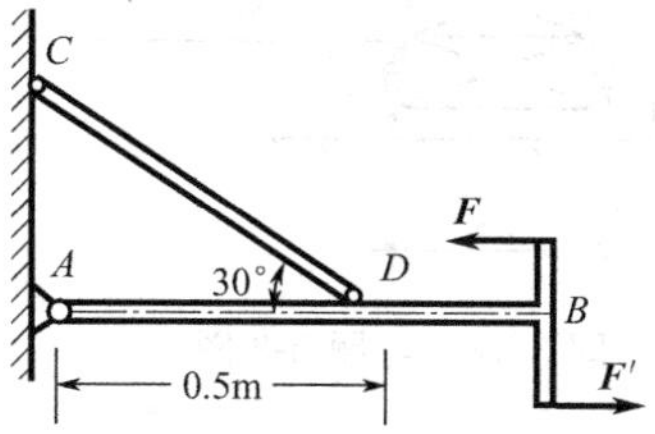

图 3-37 习题 3-3 图

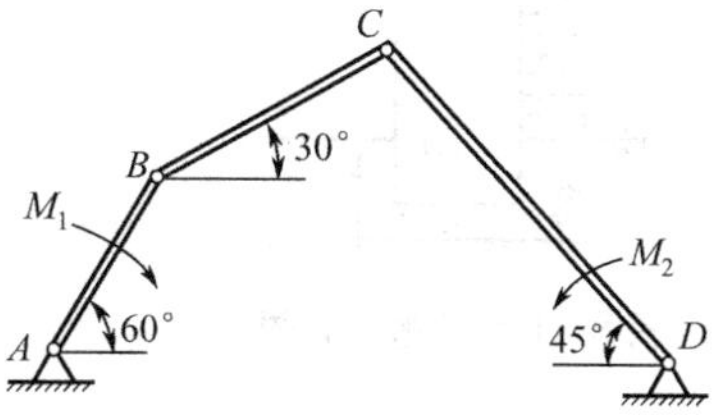

图 3-38 习题 3-4 图

3-4 图 3-38 所示平面机构 $ABCD$，AB 和 CD 上各作用一力偶，在图示位置平衡。已知 $M_1=0.4\text{N}\cdot\text{m}$，$AB=10\text{cm}$，$CD=22\text{cm}$，杆重不计，求 A、D 两铰链处的约束反力以及力偶矩 M_2 的大小。

答：$F_A=F_D=8\text{N}$，$M_2=1.7\text{N}\cdot\text{m}$

3-5 如图 3-39 所示，匀质杆 AB 和 BC 在 B 端固结成 60°角，A 端用绳悬挂。已知 $BC=2AB$，求当刚体 ABC 在重力作用下平衡时，BC 与水平面的倾角 α。

答：$\alpha=19.1°$

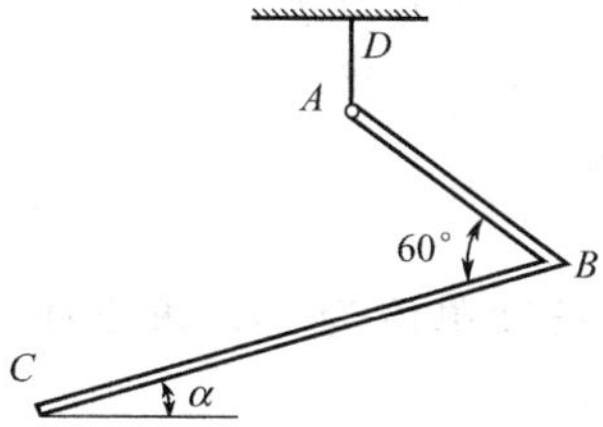

图 3-39 习题 3-5 图

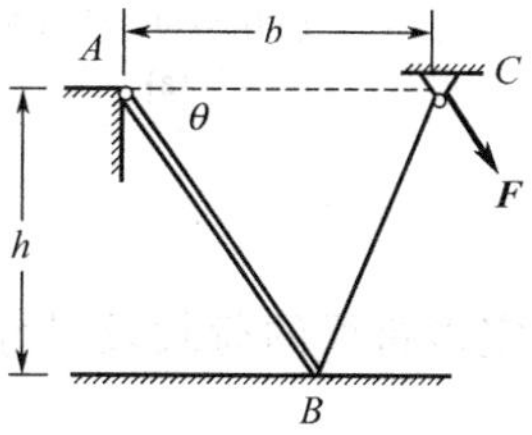

图 3-40 习题 3-6 图

3-6 如图 3-40 所示，长 b、重 W 的挂梯上端 A 铰接在楼板上，下端 B 由 BC 绳吊起。求能够使梯子刚好脱离地面的拉力，梯子与水平面的夹角为 θ。

答：$F=\dfrac{W\cos\theta}{2\cos\dfrac{\theta}{2}}$

3-7 如图 3-41 所示，露天厂房立柱的底部是杯形基础。立柱底部用混凝土砂浆与杯形基础固结在一起。已知吊车梁传来的铅直荷载 $F=60\text{kN}$，风荷 $q=2\text{kN/m}$，又立柱自身重 $G=40\text{kN}$，长度 $a=0.5\text{m}$，$h=10\text{m}$，试求立柱底部的约束力。

答：$F_{Ax}=-20\text{kN}$，$F_{Ay}=100\text{kN}$，$M_A=130\text{kN}\cdot\text{m}$

3-8 图 3-42 所示为一可沿路轨移动的塔式起重机，平衡块的重量 $G_1=500\text{kN}$，重力作用线距右轨 1.5m，起重机的起重量 $G_2=250\text{kN}$，吊臂伸出右轨 10m。要使在满载和空载时起重机均不致翻倒，求平衡重的最小重量 G_3 以及平衡重到左轨的最大距离 x。

答：$G_3=333\text{kN}$，$x=6.75\text{m}$

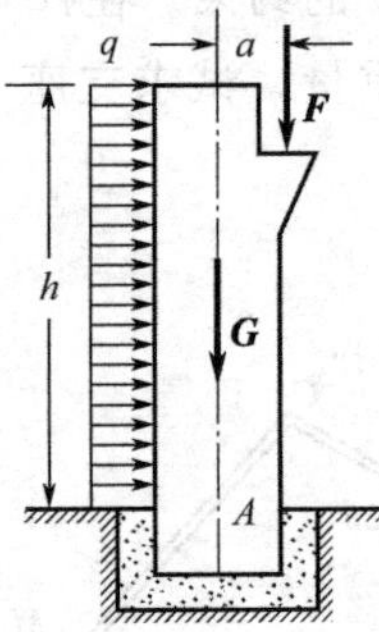

图 3-41　习题 3-7 图

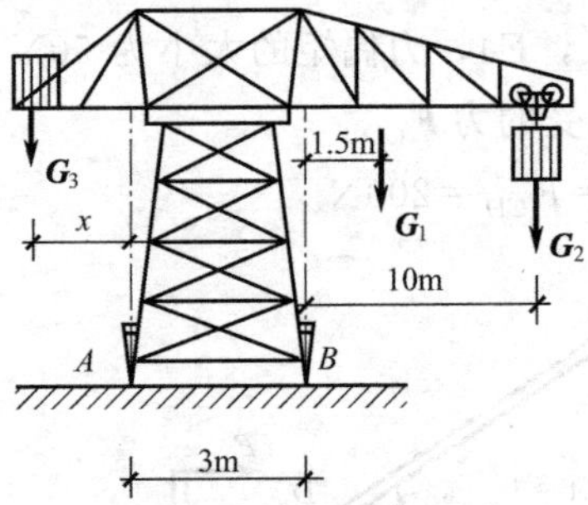

图 3-42　习题 3-8 图

3-9　求图 3-43 所示各梁的支座反力。自重不计。

答：(1) $F_A=3.75\text{kN}$，$F_{Bx}=0$，$F_{By}=0.25\text{kN}$

(2) $F_{Ax}=0$，$F_{Ay}=\dfrac{qa}{6}$，$F_B=\dfrac{11qa}{6}$

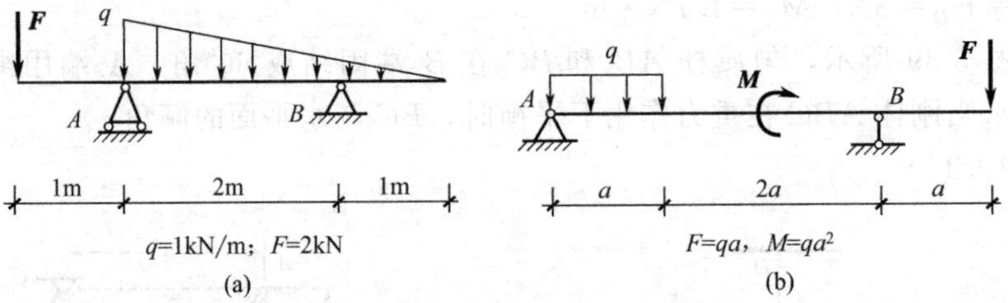

图 3-43　习题 3-9 图

3-10　静定多跨梁的荷载及尺寸如图 3-44 所示，长度单位为 m，求支座反力和中间铰处反力。

答：(1) $F_{Ax}=34.64\text{kN}$，$F_{Ay}=60\text{kN}$，$M_A=220\text{kN}\cdot\text{m}$；

$F_{Bx}=34.64\text{kN}$，$F_{By}=60\text{kN}$，$F_C=69.28\text{kN}$

(2) $F_A=2.5\text{kN}$，$F_B=15\text{kN}$，$F_C=2.5\text{kN}$，$F_D=2.5\text{kN}$

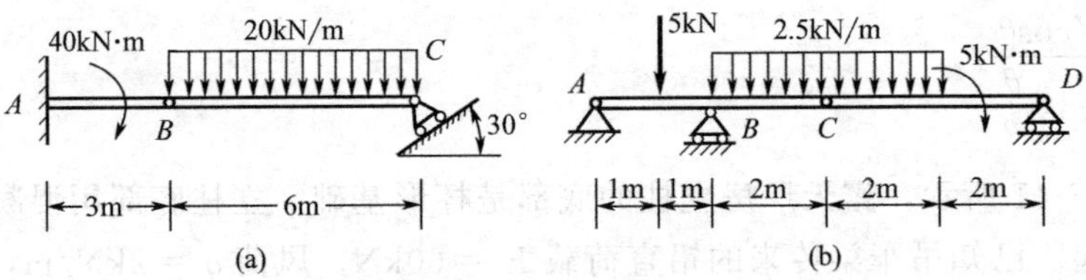

图 3-44　习题 3-10 图

3-11　静定刚架荷载及尺寸如图 3-45 所示，长度单位为 m，求支座反力和中间铰反力。

答：(1) $F_{Ax}=F_{Ay}=0$，$F_{Bx}=50\text{kN}$，$F_{By}=100\text{kN}$，$F_{Cx}=50\text{kN}$，$F_{Cy}=0$

(2) $F_{Ax}=20\text{kN}$，$F_{Ay}=70\text{kN}$，$F_{Bx}=20\text{kN}$，$F_{By}=50\text{kN}$，$F_{Cx}=20\text{kN}$，$F_{Cy}=10\text{kN}$

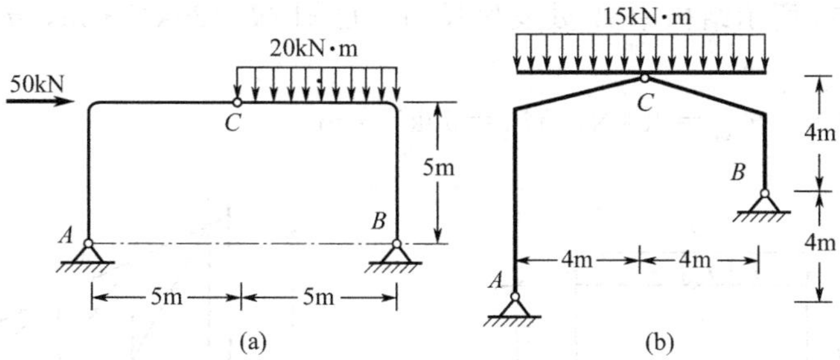

图 3-45　习题 3-11 图

3-12　图 3-46 所示是工厂用的钢剪，AB 是手柄，在点 B 处作用力可使剪口 H 闭合借以落料。已知剪口需产生的剪切力是 400N。又 $BC=5AC$，$DE=5a$，问垂直于 AB 至少应在点 B 施加多大的力 F（点 H 对 D 处铅直线的偏离忽略不计）？

答：$F=10.5\text{N}$

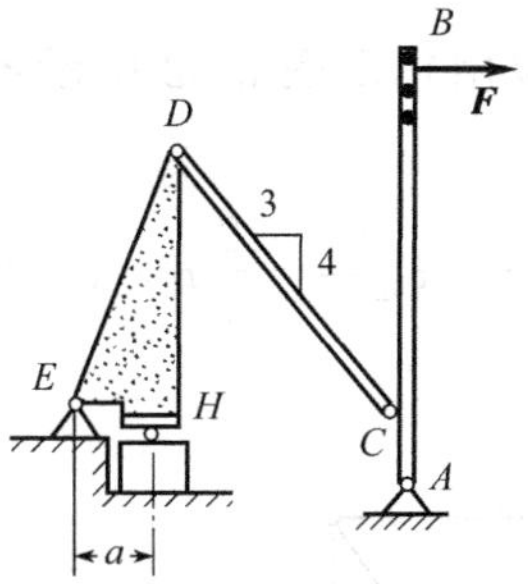

图 3-46　习题 3-12 图

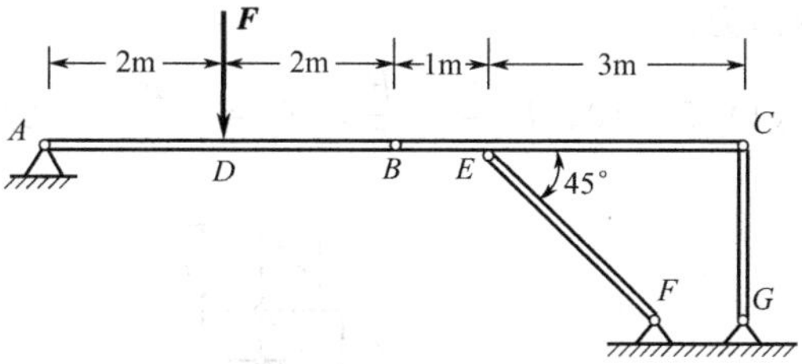

图 3-47　习题 3-13 图

3-13　复合梁由杆 AB 和 BC 在点 B 用铰链连接而成，并以铰支座 A 以及杆 EF 和 CG 支持。已知作用于 AB 中点 D 的力 $F=1\text{kN}$，尺寸如图 3-47 所示。求支座 A 的反力以及杆 EF 和 CG 的内力大小。

答：$F_{Ax}=667\text{N}$，$F_{Ay}=500\text{N}$；$F_{EF}=943\text{N}$，$F_{CG}=167\text{N}$

3-14　试求图 3-48 所示结构中 AC 和 BC 两杆所受的力。各杆自重均不计。

答：$F_{AC}=8\text{kN}$，$F_{BC}=-6.93\text{kN}$

3-15　如图 3-49 所示，构架由 AB、AC 和 DH 铰接而成，在 DEH 杆上作用一力偶矩为 M 的力偶。不计各杆的重量，求 AB 杆上铰链 A、D 和 B 的约束反力。

答：$F_{Ax}=0$，$F_{Ay}=-\dfrac{M}{2a}$，$F_{Bx}=0$，$F_{By}=-\dfrac{M}{2a}$，$F_{Dx}=0$，$F_{Dy}=\dfrac{M}{a}$

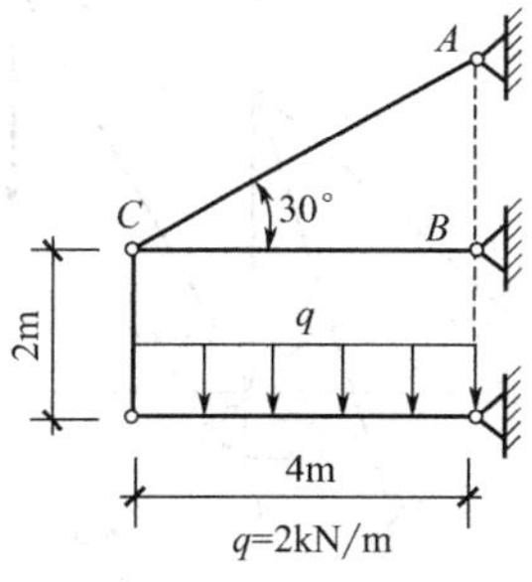

图 3-48　习题 3-14 图

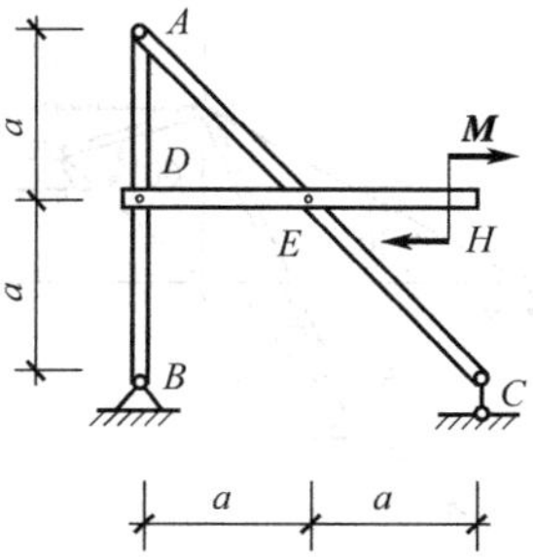

图 3-49　习题 3-15 图

3-16　求图 3-50 所示结构中 A 处支座反力。已知 $M=20\text{kN}\cdot\text{m}$，$q=10\text{kN/m}$。自重不计。

答：$F_{Ax}=10\text{kN}$，$F_{Ay}=20\text{kN}$，$M_A=60\text{kN}\cdot\text{m}$

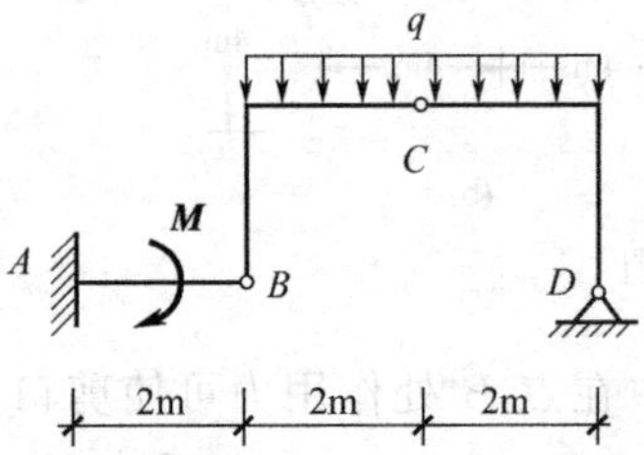

图 3-50　习题 3-16 图

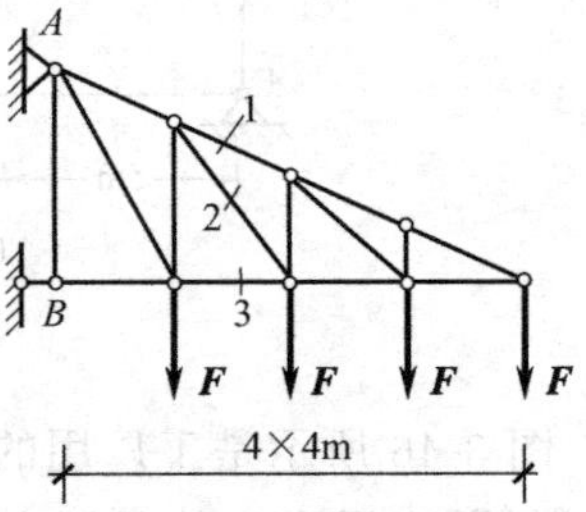

图 3-51　习题 3-17 图

3-17　试求图 3-51 所示平面桁架中杆 1、2、3 的内力。已知：$F=20\text{kN}$，自重不计。

答：$F_{N1}=67.1\text{kN}$，$F_{N2}=36.1\text{kN}$，$F_{N3}=-80\text{kN}$

3-18　用适当的方法（节点法或截面法或者两者的联合应用）求图 3-52 所示各桁架中指定杆的内力。

答：(1) $F_1=0$，$F_2=-\dfrac{F}{3}$，$F_3=-\dfrac{F}{3}$　(2) $F_1=-\dfrac{4}{9}F$，$F_2=-\dfrac{2}{3}F$，$F_3=0$

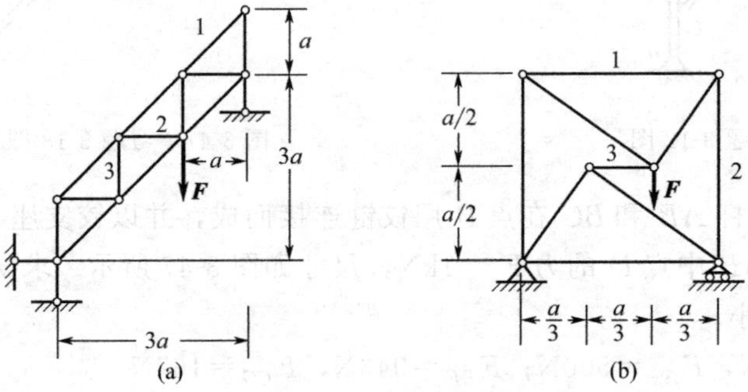

图 3-52　习题 3-18 图

3-19　天线支架由支柱 AB 和 AC 以及拉线 AD 构成，几何关系如图 3-53 所示。已知天线受到的拉力 $\boldsymbol{F}$ 作用在 Oyz 平面内并与轴 Oy 平行，已知 $F=900\text{N}$，求拉线及支柱受到的力。

答：$F_{\text{T}}=1040\text{N}$，$F_{AB}=F_{AC}=-300\text{N}$

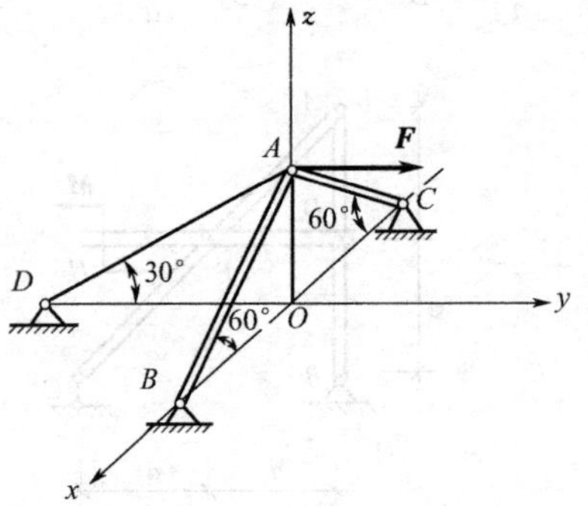

图 3-53　习题 3-19 图

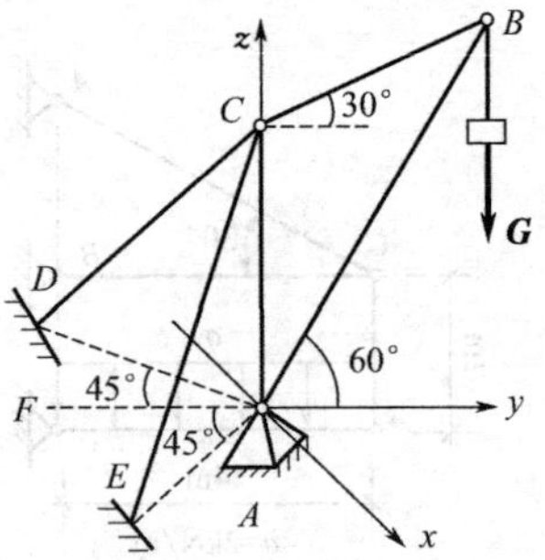

图 3-54　习题 3-20 图

3-20　图 3-54 所示为桅杆式起重机，AC 为立柱，BC、CD 和 CE 均为钢索，AB 为起重杆。A 端可简化为球铰链约束。设 B 点起吊重物的重量为 G，$AD=AE=AC=l$。起重杆所在平面 ABC 与对称面 ACF 重合。不计立柱和起重杆的自重，求起重杆 AB、立柱 AC 和钢索 CD、CE 所受的力。

答：$F_{AB}=\sqrt{3}G$，$F_{AC}=0.725G$，$F_{CE}=F_{CD}=\frac{\sqrt{3}}{2}G$

3-21　长方形均质板 $ABCD$ 的宽度为 a，长度为 b，重为 G，在 A、B、C 三角用三根铅垂平行链杆悬挂于固定点，使板子保持水平位置，如图 3-55 所示。求此三杆的内力。

答：$F_{N1}=F_{N3}=0.5G$，$F_{N2}=0$

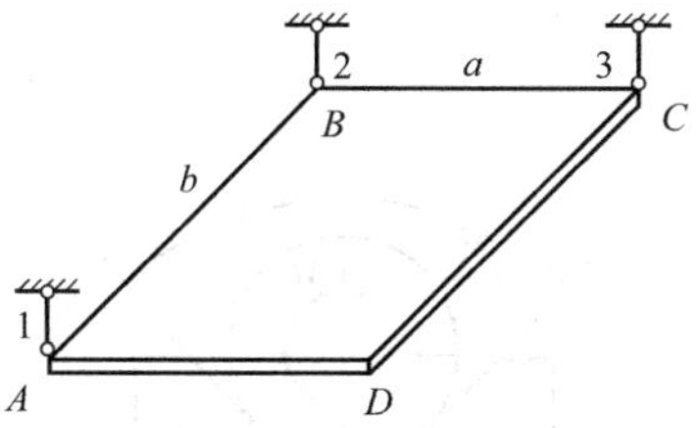

图 3-55　习题 3-21 图

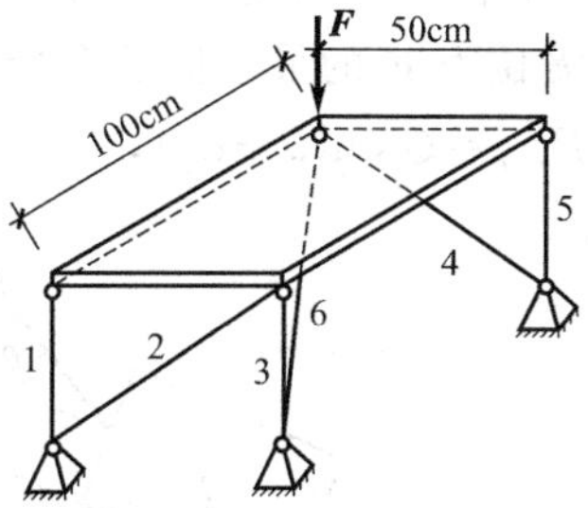

图 3-56　习题 3-22 图

3-22　图 3-56 所示的矩形板，用六根直杆支撑于水平面内，在板角处作用一铅垂力 F。不计板及杆的重量，求各杆的内力。

答：$F_{N1}=F_{N5}=-F$，$F_{N3}=F$，$F_{N2}=F_{N4}=F_{N6}=0$

3-23　作用于半径为 120mm 的齿轮上的啮合力 $\boldsymbol{F}$ 推动皮带绕水平轴 AB 作匀速转动。已知皮带紧边拉力为 200N，松边拉力为 100N，尺寸如图 3-57 所示。试求力 $\boldsymbol{F}$ 的大小以及轴承 A、B 的约束力（尺寸单位 mm）。

答：$F_{Ay}=47.62\text{N}$，$F_{Az}=-58.22\text{N}$，$F_{By}=19.05\text{N}$，$F_{Bz}=-203.29\text{N}$，$F=76.98\text{N}$

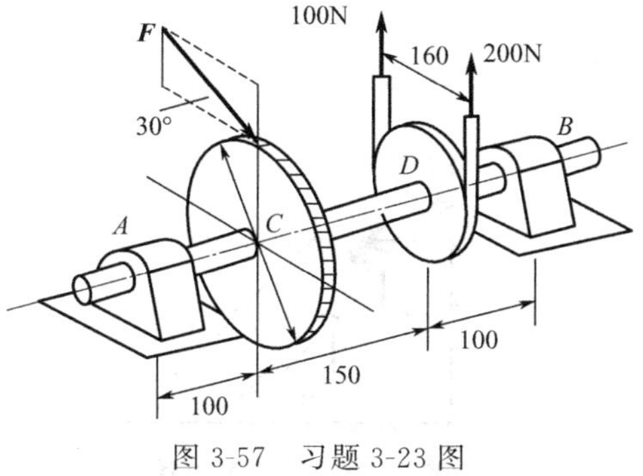

图 3-57　习题 3-23 图

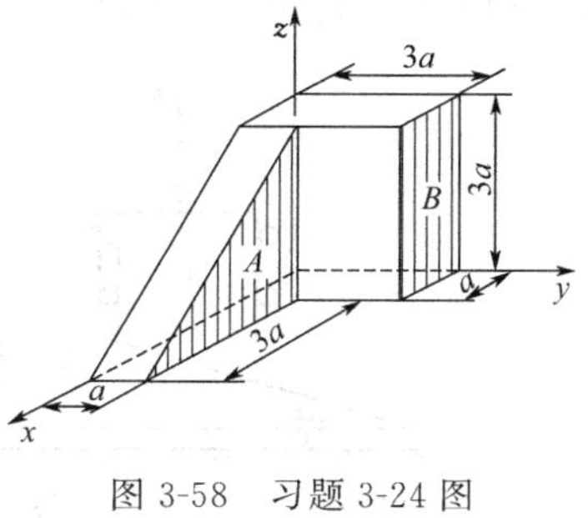

图 3-58　习题 3-24 图

3-24　试求图 3-58 所示混凝土基础的重心。设 $a=3\text{m}$。

答：$x_c=3\text{m}$，$y_c=3.5\text{m}$，$z_c=4\text{m}$

3-25　试求图 3-59 所示截面的形心的位置。

答：（1）$x_c=0$，$y_c=60.8\text{mm}$　（2）$x_c=511.2\text{mm}$，$y_c=430\text{mm}$　（3）$x_c=51\text{mm}$，$y_c=101\text{mm}$　（4）$x_c=90.7\text{mm}$，$y_c=35.7\text{mm}$

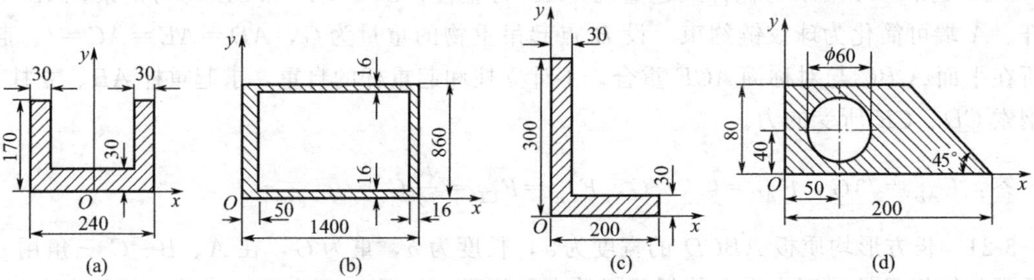

图 3-59　习题 3-25 图

3-26　如图 3-60 所示，重为 G 的物体放在倾角为 α 的斜面上，摩擦系数为 f_S，问要拉动物体所需拉力 $\boldsymbol{F}$ 的最小值是多少，这时角 θ 多大？

答：$F_{\min}=G\sin(\alpha+\varphi_f)$，　$\theta=\varphi_f$，而 $\tan\varphi_f=f_s$

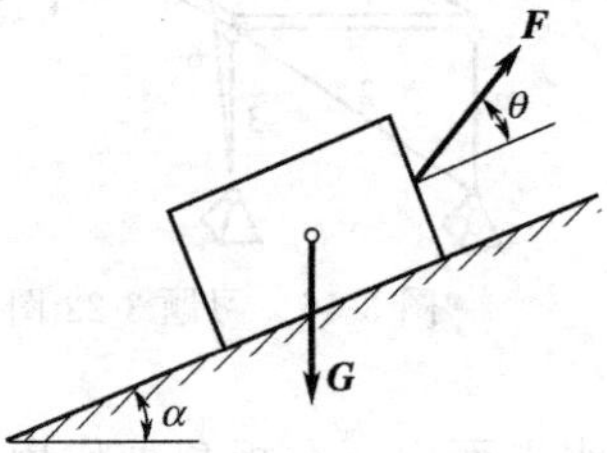

图 3-60　习题 3-26 图

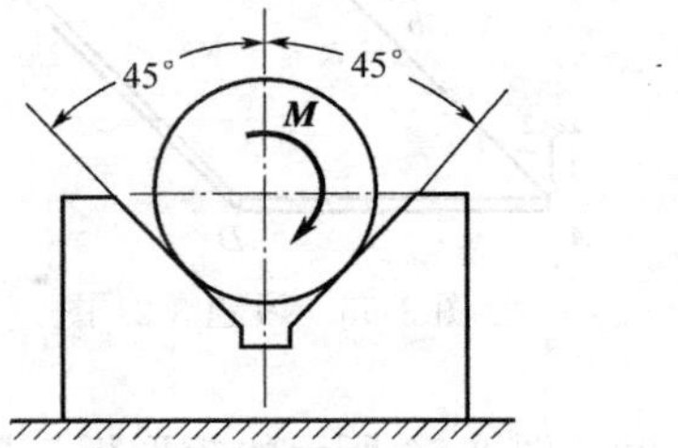

图 3-61　习题 3-27 图

3-27　如图 3-61 所示，欲转动一放在 V 形槽中的钢棒料，需作用一矩 $M=15\text{N}\cdot\text{m}$ 力偶，已知棒料重 400N，直径为 25cm，求棒料与槽间的摩擦系数 f。

答：$f=0.223$

3-28　尖劈顶重装置如图 3-62 所示，尖劈 A 的顶角为 α，在 B 块上受重物 F 的作用，A、B 块间的摩擦系数为 f（其他有滚球处表示光滑）。求：(1) 顶起重物所需力 $\boldsymbol{P}$ 之值；(2) 取去力 $\boldsymbol{P}$ 后能保证自锁的顶角 α 之值。

答：(1) $P\geqslant F\tan(\alpha+\varphi_f)$，$\tan\varphi_f=f$　(2) $\alpha\leqslant\varphi_f$

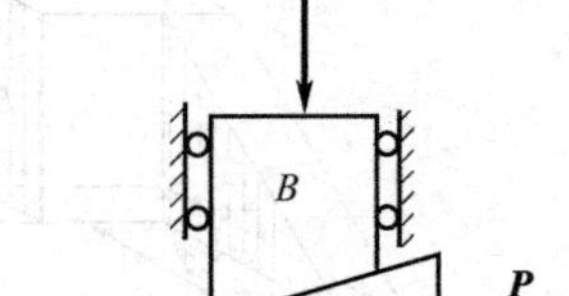

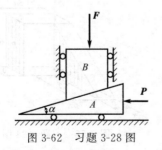

图 3-62　习题 3-28 图

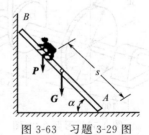

图 3-63　习题 3-29 图

3-29　如图 3-63 所示，梯子重 G，长为 l，上端在光滑的墙上，底端与水平面间的摩擦系数为 f。求 (1) 已知梯子倾角 α，为使梯子保持静止，问重为 P 的人活动范围 s 为多大？(2) 倾角 α 为多大时，不论人在什么位置梯子都保持平衡。

答：(1) $s\leqslant\dfrac{2f(G+P)\tan\alpha-G}{2P}l$　(2) $\tan\alpha\geqslant\dfrac{2P+G}{2f(P+G)}$

3-30　半径为 R 的滑轮 B 上作用有力偶 M_B，轮上绕有细绳拉住半径为 R、重为 P 的圆柱，如图 3-64 所示。斜面倾角为 θ，圆柱与斜面间的滚动摩阻系数为 δ。求保持圆柱平衡时，力偶矩 M_B 的最大值与最小值。

答：$M_{B\min}=P(R\sin\theta-\delta\cos\theta)$，$M_{B\max}=P(R\sin\theta+\delta\cos\theta)$

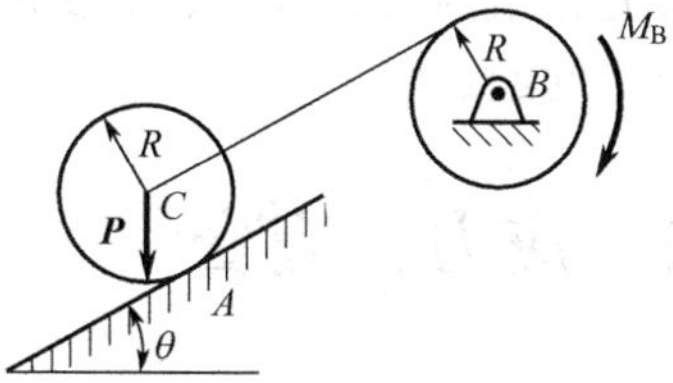

图 3-64　习题 3-30 图

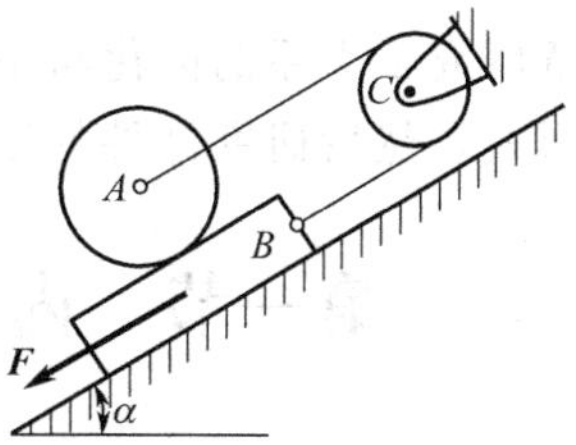

图 3-65　习题 3-31 图

3-31　如图 3-65 所示，重为 $P_1=980\text{N}$，半径为 $r=100\text{mm}$ 的滚子 A 与重为 $P_2=490\text{N}$ 的板 B 由通过定滑轮 C 的柔绳相连。已知板与斜面间的静滑动摩擦系数 $f_S=0.1$。滚子 A 与板 B 间的滚阻系数为 $\delta=0.5\text{mm}$，斜面倾角 $\alpha=30°$，柔绳与斜面平行，柔绳与滑轮自重不计，铰链 C 为光滑的。求沿斜面拉动板 B 的力 $\boldsymbol{F}$ 的大小。

答：$F=380.8\text{N}$

3-32　如图 3-66 所示，地面放一均质圆轮 A，重 $G=4\text{N}$，半径 $R=60\text{mm}$，以链杆与滑块 B 相连。滑块靠在光滑铅垂墙上，并受铅垂力 $F=8\text{N}$ 作用。绕在轮上的绳子受水平力 $\boldsymbol{F}_T$ 作用。轮与地面间的滑动摩擦系数 $f=0.3$，滚阻系数 $\delta=1\text{mm}$，杆与墙成 30°角，连杆和滑块重量不计。试求：(1) 使系统保持平衡时，水平力 $\boldsymbol{F}_T$ 的最大值；(2) 此时地面对轮的滑动摩擦力与滚阻力偶矩。

答：(1) $F_T=2.41\text{N}$　(2) $M=0.012\text{N}\cdot\text{m}$，$F=2.21\text{N}$

3-33　小车底盘重 G，所有轮子共重 W。若车轮沿水平轨道滚动而不滑动，且滚动摩阻系数为δ，尺寸如图 3-67 所示。求使小车在轨道上匀速运动时所需的水平力 $\boldsymbol{F}$ 之值及地面对前、后车轮的滚动摩擦阻力偶矩。

答：$F=\dfrac{\delta}{r}(G+W)$，$M_A=(G+W)\dfrac{\delta(ar+b\delta)}{2ar}$，$M_B=(G+W)\dfrac{\delta(ar-b\delta)}{2ar}$

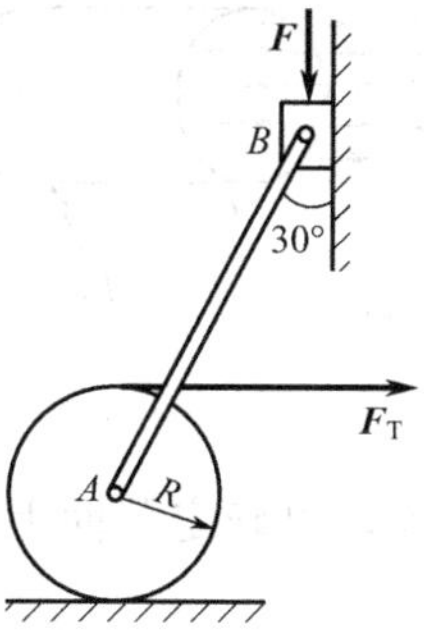

图 3-66　习题 3-32 图

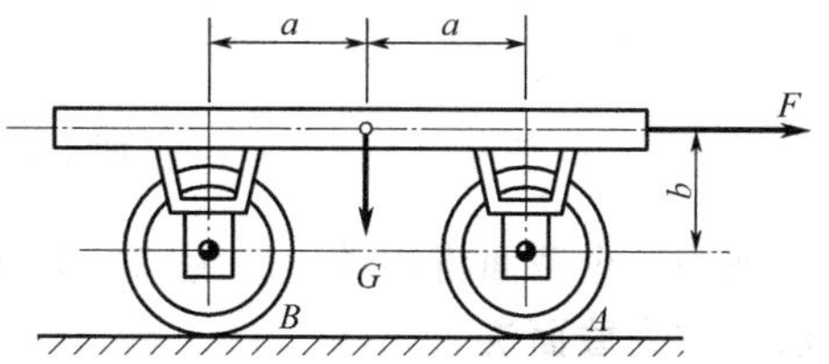

图 3-67　习题 3-33 图

第四章 轴向拉伸与压缩

前面两章研究了力系的简化与平衡问题，本章首先介绍内力、应力、应变的概念及杆件变形的基本形式，然后研究杆件的轴向拉伸或压缩变形问题。

第一节 内力、截面法、应力、应变

一、内力、截面法

通常来说，物体的内力是指物体内部质点之间的相互作用力，在物体不受外力作用时依然存在。正是因为这种内力的存在，物体各部分才能紧密相连，并保持一定的几何形状。

工程力学中所研究的内力，是指物体在外力作用下，其内部质点相互作用力的改变量，称为**附加内力**，常简称为**内力**。这种内力随外力的增大而增大，并与外力保持平衡。

内力的计算是分析构件强度、刚度、稳定性等问题的基础。下面首先说明显示和确定内力的一般方法。

为了显示构件在外力作用下 m-m 截面上的内力，假想用平面将构件分成Ⅰ、Ⅱ两部分(图 4-1)。任取其中一部分来研究，例如选择Ⅰ作为研究对象。在Ⅰ上作用的外力有 F_1、F_2、F_3。欲使Ⅰ保持平衡，则Ⅱ必有力作用于Ⅰ的截面 m-m 上，以与Ⅰ所受的外力平衡，如图 4-1(b) 所示。当然，Ⅰ必然也以大小相等、方向相反的力作用于Ⅱ上。Ⅰ与Ⅱ间相互作用的力就是构件在 m-m 截面上的内力。根据连续性假设，在 m-m 截面上各处均有内力作用，因此内力是分布于截面上的一个分布力系。对于所研究的部分Ⅰ来说，外力 F_1、F_2、F_3 和截面 m-m 上的内力（截开后已体现为外力特征）保持平衡，根据静力平衡方程就可确定此截面的内力。

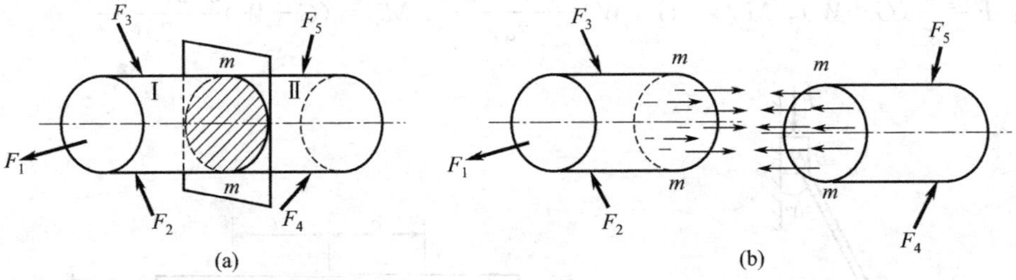

图 4-1

这种假想地用一个截面将构件一分为二，并选其一建立方程，以确定截面上内力的大小和指向的方法，称为**截面法**。

截面法的全部过程可归纳为以下三个步骤。

（1）截开：欲求某一截面的内力，就假想地在该处用一截面将杆截分为二，任选其一作为研究对象，画出作用在该部分上的外力。

（2）替代：将另一部分对研究部分的作用以内力（此时已体现为外力）替代。

（3）平衡：对研究部分建立平衡方程，确定截面上的内力的大小及方向。

必须注意：（1）截开面上的内力对研究部分来说属于外力；（2）在用截面法求内力的过程中，静力学中的力的可传性原理及力偶可移性原理的应用是有限制的。一般来说，在用截面法之前不宜采用，以免引起错误。此外，将杆上荷载预先用一个与之相当的力系来代替，在求内力的过程中也有所限制。

上述用截面法求得的内力是截面上分布内力系向形心简化结果。显然，在内力大小一定的情况下，截面的几何性质（包括截面的尺寸和形状）不同，构件的强度也就不同。为了解决强度问题，不仅要知道构件可能沿着哪一个截面破坏，而且还要知道截面上哪些点最危险。这样，只知道截面上分布内力系的总和是不够的，还必须知道截面上内力的分布情况，为此，引入应力的概念。

二、应力

应力是受力杆件某一截面上一点处的内力集度。如图 4-2(a) 所示，设在受力物体内某一截面 m-m 上任取一点 K，围绕 K 点取一很小的面积 ΔA，若在 ΔA 上分布内力的合力为 ΔF，则在 ΔA 上的内力平均集度为

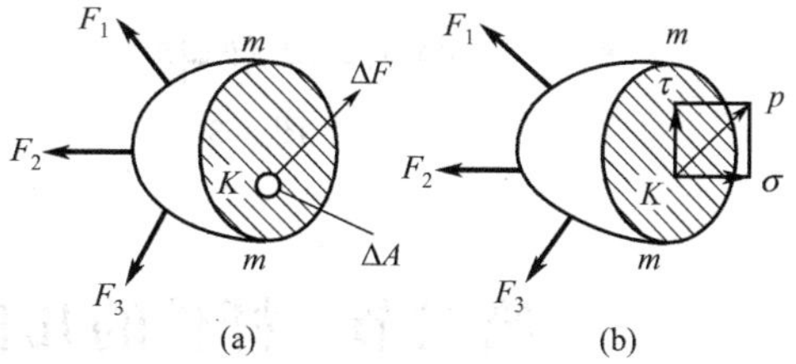

图 4-2

$$p_m=\frac{\Delta F}{\Delta A}$$

p_m 称为作用在 ΔA 上的平均应力。一般来说，截面 m-m 上的内力分布并不是均匀的。因此，平均应力 p_m 的大小和方向将随 ΔA 的大小而发生变化。若所取微面积 ΔA 越小，p_m 就越能准确表示 K 点所受内力的密集程度。当 ΔA 趋于零时，其极限值定义为 K 点的总应力，即

$$p=\lim_{\Delta A\to 0}\frac{\Delta F}{\Delta A}=\frac{\mathrm{d}F}{\mathrm{d}A} \tag{4-1}$$

总应力 p 是一个矢量，通常，把总应力 p 分解为垂直于截面 m-m 的法向分量 σ 和与截面相切的切向分量 τ，如图 4-2(b) 所示。σ 称为**正应力**，τ 称为**切应力**。应力的单位是 Pa（帕），$1\mathrm{Pa}=1\mathrm{N/m^2}$。工程上常用 MPa（兆帕）和 GPa（吉帕），其关系为

$$1\mathrm{MPa}=1\times10^6\mathrm{Pa},\ 1\mathrm{GPa}=1\times10^9\mathrm{Pa}$$

从上述讨论可知，应力是在受力物体的某一截面上的某一点处定义的，所以，讨论应力必须指明是哪一个截面上的哪一点处。与此对应，整个截面上各点处的应力与微面积 $\mathrm{d}A$ 之乘积的合成，即为该截面上的内力。

三、应变

构件在外力作用下将产生变形。要研究构件截面上的应力分布规律，必须先研究构件内各点处的变形，为此可将构件分成无数很小的正六面体，研究它们的相对变形后即可了解各点处的变形。

设图 4-3(a) 为构件上某一点处取出的一个正六面体，其沿 x 轴方向的棱边 AB 原长为 Δx，变形后变为 $(\Delta x+\Delta u)$，如图 4-3(b)。Δu 称为 AB 的绝对变形，其大小与原长 Δx 有关，它不能完全描述 AB 的变形程度。如 AB 线段内各点处的变形程度相同，则比值

$$\varepsilon=\frac{\Delta u}{\Delta x}$$

称为线段 AB 的**线应变**。它是一个无量纲的量。

如线段 AB 内各点处的变形程度并不相同，则此比值只是线段 AB 的平均线应变。而 A 点沿 x 方向的线应变则为

$$\varepsilon=\lim_{\Delta x\to 0}\frac{\Delta u}{\Delta x}=\frac{\mathrm{d}u}{\mathrm{d}x} \tag{4-2}$$

当构件变形后，上述正六面体除棱边的长度改变外，二垂直线段 AC 与 AB 间的夹角也会发生变化，不再保持直角（图 4-4）。角度的改变量 γ 称为切应变。

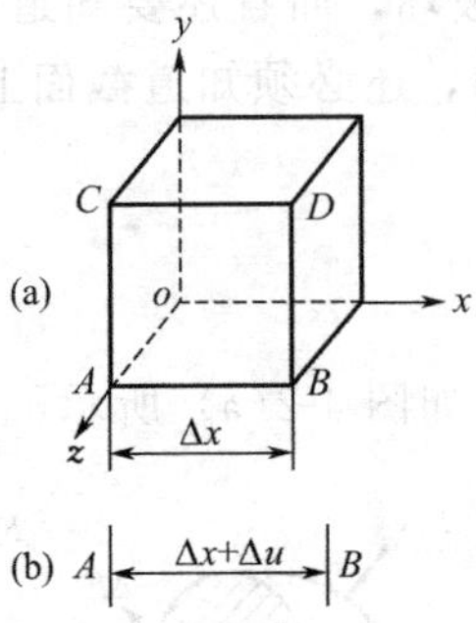

图 4-3

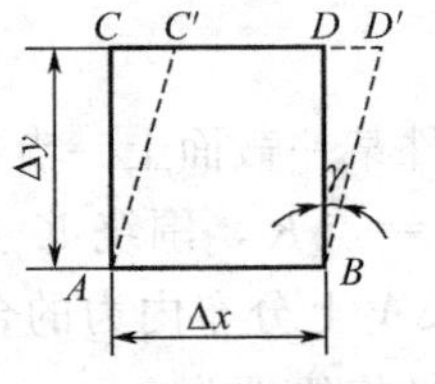

图 4-4

第二节　杆件的几何特征及变形的基本形式

构件的几何形状是多种多样的，但根据其几何特征，可把构件分为杆件、板与壳、块体三类。所谓杆件，是指纵向（长度方向）尺寸比另两个横向（垂直于长度方向）尺寸要大得多的构件。杆件是在工程结构或机械上最常见和最基本的构件，例如一般的支撑杆、梁、柱、连接杆、传动轴以及螺栓等。板和壳是指一个方向的尺寸（厚度）远远小于其他两个方向尺寸的构件。板的形状扁平而无曲度，而壳体则呈曲面形状。块体则是指三个相互垂直方向的尺寸均属同一量级的构件。

材料力学所研究的主要构件从几何上多抽象为杆，而且大多数抽象为直杆。

杆件有两个主要的几何因素：**横截面**和**轴线**。横截面和轴线是互相垂直的（图 4-5）。

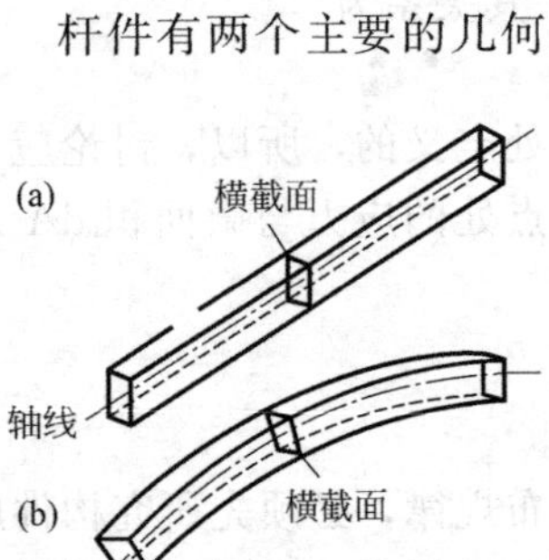

图 4-5

材料力学中所研究的直杆多数是等截面的，称为**等直杆**［图 4-5(a)］。

横截面大小不同的杆称为**变截面杆**。

等直杆的计算原理一般也可近似地用于曲率很小的曲杆［图 4-5(b)］和横截面变化不大的变截面杆。

在工程结构中，由于外力常以各种不同的方式作用在杆件上，因此杆件的变形也是多种多样的。但是，稍加分析后可以发现，这些变形总不外乎是以下四种基本变形中的一种，或者是它们中几种基本变形的组合。这四种基本变形形式是：**轴向拉伸或轴向压缩、剪切、扭转、弯曲**。

(1) 轴向拉伸或轴向压缩：在一对作用线与直杆轴线重合的外力作用下，直杆的主要变形是长度的改变。这种变形形式称为轴向拉伸［图 4-6(a)］或轴向压缩［图 4-6(b)］。简单桁架在荷载作用下，桁架中的杆件就发生轴向拉伸或轴向压缩变形（图 4-7）。

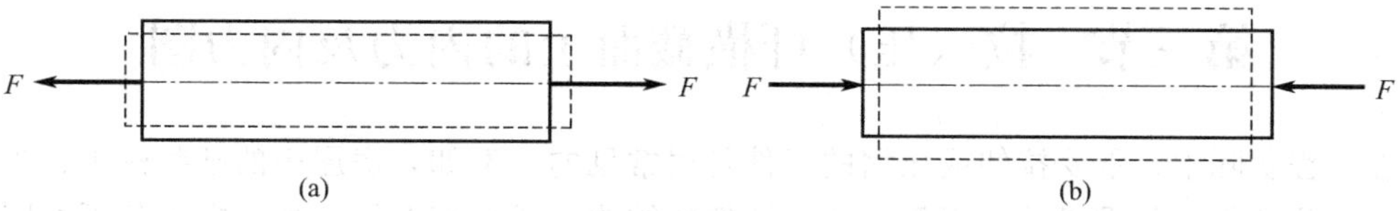

图 4-6

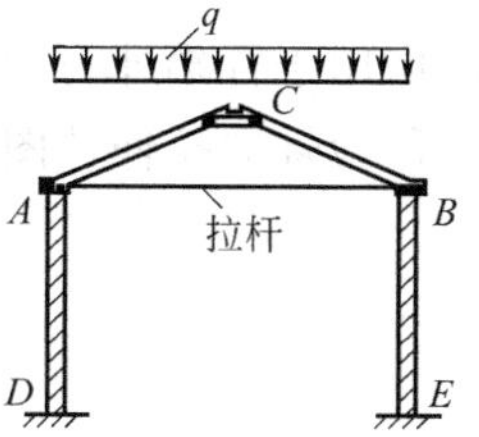

图 4-7

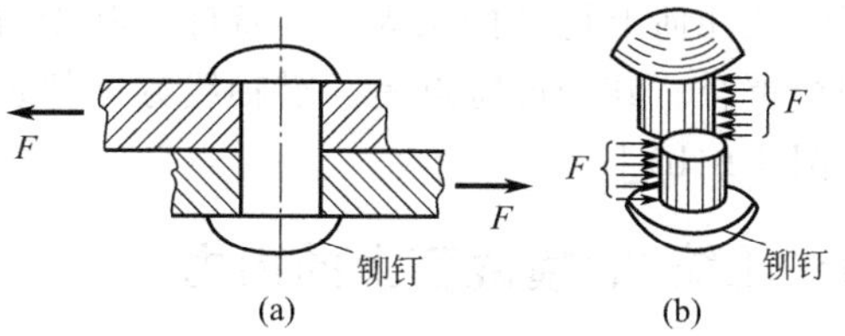

图 4-8

（2）剪切：在一对作用线相距很近的大小相同、指向相反的横向外力 F 作用下，直杆的主要变形是横截面沿外力作用方向发生相对错动（图 4-8）。这种变形形式称为剪切。一般在发生剪切变形的同时，杆件还存在其他次要的变形形式。

（3）扭转：在一对转向相反、作用面垂直于直杆轴线的外力偶 m 作用下，直杆的相邻横截面将绕轴线发生相对转动，杆件表面纵向线将变成螺旋线，而轴线仍维持直线。这种变形形式称为扭转［图 4-9(a)］，例如雨篷梁［图 4-9(b)］。

图 4-9

（4）弯曲：在一对转向相反、作用面在杆件的纵向平面（即包含杆轴线在内的平面）内的外力偶作用下，直杆的相邻横截面将绕垂直于杆轴线的轴发生相对转动，变形后的杆件轴线将弯成曲线。这种变形形式称为弯曲［图 4-10(a)］。杆件在横向力作用下也会发生弯曲变形，如楼板梁［图 4-10(b)］。

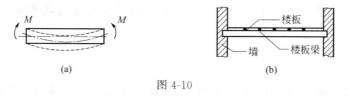

图 4-10

工程中常用构件在荷载作用下的变形，大多为上述几种基本变形形式的组合，纯属一种基本变形形式的构件较为少见。但若以某一种基本变形形式为主，其他属于次要变形的则可按该基本变形形式计算。若几种变形形式都非次要变形，则属于组合变形问题。本书将先分别讨论构件的每一种基本变形，然后再分析组合变形问题。本章讨论轴向拉（压）变形问题。

第三节 拉（压）杆横截面上的内力及内力图

在工程实际中，承受拉伸或压缩的杆件是很常见的。例如，房屋中的某些柱子、桁架结构中的一些杆件、起重机的吊索等。这些杆件的结构形式各有差异，加载方式各不相同，若把杆件的形状和受力情况加以简化，当不考虑其端部的具体连接情况时，则其计算简图如图 4-6 所示。

这类杆件从几何上均可抽象为一等直杆。其受力特点是：作用于杆端外力的合力作用线与杆件的轴线重合。其变形特点是：沿轴线方向伸长或缩短，称为轴向拉伸［图 4-6(a)］或轴向压缩［图 4-6(b)］。

一、拉伸（压缩）时横截面上的内力

为了确定拉压杆横截面 m-m 上的内力，可用截面法假想在 m-m 截面处将杆件截断（图 4-11），任取一段（如第Ⅰ段）为研究对象，由平衡方程

$$\sum F_x=0,\ F_N-F=0$$

则

$$F_N=F$$

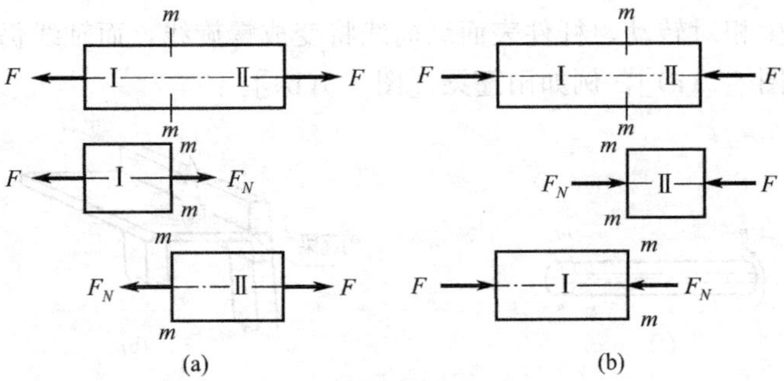

图 4-11

式中，F_N 为杆件任一横截面 m-m 上的内力。因为外力 F 与杆轴线重合，所以内力 F_N 的作用线也与杆轴线重合。这种内力称为**轴力**，用符号 F_N 表示。

为了使由部分Ⅰ与部分Ⅱ所得同一截面 m-m 上的轴力具有相同的正负号，联系到变形情况，规定：拉杆的变形是纵向伸长，其轴力为正，称为拉力［图 4-11(a)］；压杆的变形是纵向缩短，其轴力为负，称为压力［图 4-11(b)］。可见拉力是背离截面的，压力是指向截面的。

二、轴力图

当杆件受到多个轴向外力作用时，在杆的不同段内将有不同的轴力。为了形象地表明杆内轴力随着横截面位置而变化的情况，可根据求得的轴力作出轴力图。通常是按选定的比例尺，用平行于杆轴线的坐标表示横截面的位置，用垂直于杆轴线的坐标表示横截面上轴力的数值，从而绘出表示轴力与横截面位置关系的图线，称为**轴力图**。当轴线为水平方向时，习惯上将正值的轴力画在上侧，负值的画在下侧。从轴力图上可确定最大轴力的数值及其所在截面的位置。

例 4-1 一等直杆受力情况如图 4-12(a) 所示，试作杆的轴力图。

解：在求 AB 段内任一横截面上的轴力时，沿任意截面 1-1 将杆截开，应用截面法研究截开后左段杆的平衡（左段杆较右段杆外力少）。假定轴力 F_{N1} 为拉力［图 4-12(b)］，由平衡方程可求得 AB 段内任一横截面上的轴力

$$\sum F_x=0,\ F_{N1}-4=0$$

得

$$F_{N1}=4\text{kN}$$

再在 BC 段内沿任意截面 2-2 将杆截开，选左段杆为研究对象（此时亦可选右段杆来研究），假定轴力 F_{N2} 为拉力［图 4-12(c)］，由平衡方程求得 BC 段内任意横截面上的轴力

$$\sum F_x=0,\ F_{N2}+7-4=0$$

得

$$F_{N2}=-3\text{kN}$$

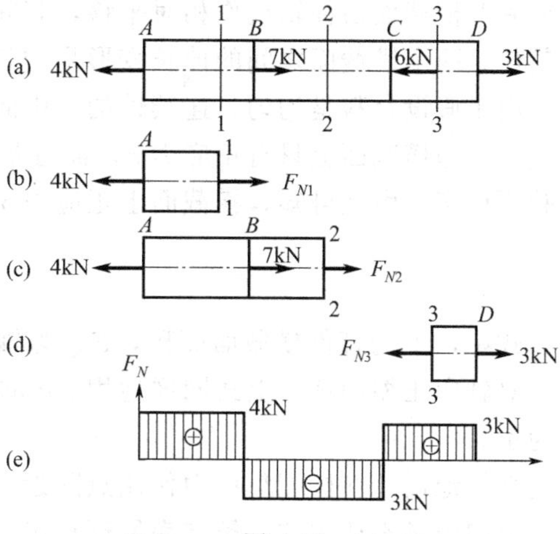

图 4-12

结果为负值，说明与原先假定的 F_{N2} 指向相反，即应为压力。

同理，求得 CD 段内任一横截面上的轴力［图 4-12(d)］：$F_{N3}=3\text{kN}$，为拉力。

注意，在求 CD 段内的轴力时，将杆截开后宜选择右段杆为研究对象，因为右段杆比左段杆包含的外力少。

最后，按前述作轴力图的规则，作出杆的轴力图［图 4-12(e)］。由轴力图可以看出，最大轴力 F_N 发生在 AB 段内任一截面上，其值为 4kN。

必须指出，在运用截面法求轴力时，一般假设轴力为截面外法线方向（正方向），然后由平衡方程求出轴力的数值。若求得的轴力为正，说明该截面上的轴力是拉力；若求得的轴力为负，则说明该截面上的轴力是压力。

第四节　拉（压）杆横截面及斜截面上的应力

一、拉（压）杆横截面上的应力

轴力是横截面上分布内力的合力，为了研究杆件的强度，还必须求出横截面上任一点的应力。为此，必须知道横截面上内力的分布规律，而内力的分布又与变形的分布密切相关。因此，可考察杆件在受力后表面上的变形情况，由表及里地作出杆件内部变形情况的几何假设，再根据力与变形间的物理关系，得到应力在截面上的变化规律。即研究拉（压）杆横截面上的应力需综合考虑**几何、物理、静力学**三个方面。

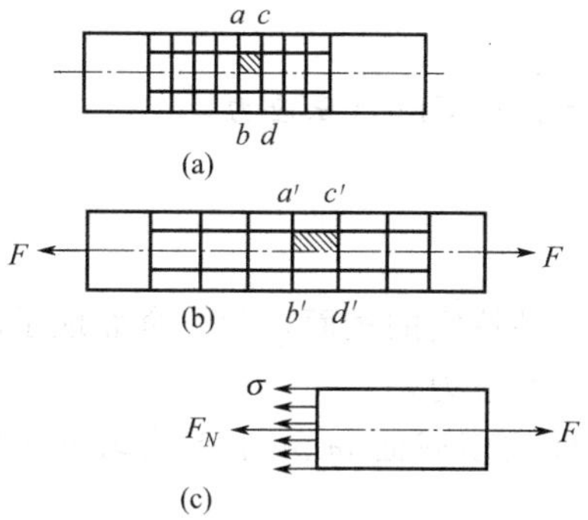

图 4-13

为了便于观察杆的变形情况，在其表面上画上若干与杆轴线平行或垂直的纵向线与横向线，这些纵向线与横向线组成许多小正方格［图 4-13(a)］。

在杆端加上一对轴向拉力 F 后，可见：杆上所有纵向线伸长相等，横向线仍为直线并与纵向线保持垂直，即原先的正方格变成了长方格［图 4-13(b)］。根据这一现象，可以进一步推断杆内的变形，提出一个重要的变形假设——**平面假设**，认为杆件变形后，其横截面仍为平面且垂直于轴线。对拉杆来说，平面假设的特点是杆

变形后两横截面沿杆轴线作相对平移，其间的所有纵向线段的伸长均相同，也就是说，拉杆在其任意两个横截面之间的伸长变形是均匀的。

由于假设材料是均匀、连续性的，由此推断：横截面上内力均匀分布，且其方向垂直于横截面，即横截面上只有正应力 σ，而且是均匀分布的［图 4-13(c)］。这一推断已为光弹性试验所证实。由此可知，横截面上正应力 σ 的计算公式为

$$\sigma=\frac{F_N}{A} \tag{4-3}$$

式中，A 为杆件横截面面积，F_N 为轴力。

对轴向压缩的杆，上式同样适用。σ 的符号规定与轴力 F_N 相同，即拉应力为正，压应力为负。

严格地说，在杆端集中力作用点附近，应力并非均匀分布。所以，上式在集中力作用点的小范围内是不适用的。**圣维南原理**指出：力作用于杆端方式的不同，只会使与杆端距离不大于杆的横向尺寸的范围内受到影响。这一原理已为试验所证实，所以在拉（压）杆的应力计算中，都以公式(4-3) 为准。

例 4-2 图 4-14(a) 所示结构的 BC 杆为直径 $d=20\text{mm}$ 的钢杆，AB 杆的横截面面积为 540mm^2，已知 $F=2\text{kN}$。试求 AB 杆和 BC 杆横截面上的正应力。

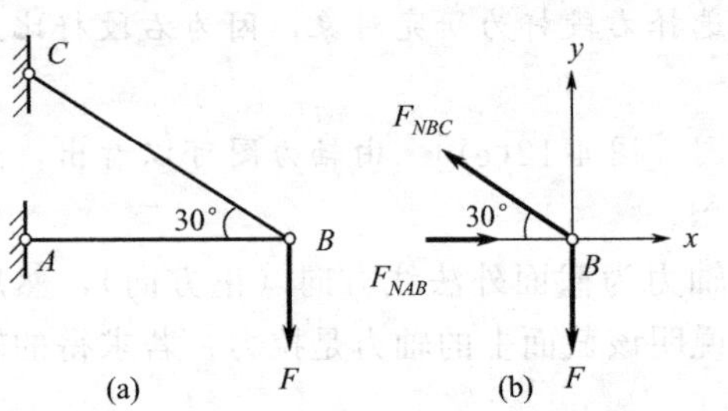

图 4-14

解：(1) 计算各杆轴力

由于各杆的连接方式都是铰接，且荷载作用在节点处，因此，AB 和 BC 均为二力杆。选节点 B 为研究对象，受力分析如图 4-14(b) 所示。由平衡方程

$$\sum F_x=0,\ F_{NAB}-F_{NBC}\cos30°=0$$

$$\sum F_y=0,\ F_{NBC}\sin30°-F=0$$

得

$$F_{NBC}=4\ (\text{kN})\ (\text{拉力})$$

$$F_{NAB}=3.46\ (\text{kN})\ (\text{压力})$$

(2) 计算各杆应力

BC 杆的内力是轴向拉力，其横截面上的正应力为

$$\sigma_{BC}=\frac{F_{NBC}}{A_{BC}}=\frac{4\times10^3}{\frac{\pi}{4}\times20^2\times10^{-6}}=12.7\times10^6(\text{N/m}^2)=12.7(\text{MPa})(\text{拉应力})$$

AB 杆的内力是轴向压力，其横截面上的正应力为

$$\sigma_{AB}=\frac{F_{NAB}}{A_{AB}}=\frac{3.46\times10^3}{540\times10^{-6}}=6.4\times10^6(\text{N/m}^2)=6.4(\text{MPa})(\text{压应力})$$

二、拉（压）杆斜截面上的应力

上面分析了拉（压）杆横截面上的正应力，横截面是一种特定的截面，为了全面地了解拉（压）杆各处的应力情况，还有必要进一步研究斜截面上的应力。

图 4-15(a) 表示一轴向受拉直杆。由前述已知，该杆件的横截面 m-m 上有均匀分布的正应力 $\sigma=\frac{F_N}{A}$［图 4-15(b)］，那么，其他方位截面上的应力状况如何呢？

首先，假想用一个与横截面 m-m 成 α 角的斜截面（简称 α 截面）将杆件切开分成两部分，选左段为研究对象，用内力 $F_{N\alpha}$ 表示右段对左段的作用［图 4-15(c)］。因为 $F_{N\alpha}$ 在 α 截面上也是均匀分布的，所以 α 截面上也有均匀分布的应力

$$p_\alpha=\frac{F_{N\alpha}}{A_\alpha}$$

式中，A_α 是 α 截面的面积。

根据平衡方程

$$\sum F_x=0,\ p_\alpha A_\alpha-F=0$$

得

$$p_\alpha=\frac{F}{A_\alpha}$$

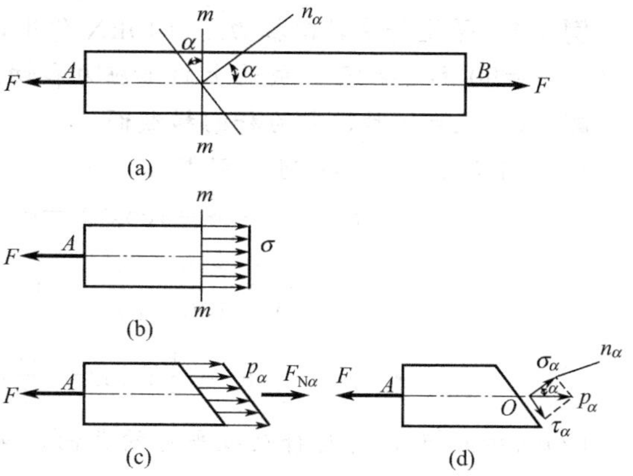

图 4-15

注意到斜截面面积 A_α 与横截面面积 A 有以下关系

$$A=A_\alpha\cos\alpha$$

则

$$p_\alpha=\frac{F}{A_\alpha}=\frac{F}{A}\cos\alpha=\sigma\cos\alpha$$

式中，$\sigma=\dfrac{F}{A}$是杆件横截面上的正应力。p_α 称为 α 截面上的全应力，它的方向与杆轴线平行。在工程中，通常把全应力 p_α 分解为两个分量：垂直于 α 截面的分量 σ_α 和平行于 α 截面的分量 τ_α［请读者注意，图 4-15(d) 只画出 O 点处的应力］。前一个分量 σ_α 就是 α 截面上的正应力，后一个分量 τ_α 是 α 截面上的切应力。由图 4-15(d) 可知

$$\sigma_\alpha=p_\alpha\cos\alpha=\sigma\cos^2\sigma \tag{4-4}$$

$$\tau_\alpha=p_\alpha\sin\alpha=\sigma\cos\alpha\sin\alpha==\frac{\sigma}{2}\sin2\alpha \tag{4-5}$$

上述两式表达了通过拉杆内任一点处不同方位斜截面上的正应力 σ_α 和切应力 τ_α 随 α 角而改变的规律，对于压杆也同样适用。

通过一点的所有不同方位截面上应力的全部情况，称为该点处的**应力状态**。由公式(4-4)、(4-5) 还可看出，在所研究的拉杆中，一点处的应力状态由其横截面上的正应力 σ 即可完全确定，这样的应力状态称为**单向应力状态**。

关于角度 α 和应力 σ、τ 的正负号规定如下：

对于 α 角，自横截面的外法线（即杆轴线）量起，到所求斜截面的外法线为止，逆时针转向时为正，顺时针转向时为负；

正应力 σ_α 仍以拉应力为正，压应力为负；

切应力 τ_α 以对所研究的分离体内任一点有顺时针转动趋势时为正，有逆时针转动趋势

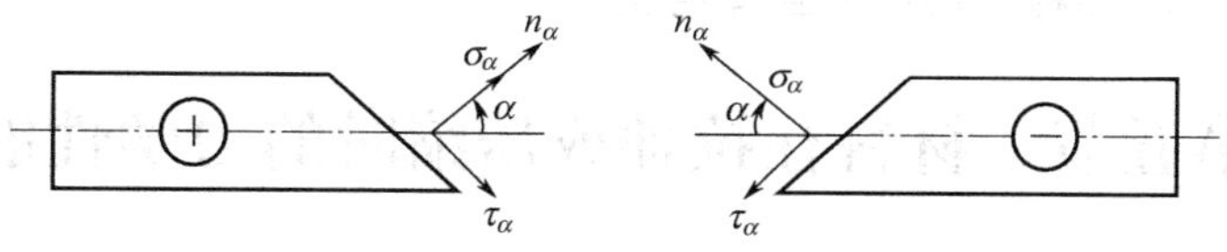

图 4-16

时为负（参看图 4-16）。

例 4-3 等直杆受轴向拉力 $F=10\text{kN}$ 作用，它的横截面面积 $A=100\text{mm}^2$。试分别计算 $\alpha=0°$、$\alpha=90°$ 和 $\alpha=45°$ 各截面上的正应力和切应力。

解：(1) $\alpha=0°$ 时，即为杆的横截面。

由式(4-4)、式(4-5) 可分别求得

$$\sigma_\alpha=\sigma\cos^2\alpha=\sigma\cos^2 0°=\sigma$$
$$=\frac{F}{A}=\frac{10\times10^3}{100\times10^{-6}}=100\times10^6(\text{N/m}^2)=100(\text{MPa})$$
$$\tau_\alpha=\frac{1}{2}\sigma\sin2\sigma=\frac{1}{2}\sigma\sin(2\times0°)=0$$

(2) $\alpha=90°$ 时，为与杆轴线平行的截面，同样可以算得

$$\sigma_\alpha=\sigma\cos^2 90°=0$$
$$\tau_\alpha=\frac{1}{2}\sigma\sin(2\times90°)=0$$

(3) $\alpha=45°$ 时

$$\sigma_\alpha=\sigma\cos^2 45°=100\cos^2 45°=50(\text{MPa})$$
$$\tau_\alpha=\frac{1}{2}\sigma\sin(2\times45°)=\frac{100}{2}=50(\text{MPa})$$

分析例 4-3 的答案，可以得出如下一些结论。

(1) 轴向拉（压）杆件的横截面上，只存在正应力；在与杆轴线平行的纵向截面上，既不存在正应力，也不存在切应力；在其余的斜截面上，则既存在正应力，也存在切应力。

(2) 当 α 在 $0°\sim90°$之间变化时，正应力 σ_α 与切应力 τ_α 的数值随 α 角作周期性变化，最大正应力 $\sigma_{\max}$ 发生在 $\alpha=0°$的横截面上；最大切应力发生在 $\alpha=45°$的斜截面上，其数值等于最大正应力值的一半。

由此可见，轴向受拉（压）杆，根据其材料抗拉能力和抗剪能力的强弱，它可能沿 45° 斜截面发生剪断破坏，也可能沿横截面发生拉断破坏。

下面分析拉（压）杆内任意两个互相垂直的截面上的切应力之间的关系。

设以 τ_α 和 $\tau_{\alpha+90°}$ 分别表示拉杆内互相垂直的两截面上的切应力，将 α 和 $\alpha+90°$分别代入式(4-5)，可得

$$\tau_\alpha=\frac{\sigma}{2}\sin2\alpha$$
$$\tau_{\alpha+90°}=\frac{\sigma}{2}\sin2(\alpha+90°)=\frac{\sigma}{2}\sin(180°+2\alpha)=-\frac{\sigma}{2}\sin2\alpha$$

比较以上两式，可以看出

$$\tau_{\alpha+90°}=-\tau_\alpha \tag{4-6}$$

即 $\tau_{\alpha+90°}$ 和 τ_α 的绝对值相等，符号相反。

式(4-6) 对压杆也同样适用。

事实上通过受力构件内任一点处所取的互相垂直的两个截面上，切应力总是绝对值相等而符号相反的。这一规律称为**切应力互等定理**。

第五节 材料在拉伸或压缩时的力学性能

研究杆件的强度和变形时，需了解材料的力学性能，如材料的极限应力、弹性模量等，

这些数据需由试验来确定。所谓**材料的力学性能**（亦称机械性质），是指反映材料在外力作用下所呈现的有关强度和变形方面所表现的特性。本节主要介绍工程中常用材料在常温、静荷载条件下的力学性能。所谓常温，一般指室温。静荷载是指荷载本身或构件质点没有加速度或加速度可忽略不计，因而可不考虑由加速度所引起的惯性力等影响的荷载。

为了便于比较不同材料的试验结果，国家标准对试样的形状、加工精度、加载速度、试验环境等均作了统一规定。在试样上取长为 l 的一段（图 4-17）作为试验段（称为标距）。对圆截面拉伸试样，标距 l 与直径 d 有两种比例，即

$$l=10d \qquad 和 \qquad l=5d$$

对矩形截面拉伸试样，标距 l 与横截面面积 A 有两种比例，即

$$l=11.3\sqrt{A} \qquad 和 \qquad l=5.65\sqrt{A}$$

压缩试样通常用圆截面或正方形截面的短柱体（图 4-18），其长度 l 与横截面直径 d 或边长 b 的比值一般规定为 1～3，这样可以避免试样在试验过程中失稳。

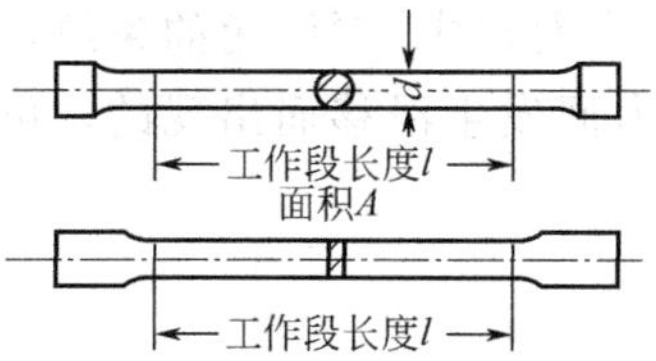

图 4-17

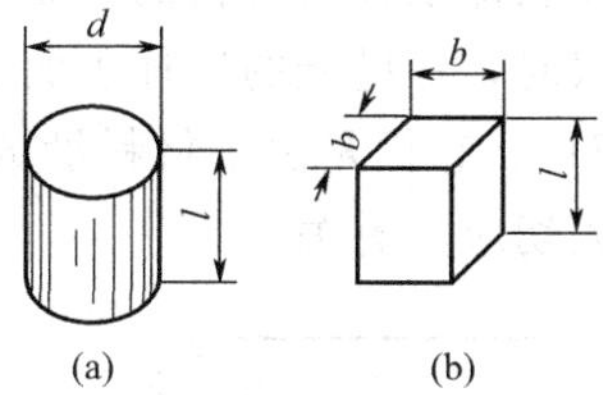

图 4-18

一、低碳钢拉伸时的力学性能

低碳钢是工程上广泛使用的金属材料，其在拉伸试验中所表现出的力学性能也最为典型，常用它来阐明钢材的一些特性。

试样装在试验机上，受到缓慢增加的拉力作用。随着拉力 F 的增加，试样逐渐被拉长，其伸长量用 Δl 表示。试验一直进行到试样断裂为止。一般试验机上备有自动绘图装置，能自动绘出荷载 F 与伸长量 Δl 间的关系曲线，称为拉伸图。图 4-19 为低碳钢试样的拉伸图。

显然，即使同一材料，如试样尺寸不同，其拉伸图也将不同。因为在一定荷载作用下，细而长的试样伸长较大，短而粗的试样伸长较小。所以，不宜用试样的拉伸图表示材料的拉伸性能。

为消除试样几何尺寸的影响，常将拉伸图上纵坐标 F 除以试样原横截面面积 A，横坐标 Δl 除以试样标距的原始长度 l。将 F-Δl 曲线改制成 σ-ε 曲线，称为**应力-应变曲线**或 **σ-ε 曲线**（图 4-20）。

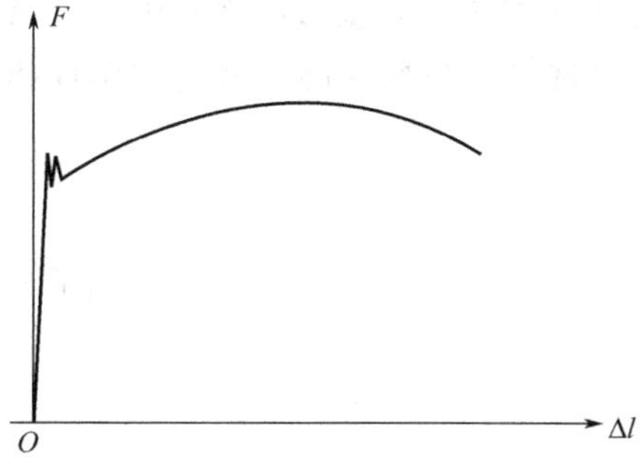

图 4-19

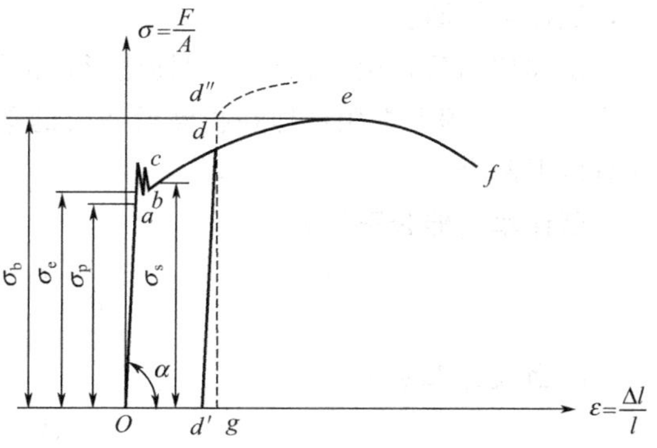

图 4-20

由应力一应变曲线可见，整个拉伸过程大致可分为四个阶段，现分别说明如下。

1. 弹性阶段

曲线从 O 到 a 点为一直线，说明在此阶段内应力 σ 与应变 ε 成正比。对应于 a 点的应力称为**比例极限** σ_p。超过比例极限后，从 a 点到 b 点，曲线开始变弯，但在 b 点以内，试样的变形完全是弹性的，即荷载去掉后，变形可完全消失。对应于 b 点的应力称为**弹性极限** σ_e，它是卸载后试样不产生塑性变形的最高应力。在 σ-ε 曲线上，a、b 两点非常接近，通常在工程实用上并不区分材料的这两个极限应力。

2. 屈服阶段

过 b 点后，曲线坡度变缓，出现与 ε 轴几乎平行，且上下微微抖动的一小段。此时，试样的变形迅速增大，而应力基本保持不变，这说明材料暂时失去抵抗变形的能力，这种现象称为**屈服**或**流动**。在屈服阶段内的最高应力和最低应力分别称为屈服高限和屈服低限。屈服高限与加载速度等因素有关，一般是不稳定的，而屈服低限则较为稳定，能够反映材料的性能。通常将屈服低限称为材料的**屈服极限** σ_s。

材料屈服时，在抛光的试样表面能隐约看到与轴线大致成 45°倾角的条纹，通常称为**滑移线**（图 4-21），它们是由于材料沿试样的最大切应力面发生滑移而出现的，可见屈服现象的出现与最大切应力有关。

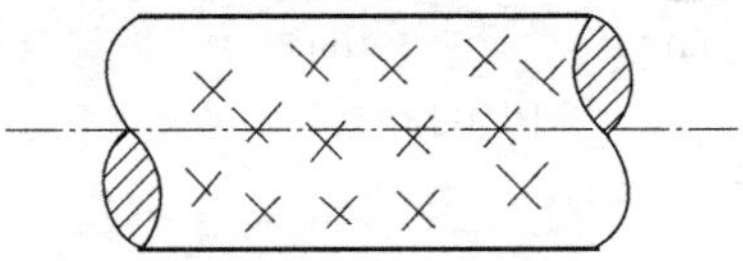

图 4-21

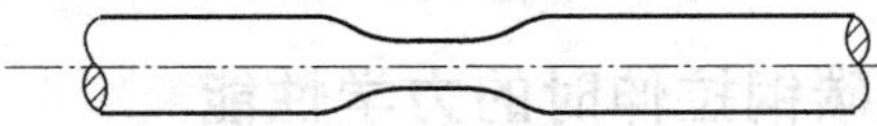

图 4-22

3. 强化阶段

过了屈服阶段，曲线又向上升，说明材料又恢复了抵抗变形的能力，要使它继续变形必须增加荷载，这种现象称为材料的**强化**。在 σ-ε 曲线上，对应于最高点 e 的应力，称为材料的**强度极限** σ_b 或**抗拉强度**。由于在强化阶段中试样的变形主要是塑性变形，所以要比在弹性阶段内试样的变形大得多，在此阶段可看出试样的横向尺寸在明显的缩小。

4. 局部变形阶段（颈缩阶段）

当应力到达强度极限以后，试样的变形几乎集中在某一局部范围内。在此局部范围内，试样横截面面积迅速减小，形成了所谓颈缩现象（图 4-22）。由于颈缩部分的横截面面积急剧缩小，使试样继续变形所需的荷载也越来越小，在 σ-ε 曲线上表现为逐渐下降，直到 f 点，试样被拉断。

试样拉断后，由于保留了塑性变形，试样长度由原来的 l 变为 l_1，横截面面积由原来 A 变为 A_1。工程上常用试样在拉断后残留的塑性变形来表示材料的塑性性能。常用的塑性指标有以下两个。

延伸率（伸长率） δ

$$\delta=\frac{l_1-l}{l}\times 100\% \tag{4-7}$$

断面收缩率 ψ

$$\psi=\frac{A-A_1}{A}\times 100\% \tag{4-8}$$

式中，A_1 为试样拉断后颈缩处的最小横截面面积。

工程上通常按延伸率的大小把材料分成两大类，$\delta>5\%$的材料称为**塑性材料**，如钢、铜、铝等；$\delta<5\%$的材料称为**脆性材料**，如铸铁、石料、陶瓷、混凝土等。低碳钢的延伸率约为 20%～30%，断面收缩率约为 60%，是很好的塑性材料。

当试样受拉超过屈服极限后，如图 4-20 中的 d 点，逐渐卸除荷载，则可发现，在这一过程中应力与应变之间遵循着直线关系，此直线 dd' 近似地平行于弹性阶段内的直线 Oa。荷载全部卸除后，$d'g$ 表示消失了的弹性变形，Od'表示残留下的塑性变形。

如果卸载后立即再加载，则应力与应变大致上沿卸载时的斜直线 $d'd$ 变化，一直到开始卸载时的 d 点为止，然后又沿曲线 def 变化。可以看出，再次加载时，直到 d 点以前材料的变形都是弹性的，过 d 点后才开始出现塑性变形。也就是说，在第二次加载时，其比例极限及屈服极限得到提高，塑性变形和延伸率有所降低。这种现象称为**冷作硬化**。工程上常利用它来提高某些构件在弹性阶段的承载能力，如建筑用的钢筋和起重用的钢缆绳等。由于冷作硬化会使材料变脆，为消除其不利的一面，可采用热处理的方法。

值得注意的是，若试样拉伸至强化阶段后卸载，经过一段时间后再受拉，则其线弹性范围的比例极限还会有所提高（图 4-20 中 $d'd''$）。这种现象称为**冷作时效**。

二、其他材料拉伸时的力学性能

图 4-23 给出了另外几种材料在拉伸时的 σ-ε 曲线。将这些曲线与低碳钢拉伸时的 σ-ε 曲线（图 4-20）相比较，可以看出，有些材料（如铝合金和退火球墨铸铁）没有明显屈服阶段，其他三个阶段却很明显；有些材料（如锰钢）没有屈服阶段和局部变形阶段，仅有弹性阶段和强化阶段。这些材料的共同特点是延伸率 δ 均较大，都属于塑性材料。

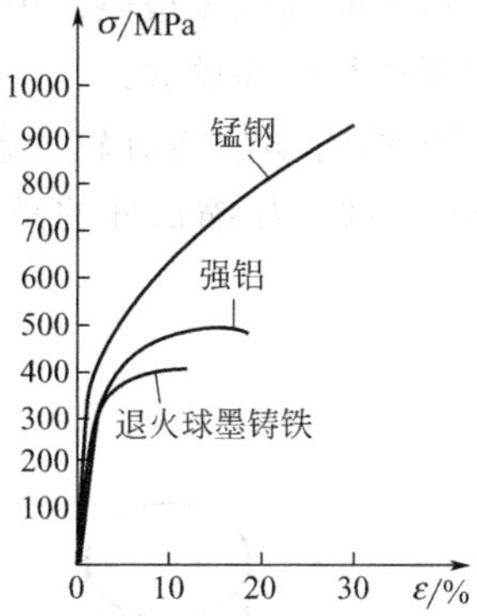

图 4-23

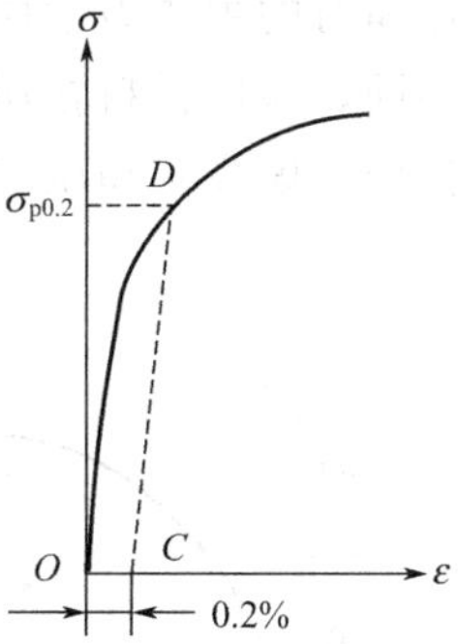

图 4-24

对于没有明显屈服阶段的塑性材料，通常规定：取对应于试样卸载后产生 0.2%塑性应变时的应力值作为材料的**规定非比例延伸强度**，以 $\sigma_{p0.2}$ 表示。这是一个人为规定的极限应力，作为衡量材料强度的指标。确定 $\sigma_{p0.2}$ 数值的方法如图 4-24 所示，图中直线 CD 与弹性阶段中的直线部分相平行。

灰口铸铁拉伸时的 σ-ε 曲线是一段微弯曲线（图 4-25），没有明显的直线部分。它在较小的拉应力下就被拉断，没有屈服和颈缩现象，拉断前的应变很小（0.4%～0.5%），延伸率也很小（0.5%～0.6%）。灰口铸铁是典型的脆性材料。

衡量脆性材料强度的唯一指标是材料的抗拉强度 σ_b。铸铁等脆性材料的抗拉强度很低，不宜作为抗拉构件的材料。

铸铁经球化处理成为球墨铸铁后，力学性能有很大变化，不仅有较高的强度，还有较好的塑性性能。国内已有工厂用球墨铸铁代替钢材加工齿轮、曲轴等零件。

必须指出，通常所说的塑性材料或脆性材料，是根据材料在常温、静载下拉伸试验所得的延伸率 δ 的大小加以区分的。实际上，材料的塑性或脆性并非是一成不变的，在一定条件下可互换转化。例如，常温静载下表现为塑性的低碳钢，在低温下却像铸铁一样表现为脆性。

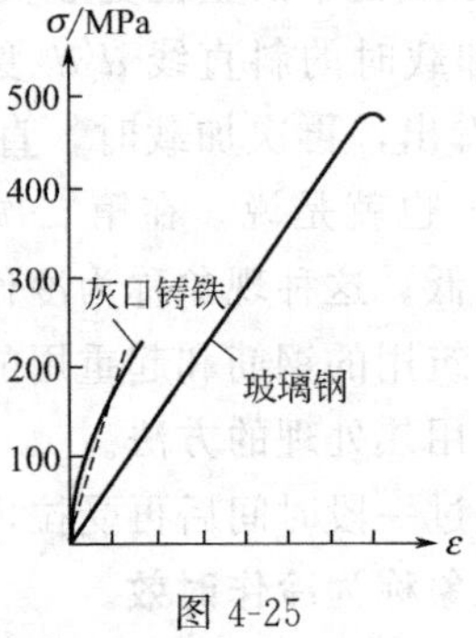

图 4-25

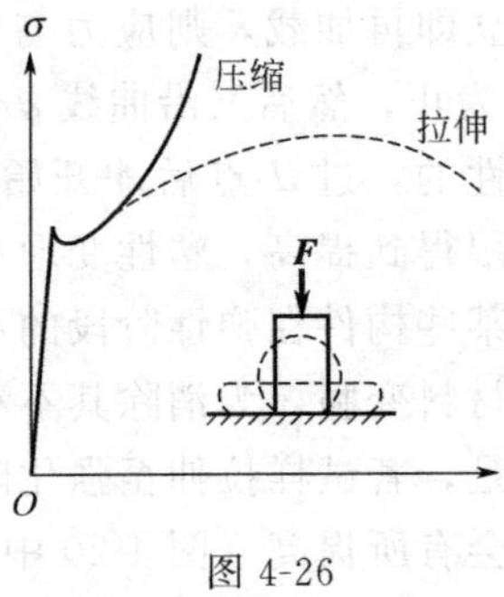

图 4-26

三、材料压缩时的力学性能

图 4-26 中的实线为低碳钢压缩时的 σ-ε 曲线，虚线为低碳钢拉伸时的 σ-ε 曲线。可以看出：当应力小于屈服极限时，两曲线基本上是重合的，表明低碳钢压缩时的弹性模量 E、比例极限 σ_p、屈服极限 σ_s 都与拉伸时大致相同。超过屈服极限以后，试样越压越扁，横截面面积不断增大，试样抗压能力不断提高，所以得不到压缩时的强度极限。因为可从拉伸试验的结果了解它在压缩时的主要力学性能，所以不一定要进行压缩试验。

与塑性材料不同，脆性材料在压缩和拉伸时表现出的力学性能有较大差别。图 4-27 所示为灰口铸铁在拉伸（虚线）和压缩（实线）时的 σ-ε 曲线，压缩试样的高度与截面直径之比 $l:d=5:1$。

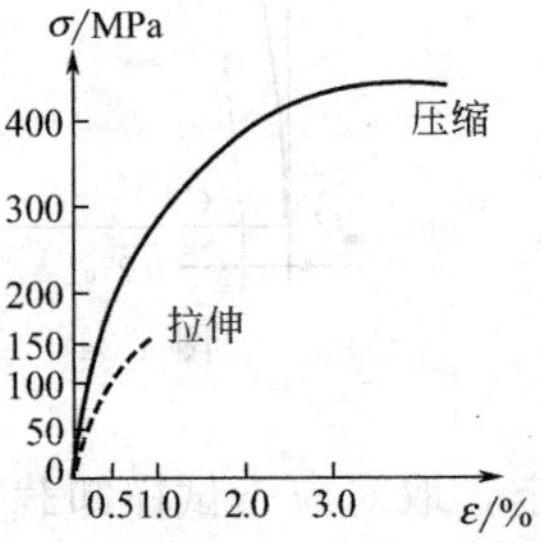

图 4-27

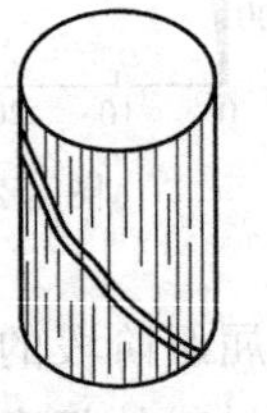
图 4-28

可以看出：铸铁在压缩时强度极限 σ_b、延伸率 δ 都比在拉伸时大得多（抗压强度极限比抗拉强度极限高 4～5 倍），宜于用作受压构件。其他脆性材料的抗压强度也远高于抗拉强度，所以脆性材料宜作为抗压构件的材料。

铸铁试样受压破坏的情况如图 4-28 所示，试样受压时将沿斜截面因相对错动而破坏。

由于铸铁只宜于用作受压构件，因此，其压缩试验比拉伸试验更具重要性。

四、几种非金属材料的力学性能

1. 混凝土

混凝土是由水泥、石子和砂加水搅拌均匀经水化作用后而成的人造材料。由于石子粒径较构件尺寸小得多，可近似看作均质、各向同性材料。

混凝土和天然石料都是脆性材料，一般都用于抗压构件。混凝土的抗压强度是以标准的立方块试块（150mm×150mm×150mm），在标准养护条件下经过28天养护后进行测定的。混凝土的标号是根据其抗压强度标定的，如C20、C30表示混凝土抗压强度分别为20MPa、30MPa。

混凝土的抗拉强度很小，约为抗压强度的5%～20%，所以在用作抗弯构件时，其受拉部分一般用钢筋来加强，亦称钢筋混凝土，在计算时就不必考虑混凝土的抗拉强度。

图4-29(a)所示为混凝土试块受拉时的破坏形式，图4-29(b)为两端截面不加润滑剂的混凝土试块被压坏的形式。

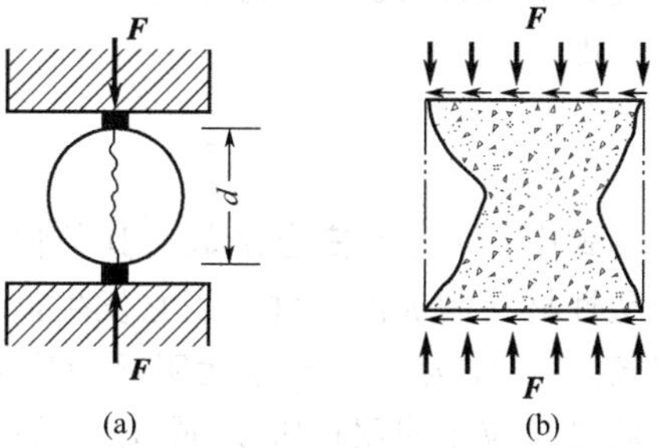

图4-29

2. 木材

木材的力学性能随应力方向与木纹方向间倾角的不同而有较大的差异，是一种典型的各向异性材料。

木材的顺纹抗拉强度很高，但因受木节等缺陷的影响，其强度极限值波动较大。木材的横纹抗拉强度很低，工程上须避免横纹受拉。木材的顺纹抗压强度虽稍低于顺纹抗拉强度，但受木节等缺陷的影响较小，因此，在工程中广泛用作承压构件。

由于木材的力学性能具有方向性，因此在设计时，其弹性模量E和许用应力$[\sigma]$，都应随应力方向与木纹方向间倾角的不同而选用不同的数值。

3. 玻璃钢

玻璃钢是由玻璃纤维（或玻璃布）作为增强材料，与热固性树脂黏合而成的一种复合材料。玻璃钢拉伸时的σ-ε曲线如图4-25所示。玻璃钢的主要优点是重量轻，比强度（抗拉强度/密度）高，成型工艺简单，且耐腐蚀，抗振性能好。因此玻璃钢作为结构材料在工程中得到广泛应用。我国设计制造的双层列车车厢，就已经采用了玻璃钢材料。

由于纤维的方向性，显然，玻璃钢的力学性能是各向异性的。关于玻璃钢在纤维排列方式不同和应力作用方向不同时的力学计算，请参阅有关复合材料力学的书籍。

近代的纤维增强复合材料所用的增强纤维已发展到强度更高的碳纤维等，从力学分析角度看与玻璃钢基本相仿。

综上所述，衡量材料力学性能的指标主要有比例极限σ_p（或弹性极限σ_e）、屈服极限σ_s、强度极限σ_b、弹性模量E、延伸率δ和断面收缩率ψ等。对于塑性材料来说，抵抗拉断的能力较好，常用的强度指标是屈服极限。而且，一般来说，在拉伸和压缩时的屈服极限值相同。对于脆性材料来说，其抗拉强度远低于抗压强度，强度指标是强度极限，一般用于受压构件。

第六节　拉（压）杆的强度设计

一、许用应力与安全系数

在绪论中曾指出，对构件的基本要求之一，就是需要它具备足够的强度。当计算出构件的最大工作应力后，并不能判断杆件是否会因强度不足而发生破坏。例如，截面形状、尺寸、受力情况均相同的杆件，木杆要比钢杆容易破坏。要判断构件能否安全工作，还需通过试验来研究材料的性质。试验指出，当应力达到某一极限值时，材料便发生破坏。材料破坏时的应力，称为**极限应力**，用 σ_u 表示。为了保证构件在外力作用下能安全可靠地工作，应使它的最大工作应力小于材料的极限应力，使构件的强度留有必要的储备。因此，一般将极限应力 σ_u 除以大于 1 的系数 n，作为设计应力的最高限度，称为**许用应力**，用 $[\sigma]$ 表示。即

$$[\sigma]=\frac{\sigma_u}{n}$$

式中，n 称为**安全系数**，其数值常由设计规范规定。σ_u 由材料的力学性能来确定。对于塑性材料制成的构件，当它发生显著的塑性变形时，将影响构件正常工作。因此，常以屈服极限 σ_s 作为 σ_u。对于无明显屈服阶段的塑性材料，则用 $\sigma_{p0.2}$ 作为 σ_u。塑性材料的安全系数是对应于屈服极限 σ_s 或 $\sigma_{p0.2}$ 的，用 n_s 表示。于是，塑性材料的许用拉（压）应力为

$$[\sigma]=\frac{\sigma_s}{n_s}\quad 或\quad [\sigma]=\frac{\sigma_{p0.2}}{n_s}$$

对于脆性材料，因其直到破坏时都不会产生明显的塑性变形，只有在真正断裂时才丧失正常工作能力，所以取强度极限 σ_b 作为 σ_u。脆性材料的安全系数是对应于强度极限 σ_b 的，用 n_b 表示时，脆性材料的许用应力为

$$[\sigma]=\frac{\sigma_b}{n_b}$$

由于脆性材料拉伸与压缩的强度极限不同，因此，其拉伸许用应力 $[\sigma_+]$ 与压缩许用应力 $[\sigma_-]$ 数值也不相同。

由此可见，对许用应力数值的规定实质上是如何选择适当的安全系数。确定安全系数主要考虑下列几方面因素：

(1) 材料的素质，包括材料的均匀程度、是否有缺陷、是塑性材料还是脆性材料等；

(2) 荷载情况，包括对荷载的估算是否准确、是静荷载还是动荷载及超载作用的可能性；

(3) 实际构件简化过程和计算方法的精确程度；

(4) 构件的工作条件及重要程度；

(5) 对减轻构件自重的要求等。

由上述分析可见，选定安全系数的数值并不单纯是个力学问题，还包括了工程上的考虑以及复杂的经济问题。过大的安全系数将造成材料浪费、结构笨重和成本提高；过小的安全系数会使构件的安全得不到可靠保证，甚至造成事故。考虑时应全面权衡安全与经济两个方面的要求，具体数值可参阅有关规范。在本课程中不作深入研究，只给出安全系数的大致范围。例如在静荷载下，一般 n_s 可取 1.5～2.5，n_b 一般可取 2.5～3.0，有时取到 4～14。土

木工程中材料的安全系数一般由国家颁布的规范确定。

安全系数也不是一成不变的，随着科学技术的进步，对强度规律认识的不断完善，原材料质量的日益提高，设计手段、制造工艺及施工方法的不断改进，对客观世界认识的不断深化，安全系数的数值必将降低，且日趋合理。

二、拉（压）杆的强度条件

为了保证拉（压）杆的正常工作，必须使杆件的最大工作应力不超过材料在拉（压）时的许用应力，即

$$\sigma_{\max} \leqslant [\sigma] \tag{4-9}$$

式(4-9) 称为杆件轴向拉伸或压缩时的**强度条件**。对于等截面直杆，轴向拉伸（压缩）时的强度条件可表示为

$$\frac{F_{N\max}}{A} \leqslant [\sigma] \tag{4-10}$$

应用强度条件，可以解决工程中以下三类强度计算问题。

1. 校核强度

在已知材料的许用应力 $[\sigma]$、杆件截面尺寸及所受荷载的情况下，根据强度条件校核杆件是否安全，即验算是否满足上述强度条件。

必须指出，若杆是细长的受压杆，则除了进行强度校核以外还应考虑它可能丧失稳定性的问题，这将在本书第十二章中再作讨论。

根据既要保证安全又要节约材料的设计原则，在对杆进行强度校核时，必要情况下也容许最大工作应力 $\sigma_{\max}$ 稍大于许用应力 $[\sigma]$，但一般设计规范规定以不超过许用应力 $[\sigma]$ 的 5%为限。

2. 选择截面

在已知材料的许用应力 $[\sigma]$ 和杆件所受荷载的情况下，根据强度条件，即可求出杆所需的横截面面积，对等直杆来说，式(4-10) 可改写成

$$A \geqslant \frac{F_{N\max}}{[\sigma]}$$

根据计算出来的 A 值选用截面的形状和尺寸时，如选用型钢等标准截面时，可能为满足强度条件选用过大的截面，考虑到经济性，容许采用的 A 值稍小于其计算值，但仍应以最大工作应力 $\sigma_{\max}$ 不超过许用应力 $[\sigma]$ 的 5%为限。

3. 确定许可荷载

在已知材料许用应力 $[\sigma]$ 和杆件的横截面面积或尺寸的情况下，根据强度条件来确定此杆所能容许的最大轴力，进而计算出它所能承受的许可荷载。就等直杆而言，式(4-10) 可改写为

$$F_{N\max} \leqslant A[\sigma]$$

例 4-4 三铰屋架的主要尺寸如图 4-30(a) 所示，它所承受的均布荷载集度为 $q=4.2\text{kN/m}$。屋架中钢拉杆直径 $d=16\text{mm}$，许用应力 $[\sigma]=170\text{MPa}$。试校核此钢拉杆的强度。

解：(1) 作计算简图

由于两屋面板之间和拉杆与屋面板之间的接头可以转动，因此可将此屋架的接头看作为铰接，则屋架的计算简图如图 4-30(b) 所示。

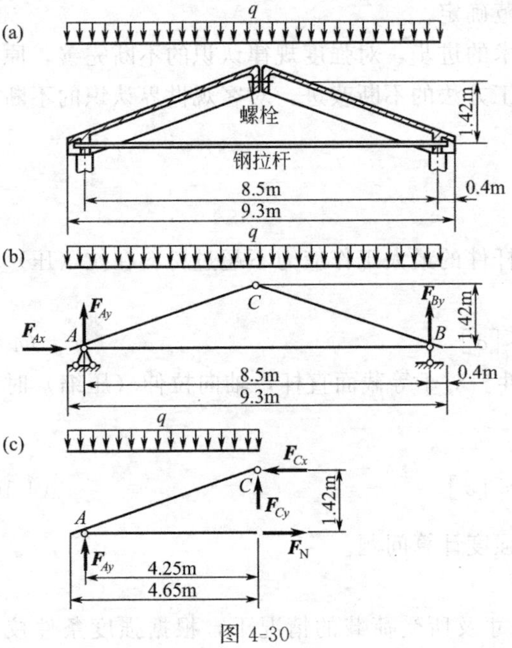

图 4-30

(2) 求支座反力

以屋架整体为研究对象，根据平衡方程

$$\sum F_x=0$$

得

$$F_{Ax}=0$$

由于结构的对称性，根据对称关系可知

$$F_{Ay}=F_{By}=\frac{1}{2}\times q\times 9.3=\frac{1}{2}\times 4.2\times 9.3$$

$$=19.5(\text{kN})$$

(3) 求钢拉杆的轴力 F_N

以半个屋架为研究对象［图 4-30(c)］，根据力矩平衡方程

$$\sum M_C\ (F_i)\ =0$$

$$1.42F_N+q\times 4.65\times\frac{4.65}{2}-4.25F_{Ay}=0$$

代入 $q=4.2\text{kN/m}$ 和 $F_{Ay}=19.5\text{kN}$，得 $F_N=26.3\text{kN}$。

(4) 求钢拉杆横截面上的工作应力 σ，校核强度

$$\sigma=\frac{F_N}{A}=\frac{26.3\times 10^3}{\frac{\pi}{4}\times 16^2\times 10^{-6}}=131\times 10^6(\text{N/m}^2)=131(\text{MPa})<[\sigma]=170\text{MPa}$$

钢拉杆满足强度要求。

例 4-5 图 4-31 所示三角构架，AB 杆是由两根等边角钢组成。已知荷载 $F=75\text{kN}$，许用应力 $[\sigma]=160\text{MPa}$，试选择组成 AB 杆的等边角钢的型号。

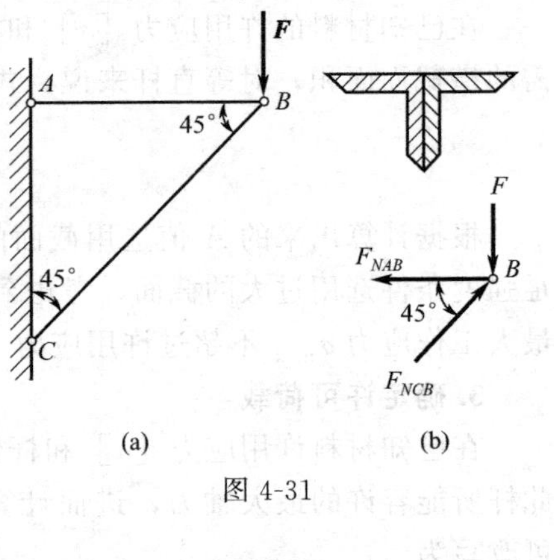

图 4-31

解：(1) 计算杆 AB 的轴力

选节点 B 为研究对象，根据平衡方程

$$\sum F_x=0,\ F_{NCB}\cos 45°-F_{NAB}=0$$

$$\sum F_y=0,\ F_{NCB}\sin 45°-F=0$$

得

$$F_{NAB}=F=75\text{kN}$$

(2) 求 AB 杆的横截面面积

为了满足强度条件，AB 杆所必需的横截面面积为

$$A\geqslant\frac{F_{NAB}}{[\sigma]}=\frac{75\times 10^3}{160\times 10^6}\approx 0.4687\times 10^{-3}(\text{m}^2)=468.7(\text{mm}^2)$$

(3) 确定等边角钢型号

由型钢表查得，边厚度为 3mm 的 4 号等边角钢的横截面面积为 $2.359\text{cm}^2=235.9\text{mm}^2$。选用两个这样的等边角钢，其总的横截面面积为

$$235.9\times 2=471.8\text{mm}^2>A$$

满足设计要求。

例 4-6 图 4-32 所示为一钢木结构，AB 为木杆，横截面面积 $A_{AB}=10000\text{mm}^2$，许用压应力 $[\sigma]_{AB}=7\text{MPa}$；$BC$ 为钢杆，横截面面积为 $A_{BC}=600\text{mm}^2$，许用应力 $[\sigma]_{BC}=160\text{MPa}$。试求 B 处可吊的许可荷载 $[F]$。

解：(1) 求 AB 杆和 BC 杆的轴力 F_{NAB} 和 F_{NBC} 与荷载 F 的关系

选节点 B 为研究对象，根据平衡方程

$$\sum F_x=0,\quad F_{NAB}-F_{NBC}\cos30°=0$$
$$\sum F_y=0,\quad -F+F_{NBC}\sin30°=0$$

得

$$F_{NAB}=\sqrt{3}F\ (\text{压力})\qquad F_{NBC}=2F\ (\text{拉力})$$

(2) 求许可荷载 $[F]$

木杆 AB 的许可轴力为

$$[F_{NAB}]=A_{AB}[\sigma]_{AB}$$

即

$$\sqrt{3}[F]=A_{AB}\cdot[\sigma]_{AB}=(10000\times10^{-6})\times(7\times10^{6})$$

得

$$[F]\approx40.4\times10^{3}(\text{N})=40.4(\text{kN})$$

钢杆 BC 的许可轴力为

$$[F_{NBC}]=A_{BC}[\sigma]_{BC}$$

即

$$2[F]=A_{BC}[\sigma]_{BC}=(600\times10^{-6})\times(160\times10^{6})$$

得

$$[F]=48\times10^{3}(\text{N})=48(\text{kN})$$

因此，为保证此结构两个构件均安全，B 点处可吊的许可荷载为

$$[F]=40.4\text{kN}$$

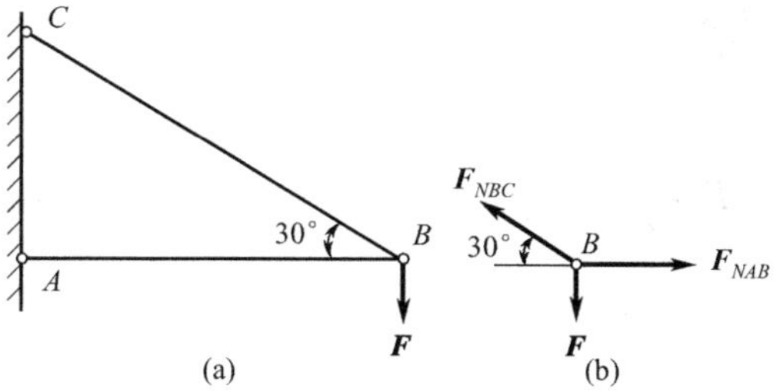

图 4-32

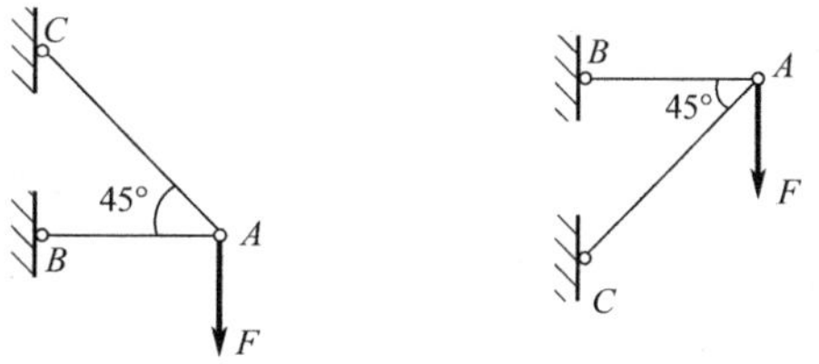

图 4-33

思考：图 4-33 所示两个结构中 AB 为刚性杆，AC 为同一材料的构件，横截面面积不相同，材料的许用压应力和许用拉应力的比值为 10，图 (a) 和图 (b) 在相同载荷作用下，当 AC 达到强度条件时，哪个结构更节省材料？

第七节 拉（压）杆的变形

直杆在轴向拉力作用下将产生轴向尺寸的伸长和横向尺寸的缩小。反之，在轴向压力作用下将产生轴向尺寸的缩短和横向尺寸的增大。

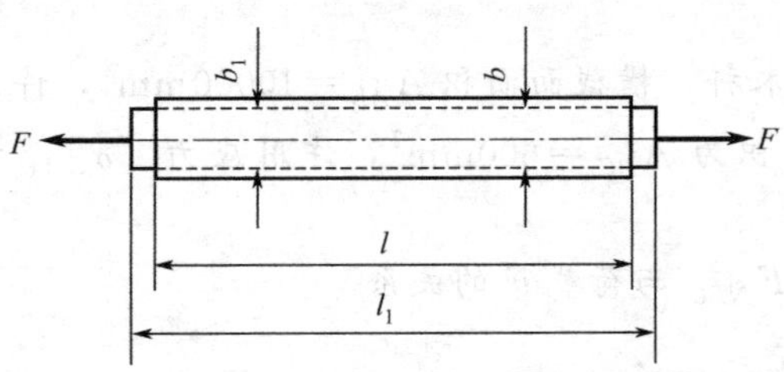

图 4-34

设等直杆的原长为 l，横截面面积为 A，在一对轴向拉力 F 的作用下，杆长由 l 伸长至 l_1（图 4-34）。杆件在轴线方向的伸长为

$$\Delta l = l_1 - l$$

将 Δl 除以 l 得杆件轴线方向的线应变（纵向线应变）

$$\varepsilon = \frac{\Delta l}{l}$$

试验证明：当杆内的应力不超过材料的比例极限时，杆的伸长 Δl 与其所受外力 F、杆的原长 l 成正比，而与其横截面面积 A 成反比，即

$$\Delta l = \frac{Fl}{EA} = \frac{F_N l}{EA} \tag{4-11}$$

这一关系式称为**胡克定律**。式中的比例常数 E 称为**弹性模量**，单位是“帕”（Pa）。E 的数值随材料而不同，由试验测定，其数值表示了材料抵抗弹性变形的能力。由式(4-11) 就可根据杆的轴向拉力 F（外力）或轴力 F_N（内力）来计算拉杆的伸长。

以上分析同样可以用于轴向压缩的情况，只需将轴向拉力改为轴向压力，将轴向伸长 Δl 改为轴向缩短就可以了。

由式(4-11) 可见，轴力 F_N 与变形 Δl 的正负号是相对应的，当轴力 F_N 为正（拉力）时，求得的变形 Δl 也为正（伸长），反之亦然。

由式(4-11) 还可以看出，对长度相同、受力相等的杆件，EA 越大，则变形 Δl 越小，所以 EA 称为杆件的**抗拉（抗压）刚度**。

式(4-11) 改写后将具有普遍的意义。

$$\Delta l = \frac{F_N l}{EA}$$

则

$$\frac{\Delta l}{l} = \frac{1}{E} \times \frac{F_N}{A}$$

又

$$\varepsilon = \frac{\Delta l}{l},\ \sigma = \frac{F_N}{A}$$

得

$$\varepsilon = \frac{\sigma}{E} \tag{4-12}$$

这是胡克定律的另一表达形式。显然，纵向线应变 ε 和横截面上正应力 σ 的正负号也是彼此对应的，即拉应力（为正）引起纵向伸长线应变（为正），压应力（为负）引起纵向缩短线应变（为负）。

式(4-12) 不仅适用于拉（压）杆，而且还普遍适用于所有的单向应力状态，所以常称其为**单向应力状态下的胡克定律**。

若杆件变形前的横向尺寸为 b 变形后为 b_1，则横向线应变 ε' 为

$$\varepsilon' = \frac{\Delta b}{b} = \frac{b_1 - b}{b}$$

试验结果表明，当拉（压）杆内的应力不超过材料的比例极限时，横向线应变 ε' 与纵向线应变 ε 之比的绝对值为一常数，即

$$\nu=\left|\frac{\varepsilon'}{\varepsilon}\right| \tag{4-13}$$

ν 称为**横向变形系数**或**泊松比**，是一个没有量纲的量，其数值随材料而异，由试验测定。

考虑到当杆件轴向伸长时横向缩小，而轴向缩短时横向增大，即 ε' 与 ε 的符号是恒相反的，则 ε' 与 ε 的关系可以写成

$$\varepsilon'=-\nu\varepsilon \tag{4-14}$$

例 4-7 一矩形截面钢杆，长度 $l=1000\text{mm}$，宽度 $a=80\text{mm}$，厚度 $b=3\text{mm}$。经拉伸试验测得：在纵向长度内伸长了 0.5mm，同时在横向（宽度方向）缩短了 0.012mm。试求材料的泊松比和杆件所受的轴向荷载。设钢材的弹性模量 $E=2\times10^5\text{MPa}$。

解：(1) 计算泊松比 ν

杆的纵向线应变为

$$\varepsilon=\frac{\Delta l}{l}=\frac{0.5}{1000}=5\times10^{-4}$$

杆的横向线应变为

$$\varepsilon'=\frac{\Delta a}{a}=\frac{-0.012}{80}=-1.5\times10^{-4}$$

所以材料的泊松比为

$$\nu=\left|\frac{\varepsilon'}{\varepsilon}\right|=\frac{1.5\times10^{-4}}{5\times10^{-4}}=0.3$$

(2) 计算轴向荷载 F

根据胡克定律，杆中的正应力为

$$\sigma=E\varepsilon=(2\times10^5\times10^6)\times(5\times10^{-4})=100\times10^6(\text{Pa})=100(\text{MPa})$$

所以杆中的轴力为

$$F_N=\sigma A=(100\times10^6)\times(80\times3\times10^{-6})=24000(\text{N})=24(\text{kN})$$

即该钢杆受到的轴向荷载为 24kN。

例 4-8 图 4-35(a) 所示结构，杆 1 为钢杆，横截面为圆形，直径 $d=34\text{mm}$，弹性模量 $E_1=200\text{GPa}$；杆 2 为木杆，横截面为正方形，边长 $a=170\text{mm}$，弹性模量 $E_2=10\text{GPa}$。两杆在 A 点铰接，并在节点 A 处受荷载 $F=40\text{kN}$ 的作用。试求节点 A 的水平位移 δ_x 和竖直位移 δ_y。

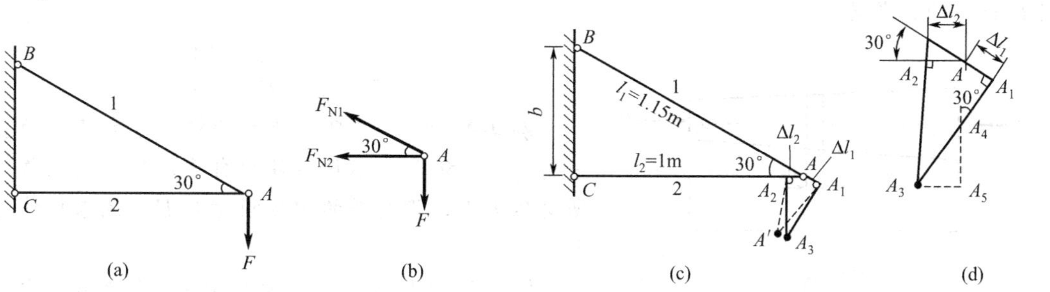

图 4-35

解：(1) 求各杆的内力

根据节点 A 的平衡条件［图 4-35(b)］，求得杆 1 和杆 2 的轴力分别为

$$F_{N1}=80\text{kN}(\text{拉力}),F_{N2}=-69.3\text{kN}(\text{压力})$$

(2) 计算各杆的伸长或缩短［图 4-35(c)］

设杆 1 的伸长为 Δl_1，用 $\overline{AA_1}$ 表示；杆 2 的缩短为 Δl_2，用 $\overline{AA_2}$ 表示。根据公式(4-11)，可知

$$\Delta l_1=\frac{F_{N1}l_1}{E_1A_1}=\frac{80\times10^3\times1.15}{200\times10^9\times\frac{\pi}{4}\times34^2\times10^{-6}}=0.51\times10^{-3}(\text{m})=0.51(\text{mm})(\text{伸长})$$

$$\Delta l_2=\frac{F_{N2}l_2}{E_2A_2}=\frac{-69.3\times10^3\times1}{10\times10^9\times170^2\times10^{-6}}=-0.24\times10^{-3}(\text{m})=-0.24(\text{mm})(\text{缩短})$$

(3) 画节点位移图

加载前，杆 1 和杆 2 在节点 A 铰接。加载后，各杆虽有变形，但仍应铰接在一起。所以，为了确定节点 A 位移后的新位置，可分别以 B 点和 C 点为圆心，并以 BA_1 和 CA_2 为半径作圆［图 4-35(c)］，两圆的交点就是节点 A 的新位置。

上述作图方法虽然准确，但用于实际计算则很不方便，有必要进行简化。考虑到杆件的伸长（或缩短）和杆件的原长相比十分微小（一般还不到原长的 1‰），显然，如此微小的变形，引起的节点位移也必然微小，圆弧 A_1A'、A_2A' 也一定很短。这样就可以分别用切线代替圆弧，即过 A_1 和 A_2 分别作 BA_1 和 CA_2 的垂线，它们的交点 A_3 即为节点 A 的新位置［图 4-35(d)］。请读者注意，为便于分析计算，在画节点位移图时，常常给予一定的放大，图 4-35(c)、(d) 所表示的都是放大了的节点 A 的位移图。

(4) 计算位移 δ_x、δ_y

由图 4-34(d) 可见，节点 A 的水平位移和垂直位移分别为

$$\delta_x=\overline{AA_2}=\Delta l_2=0.24\text{mm}(\leftarrow)$$

$$\delta_y=\overline{AA_5}=\overline{AA_4}+\overline{A_4A_5}=\frac{\Delta l_1}{\sin30^\circ}+\frac{\Delta l_2}{\tan30^\circ}=1.43\text{mm}(\downarrow)$$

公式(4-11) 适用于杆件横截面面积 A 和轴力 F_N 皆为常量的情况。若杆件横截面沿轴线变化，但变化平缓；轴力也沿轴线变化，但作用线仍与轴线重合，这时，可用两相邻的横截面从杆中取出长为 $\mathrm{d}x$ 的微段，将式(4-11) 应用于这一微段，得微段的伸长为

$$d(\Delta l)=\frac{F_N(x)\mathrm{d}x}{EA(x)}$$

式中，$F_N(x)$ 和 $A(x)$ 分别表示轴力和横截面面积，都是 x 的函数。沿杆长积分上式可得杆件的伸长为

$$\Delta l=\int_l\frac{F_N(x)\mathrm{d}x}{EA(x)}$$

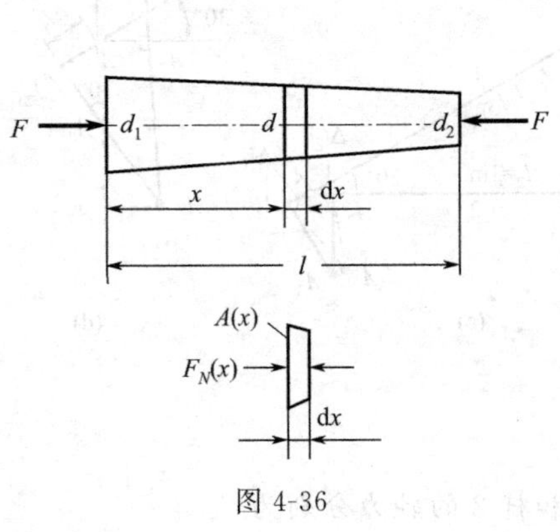

图 4-36

例 4-9 图 4-36 所示变截面杆，左右两端的直径分别为 d_1 和 d_2，不计杆件的自重，只在两端作用有轴向压力 F，设材料的弹性模量为 E，试求杆件的变形。

解：设距左端为 x 处横截面的直径为 d，由几何关系可知

$$d=d_1\left(1-\frac{d_1-d_2}{d_1}\cdot\frac{x}{l}\right)$$

$$A(x)=\frac{\pi}{4}d^2=\frac{\pi}{4}d_1^2\left(1-\frac{d_1-d_2}{d_1}\cdot\frac{x}{l}\right)^2$$

x 处横截面上的轴力为

$$F_N(x)=-F$$

整个杆件的变形为

$$\Delta l=\int_l\frac{F_N(x)\cdot dx}{E\cdot A(x)}=\int_0^l\frac{-F}{E\cdot\frac{\pi}{4}d_1^2\left(1-\frac{d_1-d_2}{d_1}\cdot\frac{x}{l}\right)^2}dx=-\frac{4Fl}{\pi d_1 d_2}\text{（缩短）}$$

第八节　拉（压）杆超静定问题

一、超静定问题及其解法

在前面所讨论的问题中，杆件内力或结构的约束反力都能通过静力平衡方程来确定，这类问题称为**静定问题**。

在工程上，常遇到一些结构，它的约束反力或杆件内力等未知力的数目，超过了静力平衡方程的数目，这时，仅靠静力学方法就无法解决，这类问题称为**超静定问题**，也称为**静不定问题**。

为了求解超静定问题，除平衡方程以外，还需通过研究结构各部分之间的变形几何关系来建立补充方程。补充方程的建立，都基于一个普遍原理，即结构中各杆件的变形应符合结构的**变形协调条件**。所谓变形协调，是指结构在外力作用下，各个杆件都发生了变形，但这些变形之间必定存在着一定的制约条件与几何关系。在求解超静定问题时，先根据变形协调条件列出结构各部分变形间的几何关系式，然后再通过表达内力与变形间关系的物理条件（胡克定律），建立所需的补充方程。

下面通过例题来说明超静定问题的解法。

例 4-10　图 4-37(a) 所示三杆铰接于 A 点，设 1、2 两杆的长度、横截面面积及材料均相同，即 $l_1=l_2$，$A_1=A_2$，$E_1=E_2$ 杆 3 的长度为 l_3，横截面面积为 A_3，弹性模量为 E_3，试求三杆的内力。

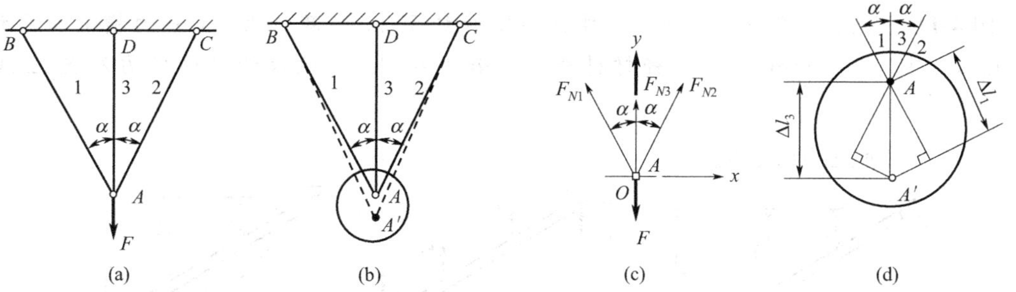

图 4-37

解：设 1、2、3 杆的轴力分别为 F_{N1}、F_{N2}、F_{N3}。

以结点 A 为研究对象［图 4-37(c)］。此杆系共有三杆汇交于 A 点，其轴力皆为未知数，而平面汇交力系只能写出两个平衡方程，因此必须建立一个补充方程。

由于三杆在 A 点铰接，所以与此约束相适应的变形协调条件是三杆在受力变形后，它们的下端仍应连接于 A' 点。又因为左、右对称，可见 A 点应沿铅垂方向下移，此时三杆均伸长。1、2 两杆的伸长量相等（$\Delta l_1=\Delta l_2$），与杆 3 伸长量 Δl_3 之间的关系如图 4-37(b)、(d) 所示。由此得到变形几何方程

$$\Delta l_1=\Delta l_3\cos\alpha \tag{a}$$

根据公式(4-11)，杆的伸长与轴力之间存在着物理关系

$$\Delta l_1=\frac{F_{N1}l_1}{E_1A_1} \tag{b}$$

$$\Delta l_3=\frac{F_{N3}l_3}{E_3A_3}=\frac{F_{N3}l_1\cos\alpha}{E_3A_3} \tag{c}$$

将 (b)、(c) 代入 (a)，即得补充方程

$$F_{N1}=F_{N3}\frac{E_1A_1}{E_3A_3}\cos^2\alpha \tag{d}$$

下面写出节点 A 的平衡方程。在上述变形分析中，已认为三杆均为伸长（实际上也的确如此），因此在这里就必须假定三杆的轴力均为拉力［图 4-37(c)］。

$$\sum F_x=0,\qquad -F_{N1}\sin\alpha+F_{N2}\sin\alpha=0 \tag{e}$$

$$\sum F_y=0,\qquad F_{N1}\cos\alpha+F_{N2}\cos\alpha+F_{N3}-F=0 \tag{f}$$

注意，因变形微小，这里忽略了由各杆变形所引起的 α 角的微小改变。

将静力平衡方程 (e)、(f) 与补充方程 (d) 联立并求解，即得三杆的内力分别为

$$F_{N1}=F_{N2}=\frac{F}{2\cos\alpha+\dfrac{E_3A_3}{E_1A_1\cos^2\alpha}}$$

$$F_{N3}=\frac{F}{1+2\dfrac{E_1A_1}{E_3A_3}\cos^3\alpha}$$

综上所述，求解超静定问题必须考虑以下三方面：满足力的平衡条件；满足变形协调条件；符合力与变形间的物理关系（如在弹性变形范围内，符合胡克定律）。概括地说，即应综合考虑静力学方面、几何方面和物理方面。工程力学的许多基本理论，也正是从这三个方面进行综合分析后建立起来的。

例 4-11 如图 4-38(a) 所示，刚性杆 AB 悬挂于 1、2 两杆上，1 杆的横截面面积为 60mm^2，2 杆为 120mm^2，且两杆材料相同。若 $F=6\text{kN}$，试求两杆的轴力及支座 A 的反力。

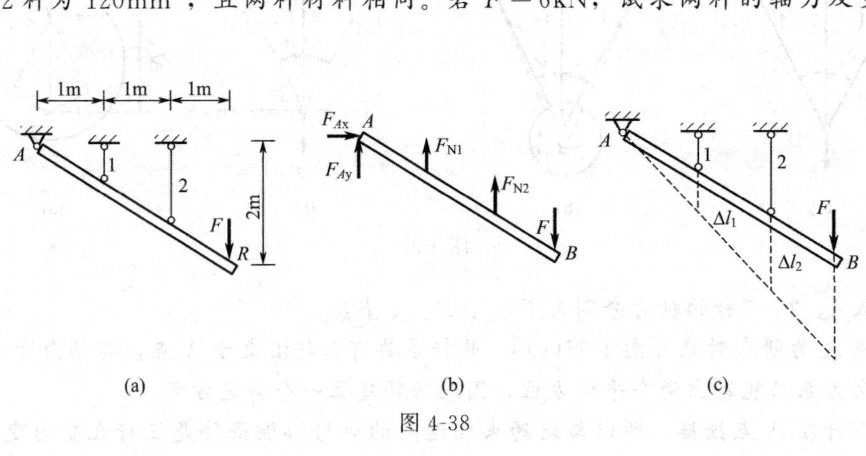

图 4-38

解：(1) 对 AB 杆受力分析，如图 4-38(b)，建立平衡方程

$$\sum F_x=0,\ F_{Ax}=0$$
$$\sum F_y=0,\ F_{Ay}+F_{N1}+F_{N2}-F=0$$
$$\sum M_A=0,\ F_{N1}\times 1+F_{N2}\times 2-F\times 3=0$$

(2) 几何关系，如图 4-38(c) 所示

$$\frac{\Delta l_1}{\Delta l_2}=\frac{1}{2},\quad 即\quad 2\Delta l_1=\Delta l_2$$

(3) 物理关系

$$\frac{2F_{N1}l_1}{EA_1}=\frac{F_{N2}l_2}{EA_2},\ 即\ F_{N2}=2F_{N1}$$

将上式代入平衡方程第三式，解得：$F_{N1}=3.6\text{kN}$，$F_{N2}=7.2\text{kN}$

求解平衡方程得到：$F_{Ax}=0$，$F_{Ay}=-4.8\text{kN}(\downarrow)$

二、装配应力

在超静定问题中，有时虽然没有荷载作用，但由于制造误差，在结构装配后，杆件中也将产生应力，这种应力称为**装配应力**。

对于静定结构，由于各杆没有多余的约束，变形是自由的，因此不会引起装配应力问题。图 4-39 所示的静定结构，如果杆件的设计尺寸与加工尺寸稍有不符，在装配时只会使节点 A 的位置发生变化，而不会引起装配应力。所以说装配应力的产生也是超静定问题的又一特点。

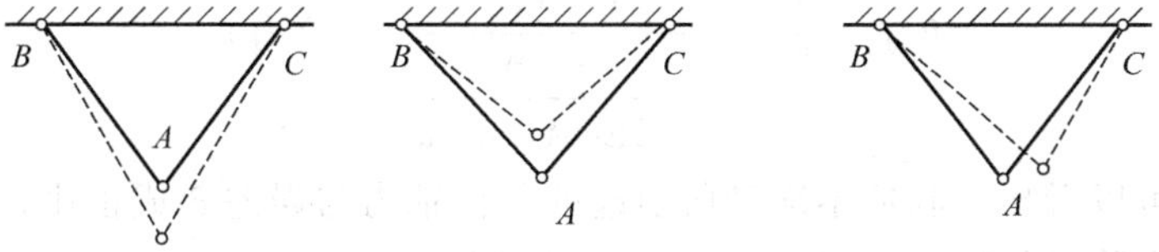

(a) AB、AC杆制造稍长　(b) AB、AC杆制造稍短　(c) AB杆稍长、AC杆稍短

图 4-39

现以图 4-40(a) 所示的对称桁架为例，来说明装配应力的情况。设杆 3 在制造时比设计尺寸短了 δ，为了把桁架装配起来，必须强迫杆 3 伸长 Δl_3，杆 1 和杆 2 分别缩短 Δl_1 和 Δl_2。装配好后各杆位于图中虚线所示的位置。这样，虽然结构还没有承受荷载的作用，但由于装配时产生了强迫变形，在装配后各杆便产生了装配应力。

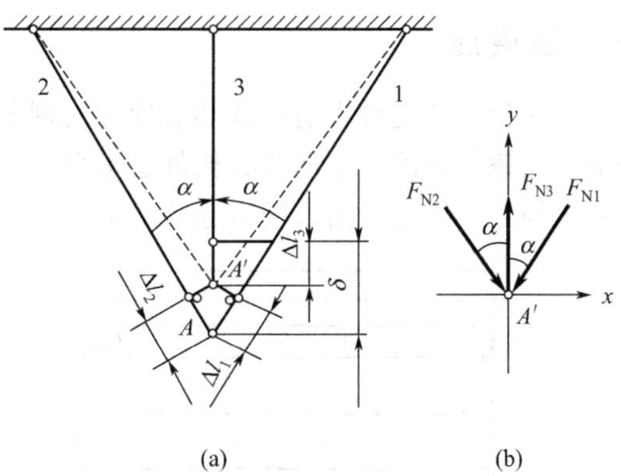

(a)　(b)

图 4-40

取装配后的结点 A' 为研究对象，受力图如图 4-40(b) 所示。必须注意，受力图中的拉或压必须与变形图中伸长或缩短分别一一对应。力与变形两者一致的原则，在求解任何超静定问题时都应遵循。

1. 静力学方面

结点 A' 的平衡方程为

$$\sum F_x=0,-F_{N1}\sin\alpha+F_{N2}\sin\alpha=0 \tag{a}$$

$$\sum F_y=0,\ +F_{N1}\cos\alpha-F_{N2}\cos\alpha+F_{N3}=0 \tag{b}$$

这是一次超静定问题，还需建立一个补充方程。

2. 几何方面

由图 4-40(a) 可以看出变形协调条件为

$$\Delta l_3+\frac{\Delta l_1}{\cos\alpha}=\delta \tag{c}$$

3. 物理方面

根据胡克定律，可知

$$\Delta l_1=\frac{F_{N1}l_1}{E_1A_1}=\frac{F_{N1}l_3}{E_1A_1\cos\alpha} \tag{d}$$

$$\Delta l_3=\frac{F_{N3}l_3}{E_3A_3} \tag{e}$$

将式(d)、(e) 代入 (c)，得补充方程为

$$\frac{F_{N3}l_3}{E_3A_3}+\frac{F_{N1}l_3}{E_1A_1\cos^2\alpha}=\delta \tag{f}$$

联立求解式(a)、(b) 和 (f)，得各杆轴力分别为

$$F_{N1}=F_{N2}=\frac{\delta}{2l_3\cos\alpha}\times\frac{E_3A_3}{1+\dfrac{E_3A_3}{2E_1A_1\cos^3\alpha}}\quad(\text{压力})$$

$$F_{N3}=\frac{\delta}{l_3}\times\frac{E_3A_3}{1+\dfrac{E_3A_3}{2E_1A_1\cos^3\alpha}}\quad(\text{拉力})$$

从计算结果可以看出，制造不准确所引起的各杆轴力与误差 δ 成正比，并与该杆的刚度有关。将上述轴力除以相应横截面的面积，即得装配应力。

通过上述分析可以看出，在超静定问题中，构件的尺寸即使有很小的误差，也可能会在结构中产生相当可观的装配应力。装配应力既可能带来有利的影响，也可能产生不利的后果。在工程实际中，应利用其有利的一面，而避免其不利的影响。

三、温度应力

自然界中普遍存在着物体热胀冷缩的现象。在工程实际中，由于工作环境温度的改变或者季节的更替等原因，结构或其构件也常会处于温度发生变化的工作状态。在静定结构中，构件能自由伸缩，因此，由温度引起的变形不会在构件中产生应力。但是，在超静定结构中，由于温度变化引起的变形受到约束的限制，在构件中将产生应力，这种应力称为**温度应力**。

计算温度应力与解一般超静定问题一样，不过在表示构件的变形时，应包括由温度变化引起的变形和由内力引起的变形这两部分。下面通过例题具体说明。

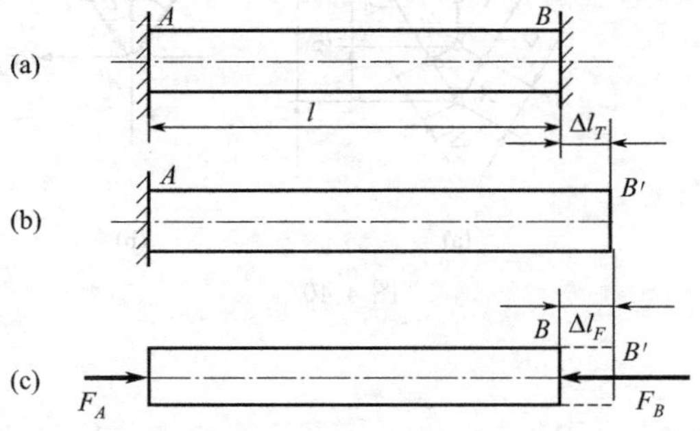

图 4-41

例 4-12 图 4-41(a) 所示等直杆 AB，装在两个刚性支承之间。设杆 AB 长为 l，横截面面积为 A，材料的弹性模量为 E，线膨胀

系数为 α。试求温度升高 ΔT 时杆内的温度应力。

解： 当温度升高时，杆将膨胀伸长，但被两端固定支座所阻止，这就相当于在杆的两端施加了压力。设两端的压力分别为 F_A 和 F_B ［图 4-41(c)］，由于只能写出一个平衡方程，由它只知两端的压力相等（$F_A=F_B$），但具体数值未知，所以本例为一次超静定问题，必须建立一个补充方程。

因为两端固定，与此相应的变形协调条件是杆的总长度不变，即 $\sum \Delta l=0$。请读者注意，这里杆的变形包括由温度升高引起的伸长 Δl_T 和轴向压力引起的缩短 Δl_F，所以变形几何方程为

$$\sum \Delta l=\Delta l_T-\Delta l_F=0 \tag{a}$$

由物理关系知

$$\Delta l_T=\alpha \times \Delta T \times l$$

$$\Delta l_F=\frac{F_N l}{EA}$$

$$(F_N=F_A=F_B)$$

将这些物理关系代入 (a)，得补充方程为

$$\alpha \times \Delta T \times l=\frac{F_N l}{EA}$$

由此得温度应力为

$$\sigma=\frac{F_N}{A}=\alpha \times \Delta T \times E$$

结果为正，说明假定杆件承受轴向压力是对的，所以该杆的温度应力是压应力。若杆的材料是钢，$E=200\text{GPa}$，$\alpha=1.2\times10^{-5}/℃$，当温度升高 80℃时，杆内的温度应力为

$$\sigma=\alpha E \Delta T=1.2\times10^{-5}\times200\times10^{9}\times80=192\times10^{6}\text{Pa}=192\text{MPa}(\text{压应力})$$

通过此例的分析可知，当杆的伸缩受到阻碍时，若温度增高，则将在杆内产生压应力；若温度降低，则将在杆内产生拉应力。在超静定结构中，温度应力是一个不容忽视的因素。在工程中常要考虑温度的影响，如在铁轨接头之间常留有空隙，在混凝土路面及房屋建筑中留有伸缩缝；桥梁、桁架的一端须用可动铰支座；高温管道隔一段距离设有一个弯道。这些都是为了使其能够自由伸缩，减少温度应力的影响。如果忽视了温度变化的影响，就会造成破坏或妨碍结构的正常工作。

上述装配应力和温度应力的求解都是建立在胡克定律的基础上的，因此只有当材料在线弹性范围内工作时，所得结果才是正确的。

以上分别讨论了荷载作用、制造误差、温度变化等因素对超静定结构内力和应力的影响。在工程实际中，有时还必须同时考虑上述各因素对超静定结构所引起的综合影响。对这类问题有两种解决方法。第一种方法是将所有因素同时考虑进去。在这种情况下，变形协调关系里必须包含所有这些因素的影响，这样求得的各杆的内力和应力就是最终结果。第二种方法是先分别计算出由荷载作用、制造误差、温度改变等单个因素所引起的杆的内力和应力，然后求相应结果的代数和来确定最终的内力和应力值。此法即为**叠加法**。

综上所述，解决超静定问题的具体步骤可以归纳如下：

(1) 从静力学方面，列出静力平衡方程；

(2) 从几何方面，观察构件的变形，根据变形协调条件列出变形几何关系式；

(3) 从物理方面，把变形和力按胡克定律联系起来；

(4) 综合变形几何和物理两个方面，得到补充方程；

(5) 联解静力方程和补充方程，求出未知力。

根据结构的变形协调条件写出变形几何关系式，进而通过胡克定律得到补充方程，这是解决超静定问题的关键。

第九节 应力集中的概念

等直杆受轴向拉伸或压缩时，其截面上的应力是均匀分布的。在工程实际中，有些构件必须有切口、切槽、螺纹、轴肩等，以致在这些地方截面尺寸发生突然改变。在这些构件的截面突然变化处，应力不是均匀分布的。例如在开有圆孔或切口的板条受拉时，在圆孔或切口附近的局部区域内，应力将骤增。但在离开圆孔或切口稍远处，应力迅速降低而趋于均匀(图 4-42)。这种因杆件截面骤然变化或几何外形局部不规则而引起的局部应力急剧增大的现象，称为**应力集中**。

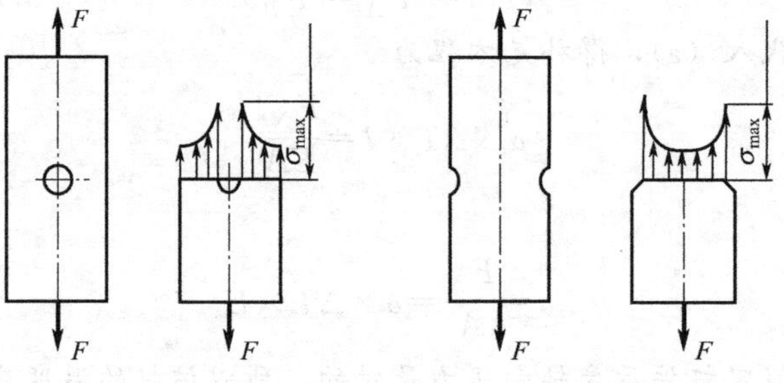

图 4-42

应力集中处的 σ_{max} 与杆横截面上的平均应力 σ 之比，称为**理论应力集中系数**，用 k_σ 表示，即

$$k_\sigma = \frac{\sigma_{max}}{\sigma} \tag{4-15}$$

k_σ 是一个应力比值，反映了应力集中的程度，是一个大于 1 的系数。

请注意，应力集中并不是单纯因截面积的减小所引起的，杆件外形的骤然变化是造成应力集中的主要原因。截面尺寸改变得越急剧，应力集中的程度就越严重。因此，构件上应尽可能地避免带尖角的孔和槽，在阶梯轴的轴肩处要用圆弧过渡，且尽可能使圆弧半径大一些。

各种材料对应力集中的敏感程度是不同的。塑性材料一般存在屈服阶段，当局部的最大应力 σ_{max} 达到材料的屈服极限 σ_s 时，若继续增加荷载，应变可继续增长，而应力却不再增大，所增加的荷载将由截面上尚未屈服的材料来承受，直至整个截面上所有点处的应力相继增大到屈服极限时，杆件才因屈服而丧失正常的工作能力。因此，用塑性材料制成的杆件在静荷载作用下，可以不考虑应力集中的影响。脆性材料没有屈服阶段，当荷载增加时，应力集中处的 σ_{max} 一路领先，首先达到强度极限 σ_b，该处将首先产生裂纹，应力集中的危害性非常严重。因此，即使在静荷载作用下，对脆性材料制成的杆件来说，也必须考虑应力集中对杆件承载能力的影响。不过，脆性材料中的铸铁是个例外，其内部的不均匀性和缺陷（如气孔、杂质等）往往是产生应力集中的主要因素，而外形骤变所引起的应力集中可能成为次要因素，对构件的承载能力不一定造成明显的影响。因此，铸铁构件在静荷载作用下，可不考虑应力集中的影响。

在动荷载作用下，不论是塑性材料还是脆性材料，应力集中对构件的强度均有严重影响，往往是构件破坏的根源，所以，必须考虑应力集中的影响。这一问题将在本书第二十一章中讨论。

本章小结

工程力学中所研究的内力，是指物体在外力作用下，其内部质点相互作用力的改变量，称为附加内力，常简称为内力。这种内力随外力的增大而增大，并与外力保持平衡。内力的计算是分析构件强度、刚度、稳定性等问题的基础。确定截面上内力的大小和指向的方法，称为截面法。截面法的全部过程可归纳为三个步骤：截开、替代、平衡。

应力是受力杆件某一截面上一点处的内力集度，讨论应力必须指明是哪一个截面上的哪一点处。整个截面上各点处的应力与微面积 dA 之乘积的合成，即为该截面上的内力。

在工程结构中，杆件的四种基本变形是：轴向拉伸或轴向压缩、剪切、扭转、弯曲。

杆件的拉伸和压缩变形是工程力学中的一个最为基本的问题。虽然内容比较简单，但涉及的概念多，且极为重要，在后续章节中将经常遇到本章所阐述的一些内容和分析方法。因此，读者应通过本章的学习，对拉、压变形问题进行仔细的钻研，为整个工程力学课程的学习打下稳固的基础。

1. 轴向拉伸或压缩，是指当外力作用线平行杆轴、作用点通过其截面形心，即外力沿着杆轴作用时产生的一种变形形式。

2. 拉（压）杆的内力是轴力 F_N，采用截面法和静力平衡关系求得。轴力图可形象地表示出轴力沿杆件轴线的变化情况，由轴力图可迅速地找出最大轴力所在横截面的位置。

3. 拉（压）杆横截面上只有正应力，且是均匀分布的，计算公式为

$$\sigma=\frac{F_N}{A}$$

在任意斜截面上，既有正应力，又有切应力，计算公式为

$$\sigma_\alpha=\sigma\cos^2\alpha$$

$$\tau_\alpha=\frac{\sigma}{2}\sin2\alpha$$

最大正应力发生在横截面上，最大切应力发生在与轴线成 45°的斜截面上。

4. 研究材料的力学性能，是解决强度、刚度和稳定性问题的一个重要方面，一般通过试验来实现。低碳钢的拉伸 σ-ε 曲线可分为四个阶段：弹性阶段、屈服阶段、强化阶段和局部变形阶段。重要的强度指标有屈服极限 σ_s 和强度极限 σ_b；塑性指标有延伸率 δ 和断面收缩率 ψ。

5. 工程上常按延伸率的大小把材料分成塑性材料和脆性材料两大类。塑性材料以屈服极限 σ_s（或 $\sigma_{p0.2}$）作为其极限应力 σ_u；脆性材料以强度极限 σ_b 作为其 σ_u。一般将 σ_u 除以安全系数 n 即得到材料的许用应力，即

$$[\sigma]=\frac{\sigma_u}{n}$$

选择安全系数时应全面考虑安全性和经济性两方面的要求。

6. 拉（压）杆的强度条件是

$$\sigma_{max}\leqslant[\sigma]$$

对于等直杆来说，其强度条件可表示为

$$\sigma_{\max} \leqslant \frac{F_{N\max}}{A} \leqslant [\sigma]$$

应用强度条件可解决三类问题：强度校核、截面设计和确定许可荷载。

7. 胡克定律揭示了在比例极限内应力与应变的关系，其表达式为

$$\varepsilon = \frac{\sigma}{E} \quad 或 \quad \Delta l = \frac{F_N l}{EA}$$

纵向线应变 ε 与横向线应变 ε' 之间存在以下关系：$\varepsilon' = -\nu\varepsilon$

必须注意，上述三个关系式都只在受力构件内的应力不超过材料的比例极限时才适用。

8. 超静定结构的一个基本特点就是它的约束反力或杆件内力不能仅凭静力平衡条件求得，一般可按下述程序求解。

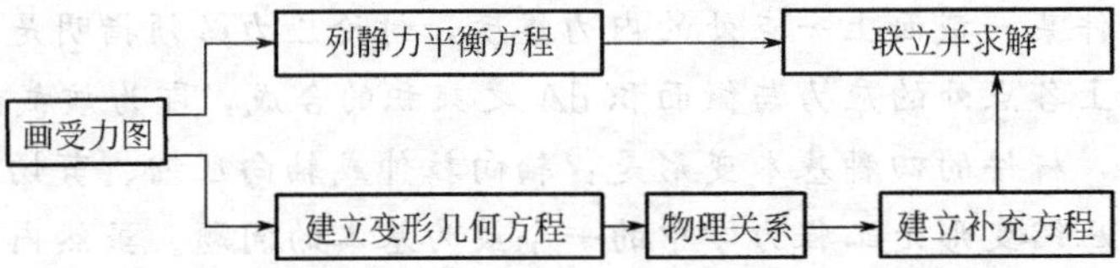

通过建立变形几何方程从而得到解超静定问题所需的补充方程，是求解超静定问题的关键。为此，在解题时必须画出杆件或节点的位移图，作图时应注意假设的杆件内力（受拉或受压）与变形的性质（伸长或缩短）必须一致。在解温度应力问题时，要记住杆件的变形应包括温度引起的变形和内力引起的变形这两部分。

9. 应力集中是因杆件外形突然变化而产生的，在静荷载作用下，不同材料对应力集中的反应是不同的。在动荷载作用下，应力集中将严重影响构件的强度，必须予以考虑。

习　题

4-1　内力与应力有何联系、有何区别？为什么研究构件的强度必须引入应力的概念？

4-2　什么是截面法？应用截面法能否求出截面上内力的分布情况？

4-3　如图 4-43 所示结构，杆 1 和杆 2 的许用应力分别为 $[\sigma]_1$ 和 $[\sigma]_2$，横截面面积分别为 A_1 和 A_2，则两杆的许可轴力分别为 $[F_{N1}]=[\sigma]_1 A_1$ 和 $[F_{N2}]=[\sigma]_2 A_2$。若根据节点 A 平衡方程 $\sum F_y=0$ 求此结构许可荷载，则 $[F]=[F_{N1}]\cos45°+[F_{N2}]\cos30°$。此结论是否正确？为什么？

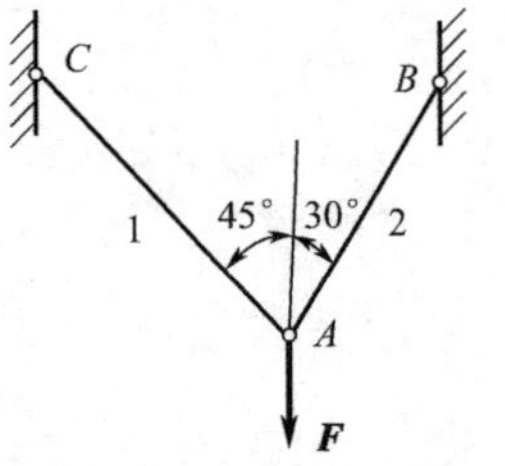

图 4-43　习题 4-3 图

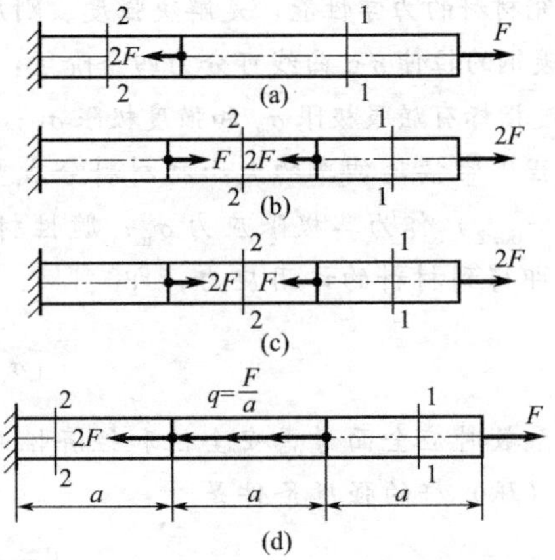

图 4-44　习题 4-4 图

4-4　求图 4-44 所示各杆 1-1 和 2-2 横截上的轴力，并作轴力图。

4-5　求图 4-45 所示阶梯状直杆横截面 1-1、2-2 和 3-3 上的轴力，并作轴力图。横截面面积 $A_1=200\text{mm}^2$，$A_2=300\text{mm}^2$，$A_3=400\text{mm}^2$。求各横截面上的应力。

答：$F_{N1}=-20\text{kN}$，$\sigma_1=-100\text{MPa}$；$F_{N2}=-10\text{kN}$，$\sigma_2=-33.3\text{MPa}$；$F_{N3}=10\text{kN}$，$\sigma_3=25\text{MPa}$

4-6　图 4-46 所示杆件，$A_1=300\text{mm}^2$，$A_2=250\text{mm}^2$，$F=30\text{kN}$。

（1）试计算截面 1-1 的正应力 σ_1；

（2）截面 2-2 内的正应力为 $\sigma_2=30\times\frac{10^3}{250}=120\text{MPa}$ 对吗？为什么？

答：（1）$\sigma_1=100\text{MPa}$　（2）不对

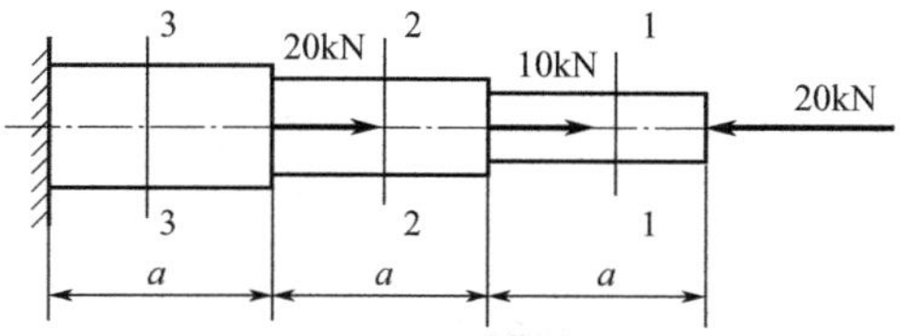

图 4-45　习题 4-5 图

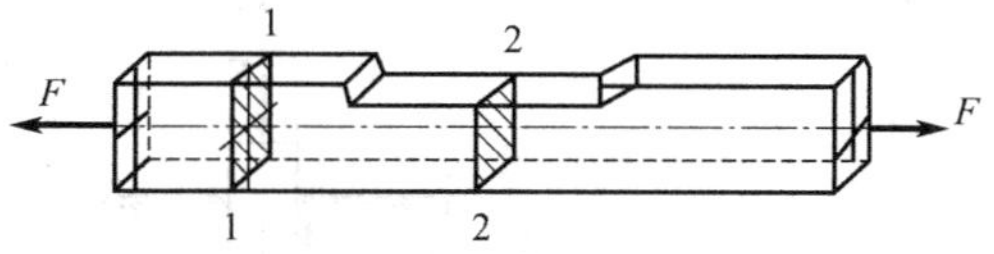

图 4-46　习题 4-6 图

4-7　图 4-47 所示为一混合屋架结构的计算简图。屋架的上弦用钢筋混凝土制成，下面的拉杆和中间竖向撑杆用角钢构成，其截面均为两个 75mm×8mm 的等边角钢。已知屋面承受集度为 $q=20\text{kN/m}$ 的竖直均布荷载。求拉杆 AF 和 FG 横截面上的应力。

答：$\sigma_{AF}=159\text{MPa}$，$\sigma_{FG}=155\text{MPa}$

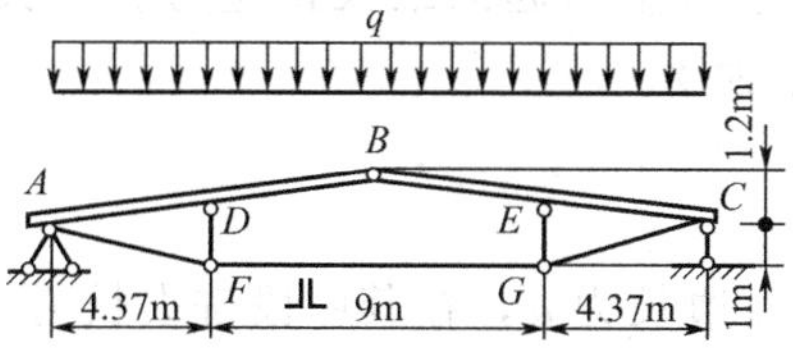

图 4-47　习题 4-7 图

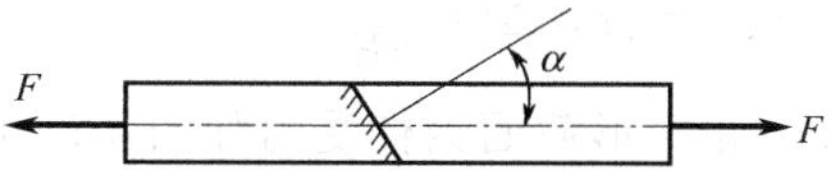

图 4-48　习题 4-8 图

4-8　图 4-48 所示杆件受轴向压力 $F=5\text{kN}$ 的作用，杆件的横截面面积 $A=100\text{mm}^2$。试求当 $\alpha=0°$、$30°$、$45°$、$-45°$、$60°$、$90°$时各斜截面上的正应力和切应力。

4-9　等直杆受力如图 4-49 所示，已知杆的横截面面积 A 和材料的弹性模量 E。试作轴力图，并求杆端点 D 的位移。

答：$\frac{Fl}{3EA}$

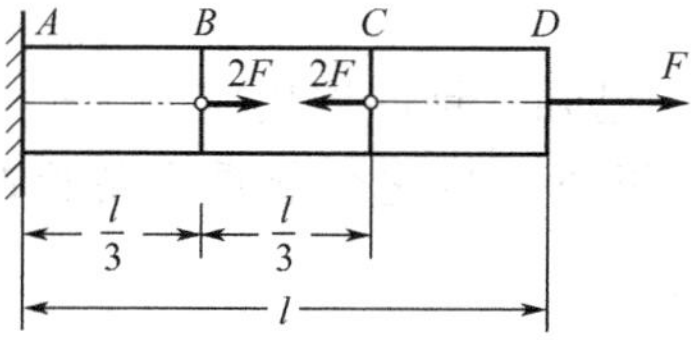

图 4-49　习题 4-9 图

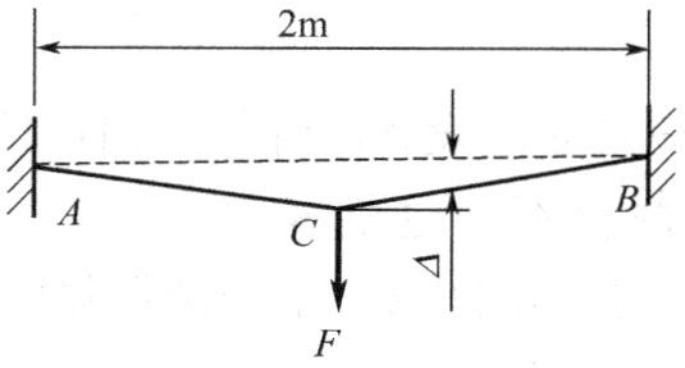

图 4-50　习题 4-10 图

4-10　如图 4-50 所示，A、B 两点之间原来水平地拉着一根直径 $d=1\text{mm}$ 的钢丝，现在钢丝的中点 C 加一铅垂荷载 F。已知钢丝由此产生的线应变为 $\varepsilon=0.0035$，材料的弹性模量 $E=210\text{GPa}$，自重不计。试求：

(1) 钢丝横截面上的应力，假设钢丝在断裂前符合胡克定律；

(2) 钢丝在 C 点下降的距离 Δ；

(3) 此时荷载 F 的值。

答：$\sigma=735\text{MPa}$；$\Delta=83.7\text{mm}$；$F=96.3\text{N}$

4-11　图 4-51 所示为一打入地基内的木桩，沿杆轴线方向单位长度的摩擦力为 $F_s=kx^2$ (k 为常数)，试作木桩的轴力图。

答：$F_N(x_1)=-F\left(\dfrac{x_1}{l}\right)^3$

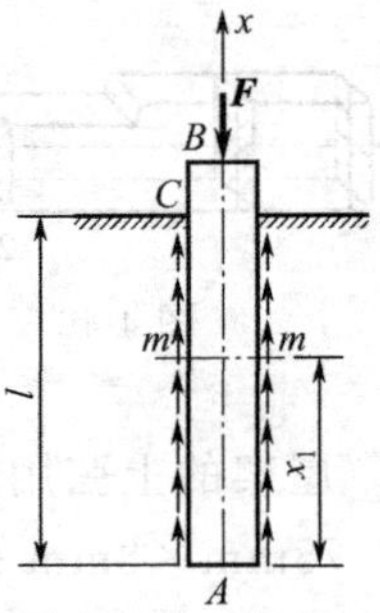

图 4-51　习题 4-11 图

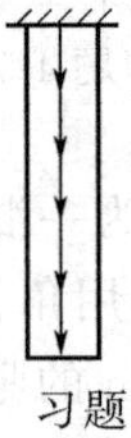
图 4-52　习题 4-12 图

4-12　如图 4-52 所示，试求自由悬挂的直杆由于自重引起的最大正应力和伸长。设杆的横截面面积为 A，杆长为 l，弹性模量为 E，容重为 γ。

答：$\sigma_{\max}=\gamma l$，$\Delta l=\dfrac{\gamma l^2}{2E}$

4-13　正方形截面钢杆受力如图 4-53 所示，截面边长为 a，在其中段铣去长为 l、宽为 $a/2$ 的槽。设 $F=15\text{kN}$，$l=1\text{m}$，$a=20\text{mm}$. 弹性模量 $E=200\text{GPa}$。试求杆内正应力及总伸长。

答：-75MPa，-150MPa，37.5MPa，0.84mm

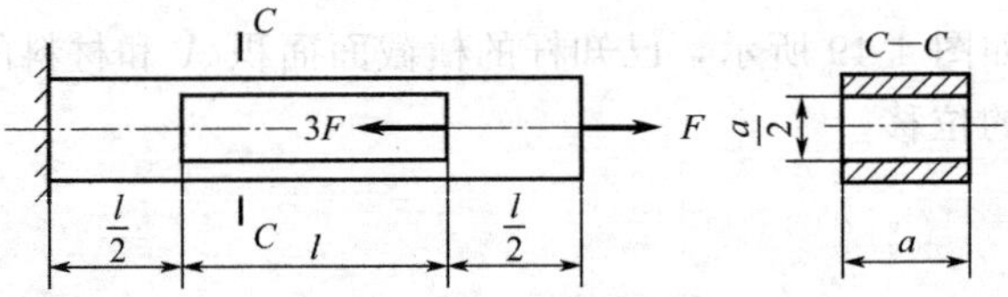

图 4-53　习题 4-13 图

4-14　简易起重设备的计算简图如图 4-54 所示。已知：钢的许用应力 $[\sigma]=170\text{MPa}$，斜杆 AB 用两根不等边角钢 $63\text{mm}\times40\text{mm}\times4\text{mm}$ 组成，当这个起重设备提起重为 $W=15\text{kN}$ 的重物时，斜杆 AB 是否满足强度条件？

答：$\sigma_{AB}=74\text{MPa}$

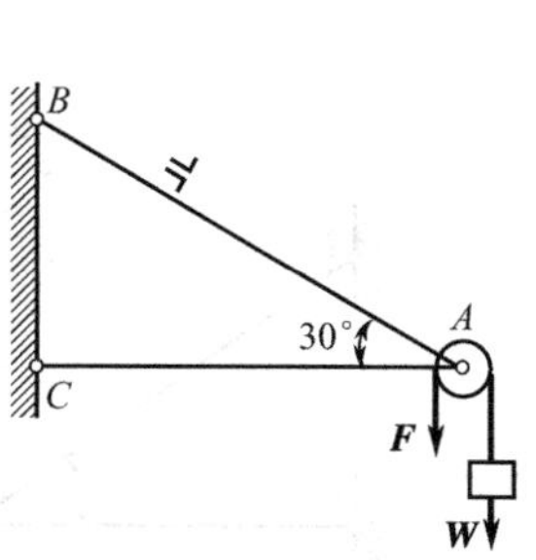

图 4-54　习题 4-14 图

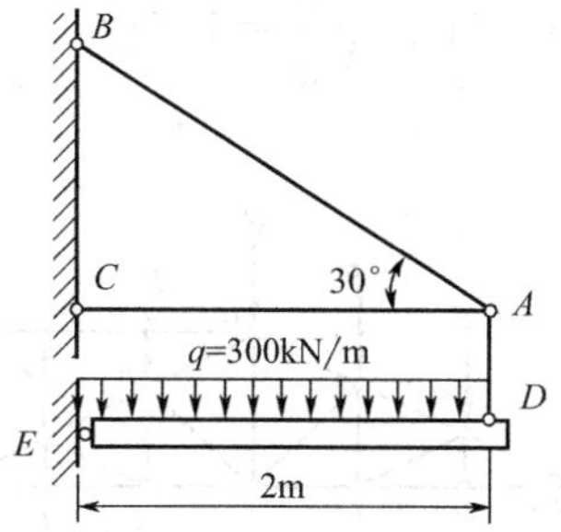

图 4-55　习题 4-15 图

4-15　一结构受力如图 4-55 所示，杆件 AB、AD 均由两根等边角钢组成。已知材料的许用应力 $[\sigma]=170\text{MPa}$，试选择 AB、AD 杆的截面型号。

答：AB 杆选用 100mm×100mm×10mm，AD 杆选用 80mm×80mm×6mm。

4-16　用绳索起吊钢筋混凝土管子如图 4-56 所示。如管子的重量 $W=10\text{kN}$，绳索的直径 $d=40\text{mm}$，许用应力 $[\sigma]=10\text{MPa}$，试校核绳索的强度。绳索的直径 d 应为多大则更经济？

答：$\sigma=5.63\text{MPa}$，选用 $d=30\text{mm}$ 的绳索为宜

4-17　一结构受力如图 4-57 所示，杆件 AB、CD、EF、GH 均由两根不等边角钢组成。已知材料的许用应力 $[\sigma]=170\text{MPa}$。试选择各杆的截面型号，并分别求点 D、C、A 处的位移 δ_D、δ_C、δ_A。材料的弹性模量 $E=210\text{GPa}$，杆 AC 及 EG 可视为刚性。

答：AB 杆选用 2∠90mm×56mm×5mm；CD 杆选用 2∠40mm×25mm×3mm；

EF 杆选用 2∠70mm×45mm×5mm；GH 杆选用 2∠70mm×45mm×5mm；

$\delta_D=1.55\text{mm}$，$\delta_C=2.46\text{mm}$，$\delta_A=2.7\text{mm}$

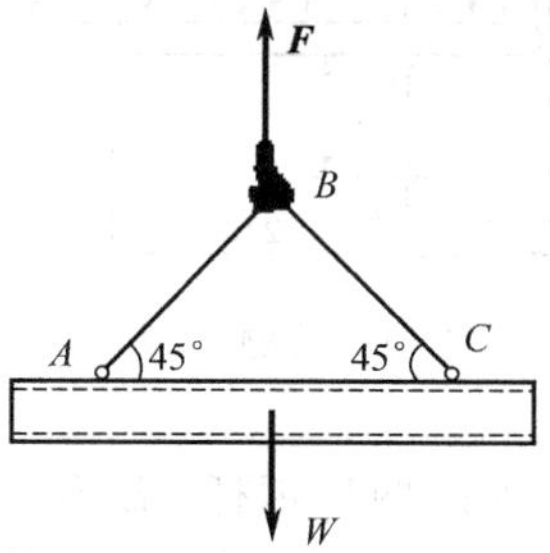

图 4-56　习题 4-16 图

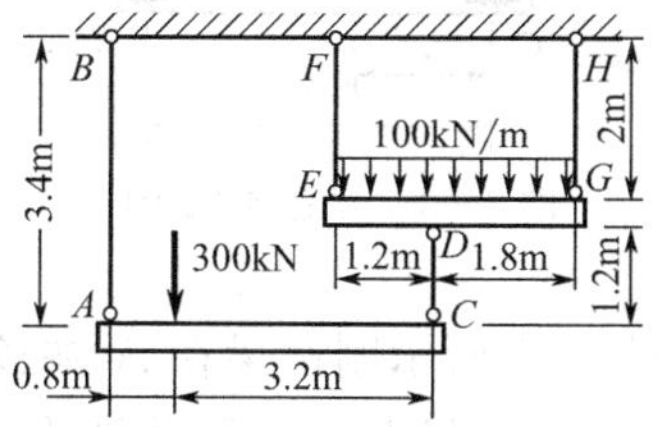

图 4-57　习题 4-17 图

4-18　图 4-58 所示为一钢木组合桁架的计算简图。已知荷载 $F=20\text{kN}$，钢的许用应力 $[\sigma]=120\text{MPa}$。试选择钢拉杆 DI 的直径。

答：10mm

4-19　图 4-59 所示简单桁架，在 A 点受铅垂向下力 F 作用。水平杆 AC 的长度保持不变，斜杆 AB 的长度可随夹角 α 的变化而变化。两杆为同一材料制造，许用拉应力与许用压应力相等。当两杆内的应力同时达到许用应力，且结构的总重量为最小时，试求：

（1）两杆的夹角 α 值；

（2）两杆横截面面积的比值。

答：$\alpha=54.74°$；$\dfrac{A_{AB}}{A_{AC}}=1.732$

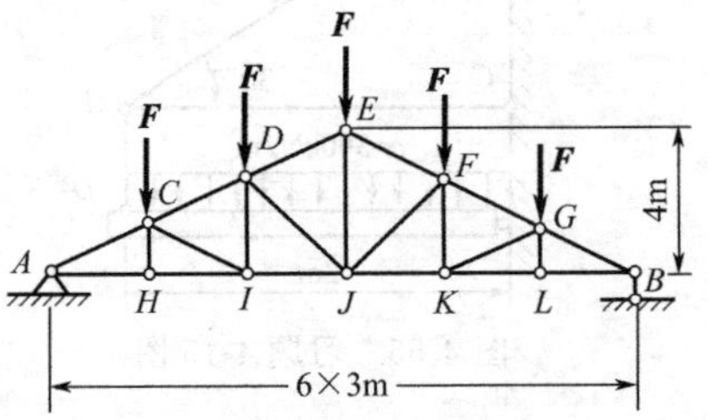

图 4-58　习题 4-18 图

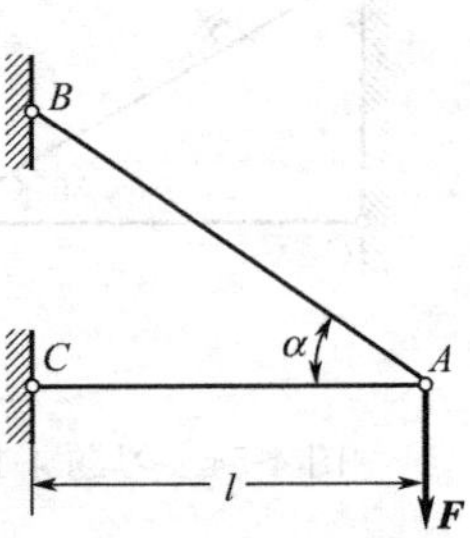

图 4-59　习题 4-19 图

4-20　钢筋混凝土短柱受到轴向压力 F 的作用，若钢筋的横截面面积是混凝土横截面面积的十分之一，钢的弹性模量是混凝土的弹性模量的十倍，试问钢筋承担的荷载占 F 的多少？

答：50%

4-21　图 4-60 所示 CE 为刚体，BC 为铜杆，DE 为钢杆，两杆的横截面面积分别为 A_1 和 A_2，弹性模量分别为 E_1 和 E_2。如要求 CE 始终保持水平，试求荷载 F 的作用位置。

答：$x=\dfrac{ll_1E_2A_2}{l_2E_1A_1+l_1E_2A_2}$

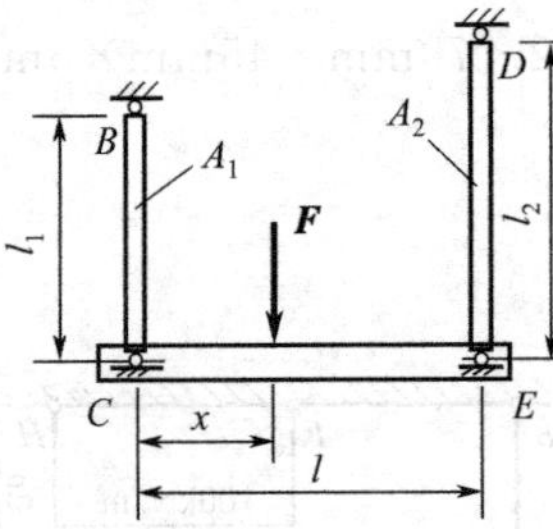

图 4-60　习题 4-21 图

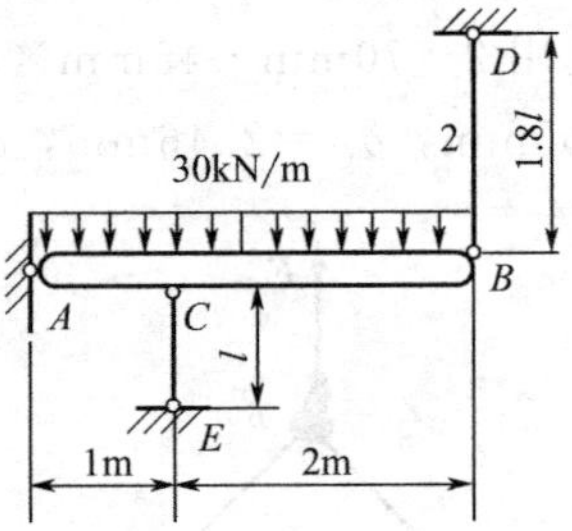

图 4-61　习题 4-22 图

4-22　图 4-61 所示刚性梁在 A 端铰支，在 C 点和 B 点由两根钢杆 CE 和 BD 支承。已知钢杆 CE 和 BD 的横截面面积分别为 $A_1=400\text{mm}^2$ 和 $A_2=200\text{mm}^2$，钢的许用应力 $[\sigma]=170\text{MPa}$，试校核两根钢杆的强度。

答：$\sigma_{BD}=160.7\text{MPa}$（拉应力），$\sigma_{CE}=96.4\text{MPa}$（压应力）

4-23　如图 4-62 所示，已知杆 AD、CE、BH 的横截面面积均为 A，许用应力均为 $[\sigma]$，梁 AB 可视为刚体。试求结构的许可荷载 $[F]$。

答：$[F]=2.5[\sigma]A$

4-24　图 4-63 所示短木柱的横截面尺寸为 250mm×250mm，用四根 40mm×40mm×5mm 的等边角钢加固，并承受压力 F 的作用。木材的许用应力 $[\sigma]_木=12\text{MPa}$，弹性模量 $E_木=10\text{GPa}$；角钢的许用应力 $[\sigma]_钢=160\text{MPa}$，弹性模量 $E_钢=200\text{GPa}$。试求短木柱的许可荷载 $[F]$。

答：$[F]=742.4\text{kN}$

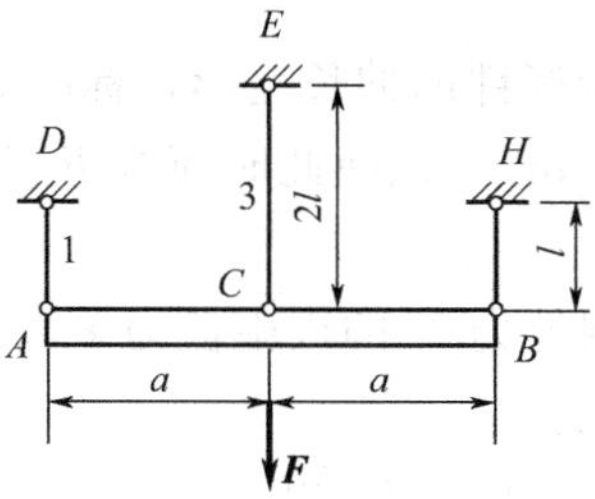

图 4-62　习题 4-23 图

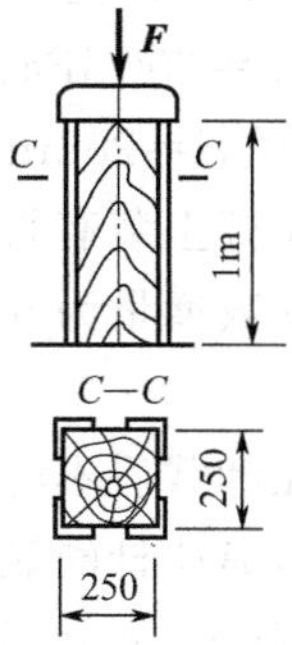

图 4-63　习题 4-24 图

4-25　图 4-64 所示金属杆宽度 $b=50\text{mm}$、厚度 $t=10\text{mm}$，由两段杆沿 m-m 面胶合而成。胶合面的角度 α 可在 0°～60°的范围内变化。假设杆的承载能力取决于胶的强度，且可分别考虑胶的正应力强度和切应力强度。已知胶的许用正应力 $[\sigma]=100\text{MPa}$，许用切应力 $[\tau]=50\text{MPa}$。为使杆能承受尽可能大的拉力，试求胶合面的角度 α，以及此时的许可荷载 $[F]$（提示：当胶合面上的正应力达到许用正应力且切应力同时达到许用切应力时，所承受拉力 F 为最大）。

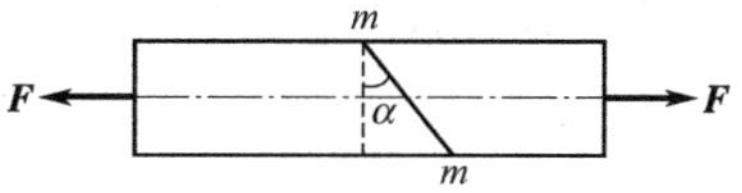

图 4-64　习题 4-25 图

答：$\alpha=26.57°$，$[F]=62.5\text{kN}$

4-26　已知钢的线膨胀系数 $\alpha=12\times10^{-6}/℃$，弹性模量 $E=210\text{GPa}$。将一直径 $d=25\text{mm}$ 的钢杆在常温下加热 30℃后将其两端固定起来，然后再冷却至常温。试求这时钢杆横截面上的应力及两端对杆的支反力。

答：75.6MPa，37.1kN

4-27　一根材料为 Q235 钢的拉伸试样，直径 $d=10\text{mm}$，工作段长度 $l=100\text{mm}$。当试验机上荷载读数为 10kN 时，量得工作段的伸长为 $\Delta l=0.0607\text{mm}$，直径的缩小为 $\Delta d=0.0017\text{mm}$。Q235 钢的比例极限为 $\sigma_p=200\text{MPa}$。试求此时试样横截面上的正应力 σ，并求出材料的横向变形系数 v 和弹性模量 E。

答：$\sigma=127.3\text{MPa}$，$v=0.28$，$E=210\text{GPa}$

4-28　阶梯形杆如图 4-65 所示，上端固定，下端与支座距离 $\delta=1\text{mm}$。已知上下两段杆的横截面面积分别为 600mm^2 和 300mm^2，材料的弹性模量 $E=210\text{GPa}$。试作杆的轴力图。

答：$F_{N\max}^{+}=85\text{kN}$，$F_{N\max}^{-}=-15\text{kN}$

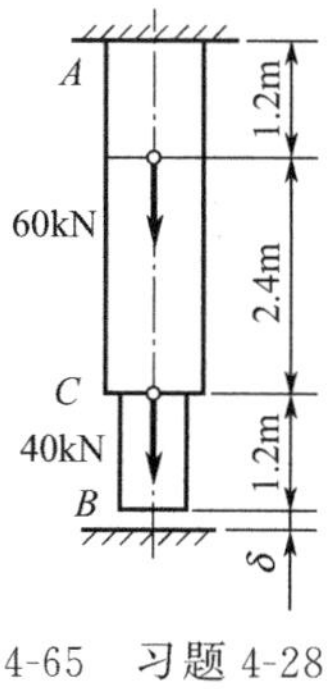

图 4-65　习题 4-28 图

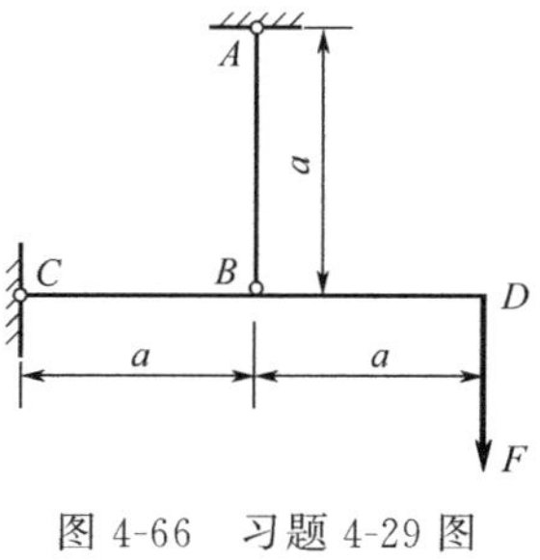

图 4-66　习题 4-29 图

4-29　结构的受力情况如图 4-66 所示。若水平梁 CD 可视为刚杆，AB 杆用低碳钢制成，其弹性模量 $E=200\text{GPa}$，比例极限 $\sigma_p=200\text{MPa}$，屈服极限 $\sigma_s=240\text{MPa}$，强度极限 $\sigma_b=400\text{MPa}$，直径 $d=20\text{mm}$，长度 $a=1\text{m}$。

（1）若在 AB 杆上装有百分表引伸仪用来测量杆件的伸长变形，标距 $l=100\text{mm}$。加载过程中引伸仪有读数增量为 5 格（每格代表 0.01mm），试问此时荷载 F 为多大？D 点铅垂位移 δ_D 为多大？

（2）若结构在卸载后不容许产生塑性变形，则外力 F 的极限值为多大？

（3）若加载后 AB 杆断裂，试求此时的荷载值。

答：（1）15.7kN，$\delta_D=1\text{mm}$　（2）37.7kN　（3）62.8kN

4-30　一块 6mm×75mm 的金属板，长为 600mm，在中心有直径等于 25mm 的一个圆孔。若许用应力为 $[\sigma]=220\text{MPa}$，应力集中系数 $k_\sigma=2.1$。试求在长度方向上轴向拉力的许可值 $[F]$。

答：31.43kN

第五章 平面图形的几何性质

工程力学所研究的各类杆件，其横截面都是具有一定几何形状的平面图形，例如圆形、矩形、工字形及简单图形的组合等。在进行结构设计时，常会涉及一些与构件截面形状、尺寸有关的几何量，例如，在前述轴向拉（压）杆的正应力计算中，涉及截面面积 A。在以后的讨论中，还将遇到静矩、惯性矩、极惯性矩等几何参数。它们都是与构件横截面的形状、尺寸有关的几何量。这些几何量统称为**平面图形的几何性质**。

实践证明，构件的强度、刚度、稳定性均与平面图形的几何性质有关。因此，要研究构件的强度、刚度、稳定性问题，就必须掌握截面的几何性质与计算及其变化规律，这样就能够为各种构件选取合理的截面形状和尺寸，从而使构件各部分材料能够比较充分地发挥作用。

本章将介绍平面图形几何性质的定义及其计算方法。

第一节 静矩与形心

图 5-1 为任意形状的平面图形，面积为 A，x 轴和 y 轴为图形所在平面内的坐标轴。在图形内坐标为（x，y）处取一微面积 dA，则 xdA 和 ydA 分别称为该微面积 dA 对于 y 轴和 x 轴的**静矩**，而整个图形面积 A 对 y 轴和 x 轴的静矩应等于在 A 面积范围内所有这些微面积静矩的总和，即

$$\left.\begin{aligned} S_y &= \int_A x\,dA \\ S_x &= \int_A y\,dA \end{aligned}\right\} \qquad (5\text{-}1)$$

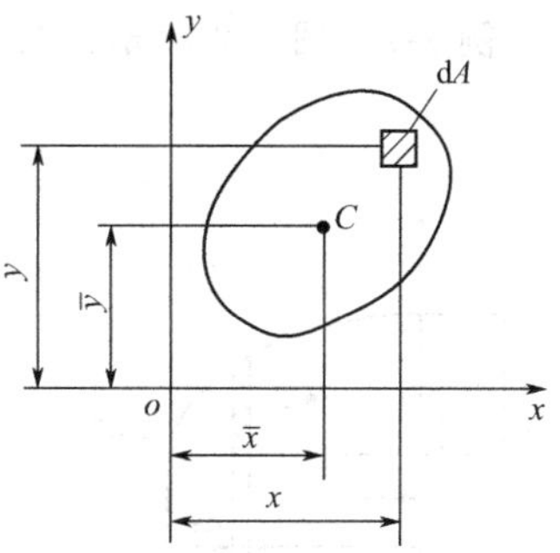

图 5-1

式中的 S_y、S_x 分别是图形对 y 轴和 x 轴的静矩，也称为图形对 y 轴和 x 轴的一次矩或面积矩。

静矩不仅与图形面积大小有关，而且与坐标轴的位置有关，同一图形对不同的坐标轴的静矩亦不同。静矩的数值可能为正，可能为负，也可能等于零，常用单位是 m^3 或 mm^3。

均质物体的重心也就是它的几何中心，即形心。将图 5-1 所示平面图形看作均质等厚的薄板，则它的重心就是平面图形的形心。

由本书第三章第四节已知，在 Oxy 坐标系中，均质等厚薄板的重心坐标为

$$\bar{x} = \frac{\int_A x\,dA}{A}, \qquad \bar{y} = \frac{\int_A y\,dA}{A} \qquad (5\text{-}2)$$

这也就是确定平面图形的形心坐标的计算公式。

利用公式(5-1)，可将公式(5-2) 改写成

$$\bar{x} = \frac{S_y}{A}, \qquad \bar{y} = \frac{S_x}{A} \qquad (5\text{-}3)$$

在知道平面图形对于 y 轴和 x 轴的静矩后，将其除以截面的面积，就可得到图形形心在 Oxy 坐标系中的坐标。上式还可改写成

$$S_y = A\bar{x}, \qquad S_x = A\bar{y} \tag{5-4}$$

这表明，已知平面图形形心坐标 $\bar{x}$、$\bar{y}$ 与图形面积 A 后，就可利用该式求得图形对 y 轴和 x 轴的静矩。

由上述两式可以看出，若图形对某一轴的静矩等于零，则该轴必通过图形的形心；反之，若某一轴通过形心，则图形对该轴的静矩等于零。

当一个平面图形是由若干个简单图形（如圆形、矩形、三角形等）组成时，由静矩的定义可知：整个图形对某一轴的静矩等于图形各组成部分对同一轴静矩的代数和，即

$$S_y = \sum_{i=1}^{n} A_i \bar{x}_i, \qquad S_x = \sum_{i=1}^{n} A_i \bar{y}_i \tag{5-5}$$

式中的 A_i 和 $\bar{x}_i$、$\bar{y}_i$ 分别表示任一组成部分的面积及其形心的坐标，n 表示图形由几个部分组成。因为图形的任一组成部分均为简单图形，其面积及形心坐标都较易确定，所以按此式计算组合图形的静矩是比较方便的。

将式(5-5) 代入式(5-3)，可得计算组合图形形心坐标的公式为

$$\bar{x} = \frac{\sum_{i=1}^{n} A_i \bar{x}_i}{\sum_{i=1}^{n} A_i}, \qquad \bar{y} = \frac{\sum_{i=1}^{n} A_i \bar{y}_i}{\sum_{i=1}^{n} A_i} \tag{5-6}$$

例 5-1 图 5-2 所示抛物线的方程为 $y = h\left(1 - \frac{x^2}{b^2}\right)$。试求由 x 轴、y 轴与抛物线所围成的平面图形对 x 轴和 y 轴的静矩 S_x 和 S_y，并确定图形形心 C 的坐标。

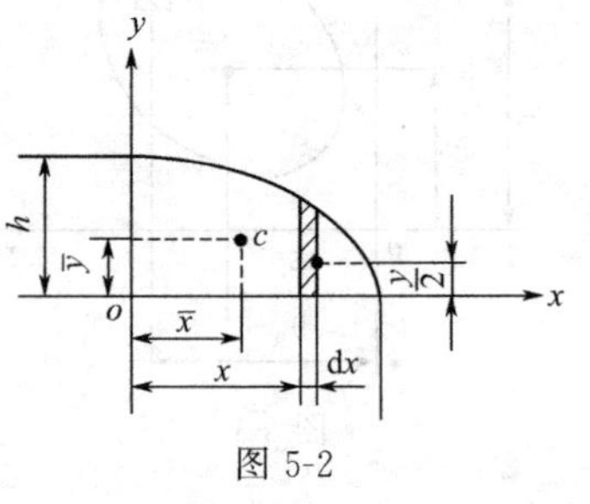

图 5-2

解： 取平行于 y 轴的狭长条作为微面积 dA（图中画有阴影线部分），则

$$dA = y\,dx = h\left(1 - \frac{x^2}{b^2}\right)dx$$

微面积 dA 的形心坐标为 x 和 $y/2$，图形的面积为

$$A = \int_A dA = \int_0^b h\left(1 - \frac{x^2}{b^2}\right)dx = \frac{2bh}{3}$$

图形对 y 轴的静矩为

$$S_y = \int_A x\,dA = \int_0^b xh\left(1 - \frac{x^2}{b^2}\right)dx = \frac{b^2h}{4}$$

图形对 x 轴的静矩为

$$S_x = \int_A \frac{y}{2}dA = \int_0^b \frac{y}{2}y\,dx = \int_0^b \frac{h^2}{2}\left(1 - \frac{x^2}{b^2}\right)^2 dx = \frac{4bh^2}{15}$$

代入式(5-3)，可得图形形心 C 的坐标为

$$\bar{x} = \frac{S_y}{A} = \frac{\frac{b^2h}{4}}{\frac{2bh}{3}} = \frac{3}{8}b, \qquad \bar{y} = \frac{S_x}{A} = \frac{\frac{4bh^2}{15}}{\frac{2bh}{3}} = \frac{2}{5}h$$

例 5-2 试确定图 5-3 所示图形形心 C 的位置。

解： 将图形看作是由两个矩形Ⅰ和Ⅱ组成的，为计算方便，选取如图所示坐标系。每一矩形的面积及形心位置如下。

矩形Ⅰ：

$$A_1=10\times120=1200\text{mm}^2$$

$$\overline{x_1}=5\text{mm},\overline{y_1}=60\text{mm}$$

矩形Ⅱ：

$$A_2=70\times10=700\text{mm}^2$$

$$\overline{x_2}=10+\frac{70}{2}=45\text{mm},\overline{y_2}=5\text{mm}$$

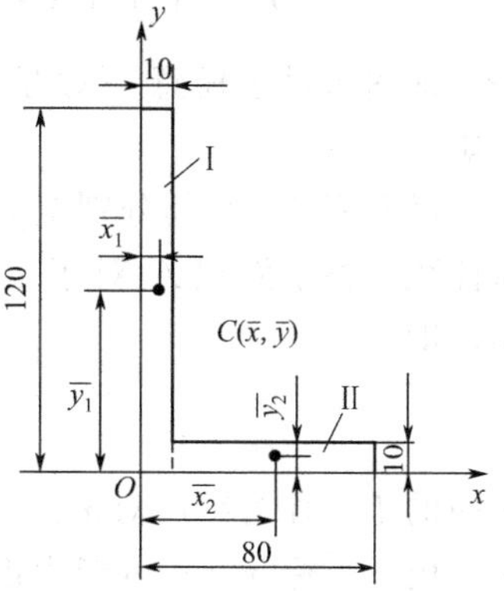

图 5-3

代入式(5-6)，可得图形形心 C 的坐标为

$$\bar{x}=\frac{A_1\overline{x_1}+A_2\overline{x_2}}{A_1+A_2}=\frac{1200\times5+700\times45}{1200+700}\approx19.7(\text{mm})$$

$$\bar{y}=\frac{A_1\overline{y_1}+A_2\overline{y_2}}{A_1+A_2}=\frac{1200\times60+700\times5}{1200+700}\approx39.7(\text{mm})$$

第二节　惯性矩、极惯性矩与惯性积

图 5-4 为任意形状的平面图形，面积为 A，x 轴和 y 轴为图形所在平面内的坐标轴。在图形内坐标为（x、y）处取一微面积 dA，则 x^2dA 和 y^2dA 分别称为该微面积 dA 对于 y 轴和 x 轴的**轴惯性矩**或**惯性矩**（若将 dA 看作质量，则 x^2dA 及 y^2dA 即为动力学中的转动惯量，由于形式上的相似，因此称之为惯性矩）。整个面积 A 对 y 轴和 x 轴的惯性矩等于在 A 范围内所有这些微面积惯性矩的总和，即

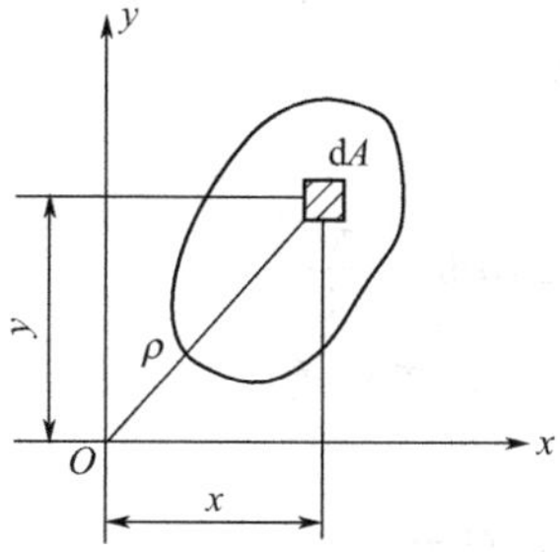

图 5-4

$$I_y=\int_A x^2\mathrm{d}A,\qquad I_x=\int_A y^2\mathrm{d}A \tag{5-7}$$

式中的 I_y、I_x 分别是图形对 y 轴和 x 轴的惯性矩，也称为图形对 y 轴和 x 轴的二次矩。不难看出，惯性矩的数值恒为正值，常用单位是 m^4 或 mm^4。

在某些应用中，将惯性矩写成图形面积 A 与某一长度平方的乘积，即

$$I_x=i_x^2A,\qquad I_y=i_y^2A \tag{5-8}$$

式中的 i_x、i_y 分别称为图形对 x 轴和 y 轴的**惯性半径**，常用单位是 m 或 mm。当图形面积和惯性矩知道后，惯性半径可根据下式求得

$$i_x=\sqrt{\frac{I_x}{A}},\qquad i_y=\sqrt{\frac{I_y}{A}} \tag{5-9}$$

若微面积 dA 至坐标原点 O 的距离为 ρ，则 ρ^2dA 称为该微面积 dA 对于 O 点的**极惯性矩**。整个面积 A 对 O 点的极惯性矩等于在 A 范围内所有这些微面积极惯性矩的总和，即

$$I_p=\int_A \rho^2\mathrm{d}A \tag{5-10}$$

显然，极惯性矩的数值也恒为正值，单位与惯性矩相同。

由图 5-4 可见，$\rho^2=x^2+y^2$，因此

$$I_p=\int_A \rho^2 \mathrm{d}A=\int_A (x^2+y^2)\mathrm{d}A=\int_A x^2 \mathrm{d}A+\int_A y^2 \mathrm{d}A=I_y+I_x \qquad (5\text{-}11)$$

即图形对于任意一对互相垂直的轴的惯性矩之和，恒等于它对于该两轴交点的极惯性矩。

微面积 $\mathrm{d}A$ 与其分别至 y 轴和 x 轴距离的乘积 $xy\mathrm{d}A$，称为该微面积 $\mathrm{d}A$ 对于 x、y 轴的惯性积。整个面积 A 对于 x、y 轴的惯性积等于在 A 范围内所有这些微面积惯性积的总和，即

$$I_{xy}=\int_A xy\mathrm{d}A \qquad (5\text{-}12)$$

式中的 I_{xy} 称为图形对 x、y 轴的**惯性积**，单位与惯性矩相同。

由于坐标 x、y 可能为正、负或零，所以，惯性积的数值也可能为正、负或零，这决定于图形与坐标轴的相对位置。若 x、y 两坐标轴中有一个是图形的对称轴，则其惯性积恒等于零。因为在对称轴的两侧，处于对称位置的两微面积 $\mathrm{d}A$ 的惯性积 $xy\mathrm{d}A$，必然是绝对值相等，而符号相反，从而整个图形的惯性积 $I_{xy}=\int_A xy\mathrm{d}A$ 必等于零。

由上述定义可见，同一图形对于不同的坐标轴的惯性矩或惯性积一般也是不相同的。附录一给出了一些常用截面几何性质的计算公式，建议读者对这些计算公式自行验算。

例 5-3 试求图 5-5 所示圆形对通过圆心的轴 x、y 的惯性矩、惯性半径、惯性积及对圆心 O 的极惯性矩。

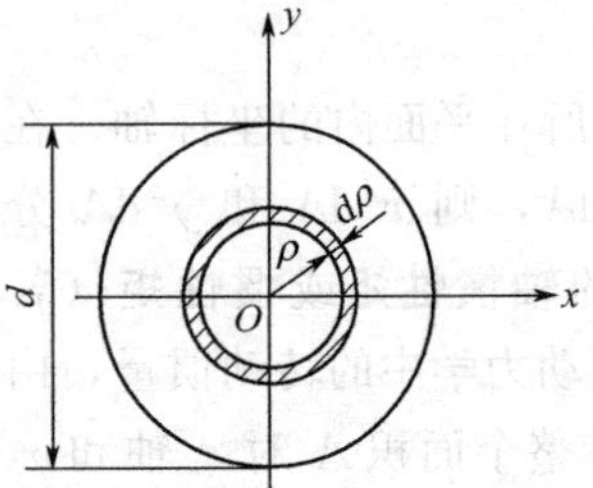

图 5-5

解： 先求图形对圆心的极惯性矩 I_p

取图中所示的环形微面积，则

$$\mathrm{d}A=2\pi\rho\mathrm{d}\rho$$

代入式(5-10)，得

$$I_p=\int_A \rho^2 \mathrm{d}A=\int_0^{\frac{d}{2}} \rho^2 \times 2\pi\rho\mathrm{d}\rho=\frac{\pi d^4}{32}$$

由于 x 轴和 y 轴都与圆的直径重合，不难看出

$$I_x=I_y$$

因为 $I_p=I_x+I_y$，可得图形对 x、y 轴的惯性矩和惯性半径分别为

$$I_x=I_y=\frac{I_p}{2}=\frac{\pi d^4}{64}$$

$$i_x=\sqrt{\frac{I_x}{A}}=\sqrt{\frac{\frac{\pi d^4}{64}}{\frac{\pi d^2}{4}}}=\frac{d}{4}$$

$$i_y=\sqrt{\frac{I_y}{A}}=\frac{d}{4}$$

由于 x 轴和 y 轴都是图形的对称轴，所以图形对 x、y 轴的惯性积等于零，即 $I_{xy}=0$。

例 5-4 试计算矩形对其对称轴 x 和 y 的惯性矩。设矩形的高为 h，宽为 b（图 5-6）。

解： 先求对 x 轴的惯性矩。

取平行于 x 轴的狭长条作为微面积 $\mathrm{d}A$，则 $\mathrm{d}A=b\mathrm{d}y$

$$I_x=\int_A y^2 \mathrm{d}A=\int_{-h/2}^{h/2} y^2 b\mathrm{d}y=\frac{bh^3}{12}$$

同理，取平行于 y 轴的狭长条作为微面积 $\mathrm{d}A$，则 $\mathrm{d}A=h\cdot\mathrm{d}x$

$$I_y=\int_A x^2\mathrm{d}A=\int_{-b/2}^{b/2}x^2h\,\mathrm{d}y=\frac{hb^3}{12}$$

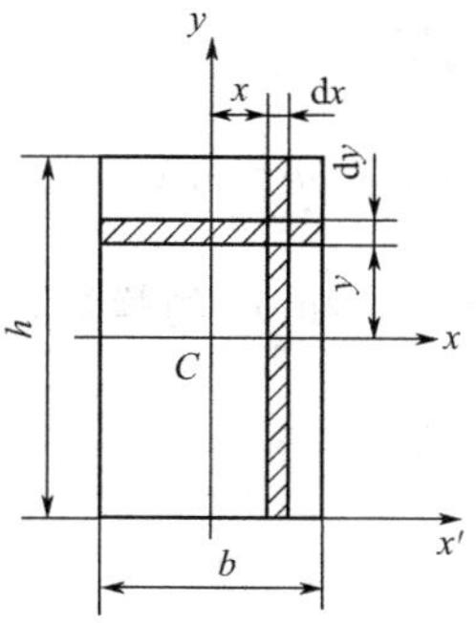

图 5-6

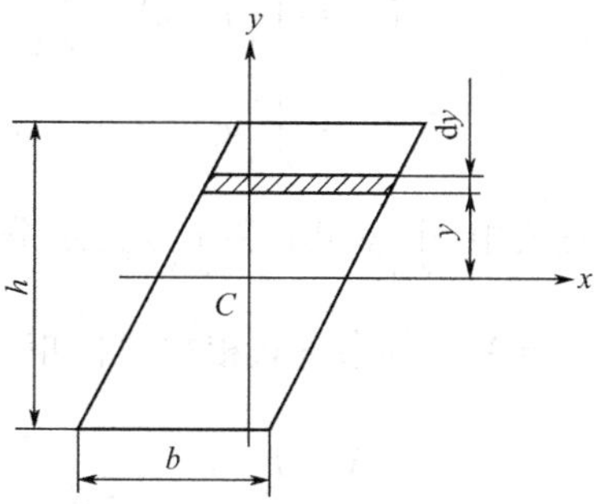

图 5-7

若图形是高为 h、宽为 b 的平行四边形（图 5-7），则它对于形心轴 x 的惯性矩仍然是 $I_x=\frac{bh^3}{12}$。

如需求图形对与底边重合的轴 x' 的惯性矩，同样可取微面积 $\mathrm{d}A=b\mathrm{d}y$，但坐标应从轴 x' 算起，即积分限从 0 到 h，因此

$$I_{x'}=\int_A y^2\mathrm{d}A=\int_0^h y^2b\,\mathrm{d}y=\frac{bh^3}{3}$$

显然，$I_{x'}\neq I_x$。

第三节　平行移轴公式

如前所述，同一平面图形对于不同的坐标轴，它的惯性矩和惯性积一般是不同的，但相互存在着一定的关系。掌握这些关系可使计算得到简化。本节讨论坐标轴平移时惯性矩和惯性积的变化关系。

一、平行移轴公式

在图 5-8 中，C 为图形的形心，x_c 和 y_c 是通过形心的坐标轴（称为形心轴），图形对这对形心轴的惯性矩和惯性积分别为 I_{x_c}、I_{y_c} 和 $I_{x_cy_c}$。若 x 轴平行于 x_c 轴，两者距离为 a，y 轴平行于 y_c 轴，两者距离为 b，图形对 x、y 轴的惯性矩和惯性积分别为 I_x、I_y 和 I_{xy}。下面研究图形对于这两对坐标轴的惯性矩以及惯性积间的关系。

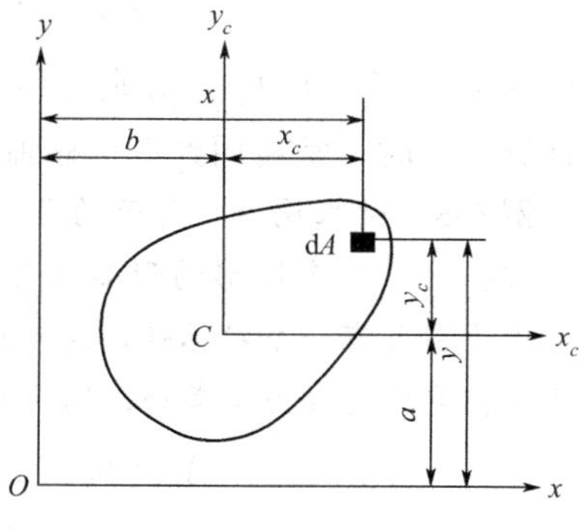

图 5-8

由图 5-8 可以看出，图形中任一微面积 $\mathrm{d}A$ 在两个坐标系内的坐标（x_c，y_c）和（x，y）之间的关系为

$$x=x_c+b,y=y_c+a \tag{a}$$

式中的 a、b 就是图形形心 C 在 Oxy 坐标系内的坐标值。

将式(a) 分别代入式(5-7)、(5-12) 可得

$$I_x=\int_A y^2 dA=\int_A (y_c+a)^2 dA=\int_A y_c^2 dA+2a\int_A y_c dA+a^2\int_A dA$$

$$I_y=\int_A x^2 dA=\int_A (x_c+b)^2 dA=\int_A x_c^2 dA+2b\int_A x_c dA+b^2\int_A dA$$

$$I_{xy}=\int_A xy dA=\int_A (x_c+b)(y_c+a)^2 dA$$

$$=\int_A x_c y_c dA+a\int_A x_c dA+b\int_A y_c dA+ab\int_A dA$$

在以上三式中，$\int_A y_c dA$ 和 $\int_A x_c dA$ 分别为图形对形心轴 x_c 和 y_c 的静矩，其值应等于零。而 $\int_A dA=A$，其余各式根据惯性矩和惯性积的定义可知

$$\int_A y_c^2 dA=I_{x_c},\qquad \int_A x_c^2 dA=I_{y_c},\qquad \int_A x_c y_c dA=I_{x_c y_c}$$

上述三式可简化为

$$\left.\begin{aligned}I_x&=I_{x_c}+a^2A\\I_y&=I_{y_c}+b^2A\\I_{xy}&=I_{x_c y_c}+abA\end{aligned}\right\}\tag{5-13}$$

公式(5-13) 通常称为惯性矩和惯性积的**平行移轴公式**。用此式即可根据图形对于形心轴的惯性矩或惯性积，来计算图形对于其他与形心轴平行的坐标轴的惯性矩或惯性积，或进行相反的计算。因为面积 A 及 a^2、b^2 均恒为正，所以，在所有互相平行的轴中，平面图形对其形心轴的惯性矩为最小。

注意，上式中的 a、b 两坐标值有正负号，可由图形形心 C 在哪一象限加以确定。

例如，在例 5-4 中，计算矩形对 x'轴的惯性矩时，可利用平行移轴公式。

$$I_{x'}=I_x+\left(\frac{h}{2}\right)^2A=\frac{bh^3}{12}+\left(\frac{h}{2}\right)^2bh=\frac{bh^3}{3}$$

式中，x 轴是形心轴，参看图 5-6。

二、组合图形的惯性矩与惯性积

工程上遇到的复杂图形，往往是由若干个简单图形组合而成的，如矩形、三角形、圆形等，有些则是由几个型钢截面组成。根据惯性矩和惯性积的定义可知，若组合图形是由 n 个部分组成，则此图形对于 x、y 轴的惯性矩和惯性积可分别按下式计算

$$I_x=\sum_{i=1}^{n}I_{x_i},\qquad I_y=\sum_{i=1}^{n}I_{y_i},\qquad I_{xy}=\sum_{i=1}^{n}I_{x_iy_i}\tag{5-14}$$

式中的 I_{x_i}、I_{y_i} 和 $I_{x_iy_i}$ 分别为组合图形中任一组成部分对于 x、y 轴的惯性矩和惯性积。在计算它们时，常需用到平行移轴公式。

例 5-5 试求图 5-9 所示的 T 字形平面图形对形心轴 x、y 的惯性矩。

解：(1) 确定图形的形心位置

由于图形有一个对称轴，因此形心必在此轴上。将图形看作是由两个矩形Ⅰ和Ⅱ所组成，取与底边相重合的轴为参考轴，则两矩形的面积及其形心 C_1、C_2 至 x' 轴的距离分别为

$$A_1=60\times20=1200(\text{mm}^2),\qquad y_1'=10(\text{mm})$$

$$A_2=60\times20=1200(\text{mm}^2)$$

$$y'_2=20+\frac{60}{2}=50(\mathrm{mm})$$

整个图形的形心 C 在对称轴 y 上的位置可由式(5-6) 求得，即

$$y'_c=\frac{A_1y'_1+A_2y'_2}{A_1+A_2}=\frac{1200\times10+1200\times50}{1200+1200}=30(\mathrm{mm})$$

(2) 计算 I_x、I_y

整个图形的形心 C 位置确定后，则两矩形Ⅰ、Ⅱ的形心 C_1、C_2 至 z 轴的距离可分别求得。由图可以看出均为 20mm。

根据式(5-14) 和平行移轴公式(5-13)，可得 $I_x=I_{x_1}+I_{x_2}$，即

$$I_x=\left(\frac{60\times20^3}{12}+20^2\times1200\right)+\left(\frac{20\times60^3}{12}+20^2\times1200\right)=1.36\times10^6(\mathrm{mm}^4)$$

$$I_y=I_{y_1}+I_{y_2}=\frac{20\times60^3}{12}+\frac{60\times20^3}{12}=4\times10^5(\mathrm{mm}^4)$$

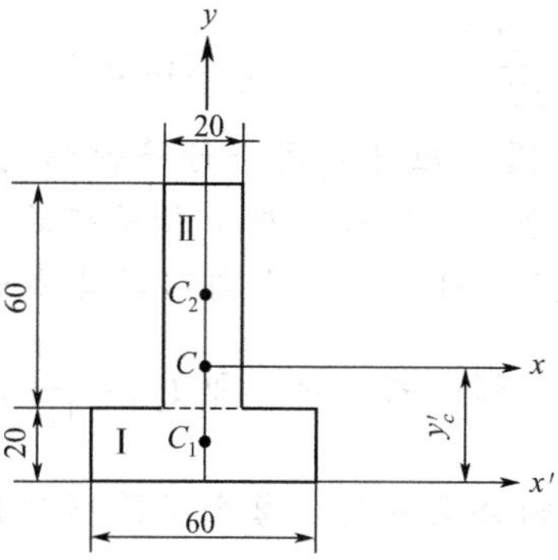

图 5-9

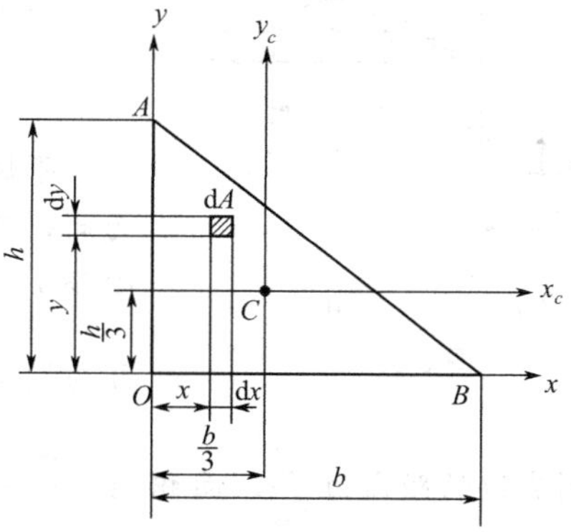

图 5-10

例 5-6 试求图 5-10 所示直角三角形对与直角边重合的 x、y 轴的惯性矩、惯性积和对形心轴 x_c、y_c 的惯性积。

解： 直角三角形的形心在 C 点，在 Oxy 坐标系中的坐标为 $(b/3, h/3)$

直角三角形斜边的方程为

$$\frac{x}{b}+\frac{y}{h}=1$$

即

$$y=\frac{h(b-x)}{b}$$

(1) 计算 I_x、I_y

由附录Ⅰ查得直角三角形对形心轴的惯性矩分别为

$$I_{x_c}=\frac{bh^3}{36},\qquad I_{y_c}=\frac{hb^3}{36}$$

根据平行移轴公式，得

$$I_x=I_{x_c}+\left(\frac{h}{3}\right)^2A=\frac{bh^3}{36}+\left(\frac{h}{3}\right)^2\frac{bh}{2}=\frac{bh^3}{12}$$

$$I_y=I_{y_c}+\left(\frac{b}{3}\right)^2A=\frac{hb^3}{36}+\left(\frac{b}{3}\right)^2\frac{bh}{2}=\frac{hb^3}{12}$$

(2) 计算 I_{xy}

取微面积 $dA=dx\cdot dy$，图形对 x、y 轴的惯性积为

$$I_{xy}=\int_A xy\,dA=\int_0^b\left[\int_0^y y\,dy\right]x\,dx=\int_0^b \frac{h^2}{2b^2}(b-h)^2 x\,dx=\frac{b^2h^2}{24}$$

(3) 计算 $I_{x_cy_c}$

根据平行移轴公式，得

$$I_{x_cy_c}=I_{xy}-\left(\frac{b}{3}\right)\left(\frac{h}{3}\right)A=\frac{b^2h^2}{24}-\frac{bh}{9}\times\frac{bh}{2}=-\frac{b^2h^2}{72}$$

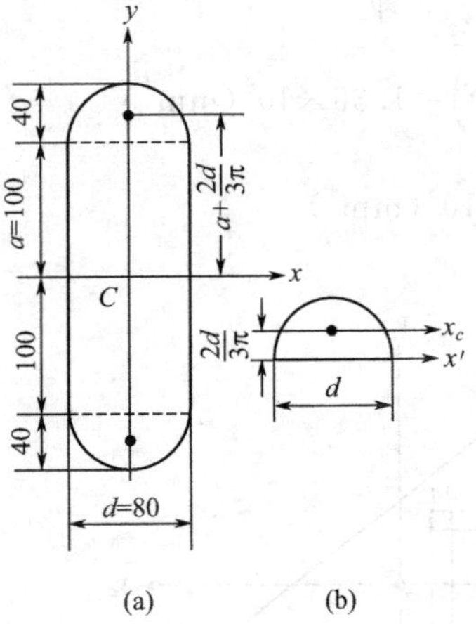

图 5-11

例 5-7 试求图 5-11(a) 所示图形对于对称轴 x 的惯性矩。

解： 组合图形由一个矩形和两个半圆形组成。设矩形对于 x 轴的惯性矩为 I_{x1}，每个半圆形对 x 轴的惯性矩为 I_{x2}，由式(5-14) 可知，整个图形对 x 轴的惯性矩为

$$I_x=I_{x1}+2I_{x2}$$

矩形对 x 轴的惯性矩为

$$I_{x1}=\frac{80\times200^3}{12}=5.33\times10^7(\text{mm}^4)$$

半圆形对 x 轴的惯性矩可利用平行移轴公式来计算，为此，需先求出每一个半圆形对于与 x 轴平行的自身的形心轴 x_c 的惯性矩［图 5-11(b)］。半圆形对其底边的惯性矩为圆形对其直径轴的惯性矩之半，即 $I_{x'}=\frac{\pi d^4}{128}$。半圆形的形心到底边的距离为 $\frac{2d}{3\pi}$，面积 $A=\frac{\pi d^2}{8}$。由平行移轴公式可得，每个半圆形对其自身形心轴 x_c 的惯性矩为

$$I_{x_c}=I_{x'}-\left(\frac{2d}{3\pi}\right)^2A=\frac{\pi d^4}{128}-\left(\frac{2d}{3\pi}\right)^2\times\frac{\pi d^2}{8}$$

由图 5-11(a) 可以看出，半圆形形心到 x 轴的距离为 $a+\frac{2d}{3\pi}$，再次利用平行移轴公式，可求得每个半圆形对于 x 轴的惯性矩为

$$I_{x2}=I_{x_c}+\left(a+\frac{2d}{3\pi}\right)^2A=\frac{\pi d^4}{128}-\left(\frac{2d}{3\pi}\right)^2\times\frac{\pi d^2}{8}+\left(a+\frac{2d}{3\pi}\right)^2\times\frac{\pi d^2}{8}=\frac{\pi d^2}{4}\left(\frac{d^2}{32}+\frac{a_2}{2}+\frac{2ad}{3\pi}\right)$$

代入已知数据 $d=80\text{mm}$，$a=100\text{mm}$，得

$$I_{x2}=\frac{\pi\times80^2}{4}\left(\frac{80^2}{32}+\frac{100^2}{2}+\frac{2\times100\times80}{3\pi}\right)=3.46\times10^7(\text{mm}^4)$$

整个图形对 x 轴的惯性矩为

$$I_x=5.33\times10^7+2\times3.46\times10^7=1.23\times10^8(\text{mm}^4)$$

第四节 转轴公式、主惯性轴与主惯性矩

如果已知某一平面图形对通过 O 点的一对直角坐标轴 x、y 的惯性矩 I_x、I_y 和惯性积 I_{xy}（图 5-12），则当这对坐标轴绕 O 点旋转了一个 α 角时（α 角以逆时针旋转为正），平面图形对这一对新坐标轴 x_1、y_1 的惯性矩 I_{x_1}、I_{y_1} 和惯性积 $I_{x_1y_1}$ 可按下述关系求得

$$\left.\begin{aligned}I_{x_1}&=\frac{I_x+I_y}{2}+\frac{I_x-I_y}{2}\cos 2\alpha-I_{xy}\sin 2\alpha\\I_{y_1}&=\frac{I_x+I_y}{2}-\frac{I_x-I_y}{2}\cos 2\alpha+I_{xy}\sin 2\alpha\\I_{x_1y_1}&=\frac{I_x-I_y}{2}\sin 2\alpha+I_{xy}\cos 2\alpha\end{aligned}\right\}\tag{5-15}$$

上式就是惯性矩和惯性积的**转轴公式**，分别表示了平面图形的惯性矩和惯性积在坐标轴转动时的变化规律。

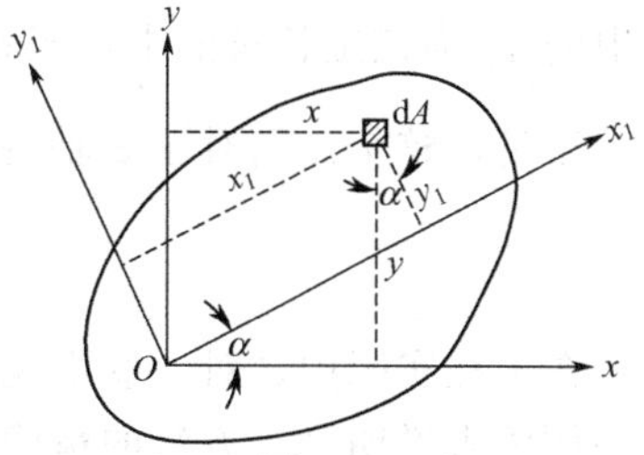

图 5-12

将前两式相加，可以得到

$$I_{x_1}+I_{y_1}=I_x+I_y=I_p$$

这说明平面图形对于通过同一点的任意一对直角坐标轴的惯性矩之和为一常数，且等于其对坐标原点的极惯性矩。

由式(5-15) 的第三式可知，当坐标轴旋转时，惯性积 $I_{x_1y_1}$ 将随着 α 角作周期性变化，且有正有负。因此，一定存在某一角度 α_0，使平面图形对于新坐标轴 x_0、y_0 的惯性积 $I_{x_0y_0}$ 等于零，这一对轴称为**主惯性轴**。对主惯性轴的惯性矩称为**主惯性矩**。当一对主惯性轴的交点与图形的形心重合时，就称为**形心主惯性轴**。对形心主惯性轴的惯性矩称为**形心主惯性矩**。

主惯性轴的位置可由下式确定

$$\tan 2\alpha_0=-\frac{2I_{xy}}{I_x-I_y}\tag{5-16}$$

由此式解出的值 α_0，就确定了两主惯性轴中 x_0 轴的位置。

将所得的 α_0 值代入式(5-15)，可导出主惯性矩的计算公式如下

$$\left.\begin{aligned}I_{x_0}&=\frac{I_x+I_y}{2}+\frac{1}{2}\sqrt{(I_x-I_y)^2+4I_{xy}^2}\\I_{y_0}&=\frac{I_x+I_y}{2}-\frac{1}{2}\sqrt{(I_x-I_y)^2+4I_{xy}^2}\end{aligned}\right\}\tag{5-17}$$

另一方面，如果找惯性矩随 α 角变化的极值，可以发现，平面图形对于通过任一点的主惯性轴的主惯性矩之值，也就是它们对于通过该点的所有轴的惯性矩中的极大值 $I_{\max}$ 和极小值 $I_{\min}$。式(5-17) 中，I_{x_0} 就是 $I_{\max}$，I_{y_0} 就是 $I_{\min}$。

在确定形心主惯性轴的位置并计算形心主惯性矩时，仍可利用式(5-16)、(5-17)，但此时这些公式中的 I_x、I_y 和 I_{xy} 应为图形对于通过其形心的某一对轴的惯性矩和惯性积。

如果这里所说的平面图形是杆件的横截面，则截面的形心主惯性轴与杆件轴线所确定的平面，称为**形心主惯性平面**。杆件横截面的形心主惯性轴、形心主惯性矩和杆件的形心主惯性平面，在杆件的弯曲理论中有重要意义。由于截面对于包含对称轴在内的一对坐标轴的惯性积等于零，而截面形心又一定在对称轴上，所以截面的对称轴就是一个形心主惯性轴，它与杆件轴线确定的纵向对称面就是形心主惯性平面。

第五节　惯性矩的近似计算方法

图 5-13 所示为一任意形状的截面。若要计算该截面对 x 轴的惯性矩 I_x，可作数条与 x 轴平行的直线，将截面分为，n 个高度均等于 t 的细长条。当 t 很小时，这些细长条可近似

地看成是矩形。任一细长条的面积为

$$\Delta A_i = x_i t$$

式中的 x_i 为该细长条在中点处的宽度。

根据平行移轴公式，任一细长条对 x 轴的惯性矩为

$$\Delta I_{xi} = \frac{x_i t^3}{12} + a_i^2 \Delta A_i \approx a_i^2 x_i t$$

式中的 a_i 为该细长条的中点至 z 轴的距离。因为 t 很小，所以 $\frac{x_i t^3}{12}$ 与 $a_i{}^2 x_i t$ 相比可略去不计。于是，整个截面对于 z 轴的惯性矩为

$$I_x = \sum_{i=1}^{n} \Delta I_{xi} = t \sum_{i=1}^{n} a_i^2 x_i \tag{5-18}$$

在工程实际中，对一些不规则截面来说，采用这一方法计算其惯性矩较为简便。下面通过一例题来说明这一方法的精确度。

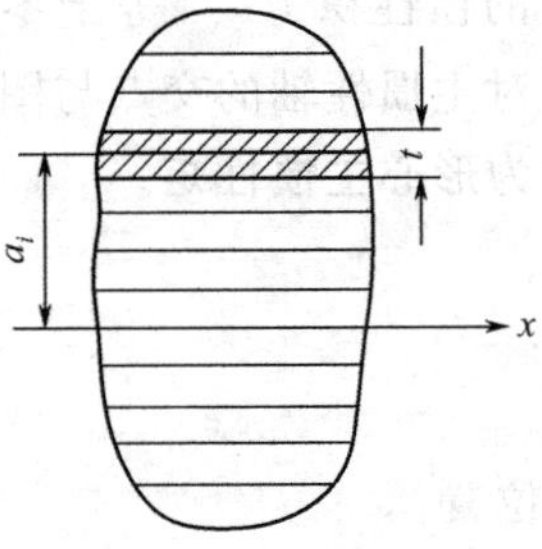

图 5-13

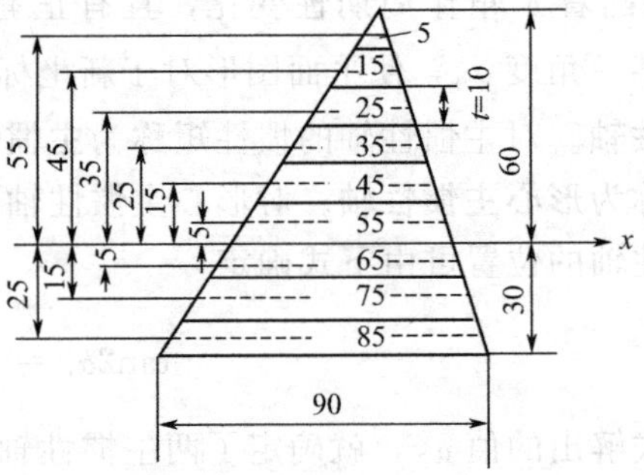

图 5-14

例 5-8　图 5-14 所示为一三角形截面，其高度 h 和底的宽度 b 均为 90mm。试用近似方法计算此截面对其形心轴 z 的惯性矩。

解： 将截面分为 9 个高度均为 $t=10$mm 的细长条。各细长条中点处的宽度和到 x 轴的距离已在图中注出。根据式(5-18)，可得 I_x 的近似值为

$$I_x = 10 \times (55^2 \times 5 + 45^2 \times 15 + 35^2 \times 25 + 25^2 \times 35 + 15^2 \times 45 + 5^2 \times 55 + 5^2 \times 65 + 15^2 \times 75 + 25^2 \times 85) \approx 181.1 \times 10^4 (\text{mm}^4)$$

用积分法可得的准确值为

$$I_x = \frac{bh^3}{36} = \frac{90 \times 90^3}{36} \approx 182.3 \times 10^4 (\text{mm}^4)$$

近似方法的相对误差为

$$\frac{182.3 \times 10^4 - 181.1 \times 10^4}{182.3 \times 10^4} = 0.66\%$$

在本例题中，仅将截面分成 9 个细长条，用近似方法计算的误差已不到 1%，若再细分，误差将更小。可见用近似方法计算惯性矩的精确度是能够满足要求的。

本章小结

本章主要介绍了平面图形的形心、静矩、惯性矩、极惯性矩和惯性积等的定义及其计算方法和公式。研究上述几何性质时，完全不考虑研究对象的物理和力学因素，而看作是纯几

何问题。

1. 上述几何性质都是对确定的坐标系而言的，对于不同的坐标系，其数值是不同的。静矩和惯性矩是对于一个坐标轴而言，惯性积是对过一点的一对相互垂直的坐标轴而言，而极惯性矩则是对某一坐标原点而言的。

2. 惯性矩与极惯性矩恒为正值，静矩和惯性积则可能为正、为负或等于零。

3. 实际上只对简单图形才根据定义由积分计算其静矩、惯性矩和惯性积。在求组合图形对某轴的静矩时，常把组合图形划分成若干个简单图形，分别求出它们的静矩后再求其代数和，即得出组合图形的静矩。在求组合图形的惯性矩和惯性积时，也采用类似的方法，不过需配合应用平行移轴公式。

4. 在使用平行移轴公式时，两对轴不但要分别平行，而且其中的一对轴必须是形心轴。

5. 一般具有对称轴的图形，其形心一定在对称轴上，该对称轴和过形心的另一正交轴就是图形的形心主惯性轴，与之相应的形心主惯性矩则是工程中最为有用的。如果图形没有对称轴，它的主惯性轴、主惯性矩及形心主惯性轴、形心主惯性矩需要通过计算来确定。

习　题

5-1　试用积分法求图 5-15 所示各图形的阴影面积对 x 轴的静矩。

答：(1) $24\times10^3\,mm^3$　(2) $42.25\times10^3\,mm^3$　(3) $280\times10^3\,mm^3$　(4) $520\times10^3\,mm^3$

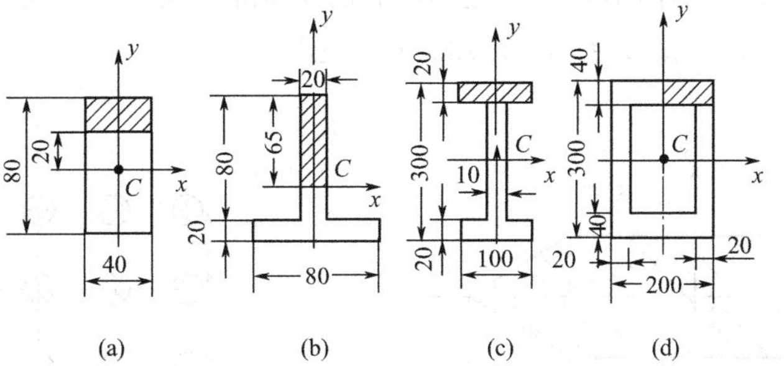

图 5-15　习题 5-1 图

5-2　图 5-16 所示为一半圆形，试用积分法求其对 x 轴的静矩，并求其对形心轴的惯性矩。

答：$S_x=\frac{2}{3}r^3$，$I_{x_c}=0.11r^4$

5-3　试求图 5-17 所示图形对 x 轴的静矩及形心坐标。

答：$S_x=0.46r^3$，$x_c=0$，$y_c=0.27r$

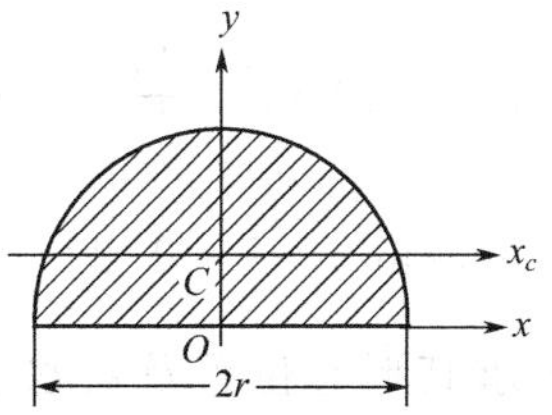

图 5-16　习题 5-2 图

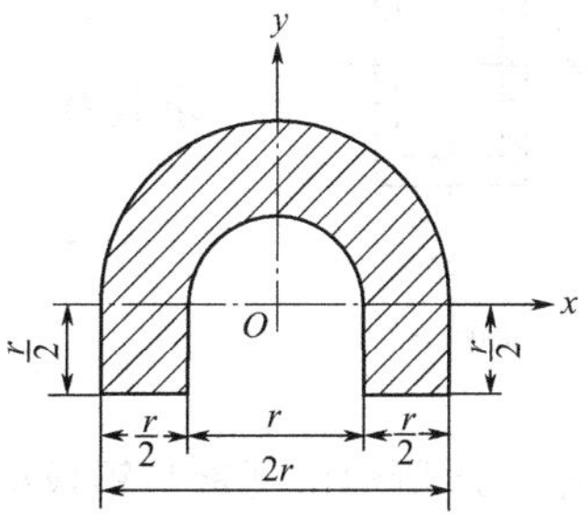

图 5-17　习题 5-3 图

5-4　试用积分法求图 5-18 所示图形对 x 轴的惯性矩 I_x。

答：$I_x=\dfrac{2ah^3}{15}$

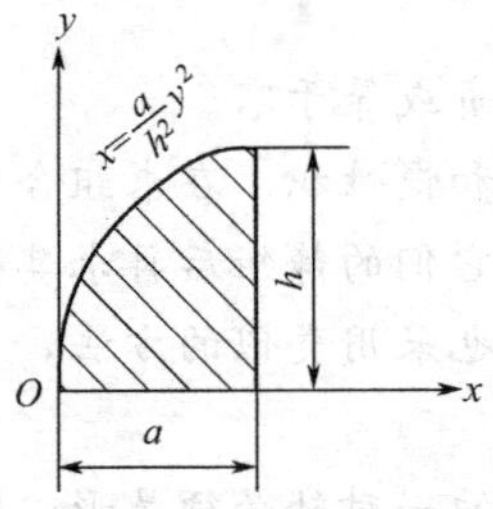

图 5-18　习题 5-4 图

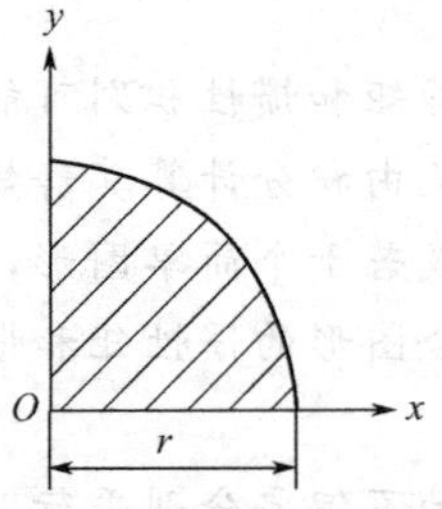

图 5-19　习题 5-5 图

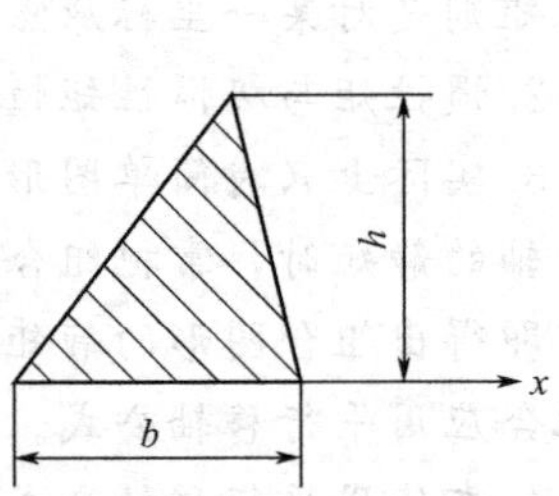

图 5-20　习题 5-6 图

5-5　试用积分法求图 5-19 所示四分之一圆形对 x 轴和 y 轴的惯性矩 I_x、I_y 及惯性积 I_{xy}。

答：$I_x=I_y=\dfrac{\pi r^4}{16}$，$I_{xy}=\dfrac{r^4}{8}$

5-6　试求图 5-20 所示三角形对与其底边重合的 x 轴的惯性矩 I_x。

答：$I_{x_c}=\dfrac{bh^3}{12}$

5-7　试求图 5-21 所示图形对于通过其形心的 x 轴和 y 轴的惯性矩 I_x 和 I_y。

答：$I_x=3.35\times10^{-4}\,\mathrm{m}^4$，$I_y=31.75\times10^{-4}\,\mathrm{m}^4$

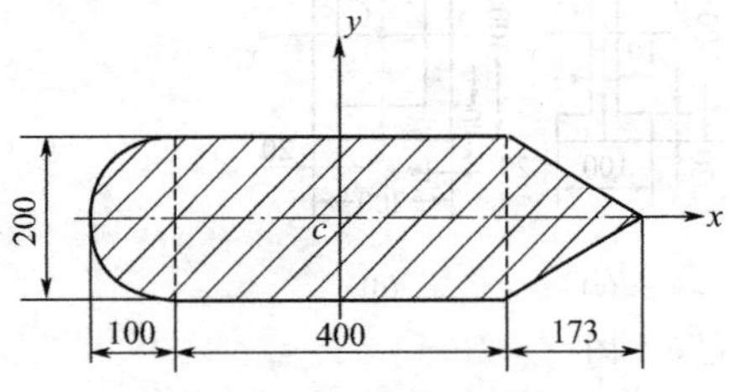

图 5-21　习题 5-7 图

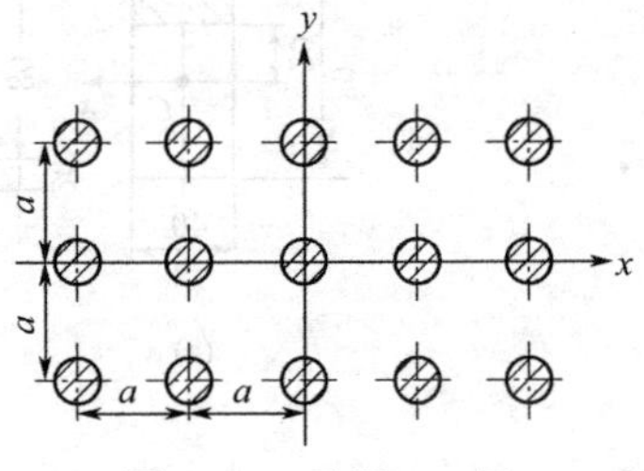

图 5-22　习题 5-8 图

5-8　图 5-22 所示 15 根木桩整齐排列组成一个整体截面。各木桩的横截面均是直径为 100mm 的圆形，间距 $a=500$mm。试求此整体截面的惯性矩 I_x 和 I_y。

答：$I_x=1.97\times10^{10}\,\mathrm{mm}^4$，$I_y=5.89\times10^{10}\,\mathrm{mm}^4$

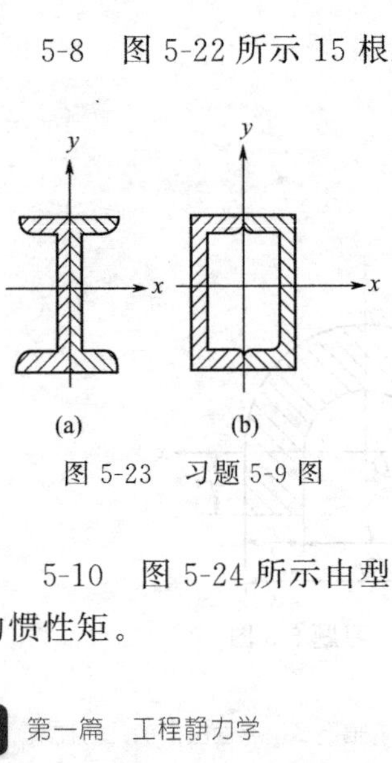

图 5-23　习题 5-9 图

5-9　两个 10 号槽钢组成如图 5-23 所示的两种截面，分别求其对 x、y 轴的惯性矩 I_x、I_y 和 I_x 与 I_y 的比值。

答：(1) $I_x=397\mathrm{cm}^4$，$I_y=110\mathrm{cm}^4$，$\dfrac{I_x}{I_y}=3.61$；

(2) $I_x=397\mathrm{cm}^4$，$I_y=325\mathrm{cm}^4$，$\dfrac{I_x}{I_y}=1.22$

5-10　图 5-24 所示由型钢与钢板组成的组合截面，试求其形心位置及对水平形心轴 x_c 的惯性矩。

答：$\overline{y}=66\text{mm}$，$I_{x_c}=4.83\times10^7\ \text{mm}^4$

5-11　图 5-25 所示由两个 28a 号槽钢组成的组合截面。试问：

(1) 当两槽钢相距为 $a=100\text{mm}$ 时，此组合截面对两对称轴 x、y 的惯性矩 I_x、I_y 各为多少？

(2) 如欲使 $I_x=I_y$，a 值应为多少？

答：(1) $I_x=9520\text{cm}^4$，$I_y=4470\text{cm}^4$　(2) $a=17.1\text{cm}$

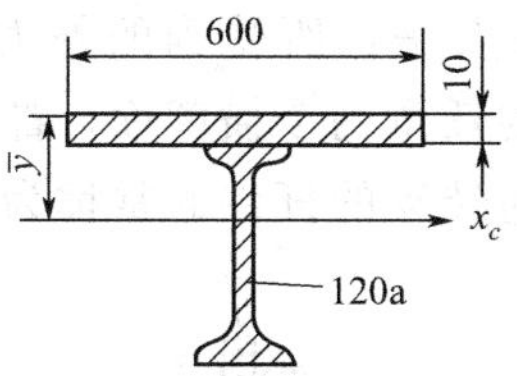

图 5-24　习题 5-10 图

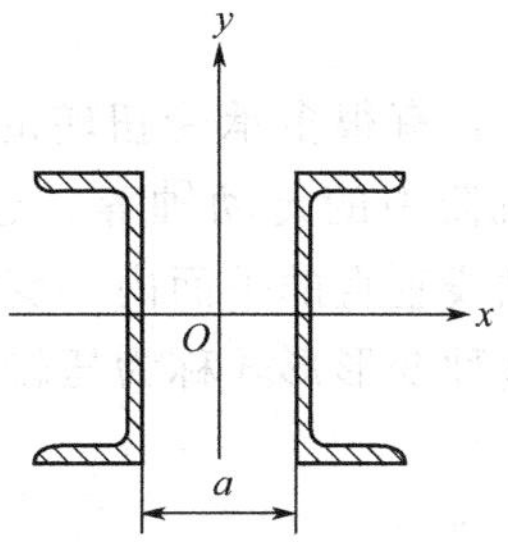

图 5-25　习题 5-11 图

5-12　求图 5-26 所示各平面图形的形心主惯性矩。

答：(1) $I_{max}=354\text{cm}^4$，$I_{min}=60\text{cm}^4$，$\alpha_0=22.15°$　(2) $I_{max}=2210\text{cm}^4$，$I_{min}=250\text{cm}^4$，$\alpha_0=4.58°$

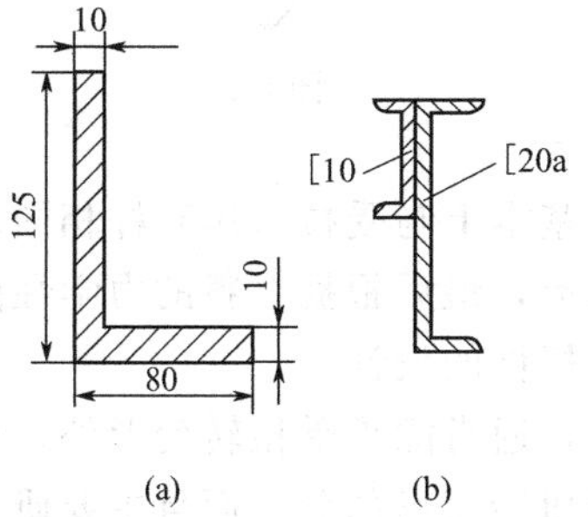

图 5-26　习题 5-12 图

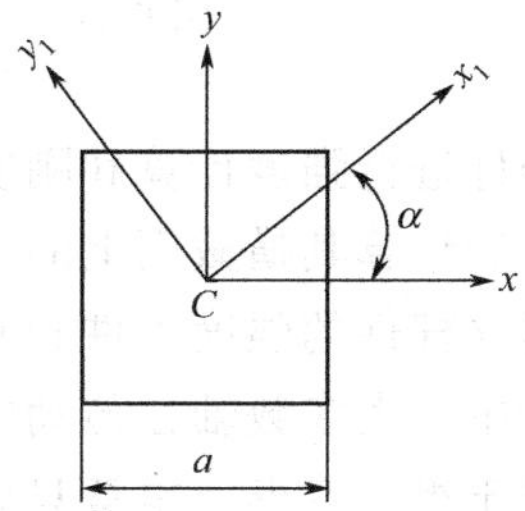

图 5-27　习题 5-13 图

5-13　试求图 5-27 所示正方形的惯性矩 I_{x_1}、I_{y_1} 和惯性积 $I_{x_1y_1}$。由计算结果可得出何结论？

答：$I_{x_1}=I_{y_1}=\dfrac{a^4}{12}$，$I_{x_1y_1}=0$

5-14　试证明若截面图形对某点有一对以上不相重合的主惯性轴，则所有通过该点的轴都是主惯性轴。

第六章 扭转

第一节 概　　述

工程实际中，有很多承受扭转的杆件。例如，汽车转向轴（图 6-1）、水轮发电机的主轴（图 6-2）、机器中的传动轴等。这些杆件的受力特点是：所受到的外力是一些力偶矩，作用在与杆的轴线垂直的平面内。变形特点是：杆件的任意两个横截面，都绕轴线发生相对转动。杆件的这种变形形式称为**扭转变形**。工程中传递转动的杆件通常称为**轴**。

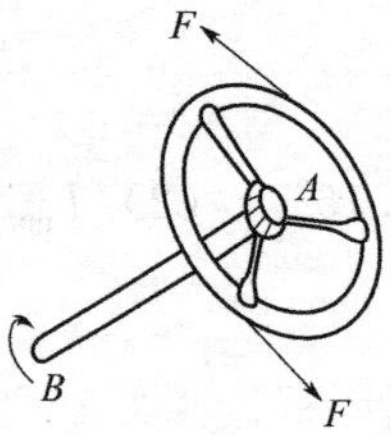

图 6-1

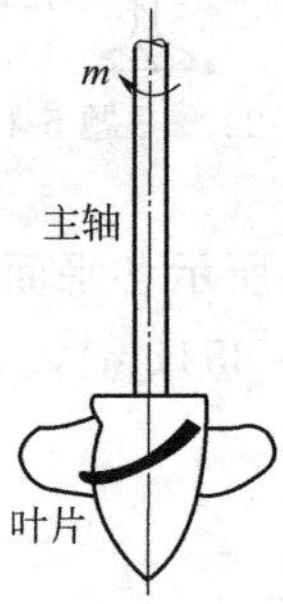

图 6-2

对受扭杆件进行强度计算和刚度计算的步骤，基本上与受拉（压）杆相同。首先求出杆件的内力，然后计算其横截面上的应力及杆件的变形，最后根据材料的力学性能和对杆件的使用要求，建立杆件的强度条件和刚度条件，进行杆件的设计。

工程实际中，大多数轴在传动中都有扭转变形，通常除承受扭转变形外，还伴有其他形式的变形，属于组合变形。本章只研究这些杆件的扭转变形部分，而且主要研究圆截面等直杆的扭转问题，这是工程中最常见的情况，又是扭转中最简单的问题。对非圆截面杆的扭转只作简单介绍。

第二节 横截面上的内力及内力图

一、扭转时横截面上的内力

为了计算杆件在扭转时的应力和变形，首先要计算在外力偶矩作用下横截面上的内力。可以仿照拉（压）杆求横截面上的轴力的方法，用截面法来计算轴横截面上的内力——扭矩。

以图 6-3(a) 所示圆杆为例，在其两端有一对大小相等、转向相反、其矩为 m 的外力偶矩作用，现计算其任一横截面 n-n 上的内力。假想地将杆沿 n-n 截面截成两部分，并取其中的任一段（例如左段）为研究对象［图 6-3(b)］。由于整个杆是平衡的，所以截出的左段也必然处于平衡状态，这就要求截面 n-n 上的内力系必须归结为一个力偶矩为 T 的内力偶，

由左段的平衡条件

$$\sum M_x=0,$$

可得

$$T-m=0$$

则

$$T=m$$

由此可见，圆杆扭转时，横截面上的内力是一个作用在横截面上的内力偶，其矩称为**扭矩**，用符号 T 表示，其单位与外力偶矩相同。

如果选取截面 n-n 的右段为研究对象［图 6-3(c)］，也可得到同样的结果 $T=m$，其方向与左段得到的相反，因为它们是作用与反作用的关系。

为了使从左段和右段求得的扭矩不仅有相同的数值而且有相同的正负号，通常将扭矩的符号规定如下。

右手螺旋法则：右手四指表示扭矩的转向，则大拇指的指向，背离横截面时（即与截面的外法线方向一致），规定为正，反之为负。根据这一规则，在图 6-3(b)、(c) 中，n-n 截面上的扭矩无论就左段或右段来说，均为正值。

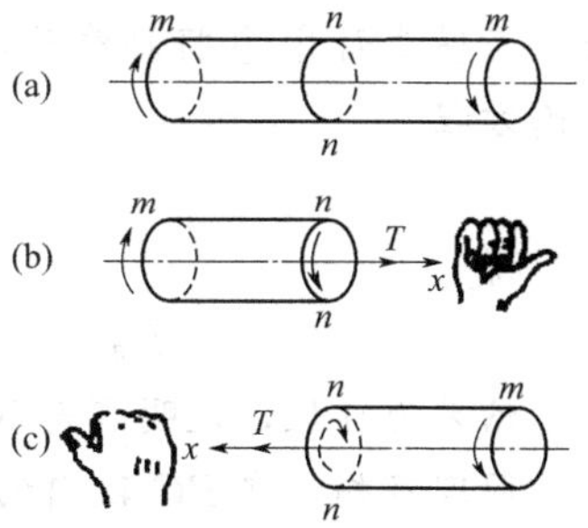

图 6-3

在工程实际中，作用在传动轴上的外力偶矩往往不是直接给出的，需要通过轴的转速和传递的功率来决定。它们的换算关系为

$$m=9.55\frac{P}{n} \tag{6-1}$$

或

$$m=7.02\frac{P}{n} \tag{6-2}$$

式中，m 为外力偶矩，kN·m，n 为轴的转速，r/min，P 为轴传递的功率。在式(6-1)中，P 的单位是千瓦（kW）；在式(6-2) 中，P 的单位是马力。

在确定外力偶矩的转向时，应注意主动轮上的外力偶矩（输入力偶矩）的转向与轴的转动方向相同，而从动轮上的外力偶矩（输出力偶矩）的转向则与轴的转动方向相反，因为从动轮上的外力偶矩是阻力偶矩。

二、扭矩图

当受扭杆件上同时作用几个外力偶矩时，为了形象地表示扭矩随横截面的位置而变化的情况，从而确定最大扭矩及其位置，可仿照轴力图的作法，绘制扭矩图。即用平行于轴线的坐标表示横截面的位置，用垂直于轴线的坐标表示横截面上扭矩的数值。如轴线为水平方向，绘图时一般将正值的扭矩画在上侧，负值的扭矩画在下侧。

下面通过例题来说明扭矩的计算和扭矩图画法。

例 6-1 传动轴如图 6-4(a) 所示，主动轮 A 的输入功率 $P_A=37.5$kW，从动轮 B、C、D 输出功率分别为 $P_B=11$kW，$P_C=11$kW，$P_D=15.4$kW，轴的转速为 $n=300$r/min。试作轴的扭矩图。

解：首先按公式(6-1) 计算外力偶矩。

$$m_A=9.55\frac{P_A}{n}=9.55\times\frac{37.5}{300}\approx1.19\text{kN}\cdot\text{m}$$

$$m_B=9.55\frac{P_B}{n}=9.55\times\frac{11}{300}\approx0.35\text{kN}\cdot\text{m}$$

$$m_C=9.55\frac{P_C}{n}=9.55\times\frac{11}{300}\approx0.35\text{kN}\cdot\text{m}$$

$$m_D=9.55\frac{P_D}{n}=9.55\times\frac{15.4}{300}\approx0.49\text{kN}\cdot\text{m}$$

由受力情况看出，轴在 BC、CA、AD 三段内，各截面上的扭矩是不相等的，可用截面法计算各段轴内的扭矩，扭矩的符号按前述规定。先计算 CA 段内任一横截面Ⅱ-Ⅱ上的扭矩。沿横截面Ⅱ-Ⅱ将轴截开，取左边一段轴为研究对象［图 6-4(b)］，假设为正值扭矩，由平衡方程

$$\sum M_x=0,\ T_{\text{Ⅱ}}+m_B+m_C=0$$

得

$$T_{\text{Ⅱ}}=-m_B-m_C=-0.35-0.35=-0.70\text{kN}\cdot\text{m}$$

结果为负值，说明应是负值扭矩［图 6-4(b) 中所示为 $T_{\text{Ⅱ}}$ 的实际转向］。

同理可知，在 BC 段内的 $T_{\text{Ⅰ}}=-0.35\text{kN}\cdot\text{m}$，在 AD 段内，$T_{\text{Ⅲ}}=0.49\text{kN}\cdot\text{m}$。

根据上述扭矩数值及其正负号，可作出扭矩图，如图 6-4(c) 所示。从图中看出，最大扭矩发生在 CA 段内，且 $T_{max}=|T_{\text{Ⅱ}}|=0.70\text{kN}\cdot\text{m}$。

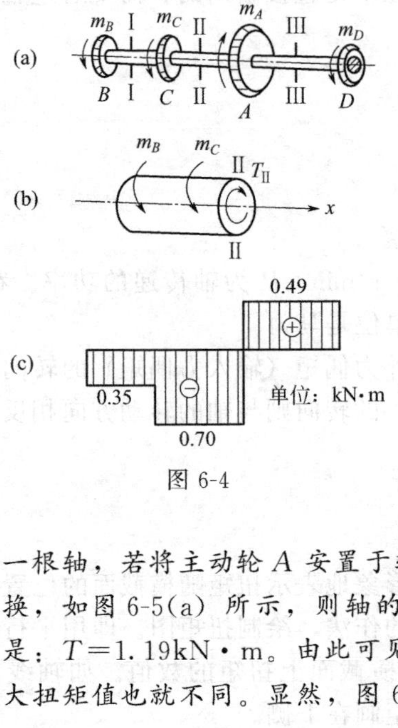

图 6-4

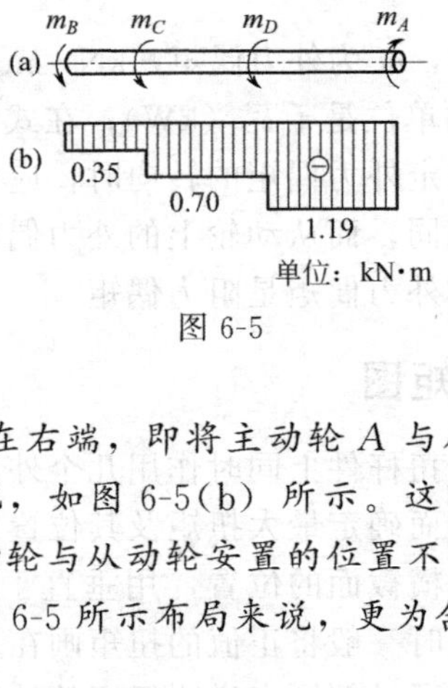

图 6-5

对同一根轴，若将主动轮 A 安置于轴的一端，如放在右端，即将主动轮 A 与从动轮 D 的位置互换，如图 6-5(a) 所示，则轴的扭矩图发生变化，如图 6-5(b) 所示。这时，轴的最大扭矩是：$T=1.19\text{kN}\cdot\text{m}$。由此可见，传动轴上主动轮与从动轮安置的位置不同，轴所承受的最大扭矩值也就不同。显然，图 6-4 所示布局较图 6-5 所示布局来说，更为合理。

第三节　圆轴扭转时横截面上的应力及强度设计

一、圆轴扭转时的应力

圆轴扭转时，当求出横截面上的扭矩后，还需进一步研究横截面上应力分布的规律，以便求出横截面上的应力。由应力与内力间的关系可以知道，要使截面上的应力与微面积 dA

乘积的合成等于截面上的扭矩，则横截面上的应力只能是切应力。要推导出圆轴扭转时横截面上切应力的计算公式，与推导拉（压）杆正应力公式相类似，必须从变形几何关系、物理关系和静力学关系三方面加以考虑。

1. 变形几何关系

首先研究横截面上任一点处的切应变随点的位置而变化的规律。为此，应根据圆轴扭转时变形的表面现象，对杆横截面的位移情况作出假设。

在圆轴表面上作圆周线和纵向线［图 6-6(a)］。在此轴两端加上一对外力偶，在变形微小的情况下，可以看到：圆周线绕轴线相对旋转了一个角度，圆周线的大小和形状均未改变，圆周线间的距离也未变，而纵向线则倾斜了一个角度 γ［图 6-6(b)］。根据观察到的现象，从变形的可能性出发，可假设横截面像刚性平面一样绕圆轴的轴线转动，称为**平面假设**。根据此假设所得到的应力和变形的计算公式都能被实验结果和弹性理论的解所证实。同时，实验也表明，上述平面假设只适用于等直圆轴。

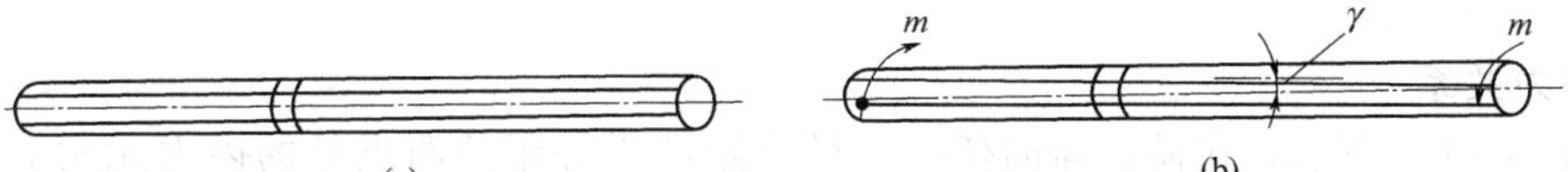

图 6-6

在上述假设的基础上，可利用变形几何关系，找出应变的分布规律。为此，从轴上取出长为 dx 的一个微段来研究，如图 6-7(a) 所示。由平面假设可知，n-n 截面相对于 m-m 截面像刚性平面一样绕轴线转动一个角度 dφ。因此，n-n 截面上的任意半径也转动了同一角度 dφ 至 O_2D'。由于这种截面转动，轴表面上的纵向线 AD 倾斜了一个角度 γ 至 $A\ D'$。此纵向线的倾斜角 γ 就是横截面周边上任一点 A 处的切应变。显然，γ 发生在垂直于半径的平面内。由图 6-7(a) 所示变形情况还可看出，经过半径上任意点 C 的纵向线 BC 在轴变形后也倾斜了一个角度 γ_ρ，它也是横截面半径上任一点 B 处的切应变，γ_ρ 同样发生于垂直于半径的平面内。

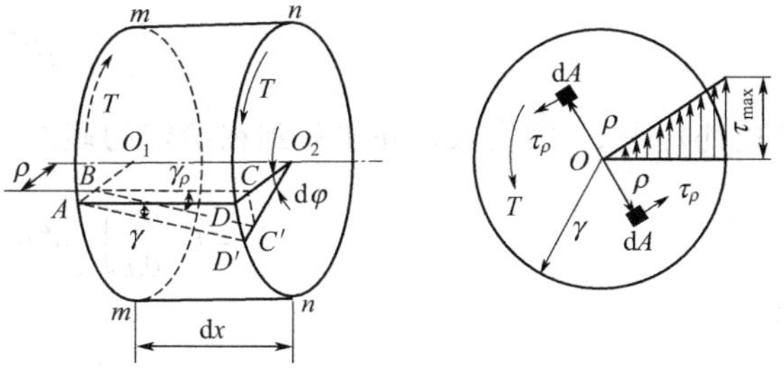

图 6-7

设 C 点到轴线的距离为 ρ，则

$$\gamma_\rho \approx \tan\gamma_\rho = \frac{\overline{CC'}}{\overline{BC}} = \frac{\rho \mathrm{d}\varphi}{\mathrm{d}x} \tag{a}$$

式中的 $\dfrac{\mathrm{d}\varphi}{\mathrm{d}x}$ 表示相对扭转角 φ 沿轴长度的变化率。对一个给定的截面来说，它是常量。因此，由式(a) 可知，横截面上任意点的切应变与该点至圆心的距离 ρ 成正比，亦即在同一半径 ρ 的圆周上各点处的切应变 γ 均相同。

2. 物理关系

实验表明，当切应力不超过材料的剪切比例极限时，切应变 γ 与切应力 τ 成正比，即

$$\tau = G\gamma \tag{6-3}$$

式(6-3) 称为**剪切胡克定律**。式中比例常数 G 称为材料的**剪切弹性模量**。其单位与弹性模量 E 相同，也是 Pa。G 的大小，反映了材料在线弹性范围内抵抗剪切变形的能力，由实验测定。钢材的 G 值约为 80GPa。

以 τ_ρ 表示轴横截面上距圆心为 ρ 处的切应力，由剪切胡克定律知

$$\tau_\rho = G\gamma_\rho$$

将式(a) 中的 γ_ρ 代入，得

$$\tau_\rho = G\rho \frac{\mathrm{d}\varphi}{\mathrm{d}x} \tag{b}$$

由式(b) 可知，横截面上任意点的切应力与该点至圆心的距离 ρ 成正比，亦即在同一半径 ρ 的圆周上各点处的切应力均相同。因为 γ_ρ 发生于垂直于半径的平面内，所以 τ_ρ 也与半径垂直。切应力沿半径的分布如图 6-7(b) 所示。

因为式(b) 中的 $\frac{\mathrm{d}\varphi}{\mathrm{d}x}$ 尚未求出，所以仍不能用它来计算切应力，还必须借助静力学方面的分析。

3. 静力关系

如图 6-7(b) 所示，在横截面的任一直径上距圆心等距的两点处的内力元素 $\tau_\rho \mathrm{d}A$ 等值且反向，所以，整个截面上的内力元素 $\tau_\rho \mathrm{d}A$ 的合力必等于零，但组成一个力偶，这就是横截面上的扭矩 T。内力元素 $\tau_\rho \mathrm{d}A$ 对圆心的力矩为 $\rho\tau_\rho \mathrm{d}A$（注意：$\tau_\rho$ 的方向垂直于半径）。则

$$T = \int_A \rho\tau_\rho \mathrm{d}A \tag{c}$$

将式(b) 中 τ_ρ 的代入，并注意到在给定的截面上 $\frac{\mathrm{d}\varphi}{\mathrm{d}x}$ 为常量，可得

$$T = G\frac{\mathrm{d}\varphi}{\mathrm{d}x}\int_A \rho^2 \mathrm{d}A = GI_\mathrm{p}\frac{\mathrm{d}\varphi}{\mathrm{d}x} \tag{d}$$

即

$$\frac{\mathrm{d}\varphi}{\mathrm{d}x} = \frac{T}{GI_\mathrm{p}} \tag{6-4}$$

将其代入式(b)，即得

$$\tau_\rho = \frac{T\rho}{I_\mathrm{p}} \tag{6-5}$$

此即圆轴扭转时横截面上任一点处的切应力计算公式。

在圆轴边缘，ρ 等于横截面的半径 r，切应力将达到其最大值 $\tau_{\max}$，即

$$\tau_{\max} = \frac{Tr}{I_\mathrm{p}}$$

上式中，r 及 I_p 都是与截面几何尺寸有关的量，可表示为

$$W_\mathrm{p} = \frac{I_\mathrm{p}}{r}$$

则

$$\tau_{\max} = \frac{T}{W_\mathrm{p}} \tag{6-6}$$

式中，W_p 称为**抗扭截面系数**，单位为 mm^3 或 m^3。对直径为 d 的圆截面来说，$I_\mathrm{p} = \frac{\pi d^4}{32}$，

$W_p=\frac{\pi d^3}{16}$。

必须注意，推导上述切应力计算公式时的主要依据是：①平面假设；②材料符合胡克定律。所以，上述公式只适用于符合平面假设的等直圆轴在线弹性范围以内的条件。

从圆轴扭转时横截面上切应力的分布规律可知，在横截面中心附近处切应力很小，该部分材料没有充分发挥其作用。如果在不增大横截面面积的前提下，将圆轴中心处的材料向外部转移，做成空心圆轴（即加大空心圆截面的外直径），就可以较充分地发挥材料的作用，取得较好的经济效果。

实践证明，前述实心圆轴扭转时的应力计算公式对空心圆轴来说，也是适用的。空心圆轴扭转时，横截面上的切应力也是按直线规律分布的（图 6-8），最大切应力发生在轴边缘处。空心圆截面的 I_p 和 W_p 分别为

$$I_p=\frac{\pi}{32}(D^4-d^4)=\frac{\pi D^4}{32}(1-\alpha^4)$$

$$W_p=\frac{\frac{\pi}{32}(D^4-d^4)}{\frac{D}{2}}=\frac{\pi D^3}{16}(1-\alpha^4)$$

式中，d 和 D 分别为空心圆截面的内、外直径，$\alpha=\frac{d}{D}$。

请读者注意，在计算空心圆截面的抗扭截面系数 W_p 时，不能用内、外两圆的抗扭截面系数之差来计算。

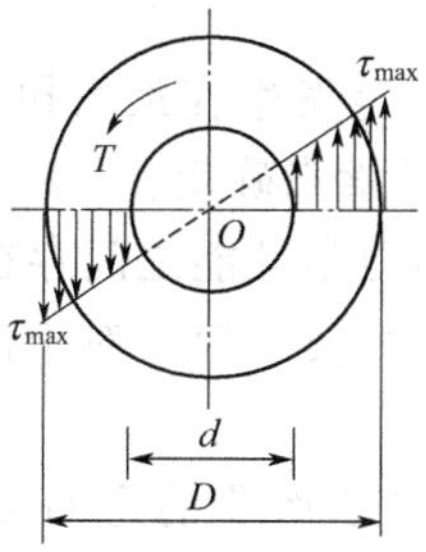

图 6-8

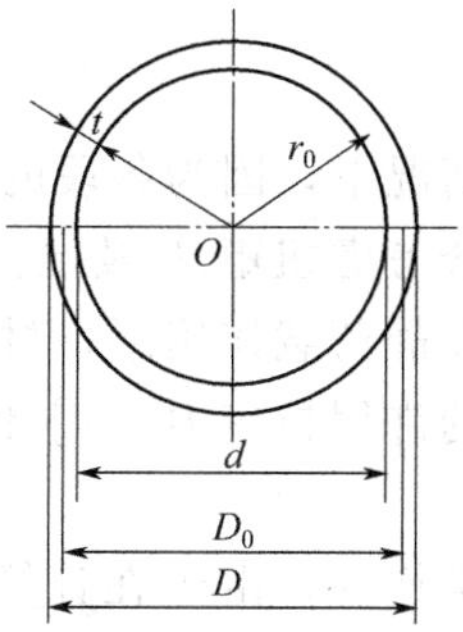

图 6-9

当空心圆轴的壁厚 $t=\frac{1}{2}(D-d)$ 与轴的平均直径 $D_0=\frac{1}{2}(D+d)$ 相比是非常微小时 $\left(t\leqslant\frac{D_0}{20}\right)$，它就成为一个薄壁圆筒（图 6-9）。此时，可近似地认为沿壁厚方向各点处的切应力的数值无变化。薄壁圆筒受扭时横截面上的切应力 τ 的计算公式为

$$\tau=\frac{T}{2A_0t} \tag{6-7}$$

式中，$A_0=\pi r_0^2$，代表以圆筒平均半径所作圆的面积。

可以证明，用式(6-7) 计算薄壁圆筒受扭时横截面上的切应力，当壁厚 t 不超过平均直径 D_0 的 5%时，近似解与精确解间的误差不超过 5%。

例 6-2 有一钢制实心圆轴，直径 $d=40\text{mm}$，受到扭转力偶的作用（图 6-10），力偶矩

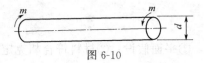

图 6-10

$m=100\text{N}\cdot\text{m}$。试求横截面上半径 $\rho=10\text{mm}$ 处的切应力及横截面上的最大切应力。

解: (1) 求内力——扭矩 T

用截面法可求得圆轴上各截面的扭矩 T 相等且都等于外力偶矩，即 $T=m=100\text{N}\cdot\text{m}$

(2) 求半径 $\rho=10\text{mm}$ 处的切应力

根据式(6-5) 得

$$\tau_{\rho}=\frac{T\rho}{I_{\text{p}}}=\frac{100\times10\times10^{-3}}{\dfrac{\pi}{32}\times40^{4}\times10^{-12}}=3.98\times10^{6}(\text{Pa})=3.98(\text{MPa})$$

(3) 求最大切应力

根据式(6-6)，得 $\tau_{\max}=\dfrac{T}{W_{\text{p}}}=\dfrac{100}{\dfrac{\pi}{16}\times40^{3}\times10^{-9}}=7.96\times10^{6}(\text{Pa})=7.96(\text{MPa})$

二、强度条件

当轴的截面尺寸及扭矩 T 确定以后，就可用公式(6-6) 计算 $\tau_{\max}$。为了使受扭圆轴能正常工作，其强度条件是横截上的最大工作切应力不超过材料的许用切应力，即

$$\tau_{\max}\leqslant[\tau] \tag{6-8}$$

对等直圆轴来说，最大工作切应力存在于最大扭矩所在的横截面即危险截面的周边上任一点处，于是，上述强度条件可写作

$$\frac{T_{\max}}{W_{\text{p}}}\leqslant[\tau] \tag{6-9}$$

在阶梯轴的情况下，因为各段的 W_p 不同，$\tau_{\max}$ 不一定发生在最大扭矩 $T_{\max}$ 所在截面上，此时必须综合考虑扭矩 T 及抗扭截面系数 W_p 两个因素来确定。

实验指出，在静荷载作用下，材料在扭转和拉伸时的力学性能之间存在着一定关系，因此通常可由材料的许用拉应力 $[\sigma]$ 值来确定其许用切应力 $[\tau]$ 值。对于钢材

$$[\tau]=(0.5\sim0.6)[\sigma]$$

对于像传动轴这类构件，由于在计算最大工作应力时略去了次要的弯曲影响和其他一些因素，所以在强度条件中所采用的 $[\tau]$ 应取较静荷载作用下的 $[\tau]$ 略低的值。

$[\tau]$ 值可从设计手册或规范中查得。

与拉伸（压缩）的情况相似，在受扭圆轴的强度计算中也可以解决三类问题：强度校核、截面设计和确定许可荷载。

例 6-3 图 6-11(a) 所示为一阶梯轴，直径分别为 $d_1=60\text{mm}$，$d_2=40\text{mm}$，扭转力偶矩分别为 $m_{\text{A}}=1.2\text{kN}\cdot\text{m}$，$m_{\text{B}}=2.1\text{kN}\cdot\text{m}$，$m_{\text{C}}=0.9\text{kN}\cdot\text{m}$。已知材料的许用切应力 $[\tau]=80\text{MPa}$，试校核该轴的强度。

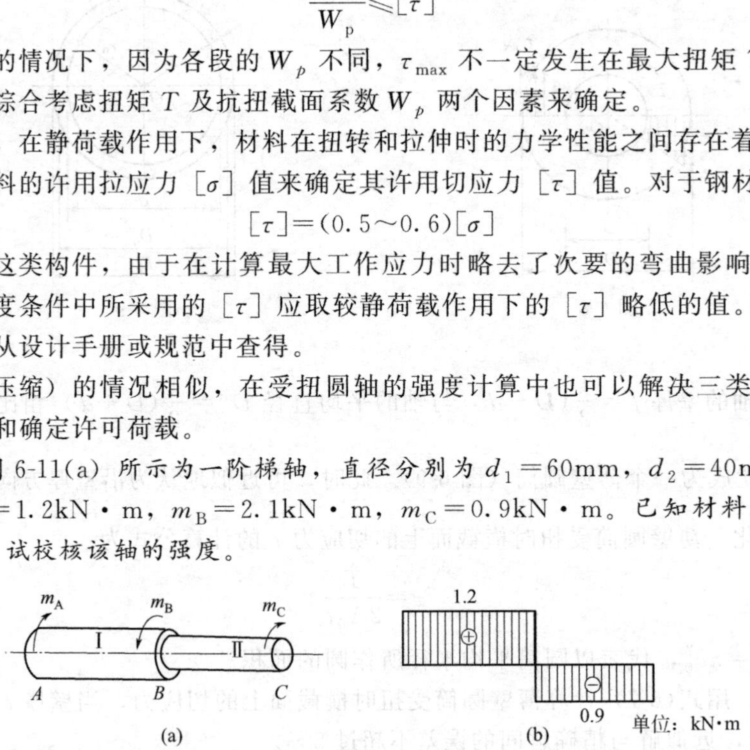

图 6-11

解：用截面法可求得 AB、BC 段内任一横截面的扭矩分别为

$$T_1=1.2\text{kN}\cdot\text{m},\ T_2=-0.9\text{kN}\cdot\text{m}$$

据此作出扭矩图［图 6-11(b)］。

由扭矩图上可以看出，AB 段的扭矩比 BC 段的扭矩大，但因该轴为阶梯轴，AB 段轴的直径也大，因此必须分别校核 AB、BC 两段轴的强度。由式(6-6) 可知

AB 段内

$$\tau_{\max}=\frac{T_1}{W_{p_1}}=\frac{1.2\times10^3}{\frac{\pi}{16}\times60^3\times10^{-9}}\approx28.29\times10^6(\text{Pa})=28.29(\text{MPa})<[\tau]=80\text{MPa}$$

BC 段内

$$\tau_{\max}=\frac{T_2}{W_{p_2}}=\frac{0.9\times10^3}{\frac{\pi}{16}\times60^3\times10^{-9}}\approx71.62\times10^6(\text{Pa})=71.62(\text{MPa})<[\tau]=80\text{MPa}$$

因此，该轴的强度足够。从以上计算可以看出，最大切应力发生在扭矩较小的 BC 段。

例 6-4 有一传动轴，工作时最大扭矩 $T=2.4\text{kN}\cdot\text{m}$，许用切应力 $[\tau]=80\text{MPa}$。试问：

(1) 若用实心轴，轴径 D_1 为多少？

(2) 若改用内、外直径之比 $\alpha=0.9$ 的空心轴，则其内、外径又分别为多少？

(3) 比较实心轴和空心轴的重量。

解：(1) 计算实心轴的直径

实心轴的强度条件为

$$\frac{T}{\frac{\pi}{16}D_1^3}\leqslant[\tau]$$

即

$$D_1\geqslant\sqrt[3]{\frac{16T}{\pi[\tau]}}$$

将有关数据代入上式，得

$$D_1\geqslant\sqrt[3]{\frac{16\times2.4\times10^3}{\pi\times80\times10^6}}\approx53.5\times10^{-3}(\text{m})=53.5(\text{mm})$$

可取 $D_1=54\text{mm}$。

(2) 计算空心轴的内、外径，空心轴的抗扭截面系数为

$$W_p=\frac{\pi D_2^3}{16}(1-\alpha^4)$$

空心轴的强度条件为

$$\frac{T}{\frac{\pi D_2^3}{16}(1-\alpha^4)}\leqslant[\tau]$$

即

$$D_2\geqslant\sqrt[3]{\frac{16T}{\pi(1-\alpha^4)[\tau]}}$$

将有关数据代入上式，得外径

$$D_2 \geqslant \sqrt[3]{\frac{16\times 2.4\times 10^3}{\pi(1-0.9^4)\times 80\times 10^6}}=76.3\times 10^{-3}(\mathrm{m})=76.3(\mathrm{mm})$$

轴的内径为
$$d_2=\alpha \cdot D_2=0.9\times 76.3\approx 68.7(\mathrm{mm})$$
可取
$$d_2=68\mathrm{mm},\ D_2=76\mathrm{mm}$$

(3) 比较实心轴和空心轴的重量

两根材料和长度都相同的轴，它们的重量之比就等于它们的横截面面积之比，即

$$\text{重量比}=\frac{A_2}{A_1}=\frac{\frac{\pi}{4}(D_2^2-d_2^2)}{\frac{\pi}{4}D_1^2}=\frac{76^2-68^2}{54^2}=0.395$$

上述数据说明，空心轴较实心轴轻，比较节省材料。当然，在设计轴时，还应全面考虑机械加工等因素，不能在任何情况下都采用空心圆轴。

第四节　圆轴扭转时的变形及刚度设计

一、圆轴扭转时的变形

轴的扭转变形是用两个横截面绕轴线转动的相对扭转角 φ 来表示的。与拉（压）杆一样，计算扭转变形的目的是对轴进行刚度计算和求解扭转超静定问题。

计算轴的相对扭转角的依据是公式(6-4)。由公式(6-4) 可知，相距 $\mathrm{d}x$ 的两横截面间的相对扭转角为

$$\mathrm{d}\varphi=\frac{T}{GI_\mathrm{p}}\mathrm{d}x$$

因此，相距 l 的两横截面间的相对扭转角即为

$$\varphi=\int_l \mathrm{d}\varphi=\int_l \frac{T}{GI_\mathrm{p}}\mathrm{d}x \qquad (6\text{-}10)$$

对于长为 l、扭矩 T 为常量的用同一种材料制成的等直圆轴来说，因为 T、G、I_p 均为常数，由公式(6-10) 可知，轴两端截面间的相对扭转角为

$$\varphi=\frac{Tl}{GI_\mathrm{p}} \qquad (6\text{-}11)$$

φ 的单位是弧度，用 rad 表示。公式(6-11) 表明：相对扭转角 φ 与扭矩 T、轴的长度 l 成正比，与 GI_p 成反比。乘积 GI_p 称为轴的**抗扭刚度**。在一定的扭矩作用下，GI_p 越大，扭转变形越小。若在两截面之间的 T 或 GI_p 为变量，则应通过积分或分段计算各段的相对扭转角，然后相加。

从公式(6-11) 可以看出，φ 的大小与轴的长短 l 有关，工程上采用相对扭转角沿轴长度的变化率 $\frac{\mathrm{d}\varphi}{\mathrm{d}x}$ 来度量，用 φ' 表示，称之为**单位长度扭转角**。由式(6-4) 可得

$$\varphi'=\frac{\mathrm{d}\varphi}{\mathrm{d}x}=\frac{T}{GI_\mathrm{p}} \qquad (6\text{-}12)$$

φ' 的单位是弧度/米 (rad/m)。

例 6-5　钢制实心轴见图 6-12。已知 $m_1=2\mathrm{kN\cdot m}$，$m_2=1.2\mathrm{kN\cdot m}$，$m_3=0.8\mathrm{kN\cdot m}$，

转向如图所示。轴的直径 $d=40\text{mm}$，截面 A 与截面 B、C 之间的距离分别为 $l_{AB}=800\text{mm}$、$l_{AC}=1500\text{mm}$，钢的剪切弹性模量 $G=80\text{GPa}$。试求截面 C 对截面 B 的相对扭转角 φ_{BC}。

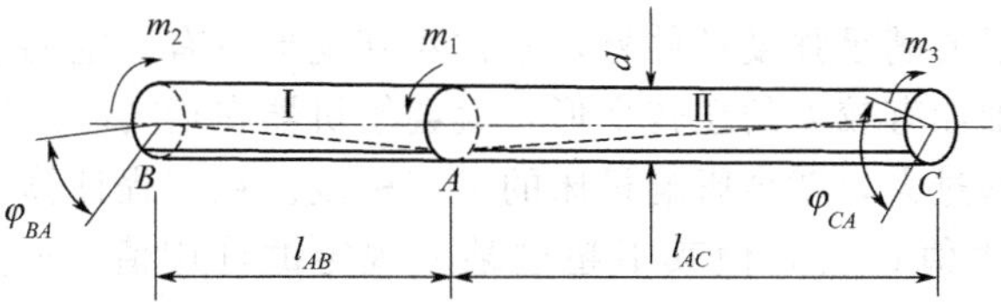

图 6-12

解： 用截面法可求得此轴Ⅰ、Ⅱ两段内的扭矩分别为 $T_{\text{Ⅰ}}=1.2\text{kN}\cdot\text{m}$，$T_{\text{Ⅱ}}=-0.8\text{kN}\cdot\text{m}$。因为轴在各段内的 T 不相同，应分别计算各段的扭转角，然后按代数相加。

分别计算截面 B、C 相对截面 A 的扭转角 φ_{BA}、φ_{CA}。可假设截面 A 固定不动，则截面 B、C 相对于截面 A 的相对转动应分别与扭转力偶 m_2、m_3 的转向相同（如图 6-12 所示）。由公式(6-11) 得

$$\varphi_{BA}=\frac{T_{\text{Ⅰ}}l_{AB}}{GI_{\text{p}}}=\frac{(1.2\times10^3)\times(800\times10^{-3})}{(80\times10^9)\times\left(\dfrac{\pi}{32}\times40^4\times10^{-12}\right)}=0.048(\text{rad})$$

$$\varphi_{CA}=\frac{T_{\text{Ⅱ}}l_{AC}}{GI_{\text{p}}}=\frac{(-0.8\times10^3)\times(1500\times10^{-3})}{(80\times10^9)\times\left(\dfrac{\pi}{32}\times40^4\times10^{-12}\right)}=-0.060(\text{rad})$$

由此得截面 C 对截面 B 的相对扭转角为

$$\varphi_{BC}=\varphi_{BA}+\varphi_{CA}=0.048-0.060=-0.012(\text{rad})$$

显然，其转向决定于 φ_{CA}，即与扭转力偶 m_3 相同。

例 6-6 图 6-13(a) 所示轴承受均布扭转力偶作用。设轴的单位长度上的外力偶矩为 t，轴的抗扭刚度 GI_p 和长度 l 为已知，试作扭矩图，并求截面 B 的转角。

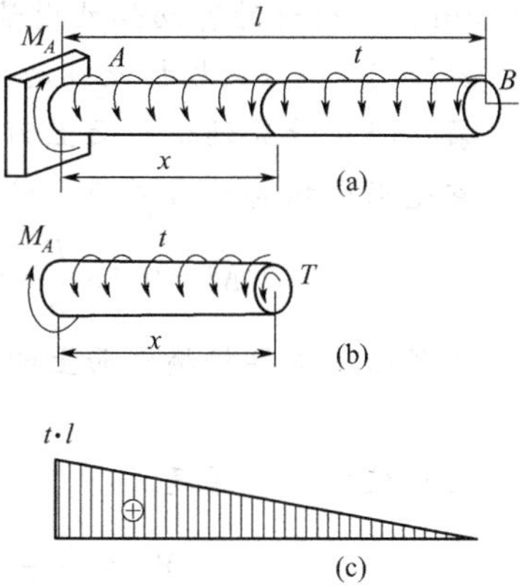

图 6-13

解：(1) 计算支反力偶矩

设固定端的支反力偶矩为 M_A。由平衡方程

$$\sum m_x=0\text{：}tl-M_A=0$$

得

$$M_A=tl$$

(2) 作扭矩图

以截面 A（固定端处）的形心为 x 轴的坐标原点，先求出距坐标原点为 x 处的截面上的扭矩。为此，可用截面法。在 x 截面处将轴切开，先取其左段为研究对象[图 6-13(b)]，根据平衡方程 $\sum m_x=0$，

可求得 x 截面的扭矩为

$$T=M_A-tx=t(l-x)$$

因为 t 是常数，所以 T 是 x 的一次函数，可作出扭矩图［图 6-13(c)］。

(3) 计算截面 B 的转角

根据公式(6-10)，截面 B 的转角为

$$\varphi_B=\varphi_{BA}=\int_0^l \frac{T}{GI_p}\mathrm{d}x=\int_0^l \frac{t(l-x)}{GI_p}\mathrm{d}x=\frac{tl^2}{2GI_p}$$

二、刚度条件

对于许多轴，除了要满足强度条件外，常常对其变形也有一定的限制，即要满足刚度条件。例如机器的传动轴如有较大的扭转变形，就会使机器在运转时产生较大的振动。同样机床的传动轴若扭转变形过大，就会影响机床的加工精度。在工程计算中，通常是限制轴单位长度扭转角 φ' 中的最大值 φ'_{max}，使其不超过某一规定的许用值 $[\varphi']$，即轴扭转的刚度条件是

$$\varphi'_{max}\leqslant[\varphi'] \tag{6-13}$$

式中，$[\varphi']$ 为轴许可单位长度扭转角。

对于等直圆轴来说，其 φ'_{max} 可利用公式(6-12)，并用最大扭矩 T_{max} 来计算。请读者注意，按公式(6-12) 计算所得的单位是 rad/m，$[\varphi']$ 常用单位是度每米（°/m）必须将其单位换算成°/m，再代入式(6-13)，于是可得

$$\frac{T_{max}}{GI_p}\times\frac{180}{\pi}\leqslant[\varphi'] \tag{6-14}$$

式中，T_{max}、G、I_p、$[\varphi']$ 的单位分别是 N·m、Pa、m^4 和°/m。

许可单位长度扭转角 $[\varphi']$ 是根据作用在轴上的荷载性质及轴的工作条件等因素决定的，具体的数值可查阅有关设计手册或规范。一般情况下规定为：

精密机械的轴 $[\varphi']=0.15°/m\sim0.30°/m$

一般传动轴 $[\varphi']=0.5°/m\sim1.0°/m$

精密度较低的轴 $[\varphi']=1°/m\sim2°/m$

在轴的刚度计算中可解决三类问题：刚度校核、截面设计和确定许可荷载。

例 6-7 一根 45 号钢制成的传动轴，传递的功率 $P=56$kW，转速 $n=1400$r/min，直径 $d=50$mm，材料的剪切弹性模量 $G=80$GPa，许用切应力 $[\tau]=40$GPa，许可单位长度扭转角 $[\varphi']=1°/m$。试校核此轴的强度和刚度。

解：(1) 计算轴横截面上的扭矩

首先求出扭转外力偶矩。根据公式(6-1)，得

$$M=9.55\frac{P}{n}=9.55\times\frac{56}{1400}=0.382(\text{kN}\cdot\text{m})=382\text{N}\cdot\text{m}$$

用截面法求得轴横截面上的扭矩为

$$T=m=382\text{N}\cdot\text{m}$$

(2) 校核轴的强度

$$W_p=\frac{\pi d^3}{16}=\frac{\pi}{16}\times50^3\times10^{-9}=24.54\times10^{-6}(\text{m}^3)$$

根据公式(6-6)，得

$$\tau_{max}=\frac{T}{W_p}=\frac{382}{24.54\times10^{-6}}=15.6\times10^6(\text{Pa})=15.6(\text{MPa})<[\tau]=40\text{MPa}$$

可见，此轴满足强度条件。

(3) 校核轴的刚度

$$I_p=\frac{\pi d^4}{32}=\frac{\pi}{32}\times50^4\times10^{-12}=61.36\times10^{-8}(\text{m}^4)$$

根据公式(6-12)，并换算单位后得

$$\varphi'=\frac{T}{GI_p}\times\frac{180}{\pi}=\frac{382}{(80\times10^9)\times(61.36\times10^{-8})}\times\frac{180}{\pi}=0.46(°/\text{m})<[\varphi']=1°/\text{m}$$

可见，此轴满足刚度条件。

例 6-8 图 6-14(a) 所示传动轴为一钢制实心轴，转速 $n=600\text{r/min}$，主动轮 A 的输入功率 $P_A=80\text{kW}$，从动轮 B、C、D 的输出功率分别为 $P_B=20\text{kW}$，$P_C=24\text{kW}$，$P_D=36\text{kW}$。材料的剪切弹性模量 $G=80\text{GPa}$，许用切应力 $[\tau]=50\text{MPa}$，许可单位长度扭转角 $[\varphi']=0.30°/\text{m}$。试按强度条件和刚度条件设计轴的直径 d。

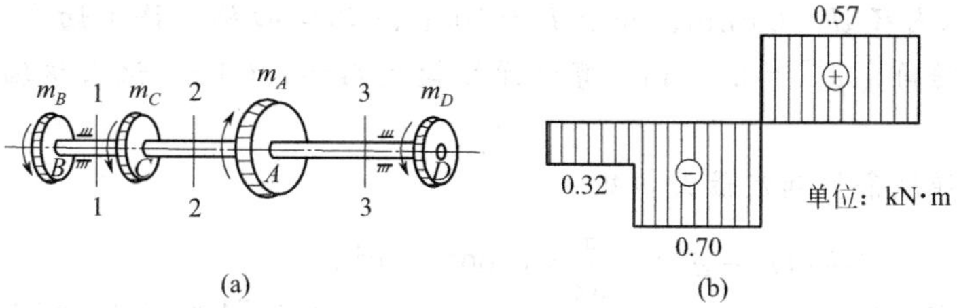

图 6-14

解：(1) 计算外力偶矩

根据公式(6-1)，得

$$m_A=9.55\frac{P_A}{n}=9.55\times\frac{80}{600}=1.27(\text{kN}\cdot\text{m})$$

$$m_B=9.55\frac{P_B}{n}=9.55\times\frac{20}{600}=0.32(\text{kN}\cdot\text{m})$$

$$m_C=9.55\frac{P_C}{n}=9.55\times\frac{24}{600}=0.38(\text{kN}\cdot\text{m})$$

$$m_D=9.55\frac{P_D}{n}=9.55\times\frac{36}{600}=0.57(\text{kN}\cdot\text{m})$$

(2) 作扭矩图

将轴分成 BC、CA、AD 三段，用截面法可求得各段内的扭矩分别为

$T_1=-0.32\text{kN}\cdot\text{m}$，$T_2=-0.7\text{kN}\cdot\text{m}$，$T_3=0.57\text{kN}\cdot\text{m}$

根据以上数据作出扭矩图，如图 6-14(b) 所示。从扭矩图上可以看出，绝对值最大的扭矩发生在 CA 段，其值为

$$|T|_{max}=0.7\text{kN}\cdot\text{m}$$

(3) 按强度条件设计轴径

根据强度条件

$$\tau_{max}=\frac{|T|_{max}}{W_p}=\frac{|T|_{max}}{\frac{\pi}{16}d^3}\leqslant[\tau]$$

得

$$d\geqslant\sqrt[3]{\frac{16|T|_{max}}{\pi\cdot[\tau]}}=\sqrt[3]{\frac{16\times0.70\times10^3}{\pi\times50\times10^6}}\approx41.5\times10^{-3}(\text{m})=41.5(\text{mm})$$

(4) 按刚度条件设计轴径

根据刚度条件

$$\varphi'_{max}=\frac{|T|_{max}}{GI_p}=\frac{|T|_{max}}{G\times\frac{\pi}{32}d^4}\times\frac{180}{\pi}\leqslant[\varphi']$$

得

$$d\geqslant\sqrt[4]{\frac{32\times|T|_{max}\times180}{G\times\pi^2\times[\varphi']}}=\sqrt[4]{\frac{32\times0.70\times10^3\times180}{80\times10^9\times\pi^2\times0.30}}=64.2\times10^{-3}(\mathrm{m})=64.2\mathrm{mm}$$

为了同时满足强度条件和刚度条件，轴的直径应不小于64.2mm。在本例中，控制轴直径的是刚度条件。

例 6-9 一根内径 $d=60\mathrm{mm}$、外径 $D=100\mathrm{mm}$ 的空心轴，许用切应力 $[\tau]=60\mathrm{MPa}$，许可单位长度扭转角 $[\varphi']=0.8°/\mathrm{m}$，剪切弹性模量 $G=80\mathrm{GPa}$。试求该轴所能承受的最大扭矩。

解：（1）按强度条件确定最大扭矩

$$W_p=\frac{\frac{\pi}{32}(D^4-d^4)}{\frac{D}{2}}=\frac{\frac{\pi}{32}\times(100^4-60^4)}{\frac{100}{2}}=1.71\times10^5(\mathrm{mm}^3)$$

根据强度条件

$$\frac{T_{max}}{W_p}\leqslant[\tau]$$

得

$$T_{max}\leqslant W_p[\tau]=(1.71\times10^5\times10^{-9})\times(60\times10^6)=10.26\times10^3(\mathrm{N\cdot m})=10.26\mathrm{kN\cdot m}$$

（2）按刚度条件确定最大扭矩

$$I_p=\frac{\pi}{32}(D^4-d^4)=\frac{\pi}{32}(100^4-60^4)=8.55\times10^6(\mathrm{mm}^4)$$

根据刚度条件

$$\frac{T_{max}}{GI_p}\times\frac{180}{\pi}\leqslant[\varphi']$$

得

$$T_{max}\leqslant\frac{GI_p\pi[\varphi']}{180}=\frac{(80\times10^9)\times(8.55\times10^6\times10^{-12})\times\pi\times0.8}{180}$$
$$=9.55\times10^3(\mathrm{N\cdot m})=9.55\mathrm{kN\cdot m}$$

为了同时满足强度条件和刚度条件，该轴所能承受的最大扭矩为9.55kN·m。

第五节　圆轴的扭转超静定问题

前面研究的轴在扭转时，其支反力偶矩和横截面上的扭矩由平衡方程即可确定，这类轴称为**静定轴**。如果支反力偶矩或横截面上的扭矩仅依据平衡方程不能确定，这类轴则称为**超静定轴**。与求解拉（压）超静定问题相似，要求解扭转超静定问题，必须综合考虑静力、几何、物理三个方面。即根据变形协调条件建立变形几何方程，然后根据物理关系——扭转角的计算公式，并代入变形几何方程，从而得到补充方程，以补充静力平衡方程的不足。

下面通过例题来介绍分析扭转超静定问题的方法。

例 6-10 图 6-15(a) 所示两端固定的圆轴 AB，在截面 C 处受一个矩为 m 的扭转力偶作用。已知轴的抗扭刚度为 GI_p，试求此轴两端的支反力偶矩，并作轴的扭矩图。

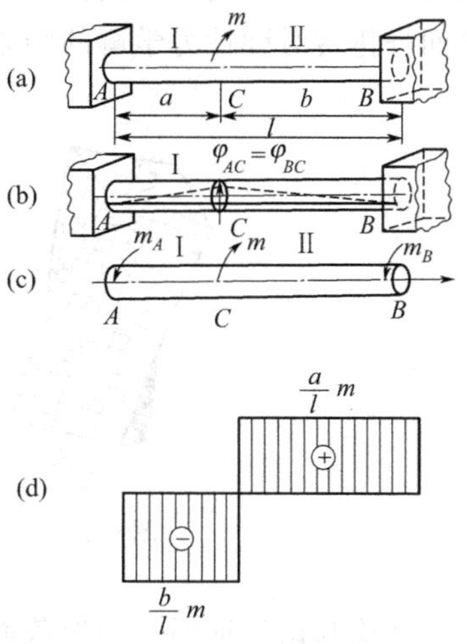

图 6-15

解：(1) 静力学方面

设两支反力偶矩分别为 m_A 和 m_B [图 6-15(c)]，根据平衡方程 $\sum m_x=0$，得

$$m_A+m_B-m=0 \quad \text{(a)}$$

为两支反力偶矩都是未知量，而平衡方程只有一个，所以必须建立一个补充方程。

(2) 几何方面

因为两端均为固定端，所以截面 B 相对于截面 A 的相对扭转角等于零，也就是说截面 C 相对于截面 A 和截面 B 的相对扭转角 φ_{AC} 和 φ_{BC} 在数值上应相等 [图 6-15(b)]。这也就是本题的变形协调条件，由此建立变形几何方程为

$$\varphi_{AC}=\varphi_{BC} \quad \text{(b)}$$

(3) 物理方面

设 AC 段和 CB 段内的扭矩分别为 $T_{\text{Ⅰ}}$ 和 $T_{\text{Ⅱ}}$，由截面法可知

$$T_{\text{Ⅰ}}=m_A \qquad T_{\text{Ⅱ}}=m_B$$

根据公式(6-11) 可知

$$\varphi_{AC}=\frac{T_{\text{Ⅰ}}a}{GI_p} \qquad \varphi_{BC}=\frac{T_{\text{Ⅱ}}b}{GI_p}$$

将其代入变形几何方程式(b)，可得补充方程

$$\frac{T_{\text{Ⅰ}}a}{GI_p}=\frac{T_{\text{Ⅱ}}b}{GI_p}$$

即

$$\frac{m_A a}{GI_p}=\frac{m_B b}{GI_p} \quad \text{(c)}$$

联立求解平衡方程(a) 和补充方程(c)，得

$$m_A=\frac{b}{l}m$$

$$m_B=\frac{a}{l}m$$

其结果为正值，说明所得的支反力偶矩 m_A 和 m_B 的转向与图 6-15(c) 所示一致。据此作出轴的扭矩图 [图 6-15(d)]。

第六节　矩形截面杆扭转简介

前面各节中讨论了圆形截面杆的扭转问题。在工程实际中，有时会遇到非圆截面杆扭转的情况，例如矩形截面杆的扭转问题，这类问题比圆截面杆的扭转问题要复杂得多。那么圆截面杆扭转时的应力和变形计算公式是否适用于非圆截面杆呢？可以证明是不适用的。这是因为圆截面杆扭转时横截面仍保持为平面，分析杆横截面上应力的主要根据是平面假设。而非圆截面杆扭转时横截面将发生翘曲而不再是平面，如图 6-16 所示。因此，对于非圆截面杆的扭转，平面假设已不成立，因而建立在平面假设基础上的圆轴扭转的应力、变形计算公

式对非圆截面杆均不适用。对于这类问题，只能用弹性力学方法求解。本节仅简单介绍矩形截面杆扭转时弹性力学解的结果，这些都是在土建工程计算中经常会用到的。

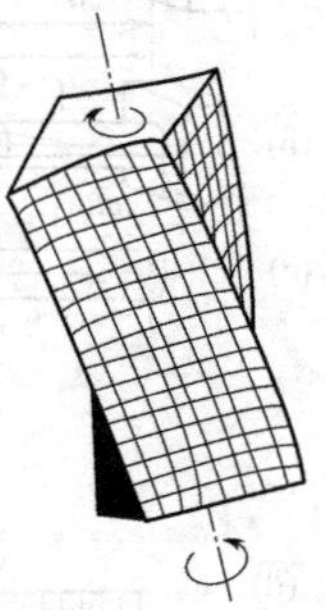

图 6-16

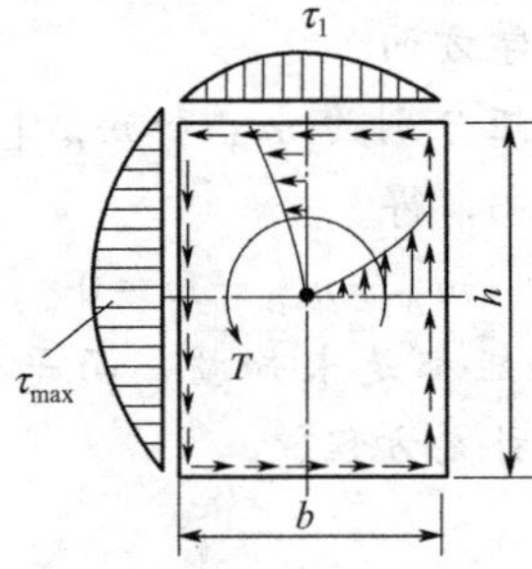

图 6-17

理论和试验证明，矩形截面杆扭转时横截面上的扭转切应力分布如图 6-17 所示，具有以下几个特点：

(1) 截面周边各点处的切应力平行于周边，且组成一个与扭转方向相同的环流；

(2) 最大切应力发生在横截面的长边中点处，即距横截面形心最近的点处；

(3) 横截面的四个角上，切应力为零；

(4) 横截面短边中点处的切应力为该边上各点切应力中的最大值。

为了对矩形截面杆进行强度和刚度计算，下面给出用以计算横截面上最大切应力和单位长度扭转角的计算公式

$$\tau_{max}=\frac{T}{W_p} \tag{6-15}$$

$$\varphi'=\frac{T}{GI_p} \tag{6-16}$$

式中，W_p 称为抗扭截面系数，I_p 称为截面的相当极惯性矩，而 GI_p 仍称为杆的抗扭刚度。请读者注意，这里的 W_p 和 I_p 除了单位与圆截面的 W_p 和 I_p 相同外，在几何意义上则截然不同。

矩形截面的 W_p 和 I_p 与截面尺寸的关系如下

$$W_p=\alpha hb^2 \tag{6-17}$$

$$I_p=\beta hb^3 \tag{6-18}$$

式中，α、β 都与矩形截面的长、短尺寸 h 和 b 的比值 h/b 有关，可从表 6-1 中查出。横截面短边中点处的切应力 τ_1 按下式计算

$$\tau_1=\gamma\tau_{max} \tag{6-19}$$

式中，τ_{max} 是长边中点处的最大剪应力，由式(6-15) 计算，γ 与 h 和 b 的比值 h/b 有关，可从表 6-1 中查出。

表 6-1　矩形截面杆扭转时的系数 α、β 和 γ

h/b	1.0	1.2	1.5	2.0	2.5	3.0	4.0	6.0	8.0	10.0	∞
α	0.208	0.219	0.231	0.246	0.258	0.267	0.282	0.299	0.307	0.313	0.333
β	0.141	0.166	0.196	0.229	0.249	0.263	0.281	0.299	0.307	0.313	0.333
γ	1.000	0.930	0.858	0.796	0.767	0.753	0.745	0.743	0.743	0.743	0.743

例 6-11 有一横截面尺寸为 $h=100$mm、$b=45$mm 的矩形截面杆，受扭矩 $T=3$kN·m 的作用，试求横截面上长边中点处和短边中点处的扭转切应力。如采用横截面面积相等的圆截面杆，试比较两者的 τ_{max}。

解：(1) 矩形截面

$$\frac{h}{b}=\frac{100}{45}=2.22$$

由表 6-1 查得：当 $h/b=2.0$ 时，$\alpha=0.246$，$\gamma=0.796$；当 $h/b=2.5$ 时，$\alpha=0.258$，$\gamma=0.767$。用线性插入法，求得 $h/b=2.22$ 时的 α 和 γ 分别为

$$\alpha=0.246+(0.258-0.246)\times\frac{2.22-2.0}{2.5-2.0}=0.251$$

$$\gamma=0.796-(0.796-0.767)\times\frac{2.22-2.0}{2.5-2.0}=0.783$$

长边中点处的扭转切应力为横截面上的最大切应力，可由式(6-15) 结合式(6-17) 求得

$$\tau_{max}=\frac{T}{W_p}=\frac{T}{\alpha hb^2}=\frac{3\times10^3}{0.251\times100\times45^2\times10^{-9}}=59.02\times10^6(\text{Pa})=59.02\text{MPa}$$

短边中点处的扭转切应力为该边上各点处切应力的最大值，可由式(6-19) 求得

$$\tau_1=\gamma\tau_{max}=0.783\times59.02=46.21(\text{MPa})$$

(2) 圆形截面

矩形截面面积为 $A=100\times45=4500\ (\text{mm}^2)$

圆形截面面积为 $A=\frac{\pi}{4}d^2=\text{矩形截面面积}=4500\text{mm}^2$

得 $d=75.7\text{mm}$

圆截面的最大切应力可由式(6-6) 求得

$$\tau_{max}=\frac{T}{W_p}=\frac{T}{\frac{1}{16}\pi d^3}=\frac{3\times10^3}{\frac{1}{16}\pi\times75.7^3\times10^{-9}}=35.22\times10^6(\text{Pa})=35.22\text{MPa}$$

可见，在面积相等的情况下，矩形截面的 τ_{max} 比圆截面的 τ_{max} 大。并且，矩形截面愈是狭长，其结果愈显悬殊。

本章小结

本章主要研究圆截面杆受扭转时的内力、应力、变形的分析方法及其强度和刚度的计算。对于非圆截面杆的扭转问题只作简要的介绍。

1. 使杆件产生扭转变形的荷载是作用在与杆轴线垂直的平面内的力偶。工程中有时并不直接给出作用在轴上的外力偶矩的大小，而需通过轴的转速和传递的功率来计算，其换算关系如下：

$$m=9.55\frac{P}{n}(\text{kN}\cdot\text{m})$$

式中，P 的单位是 kW，n 的单位是 r/min；

或

$$m=7.02\frac{P}{n}(\text{kN}\cdot\text{m})$$

式中，P 的单位是马力（PS），n 的单位是 r/min。

2. 受扭杆件横截面上的内力是作用在该截面上的力偶，称为扭矩。杆内任一横截面上的扭矩均可以用截面法求得，等于该截面任一侧的外力偶矩的代数和。杆件各横截面上的扭矩沿杆轴的变化规律可用扭矩图形象地表示。利用扭矩图可确定最大扭矩及其所在截面位置，结合截面情况即可确定受扭杆件的危险截面的位置。

3. 圆轴扭转时在横截面上产生切应力，在圆心处为零，而在横截面的周边各点处切应力最大。计算公式如下

$$\tau_{\rho}=\frac{T\rho}{I_{\mathrm{p}}},\ \tau_{\max}=\frac{T}{W_{\mathrm{p}}}$$

4. 研究扭转变形时，必须理解扭转角的物理意义。它具有相对性，表示轴的某个截面相对于另一截面转动的角位移，其计算公式如下

$$\varphi=\frac{Tl}{GI_{\mathrm{p}}}$$

扭转角 φ 与杆件的抗扭刚度 GI_{p} 成反比，与两截面之间的扭矩 T 和长度 l 成正比。可以看出，扭转角 φ 的计算公式在形式上与轴向拉伸（压缩）变形的计算公式 $\Delta l=\frac{F_N l}{EA}$ 相似。

工程上采用相对扭转角 φ 沿轴长度的变化率即单位长度扭转角 φ' 来度量，其计算公式如下

$$\varphi'=\frac{T}{GI_{\mathrm{p}}}$$

5. 轴的强度条件要求全轴的最大切应力 $\tau_{\max}$ 不超过许用切应力 $[\tau]$。等截面圆轴的强度条件为

$$\tau_{\max}=\frac{T_{\max}}{W_{\mathrm{p}}}\leqslant[\tau]$$

若不是等截面圆轴，而是阶梯轴，或扭矩沿轴的长度改变，则应分段考虑 T 与 W_{p} 的值以确定全轴的最大切应力。

6. 轴的刚度条件要求最大的单位长度扭转角不超过其许用值 $[\varphi']$。等截面圆轴的刚度条件为

$$\varphi'_{\max}=\frac{T_{\max}}{GI_{\mathrm{p}}}\times\frac{180}{\pi}\leqslant[\varphi']$$

若不是等截面圆轴，要注意分段综合考虑 T 与 I_{p} 的值以确定最大的单位长度扭转角。

7. 求解扭转超静定问题与求解拉压超静定问题相似，必须综合考虑静力、几何、物理三个方面，其关键是根据变形协调条件建立变形几何方程，从而得到解超静定问题所需的补充方程。

8. 矩形截面杆扭转时，横截面产生翘曲，平面假设已不成立，圆轴扭转时的应力、变形公式对矩形截面杆是不适用的。矩形截面杆扭转时，截面周边各点处的切应力方向与周边平行，在截面长边中点处的切应力最大，而其短边中点处的切应力为该边上各点处切应力中的最大值。

习　题

6-1　杆件在怎样的荷载作用下会发生扭转变形？指出图 6-18 所示的各杆中哪些杆件发生扭转变形？

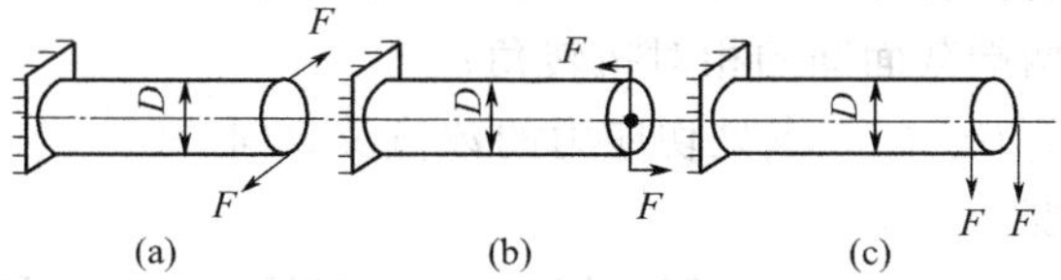

图 6-18　习题 6-1 图

6-2　在同一传动系统中，高速轴的直径小，低速轴的直径大，为什么？

6-3　两根直径、长度相同而材料不同的圆轴，在其两端作用相同的扭转力偶矩 m，它们的最大切应力 τ_{max} 和相对扭转角 φ 是否相同？为什么？

6-4　作图 6-19 所示各杆的扭矩图。

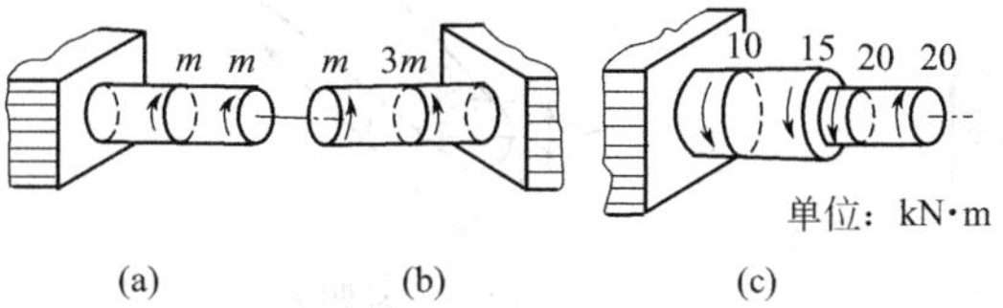

图 6-19　习题 6-4 图

6-5　一传动轴上装有五个轮子（如图 6-20 所示），主动轮 2 的输入功率为 30kW，从动轮 1、3、4、5 的输出功率依次为 9kW、6kW、11kW 和 4kW，轴的转速为 100r/min。

（1）试作出该轴的扭矩图。

（2）五轮的位置如何排列才较合理？

答：最大正扭矩 T＝0.86kN·m，最大负扭矩 T＝2.01kN·m

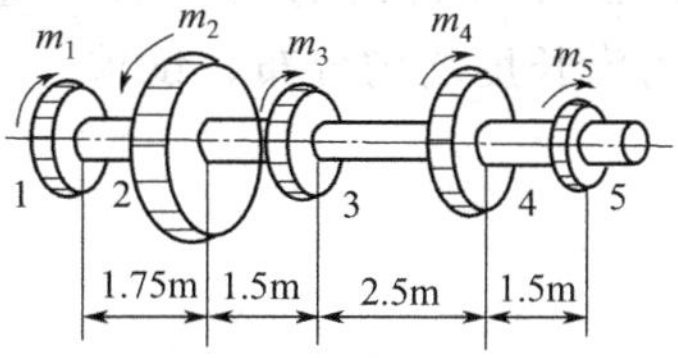

图 6-20　习题 6-5 图

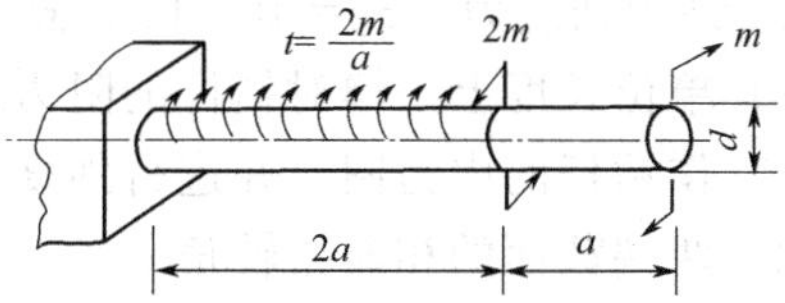

图 6-21　习题 6-6 图

6-6　试作图 6-21 所示等直杆的扭矩图。

答：最大正扭矩 T＝m，最大负扭矩 T＝$3m$

6-7　一空心圆轴，外径 D＝40mm，内径 d＝20mm，扭矩 T＝0.5kN·m 求：

（1）横截面上距圆心 ρ＝15mm 处的扭转切应力；

（2）横截面上的最大切应力和最小切应力；

（3）画出切应力在横截面上的分布图。

答：（1）31.8MPa　（2）42.4MPa，21.2MPa

6-8　一空心圆轴，外径 D＝100mm，内径 d＝50mm。已知距离为 l＝2.7m 的两横截面的相对扭转角 φ＝1.8°，材料的剪切弹性模量 G＝80GPa。试求：

（1）轴内的最大切应力；

（2）当轴以 n＝100r/min 的速度转动时，轴传递的功率。

答：（1）46.6MPa　（2）89.8kW

6-9　图 6-22 所示实心圆轴，直径 d＝100mm，长度 l＝1m，在其两端受到 m＝14kN·m

的外力偶矩作用，材料的剪切弹性模量 $G=80\text{GPa}$。试求：

（1）最大切应力及两端截面间的相对扭转角；

（2）图示截面上 A、B、C 三点处切应力的数值及方向；

（3）C 点处的切应变。

答：（1）71.4MPa，1.02°　（2）71.4MPa，71.4MPa，35.7MPa　（3）0.446×10^{-3}

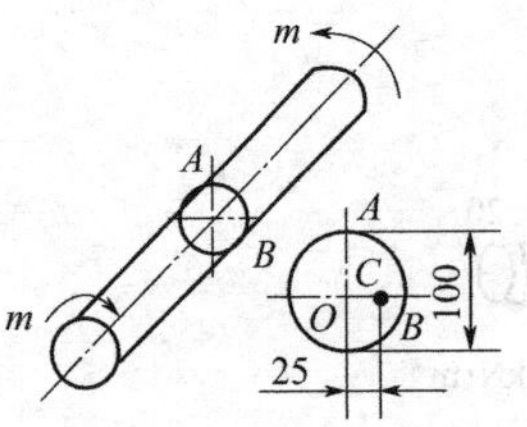

图 6-22　习题 6-9 图

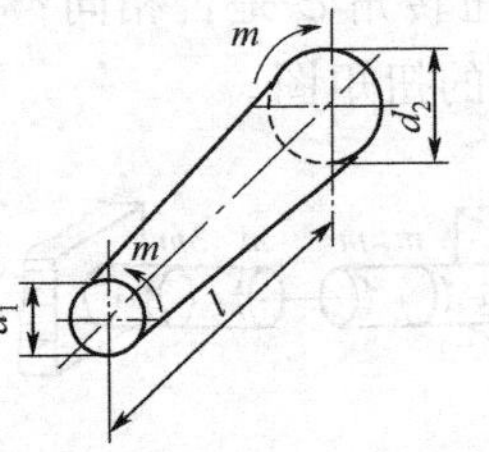

图 6-23　习题 6-10 图

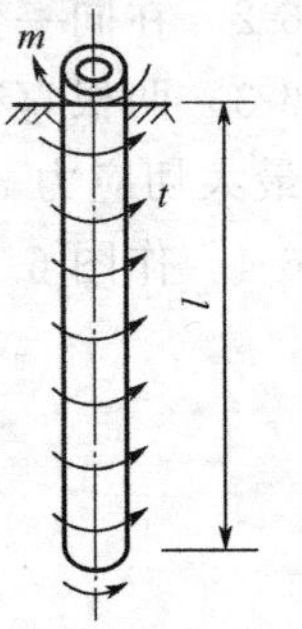

图 6-24　习题 6-11 图

6-10　如图 6-23 所示为一圆锥形杆，两端面直径分别为 d_1、d_2，长度为 l，在其两端受到矩为 m 的集中力偶作用。试求杆两端面间的相对扭转角。

答：$\dfrac{32ml}{3\pi G}\left(\dfrac{d_2^2+d_1d_2+d_1^2}{d_1^3d_2^3}\right)$

6-11　如图 6-24 所示为一钻探机的钻杆，转速 $n=180\text{r/min}$，外径 $D=60\text{mm}$，内径 $d=50\text{mm}$，功率 $P=7.36\text{kW}$，钻杆入土深度 $l=40\text{m}$，钻杆材料的剪切弹性模量 $G=80\text{GPa}$，许用切应力 $[\tau]=40\text{MPa}$。假设土壤对钻杆的阻力沿长度均匀分布，试求：

（1）单位长度上土壤对钻杆的阻力矩集度 t；

（2）作钻杆的内力图，并进行强度校核；

（3）两端截面的相对扭转角 φ。

答：（1）$t=9.76\times10^{-3}\text{kN}\cdot\text{m/m}$　（2）$\tau_{\max}=17.8\text{MPa}$　（3）$\varphi=8.5°$

6-12　如图 6-25 所示为一阶梯形圆轴，直径分别为 $d_1=40\text{mm}$，$d_2=70\text{mm}$，轴上装有三个皮带轮。轮 3 的输入功率 $P_3=30\text{kW}$，轮 1、2 的输出功率分别为 $P_1=13\text{kW}$ 和 $P_2=17\text{kW}$，轴的转速 $n=200\text{r/min}$，材料的剪切弹性模量 $G=80\text{GPa}$，许用切应力 $[\tau]=70\text{MPa}$，许用单位长度扭转角 $[\varphi']=2°/\text{m}$。试校核该轴的强度和刚度。

答：$\tau_{\max}=49.4\text{MPa}$，$\varphi'_{\max}=1.77°/\text{m}$

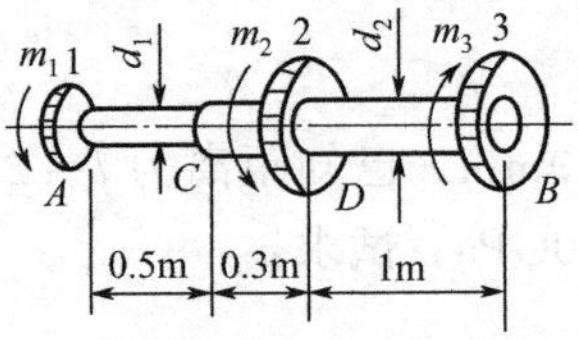

图 6-25　习题 6-12 图

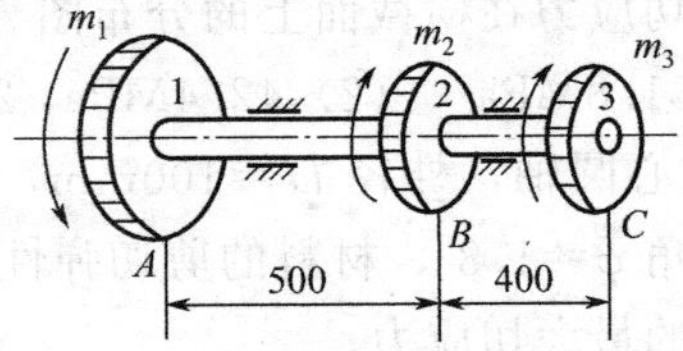

图 6-26　习题 6-13 图

6-13　图 6-26 所示传动轴上装有三个轮子，主动轮 1 的输入功率 $P_1=367\text{kW}$，从动轮

2、3 的输出功率分别为 $P_2=147\text{kW}$，$P_3=220\text{kW}$，轴的转速 $n=500\text{r/min}$。已知材料的剪切弹性模量 $G=80\text{GPa}$，许用切应力 $[\tau]=70\text{MPa}$，许用单位长度扭转角 $[\varphi']=1°/\text{m}$。试求：

（1）AB 段和 BC 段的直径各为多少？

（2）若 AB 和 BC 两段选用同一直径，应为多少？

（3）主动轮和从动轮有无更好的安置方法？

答：（1）$d_{AB}\geqslant 84.6\text{mm}$，$d_{BC}\geqslant 74.5\text{mm}$　（2）$d\geqslant 84.6\text{mm}$　（3）主动轮 1 安排在从动轮 2、3 之间较为合理

6-14　一空心圆轴的内外直径之比 $\alpha=d/D=0.8$，承受扭转外力偶矩 2kN·m 的作用。材料的剪切弹性模量 $G=80\text{GPa}$，许用切应力 $[\tau]=70\text{MPa}$，许用单位长度扭转角 $[\varphi']=0.25°/\text{m}$。试按强度条件和刚度条件选择该空心圆轴的内、外直径。

答：$d=80\text{mm}$，$D=100\text{mm}$

6-15　一直径为 35mm 的船用螺旋桨轴，材料的剪切弹性模量 $G=80\text{GPa}$，许用切应力 $[\tau]=60\text{MPa}$，在 15 倍直径的长度上扭转角为 1°。试求此轴所能传递的最大扭矩。

答：392kN·m

6-16　试比较由同一材料制成、具有相等的横截面面积的实心圆轴和空心圆轴在同一转速下所能传递的功率。设空心圆轴的内外直径之比 $\alpha=0.5$。

答：$P_{实}/P_{空}=1/1.44$

6-17　如图 6-27 所示为一阶梯形圆轴，两端固定，在截面突变处受一矩为 m 的扭转外力偶作用。设 $d_1=2d_2$，试求固定端 A、B 处的支反力偶矩 m_A 和 m_B，并作扭矩图。

答：$m_A=\dfrac{32}{33}m$，$m_B=\dfrac{1}{33}m$

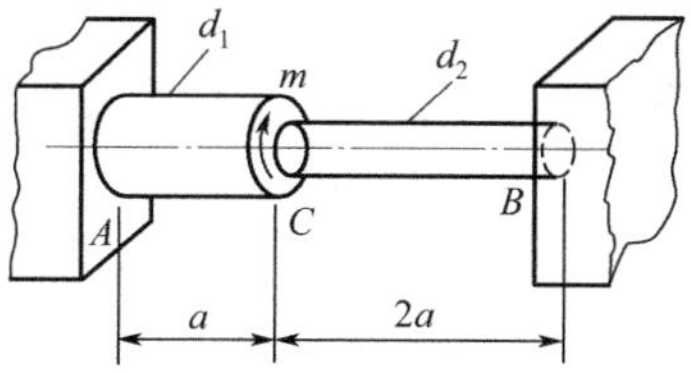

图 6-27　习题 6-17 图

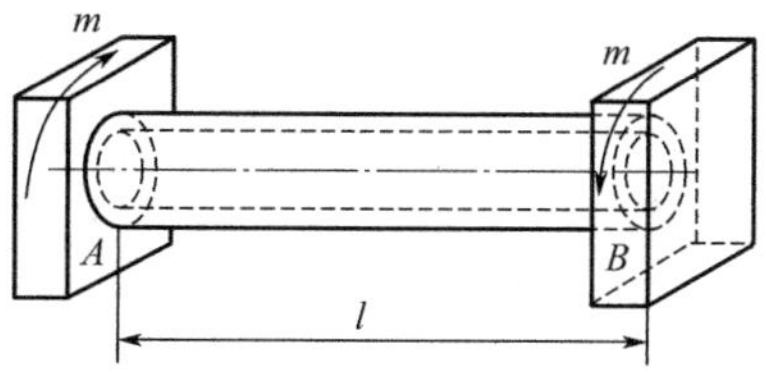

图 6-28　习题 6-18 图

6-18　如图 6-28 所示为一组合轴，由不同材料的实心圆轴和空心圆轴套在一起而组成，长度为 l，内、外两轴均在线弹性范围内工作，其抗扭刚度分别为 G_aI_{Pa} 和 G_bI_{Pb}。组合板的两端固结于刚性板上，且在刚性板处受到一对矩为 m 的扭转外力偶作用。试求分别作用在内、外轴（即实心轴和空心轴）上的扭转力偶矩。

答：$m_a=\dfrac{G_aI_{pa}}{G_aI_{pa}+G_bI_{pb}}m$，$m_b=\dfrac{G_bI_{pb}}{G_aI_{pa}+G_bI_{pb}}m$

6-19　图 6-29 所示圆轴 AC 的直径 $d_1=100\text{mm}$，A 端固定，在 B 截面处受到一矩为 $m=7\text{kN}\cdot\text{m}$ 的扭转外力偶作用，C 截面的上、下两点处与直径均为 $d_2=20\text{mm}$ 的两根圆杆 EF、GH 铰接。若各杆材料相同，弹性常数间有如下关系：$G=0.4E$。试求圆轴 AC 中的最大切应力。

答：$\tau_{max}=30.6\text{MPa}$

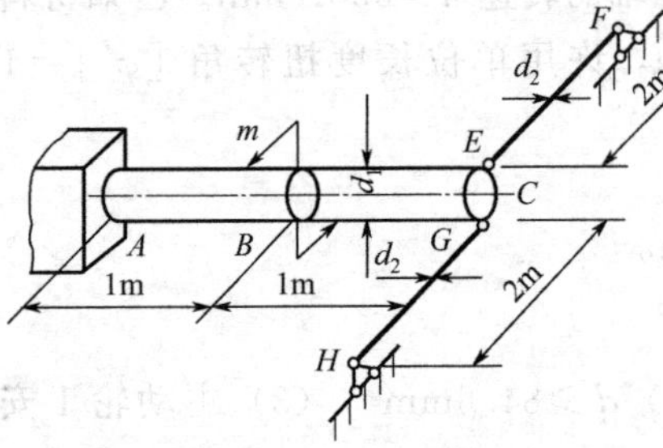

图 6-29　习题 6-19 图

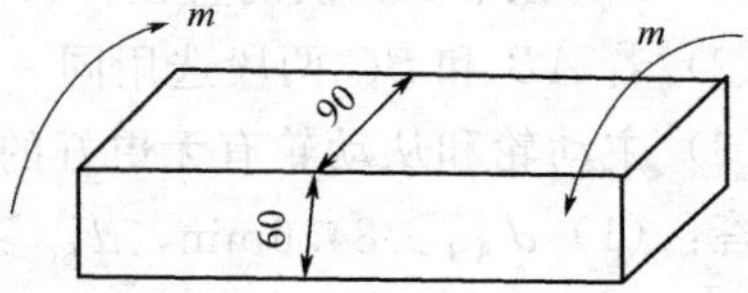

图 6-30　习题 6-20 图

6-20　图 6-30 所示为一矩形截面杆，受到一对矩为 $m=3\text{kN}\cdot\text{m}$ 的扭转外力偶作用，截面尺寸为：$h=90\text{mm}$，$b=60\text{mm}$。已知材料的剪切弹性模量 $G=80\text{GPa}$，许用切应力 $[\tau]=60\text{MPa}$，许可单位长度扭转角 $[\varphi']=1°/\text{m}$。

(1) 试校核此杆的强度和刚度；

(2) 试求横截面短边中点处的切应力；

(3) 若改用面积相等的圆轴，比较两者的 $\tau_{\max}$。

答：(1) $\tau_{\max}=40.1\text{MPa}$，$\varphi'=0.564°/\text{m}$　(2) $\tau_1=34.4\text{MPa}$　(3) 圆轴 $\tau_{\max}=26.8\text{MPa}$

第七章 弯曲

第一节 概　　述

前面几章分别研究了直杆的轴向拉伸和压缩、扭转等基本变形的问题，这一章接着研究直杆的另一种基本变形——弯曲。

本章首先介绍平面弯曲的概念及如何确定梁的内力，然后介绍梁横截面上的应力情况，最后介绍梁的变形。

一、平面弯曲的概念

当直杆承受通过且垂直于其轴线的外力作用而产生变形时，杆的轴线将由直线变成曲线（挠曲线），这种变形称为**弯曲**。凡是以弯曲为主要变形的杆件，通常称为**梁**。

梁在工程实际中的应用是非常普遍的。例如图 7-1 中所示的公路桥的主梁，房屋中的大梁，桥式起重机的横梁，以及挡水结构中的立柱（不计自重时）等。

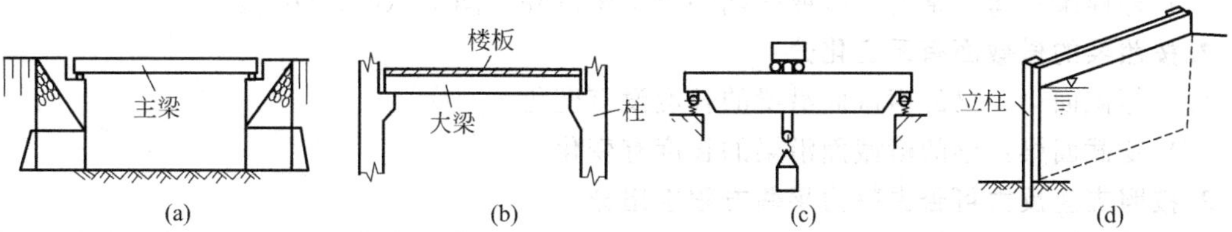

图 7-1

对于直梁来讲，其横截面大多数具有对称轴，见图 7-2。对称轴与梁轴所在的平面叫作梁的**纵向对称平面**。经分析可知，如果梁上的外力都作用在纵向对称平面内，则梁在变形时，其轴线将弯成在此平面内的一条曲线。梁的弯曲平面与外力作用平面相重合的这种弯曲称为**平面弯曲**（图 7-3）。它是弯曲变形中最简单、最基本的问题，也是工程中常见的情况。在本书各章中所提到的“弯曲”，除有特殊说明外，都是指的平面弯曲。

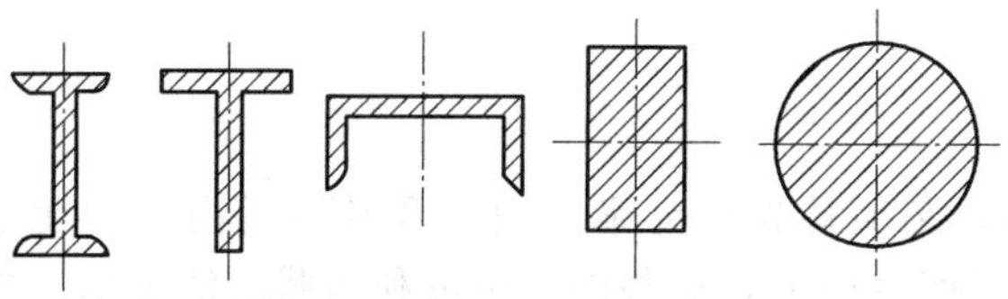

图 7-2

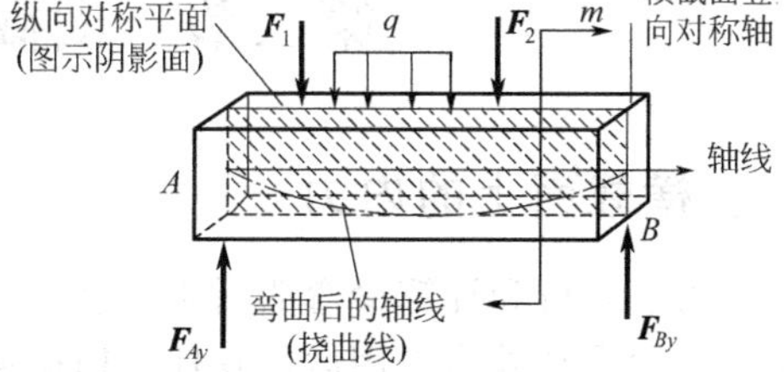

图 7-3

二、梁的计算简图及梁的分类

(一) 梁的计算简图

工程实际中的梁，其受力和支承情况有时比较复杂，需要进行合理的简化以得出进行定量分析的力学模型，这个力学模型即称为梁的计算简图，通常取梁的轴线来代替实际的梁。在进行简化时，要注意抓住主要矛盾，反映出原结构的主要工作性能，而对一些次要的因素，则可作一定的简化或略去，以便于分析计算。梁的简化，主要是支座、荷载和构件本身这三个方面。

(二) 梁的分类

为了便于对梁的研究，将梁按照下面三种情况进行分类。

1. 按照梁的支座情况分

(1) **简支梁**：一端是固定铰支座、另一端是可动铰支座的梁［图 7-4(a)］。梁在两支座之间的部分称为**跨**，跨的长度称为**跨度**。

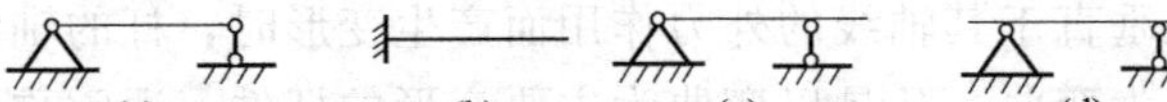

图 7-4

(2) **悬臂梁**：一端是固定端、另一端自由的梁［图 7-4(b)］。

(3) **外伸梁**：简支梁的一端或两端伸出支座以外［图 7-4(c)、(d)］。

2. 按照梁的横截面有无变化分

(1) 等截面梁：梁的横截面沿梁的长度没有变化。

(2) 变截面梁：梁的横截面沿梁的长度有变化。

3. 按照支座反力可否由静力平衡方程求出分

(1) 静定梁：利用静力平衡方程可以求出所有支座反力的梁。图 7-4 所示的梁都是静定梁。静定梁除了图 7-4 所示三种基本形式以外，还有具有中间铰的多跨梁，这种梁亦称作多跨静定梁。多跨静定梁可看作是由几个基本静定梁组合而成的。

(2) 超静定梁：仅凭静力平衡方程不能求出所有支座反力的梁（图 7-5）。

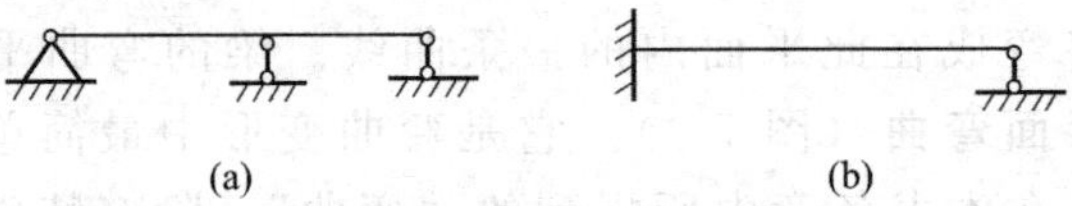

图 7-5

第二节　横截面上的内力及内力图

一、横截面上的内力

为了分析和计算梁弯曲时的应力和变形，必须首先研究梁的内力及其在梁内的变化规律。当梁受到外力作用后，其任一横截面上将产生内力，这些内力仍可利用截面法求出。现取图 7-6(a) 所示的简支梁为例。在外力作用下，梁处于平衡状态。其中 B 支座处的支反力为铅垂方向。由平衡条件可知，支座 A 的支反力也只有铅垂方向的分量，其值均可由静力学平衡方程求出。现计算梁在距左端为 x 处横截面 m-m 上的内力。为此应用截面法，沿截面 m-m 将梁分为左、右两段，取其中任一段梁，例如左段梁为研究对象［图 7-6(b)］，并将右段对于左端的作用以截面上的内力来代替。从图上可见，因为在 A 端作用着一个方向向上的外力 F_{Ay}，所以要使左段梁维持平衡，首先要保证它在铅垂方向不发生任何移动，则横截面 m-m 上必有一个与 F_{Ay} 大小相等、方向相反的内力 F_S。但是这时 F_{Ay} 与 F_S 又构成一个力偶，有使此段梁顺时针转动的趋势，因此在横截面 m-m 上必然还作用着一个逆时针转向、矩为 M 的内力偶与之平衡。由此可见，当梁弯曲时，其横截面上将有两种内力：沿横截面切向的力 F_S 和位于梁的外力作用平面内的力偶矩 M。F_S 称为**剪力**，M 称为**弯矩**。

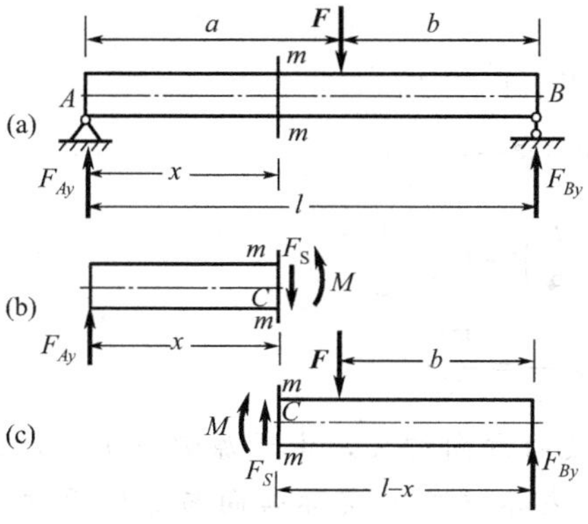

图 7-6

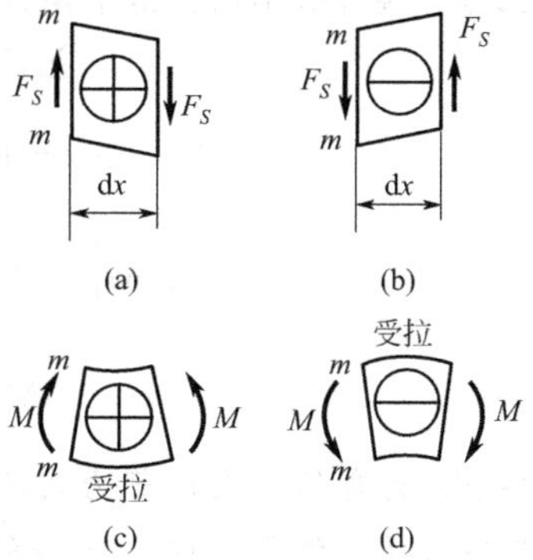

图 7-7

根据左段梁的平衡条件，由平衡方程

$$\sum F_y=0: F_{Ay}-F_S=0$$

得
$$F_S=F_{Ay}$$

再对 m-m 截面的形心 C 取矩：

$$\sum M_C=0: F_{Ay}x-M=0$$

得
$$M=F_{Ay}x$$

同样，也可取右端梁为研究对象［图 7-6(c)］，考虑其平衡，求出梁在 m-m 面上的内力 F_S 和 M。它们将与上面取左段梁为研究对象求得的 F_S 和 M 大小相等但方向相反，为作用力与反作用力的关系，读者可加以验证。

为了使左右两端梁在同一横截面的内力符号保持一致，可以采用与研究轴力和扭矩相同的方法，按梁的变形情况来规定内力的符号。为此，在横截面 m-m 处从梁中取出微段 dx（图 7-7）。通常规定：此微段梁的两相邻截面有左端向上、右端向下的相对错动时［图 7-7(a)］，横截面 m-m 上的剪力为正，反之为负［图 7-7(b)］；此微段梁弯曲成凹形（即下侧受拉）时［图 7-7(c)］，横截面 m-m 上的弯矩为正，反之为负［图 7-7(d)］。按规定，在图 7-6(b)、图 7-6(c) 中所示的横截面 m-m 上的剪力和弯矩均为正值。

下面举例说明怎样用截面法求梁在指定截面上的剪力和弯矩。

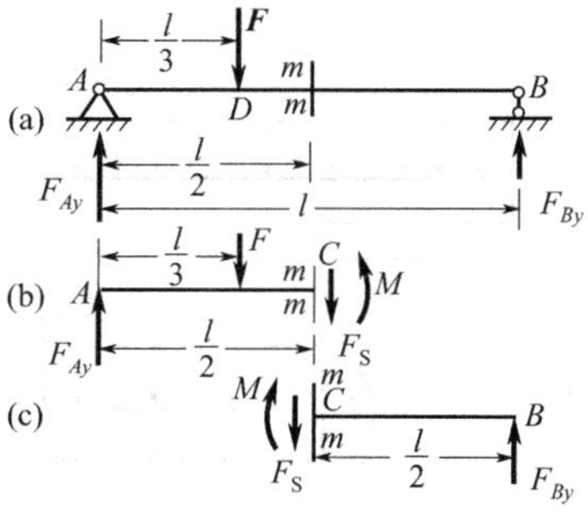

图 7-8

例 7-1 简支梁 AB 如图 7-8(a) 所示，在 D 点处作用一集中力 F，求梁跨中截面 m-m 上的剪力和弯矩。

解：(1) 求支反力

以整个梁为研究对象，由平衡方程

$$\sum M_B=0: -F_{Ay}l+F\ \frac{2l}{3}=0$$

$$\sum M_A=0: F_{By}l-F\ \frac{l}{3}=0$$

得
$$F_{Ay}=\frac{2}{3}F,\ F_{By}=\frac{1}{3}F$$

(2) 求截面 m-m 上的剪力和弯矩

沿截面 m-m 处假想地将梁截开，取其左端为研究对象，并设截面上的剪力 F_S 和弯矩 M 均为正值［图 7-8(b)］。由平衡方程

$$\sum F_y=0: F_{Ay}-F-F_S=0$$

得
$$F_S=F_{Ay}-F=\frac{2}{3}F-F=-\frac{1}{3}F$$

由
$$\sum M_C=0: M+F\left(\frac{l}{2}-\frac{l}{3}\right)-F_{Ay}\ \frac{l}{2}=0$$

得
$$M=-\frac{Fl}{6}+\frac{2F}{3}\times\frac{l}{2}=\frac{Fl}{6}$$

所得 F_S 为负值，表示剪力实际方向与原假设的方向相反，由于原假设 F_S 为正方向，由此可知实际 F_S 为负方向；所得的 M 为正值，表示弯矩的实际转向与原假设方向一致，即为正值转向。

现再从右段梁来计算 F_S 和 M，借以验算上述结果。此段梁的受力情况如图 7-8(c) 所示，m-m 面上的 F_S、M 仍均假设为正值。

由平衡方程
$$\sum F_y=0: F_S+F_{By}=0$$

得
$$F_S=-F_{By}=-\frac{1}{3}F$$

由
$$\sum M_C=0: F_{By}\ \frac{l}{2}-M=0$$

得
$$M=F_{By}\ \frac{l}{2}=\frac{Fl}{6}$$

这一结果与从左段梁计算的结果完全相同。由此可见，在计算剪力和弯矩时，为了使运算较为简便，可取外力较少的梁段作为研究对象。

例 7-2 图 7-9(a) 所示悬臂梁受集度为 q 的均布荷载和矩为 $m=ql^2$ 的集中力偶作用，试求距固定端为 x 处横截面上的剪力和弯矩。

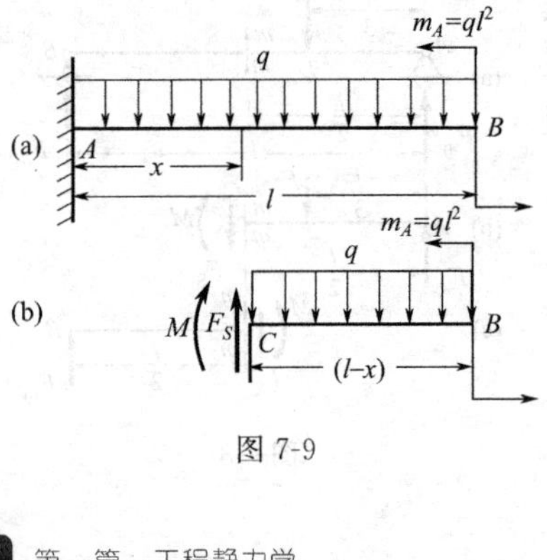

图 7-9

解：对于悬臂梁，当求横截面上的内力时，如取截面一侧包括自由端在内的梁段来研究，可不必求出支反力。

在距固定端为 x 处假想地将梁截开，取右段梁为研究对象［图 7-9(b)］，并假设 F_S、M 均为正值。

由平衡方程

$$\sum F_y=0: F_S-q(l-x)=0$$

得
$$F_S=q(l-x)$$

由 $$\sum M_C=0: m-\frac{q}{2}(l-x)^2-M=0$$

得 $$M=ql^2-\frac{q}{2}(l-x)^2=\frac{ql^2}{2}+qlx-\frac{qx^2}{2}$$

考虑到 x 的变化范围，可知 F_S 和 M 恒为正值，即它们的指向及转向与原假设相同。F_S 和 M 均随着 x 的变化而变化，为坐标 x 的函数。

注意，在求横截面上的剪力和弯矩时，不能预先将整个梁上的分布荷载用其静力等效的合力来代替，因为这种替换将改变该截面任意一侧梁上的荷载情况。但在截开后，由截面一侧梁段求此截面上的剪力和弯矩时，仍可用合力来代替梁段上的分布荷载，因为这纯粹是静力平衡的问题了。对受线性分布荷载作用的梁的内力计算时，尤其要加以注意。

上面两个例题说明了用截面法求梁指定截面上的剪力和弯矩的基本步骤。从计算过程可以看出，可不必将梁假想地截开，而直接从所求横截面的任意一侧梁段上的外力来求得该截面上的剪力和弯矩：

(1) 横截面上的剪力在数值上等于作用在此截面左侧或右侧梁段上所有横向外力的代数和，且由对剪力的符号规定可知，在左侧梁段上向上的外力或右侧梁段上向下的外力将引起正值的剪力，反之，则引起负值的剪力，即所谓"左上右下"剪力为正；

(2) 横截面上的弯矩在数值上等于作用在此截面左侧或者右侧梁段上所有外力对该截面形心之矩的代数和，且由对弯矩的符号规定可知，不论在截面的左侧或右侧向上的外力均将引起正值弯矩，而向下的外力则引起负值弯矩。对于外力偶而言，在左侧梁段上顺时针转向的外力偶或右侧梁段上逆时针转向的外力偶将引起正值的弯矩，反之，则引起负值的弯矩，即所谓"左顺右逆"弯矩为正。

根据上述规则，在求指定截面上的内力时，计算过程将大为简化。下面通过例题来说明这种方法的应用。

例 7-3 求图 7-10 所示简支梁 C、D 两点处横截面上的剪力和弯矩。

解：(1) 求支反力

由平衡方程

$$\sum M_B=0: F_{Ay}\times 6-4\times 4.5-(6\times 3)\times 1.5=0$$

得 $$F_{Ay}=7.5\text{kN}$$

由 $$\sum F_y=0: F_{Ay}-4-6\times 3+F_{By}=0$$

得 $$F_{By}=14.5\text{kN}$$

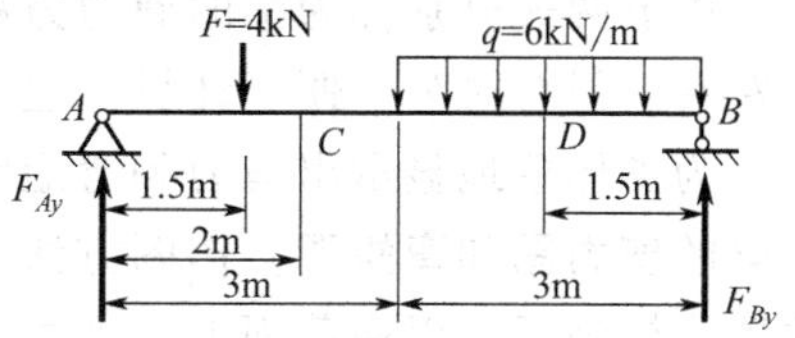

图 7-10

(2) 求 C 点处横截面上的剪力 F_{SC} 和弯矩 M_C

根据 C 截面左侧梁段上的外力来计算，得

$$F_{SC}=F_{Ay}-F=7.5-4=3.5(\text{kN})$$

$$M_C=F_{Ay}\times 2-F\times(2-1.5)=7.5\times 2-4\times 0.5=13(\text{kN}\cdot\text{m})$$

同样也可从 C 截面右侧梁段上的外力来计算

$$F_{SC}=q\times 3-F_{By}=6\times 3-14.5=3.5(\text{kN})$$

$$M_C=-(q\times 3)\times 2.5+F_{By}\times 4=-(6\times 3)\times 2.5+14.5\times 4=13(\text{kN}\cdot\text{m})$$

计算结果完全相同。

(3) 求 D 点处横截面上的剪力 F_{SD} 和弯矩 M_D

根据 D 截面右侧梁段上的外力来计算，得

$$F_S = q\times1.5 - F_{By} = 6\times1.5 - 14.5 = -5.5(\text{kN})$$

$$M_C = -(q\times1.5)\times\frac{1.5}{2} + F_{By}\times1.5 = -(6\times1.5)\times\frac{1.5}{2} + 14.5\times1.5 = 15(\text{kN}\cdot\text{m})$$

例 7-4 图 7-11 所示为一机车车轴的计算简图。已知 $F_1=F_2=F=50\text{kN}$，$a=230\text{mm}$，$b=110\text{mm}$，$c=1200\text{mm}$。试求 C、D 两点处横截面上的剪力和弯矩。

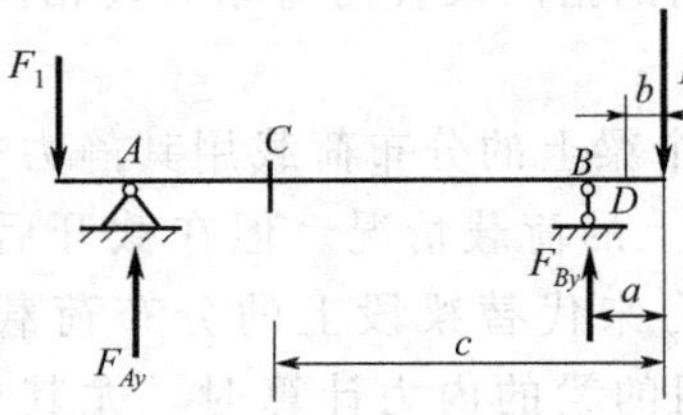

图 7-11

解：(1) 求支反力

利用荷载及铅垂方向约束的对称性，可求得梁的支反力 F_{Ay}、F_{By} 为

$$F_{Ay} = F_{By} = 50\text{kN}$$

(2) 求 C 点处横截面上的剪力 F_{SC} 和弯矩 M_C

根据 C 截面右侧梁段上的外力来计算，得

$$F_{SC} = -F_{By} + F_2 = -F + F = 0$$

$$M_C = F_{By}(c-a) - F_2c = F(c-a) - Fc = -Fa$$

$$= -(50\times10^3)\times(230\times10^{-3}) = -11500(\text{N}\cdot\text{m}) = -11.5\text{kN}\cdot\text{m}$$

(3) 求 D 点处横截面上的剪力 F_{SD} 和弯矩 M_D

同样，根据 D 截面右侧梁段上的外力来计算，得

$$F_{SD} = F_2 = 50(\text{kN})$$

$$M_D = -F_2b = -(50\times10^3)\times(110\times10^{-3}) = -5500(\text{N}\cdot\text{m}) = -5.5\text{kN}\cdot\text{m}$$

二、剪力图与弯矩图

从上面的讨论可知，梁横截面上的剪力 F_S 和弯矩 M 一般是随横截面的位置而变化的。设横截面位置是用沿梁轴线的坐标 x 表示，则梁各个横截面上的剪力和弯矩都可以表示成坐标 x 的函数，即

$$F_S = F_S(x) \text{和} \quad M = M(x)$$

以上两式分别称为梁的**剪力方程**和**弯矩方程**。在列这些方程时，一般将坐标原点选在梁的左端。但有时为了便于计算，也可将坐标原点选在梁的右端。

为了形象地显示出剪力和弯矩沿梁轴线的变化情况，可根据剪力方程和弯矩方程分别绘出梁的**剪力图**和**弯矩图**。作图方法与轴力图和扭矩图的做法相似，即以梁横截面沿梁轴线的位置为横坐标，以横截面上的剪力或弯矩数值为纵坐标，按适当的比例尺绘出表示 $F_S(x)$ 和 $M(x)$ 的图线。若杆件轴线为水平方向，绘图时一般规定将正值的剪力画在 x 轴的上侧，负值剪力画在 x 轴下侧；将正值的弯矩画在 x 轴的下侧，负值弯矩画在 x 轴的上侧，即弯矩图是画在梁的受拉侧。对倾斜的梁，其内力图的画法与水平梁相同。如果遇到受弯构件的轴线是与地面垂直的，一般是将垂直杆的下端当作左端，上端当作右端来画其内力图。

一般情况下，画剪力图和弯矩图的步骤可概括如下。

(1) 根据梁所受荷载及支座情况，求出支反力（对于悬臂梁，有时可不必求出支反力）。

(2) 根据荷载及支反力的情况，列出剪力方程和弯矩方程。当梁上受有几个外力（包括集中力、集中力偶、分布力等）作用时，在各个外力之间的每一段梁的剪力方程和弯矩方程一般互不相同，这时必须对每一段梁分别列出其剪力方程和弯矩方程。

(3) 根据剪力方程和弯矩方程分别作出剪力图和弯矩图，也就是数学中作函数 $y=f(x)$ 图形所用的方法。

剪力图和弯矩图可以用来确定梁的剪力和弯矩的最大值及其所在截面的位置，为梁的强度计算提供依据。此外，在计算梁的位移时，也要利用弯矩方程或弯矩图。所以，它们是工程力学中的一个重要内容。

下面通过例题来具体说明如何列出梁的剪力方程和弯矩方程，以及如何由这些方程作出梁的剪力图和弯矩图。

例 7-5 图 7-12(a) 所示悬臂梁在自由端受集中荷载 F 作用，试作出此梁的剪力图和弯矩图。

解：(1) 列剪力方程和弯矩方程

为了计算方便，以梁的左端为坐标原点，并取距原点为 x 的任意横截面左边的一段为研究对象，这样可避免支反力的运算。按上节直接由外力计算剪力和弯矩的方法，可得该截面上剪力及弯矩的表达式，即梁的剪力方程和弯矩方程。它们分别为

$$F_S(x)=-F \qquad (0<x<l) \tag{a}$$

$$M(x)=-Fx \qquad (0\leqslant x<l) \tag{b}$$

上面两式后面的括号中说明了方程的适用范围。由于在集中力和集中力偶作用处，剪力值与弯矩值分别有突变而均为不定值，因此在这些位置方程的适用范围用开区间表示。

(2) 作剪力图和弯矩图

式(a) 表明此梁的剪力与横截面的位置无关，各横截面上的剪力均为 $-F$，剪力图因此是一条位于 x 轴下方并与之平行的直线［图 7-12(b)］。

式(b) 表明此梁的弯矩是 x 的线性函数，其图形应是一条斜直线。由其上两点坐标例如 $x=0$，$M=0$；$x=l$，$M=-F\cdot l$，即可作出此直线［图 7-12(c)］。这就是此梁的弯矩图。由图可见，梁的最大弯矩位于固定端左侧的横截面上，其数值为 $|M|_{max}=Fl$。

注意：$x=l$ 上是指 x 略小于 l 处的横截面，因为当 $x=l$ 时，弯矩 M 是不定值。以后遇到的类似情况，也这样考虑。确定内力图形所需的点也称为控制点。

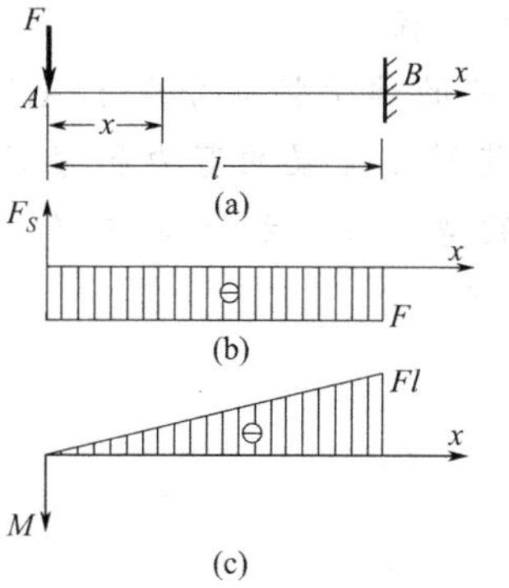

图 7-12

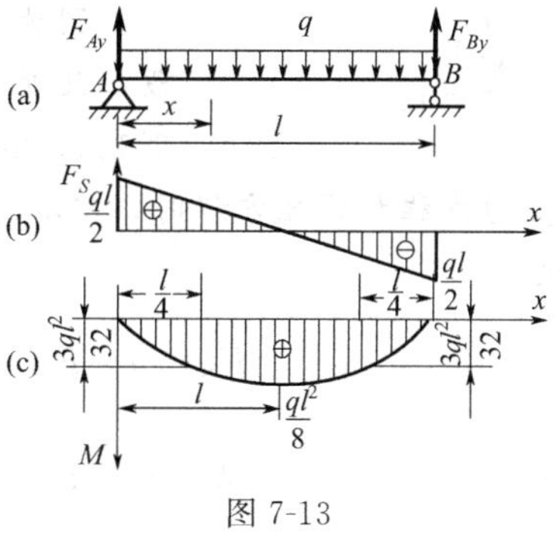

图 7-13

例 7-6 图 7-13(a) 所示简支梁，在全梁上受集度为 q 的均布荷载作用，试作出此梁的剪力图和弯矩图。

解：(1) 求支反力

由于荷载及支座的对称性，可知两个支反力相等，即

$$F_{Ay}=F_{By}=\frac{ql}{2}$$

(2) 列剪力方程和弯矩方程

以 A 端为坐标原点，取距坐标原点为 x 的任意横截面，并以此截面左侧的梁为研究对象，可以写出此梁的剪力方程和弯矩方程分别为

$$F_S(x)=F_{Ay}-qx=\frac{ql}{2}-qx \quad (0<x<l) \qquad \text{(a)}$$

$$M(x)=F_{Ay}x-\frac{qx^2}{2}=\frac{qlx}{2}-\frac{qx^2}{2}(0\leqslant x\leqslant l) \qquad \text{(b)}$$

(3) 作剪力图和弯矩图

由式(a) 可知，剪力图是一倾斜直线，确定其上两个点的坐标，如 $x=0$，$F_S=F_{Ay}=ql/2$；$x=l$，$F_S=-F_{By}=-ql/2$，即可作出此梁的剪力图［图 7-13(b)］。

由式(b) 可知，弯矩图是一条二次抛物线，至少须确定其上三个点的坐标。这里取以下五个点：

$x=0$，$M=0$；$x=l$，$M=0$；$x=\dfrac{l}{2}$，$M=\dfrac{ql^2}{8}$；$x=\dfrac{l}{4}$及$x=\dfrac{3l}{4}$，$M=\dfrac{3ql^2}{32}$。

根据以上几个点即可作出梁的弯矩图［图 7-13(c)］。

由图可见，在两支座内侧的横截面上剪力的绝对值最大，其值为$|F_S|_{max}=ql/2$；在梁跨中点横截面上弯矩最大，其值为 $M_{max}=ql^2/8$，而在此截面上，剪力 $F_S=0$。

例 7-7 图 7-14(a) 所示简支梁在截面 C 处受一集中力 F 作用。试作出此梁的剪力图和弯矩图。

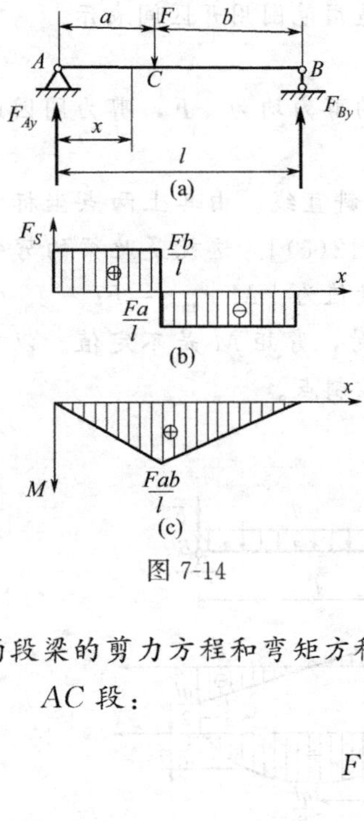

图 7-14

解：(1) 求支反力

由平衡方程（此处略）可求得

$$F_{Ay}=\frac{Fb}{l},\ F_{By}=\frac{Fa}{l}$$

(2) 列剪力方程和弯矩方程

因为在 C 点处集中力 F 的作用将梁分成了 AC 和 CB 两段，此时用一个方程已不能描述全梁的剪力和弯矩，而应分别列出 AC 和 CB 两段梁的剪力方程和弯矩方程。这里在写两段梁的剪力方程和弯矩方程时，均取梁的左端为坐标原点。

AC 段：

$$F_S(x)=F_{Ay}=\frac{Fb}{l} \qquad (0<x<a) \qquad \text{(a)}$$

$$M(x)=F_{Ay}x=\frac{Fb}{l}x \qquad (0\leqslant x\leqslant a) \qquad \text{(b)}$$

CB 段：

$$F_S(x)=F_{Ay}-F=\frac{Fb}{l}-F=-\frac{Fa}{l} \qquad (a<x<l) \qquad \text{(c)}$$

$$M(x)=F_{Ay}x-F(x-a)=\frac{Fb}{l}x-F(x-a)=\frac{Fa}{l}(l-x) \qquad (a\leqslant x\leqslant l) \qquad \text{(d)}$$

(3) 作剪力图和弯矩图

由 (a)、(c) 两式可知，左右两段梁的剪力图各是一条平行于 x 轴的直线。由 (b)、(d) 两式可知，左、右两段梁的弯矩图各是一条斜直线。由此作出剪力图和弯矩图，如

图 7-14(b)、(c) 所示。从图上可见，当 $b>a$ 时，全梁的最大剪力出现在 AC 段的各横截面上，其值为 $F_{S\max}=\frac{Fb}{l}$。在集中力 F 作用处梁的横截面上有最大的弯矩，其值为 $M_{\max}=\frac{Fab}{l}$，在此截面处剪力图有突变，且改变了正、负号，其突变值等于集中荷载值。

例 7-8 图 7-15(a) 所示简支梁在 C 点处受矩为 m 的集中力偶作用。试作出此梁的剪力图和弯矩图。

解：(1) 求支反力

设支反力均向上，由平衡方程（此处略）可求得

$$F_{Ay}=\frac{m}{l},\ F_{By}=-\frac{m}{l}$$

F_{By} 为负值，表示其实际方向与假设方向相反，为向下。

(2) 列剪力方程和弯矩方程

由于此简支梁上作用的只有一个集中力偶 m，而没有横向外力，根据前述内容可知，全梁只有一个剪力方程，即

$$F_S(x)=\frac{m}{l}(0<x<l) \tag{a}$$

至于弯矩方程，则应对 AC 段和 CB 段分别列出。

AC 段：

$$M(x)=\frac{m}{l}x(0\leqslant x<a) \tag{b}$$

CB 段：

$$M(x)=\frac{m}{l}x-m=-\frac{m}{l}(l-x)(a<x\leqslant l) \tag{c}$$

(3) 作剪力图和弯矩图

根据式(a) 作出剪力图，如图 7-15(b) 所示，它是一条平行于 x 轴的直线；根据 (b)、(c) 两式可分段作出梁的弯矩图，如图 7-15(c) 所示。从图上可以看出，两段梁的弯矩图各为一条斜直线。在集中力偶作用处，弯矩图出现突变，突变值等于此集中力偶的矩。当 $b>a$ 时，最大弯矩出现在集中力偶作用处稍右的横截面上，其值为 $|M|_{\max}=\frac{mb}{l}$。

当集中力偶 m 作用在梁的一端，例如作用在梁的左端［图 7-16(a)］时，其剪力图没有变化［图 7-16(b)］，但弯矩图将变为一条倾斜直线［图 7-16(c)］。

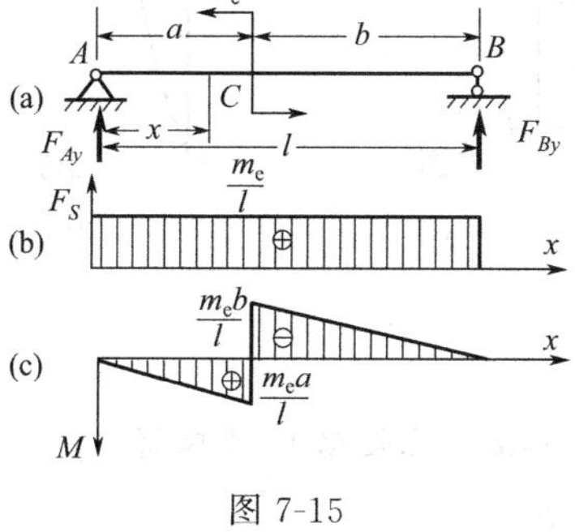

图 7-15

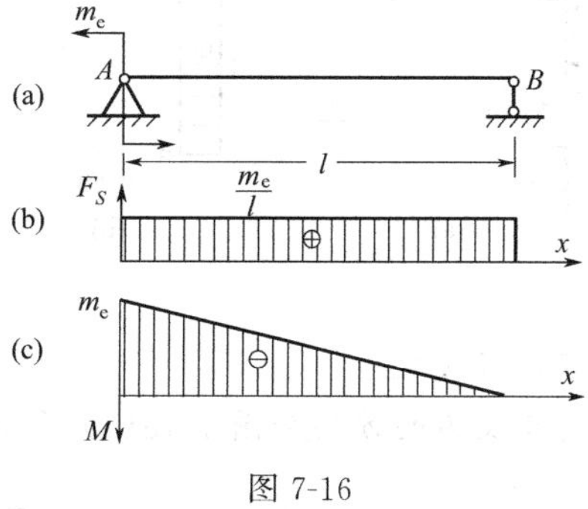

图 7-16

通过以上几个例题的分析，可从中归纳出带有规律性的几点。

(1) 当梁上受若干个集中力或集中力偶作用时，由于力或力偶之间的各段梁上弯矩各不相同，因此必须逐段写出梁的弯矩方程并作出相应的弯矩图。对于在部分梁上有分布荷载作用的情况，也应这样处理。至于剪力方程和剪力图，除了有集中力偶作用的情况外，也应分段列出或绘制。

(2) 在梁上集中力作用处，其左右两侧横截面上的剪力数值有骤然的变化，两者的代数差即等于此集中力的值。因此在剪力图上相应处有一个突变，而在弯矩图上的相应处则有一个尖角。与此相仿，梁上集中力偶作用处左、右两侧横截面上的弯矩数值也有骤然的变化，两者的代数差即等于此集中力偶的值。于是在弯矩图上相应处也有一个突变，但在剪力图的相应处并无变化。对于在剪力图和弯矩图上的这种突变，从表面上看，在集中力和集中力偶作用的横截面上，剪力和弯矩似乎没有确定的数值，但事实上并非如此。比如，所谓的集中力并不能“集中”作用于梁上一点，而是作用在梁上一个微小长度 Δx 内的分布力（可视为均匀分布）经简化后得出的结果［图 7-17(a)］在该微段内，剪力图实际上是连续变化的［图 7-17(b)］。与此类似，由于集中力偶实际上也是一种简化的结果，所以按其实际分布情况绘出的弯矩图，在集中力偶作用处长为 Δx 的一段梁上也是连续变化的。

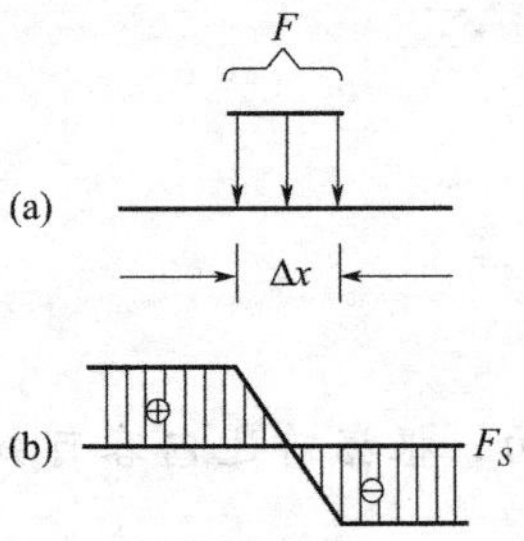

图 7-17

(3) 全梁的最大剪力发生在全梁或各梁段的边界截面处；全梁的最大弯矩通常发生在剪力等于零或剪力有突变且改变正负号的截面处。当梁上有集中力偶作用时，在集中力偶所在截面左侧或右侧的横截面上，也可能出现全梁的最大弯矩。

上述作剪力图和弯矩图的方法，也同样适用于**刚架**和**曲杆**。刚架是用刚结点将若干杆件连接而成的结构。所谓刚结点，是指在连接处，各杆不允许有相对的移动和转动。因此，刚结点不仅能传递力，而且能传递力矩。曲杆即轴线为曲线的杆件。对于刚架和曲杆来说，其横截面上的内力一般包括轴力、剪力和弯矩，由此可以作出相应的内力图。作图时轴力和剪力的正负号仍按以前的规定，通常正值画在外侧。但对于弯矩，通常是将其图形画在杆件变曲时凸出的一侧，即杆件受拉的一侧，而不再考虑其正负号。下面举例说明平面刚架与平面曲杆内力图的作法。

例 7-9 作图 7-18(a) 所示平面刚架的轴力图、剪力图和弯矩图。

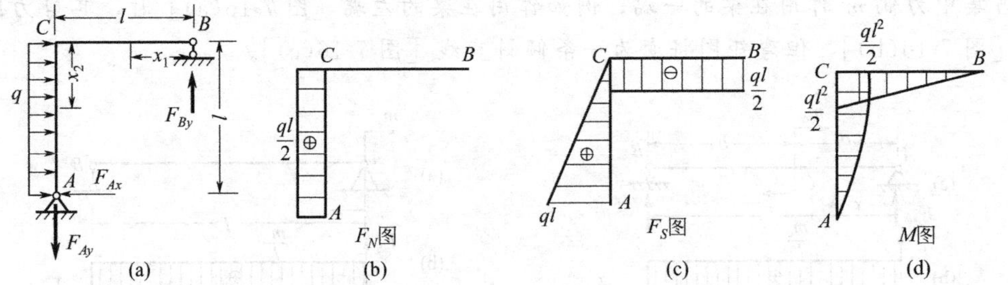

图 7-18

解： (1) 求支反力

设各支座反力的方向如图 7-18(a) 所示，由平衡方程（此处略）可求得

$$F_{Ax}=ql，F_{By}=\frac{ql}{2}$$

(2) 列内力方程

将 AC 段及 CB 段坐标原点分别取在 C 点及 B 点处，在两段杆内取任意 x 截面可列出相应的内力方程。

CB 段：

$$F_N(x_1)=0 \qquad (0\leqslant x_1\leqslant l) \tag{a}$$

$$F_S(x_1)=-F_{By}=-\frac{ql}{2} \qquad (0<x_1<l) \tag{b}$$

$$M(x_1)=F_{By}x_1=\frac{qlx_1}{2} \qquad (0\leqslant x_1\leqslant l)\ (\text{内侧受拉}) \tag{c}$$

AC 段：

$$F_N(x_2)=F_{By}=\frac{ql}{2} \qquad (0<x_2<l) \tag{d}$$

$$F_S(x_2)=qx_2 \qquad (0\leqslant x_2<l) \tag{e}$$

$$M(x_2)=F_{By}l-\frac{qx_2^2}{2}=\frac{ql^2}{2}-\frac{qx_2^2}{2} \qquad (0\leqslant x_2\leqslant l)\ (\text{内侧受拉}) \tag{f}$$

(3) 作内力图

根据以上各式确定有关的坐标后，便可以作出此刚架的轴力图、剪力图和弯矩图，如图 7-18(b)、(c)、(d) 所示。

例 7-10 右端固定的半圆环，在其轴线平面内受水平向右荷载 F 作用，如图 7-19(a) 所示。试作出此曲杆的内力图。

解：(1) 列内力方程

对于环状曲杆，宜用极坐标表示其横截面的位置。现取环的中心 O 为极点，以 OA 为极轴，并取极角为 θ 的横截面的左段为研究对象[图 7-19(b)]，写出内力方程为

$$F_N(\theta)=-F\sin\theta \quad (0\leqslant\theta\leqslant\pi) \tag{a}$$

$$F_S(\theta)=-F\cos\theta \quad (0\leqslant\theta<\pi) \tag{b}$$

$$M(\theta)=FR\sin\theta \quad (0\leqslant\theta\leqslant\pi)(\text{外侧受拉}) \tag{c}$$

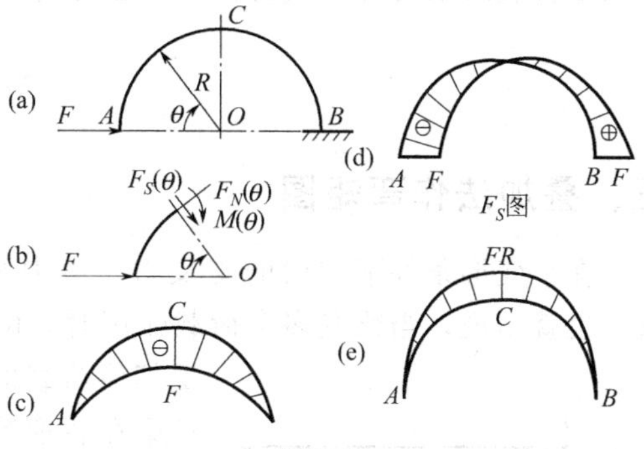

图 7-19

(2) 作内力图

根据这些方程，以曲杆的轴线为基线，算出相应的各横截面上的内力数值，并分别标在与横截面相应的半径线上，最后将其连成光滑曲线即可作出此曲杆的轴力图、剪力图和弯矩图，如图 7-19(c)、(d)、(e) 所示。由图可知，最大轴力与最大弯矩发生在同一截面上。

工程中有时还需判断梁在移动荷载作用下荷载的最不利位置，即确定梁内最大弯矩达到极大值时荷载的位置。现举例说明如下。

例 7-11 图 7-20(a) 所示简支梁受移动荷载 F 作用。试求梁的最大弯矩为极大值时荷

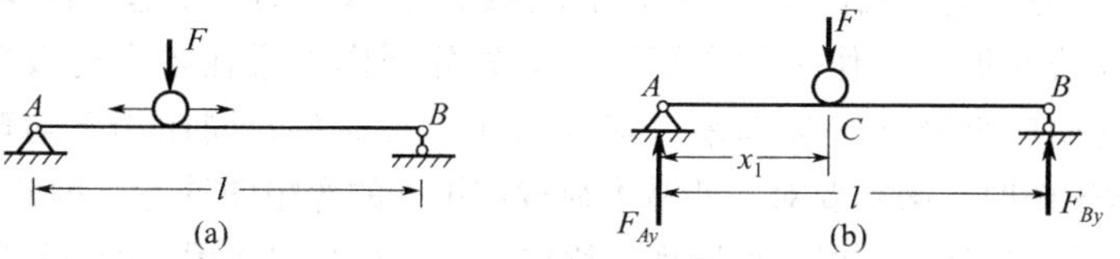

图 7-20

载 F 的位置。

解： 先设 F 在距左支座 A 为 x_1 的任意位置［图 7-20(b)］，求得此情况下梁的最大弯矩。再分析 x_1 为何值时才能使上述最大弯矩在荷载 F 所有的移动位置中达到极大值。

荷载 F 在任意位置时，支反力［图 7-20(b)］为

$$F_{Ay}=\frac{F\ (l-x_1)}{l},\qquad F_{By}=\frac{Fx_1}{l}$$

由例题 7-7 已知，简支梁受一集中荷载作用时，其最大弯矩发生在 F 作用处的横截面上。由此可知，当荷载 F 在距左支座为 x_1 的任意位置 C 时，梁的最大弯矩即为 C 点处横截面上的弯矩 M_C，其值为

$$M_C=F_{Ay}x_1=\frac{F(l-x_1)}{l}x_1$$

当荷载 F 在梁上移动时，即 x_1 变化时，M_C 值也将随之变化，其中必有一个值使 M_C 为极大。此值可按求函数极值的方法求得。

令

$$\frac{dM_C}{dx_1}=\frac{F(l-2x_1)}{l}=0$$

得

$$x_1=l/2$$

此结果表明，当移动荷载 F 作用在简支梁的跨中位置时，梁的最大弯矩为极大值，且发生在荷载所在的跨中截面上，其值可将 $x_1=l/2$ 代入式 $M_C=\frac{F(l-x_1)}{l}x_1$，求得

$$M_{max}=\frac{Fl}{4}$$

三、叠加法作弯矩图

在小变形条件下求梁的支反力、剪力和弯矩时，所得到的结果均与梁上荷载呈线性关系。也就是说，当梁受多个荷载作用时，由每一项荷载所引起的梁的支反力、剪力和弯矩不受其他荷载的影响。这样，求梁某一横截面上的弯矩就等于求梁在各项荷载单独作用下同一横截面上弯矩的代数和。例如，图 7-21(a) 所示悬臂梁受集中荷载 F 和均布荷载 q 共同作用，在距左端为 x 的任意横截面上的弯矩 $M(x)$ 就等于集中荷载 F 和均布荷载 q 单独作用时［图 7-21(b)、(c)］该截面上的弯矩 $-Fx$ 和 $-\frac{qx^2}{2}$ 的代数和。

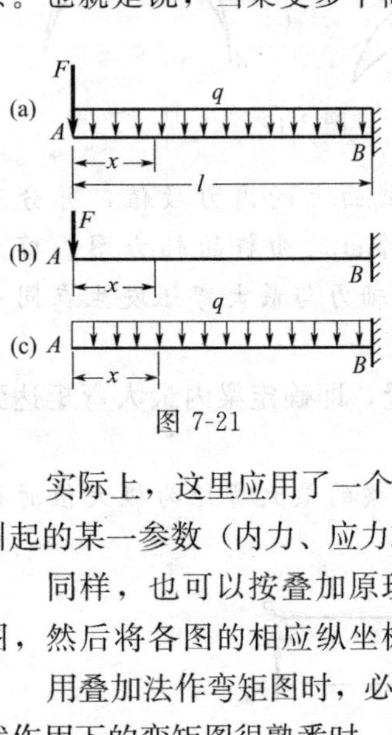

图 7-21

$$M(x)=-Fx-\frac{qx^2}{2}$$

实际上，这里应用了一个带有普遍性的原理——**叠加原理**，即：由若干个荷载共同作用时所引起的某一参数（内力、应力或位移），等于各个荷载单独作用时所引起的该参数值的代数和。

同样，也可以按叠加原理作梁的弯矩图，即先分别作出梁在各个荷载单独作用下的弯矩图，然后将各图的相应纵坐标叠加起来，就是梁在所有荷载共同作用下的弯矩图。

用叠加法作弯矩图时，必须要对一些基本荷载作用下的弯矩图熟悉。因此，当对梁在简单荷载作用下的弯矩图很熟悉时，根据叠加原理作梁在几项荷载共同作用下的弯矩图是很方便的。

例 7-12 试按叠加原理作图 7-22(a) 所示简支梁的弯矩图，并求梁的极值弯矩和最大弯矩，设 $m=\frac{ql^2}{8}$。

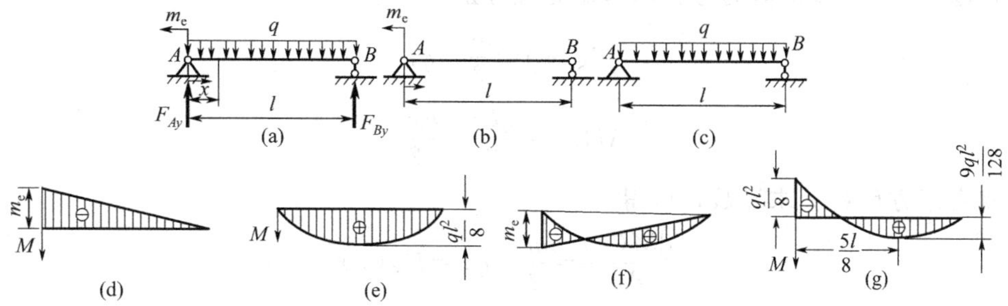

图 7-22

解：(1) 作弯矩图

先分别作出简支梁只受集中力偶 m 作用时［图 7-22(b)］的弯矩图［图 7-22(d)］和只受均布荷载 q 作用时［图 7-22(c)］的弯矩图［图 7-22(e)］。两弯矩图的纵坐标具有不同的正负号，叠加时可将它们画在 x 轴的同一侧［图 7-22(f)］，两图共同的部分（无阴影线部分），其正值和负值的纵坐标相互抵消，余下的纵距（阴影线部分）即代表叠加后的弯矩值。叠加后的弯矩图仍为抛物线，将它改画为以水平直线为基线的图，就是通常形式的弯矩图［图 7-22(g)］。

(2) 求极值弯矩和最大弯矩

由平衡方程 $\sum M_B=0$ 得

$$F_{Ay}=\frac{m}{l}+\frac{ql}{2}$$

坐标原点选在梁的左端，弯矩方程为

$$M(x)=F_{Ay}x-m-\frac{qx^2}{2}=\left(\frac{m}{l}+\frac{ql}{2}\right)x-m-\frac{qx^2}{2} \qquad (0<x\leqslant l)$$

代入 $m=\frac{ql^2}{8}$，得 $M(x)=\frac{5ql}{8}x-m-\frac{qx^2}{2}$

令 $\frac{dM(x)}{dx}=\frac{5}{8}ql-qx=0$，可求得极值弯矩所在截面到支座 A 的距离为 $x_0=\frac{5}{8}l$，

此截面上的弯矩 M_{x_0} 为

$$M_{x_0}=F_{Ay}x_0-m-\frac{qx_0^2}{2}=\frac{9}{128}ql^2$$

此即为所要求的极值弯矩。

由于梁在 A 端截面上的弯矩 $|M_A|=\frac{1}{8}ql^2$，其数值大于上述极值弯矩，所以全梁的最大弯矩 $M_{max}=|M_A|=\frac{1}{8}ql^2$。在这里再一次看到，梁的极值弯矩不一定就是全梁的最大弯矩。

在本例中，若将外力偶 m 的转向反过来［图 7-23(a)］，则与 m 相对应的弯矩图的纵坐标将为正值，与梁在均布荷载作用下的弯矩图纵坐标的符号相同。因此，叠加时可将它们画在 x 轴的两侧［图 7-23(b)］，在倾斜直线和抛物线之间的纵距就是叠加后的弯矩值。

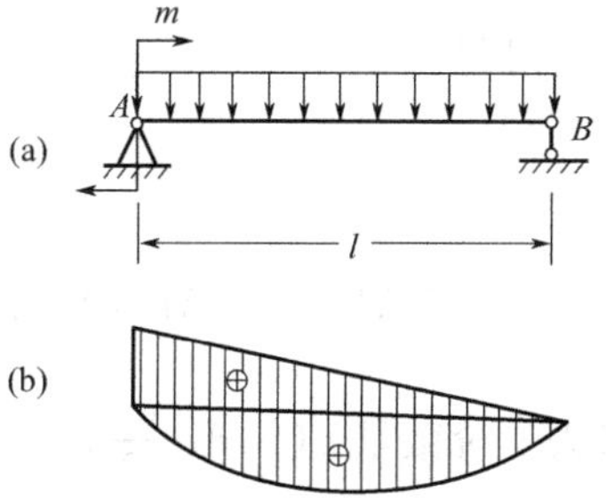

图 7-23

第三节　弯矩、剪力与分布荷载集度之间的微分关系

在例题 7-6 中，梁的剪力方程和弯矩方程分别为

$$F_S(x)=\frac{ql}{2}-qx$$

$$M(x)=\frac{qlx}{2}-\frac{qx^2}{2}$$

如将弯矩方程对 x 求导数，可得

$$\frac{dM(x)}{dx}=\frac{ql}{2}-qx=F_S(x)$$

即弯矩函数 $M(x)$ 对 x 求导数等于剪力函数。如再将剪力方程对 x 求导数，可得

$$\frac{dF_S(x)}{dx}=-q$$

即剪力函数 $F_S(x)$ 对 x 求导数等于分布荷载集度（在此例中，均布荷载向下，所得结果为 $-q$）。

实际上，这些结果并不是偶然的。也就是说，在弯矩 M、剪力 F_S 与分布荷载集度 q 之间确实存在着一定的关系，而且这些关系也普遍存在于其它梁上。下面就从普遍情况来推导这种关系。

设图 7-24(a) 所示的梁上作用有任意的分布荷载，集度为 $q(x)$，是 x 的连续函数，并规定其方向向上为正。现以梁的左端为坐标原点，取 x 轴向右为正。用坐标为 x 和 $x+dx$ 的两个相邻横截面，假想地从梁中取出长为 dx 的一微段来研究［图 7-22(b)］。因 dx 非常微小，其上作用的分布荷载 $q(x)$ 可看作是均布的。设此微段梁左侧截面上的剪力为 $F_S(x)$，弯矩为 $M(x)$；右侧截面上的剪力为 $F_S(x)+dF_S(x)$，弯矩为 $M(x)+d\,M(x)$，且均为正值。在上述各力作用下该微段处于平衡状态，则由平衡方程

$$\sum F_y=0,\qquad F_S(x)+q(x)dx-[F_S(x)+dF_S(x)]=0$$

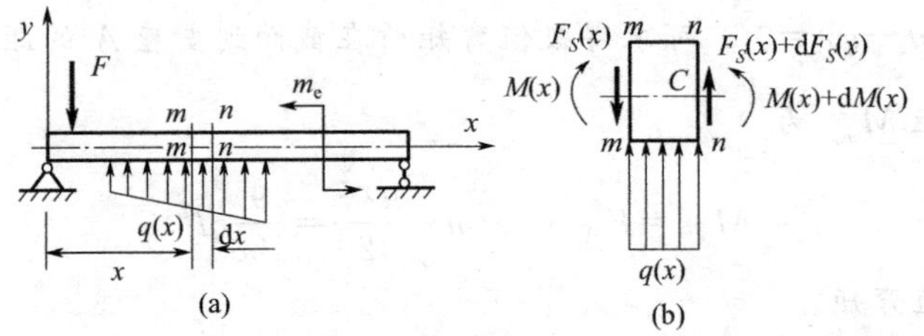

图 7-24

可得

$$\frac{dF_S(x)}{dx}=q(x) \tag{7-1}$$

由　$\sum M_C=0$，$M(x)+F_S(x)dx+q(x)dx\,\frac{dx}{2}-[M(x)+dM(x)]=0$

略去二阶微量 $q(x)dx\,\frac{dx}{2}$，可得

$$\frac{dM(x)}{dx}=F_S(x) \tag{7-2}$$

由式(7-1) 和式(7-2) 又可得到

$$\frac{d^2M(x)}{dx^2}=q(x) \tag{7-3}$$

以上三式就是梁在同一截面处弯矩 $M(x)$、剪力 $F_S(x)$ 和荷载集度间的微分关系。在理解这些关系时应注意荷载的符号规定和坐标轴的指向规定，即：分布荷载向上为正，x 轴向右为正，剪力和弯矩的符号仍按前述的规定。若将坐标原点选在梁的右端，x 轴向左为正，则 (7-1) 和 (7-2) 两式的右边应各加一负号，而式(7-3) 不因坐标指向的改动而影响其正负号。

由于$\frac{dF_S(x)}{dx}$和$\frac{dM(x)}{dx}$分别代表剪力图和弯矩图上某点的斜率，所以式(7-1) 和式(7-2) 表明的几何意义为：剪力图上某点处的切线斜率等于梁上对应点处的荷载集度，弯矩图上某点处的切线斜率等于梁上对应截面处的剪力。

根据式(7-1)～式(7-3)，并结合上节中的例题，可以归纳出荷载图、剪力图和弯矩图三者间的一些规律如下。

(1) 若在梁的某一段内无荷载作用，即 $q(x)=0$，则此段梁的剪力图为一条平行于 x 轴的直线，如图 7-12(b)、图 7-14(b) 和图 7-15(b) 所示。而弯矩图一般情况下为一倾斜直线，其倾斜方向则取决于剪力的正负号。注意到弯矩图中 M 轴向下为正，当 $F_S>0$ 时，M 图为向右下方倾斜的直线，如图 7-14(c) 中 AC 段、图 7-15(c) 所示；当 $F_S<0$ 时，M 图为向右上方倾斜的直线，如图 7-12(c)、图 7-14(c) 中 CB 段所示。

(2) 若在梁的某一段内作用有均布荷载，即 $q(x)=$常数，则此段梁的剪力图为一倾斜直线，弯矩图为二次抛物线，如图 7-13(b)、(c) 所示。当均布荷载向下，即 $q(x)=q<0$ 时，F_S 图为向右下方倾斜的直线，M 图为向下凸的抛物线［图 7-13(b)、(c)］；当均布荷载向上，即 $q(x)=q>0$ 时，F_S 图为向右上方倾斜的直线，M 图为向上凸的抛物线。

(3) 在剪力 $F_S=0$ 的横截面处对应弯矩图斜率为零，即在此横截面上弯矩为一极值，如例题 7-6 中梁的跨中截面处（此极值并不一定是全梁的最大弯矩值）。

(4) 在集中力作用处，剪力图有一突变。当沿梁轴从左向右作剪力图时，突变的方向与集中力指向相同，且突变的数值等于集中力的数值。在集中力偶作用处，剪力图无变化，但弯矩图有突变，且突变值等于该力偶之矩。

(5) $|M|_{max}$ 不但可能发生在剪力 $F_S=0$ 的截面上，也可能发生在剪力 F_S 有突变且改变正负号的截面或集中力偶作用的截面上（包括梁的固定端截面），分别如图 7-13、图 7-14 和图 7-12、图 7-15 所示。

例 7-13 图示简支梁，尺寸及梁上荷载如图 7-25(a) 所示。试作此梁的剪力图与弯矩图。

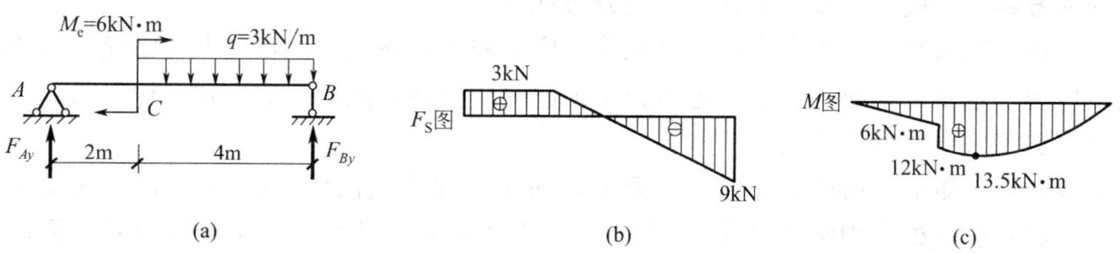

图 7-25

解：由平衡方程（请读者自行写出）可求得支座 A、B 处支反力分别为

$$F_{Ay}=3\text{kN}$$
$$F_{By}=9\text{kN}$$

（1）作剪力图

AC 段无外力作用，剪力图为水平直线，$F_S=F_{Ay}=3\text{kN}$。CB 段为均布荷载段，均布荷载向下，剪力图为自左往右向下倾斜的斜直线，且 $F_{SC}=3\text{kN}$，$F_{SB左}=-9\text{kN}$。作出剪力图如图 7-25(b) 所示。

（2）弯矩图

AC 段无外力作用，剪力为正值，弯矩图为自左往右向下倾斜的斜直线，且

$$M_A=0,\ M_{C左}=F_A\times 2\text{m}=6\text{kN}\cdot\text{m}$$

C 截面有集中力偶 $M=6\text{kN}\cdot\text{m}$ 作用，即

$$M_{C右}=12\text{kN}\cdot\text{m}$$

CB 段受均布荷载作用，弯矩图为向下凸的二次抛物线

$$M_B=0$$

根据剪力图，在距支座 B 为 3m 的截面处剪力等于零，此截面上弯矩有极值，即

$$M_{\max}=F_{By}\times 3-\frac{1}{2}\times q\times 3^2=9\times 3-\frac{1}{2}\times 3\times 3^2=13.5\text{kN}\cdot\text{m}$$

根据 $M_{C右}$、$M_{\max}$ 和 M_B 及抛物线向下凸画出抛物线，进而作出梁的弯矩图，如图 7-25(c) 所示。

第四节　纯弯曲时梁横截面上的正应力

前面几节讨论了梁的内力计算。为解决梁的强度问题，仅知道梁的内力是不够的，还必须进一步研究内力在横截面上分布的规律，亦即研究梁横截面上的应力问题。

一般情况下，在梁的横截面上同时存在剪力和弯矩，如图 7-26 所示简支梁的 AC 和 DB 段，这类弯曲称为**横力弯曲**；若梁的横截面上只有弯矩而无剪力，如图 7-26 所示简支梁的 CD 段，这类弯曲称为**纯弯曲**。

由前几章可知，横截面上的内力实际上是横截面上的应力的合成。横截面上只有与正应力有关的法向内力元素 $dF_N=\sigma dA$ 才能合成为弯矩，只有与切应力有关的切向内力元素 $dF_S=\tau dA$ 才能合成为剪力。所以，一般情况下在梁的横截面上，既有正应力，又有切应力。

本节主要研究纯弯曲时梁横截面上的正应力。

研究纯弯曲时梁横截面上的正应力的方法与研究杆在拉伸（压缩）时或圆轴在扭转时横截面上的应力所用的方法相似，也需综合考虑几何、物理和静力学三个方面。

几何方面——确定横截面上各点应变分布规律。

为了找出梁横截面上正应力的变化规律，应首先研究该截面上任一点处沿横截面法线方向的线应变，也就是纵向线应变，进而找出纵向线应变在该截面上的变化规律。为此，可通过纯弯曲实验来研究变形情况。

实验时取一矩形截面梁，先在其侧面上画两条相邻的横向线 mm 和 nn，在两横向线之间靠近顶面和底面处分别画纵向线 aa 和 bb [图 7-27(a)]，然后，在梁的纵向对称面内，于梁端加一对矩为 M 的外力偶，使梁产生纯弯曲变形 [图 7-27(b)]，从梁的表面可看到以下

变形现象：

(1) 两横向线 mm 和 nn 仍为直线，只转动了一个角度；

(2) 两纵向线 aa 和 bb 弯曲成弧线，但仍与横向线保持垂直；

(3) 靠近底面（受拉侧）的纵向线 bb 伸长，而靠近顶面（受压侧）的纵向线 aa 缩短。

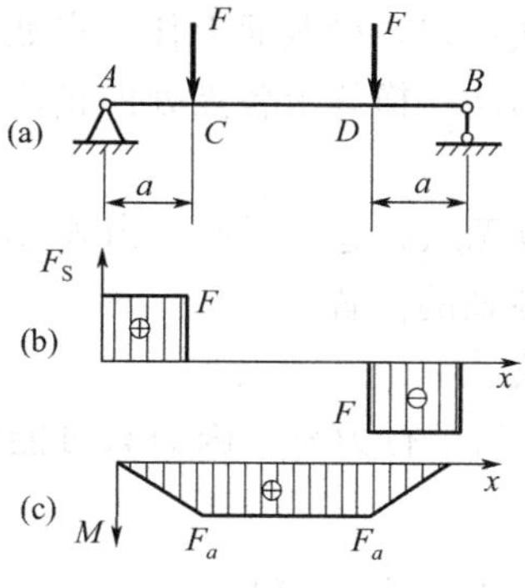

图 7-26

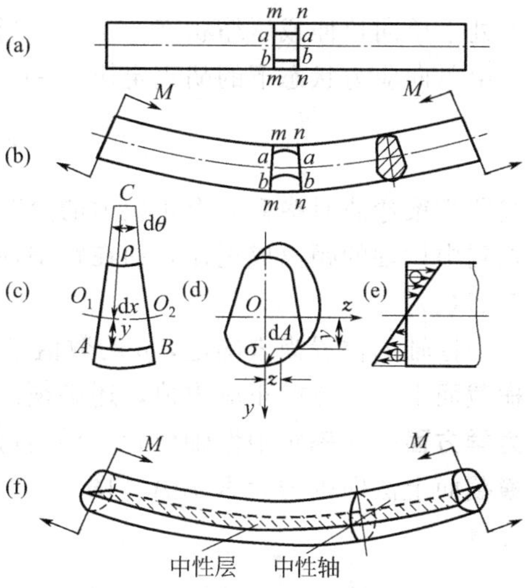

图 7-27

根据上述变形的表面现象，可作出如下假设，认为梁在弯曲变形后，其横截面仍保持为平面，并绕该截面上某一轴线转了一个角度，但仍垂直于梁变形后的轴线。这个假设称为弯曲问题中的**平面假设**。此假设之所以能成立，是因为据此假设所得到的应力和变形计算公式能被实验结果所证实。事实上，对于纯弯曲梁，按弹性理论可以证明梁弯曲时其横截面确实保持为平面。因此，在纯弯曲情况下，平面假设实际上已不是假设了。对横力弯曲梁来说，若其跨高比 $l/h>5$，平面假设仍然成立。

下面根据平面假设，通过几何关系找到横截面上各点处纵向线应变的变化规律。

假想地截取梁的微段 dx [图 7-27(c)]，微段两侧横截面在弯曲变形后将相对地旋转了一个角度 $d\theta$。横截面的转动将使梁凹边（受压侧）的纵向线段缩短，凸边（受拉侧）的纵向线段伸长。根据变形的连续性，可知中间必有一层纵向线段 O_1O_2 无长度变化。此层称为**中性层**。中性层与横截面的交线称为**中性轴** [图 7-27(f)]。中性轴就是梁变形时横截面转动所绕的轴。由于外力作用在梁的纵向对称面内，梁在变形后的形状，对于该平面仍应是对称的。因此，中性轴应与横截面的对称轴垂直，但中性轴的位置尚不知道。

取梁的轴线为 x 轴，横截面的对称轴为 y 轴，中性轴为 z 轴（位置待定）。下面来研究在横截面上距中性轴为 y 处的纵向线应变。

变形后中性层上的纵向线段变成弧线。设变形后中性层 O_1O_2 的曲率半径为 ρ [图 7-27(c)]，因为中性层长度不变，则距中性轴为 y 处的纵向线应变可计算如下。

变形前：AB 为直线，$\overline{AB}=\overline{O_1O_2}=\rho d\theta$

变形后：AB 变成弧线，AB 弧长$=(\rho+y)d\theta$

线应变

$$\varepsilon=\frac{(\rho+y)d\theta-\rho d\theta}{\rho d\theta}=\frac{y}{\rho} \tag{a}$$

由于中性层曲率半径 ρ 为常数，由式(a) 可见：横截面上各点的纵向线应变 ε 与该点离中性轴的距离 y 成正比。这就是梁弯曲时横截面上各点的应变分布规律。

物理方面——确定横截面上正应力分布规律。

找到了横截面上各点应变分布规律后，即可利用应力与应变的物理关系，求得横截面上各点的正应力分布规律。假设各纵向线段间没有因纯弯曲而引起的相互挤压，则可认为横截面上各点处于单向拉伸或压缩状态。于是，当材料在线弹性范围内工作，且拉、压弹性模量相同时，由单向应力状态下的胡克定律 $\sigma=E\varepsilon$，可得

$$\sigma=E\frac{y}{\rho} \tag{b}$$

上式即为梁弯曲时横截面上正应力的分布规律。由此式可知，横截面上任一点处的正应力与该点到中性轴的距离成正比，而在距中性轴相同距离的同一横线上各点处的正应力都相等［图 7-27(e)］。

由于中性轴的位置尚未确定，ρ 的数值未知，所以 y 也无从算起。因此，由式(b) 还不能求得横截面上某一点的正应力值，还必须进一步确定中性轴的位置。

静力学方面——确定中性轴位置、导出弯曲正应力公式。

在横截面上法向内力元素 σdA［图 7-27(d)］构成了空间平行力系，因而只可能组成三个内力分量

$$F_N=\int_A \sigma \mathrm{d}A,\qquad M_y=\int_A z\sigma \mathrm{d}A,\qquad M_z=\int_A y\sigma \mathrm{d}A$$

根据梁上只受外力偶作用这一受力条件，上式中的 F_N 和 M_y 均等于零，而 M_z 就是横截面上的弯矩，数值上就等于外力偶矩 M。因此，从静力学的分析可得以下三个条件

$$F_N=\int_A \sigma \mathrm{d}A=0 \tag{c}$$

$$M_y=\int_A z\sigma \mathrm{d}A=0 \tag{d}$$

$$M_z=\int_A y\sigma \mathrm{d}A=M \tag{e}$$

将正应力 σ 在横截面上的分布规律式(b) 代入上述三式，并根据第五章中有关截面几何参数的定义，可得

$$F_N=\frac{E}{\rho}\int_A y\mathrm{d}A=\frac{ES_z}{\rho}=0 \tag{f}$$

$$M_y=\frac{E}{\rho}\int_A zy\mathrm{d}A=\frac{EI_{yz}}{\rho}=0 \tag{g}$$

$$M_z=\frac{E}{\rho}\int_A y^2\mathrm{d}A=\frac{EI_z}{\rho}=M \tag{h}$$

要满足式(f)，由于 E/ρ 不可能等于零，只有 $S_z=0$，则 z 轴必须通过横截面的形心，如此就确定了中性轴的位置，中性轴即形心轴。中性轴位置确定后，y 值也就可以确定了。

式(g) 是自然满足的，因为 y 轴是横截面的对称轴，必然有 $I_{yz}=0$。实际上，由于 y 轴是对称轴，所以在其左、右两侧对称位置的法向内力元素 σdA 对 y 轴的矩必然数值相等且转向相反［图 7-27(d)］。因此，整个横截面上 σdA 所组成的力矩 M_y 必等于零。

最后，由式(h) 即可得中性层曲率的表达式

$$\frac{1}{\rho}=\frac{M}{EI_z} \tag{7-4}$$

式(7-4) 是研究弯曲变形的基本公式。由此可见，梁的弯曲程度（用曲率 $1/\rho$ 来表示）与弯矩 M 成正比，与 EI_z 成反比。EI_z 称为梁的**抗弯刚度**。

将式(7-4) 代入式(b)，就可得到等直梁在纯弯曲时横截面上任一点处正应力的计算公式

$$\sigma=\frac{My}{I_z} \tag{7-5}$$

式中，M 为横截面上的弯矩；I_z 为横截面对中性轴 z 的惯性矩；y 为所求应力的点到中性轴 z 的距离。

式(7-5) 表明，正应力 σ 与该截面上的弯矩 M 成正比，与惯性矩 I_z 成反比；正应力沿截面高度呈线性分布［图 7-27(e)］。在中性轴处，$y=0$，正应力 $\sigma=0$；离中性轴越远，则正应力 σ 愈大。在中性轴一侧为拉应力，另一侧为压应力。至于何侧为拉应力，何侧为压应力，通常可根据梁变形的情况直接加以判断：以中性层为界，梁变形后凸出边（即受拉侧）的应力必为拉应力，而凹入边（即受压侧）的应力必为压应力。

当中性轴 z 为横截面的对称轴时，令 y_{max} 表示该截面上离中性轴最远的各点处到中性轴的距离，则横截面上的最大正应力为

$$\sigma_{max}=\frac{My_{max}}{I_z}$$

令

$$W_z=\frac{I_z}{y_{max}}$$

则

$$\sigma_{max}=\frac{M}{W_z} \tag{7-6}$$

式中，W_z 是截面的几何性质之一，称为**抗弯截面系数**，其值与横截面的形状和尺寸有关，其单位是 m^3 或 mm^3。矩形和圆形截面的抗弯截面系数可由其 I_z 值通过计算得到，至于型钢截面的抗弯截面系数，具体数值可由型钢规格表（见附录三）查得。

式(7-4) 和式(7-5) 虽然是由矩形截面梁在纯弯曲的情况下推导出来的，但在推导过程中并未用过矩形的几何特性。所以，只要梁有一纵向对称面，且荷载作用于这个平面内，公式就可适用，例如截面为圆形、工字形和 T 形的梁（图 7-28）。

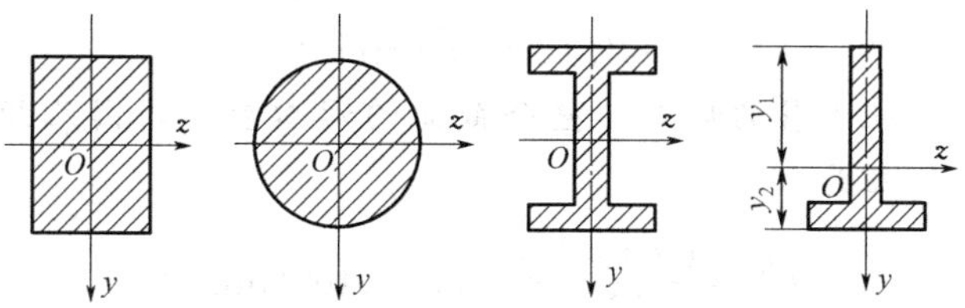

图 7-28

当梁弯曲变形时，在其横截面上既有拉应力也有压应力，两者各自有最大值。对于中性轴为对称轴的横截面，如矩形、圆形、工字形等，其最大拉应力与最大压应力数值相等，其值可由式(7-6) 求得。对于中性轴不是对称轴的某些横截面，如 T 形截面（图 7-28），其上边缘和下边缘至中性轴的距离不等，则其上拉应力和压应力的最大值也将不等，这时应分别以横截面上上、下边缘至中性轴的距离直接代入式(7-5)，以求得相应的最大应力。至于横

截面上上、下边缘受拉还是受压，可直接据此截面上的弯矩的方向加以确定。

由以上的分析可见，必须综合考虑问题的几何、物理和静力学三个方面，才能得到反映梁弯曲程度的曲率表达式(7-4) 和正应力计算公式(7-5)。请读者注意，在推导上述公式时曾作了以下几个假设：

(1) 平面假设；

(2) 各纵向线段间互不挤压；

(3) 材料在线弹性范围内工作；

(4) 材料在拉伸和压缩时的弹性模量相等。

上述这些都是推导公式(7-4) 和式(7-5) 的依据，因而，也是应用这些公式的限制条件。

当梁上有横向力作用时，一般来说，横截面上既有弯矩又有剪力，这是在弯曲问题中最常见的情况——横力弯曲。此时，梁的横截面上不仅有正应力，还有切应力。由于切应力的存在，梁的横截面将发生翘曲。此外，在与中性层平行的纵截面间，还会有由横向力引起的挤压应力。但由弹性力学的分析证明，对跨度与横截面高度之比 l/h 大于 5 的梁，其横截面上的正应力变化规律与纯弯曲时情况几乎相同。因此，对于工程实践中常用的梁，纯弯曲时的正应力计算公式(7-5) 可以用来足够精确地计算梁在横力弯曲时横截面上的正应力。梁的跨高比 l/h 越大，其误差就越小。

由上述讨论可知，式(7-6) 仍可用来计算在横力弯曲时等直梁横截面上的最大正应力，但此时应注意，式中的 M 必须用相应截面上的弯矩 $M(x)$ 来代替，即

$$\sigma_{\max}=\frac{M(x)}{W_z} \tag{7-7}$$

例 7-14 图 7-29 所示工字形薄壁梁受弯矩 $M=2\text{kN}\cdot\text{m}$ 作用。试求：

(1) 最大正应力 $\sigma_{\max}$；

(2) 翼缘与腹板交界处 A 点的正应力 σ_A；

(3) 上、下翼缘所承担的弯矩。

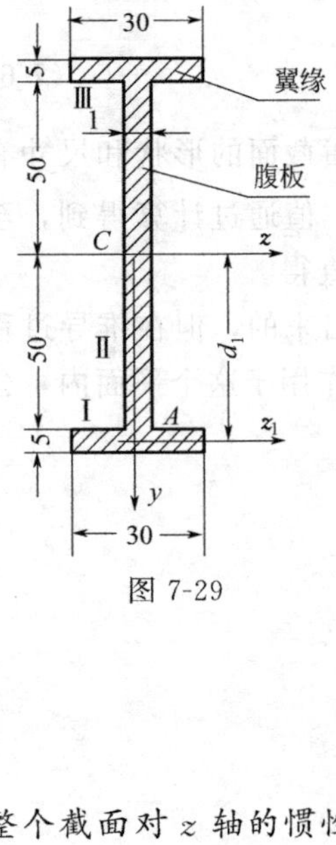

图 7-29

解：(1) 计算截面对中性轴的惯性矩 I_z

将截面看成由三部分组成。

矩形Ⅰ对 z 轴的惯性矩为

$$I_z^{\mathrm{I}}=I_{z1}^{\mathrm{I}}+A_1d_1^2=\frac{30\times5^3}{12}+(30\times5)\times(50+2.5)^2$$

$$\approx4.14\times10^5(\text{mm}^4)$$

矩形Ⅱ的形心与整个截面的形心重合，因此矩形Ⅱ对 z 轴的惯性矩为

$$I_z^{\mathrm{II}}=\frac{1\times100^3}{12}\approx0.833\times10^5(\text{mm}^4)$$

整个截面对 z 轴的惯性矩为

$$I_z=I_z^{\mathrm{I}}+I_z^{\mathrm{II}}+I_z^{\mathrm{III}}=2I_z^{\mathrm{I}}+I_z^{\mathrm{II}}=2\times4.14\times10^5+0.833\times10^5\approx9.11\times10^5(\text{mm}^4)$$

(2) 计算最大正应力 $\sigma_{\max}$

由公式(7-5)，最大正应力为

$$\sigma_{\max}=\frac{My_{\max}}{I_z}=\frac{2\times10^3\times55\times10^{-3}}{9.11\times10^5\times10^{-12}}\approx120.7\times10^6(\text{Pa})=120.7(\text{MPa})$$

(3) 计算翼缘与腹板交界处 A 点的正应力 σ_A

注意到直梁横截面上的正应力在与中性轴垂直的方向是按直线规律变化的，因此，当已求得横截面上离中性轴最远各点处的 $\sigma_{\max}$ 时，同一横截面上其他各点处的正应力可按比例求得

$$\sigma_A=\frac{y_A}{y_{\max}}\sigma_{\max}=\frac{50}{55}\times120.7\approx109.7(\text{MPa})$$

当然，求 σ_A 时也可直接将 y_A 值代入公式(7-5) 求得。

(4) 计算上、下翼缘承担的弯矩

设上、下翼缘的总面积为 A，翼缘所受弯矩为

$$M'=\int_A y\sigma\mathrm{d}A=\int_A y\frac{My}{I_z}\mathrm{d}A=\frac{M}{I_z}\int_A y^2\mathrm{d}A$$

注意到积分 $\int_A y^2\mathrm{d}A$ 代表上下翼缘对 z 轴的惯性矩，即为 $2I_z^{\mathrm{I}}$，所以

$$M'=\frac{M}{I_z}\times2I_z^{\mathrm{I}}=\frac{2}{9.11\times10^5}\times2\times4.14\times10^5\approx1.82(\text{kN}\cdot\text{m})=0.91M$$

可见，对于工字型截面梁，弯矩中的绝大部分是由上、下翼缘承担的。

例 7-15 图 7-30(a) 所示横截面关于中性轴对称的等直外伸梁受均布荷载作用。试求当最大正应力 $\sigma_{\max}$ 为最小时的支座位置。

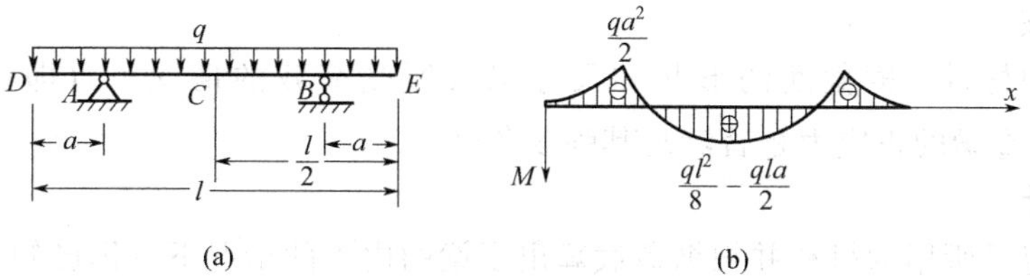

图 7-30

解：先作出梁的弯矩图［图 7-30(b)］。由弯矩图可以看出：支座处截面和梁中央截面 C 上的弯矩值均受到支座位置 a 的影响，它们分别为全梁负值弯矩和正值弯矩中的最大值。只有当支座处截面与跨中截面的弯矩之绝对值相等时，才能使该梁的最大弯矩的绝对值为最小。对等直梁来说，其最大正应力 $\sigma_{\max}=\dfrac{M_{\max}}{W_z}$ 也为最小。由此可得

$$\frac{qa^2}{2}=\frac{ql^2}{8}-\frac{qla}{2}$$

解之得

$$a=(-4l\pm\sqrt{16l^2+16l^2})/8$$

因为 a 恒为正值，从而解得

$$a\approx0.21l$$

即：当 $a\approx0.21l$ 时，梁的最大正应力 $\sigma_{\max}$ 为最小。由本题可见，支座内移可改善梁的承载力。

第五节　梁的弯曲正应力强度设计

至此，已经研究了梁的内力和弯曲正应力。下面研究梁的弯曲强度问题。

实验和分析均表明，对于一般细而长的梁，影响其强度的主要应力是弯曲正应力。因

此，在荷载作用下，梁能否安全工作或是否破坏，主要是看梁内最大弯曲正应力 σ_{max} 是否超过材料的许用应力 $[\sigma]$。梁的正应力强度条件是：梁的横截面上的最大工作正应力 σ_{max} 不超过材料的许用弯曲正应力 $[\sigma]$，即

$$\sigma_{max} \leqslant [\sigma] \tag{7-8}$$

对于横截面关于中性轴对称等直梁，上式可写成

$$\frac{M_{max}}{W_z} \leqslant [\sigma] \tag{7-9}$$

一般情况下，许用弯曲正应力比许用拉（压）应力略高。这是因为弯曲时，除截面最外边缘处应力达到最大值外，其余各处的应力都较小。而拉伸或压缩时，截面上的应力是均匀分布的。因此，材料在弯曲时的强度要比在轴向拉（压）时的强度高，在一些设计规范中所规定的许用弯曲正应力较同一材料的许用拉应力略高。至于许用弯曲正应力究竟选择多大，在有关设计规范中均有说明。

必须指出，对于铸铁等脆性材料，它们的抗拉和抗压能力不同，所以有许用弯曲拉应力 $[\sigma_+]$ 和许用弯曲压应力 $[\sigma_-]$ 两个数值。因此，在列强度条件时，必须使梁横截面上的最大工作拉应力 σ_{max}^+ 和最大工作压应力 σ_{max}^- 分别不大于其许用值 $[\sigma_+]$ 和 $[\sigma_-]$，即

$$\sigma_{max}^+ \leqslant [\sigma_+], \quad \sigma_{max}^- \leqslant [\sigma_-] \tag{7-10}$$

请读者注意，梁的最大工作拉应力和最大工作压应力有时并不发生在同一横截面上。

根据强度条件可对梁进行以下三种不同情况的强度计算。

1. 强度校核

在已知梁的材料、横截面的形状和尺寸以及所受荷载的情况下（即已知 $[\sigma]$、W_z、M_{max}），可以检查梁的正应力是否满足其强度条件。

2. 截面设计

当已经确定了所用的材料并根据荷载算出了梁的内力的情况下（即已知 $[\sigma]$ 和 M_{max}），可求出梁所需的抗弯截面系数，进而根据梁的截面形状进一步确定其各部分的具体尺寸，或由型钢表中选择合适的截面。

3. 确定梁的许可荷载

如果已经知道梁的材料和截面尺寸（即已知 $[\sigma]$、W_z），则根据强度条件可确定梁所能承受的最大弯矩，从而算出梁允许承受的最大荷载。

在进行上述计算时，在保证安全可靠的前提下，还必须满足经济性要求。设计规范规定，梁内的最大工作应力 σ_{max} 允许稍大于 $[\sigma]$，但以不超过 $[\sigma]$ 的 5%为限。

例 7-16 图 7-31(a) 所示悬臂梁由工字钢制成。已知：$F=40\text{kN}$，$l=6\text{m}$，钢的许用弯曲正应力 $[\sigma]=150\text{MPa}$。试选用工字钢的型号。

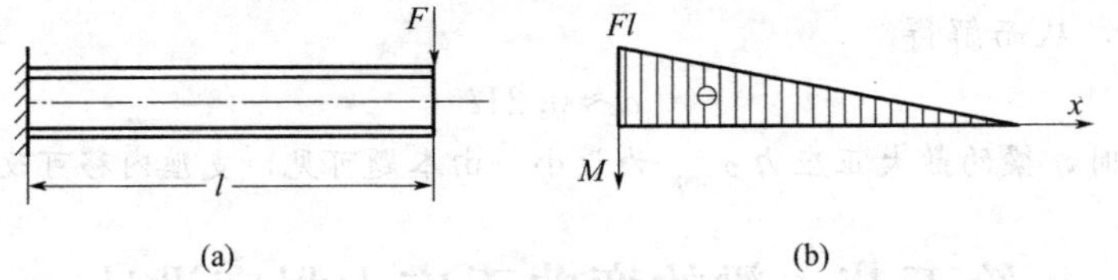

图 7-31

解： 先作出此梁的弯矩图［图 7-31(b)］。由弯矩图可以看出，悬臂梁的最大弯矩发生在固定端处，其值为

$$M_{max}=Fl=40\times6=240\text{kN}\cdot\text{m}$$

根据 M_{max} 和 $[\sigma]$ 值，由公式(7-9) 可求出此梁所需的抗弯截面系数 W_z 为

$$W_z\geqslant\frac{M_{max}}{[\sigma]}=\frac{240\times10^3}{150\times10^6}=1.60\times10^{-3}(\text{m}^3)=1600(\text{cm}^3)$$

由型钢规格表查得 45c 号工字钢的 $W_z=1570\text{cm}^3$，此值虽小于所必需的 $W_z=1600\text{cm}^3$，但相差还不到 2%，因此可选用 45c 号工字钢。

例 7-17 图 7-32(a) 所示铸铁梁，$F=80\text{kN}$，$l=2\text{m}$，铸铁的许用拉应力 $[\sigma_+]=30\text{MPa}$，许用压应力 $[\sigma_-]=90\text{MPa}$。试根据截面最为合理的要求，确定 T 形截面梁横截面的一个尺寸 δ [图 7-32(b)]，并校核此梁的强度。

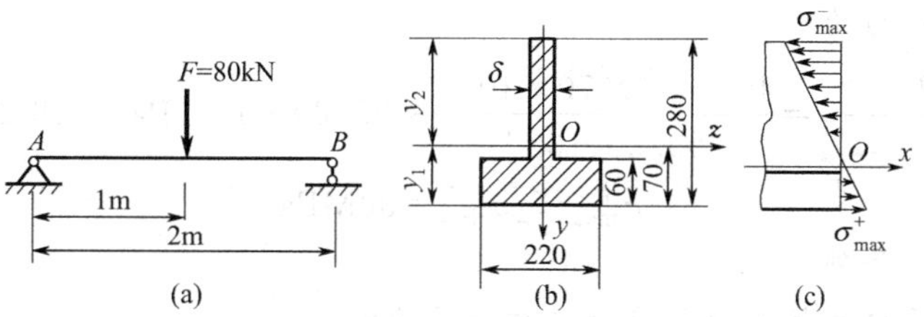

图 7-32

解：(1) 确定 δ

要使截面最为合理，必须使梁的同一横截面上的最大工作拉应力 σ_{max}^+ 与最大工作压应力 σ_{max}^- [图 7-32(c)] 之比与相应的许用拉、压应力之比 $[\sigma_+]/[\sigma_-]$ 相等。因为如此可使材料的拉、压强度得到同等程度的利用。

考虑到

$$\sigma_{max}^+=\frac{My_1}{I_z}$$

$$\sigma_{max}^-=\frac{My_2}{T_z}$$

已知

$$\frac{[\sigma_+]}{[\sigma_-]}=\frac{30}{90}=\frac{1}{3}$$

可得

$$\frac{\sigma_{max}^+}{\sigma_{max}^-}=\frac{y_1}{y_2}=\frac{1}{3}$$

式中的 y_1、y_2 参见图 7-32(b)。

又

$$y_1+y_2=280\text{mm}$$

得

$$y_1=70\text{mm},\ y_2=210\text{mm}$$

显然，由 y_1 或 y_2 的值就可确定中性轴即形心轴位置，而 y_1 或 y_2 的值与横截面尺寸有关，可用来确定 δ。根据形心坐标公式及图 7-32(b) 中所示截面的其余尺寸，可写出如下关系式

$$y_2=\frac{(280-60)\delta\left(\frac{280-60}{2}\right)+60\times220\times(280-\frac{60}{2})}{(280-60)\delta+60\times220}=210(\text{mm})$$

得

$$\delta=24(\text{mm})$$

(2) 校核梁的强度

先利用平行移轴公式计算截面对中性轴的惯性矩 I_z。

$$I_z=\frac{24\times220^3}{12}+24\times220\times(210-110)^2+\frac{220\times60^3}{12}+220\times60\times\left(70-\frac{60}{2}\right)^2$$
$$\approx99.3\times10^6(\text{mm}^4)=99.3\times10^{-6}(\text{m}^4)$$

此梁的最大弯矩发生在跨中截面上，其值为

$$M_{\max}=\frac{1}{4}Fl=\frac{1}{4}\times80\times2=40(\text{kN}\cdot\text{m})$$

此梁的最大工作拉应力为

$$\sigma_{\max}^{+}=\frac{M_{\max}y_1}{I_z}=\frac{40\times10^3\times70\times10^{-3}}{99.3\times10^{-6}}\approx28.20\times10^6(\text{Pa})=28.20(\text{MPa})$$
$$\sigma_{\max}^{+}<[\sigma_+]=30\text{MPa}$$

因此，此梁满足强度条件。

请读者考虑，是否需要校核此梁的最大工作压应力？

例 7-18 图 7-33(a) 所示为一槽形截面铸铁梁。已知 $a=2\text{m}$，$I_z=5.5\times10^7\text{mm}^4$，铸铁的许用拉应力 $[\sigma_+]=30\text{MPa}$，许用压应力 $[\sigma_-]=90\text{MPa}$。试求此梁的许可荷载 $[F]$。

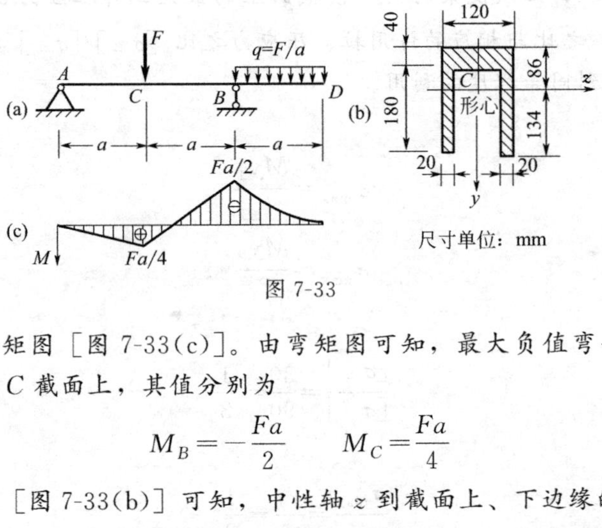

图 7-33

解：作出梁的弯矩图［图 7-33(c)］。由弯矩图可知，最大负值弯矩发生在 B 截面上，最大正值弯矩发生在 C 截面上，其值分别为

$$M_B=-\frac{Fa}{2}\qquad M_C=\frac{Fa}{4}$$

由横截面的尺寸［图 7-33(b)］可知，中性轴 z 到截面上、下边缘的距离分别为

$$y_2=86\text{mm},\ y_1=134\text{mm}$$

本题经分析可知，不论是对 C 截面还是对 B 截面而言，梁的强度都是由最大拉应力控制的（请读者自行分析）。因此，只要分别求出 B 截面和 C 截面上的最大工作拉应力，然后与材料相应的许用应力比较，从而求出荷载 F 值，并选其中较小者作为此梁的许可荷载 $[F]$。

B 截面：

$$\sigma_{\max}^{+}=\frac{M_By_2}{I_z}=\frac{\frac{1}{2}F\times2\times86\times10^{-3}}{5.5\times10^7\times10^{-12}}\leqslant30\times10^6$$

得

$$F\leqslant19.19\times10^3(\text{N})=19.19(\text{kN})$$

C 截面：

$$\sigma_{max}^{+}=\frac{M_C y_1}{I_z}=\frac{\frac{1}{4}F\times 2\times 134\times 10^{-3}}{5.5\times 10^7\times 10^{-12}}\leqslant 30\times 10^6$$

得

$$F\leqslant 24.63\times 10^3(\mathrm{N})=24.63(\mathrm{kN})$$

因此，此梁的许可荷载为

$$[F]=19.19(\mathrm{kN})$$

第六节　梁的弯曲切应力及强度设计

横力弯曲时，梁的横截面上有弯矩 M 和剪力 F_S 同时作用。前两节研究了与弯矩 M 有关的正应力 σ 及其强度条件，本节将研究与剪力 F_S 有关的切应力 τ。

一般情况下，梁的破坏主要是由正应力引起，但对跨度较短的梁或较大荷载作用在支座附近的梁，则应考虑切应力强度要求。

切应力 τ 在横截面上的分布规律比正应力 σ 在横截面上的分布规律要复杂得多，本节对于切应力的计算公式不作详细推导，而直接给出计算公式。

一、矩形截面梁的切应力

对于矩形截面梁横截面上的切应力的分布规律，作如下两个假设：

(1) 横截面上各点处切应力的方向都与剪力 F_S 的方向平行；

(2) 作用在离中性轴等距离处各点的切应力都相等，即切应力沿截面宽度均匀分布。

在截面高度 h 大于宽度 b 的情况下，以上述假设为基础得到的解有足够的精确度，基本符合实际情况，据此可以推导出矩形截面梁横截面上距中性轴 y 处的切应力计算公式如下

$$\tau=\frac{F_S S_z}{I_z b} \tag{7-11}$$

式中，F_S 为横截面上的剪力；S_z 为距中性轴为 y 的横线以下（或以上）部分的横截面面积对中性轴的静矩；I_z 为整个横截面对其中性轴的惯性矩；b 为矩形截面的宽度。τ 的方向与剪力 F_S 的方向相同。

式(7-11) 中的 F_S、I_z 和 b 对某一横截面而言均为常量。因此，横截面上的切应力 τ 沿截面高度（即随坐标 y）的变化规律，由部分面积的静矩 S_z 与坐标 y 之间的关系所确定。以图 7-34 所示矩形截面梁为例，若计算截面上离中性轴为 y 处的切应力，可取 $dA=b\mathrm{d}y_1$，S_z 为截面上 aa 横线以下部分面积（画阴影线部分）对中性轴的静矩，即

$$S_z=\int_{A1} y_1 dA=\int_y^{\frac{h}{2}} b y_1 \mathrm{d}y_1=\frac{b}{2}(\frac{h^2}{4}-y^2)$$

将此式代入式(7-11)，得

$$\tau=\frac{F_S}{2I_z}\left(\frac{h^2}{4}-y^2\right)$$

由此式看出，沿截面高度切应力 τ 是按二次抛物线规律变化的（图 7-35）。当 $y=\pm\frac{h}{2}$ 时，$\tau=0$。这表明在横截面上距中性轴最远处，即截面上、下边缘处，切应力等于零。随

着距中性轴的距离 y 的减小，τ 逐渐增大。当 $y=0$ 时，τ 为最大值，即最大切应力发生在中性轴上。将 $y=0$ 和 $I_z=bh^3/12$ 代入上式，可得

$$\tau_{\max}=\frac{F_s}{2\times\frac{1}{12}bh^3}\left(\frac{h^2}{4}-0\right)=\frac{3}{2}\frac{F_S}{bh}=\frac{3}{2}\frac{F_S}{A} \tag{7-12}$$

式中，$A=bh$，为矩形截面的面积。

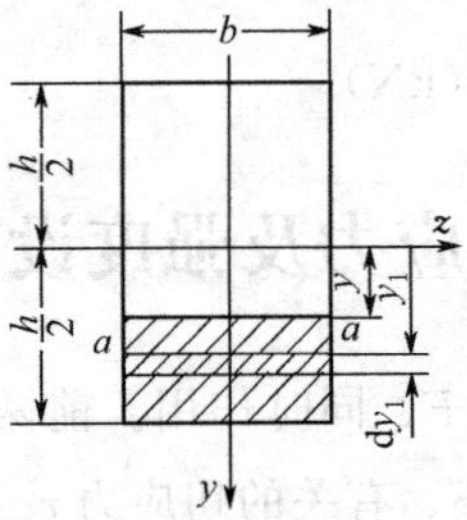

图 7-34

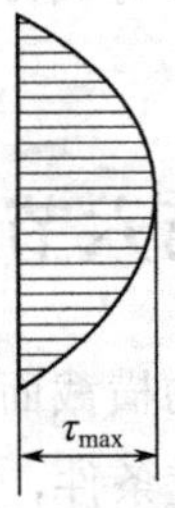

图 7-35

式(7-12) 说明矩形截面梁横截面上的最大切应力值为平均切应力值$\frac{F_S}{bh}$的 1.5 倍。

二、横截面上最大切应力的一般公式

可以验证，对于其他截面梁，如工字形截面梁、圆形截面梁，横截面上的最大切应力通常也出现在中性轴上的各点处。

对于等直梁而言，其最大切应力 $\tau_{\max}$ 一定在最大剪力 $F_{S\max}$ 所在的横截面上的中性轴处。最大切应力的计算式可统一表达为

$$\tau_{\max}=\frac{F_{S\max}S_{z\max}}{I_z b} \tag{7-13}$$

式中，$F_{S\max}$ 为全梁的最大剪力；$S_{z\max}$ 为中性轴一侧的横截面面积对中性轴的静矩；I_z 为整个横截面对中性轴的惯性矩；b 为横截面在中性轴处的宽度。

对于圆截面梁，上式中的 b 应为圆的直径，而 S_z 则为半圆面积对中性轴的静矩，$S_z=\frac{1}{2}\times\frac{\pi d^2}{4}\times\frac{2d}{3\pi}=\frac{d^3}{12}$，圆截面的惯性矩 $I_z=\frac{\pi d^4}{64}$。代入式(7-13)，可得

$$\tau_{\max}=\frac{4}{3}\frac{F_{S\max}}{A} \tag{7-14}$$

式中，$A=\frac{\pi d^2}{4}$为圆截面的面积。

对于工字形截面梁，式(7-13) 中的$\frac{I_z}{S_{z\max}}$即为型钢规格表中给出的比值$\frac{I_x}{S_x}$，b 即为腹板厚度d 值。若计算横截面腹板上任一点处的切应力 τ，由于腹板是狭长矩形，可利用公式(7-11) 来计算。至于工字钢截面翼缘上的切应力，除了平行于剪力 F_s 方向的切应力分量外，主要是与翼缘长边平行的切应力分量。但由于翼缘上的最大切应力小于腹板上的最大切应力，因此在一般情况下不予计算。

例 7-19 图 7-36 所示为一工字形截面梁，试求此梁的最大切应力 $\tau_{\max}$ 及同一截面腹板部分在 C 点处的切应力 τ_C。

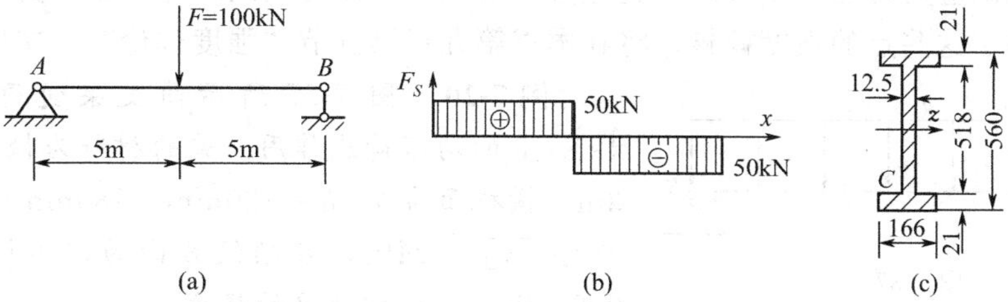

图 7-36

解：(1) 计算最大剪力 $F_{S\max}$

为此，作出梁的剪力图［图 7-36(b)］。由图可知，$F_{S\max}=50\text{kN}$。

(2) 计算截面对中性轴的惯性矩

$$I_z=\left[\frac{166\times21^3}{12}+166\times21\times\left(\frac{560}{2}-\frac{21}{2}\right)^2\right]\times2+\frac{12.5\times518^3}{12}\approx6.51\times10^8(\text{mm}^4)$$

(3) 计算 $S_{z\max}$

$$S_{z\max}=166\times21\times\left(\frac{560}{2}-\frac{21}{2}\right)+12.5\times\frac{518}{2}\times\frac{518}{4}\approx1.36\times10^6(\text{mm}^3)$$

(4) 计算 $\tau_{\max}$

根据式(7-13)，得

$$\tau_{\max}=\frac{F_{S\max}S_{z\max}}{I_zb}=\frac{50\times10^3\times1.36\times10^6\times10^{-9}}{6.51\times10^8\times10^{-12}\times12.5\times10^{-3}}\approx8.36\times10^6(\text{Pa})=8.36(\text{MPa})$$

(5) 计算 τ_c

先计算 C 点以下的截面面积（即下翼缘）对中性轴的静矩 S_z。

$$S_z=166\times21\times\left(\frac{560}{2}-\frac{21}{2}\right)\approx9.40\times10^5(\text{mm}^3)$$

代入式(7-11) 得

$$\tau_C=\frac{F_sS_z}{I_zb}=\frac{50\times10^3\times9.40\times10^5\times10^{-9}}{6.51\times10^8\times10^{-12}\times12.5\times10^{-3}}\approx5.77\times10^6(\text{Pa})=5.77(\text{MPa})$$

三、梁的切应力强度条件

对于横力弯曲下的等直梁，其横截面上一般既有弯矩又有剪力。在弯矩最大的横截面上距中性轴最远处有最大正应力，而在剪力最大的横截面上中性轴处有最大切应力。梁除满足正应力强度条件外，还需满足切应力强度条件。

梁的切应力强度条件为

$$\tau_{\max}=\frac{F_{S\max}S_{z\max}}{I_zb}\leqslant[\tau] \tag{7-15}$$

式中，$[\tau]$ 为材料在横力弯曲时的许用切应力，可由有关设计规范中查得。

如前所述，按正应力强度条件对梁作强度计算时，均以最大弯矩 $M_{\max}$ 所在横截面上距中性轴最远的各点处的 $\sigma_{\max}$ 为依据，此时危险点处于单向应力状态。在按切应力强度条件对梁作强度计算时，则以最大剪力 $F_{S\max}$ 所在横截面的中性轴上各点处的 $\tau_{\max}$ 为依据，这些点的正应力 $\sigma=0$，在略去纵截面有挤压应力后，危险点处于纯剪切应力状态。因此，可分别按正应力和切应力建立强度条件，进行强度计算。但在梁的横截面上其他点处，一般是既存在有正应力又存在有切应力。在某些特殊情况下，在某些特殊点处，由这些正应力和切应力综合而成的应力可能会使梁产生更危险的情况，所以必须同时考虑正应力和切应力对强度的影响。对于这些点的强度校核，将在本书第九章第五节“强度理论”一文中讨论。

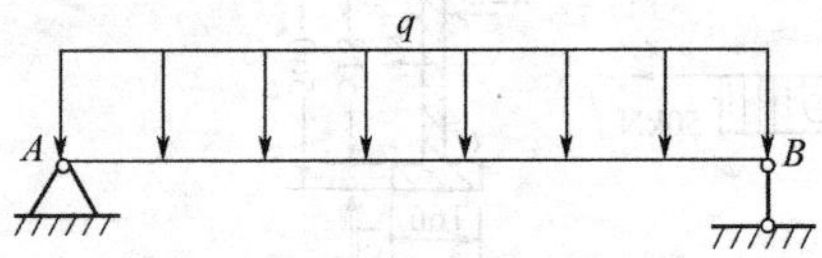

图 7-37

例 7-20 图 7-37 所示简支梁受荷载集度 $q=4\text{kN/m}$ 的均布荷载作用。梁的材料为松木，跨长 $l=3\text{m}$，横截面为 $b\times h=120\text{mm}\times 180\text{mm}$，许用弯曲正应力 $[\sigma]=7\text{MPa}$，在顺纹方向的许用切应力 $[\tau]=0.8\text{MPa}$。试校核此梁的强度。

解： (1) 校核正应力强度

此梁的最大弯矩发生在跨中的横截面上，其值为

$$M_{\max}=\frac{ql^2}{8}=\frac{4\times 3^2}{8}=4.5(\text{kN}\cdot\text{m})$$

梁横截面的抗弯截面系数为

$$W_z=\frac{bh^2}{6}=\frac{120\times 180^2}{6}=648000(\text{mm}^3)$$

将 $M_{\max}$ 和 W_z 值代入公式(7-7)，得梁横截面上的最大正应力为

$$\sigma_{\max}=\frac{M_{\max}}{W_z}=\frac{4.5\times 10^3}{648000\times 10^{-9}}\approx 6.94\times 10^6(\text{Pa})=6.94\text{MPa}<[\sigma]=7\text{MPa}$$

(2) 校核切应力强度

此梁的最大剪力发生在梁的支座内侧横截面上，其值为

$$F_{S\max}=\frac{ql}{2}=\frac{4\times 3}{2}=6(\text{kN})$$

代入公式(7-12)，得梁横截面上的最大切应力为

$$\tau_{\max}=\frac{3}{2}\frac{F_{S\max}}{bh}=\frac{3}{2}\times\frac{6\times 10^3}{120\times 180\times 10^{-6}}=0.42\times 10^6(\text{Pa})=0.42\text{MPa}<[\tau]=0.8\text{MPa}$$

可见，正应力强度条件和切应力强度条件均能满足，所以此木梁是安全的。

例 7-21 图 7-38 所示简支梁受均布荷载和集中力作用，$q=10\text{kN/m}$，$F=200\text{kN}$，$l=2\text{m}$，$a=0.2\text{m}$。材料的许用弯曲正应力 $[\sigma]=160\text{MPa}$，许用切应力 $[\tau]=100\text{MPa}$。试选择工字钢的型号。

解： (1) 作梁的剪力图和弯矩图

梁的剪力图和弯矩图分别如图 7-38(b)、(c) 所示。

(2) 根据最大弯矩选择工字钢型号

由弯矩图可知，$M_{\max}=45\text{kN}\cdot\text{m}$。根据梁的正应力强度条件，可得

$$W_z\geqslant\frac{M_{\max}}{[\sigma]}=\frac{45\times 10^3}{160\times 10^6}\approx 281\times 10^{-6}(\text{m}^3)=281(\text{cm}^3)$$

查型钢表，选用 22a 号工字钢，其 $W_z=309\text{cm}^3$。

(3) 校核梁的切应力

由型钢表查得，22a 号工字钢 $\frac{I_z}{S_z}=18.9\text{cm}$，腹板厚度 $d=7.5\text{mm}$。由剪力图可知，$F_{S\max}=210\text{kN}$。代入式(7-13)，得

$$\tau_{\max}=\frac{F_{S\max}}{\left(\frac{I_z}{S_z}\right)b}=\frac{210\times 10^3}{18.9\times 10^{-2}\times 7.5\times 10^{-3}}=148.1\times 10^6(\text{Pa})=148.1\text{MPa}>[\tau]=100\text{MPa}$$

可见，τ_{max} 超过 $[\tau]$ 很多，应重新选择更大的截面。

现选择 25b 号工字钢进行试算。由型钢表查得，25b 工字钢的$\dfrac{I_z}{S_z}=21.27\text{cm}$，腹板厚度 $d=10\text{mm}$。代入公式(7-13)，再次校核切应力强度，得

$$\tau_{max}=\frac{210\times10^3}{21.27\times10^{-2}\times10\times10^{-3}}\approx98.7\times10^6(\text{Pa})=98.7\text{MPa}<[\tau]=100\text{MPa}$$

由此可见，选择 25b 号工字钢可同时满足正应力和切应力强度条件。

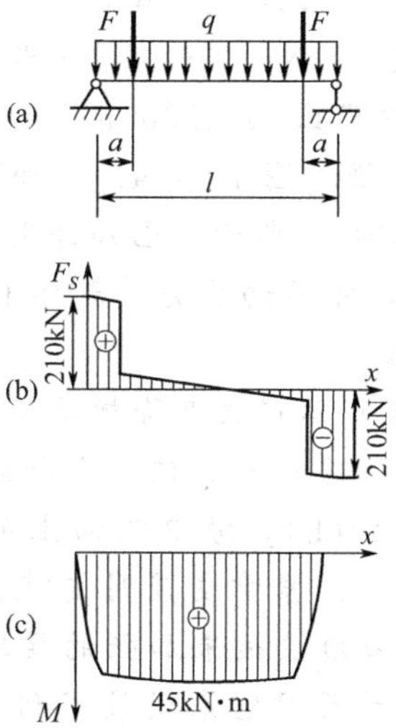

图 7-38

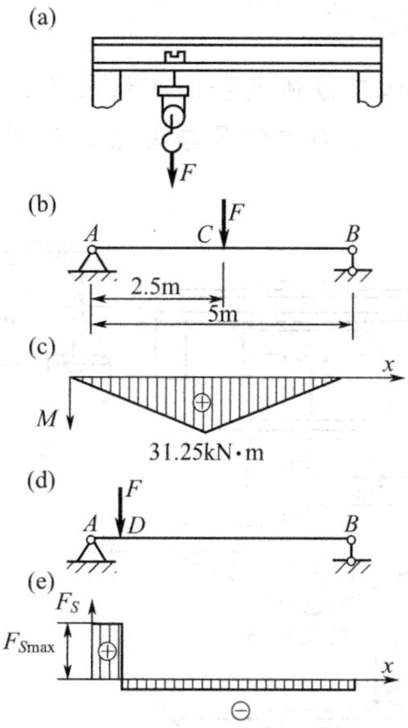

图 7-39

例 7-22 图 7-39 所示简易起重设备的起重量（包含电葫芦自重）$F=25\text{kN}$，跨长 $l=5\text{m}$。吊车大梁 AB 由 20a 号工字钢制成，许用弯曲正应力 $[\sigma]=160\text{MPa}$，许用切应力 $[\tau]=100\text{MPa}$。试校核此梁的强度。

解： 此吊车梁可简化为简支梁。对吊车梁来说，荷载 F 是可移动的，所以必须先确定荷载的最不利位置。在计算最大正应力时，应取荷载 F 在梁的跨中 C [图 7-39(b)] 这一位置（可参阅例题 7-11）。在计算最大切应力时，应取荷载 F 在紧靠一支座处，如支座 A [图 7-39(d)]，因为此时该支座的支反力最大，相应梁的最大剪力也就最大。

先校核正应力强度。在荷载处于最不利位置时，梁的弯矩图如图 7-39(c) 所示，最大弯矩值为

$$M_{max}=31.25\text{kN}\cdot\text{m}$$

由型钢表查得，20a 号工字钢的 W_z 值为

$$W_z=237\text{cm}^3$$

将 M_{max} 和 W_z 值代入公式(7-7)，得

$$\sigma_{max}=\frac{M_{max}}{W_z}=\frac{31.25\times10^3}{237\times10^{-6}}\approx131.9\times10^6(\text{Pa})=131.9\text{MPa}<[\sigma]=160\text{MPa}$$

再校核切应力强度。校核切应力强度时，最不利的荷载位置如图 7-39(d) 所示（D 紧邻支座 A），相应梁的剪力图见图 7-39(e)。因为荷载 F 紧靠支座 A，可认为支座 A 的反力

约等于F，而梁的最大剪力为

$$F_{S\max}\approx F=25\text{kN}$$

由型钢表查得，20a 号工字钢的$\frac{I_z}{S_z}$值和腹板厚度d值分别为$\frac{I_z}{S_z}=17.2\text{cm}$，$d=7\text{mm}$。将$F_{S\max}$、$\frac{I_z}{S_z}$和$d$值代入公式(7-13)，得

$$\tau_{\max}=\frac{F_{S\max}}{\left(\frac{I_z}{S_z}\right)b}=\frac{25\times10^3}{17.2\times10^{-2}\times7\times10^{-3}}\approx20.8\times10^6(\text{Pa})=20.8\text{MPa}<[\tau]=100\text{MPa}$$

可见，正应力强度条件和切应力强度条件均能满足，所以此梁是安全的。

例 7-23 上例中的吊车大梁，现因移动荷载F增大为 50kN，因此在 20a 号工字钢梁的中段用两块横截面为 120mm × 10mm、长为 2.2m 的钢板加强［图 7-40(a)］，加强段的横截面尺寸如图 7-40(f) 所示。已知许用弯曲正应力$[\sigma]=160\text{MPa}$，许用切应力$[\tau]=100\text{MPa}$。试校核此梁的强度。

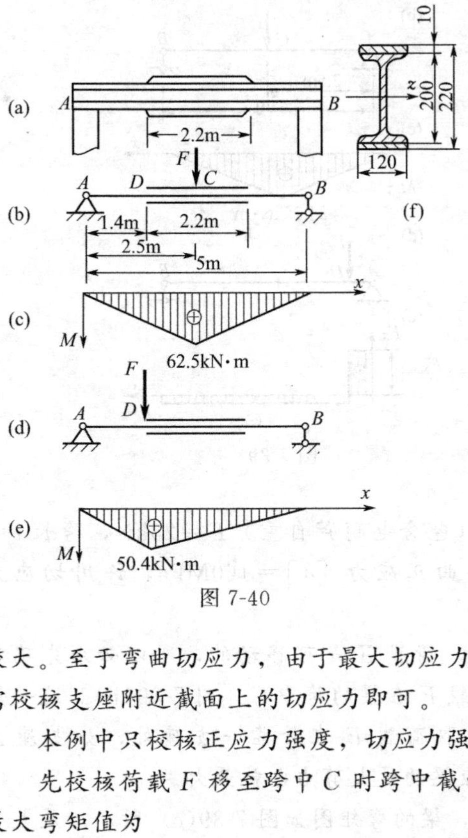

图 7-40

解： 加强后的这根梁是阶梯状变截面梁，所以除了要像例 7-22 那样，校核当荷载F移至跨中C时［图 7-40(b)］跨中截面上的弯曲正应力，以及当荷载F紧靠支座时支座截面上的切应力以外，还必须校核未加强的梁段在截面变化处当荷载F移至对它来说最不利位置时的弯曲正应力。因为对阶梯状变截面梁而言，当荷载移至截面变化处时，虽然其横截面上的弯矩（在荷载移动过程中该截面的最大弯矩值）［图 7-40(e)］较图 7-40(c) 中的M_C小，但其截面尺寸也小于C截面，因而弯曲正应力仍有可能较大。至于弯曲切应力，由于最大切应力总是发生在未加强的梁段内的紧邻支座处，因此只需校核支座附近截面上的切应力即可。

本例中只校核正应力强度，切应力强度不再校核，请读者自行完成（方法同例 7-22）。

先校核荷载F移至跨中C时跨中截面上的正应力。此时的弯矩图如图 7-40(c) 所示，最大弯矩值为

$$M_{\max}=62.5\text{kN}\cdot\text{m}$$

由型钢表查得，20a 号工字钢的$I_z=2370\text{cm}^4$。将它与加强板对中性轴z的惯性矩相加，即得加强段横截面对中性轴的惯性矩为

$$I_z=2370\times10^{-8}+2\times\left[120\times10\times\left(\frac{200}{2}+\frac{10}{2}\right)^2\times10^{-12}\right]=5020\times10^{-8}(\text{m}^4)$$

注意，这里略去了加强板对其自身形心轴的惯性矩，因为它与整个截面的I_z相比很小。

加强段横截面的抗弯截面系数为

$$W_z=\frac{I_z}{y_{max}}=\frac{5020\times10^{-8}}{(\frac{220}{2})\times10^{-3}}\approx4.56\times10^{-4}(m^3)$$

将 M_{max} 和 W_z 值代入公式(7-7)，得

$$\sigma_{max}=\frac{M_{max}}{W_z}=\frac{62.5\times10^3}{4.56\times10^{-4}}\approx137.1\times10^6(Pa)=137.1MPa<[\sigma]=160MPa$$

可见，在加强段部分，梁能够满足正应力强度条件。

再校核未加强段的正应力强度，即突变截面 D 处的正应力。注意到简支梁在集中荷载作用下，横截面上的弯矩以荷载作用处为最大，因此突变截面 D 的不利荷载位置如图 7-40(d) 所示，此时弯矩图如图 7-40(e) 所示，D 截面上的弯矩为

$$M_D=\frac{50\times1.4\times3.6}{5}=50.4(kN\cdot m)$$

未加强段横截面的抗弯截面系数 W_z 值可由型钢表查得：$W_z=237cm^3$。由此，梁在 AD 段内的最大正应力为

$$\sigma_{max}=\frac{M_D}{W_z}=\frac{50.4\times10^3}{237\times10^{-6}}=212.7\times10^6(Pa)=212.7MPa>[\sigma]=160MPa$$

可见，在未加强部分梁不能满足正应力强度条件，为此应适当加长加强板。那么，加强板究竟多长才较合理呢？请读者自行分析。

第七节　梁的弯曲变形及刚度设计

在工程实际中，有的梁虽有足够的强度，在外力作用下不会破坏，但若变形过大，其正常工作条件就得不到保证。例如，吊车梁的变形过大时，就会使梁上小车行驶困难，产生爬坡现象；桥梁的变形过大时，在车辆通过时就发生较大的振动；房屋中楼面梁变形过大时，会引起抹灰脱落，影响居住质量等。因此，在工程中设计梁时，不仅要有足够的强度，还需根据不同的工作要求，对变形给予一定的限制。

本节将研究等直梁在对称弯曲时变形的计算。

一、梁的挠度和转角

讨论弯曲变形时，以梁在弯曲前的轴线为 x 轴，梁横截面的铅垂对称轴为 y 轴，xy 平面即为梁的纵向对称面（图 7-41）。在对称弯曲的情况下，变形后梁的轴线将成为 xy 平面内的一条曲线 AC_1B，称为**挠曲线**。度量梁变形的两个基本量是：横截面形心（即轴线上的点）在垂直于 x 轴方向（即平行于 y 轴方向）的线位移 y，称为该截面的**挠度**；梁截面对其原来位置的角位移 θ，称为该截面的**转角**。梁变形后的轴线是一条光滑的连续曲线 AC_1B，横截面与曲线仍保持垂直（根据平面假设，弯曲变形前垂直于轴线，即横截面在变

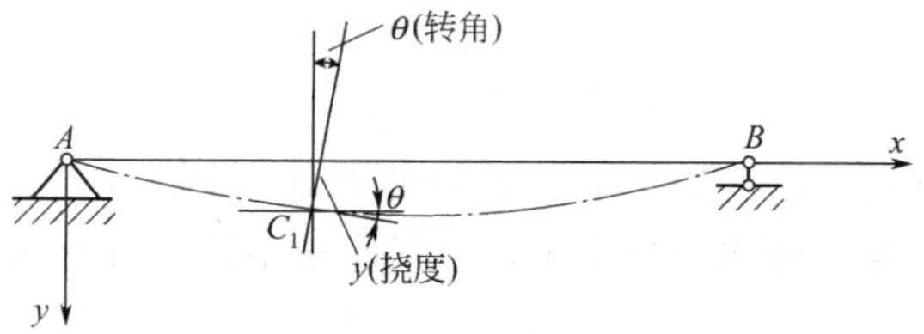

图 7-41

形后仍垂直于挠曲线），所以，横截面的转角 θ 也就是曲线在该点处的切线与 x 轴之间的夹角。

在选定的直角坐标系中，图 7-41 所示的挠曲线 AC_1B 可以用方程

$$y=f(x) \tag{a}$$

来表示。式中，x 为梁在变形前轴线上任一点的横坐标，y 为该点的挠度。由于所研究的挠曲线是处在线弹性范围内，所以也称为弹性曲线。上述表达式(a) 则称为**挠曲线（或弹性曲线）方程**。

由方程 (a) 可求得转角 θ 的表达式。因为挠曲线是一平坦曲线，考虑到转角 θ 非常微小，所以

$$\theta \approx \tan\theta=\frac{\mathrm{d}y}{\mathrm{d}x}=f'(x) \tag{b}$$

即挠曲线上任一点处切线的斜率 $\frac{\mathrm{d}y}{\mathrm{d}x}$ 就等于该处截面的转角 θ。表达式(b) 称为**转角方程**。

由此可见，只要知道了挠曲线方程 (a)，就可以求得梁任一横截面的挠度和转角。在图 7-41 所示的坐标系中，规定：正值的挠度向下，负值的挠度向上；正值的转角为顺时针转向，负值的转角为逆时针转向。

在工程计算中，习惯上用 f 来表示梁在指定横截面处的挠度。

应当指出，梁的轴线由直线弯曲成曲线后，在 x 轴方向也是有线位移的。但考虑到小变形情况下，梁的挠度远小于其跨长，梁变形后的轴线是一条平坦的曲线，横截面形心沿 x 轴方向的线位移与挠度相比是高阶微量，因此略去不计。

研究梁弯曲时位移的主要目的有两个：

(1) 对梁作刚度校核；

(2) 解超静定梁。

二、梁的挠曲线近似微分方程及积分法求梁的变形

1. 梁的挠曲线近似微分方程

在本章第四节中，已经求得了梁在线弹性范围内纯弯曲时的曲率表达式(7-4)，即

$$\frac{1}{\rho}=\frac{M}{EI}$$

考虑到一般梁的跨长往往大于横截面高度的 10 倍，在横力弯曲时，剪力 F_S 对梁变形的影响很小，可忽略不计，所以上述表达式在横力弯曲时仍可应用。但必须注意的是，这时的弯矩 M 和曲率半径 ρ 都已不再是常量了，它们都是 x 的函数，应将上式改写为

$$\frac{1}{\rho(x)}=\frac{M(x)}{EI} \tag{c}$$

式(c) 就是横力弯曲时梁挠曲线的曲率与弯矩间的物理关系。

从几何方面来看，平面曲线的曲率可写作

$$\frac{1}{\rho(x)}=\pm\frac{y''}{(1+y'^2)^{3/2}} \tag{d}$$

对于工程上常用的梁，其挠曲线为一平坦的曲线，因此，y' 是一个很小的量（例如 0.01 弧度），分母的 y'^2 与 1 相比十分微小，可以忽略不计，因此式(d) 又可近似写为

$$\frac{1}{\rho(x)}=\pm y'' \tag{e}$$

由式(c)和(e)可得

$$y''=\pm\frac{M(x)}{EI} \tag{f}$$

式中的正负号取决于对 M 和 y'' 所作的符号规定。当取 x 轴向右为正，y 轴向下为正（图 7-42）时，曲线向上凸时，y'' 为正，向下凸时为负。按本章第二节对弯矩符号的规定，梁弯曲后向下凸时为正，向上凸时为负。由图 7-42 可以看出，在图示坐标系中，M 与 y'' 的正负号始终相反。因此，应用式(f)时，式的两侧应取不同的正负号，即

$$y''=-\frac{M(x)}{EI} \tag{7-16}$$

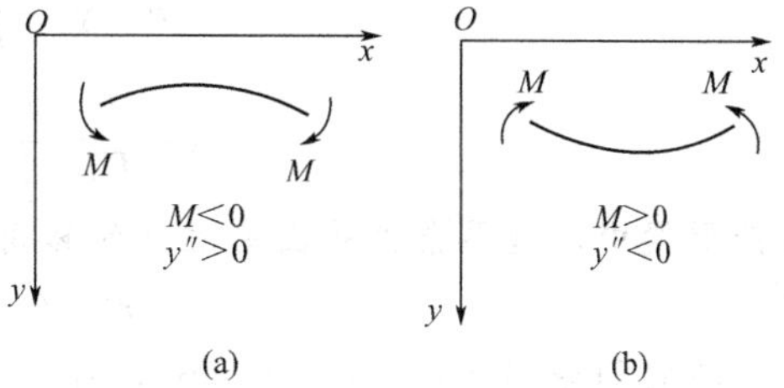

图 7-42

式(7-16)就是梁在弯曲时的**挠曲线近似微分方程**。之所以是近似微分方程，是因为：①略去了剪力 F_S 对变形的影响；②在 $(1+y'^2)^{3/2}$ 中略去了 y'^2。

由式(7-16)可以看出，只要将梁的弯矩方程 $M(x)$ 列出并代入，求解这一微分方程，即可求得梁的转角方程和挠曲线方程，进而确定梁任一横截面的转角和挠度。

2. 积分法求梁的变形

在求解梁的挠曲线近似微分方程，计算梁的变形时，可直接对公式(7-16)积分。积分一次，可以得到梁横截面的**转角方程**

$$\theta=y'=-\int\frac{M(x)}{EI}\mathrm{d}x+C \tag{7-17}$$

再积分一次，可以得到梁的**挠曲线方程**

$$y=-\int\left[\int\frac{M(x)}{EI}\mathrm{d}x\right]\mathrm{d}x+Cx+D \tag{7-18}$$

上述应用积分求梁横截面转角和挠度的方法，称为**积分法**。若为等截面的直梁，其抗弯刚度 EI 为常量，积分时可提出积分号。积分式中 C 和 D 是积分常数，可根据变形的连续性条件和边界条件来确定。例如，挠曲线应该是一条连续光滑的曲线，其上任一点处，左、右截面的挠度和转角分别相等。再如，在悬臂梁中，固定端处的挠度和转角均等于零；在简支梁中，两铰支座处的挠度均等于零（注意：根据铰支座只限制移动而不限制转动的约束特性，铰支座处的转角一般不为零）；在弯曲变形的对称点上，转角应等于零。

积分常数 C 和 D 确定以后，代入公式(7-17)和式(7-18)，即分别得到梁的转角方程和挠曲线方程，从而可确定任一横截面的转角和挠度。

下面举例说明积分法的具体应用。

例 7-24 图 7-43 所示悬臂梁在自由端受一集中力 F 作用，$F=400\text{N}$，梁的横截面为圆形，直径 $d=10\text{mm}$，跨长 $l=50\text{mm}$，材料的弹性模量 $E=210\text{GPa}$。试求梁的挠曲线方程和转角方程，并求其最大挠度 f_{max} 和最大转角 θ_{max}。

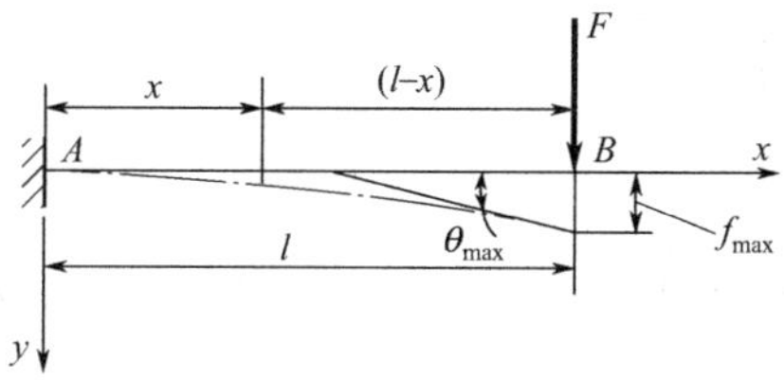

图 7-43

解： 选取坐标系如图示。

(1) 列出梁的挠曲线近似微分方程

取 x 处横截面右侧梁段，可直接写出梁的弯矩方程为

$$M(x)=-F(l-x)$$

将 $M(x)$ 代入式(7-16)，即得梁的挠曲线近似微分方程为

$$y''=-\frac{M(x)}{EI}=\frac{F}{EI}(l-x)$$

(2) 积分得转角方程和挠曲线方程

$$\theta=y'=\frac{F}{EI}(lx-\frac{1}{2}x^2+C) \tag{a}$$

$$y=\frac{F}{EI}\left(\frac{l}{2}x^2-\frac{1}{6}x^3+Cx+D\right) \tag{b}$$

在悬臂梁中，边界条件是固定端处的转角和挠度均等于零，即当 $x=0$ 时，$\theta=0$，$y=0$

将它们分别代入 (a) 和 (b)，可得

$$C=0,\quad D=0$$

如此得梁的转角方程和挠曲线方程分别为

$$\theta=\frac{F}{EI}(lx-\frac{1}{2}x^2) \tag{c}$$

$$y=\frac{F}{EI}\left(\frac{l}{2}x^2-\frac{1}{6}x^3\right) \tag{d}$$

(3) 求最大转角 θ_{max} 和最大挠度 f_{max}；

悬臂梁的最大转角和最大挠度是在自由端处。将 $x=l$ 代入式(c) 和 (d)，可得

$$\theta_{max}=\frac{Fl^2}{2EI}\qquad f_{max}=\frac{Fl^3}{3EI}$$

将 $F=400N$，$l=50mm$，$E=210GPa$，$I=\frac{\pi d^4}{64}=\frac{\pi\times10^4}{64}=491mm^4$ 代入，可得

$$\theta_{max}=0.0048rad,\ f_{max}=0.16mm$$

在以上结果中，θ_{max} 为正值，说明梁变形时自由端处截面 B 沿顺时针方向转动；f_{max} 为正值，表示 B 截面向下移动。

例 7-25 图 7-44 所示简支梁受集度为 q 的分布荷载作用，抗弯刚度 EI 为常数。试求此梁的挠曲线方程和转角方程，并求其最大挠度 f_{max} 和最大转角 θ_{max}。

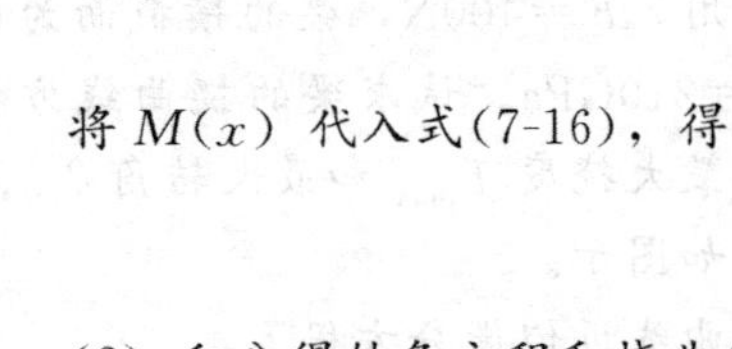

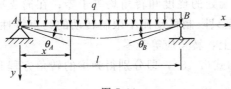

图 7-44

解：选取坐标系如图示。

(1) 列出梁的挠曲线近似微分方程

首先，利用对称关系求梁的两个支反力（略，请读者自行完成），然后写出此梁的弯矩方程为

$$M(x)=\frac{qlx}{2}-\frac{qx^2}{2}$$

将 $M(x)$ 代入式(7-16)，得梁的挠曲线近似微分方程为

$$y''=-\frac{1}{EI}\left(\frac{qlx}{2}-\frac{qx^2}{2}\right)$$

(2) 积分得转角方程和挠曲线方程

$$\theta=y'=-\frac{1}{EI}\left(\frac{qlx^2}{4}-\frac{qx^3}{6}+C\right) \tag{a}$$

$$y=-\frac{1}{EI}\left(\frac{qlx^3}{12}-\frac{qx^4}{24}+Cx+D\right) \tag{b}$$

在简支梁中，边界条件是左、右两端铰支座处的挠度均等于零，即

$$x=0 \text{ 时}, \quad y=0$$
$$x=l \text{ 时}, \quad y=0$$

根据这两个边界条件，由式(b) 可以求得

$$C=-\frac{ql^3}{24}, \qquad D=0$$

于是，得梁的转角方程和挠曲线方程分别为

$$\theta=-\frac{1}{EI}\left(\frac{qlx^2}{4}-\frac{qx^3}{6}-\frac{ql^3}{24}\right) \tag{c}$$

$$y=-\frac{1}{EI}\left(\frac{qlx^3}{12}-\frac{qx^4}{24}-\frac{ql^3x}{24}\right) \tag{d}$$

(3) 求最大转角 $\theta_{\max}$ 和最大挠度 $f_{\max}$

由梁上外力及边界条件对梁跨中点的对称性可知，梁的挠曲线也应是对称的。所以两支座处的转角最大，且绝对值相等，而最大挠度必在梁跨中点处（$x=\frac{l}{2}$时，$y'=0$，可知此处挠度为极值)。

将 $x=0$ 和 $x=l$ 分别代入式(c)，可得

$$\theta_A=\frac{ql^3}{24EI}, \qquad \theta_B=-\frac{ql^3}{24EI}$$

即梁的最大转角为

$$\theta_{\max}=\theta_A=-\theta_B=\frac{ql^3}{24EI}$$

将 $x=\frac{l}{2}$代入式(d)，可得梁的最大挠度为

$$f_{\max}=\frac{5ql^4}{384EI}$$

如果梁上的荷载不连续，如分布荷载在梁跨中间的某点处开始或结束，集中力或集中力偶作用在梁跨中间某点处等，则梁的弯矩方程需分段列出，因而各段梁的挠曲线近似微分方程也就不同。而在对各段梁的近似微分方程积分时，都将出现两个积分常数。要确定这些积分常数，还需利用相邻两段梁在交界处变形的连续性条件。当挠曲线近似微分方程的分段较多时，往往要确定很多积分常数，使计算冗长。但是，如果在写弯矩方程和在对挠曲线近似微分方程进行积分时遵循一定的规则，就可使积分常数的确定大为简化。

例 7-26 图 7-45 所示简支梁受集中力 F 作用，抗弯刚度 EI 为常数。试求此梁的挠曲线方程和转角方程，并求其最大挠度 $f_{\max}$ 和最大转角 $\theta_{\max}$。

解： 选取坐标系如图示。

(1) 列出梁的挠曲线近似微分方程

梁在两端的支反力分别为

$$F_{Ay}=\frac{Fb}{l}, \quad F_{By}=\frac{Fa}{l}$$

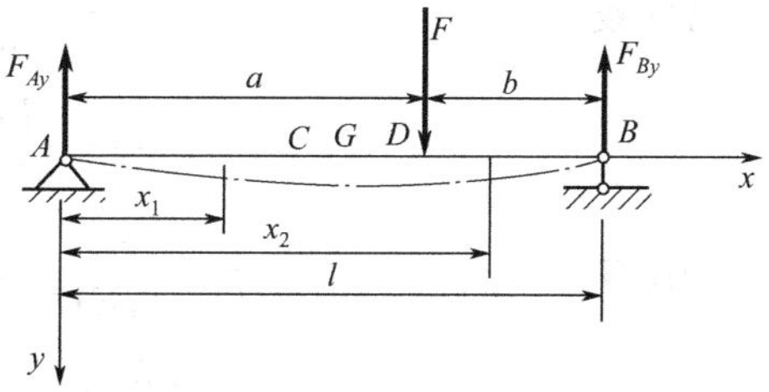

图 7-45

因为集中力 F 将梁分为两段，需分段列出弯矩方程，即

AD 段 $$M(x_1)=\frac{Fb}{l}x_1 \quad (0\leqslant x_1\leqslant a)$$

DB 段 $$M(x_2)=\frac{Fb}{l}x_2-F(x_2-a) \quad (a\leqslant x_2\leqslant l)$$

代入式(7-16)，得梁的挠曲线近似微分方程为

AD 段 $$y_1''=-\frac{1}{EI}\frac{Fb}{l}x_1 \tag{a}$$

DB 段 $$y_2''=-\frac{1}{EI}\left[\frac{Fb}{l}x_2-F(x_2-a)\right] \tag{b}$$

(2) 积分得转角方程和挠曲线方程

AD 段 $$\theta_1=y_1'=-\frac{1}{EI}\left[\frac{Fb}{l}\frac{x_1^2}{2}+C_1\right] \tag{c}$$

$$y_1=-\frac{1}{EI}\left[\frac{Fb}{l}\frac{x_1^3}{6}+C_1x_1+D_1\right] \tag{d}$$

DB 段 $$\theta_2=y_2'=-\frac{1}{EI}\left[\frac{Fb}{l}\frac{x_2^2}{2}-F\frac{(x_2-a)^2}{2}+C_2\right] \tag{e}$$

$$y_2=-\frac{1}{EI}\left[\frac{Fb}{l}\frac{x_2^3}{6}-F\frac{(x_2-a)^3}{6}+C_2x_2+D_2\right] \tag{f}$$

注意：对 DB 段梁进行积分运算时，对含有 $(x-a)$ 的项是以 $(x-a)$ 作为自变量的，这样可使下面确定积分常数的工作得到简化。

上述积分过程中，出现了四个积分常数 C_1、D_1、C_2、D_2，需要四个条件来确定。

根据变形的连续性条件，在梁的 AD 和 DB 两段的交界截面 D 处，由式(c) 确定的转角应等于由式(e) 确定的转角，由式(d) 确定的挠度应等于由式(f) 确定的挠度，即

$$x_1=x_2=a \text{ 时}, \quad \theta_1=\theta_2, \quad y_1=y_2$$

再利用简支梁的边界条件，即

$$x_1=0 \text{ 时}, \quad y_1=0$$
$$x_2=l \text{ 时}, \quad y_2=0$$

将上述连续性条件和边界条件分别代入 (c)、(d)、(e)、(f)，联立求解就可求得积分常数为

$$D_1=D_2=0$$

$$C_1=C_2=-\frac{Fb}{6l}(l^2-b^2)$$

将它们分别代入 (c)、(d)、(e)、(f)，得梁的转角方程和挠曲线方程分别为

AD 段 $$\theta_1=-\frac{Fb}{6lEI}(3x_1^2-l^2+b^2) \tag{g}$$

$$y_1=-\frac{Fb}{6lEI}[x_1^3-(l^2-b^2)x_1] \tag{h}$$

DB 段 $$\theta_2=-\frac{Fb}{6lEI}\left[3x_2^2-\frac{3l}{b}(x_2-a)^2-l^2+b^2\right] \tag{i}$$

$$y_2=-\frac{Fb}{6lEI}\left[x_2^3-\frac{l}{b}(x_2-a)^3-(l^2-b^2)x_2\right] \tag{j}$$

(3) 求最大转角 θ_{max} 和最大挠度 f_{max}

将 $x_1=0$ 和 $x_2=l$ 分别代入式(g) 和 (i)，得梁在 A、B 两支座处截面的转角分别为

$$\theta_A=\frac{Fab(l+b)}{6lEI}$$

$$\theta_B=-\frac{Fab(l+a)}{6lEI}$$

当 $a>b$ 时，可以判定 B 支座处截面的转角绝对值最大，其值为

$$\theta_{max}=|\theta_B|=\frac{Fab(l+a)}{6lEI}$$

现在来确定梁的最大挠度。简支梁的最大挠度应在 $y'=0$ 处。先研究 AD 段，令 $y'=\theta_1=0$，由式(g) 求得

$$x_G=\sqrt{\frac{l^2-b^2}{3}}=\sqrt{\frac{a(a+2b)}{3}} \tag{k}$$

当 $a>b$ 时，x_G 值将小于 a。由此可知，最大挠度确实在 AD 段梁中。将 x_G 值代入式(h)，可得最大挠度值为

$$f_{max}=\frac{Fb}{9\sqrt{3}\,lEI}\sqrt{(l^2-b^2)^3} \tag{l}$$

接下来讨论 f_{max} 的近似计算问题。为此，先求出上述梁跨中点 C 截面的挠度 f_C。将 $x_1=\frac{l}{2}$ 代入式(h)，得

$$f_C=\frac{Fb}{48EI}(3l^2-4b^2) \tag{m}$$

由式(k) 可看出，b 值越小，则 x_G 值越大。也就是说荷载越靠近右支座，梁的最大挠度点离中点就越远，而且梁的最大挠度与梁跨中点挠度的差值也就随之增大。其极限情况是 b 值非常小，以致 b^2 与 l^2 相比可忽略不计，此时由式(l)、(m) 可得

$$f_{max}\approx\frac{Fbl^2}{9\sqrt{3}EI}\approx 0.0642\,\frac{Fbl^2}{EI}$$

$$f_C\approx\frac{Fbl^2}{16EI}=0.0625\,\frac{Fbl^2}{EI}$$

在这一极限情况下，两者差值也不超过梁跨中点挠度的 3%。由此可知，在简支梁中，不论它受什么荷载作用，只要挠曲线上无拐点，其最大挠度值都可用梁跨中点处的挠度值来代替，其精确度能满足工程计算的要求。

当集中力 F 作用在简支梁的中点时，即 $a=b=\frac{l}{2}$ 时，则

$$\theta_{max}=\frac{Fl^2}{16EI}$$

$$f_{max}=\frac{Fl^3}{48EI}$$

在上面的例题中，遵循了两个规则：①各段梁的弯矩方程，都是根据从坐标原点到所研究的截面之间的一段梁上的外力来写的。因此后一段梁的弯矩方程中总是包括了前一段梁的弯矩方程，只增加了包含 $(x-a)$ 的项；②对包含 $(x-a)$ 的项作积分时，就用 $(x-a)$ 作为自变量。这样，从挠曲线在 $(x-a)$ 处的两个连续条件，就能得到两段梁上相应的积

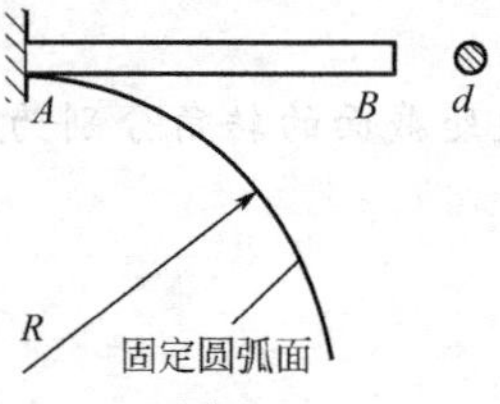

图 7-46

分常数分别相等的结果，从而简化了确定积分常数的工作。对于弯矩方程须分为任意几段写出的情况，只要遵循上述原则，也同样可以得到各段梁上相应的积分常数都分别相等的结果。

思考： 如图 7-46，直径为 d 的圆截面梁，弹性模量为 E，受力后其下边缘 AB 刚刚好与半径为 R 的固定圆弧面接触，梁仍处于线弹性范围。问梁上是如何受力的？

三、叠加法求梁的变形

积分法是求梁变形的基本方法，其优点是可以求得转角和挠度的普遍方程，但在荷载复杂的情况下，或只需确定某些特定截面的转角和挠度时，显得过于累赘，这就促使人们寻求其他较为简便的方法。叠加法是工程实际中常用的较为方便的一种计算方法。

在前述计算梁的变形时，考虑到梁的变形微小，忽略了跨长的变化量，而且梁的材料又是在线弹性范围内工作，因而所得到的梁的转角和挠度，也都与梁上的荷载呈线性关系。这样，梁上某一荷载所引起的变形不受同时作用的其他荷载的影响，即每一个荷载对弯曲变形的影响是相互独立的。梁在若干项荷载（可以是分布力、集中力或集中力偶）同时作用下某一横截面的挠度和转角，就分别等于每一项荷载单独作用时该截面的挠度和转角的叠加。这就是求梁的变形的**叠加法**。当每一项荷载所引起的转角是在同一平面内（如均在 xy 平面内），挠度是在同一方向（如均沿 y 轴方向），则叠加就是求其代数和。为此，将梁在某些简单荷载作用下的变形列入附录二（简单荷载作用下梁的挠度和转角）中，以便直接查用。利用这些表格，采用叠加法，就可以较为方便地解决一些弯曲变形问题。

例 7-27 图 7-47 所示简支梁受集中荷载 F 和集度为 q 的分布荷载作用，抗弯刚度 EI 为常数。试用叠加法求梁跨中点 C 的挠度 f_C 和支座处横截面的转角 θ_A、θ_B。

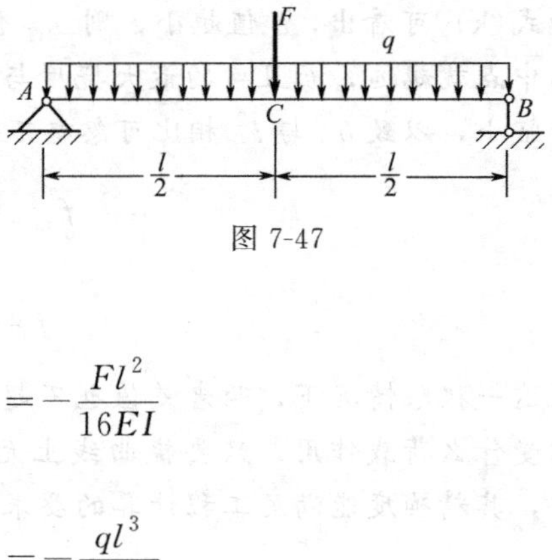

图 7-47

解： 此梁上的荷载可分为两项简单荷载：集中荷载 F 和集度为 q 的分布荷载。先从附录二中查出当两者单独作用时梁相应截面的挠度及转角，然后求其代数和，即得所求的挠度及转角。

由附录二第 8 栏查得

$$f_{CF}=\frac{Fl^3}{48EI},\theta_{AF}=\frac{Fl^2}{16EI},\theta_{BF}=-\frac{Fl^2}{16EI}$$

由附录二第 7 栏查得

$$f_{Cq}=\frac{5ql^4}{384EI},\theta_{Aq}=\frac{ql^3}{24EI},\theta_{Bq}=-\frac{ql^3}{24EI}$$

由此可得，梁跨中点 C 的挠度 f_c 为

$$f_C=f_{CF}+f_{Cq}=\frac{Fl^3}{48EI}+\frac{5ql^4}{384EI}\quad(\downarrow)$$

支座处横截面的转角 θ_A，θ_B 分别为

$$\theta_A=\theta_{AF}+\theta_{Aq}=\frac{Fl^2}{16EI}+\frac{ql^3}{24EI}\quad(\curvearrowright)$$

$$\theta_B=\theta_{BF}+\theta_{Bq}=-\frac{Fl^2}{16EI}-\frac{ql^3}{24EI}\quad(\curvearrowleft)$$

例 7-28 抗弯刚度为 EI 的外伸梁受荷载如图 7-48(a) 所示。试用叠加法求梁截面 B 的转角 θ_B、A 端的挠度 f_A 和 BC 段中点 D 的挠度 f_D。

解：(1) 为了利用附录二进行解题，必须将图 7-48(a) 所示外伸梁在 B 截面处截成两段，看成由一个简支梁和一个悬臂梁［图 7-48(b)、(c)］组成。显然，在两段梁的 B 截面上应该加上相互作用的力 $2qa$ 和力偶矩 $M_B=qa^2$，它们也就是截面 B 的剪力和弯矩值。

(2) 由图 7-48(a)、(c)（两图中梁的挠曲线是假定的）可以看出，图 7-48(c) 所示简支梁 BC 的受力情况与原外伸梁 AC 中的 BC 段受力情况相同。因此，用叠加法求得简支梁 BC 的 θ_B 和 f_D，也就是原外伸梁 AC 上的 θ_B 和 f_D。

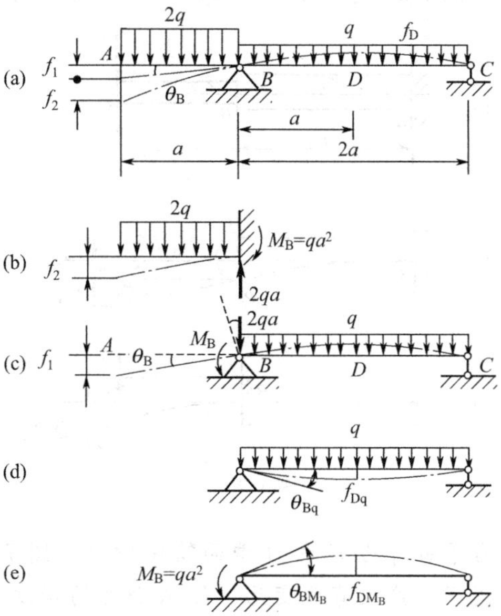

图 7-48

(3) 用叠加法求 θ_B 和 f_D

简支梁 BC 上的三项荷载中，集中力 $2qa$ 作用在支座处，不会使梁产生弯曲变形；力偶矩 $M_B=qa^2$ 和均布荷载 q 所引起的 θ_B 和 f_D 分别如图 7-48(d)、(e) 所示，并由附录二第 5 栏和第 7 栏查得

$$\theta_{BM_B}=-\frac{M_Bl}{3EI}=-\frac{qa^2(2a)}{3EI}=-\frac{2}{3}\frac{qa^3}{EI}\quad(\curvearrowleft)$$

$$f_{DM_B}=-\frac{M_Bl^2}{16EI}=-\frac{qa^2(2a)^2}{16EI}=-\frac{1}{4}\frac{qa^4}{EI}\quad(\uparrow)$$

$$\theta_{Bq}=\frac{ql^3}{24EI}=\frac{q(2a)^3}{24EI}=\frac{1}{3}\frac{qa^3}{EI}\quad(\curvearrowright)$$

$$f_{Dq}=\frac{5ql^4}{384EI}=\frac{5q(2a)^4}{384EI}=\frac{5}{24}\frac{qa^4}{EI}\quad(\downarrow)$$

用叠加法可求得截面 B 的转角 θ_B 和 BC 段中点 D 的挠度 f_D 分别为

$$\theta_B=\theta_{BM_B}+\theta_{Bq}=-\frac{2}{3}\frac{qa^3}{EI}+\frac{1}{3}\frac{qa^3}{EI}=-\frac{ql^3}{3EI}\quad(\curvearrowleft)$$

$$f_D=f_{DM_B}+f_{Dq}=-\frac{1}{4}\frac{qa^4}{EI}+\frac{5}{24}\frac{qa^4}{EI}=-\frac{qa^4}{24EI}\quad(\uparrow)$$

(4) 求 f_A

原外伸梁 AC 的 A 端挠度 f_A 也可用叠加法求得。由图 7-48(a)、(b)、(c) 可以看出，由于截面 B 发生转动，会带动 AB 段一起作刚性转动，从而使 A 端产生挠度 f_1，前面已求出 θ_B 为逆时针方向转动，可知 f_1 向下，其值为 $f_1=-\theta_Ba$（注意：θ_B 为负值）；又由于 AB 段本身的弯曲变形，使 AB 段梁在已有挠度 f_1 的基础上，再按悬臂梁的情况产生挠度 f_2。所以 A 段的总挠度为

$$f_A=f_1+f_2$$

f_2 可由附录二第 4 栏查得，将 θ_B 和 f_2 代入，则

$$f_A=f_1+f_2=\theta_Ba+f_2=-\left(-\frac{ql^3}{3EI}\right)a+\frac{(2q)a^4}{8EI}=\frac{7}{12}\frac{qa^4}{EI}\quad(\downarrow)$$

例 7-29 求图 7-49(a) 所示阶梯形悬臂梁自由端 C 的挠度 f_C 和转角 θ_C。

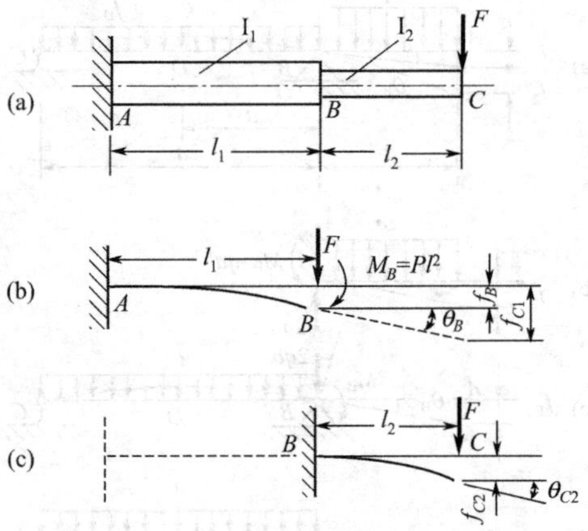

图 7-49

解：由于梁 AB 段和 BC 段的 I 不同，需将梁分两段来研究。

考虑 BC 段时，可将 AB 段看作不变形的刚体，这样 BC 段就相当于在 B 截面为固定端的悬臂梁［图 7-49(c)］，这时，自由端 C 的挠度和转角可由附录二第 2 栏查得：

$$f_{C2}=\frac{Fl_2^3}{3EI_2}\quad(\downarrow)$$

$$\theta_{C2}=\frac{Fl_2^2}{2EI_2}\quad(\downarrow)$$

事实上，由于力 F 的作用而引起被看作为固定端的 B 截面上有力 F 及力偶矩 $M_B=Fl_2$，即相当于将外力 F 向 B 截面简化所得［图 7-49(b)］。对 AB 段而言，在力 F 及力偶矩 M_B 的作用下，产生弯曲变形，B 截面处的挠度和转角（查附录二第 2 栏和第 1 栏）分别为

$$f_B=f_{BF}+f_{BM_B}=\frac{Fl_1^3}{3EI_1}+\frac{Fl_2l_1^2}{2EI_1}\quad(\downarrow)$$

$$\theta_B=\theta_{BF}+\theta_{BM_B}=\frac{Fl_1^2}{2EI_1}+\frac{Fl_2l_1}{EI_1}\quad(\downarrow)$$

梁的挠曲线是一条连续而光滑的曲线，在 AB 段和 BC 段的交界处 B，其挠度和转角都应相等。当梁 AB 变形时，BC 段保持直线，由于截面 B 的转动，带动 BC 段一起作刚性转动，从而引起 C 截面处的挠度和转角分别为

$$f_{C1}=f_B+\theta_Bl_2=\frac{Fl_1^3}{3EI_1}+\frac{Fl_2l_1^2}{2EI_1}+\frac{Fl_2l_1^2}{2EI_1}+\frac{Fl_2^2l_1}{EI_1}\quad(\downarrow)$$

$$\theta_{C1}=\theta_B=\frac{Fl_1^2}{2EI_1}+\frac{Fl_2l_1}{EI_1}\quad(\downarrow)$$

该悬臂梁自由端 C 的挠度 f_C 和转角 θ_C 分别为

$$f_C=f_{C1}+f_{C2}=\frac{Fl_1^3}{3EI_1}+\frac{Fl_2l_1^2}{EI_1}+\frac{Fl_2^2l_1}{EI_1}+\frac{Fl_2^3}{3EI_2}\quad(\downarrow)$$

$$\theta_C=\theta_{C1}+\theta_{C2}=\frac{Fl_1^2}{2EI_1}+\frac{Fl_2l_1}{EI_1}+\frac{Fl_2^2}{2EI_2}\quad(\downarrow)$$

例 7-30 图 7-50 所示悬臂梁，其中间一段作用有均布荷载 q。试用叠加法求梁自由端 B 的挠度 f_B。

解：查附录二第 3 栏可以得到，由作用在距固定端为 x 处的微分荷载 $dF=qdx$ 引起悬臂梁自由端处的挠度为

$$df_B=\frac{(qdx)x^2}{6EI}[3\times(3l)-x]$$

$$=\frac{q}{6EI}(9lx^2-x^3)dx$$

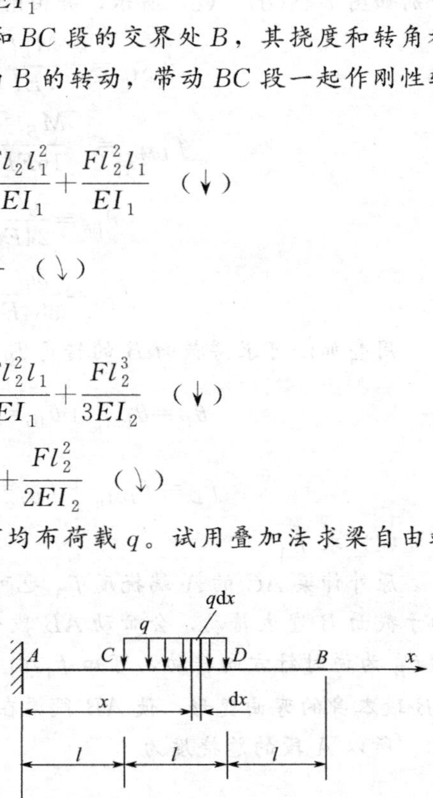

图 7-50

在图示均布荷载作用下，将 df_B 积分即得悬臂梁自由端 B 的挠度为

$$f_B=\int_l^{2l}\mathrm{d}f_B=\int_l^{2l}\frac{q}{6EI}(9lx^2-x^3)\mathrm{d}x=\frac{45}{16}\frac{ql^4}{EI}\quad(\downarrow)$$

四、梁的刚度条件

在按强度条件选择了梁的截面后，往往还要对梁进行刚度校核，即检查梁的变形是否在许可范围之内。一般要求其最大挠度 f_{max} 不超过规定的许可挠度 $[f]$，最大转角 θ_{max} 不超过规定的许可转角 $[\theta]$。

梁的刚度条件可表示为

$$f_{max}\leqslant[f]\qquad\theta_{max}\leqslant[\theta]\tag{7-19}$$

$[f]$ 和 $[\theta]$ 的数值是由具体工作条件决定的，在设计计算时应参照有关规范来确定。例如：

发动机凸轮轴	$[f]=0.05\text{mm}\sim0.06\text{mm}$
吊车大梁	$[f]=\left(\frac{1}{600}\sim\frac{1}{1000}\right)l$
普通机床主轴	$[f]=(0.0001\sim0.0005)l$
	$[\theta]=0.001\text{rad}\sim0.005\text{rad}$
土建工程中主梁	$[f]=(0.001\sim0.004)l$

其中 l 是支承间距离，即跨度。

应当指出，对于一般土建工程中的构件，按强度条件所选用的构件截面过于单薄时，刚度条件可能会起控制作用。

例 7-31 图 7-51 所示外伸梁受集中力 F_1、F_2 作用。$F_1=2\text{kN}$，$F_2=1\text{kN}$，$l=400\text{mm}$，$a=100\text{mm}$，材料的弹性模量 $E=200\text{GPa}$。梁的横截面为圆环，外径 $D=80\text{mm}$，内径 $d=40\text{mm}$。许可变形条件为：自由端 C 处的挠度不超过两支座间距离的 1/10000，支座 B 处截面转角不超过 0.001rad。试校核梁的刚度。

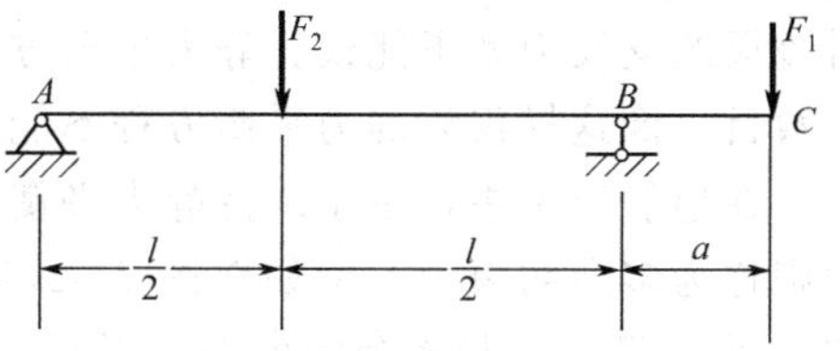

图 7-51

解： 本题可利用叠加法求 C 处的挠度 f_C 和支座 B 处截面的转角 θ_B。

(1) 计算惯性矩

$$I=\frac{\pi}{64}(D^4-d^4)=\frac{\pi}{64}(80^4-40^4)\approx188\times10^4(\text{mm}^4)=188\times10^{-8}(\text{m}^4)$$

(2) 计算 F_1 单独作用时的变形

在 F_1 单独作用下，截面 C 的挠度和截面 B 的转角可由叠加法求得（参考例 7-28，请读者自行完成）

$$f_{CF_1}=\frac{F_1a^2}{3EI}(l+a)=\frac{2\times10^3\times100^2\times10^{-6}}{3\times200\times10^9\times188\times10^{-8}}\times(400+100)\times10^{-3}$$

$$\approx8.85\times10^{-6}(\text{m})\quad(\downarrow)$$

$$\theta_{BF_1}=\frac{F_1al}{3EI}=\frac{2\times10^3\times100\times10^{-3}\times400\times10^{-3}}{3\times200\times10^9\times188\times10^{-8}}=0.7\times10^{-4}(\text{rad})\quad(\downarrow)$$

(3) 计算 F_2 单独作用时的变形

在 F_2 单独作用下，截面 B 的转角可由附录二第 8 栏查得

$$\theta_{BF_2}=-\frac{F_2 l^2}{16EI}=-\frac{1\times10^3\times400^2\times10^{-6}}{16\times200\times10^9\times188\times10^{-8}}\approx-0.265\times10^{-4}(\text{rad})\quad(\curvearrowleft)$$

F_2 单独作用时，外伸部分 BC 上无荷载作用，仍为直线，但由于截面 B 的转动，将带动 BC 段一起作刚性转动，从而使 C 端产生挠度为

$$f_{CF_2}=\theta_{BF_2}a=-0.625\times10^{-4}\times100\times10^{-3}=-2.65\times10^{-6}(\text{m})\quad(\uparrow)$$

(4) 叠加法求总变形

根据叠加法，截面 C 处的挠度 f_C 和截面 B 处的转角 θ_B 分别为

$$f_C=f_{CF_1}+f_{CF_2}=8.85\times10^{-6}-2.65\times10^{-6}=6.2\times10^{-6}(\text{m})\quad(\downarrow)$$

$$\theta_B=\theta_{BF_1}+\theta_{BF_2}=0.7\times10^{-4}-0.265\times10^{-4}=0.435\times10^{-4}(\text{rad})\quad(\downarrow)$$

(5) 刚度校核

$$\frac{f_C}{l}=\frac{6.2\times10^{-6}}{400\times10^{-3}}=\frac{0.155}{10000}<\frac{1}{10000}$$

$$\theta_B=0.435\times10^{-4}\text{rad}<0.001\text{rad}$$

因此，梁能满足刚度条件。

第八节　梁的弯曲超静定问题

前面讨论的一些梁的支反力用静力平衡方程即可求得，所以都是静定梁。但在工程实际中所用的梁，有时为减小应力和挠度，常采用更多的支座。例如一个长跨度的简支梁，若在其跨中增加一个支座，将使其最大弯矩和最大挠度值显著减小，如图 7-52 所示。然而，此时该梁的支反力就不能仅凭静力平衡方程求得，因为其支反力未知量的数目多于静力平衡方程数目。像这样仅凭静力平衡方程不能求出其全部支反力的梁，就称为**超静定梁**。

在超静定梁中，多于维持静力平衡所必需的约束称为“多余”约束，与其相对应的支反力则称为多余约束力。例如在图 7-52(b) 中，可将支座 C 看作是“多余”约束，与之相应的支反力 F_{Cy} 就是多余约束力。当然，也可以将支座 A 或支座 B 当作“多余”约束，多余约束力则为与之相应的支反力 F_{Ay} 或 F_{By}。

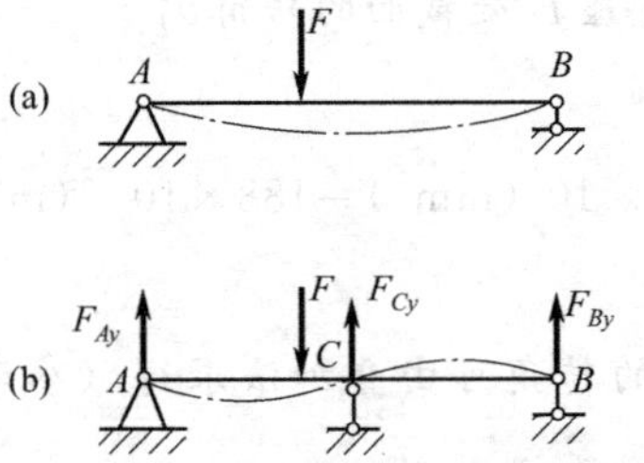

图 7-52

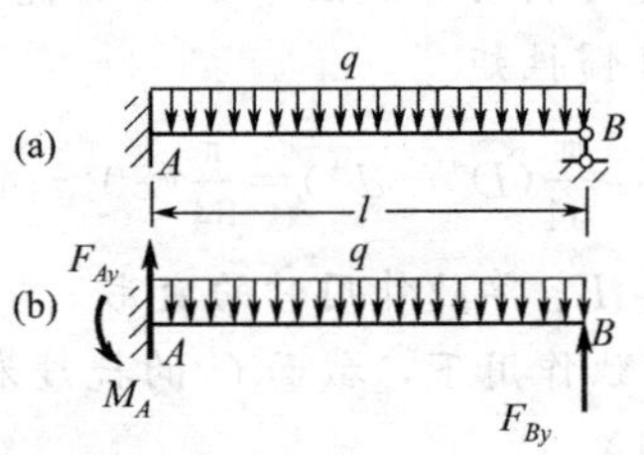

图 7-53

为了求得超静定梁的全部支反力，和求解拉、压超静定问题的方法相同，也需要根据原超静定梁的变形协调条件写出变形几何方程，并通过力与变形间的物理关系得到补充方程。也就是前面所述的综合运用变形的几何关系、物理关系和静力平衡关系。下面结合图 7-53(a) 所示抗弯刚度为 EI 的一次超静定梁，具体说明超静定梁的解法。

在求解此超静定梁时，设想将支座 B 处的约束当作“多余”约束予以解除，这样就把原来的超静定梁在形式上转变为静定的悬臂梁，此时要在 B 点处施加与所解除的约束相对

应的支反力 F_{By} [图 7-53(b)]。根据该超静定梁原有的约束条件可知，悬臂梁在 B 点处的挠度 f_B 应等于零，这也就是原超静定梁的变形协调条件。悬臂梁在均布荷载 q 和 F_{By} 的单独作用下，B 点的挠度可分别由附录二查得

$$f_{Bq}=\frac{ql^4}{8EI}\quad(\downarrow)$$

$$f_{BF_{By}}=-\frac{F_{By}l^3}{3EI}\quad(\uparrow)$$

应用叠加法可求得悬臂梁在均布荷载 q 和 F_{By} 共同作用下 B 点的挠度为

$$f_B=f_{Bq}+f_{BF_{By}}=\frac{ql^4}{8EI}-\frac{F_{By}l^3}{3EI}$$

根据上述变形协调条件 $f_B=0$，即得补充方程

$$\frac{ql^4}{8EI}-\frac{F_{By}l^3}{3EI}=0$$

由此可求得

$$F_{By}=\frac{5}{8}ql$$

所求得的 F_{By} 为正号，说明前面假设的指向是对的，即 F_{By} 的指向是向上的。

求得 F_{By} 以后，就可按静力平衡条件求出该梁固定端 A 的支反力为

$$F_{Ay}=\frac{5}{8}ql,\qquad m_A=\frac{1}{8}ql^2$$

在求出超静定梁的支反力以后，就可按前述方法对梁进行强度计算和刚度校核。

上述用变形叠加法求解超静定梁的方法，也称为**变形比较法**。

以上介绍的是取支座 B 处的约束作为“多余”约束来求解此超静定梁的。同样，也可以取支座 A 处限制该梁端面转动的约束作为“多余”约束加以解除，并加上相应的多余反力偶 m_A（图 7-54）。根据原超静定梁 A 端面的转角为零这一变形协调条件，可建立一个补充方程，由该方程即可求得 m_A 值。建议读者按上述分析方法自行求解，以验证由此求得的结果与前面所求得的结果完全相同。

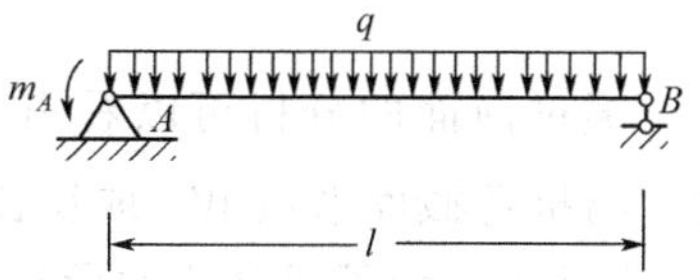

图 7-54

例 7-32 试求图 7-55 所示梁的支反力。

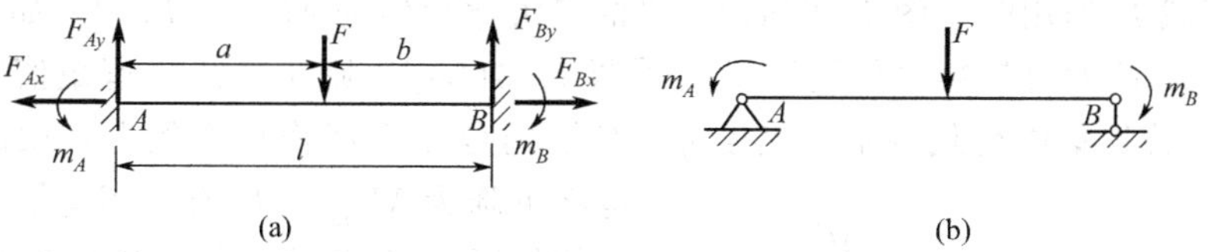

图 7-55

解：该梁共有六个支反力（见图），而平衡方程只有三个，因而为三次超静定梁。但是，考虑到在小变形条件下，横截面沿梁轴线方向的位移很小而忽略不计，所以可以认为

$$F_{Ax}=F_{Bx}\approx 0$$

这样，还有四个未知的约束反力，两个平衡方程，问题简化为两次超静定。

如以固定端限制梁截面转动的约束为“多余”约束，予以解除，并加上与之相应的多余

支反力偶矩 m_A 和 m_B，这样就将原来的超静定梁在形式上转变为静定的简支梁［图 7-55(b)］。此时变形协调条件是：A、B 两端的转角均等于零，即

$$\theta_A = 0, \qquad \theta_B = 0$$

θ_A、θ_B 与 F、m_A、m_B 的关系可由附录Ⅱ查得。根据叠加法，得

$$\theta_A = \theta_{AF} + \theta_{Am_A} + \theta_{Am_B} = \frac{Fab(l+b)}{6EIl} - \frac{m_A l}{3EI} - \frac{m_B l}{6EI}$$

$$\theta_B = \theta_{BF} + \theta_{Bm_A} + \theta_{Bm_B} = -\frac{Fab(l+a)}{6EIl} + \frac{m_A l}{6EI} + \frac{m_B l}{3EI}$$

代入变形协调条件，得变形补充方程为

$$\begin{cases} \dfrac{Fab(l+b)}{6EIl} - \dfrac{m_A l}{3EI} - \dfrac{m_B l}{6EI} = 0 \\ -\dfrac{Fab(l+a)}{6EIl} + \dfrac{m_A l}{6EI} + \dfrac{m_B l}{3EI} = 0 \end{cases}$$

解之，得

$$m_A = \frac{Fab^2}{l^2}, \quad m_B = \frac{Fa^2 b}{l^2}$$

m_A、m_B 确定后，由静力平衡方程可求得

$$F_{Ay} = \frac{Fb^2(l+2a)}{l^3}, \quad F_{By} = \frac{Fa^2(l+2b)}{l^3}$$

所求得的结果均为正值，说明前面假设的指向［图 7-55(a)］都是对的。

第九节　提高梁承载能力的措施

通过前面的分析可以看出，等直梁的最大弯曲正应力 σ_{max} 与梁的最大弯矩 M_{max} 成正比，与抗弯截面系数 W_z 成反比；梁的变形与梁的跨长 l 的 n 次方成正比，与梁的抗弯刚度 EI 成反比。为了提高梁的承载能力，应考虑两方面的要求：一是安全可靠；二是经济合理，即用料要少，经费要省，而梁的强度和刚度要尽量提高。一般可从以下几个方面入手。

一、合理布置梁的荷载和支承

合理布置梁的荷载，可降低梁的最大弯矩，从而提高梁的承载能力。例如，简支梁在跨距中受集中荷载 F 作用时［图 7-56(a)］，梁的最大弯矩值为 $M_{max} = Fl/4$。如果采用一个辅梁，使集中荷载 F 通过辅梁再作用到梁上［图 7-56(b)］，则梁的最大弯矩值就下降，本例 $M_{max} = Fl/8$。若将集中荷载调整为集度 $q = F/l$ 的分布荷载作用在梁上，梁的最大弯矩值也将下降为 $M_{max} = Fl/8$。当运输超出额定荷载的物体通过桥梁时，采用长平板车将集中荷载分为几个荷载就可安全过桥，就是这个道理。

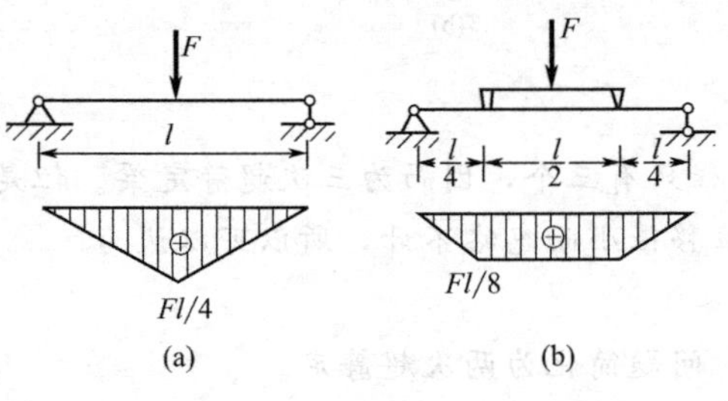

图 7-56

同理，合理地布置支座位置也可降低梁的最大弯矩值。如例 7-15 中将承受均布荷载作用的简支梁两端的支座分别向跨内侧移动 $a = 0.21\ l$，则梁的最大弯矩值，就由简支梁的 $M_{max} = ql^2/$

$8=0.125ql^2$ 下降为 $M_{max}=0.0215ql^2$，仅为原简支梁最大弯矩值的 17%。同时，跨的长度也相应缩短，从而减小了梁的最大挠度值。

此外，增加梁的支座也可减小梁的挠度。例如，在悬臂梁的自由端或者简支梁的跨中增加一个支座，都可以显著地减小梁的挠度。但采取这种措施后，原来的静定梁就变成为超静定梁了。

二、合理选择梁的截面

当弯矩已定时，横截面上的最大正应力与抗弯截面系数 W_z 成反比。因此，所采用的横截面形状，应该是使其抗弯截面系数与其面积之比尽可能的大。因为在一般截面中，抗弯截面系数与截面高度的平方成正比，因此，合理选择截面的原则是尽可能地使截面高度增大，并且大部分的面积布置在离中性轴较远的地方，以得到较大的抗弯截面系数。这个原则的合理性也可从梁横截面上的正应力的分布规律得到说明。因为在横截面边缘处的正应力最大，而在中性轴处的正应力为零，所以布置在中性轴附近的材料不能充分发挥其作用，而将材料布置得离中性轴越远，就越能发挥其作用。同时注意到，当抗弯截面系数较大时，惯性矩也较大，从而可减小梁的最大挠度值。

对于用钢等塑性材料制成的梁，由于材料的许用拉应力值与许用压应力值相等，所以选择的横截面形状应以中性轴为其对称轴，这样才能使横截面上的最大拉应力值和最大压应力值可同步达到或同比例趋近材料的许用应力，例如工字形、矩形、圆形及环形截面等。但这些截面的合理程度也并不相同，工字形截面比矩形截面好，矩形截面比圆形截面好。就矩形截面来说，竖放比平放合理。就圆形截面而言，空心的比实心的好。

对于用铸铁等脆性材料制成的梁，由于材料的抗压强度较其抗拉强度高得多，因此，宜采用 T 形等对中性轴不对称的截面，并将其翼缘部分置于受拉侧（参阅例题 7-17）。

对于用木材制成的梁，最切合实际的截面形状是圆形和矩形，没有必要一味追求工字形或空心圆截面，以免造成材料的浪费和施工上的困难。

关于怎样选择梁的合理截面问题，我国古代的劳动人民早就在生产实践中积累了许多宝贵经验。北宋李诫在其所著的《营造法式》一书中就明确指出："凡梁之大小，各随其广为三分，以二分为厚"，即矩形梁截面（从圆中截取）的高宽比应该取 3/2。这一比值，与按照现代力学理论算得的、在圆截面中能取出的 W 为最大的矩形截面的高宽比为$\sqrt{2}$非常接近。

总之，在选择梁截面的合理形状时，应综合考虑横截面上的应力情况、材料的力学性能、梁的使用条件以及制造、施工工艺等。

三、采用变截面梁

按正应力强度条件确定的等截面梁，只在最大弯矩所在截面的边缘处，最大正应力达到了材料的许用应力，而其他截面上的最大正应力都还小于材料的许用应力。因此，为了充分发挥材料的作用，节约使用材料并减轻自重，将梁设计成变截面较为合理。如变截面梁的截面是逐渐变化的，实践证明，前面按等截面梁求得的正应力公式仍可适用，误差不大，对实用无显著影响。如截面有突变，在突变处截面上的应力分布情况很复杂，不能用一般方法计算，但在离开突变处稍远处，应力的分布情况就恢复了常态，一般的正应力公式仍可应用。

理想的变截面梁是等强度梁，如图 7-57(a) 所示，即使梁各横截面上的最大正应力值都相等，并都达到材料的许用应力，但考虑到加工方便及结构上的要求，常用阶梯形状的变截面梁（阶梯轴）来代替理论上的等强度梁，如图 7-57(b) 所示。

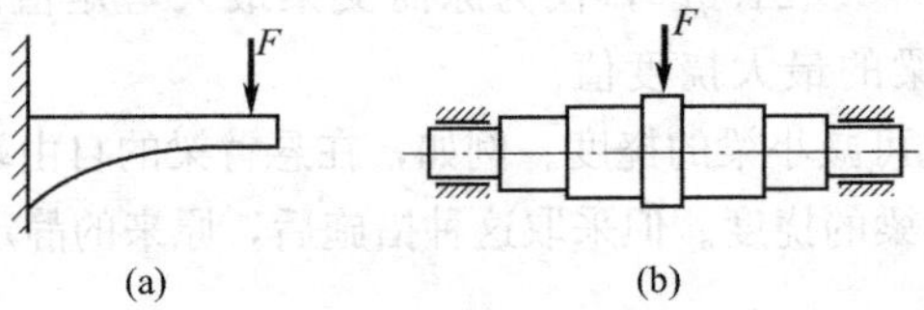

图 7-57

最后指出，由于优质钢与普通钢的弹性模量 E 值相差不大，而价格相差较大，因此一般情况下不以优质钢代替普通钢来提高梁的刚度。

本章小结

梁的弯曲变形是材料力学中最重要的内容之一。本章从三个方面讨论了梁的平面弯曲：梁的内力及内力图的绘制方法；梁的弯曲正应力和弯曲切应力的计算方法；梁的变形及其计算方法。

1. 平面弯曲梁横截面上的内力有两个——剪力和弯矩，截面法是确定横截面上的剪力和弯矩的基本方法。梁内任一截面上剪力 F_S 的大小，等于该截面左侧（或右侧）梁段上所有与截面平行之外力的代数和；任一截面上弯矩 M 的大小等于该截面左侧（或右侧）梁段上所有外力（包括力偶）对该截面形心之矩的代数和。

2. 剪力方程 $F_S(x)$ 和弯矩方程 $M(x)$ 是表示剪力和弯矩沿梁轴线方向变化规律的表达式。在建立剪力方程和弯矩方程时，要特别注意分段。分段的原则是：在同一梁段内剪力 $F_S(x)$ 和弯矩 $M(x)$ 分别具有相同的函数表达式。

3. 剪力图和弯矩图表示了剪力和弯矩沿梁轴线方向的变化规律，是分析判定危险截面的重要依据，熟练、正确地绘制出剪力图和弯矩图是本章的重点之一。作剪力图和弯矩图可从以下三方面考虑：

(1) 根据剪力方程 $F_S(x)$ 和弯矩方程 $M(x)$ 直接作图，即数学上作函数图形的方法。

(2) 应用分布荷载、剪力和弯矩之间的微分关系，找到剪力图和弯矩图的一些规律后作图。剪力、弯矩和分布荷载集度之间的关系是

$$\frac{dF_S(x)}{dx}=q(x); \qquad \frac{dM(x)}{dx}=F_S(x); \qquad \frac{d^2M(x)}{dx^2}=q(x)$$

(3) 应用叠加原理作图。这个方法在工程力学中得到广泛应用，它可以将许多复杂力学问题的计算加以简化。但请读者务必注意，应用叠加原理分析力学问题是有条件的，即在所求问题中，其所需要确定的某个量必须是有关作用因素的线性函数。

4. 梁横截面上的正应力与弯矩有关，与所求点至中性轴的距离有关。要注意中性轴与中性层是两个概念。中性轴是对梁的某个截面而言，是一条直线，而中性层是对整个梁来说的，是一个曲面。

梁弯曲时的正应力计算公式是

$$\sigma=\frac{My}{I_z}$$

正应力在横截面上沿高度方向呈线性分布的规律。在中性轴处正应力为零，而在梁的上或下边缘处正应力最大。至于在中性轴的两侧受拉或受压，可根据弯矩的方向直接

判定。

梁的正应力强度条件是

$$\sigma_{\max} \leqslant [\sigma]$$

若材料的许用拉、压应力不同，则应分别计算。

5. 梁横截面上的切应力与剪力有关，与所求点至中性轴的距离有关，计算公式为

$$\tau = \frac{F_S S_z}{I_z b}$$

该公式是以矩形截面梁导出的，但可推广应用于其他截面形状的梁，只需代入相应的 S_z 和 b。切应力的方向与该截面上的剪力方向一致。

梁的切应力强度条件为

$$\tau_{\max} \leqslant [\tau]$$

设计时，一般按正应力强度条件选择梁的截面，必要时再按切应力强度条件进行校核。

6. 对等直梁而言，梁的最大正应力发生在最大弯矩所在截面的离中性轴最远的边缘处，而在此处切应力为零；梁的最大切应力发生在最大剪力所在截面的中性轴处，而在此处正应力为零。

7. 梁发生平面弯曲时，梁的轴线将弯曲成一条连续、光滑的平面曲线。衡量梁变形的两个基本量是：挠度和转角。梁的挠曲线近似微分方程 $y'' = -\dfrac{M(x)}{EI}$ 是计算弯曲变形的基本方程。

8. 计算梁的变形的基本方法有两个：积分法和叠加法。

用积分法求梁的变形，就是将梁的弯矩方程 $M(x)$ 列出后代入挠曲线近似微分方程，积分一次得到转角方程，再积分一次就得到挠度方程。积分常数通过边界条件和梁分段处的连续条件加以确定。请读者注意：用积分法求梁的变形时，必须首先选定坐标，本章规定 x 轴向右为正，y 轴向下为正，坐标原点选在梁的左端。

由于每段梁的挠度方程和转角方程只适用于一定的区间内，因此求梁某截面的挠度和转角时，必须将其横坐标值代入相应的方程中。

用叠加法求梁的变形，适用于当梁上同时有几种荷载作用的情况。由于将多种荷载同时作用下梁的变形作为每种荷载单独作用下的变形的代数和，因此，如能熟练地运用附录Ⅱ给出的结果，此方法在实用上就更为简便有效。

9. 一般土建工程中的构件，强度要求如能满足，刚度条件一般也能满足。但是，当正常工作条件对构件的位移限制很严时，需对梁进行刚度校核。梁的刚度条件是

$$f_{\max} \leqslant [f]$$
$$\theta_{\max} \leqslant [\theta]$$

10. 求解超静定梁与求解拉、压超静定问题的原理相同，需综合运用变形的几何方程、物理关系和静力平衡条件三个方面。具体求解时，可将某一支座处的约束（或部分约束）予以解除，代之以相应的支反力，并写出多余反力作用处的变形协调条件，依此变形条件就可求解出多余支反力。此方法也叫变形比较法，用它来求解简单超静定（一次或二次超静定梁）问题，比较方便有效。

11. 为提高梁的承载能力，可从几个方面入手：分散荷载、增加支座、调整支座位置、减小梁的跨度、合理选择截面、采用等强度梁等，具体采用何种方式视工程实际情况而定。

习　题

7-1　图 7-58 所示悬臂梁受集中力 F 作用，F 与 y 轴的夹角及截面形状见左视图（三种情况），试问梁是否发生平面弯曲？

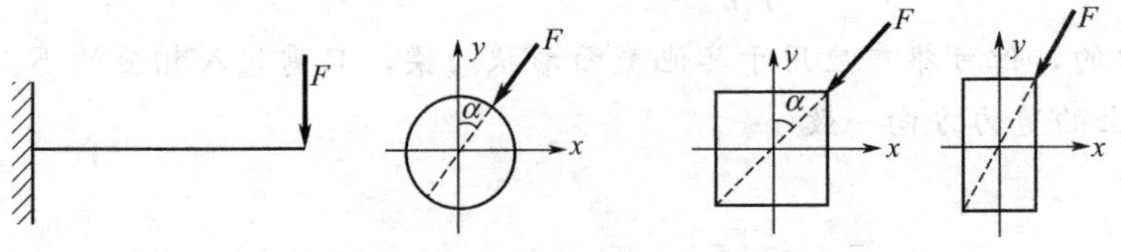

图 7-58　习题 7-1 图

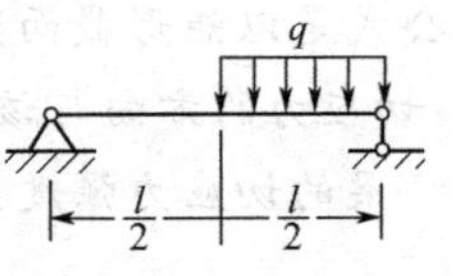

图 7-59　习题 7-2 图

7-2　图 7-59 所示梁上作用有分布荷载 q，在求梁的内力时，什么情况下可以用静力等效的集中力代替分布荷载？什么情况下不可以？

7-3　已知两根静定梁的跨度、荷载和支座情况都相同。试问在下列情况下，它们的剪力图和弯矩图是否相同？为什么？

（1）两根梁的材料相同，但横截面不同；

（2）两根梁的横截面相同，但材料不同，一根是钢梁，另一根是木梁；

（3）两根梁的横截面和材料都不相同。

7-4　求图 7-60 所示各梁中指定截面上的剪力和弯矩。

答：(a) $F_{S1}=0$，$M_1=-2\text{kN}\cdot\text{m}$；$F_{S2}=-5\text{kN}$，$M_2=-12\text{kN}\cdot\text{m}$　(b) $F_{S1}=-qa$，$M_1=-qa^2$；$F_{S2}=-qa$，$M_2=-3qa^2$；$F_{S3}=-2qa$，$M_3=-4.5qa^2$　(c) $F_{S1}=2\text{kN}$，$M_1=6\text{kN}\cdot\text{m}$；$F_{S2}=-3\text{kN}$，$M_2=6\text{kN}\cdot\text{m}$　(d) $F_{S1}=4\text{kN}$，$M_1=4\text{kN}\cdot\text{m}$；$F_{S2}=4\text{kN}$，$M_2=-6\text{kN}\cdot\text{m}$　(e) $F_{S1}=-1.67\text{kN}$，$M_1=5\text{kN}\cdot\text{m}$　(f) $F_{S1}=-\frac{m}{4a}$，$M_1=-\frac{m}{4}$；$F_{S2}=-\frac{m}{4a}$，$M_2=-m$；$F_{S3}=0$，$M_3=-m$

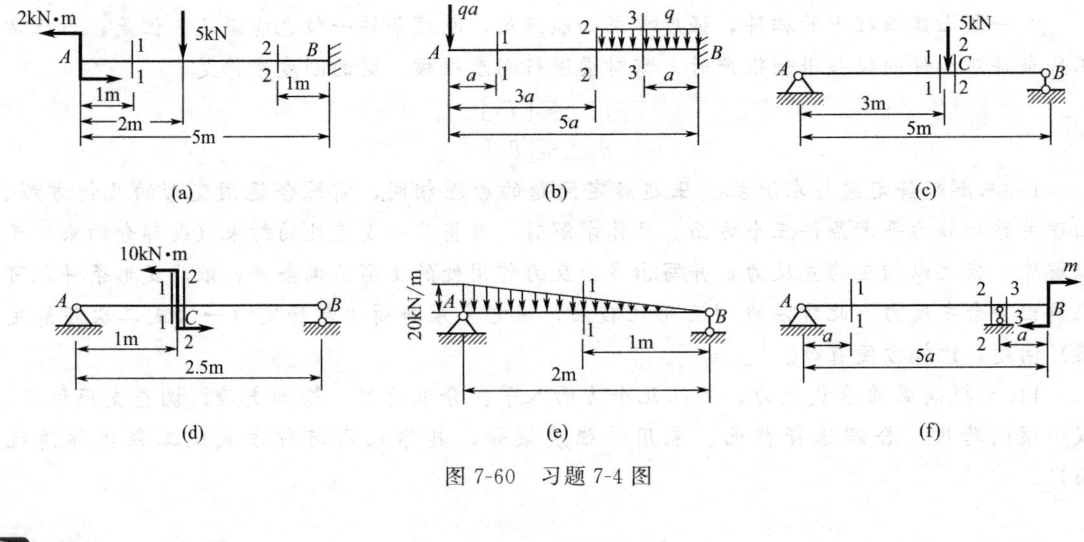

图 7-60　习题 7-4 图

7-5　为什么说求解梁的正应力分布规律是一个超静定问题？平面假设在推导弯曲正应力公式中起什么作用？它在公式中如何体现？

7-6　钢梁与木梁两者尺寸和受力情况完全相同，试问：两者的最大应力是否相同？两者的弯曲变形是否相同？两根梁的危险程度是否相同？为什么？

7-7　试求图 7-61 所示各杆在固定端处截面上的内力。

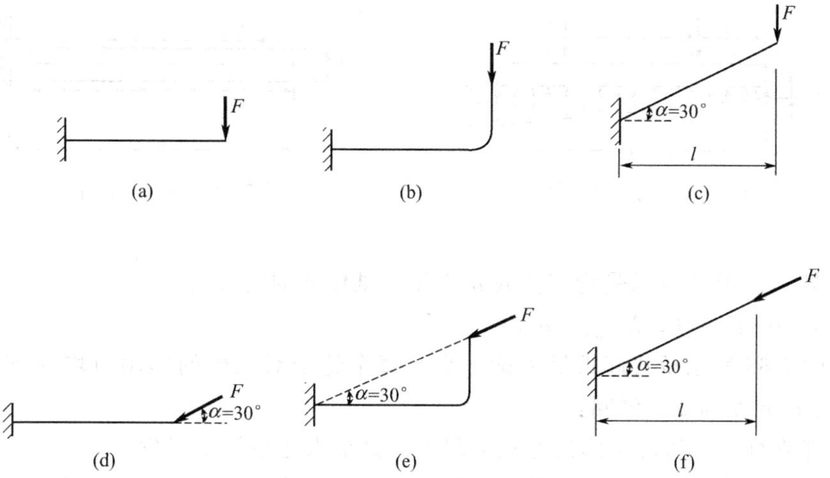

图 7-61　习题 7-7 图

答：(a) $F_N=0$，$F_S=F$，$M=-Fl$　(b) $F_N=0$，$F_S=F$，$M=-Fl$　(c) $F_N=-F/2$，$F_S=\sqrt{3}F/2$；$M=-Fl$　(d) $F_N=-\sqrt{3}F/2$，$F_S=F/2$，$M=-Fl/2$　(e) $F_N=-\sqrt{3}F/2$，$F_S=F/2$，$M=0$　(f) $F_N=-F$，$F_S=0$，$M=0$

7-8　写出下列各梁的剪力方程和弯矩方程，作出其剪力图和弯矩图（图 7-62）。

答：(a) $|F_{S\max}|=0$，$|M_{\max}|=5\text{kN}\cdot\text{m}$　(b) $|F_{S\max}|=45\text{kN}$，$|M_{\max}|=127.5\text{kN}\cdot\text{m}$　(c) $|F_{S\max}|=1.4\text{kN}$，$|M_{\max}|=2.4\text{kN}\cdot\text{m}$　(d) $|F_{S\max}|=22\text{kN}$，$|M_{\max}|=20\text{kN}\cdot\text{m}$　(e) $|F_{S\max}|=F$，$|M_{\max}|=Fl/2$　(f) $|F_{S\max}|=30\text{kN}$，$|M_{\max}|=30\text{kN}\cdot\text{m}$

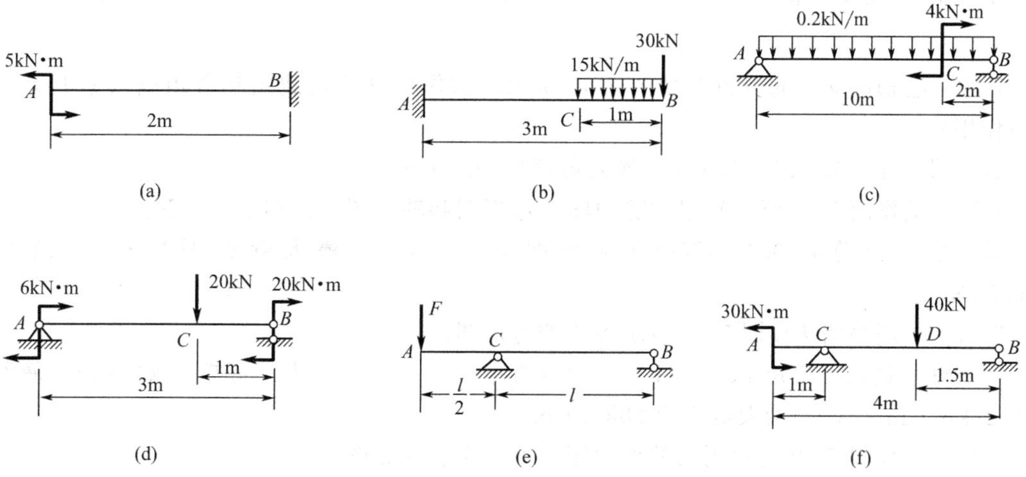

图 7-62　习题 7-8 图

7-9　如图 7-63 所示为一根搁在地基上的梁。假设地基的反力按直线规律连续变化，试求反力在两端点 A、B 处的集度 q_A 和 q_B，并作梁的剪力图和弯矩图。

答：$q_A=\dfrac{3F}{4a}$，$q_B=\dfrac{9F}{4a}$；最大正剪力$\dfrac{31}{32}F$，最大负剪力$\dfrac{33}{32}F$，最大正弯矩$\dfrac{17}{64}F$。

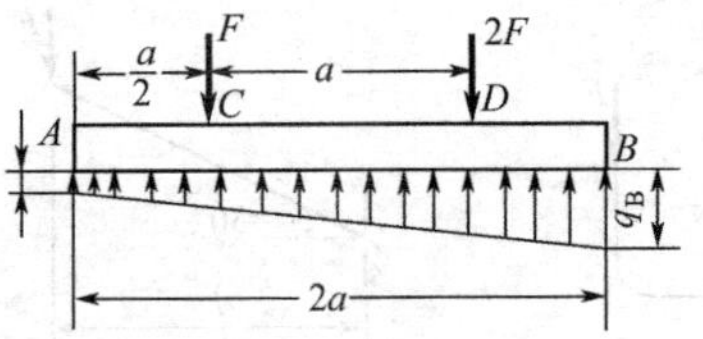

图 7-63　习题 7-9 图

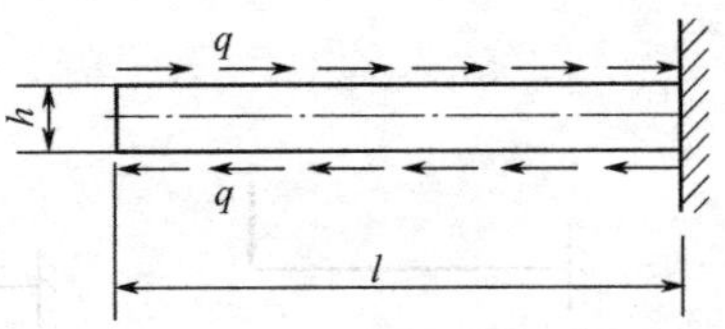

图 7-64　习题 7-10 图

7-10　图 7-64 所示梁承受均布荷载 q 作用，试作梁的内力图。

答：$F_N=0$，$F_S=0$，$M_{\max}=qhl$。

7-11　图 7-65 所示桥式起重机大梁，小车每个轮子对大梁的作用力均为 F，设梁的跨度为 l，小车的轮距为 d。试问：

(1) 小车在什么位置时梁内的弯矩为最大？其最大弯矩等于多少？

(2) 小车在什么位置时梁的支反力为最大？最大支反力和最大剪力各等于多少？

答：(1) $x=\dfrac{l}{2}-\dfrac{d}{4}$，$M_{\max}=\dfrac{F}{2l}\left(l-\dfrac{d}{2}\right)^2$　(2) $x=0$，最大支反力$=2F-\dfrac{Fd}{l}$，$F_{S\max}=2F-\dfrac{Fd}{l}$

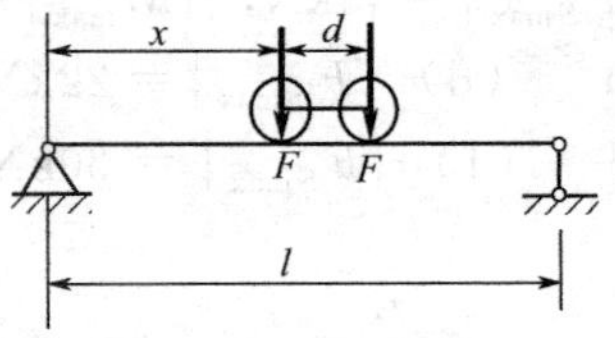

图 7-65　习题 7-11 图

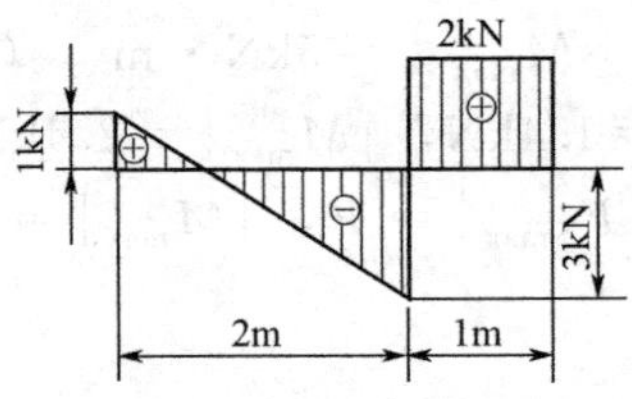

图 7-66　习题 7-12 图

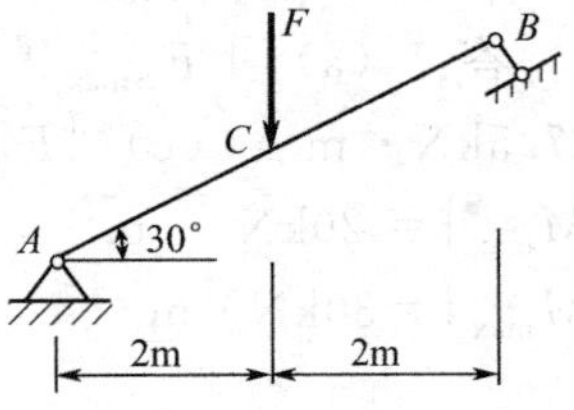

图 7-67　习题 7-13 图

7-12　已知简支梁的剪力图如图 7-66 所示，试作出梁的荷载图和弯矩图（梁上无集中力偶作用）。

答：最大正弯矩 0.25kN·m，最大负弯矩 2kN·m。

7-13　试作图 7-67 所示斜梁的剪力图、弯矩图和轴力图。已知 $F=1$kN。

答：最大正剪力 0.433kN；最大负剪力 0.433kN；最大弯矩 1kN·m；最大压力 0.5kN。

7-14　试用叠加法作图 7-68 所示各梁的弯矩图。

答：(a) 最大正弯矩 Fa　(b) 最大负弯矩 qa^2　(c) 最大正弯矩 30kN·m，最大负弯矩 20kN·m　(d) 最大负弯矩 20kN·m

7-15　试作图 7-69 所示刚架的剪力图、弯矩图和轴力图。

答：最大正剪力 20kN；最大弯矩 80kN·m；最大压力 10kN。

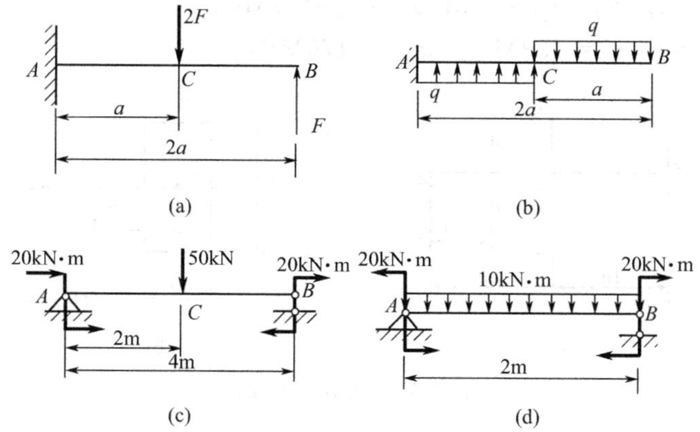

图 7-68　习题 7-14 图

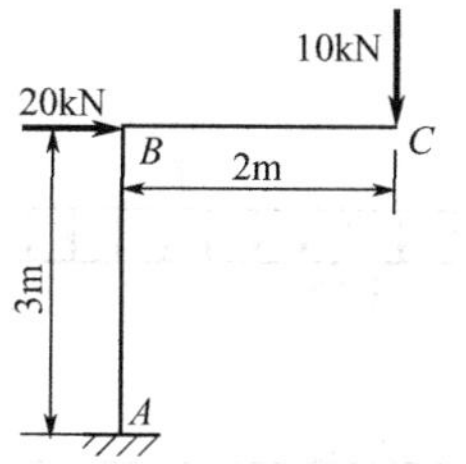

图 7-69　习题 7-15 图

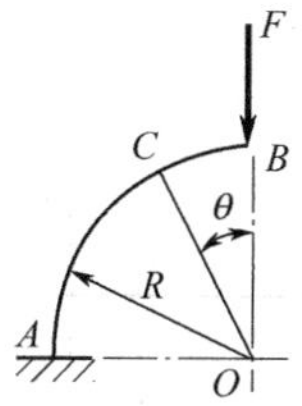

图 7-70　习题 7-16 图

7-16　图 7-70 所示圆弧形曲杆受集中力 F 作用。试写出曲杆任意横截面 C 上剪力、弯矩和轴力的表达式(表示成 θ 角的函数)，并作其内力图。

答：最大正剪力 F，最大弯矩 FR，最大压力 F。

7-17　长度为 300mm、截面尺寸为 $h \times b = 0.8\text{mm} \times 25\text{mm}$ 的薄钢尺，由于两端外力偶的作用而弯成中心角为 45°的圆弧。已知钢的弹性模量 $E = 210\text{GPa}$。试求钢尺横截面上的最大正应力。

答：220MPa。

7-18　梁在纵向对称面内受外力作用而弯曲。当梁具有图 7-71 所示各种不同形状的横截面时，试分别画出横截面上正应力的分布图。

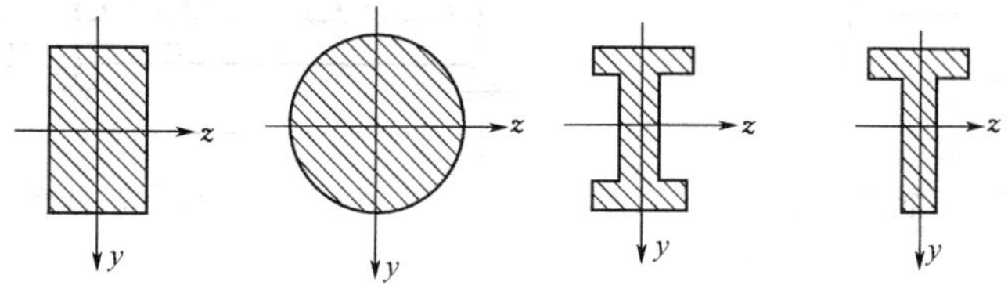

图 7-71　习题 7-18 图

7-19　图 7-72 所示悬臂梁，$F_1 = 2F_2 = 5\text{kN}$。试求 $m-m$ 截面和梁的危险截面上 C 点、

D 点的弯曲正应力和最大弯曲正应力。

答：m-m 截面：$\sigma_C=0$，$\sigma_D=44\text{MPa}$，$\sigma_{\max}=59\text{MPa}$；

危险截面：$\sigma_C=0$，$\sigma_D=132\text{MPa}$，$\sigma_{\max}=176\text{MPa}$

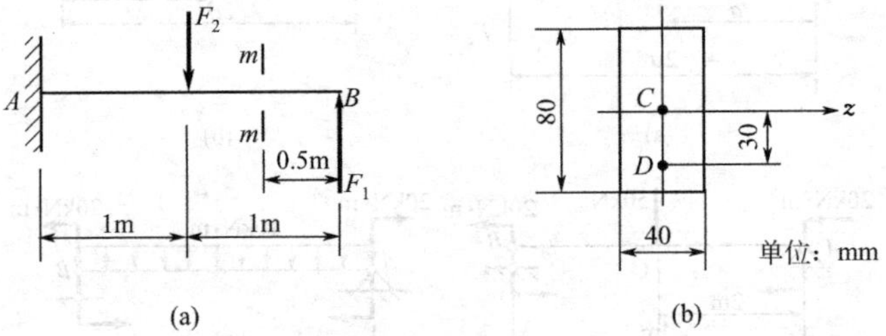

图 7-72 习题 7-19 图

7-20 图 7-73 所示铸铁水管，两端搁置在支座上，管中充满水。已知：水管的外径为 250mm，壁厚为 10mm，长度为 12m，铸铁的容重 $\gamma=76\text{kN}/m^3$，水的容重 $\gamma=10\text{kN/m}^3$。试求管内最大拉、压应力的数值。

答：41MPa

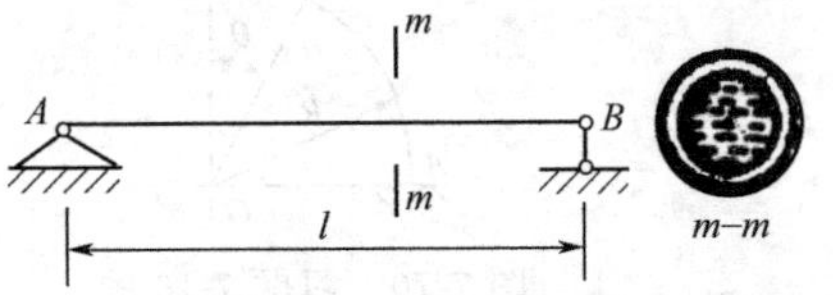

图 7-73 习题 7-20 图

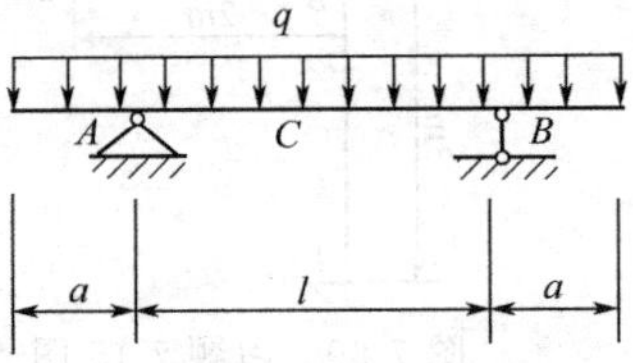

图 7-74 习题 7-21 图

7-21 图 7-74 所示一根 22b 号工字钢制成的外伸梁，跨度 $l=6\text{m}$，受集度为 q 的均布荷载作用。若要使梁在支座 A、B 处和跨中 C 处截面上的最大正应力均为 170MPa，试求外伸的长度 a 和分布荷载集度 q。

答：$a=2.12\text{m}$，$q=24.6\text{kN/m}$

7-22 图 7-75 所示等腰梯形截面梁，其截面高度为 h。用应变仪测得其上边缘的纵向线应变为 $\varepsilon_1=-45\times10^{-6}$，下边缘的纵向线应变为 $\varepsilon_2=15\times10^{-6}$。试求截面的形心位置。

答：$h/4$

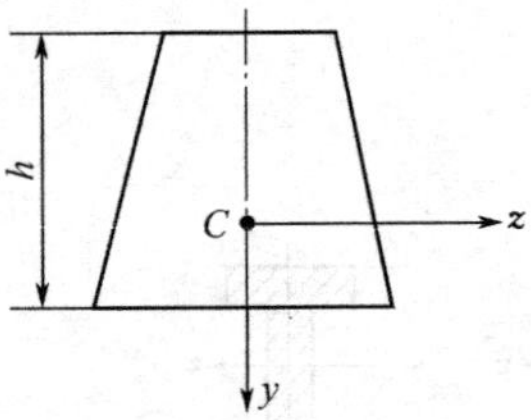

图 7-75 习题 7-22 图

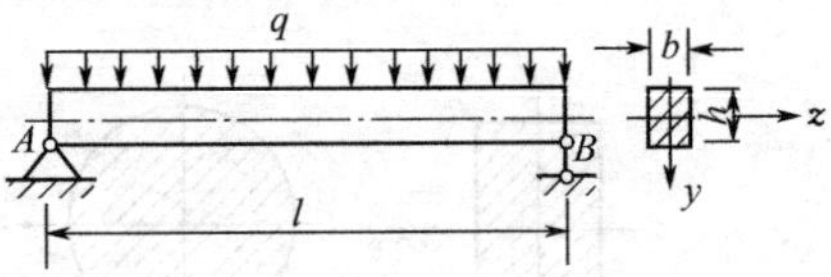

图 7-76 习题 7-23 图

7-23 简支梁的荷载情况及尺寸如图 7-76 所示。试求梁的下边缘的总伸长。

答：$\Delta l=\dfrac{ql^3}{2bh^2E}$

7-24 图 7-77 所示 T 形截面铸铁梁受集中力 F_1、F_2 作用。已知 $F_1=9\text{kN}$，$F_2=4\text{kN}$，

$I_z=763\text{cm}^4$，材料的许用拉应力 $[\sigma_+]=30\text{MPa}$，许用压应力 $[\sigma_-]=150\text{MPa}$。试校核梁的强度。

答：$\sigma_{\max}^{+}=28.8\text{MPa}$，$\sigma_{\max}^{-}=46.2\text{MPa}$

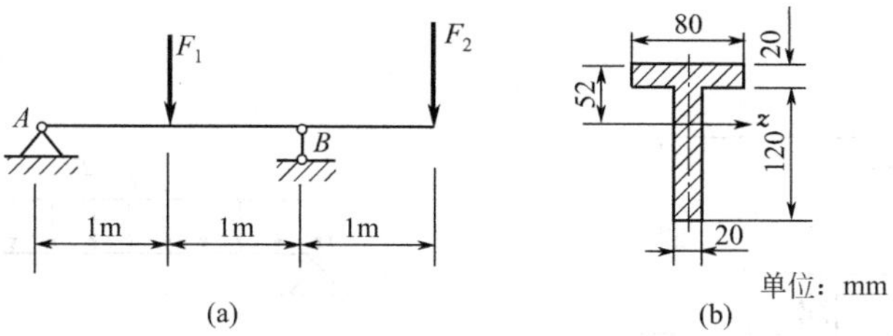

图 7-77　习题 7-24 图

7-25　图 7-78 所示矩形截面简支梁由圆柱形木料锯成。已知 $F=5\text{kN}$，$a=1.5\text{m}$，材料的许用应力 $[\sigma]=10\text{MPa}$。试确定抗弯截面系数为最大时矩形截面的高宽比 h/b，以及锯成此梁所需木料的最小直径 d。

答：$h/b=\sqrt{2}$，$d_{\min}=227\text{mm}$

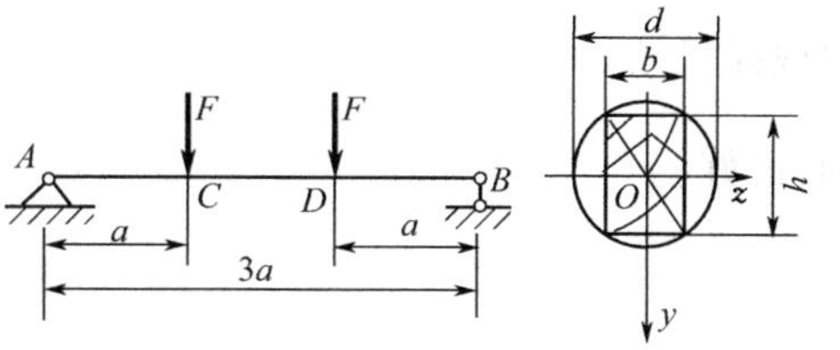

图 7-78　习题 7-25 图

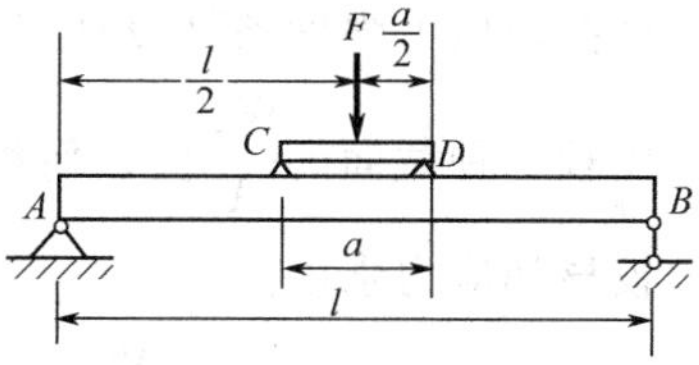

图 7-79　习题 7-26 图

7-26　当荷载 F 直接作用在跨长为 $l=6\text{m}$ 的简支梁 AB 的中点，梁内的最大正应力 σ 超过了许可值 30%。为了消除这种过载现象，配置了如图 7-79 所示的辅助梁 CD。试求此辅助梁的最小跨度 a。

答：$a=1.39\text{m}$

7-27　图 7-80 所示 T 形截面悬臂梁由铸铁制成。已知材料的许用拉应力 $[\sigma_+]=40\text{MPa}$，许用压应力 $[\sigma_-]=160\text{MPa}$，截面的惯性矩 $I_z=10180\text{cm}^4$。试求该梁的许可荷载 $[F]$。

答：44.3kN

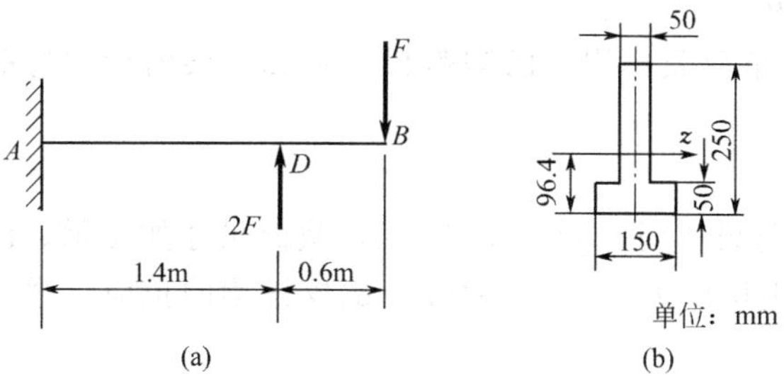

图 7-80　习题 7-27 图

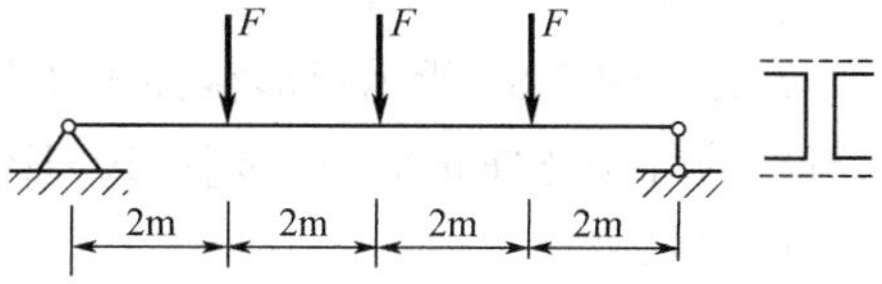

图 7-81　习题 7-28 图

7-28　图 7-81 所示简支梁由两根 28a 号槽钢组成，受到三个集中力的作用。已知材料的许用弯曲正应力 $[\sigma]=170\text{MPa}$。试求该梁的许可荷载 $[F]$。

答：29kN

7-29　横截面如图 7-82 所示的铸铁简支梁，在梁的中点受集中力 F 作用。已知：$F=80\text{kN}$，跨长 $l=2\text{m}$，材料的许用拉应力 $[\sigma_+]=30\text{MPa}$，许用压应力 $[\sigma_-]=90\text{MPa}$。试确定截面尺寸 δ 值。

答：$d\geqslant 27\text{mm}$

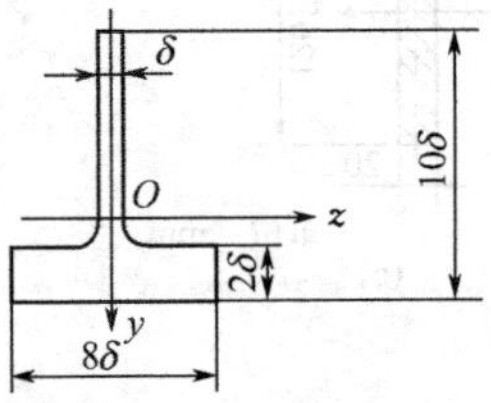

图 7-82　习题 7-29 图

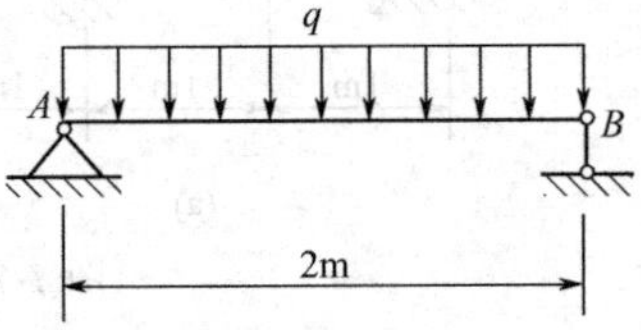

图 7-83　习题 7-30 图

7-30　图 7-83 所示简支梁受集度为 q 的分布荷载作用，材料为钢。已知：$q=15\text{kN/m}$，材料的许用弯曲正应力 $[\sigma]=160\text{MPa}$，许用切应力 $[\tau]=80\text{MPa}$。截面的选择方案有三种：直径为 d 的圆截面、高宽比 $\frac{h}{b}=2$ 的矩形截面、工字形截面。

（1）试按正应力强度条件设计三种形状的截面尺寸；

（2）比较三种截面的 $\frac{W_z}{A}$ 值，何种形式截面最好？

（3）校核切应力强度。

答：圆截面：$d=78\text{mm}$，$\frac{W_z}{A}=9.8\text{mm}$，$\tau_{\max}=4.2\text{MPa}$；

矩形截面：$h=83\text{mm}$，$b=41.5\text{mm}$，$\frac{W_z}{A}=13.7\text{mm}$，$\tau_{\max}=6.55\text{MPa}$；

工字形截面：选择 10 号工字钢，$\frac{W_z}{A}=34.3\text{mm}$，$\tau_{\max}=39.2\text{MPa}$；

三者相比，工字形截面最好

7-31　圆截面悬臂梁承受均布荷载作用，直径为 d，跨长为 l。试求该梁的最大弯曲正应力和最大弯曲切应力以及两者的比值。

答：$\sigma_{\max}=\frac{16ql^2}{\pi d^3}$，$\tau_{\max}=\frac{16ql}{3\pi d^2}$，$\frac{\sigma_{\max}}{\tau_{\max}}=\frac{3l}{d}$

7-32　由 18 号工字钢制成的简支梁受均布荷载作用。已知跨长 $l=4\text{m}$，梁内最大弯曲正应力 $\sigma_{\max}=100\text{MPa}$。试求梁的最大切应力。

答：$\tau_{\max}=18.5\text{MPa}$

7-33　图 7-84 所示矩形截面木梁受均布荷载作用，$q=1.3\text{kN/m}$，截面尺寸如图示。已知材料的许用弯曲正应力 $[\sigma]=10\text{MPa}$，许用切应力 $[\tau]=2\text{MPa}$。试校核梁的正应力强度和切应力强度。

答：$\sigma_{\max}=7.08\text{MPa}$，$\tau_{\max}=0.48\text{MPa}$

7-34　图 7-85 所示木梁受一可移动荷载 F 作用，$F=40\text{kN}$。已知：木梁的横截面为高宽比 $\frac{h}{b}=\frac{3}{2}$ 的矩形，许用弯曲正应力 $[\sigma]=10\text{MPa}$，许用切应力 $[\tau]=3\text{MPa}$。试选择该梁

的截面尺寸。

答：$h\geqslant 208\text{mm}$，$b\geqslant 138.7\text{mm}$

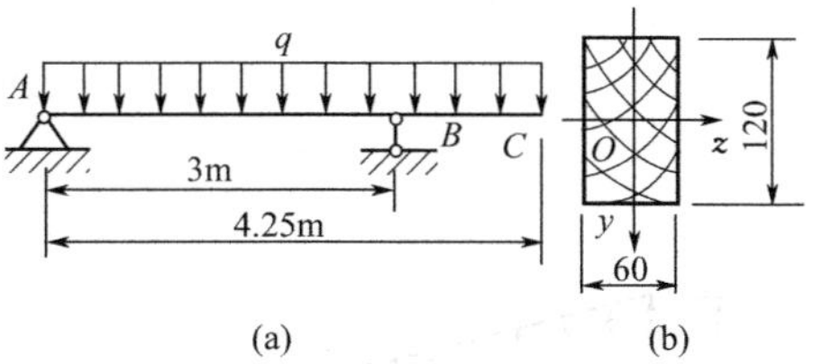

图 7-84　习题 7-33 图

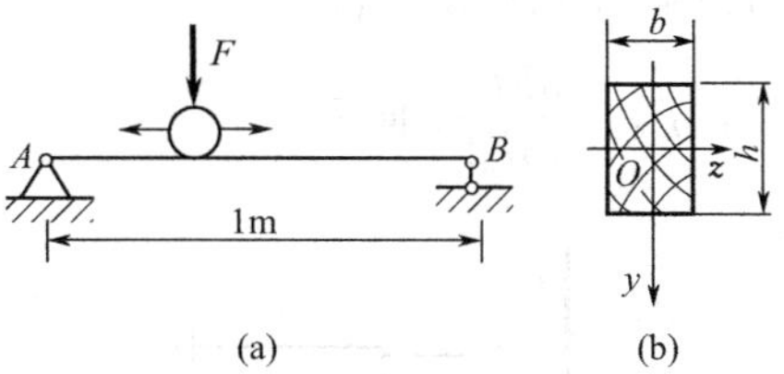

图 7-85　习题 7-34 图

7-35　图 7-86 所示简支梁由工字钢制成。已知 $F=40\text{kN}$，$q=1\text{kN/m}$，材料的许用弯曲正应力 $[\sigma]=100\text{MPa}$，许用切应力 $[\tau]=70\text{MPa}$。试选择工字钢的型号。

答：$W_z\geqslant 220\text{cm}^3$，选用 20a 号工字钢，此时 $\tau_{\max}=34.9\text{MPa}$

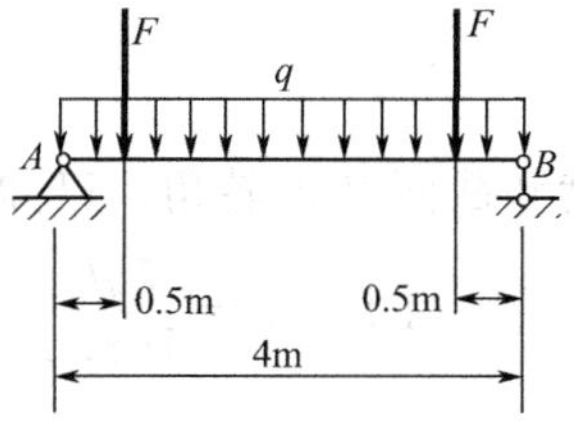

图 7-86　习题 7-35 图

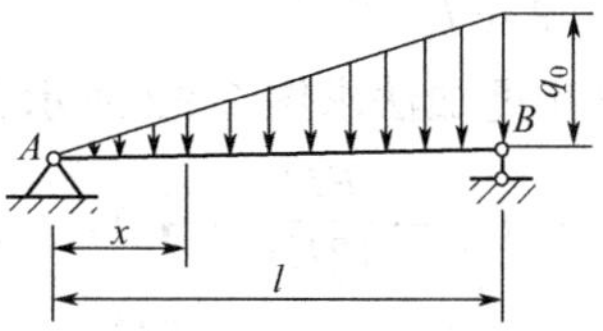

图 7-87　习题 7-36 图

7-36　图 7-87 所示简支梁受线性分布荷载作用，EI 为常数。试用积分法求 θ_A、θ_B 和 $f_{\max}$ 及其所在截面位置。

答：$\theta_A=\dfrac{7}{360}\dfrac{q_0 l^3}{EI}$，$\theta_B=-\dfrac{1}{45}\dfrac{q_0 l^3}{EI}$；$x=0.75l$ 处，$f_{\max}=0.00652\dfrac{q_0 l^4}{EI}$

7-37　图 7-88 所示外伸梁受均布荷载作用，EI 为常数。试用积分法求 θ_A、θ_B 及梁跨中点挠度 f_C 和自由端挠度 f_D。

答：$\theta_A=\dfrac{qa^3}{6EI}$，$\theta_B=0$，$f_C=\dfrac{qa^4}{12EI}$，$f_D=\dfrac{qa^4}{8EI}$

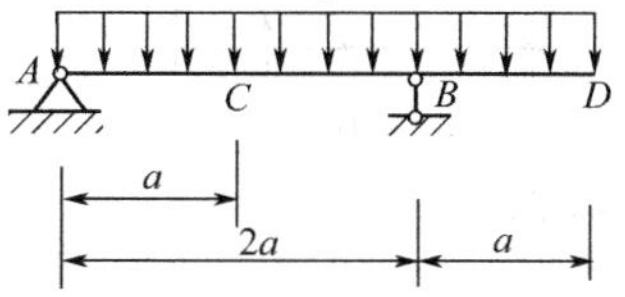

图 7-88　习题 7-37 图

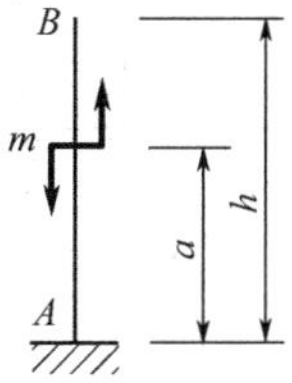

图 7-89　习题 7-38 图

7-38　图 7-89 所示立柱 AB 底端固定。柱高为 h，El 为常数，在距底端 a 处作用有矩为 m 的外力偶。试用积分法求柱的顶端 B 的挠度。

答：$f_B=\dfrac{ma}{EI}\left(h-\dfrac{a}{2}\right)$，向左

7-39　图 7-90 所示变截面悬臂梁在自由端受集中力 F 作用。试分别用积分法和叠加法计算自由端 A 的挠度 f_A。

答：$f_A=\dfrac{3Fl^3}{16EI}$，向下

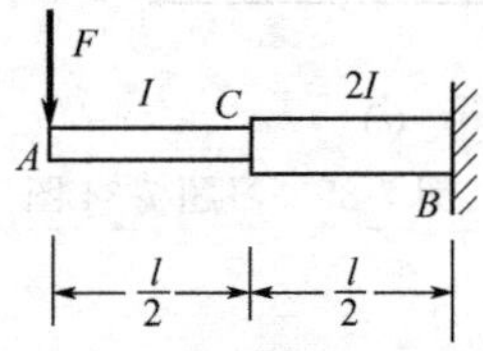

图 7-90　习题 7-39 图

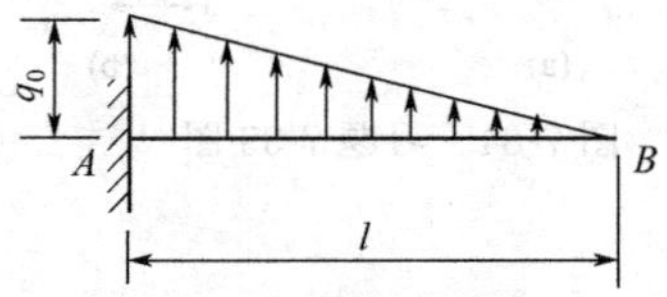

图 7-91　习题 7-40 图

7-40　图 7-91 所示悬臂梁受线性分布荷载作用，EI 为常数。试分别用积分法和叠加法计算自由端 B 的挠度 f_B。

答：$f_B=\dfrac{q_0l^4}{30EI}$，向上

7-41　试用叠加法求图 7-92 所示各梁截面 A 的挠度和截面 B 的转角。已知 EI 为常数。

答：（a）$f_A=\dfrac{Fl^3}{12EI}$（↓），$\theta_B=-\dfrac{19Fl^2}{48EI}$（↶）　（b）$f_A=\dfrac{5ql^4}{768EI}$（↓），$\theta_B=-\dfrac{ql^3}{384EI}$（↶）　（c）$f_A=\dfrac{Fl^3}{6EI}$（↓），$\theta_B=\dfrac{9Fl^2}{8EI}$（↷）　（d）$f_A=\dfrac{ql^4}{16EI}$（↓），$\theta_B=-\dfrac{ql^3}{12EI}$（↶）

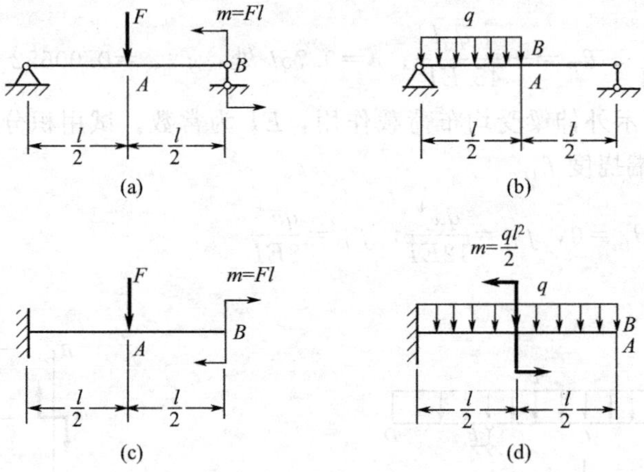

图 7-92　习题 7-41 图

7-42　图 7-93 所示简支梁在支座 A、B 上分别作用有矩为 m_A 和 m_B 的力偶。若要使该梁挠曲线的拐点位于距 A 端 1/2 处，试问 m_A 和 m_B 应保持何种关系？

答：$m_A=\dfrac{1}{2}m_B$

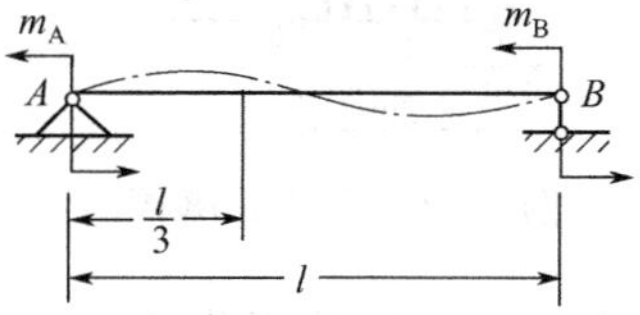

图 7-93　习题 7-42 图

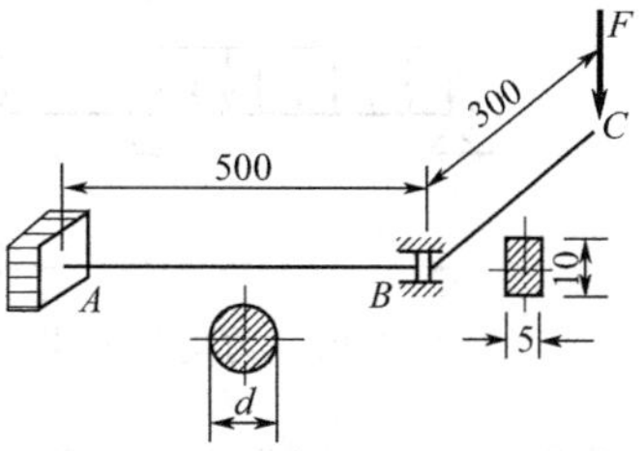

图 7-94　习题 7-43 图

7-43　图 7-94 所示折杆 ABC 位于水平面内，AB 与 BC 垂直，B 处为一轴承，允许 AB 杆的 B 端在轴承内自由转动，但不能上下移动。已知 $F=60\text{N}$，$d=20\text{mm}$，弹性模量 $E=210\text{GPa}$，剪切模量 $G=84\text{GPa}$。试求截面 C 的铅垂位移。

答：$f_C=8.22\text{mm}$，向下

7-44　图 7-95 所示平面折杆 AB 与 BC 垂直，在自由端 C 受集中力 F 作用。已知该杆各段的横截面面积均为 A，抗弯刚度均为 EI。试按叠加原理求截面 C 的水平位移和铅垂位移。

答：水平位移 $\dfrac{Fa^3}{2EI}$，向右；铅垂位移 $\dfrac{Fa}{EA}+\dfrac{4Fa^3}{3EI}$，向下

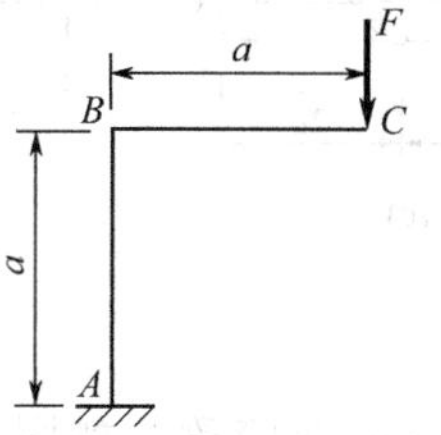

图 7-95　习题 7-44 图

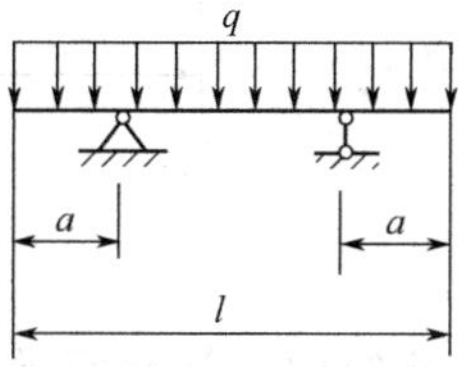

图 7-96　习题 7-45 图

7-45　图 7-96 所示梁 EI 为常数，总长为 l。试求：

(1) 当支座位于两端，即 $a=0$ 时，梁的最大挠度 f_1 为多少?

(2) 当支座安置在 $a=l/4$ 处时，梁的最大挠度 f_2 为多少?

(3) 比较上述结果。

答：(1) $f_1=\dfrac{5ql^4}{384EI}$，向下　(2) $f_2=\dfrac{7ql^4}{6144EI}$，向下　(3) $\dfrac{f_1}{f_2}=\dfrac{80}{7}$

7-46　跨长为 4m 的木梁，两端视为简支，在全跨度上作用有集度为 $q=1.82\text{kN/m}$ 的均布荷载。已知材料的许用应力 $[\sigma]=10\text{MPa}$，弹性模量 $E=10\text{GPa}$，许可相对挠度为 $\left[\dfrac{f}{l}\right]=\dfrac{1}{200}$。试求此木梁的最小直径。

答：$d_{\min}=158\text{mm}$

7-47　图 7-97 所示外伸梁，$F=25\text{kN}$，$q=30\text{kN/m}$，$l=3\text{m}$，$a=1.2\text{m}$，截面的惯性矩 $I=2.9\times10^7\text{mm}^4$，材料的弹性模量 $E=200\text{GPa}$。试求该梁自由端 C 的挠度 f_C。

答：$f_C=1.7\text{mm}$，向下

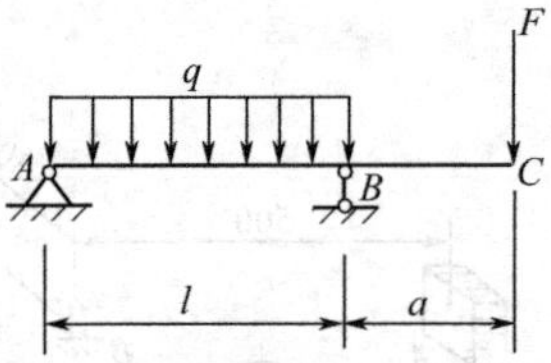

图 7-97　习题 7-47 图

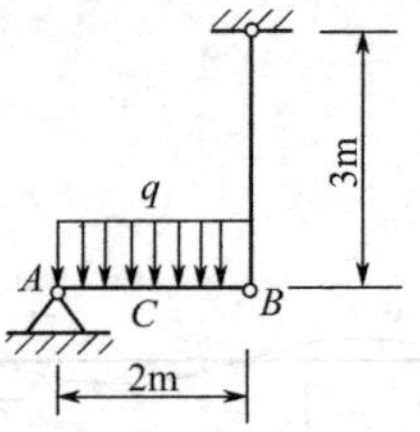

图 7-98　习题 7-48 图

7-48　图 7-98 所示木梁 AB 右端用钢拉杆吊起。已知梁的横截面为边长 0.2m 的正方形，$E_1=10\text{GPa}$；钢拉杆的横截面面积为 250mm^2，$E_2=210\text{GPa}$。试求木梁在均布荷载 $q=40\text{kN/m}$ 作用下拉杆的伸长 Δl 和梁中点 C 沿竖直方向的挠度 f_C。

答：$\Delta l=2.28\text{mm}$，$f_C=7.39\text{mm}$，向下

7-49　试求图 7-99 所示各超静定梁的支反力。

答：(a) $F_{Ay}=\frac{13}{27}F$，$F_{By}=\frac{14}{27}F$，$M_A=\frac{4}{9}Fa$　(b) $F_{Ay}=\frac{3}{4}\frac{m}{a}$，$F_{By}=-\frac{3}{4}\frac{m}{a}$，$M_A=-\frac{1}{2}m$　(c) $F_{Ay}=\frac{13}{32}F$，$F_{By}=\frac{11}{16}F$，$F_{Cy}=-\frac{3}{32}F$　(d) $F_{Ay}=F_{By}=\frac{1}{2}qa$，$M_A=-\frac{1}{12}qa^2$，$M_B=\frac{1}{12}qa^2$

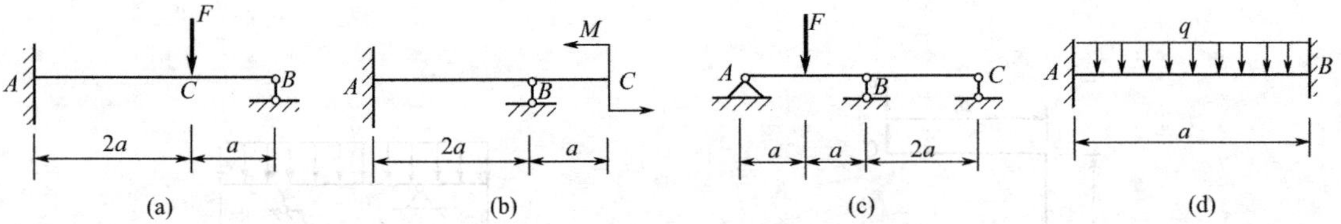

图 7-99　习题 7-49 图

7-50　房屋建筑中一等截面梁可简化成均布荷载作用下的双跨梁，如图 7-100 所示。试求其支座反力，并作梁的剪力图和弯矩图。

答：$F_{Ay}=F_{Cy}=\frac{3}{8}ql$，$F_{By}=\frac{5}{4}ql$；$|F_S|_{\max}=\frac{5}{8}ql$，$|M|_{\max}=\frac{1}{8}ql^2$

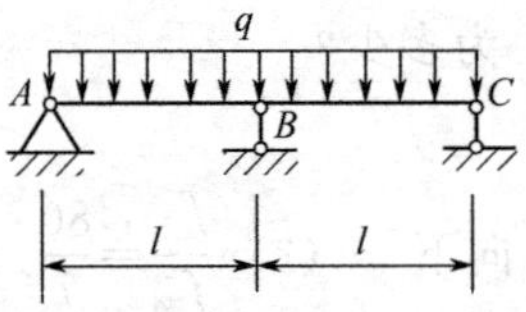

图 7-100　习题 7-50 图

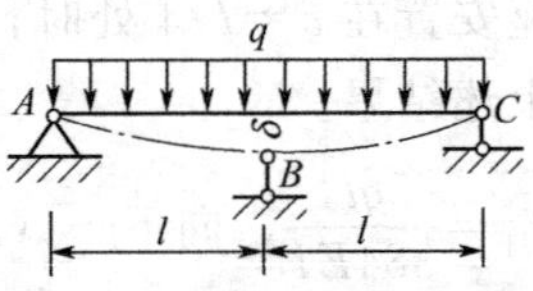

图 7-101　习题 7-51 图

7-51　图 7-101 所示直梁 ABC 在承受荷载前搁置在支座 A、C 上，梁与支座 B 之间存在一间隙 δ。当加上均布荷载后，梁发生变形而在中点处与支座 B 接触，因而三个支座都产生约束反力。若要使这三个约束反力数值相同，试问 δ 值应为多大？

答：$\delta=\frac{7ql^4}{72EI}$

第八章 剪切与挤压

第一节 概　　述

在工程实际中，为了将构件互相连接起来，经常要用到各种各样的连接件，如铆钉（图 8-1）、销钉（图 8-2）、键（图 8-3）等。这类构件的受力特点是：作用在构件两侧面上的外力大小相等，方向相反，作用线相距很近。其变形特点是：介于作用力中间部分的截面，如图 8-1、图 8-3 中的 *m-m* 截面，图 8-2 中的 *m-m* 和 *n-n* 截面，有发生相对错动的趋势。构件的这种变形称为**剪切变形**，发生相对错动的截面称为**剪切面**。剪切面平行于作用力的方向。由图 8-1、图 8-3 可见，这样接合的铆钉和键都具有一个剪切面 *m-m*，称为**单剪**，图 8-2 中的销钉具有两个剪切面 *m-m*、*n-n*，称为**双剪**。此外，在连接件与被连接件的接触面上还存在着由于接触压力引起的**挤压**作用。

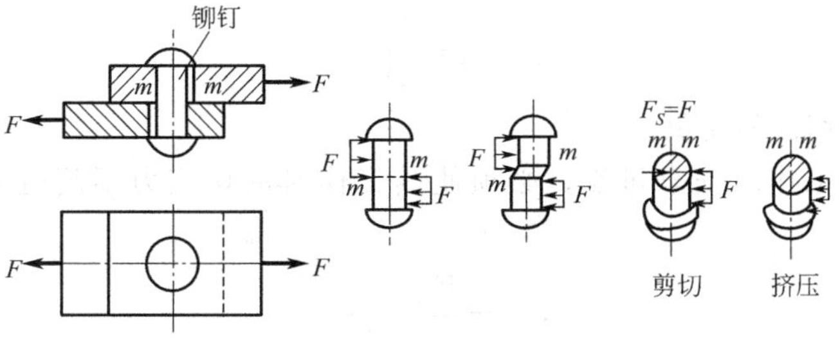

图 8-1

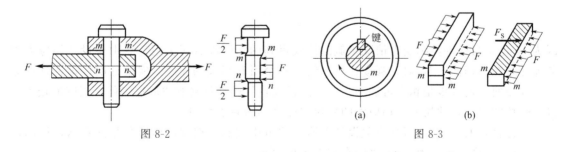

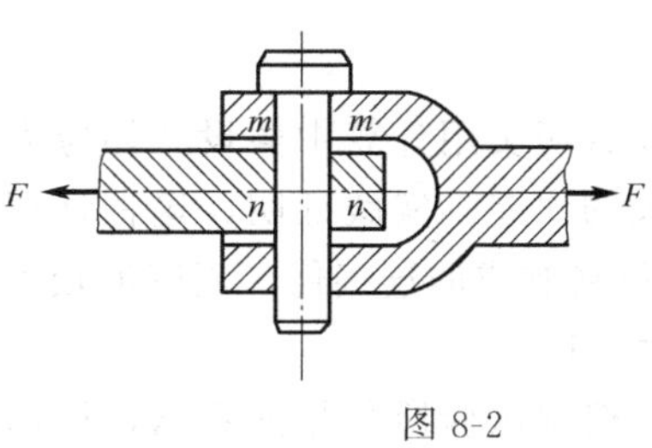

图 8-2

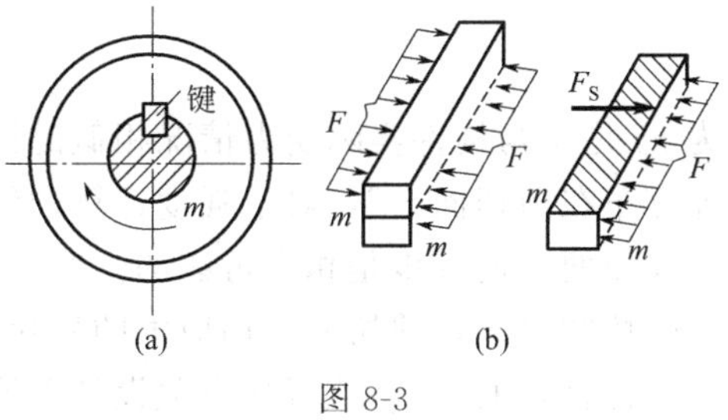

图 8-3

在结构中，这些连接件的体积虽然都较小，但是对于保证整个结构的牢固和安全却具有重要的作用。因此，对它们也必须进行计算。以图 8-1 中铆钉连接为例，连接处可能的破坏形式有三种：①铆钉沿剪切面 *m-m* 被剪断；②铆钉与钢板在相互接触面上因挤压而使连接松动；③被铆钉孔削弱后的钢板被拉断。至于其他的连接，也都具有类似的破坏可能性。

本章将着重讨论连接件的剪切强度与挤压强度的计算。

第二节　剪切与挤压的实用计算

一、剪切的实用计算

首先讨论铆钉可能被剪坏的情况（仍以图 8-1 为例）。运用截面法假想将铆钉沿剪切面 m-m 切开，取其下半部分作为研究对象（图 8-4）。为了保持和外力平衡，在剪切面 m-m 上必有平行于该截面的内力 F_S 存在，且 $F_S=F$。这个与截面相切的内力称为**剪力**，它是截面上分布的剪切内力系的合力。与剪力相对应的应力称为**切应力** τ。切应力 τ 的方向与剪力 F_S 一致，并相切于截面。

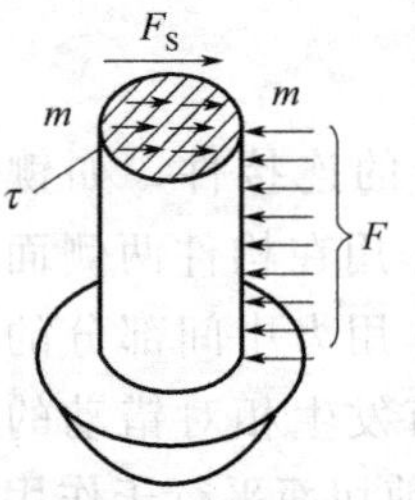

图 8-4

由于这类受剪构件的变形比较复杂，伴随着剪切还有弯曲、挤压等变形，而其本身的尺寸都比较小，所以用理论的方法确定各种情况下的应力比较困难且不实用。在工程设计中，为简化计算通常采用**工程实用计算方法**，即按照连接的破坏可能性，采用能反映受力基本特征，并简化计算的假设来计算其应力，然后根据试验结果来确定其许用应力，以进行强度计算。

在剪切实用计算中，是假设切应力 τ 均匀分布在剪切面上。于是，切应力的计算公式为

$$\tau=\frac{F_S}{A} \tag{8-1}$$

式中，A 为剪切面的面积。

为了保证铆钉工作时安全可靠，必须使其工作时的切应力不超过材料的许用切应力 $[\tau]$，即

$$\tau=\frac{F_S}{A}\leqslant[\tau] \tag{8-2}$$

式(8-2) 称为**剪切强度条件**。其中许用切应力 $[\tau]$ 可通过剪切试验测出材料的极限切应力 τ_u，再除以适当的安全系数而得到，即

$$[\tau]=\frac{\tau_u}{n}$$

因为 τ_u 是用与构件实际受力情况相似的试验得到的，所以剪切实用计算中假设“切应力均匀地分布在剪切面上”，对于强度计算的结果不会引起很大的误差。实践证明，这种计算方法不仅简便，而且也是相当可靠的。对于用低碳钢等塑性材料制成的连接件，当变形较大而接近破坏的时候，剪切面上切应力的变化规律将逐渐趋于均匀。

各种材料的 $[\tau]$ 值可从有关设计手册和规范中查到。根据试验所积累的数据，许用切应力 $[\tau]$ 与许用拉应力 $[\sigma]$ 之间存在着近似关系。

对塑性材料　$[\tau]=(0.6\sim0.8)[\sigma]$

对脆性材料　$[\tau]=(0.8\sim1.0)[\sigma]$

二、挤压的实用计算

连接件除了发生剪切破坏外，由于在相互的接触面上承受较大的压力作用，使接触处的局部区域发生塑性变形或压溃，在局部表面有可能因相互挤压而破坏。例如，在图 8-2 所示的连接中，挂钩钢板的圆孔就可能被销钉挤压成椭圆孔。这种局部受压现象称为**挤压**。受压

处的压力叫**挤压力**，以符号 F_{jy} 表示。由此引起在接触面上的应力，称为**挤压应力**，以符号 σ_{jy} 表示。

挤压应力在接触面上的分布同样是比较复杂的，与剪切相同，工程上也常采用实用计算方法，即假设挤压应力在挤压面的计算面积上均匀分布，则

$$\sigma_{jy}=\frac{F_{jy}}{A_{jy}} \tag{8-3}$$

式中，A_{jy} 为挤压面的计算面积。关于 A_{jy} 的计算，要视接触面的具体情况而定。若接触面是平面，则接触面面积就是挤压面的计算面积，如图 8-5(a) 的键，挤压面为平面，则 $A_{jy}=\frac{h}{2}\cdot l$。若接触面为圆柱面（如销钉、铆钉与钉孔间的接触面），挤压应力的分布情况如图 8-5(b) 所示，最大应力在圆柱面的中点。在实用计算中，以接触圆柱面的直径投影面作为挤压计算面积［图 8-5(c) 中画阴影线的面积］，则 $A_{jy}=dl$。这时按式(8-3) 计算所得的挤压应力，大致上与实际最大应力接近。

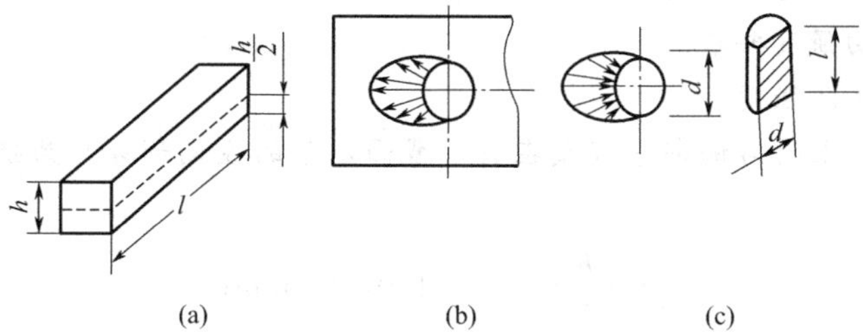

图 8-5

为保证连接件具有足够的挤压强度而不被破坏，**挤压强度条件**为

$$\sigma_{jy}=\frac{F_{jy}}{A_{jy}}\leqslant[\sigma_{jy}] \tag{8-4}$$

式中，$[\sigma_{jy}]$ 为材料的许用挤压应力，可由试验获得。常用材料的 $[\sigma_{jy}]$ 值可从有关设计手册中查到。对于钢材，许用挤压应力 $[\sigma_{jy}]$ 与许用拉应力 $[\sigma]$ 之间存在着近似关系：

$$[\sigma_{jy}]=(1.7\sim2.0)[\sigma]$$

必须注意，挤压应力是在连接件与被连接件之间相互作用的，当两个相互挤压构件的材料不同时，应校核其中许用挤压应力较低的材料的挤压强度。

与轴向拉伸、压缩问题一样，运用剪切强度条件和挤压强度条件，可以解决工程中三类强度计算问题：

（1）剪切与挤压强度校核；

（2）设计构件截面尺寸；

（3）确定许可荷载。

例 8-1 图 8-6(a) 表示一键连接，用平键将轴与齿轮连接成一整体（图中只画了轴与键，齿轮未画出）。已知轴的直径 $d=70\text{mm}$，键的尺寸为 $b\times h\times l=20\text{mm}\times12\text{mm}\times100\text{mm}$，传递的扭转力偶矩 $m=2.1\text{kN}\cdot\text{m}$，键的许用切应力 $[\tau]=60\text{MPa}$，许用挤压应力 $[\sigma_{jy}]=110\text{MPa}$。试校核键的强度。

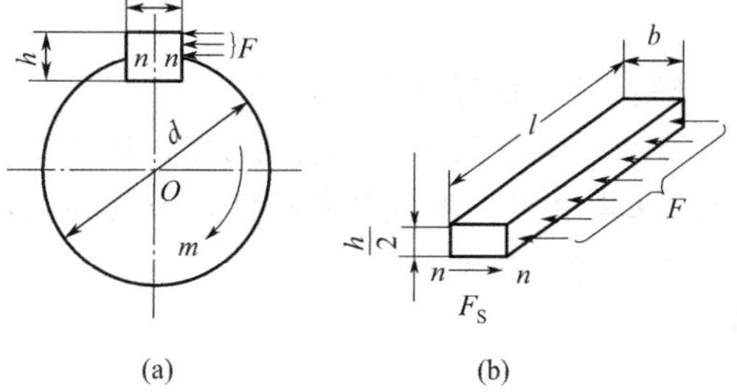

图 8-6

解：(1) 求出齿轮给键的作用力 F

由轴的平衡条件（F 到轴心之距近似取为$\frac{d}{2}$）

$$\sum m_0=0,\quad F\frac{d}{2}-m=0$$

得

$$F=\frac{2m}{d}=\frac{2\times 2.1\times 10^3}{70\times 10^{-3}}=6\times 10^4(\mathrm{N})$$

(2) 校核键的剪切强度

键的剪切面为 n-n 截面（本例是单剪），剪切面面积可由图 8-6(b) 求得

$$A=bl=20\times 100=2000(\mathrm{mm}^2)$$

该面上的剪力 $F_S=F=6\times 10^4\mathrm{N}$，由式(8-1) 得

$$\tau=\frac{F_S}{A}=\frac{6\times 10^4}{2000\times 10^{-6}}=30\times 10^6(\mathrm{Pa})=30(\mathrm{MPa})<[\tau]=60\mathrm{MPa}$$

可见键满足剪切强度要求。

(3) 校核键的挤压强度

键在 n-n 截面以上的右侧部分（或在 n-n 截面以下的左侧部分）为挤压面，挤压面的计算面积为

$$A_{jy}=\frac{h}{2}l=\frac{12}{2}\times 100=600(\mathrm{mm}^2)$$

该面上的挤压力由式 $F_{jy}=F=6\times 10^4\mathrm{N}$，由式(8-3) 得

$$\sigma_{jy}=\frac{F_{jy}}{A_{jy}}=\frac{6\times 10^4}{600\times 10^{-6}}=100\times 10^6(\mathrm{Pa})=100(\mathrm{MPa})<[\sigma_{jy}]$$

可见键也满足挤压强度条件。

例 8-2 如图 8-7(a) 所示，拖车挂钩靠销钉来连接。已知挂钩部分的钢板厚度 $t=8\mathrm{mm}$，拖车的拉力 $F=30\mathrm{kN}$，销钉材料的许用切应力 $[\tau]=40\mathrm{MPa}$，许用挤压应力 $[\sigma_{jy}]=120\mathrm{MPa}$。试选择销钉的直径 d。

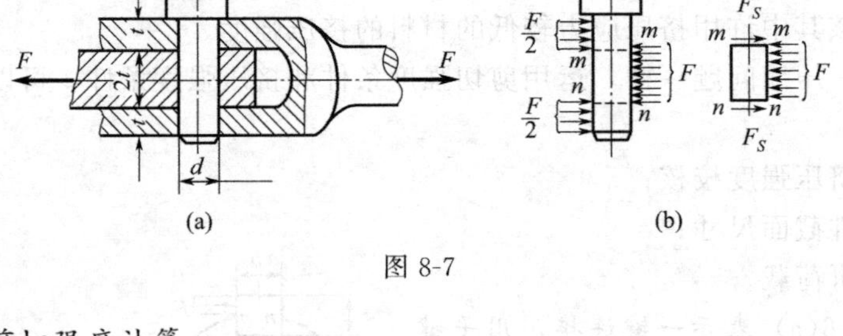

图 8-7

解：(1) 按剪切强度计算

首先计算剪切面上的剪力 F_S。运用截面法将销钉沿剪切面 m-m 与 n-n 切开（本例是双剪），取其中间一段为研究对象，如图 8-7(b) 所示。

由平衡条件可知 $2F_S-F=0$

得

$$F_S=\frac{F}{2}=15\mathrm{kN}$$

根据剪切强度条件 $\tau=\dfrac{F_S}{A}\leqslant[\tau]$ 可得

$$\frac{F_S}{\dfrac{\pi d^2}{4}}\leqslant[\tau]$$

$$d\geqslant\sqrt{\frac{4F_S}{\pi[\tau]}}=\sqrt{\frac{4\times15\times10^3}{\pi\times40\times10^6}}\approx0.0219(\text{m})=21.9(\text{mm})$$

(2) 按挤压强度计算

如图 8-7(b) 所示，挤压力 $F_{jy}=F=30\text{kN}$，挤压计算面积

$$A_{jy}=d(2t)。$$

根据挤压强度条件

$$\sigma_{jy}=\frac{F_{jy}}{A_{jy}}\leqslant[\sigma_{jy}]$$

得

$$\frac{F}{d(2t)}\leqslant[\sigma_{jy}]$$

则

$$d\geqslant\frac{F}{2t[\sigma_{jy}]}=\frac{30\times10^3}{2\times8\times10^{-3}\times120\times10^6}\approx0.0156(\text{m})=15.6(\text{mm})$$

可见，应根据剪切强度来确定销钉的直径，可选取销钉直径为 22mm。

例 8-3 如图 8-8(a) 所示，钢板通过上下两块盖板对接。铆钉与钢板材料相同，许用应力 $[\sigma]=150\text{MPa}$，许用切应力 $[\tau]=120\text{MPa}$，许用挤压应力 $[\sigma_{jy}]=300\text{MPa}$，主板厚度 $t_1=20\text{mm}$，盖板厚度 $t_2=12\text{mm}$，宽度 $b=120\text{mm}$，铆钉直径 $d=16\text{mm}$，荷载 $F=240\text{kN}$，试校核铆接件强度。

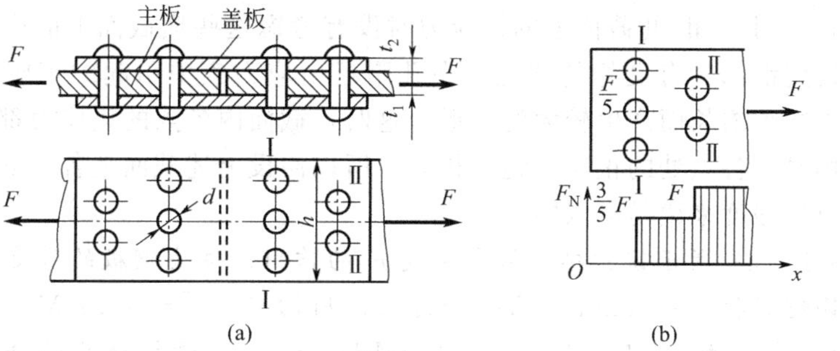

图 8-8

解：(1) 校核铆钉剪切强度

进行铆钉的剪切强度计算时，一般情况下都忽略钢板与钢板之间的摩擦以及其他次要因素的影响，而假设每个铆钉所受的剪力相等，即所有铆钉平均分担接头所承受的总拉(压) 力。

本例中外力 F 由 5 个铆钉平均分担（注意：铆钉数是指接口一侧的铆钉个数）。因此，每个铆钉所受力为 $\dfrac{F}{5}$，而每个铆钉有两个剪切面，得

$$\tau=\frac{F_S}{A}=\frac{\frac{F}{5}}{2\cdot\frac{\pi d^2}{4}}=\frac{2F}{5\pi d^2}=\frac{2\times240\times10^3}{5\pi\times16^2\times10^{-6}}\approx119.4\times10^6(\text{Pa})=119.4(\text{MPa})<[\tau]$$

可见铆钉满足剪切强度要求。

(2) 校核铆钉的挤压强度

主板厚度（$t_1=20\text{mm}$）比两块盖板厚度和（$2t_2=24\text{mm}$）小，所以应校核铆钉与主板之间的挤压应力。挤压力 $F_{jy}=\frac{F}{5}$，挤压计算面积 $A_{jy}=t_1 d$，则

$$\sigma_{jy}=\frac{F_{jy}}{A_{jy}}=\frac{F}{5t_1\cdot d}=\frac{240\times10^3}{5\times20\times10^{-3}\times16\times10^{-3}}\approx150\times10^6(\text{Pa})=150(\text{MPa})<[\sigma_{jy}]$$

可见挤压强度要求也能满足。

(3) 校核钢板的抗拉强度

在钢板上有铆钉孔的截面处，其强度被削弱，所以需校核其抗拉强度。

主板厚度较两块盖板厚度的和小，所以只需校核主板的强度即可。主板的受力图及轴力图如图 8-8(b) 所示，截面Ⅰ-Ⅰ上的轴力较Ⅱ-Ⅱ上的轴力小，但截面Ⅰ-Ⅰ的面积也小于Ⅱ-Ⅱ的面积，因此，必须分别校核Ⅰ-Ⅰ、Ⅱ-Ⅱ截面的抗拉强度。

Ⅰ-Ⅰ截面

$$\sigma=\frac{\frac{3}{5}F}{(b-3d)t_1}=\frac{\frac{3}{5}\times240\times10^3}{(120-3\times16)\times20\times10^{-6}}=100\times10^6(\text{Pa})=100(\text{MPa})<[\sigma]$$

Ⅱ-Ⅱ截面

$$\sigma=\frac{F}{(b-2d)t_1}=\frac{240\times10^3}{(120-2\times16)\times20\times10^{-6}}\approx136.4\times10^6(\text{Pa})=136.4(\text{MPa})<[\sigma]$$

可见钢板的抗拉强度能满足要求。

因此，本例中铆接件强度符合要求。

上面在计算Ⅰ-Ⅰ、Ⅱ-Ⅱ截面上的拉应力时没有考虑这些横截面上的应力集中现象，这是因为一般建筑用钢都具有良好的塑性，在孔附近由应力集中引起的正应力达到屈服极限后，应力就不再继续增长而产生较大的变形。这时，截面内各点的正应力都要重新“调整”。当构件接近破坏时，各点处的正应力趋于相等，所以假设上述截面上各点处的正应力相等对于保证构件的拉伸强度来说是可以的。

例 8-4 图 8-9(a) 所示铆钉接头承受荷载 F 的作用。每块钢板的厚度 $t=10\text{mm}$，用 6 个铆钉连接，铆钉直径 $d=16\text{mm}$。已知铆钉的许用切应力 $[\tau]=150\text{MPa}$，许用挤压应力 $[\sigma_{jy}]=300\text{MPa}$，钢板的许用应力 $[\sigma]=180\text{MPa}$，试求此铆钉接头的许可荷载 $[F]$ 的大小。

解：(1) 根据剪切强度条件确定许可荷载

在图 8-9(a) 所示的连接上，每个铆钉只有一个剪切面，每个铆钉能够承担的剪力可由式(8-2) 算得，即

$$F_S=\frac{\pi d^2}{4}[\tau]=\frac{\pi\times16^2\times10^{-6}}{4}\times150\times10^6\approx30.2\times10^3(\text{N})=30.2(\text{kN})$$

则

$$[F]=6F_S=6\times30.2=181.2(\text{kN})$$

(2) 根据挤压强度条件确定许可荷载

每个铆钉能够承受的挤压力可由式(8-4) 算得，即

$$
\begin{aligned}
F_{jy} &= A_{jy}[\sigma_{jy}] = dt[\sigma_{jy}] \\
&= 16\times10^{-3}\times10\times10^{-3}\times300\times10^{6} = 48\times10^{3}(\mathrm{N}) = 48(\mathrm{kN})
\end{aligned}
$$

则

$$[F] = 6F_{jy} = 6\times48 = 288(\mathrm{kN})$$

(3) 根据拉伸强度条件确定许可荷载

取钢板Ⅰ为研究对象，其受力图和轴力图分别如图 8-9(c)、(d) 所示，由轴力图可以看出钢板Ⅰ的危险截面在 *b-b* 处（钢板Ⅱ的危险截面在 *a-a* 处）。作用在 *b-b* 截面上的轴力 $F_N = F$，截面的净面积为

$$A = (160-2\times16)\times10^{-3}\times10\times10^{-3} = 1.28\times10^{-3}(\mathrm{m}^2)$$

由拉压强度条件可求得最大轴力为

$$F_{\mathrm{Nmax}} = A[\sigma] = 1.28\times10^{-3}\times180\times10^{6} = 230.4\times10^{3}(\mathrm{N}) = 230.4(\mathrm{kN})$$

则

$$[F] = F_{\mathrm{Nmax}} = 230.4\mathrm{kN}$$

综上所述，铆钉接头的许可荷载为：$[F] = 181.2\mathrm{kN}$

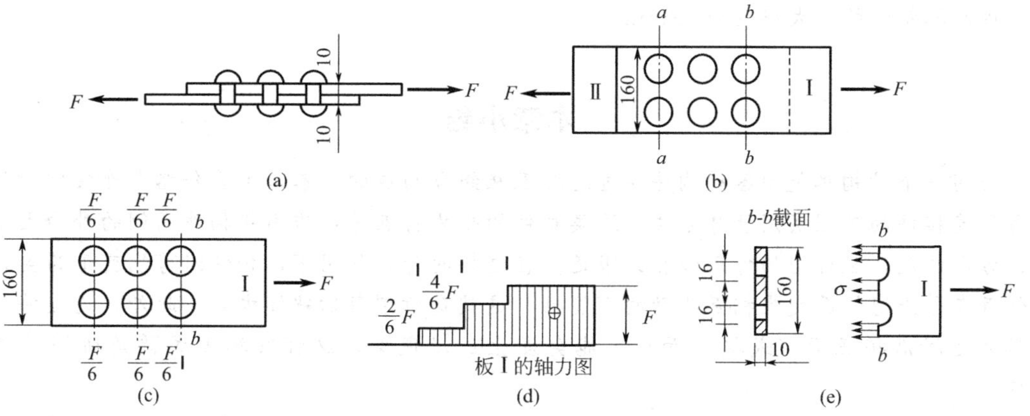

图 8-9

例 8-5 图 8-10 所示冲床最大冲压力 $F = 400\mathrm{kN}$，冲头材料的许用挤压应力 $[\sigma_{jy}] = 440\mathrm{MPa}$，被冲剪钢板的剪切极限应力为 $\tau_u = 300\mathrm{MPa}$，求在最大冲压力作用下能够冲剪的圆孔的最小直径 d 和钢板的最大厚度 t。

解：(1) 根据冲头的挤压强度条件确定所能冲剪圆孔的最小直径

挤压面的计算面积为

$$A_{jy} = \frac{\pi}{4}d^2$$

挤压力

$$F_{jy} = F$$

由式(8-4) 可得

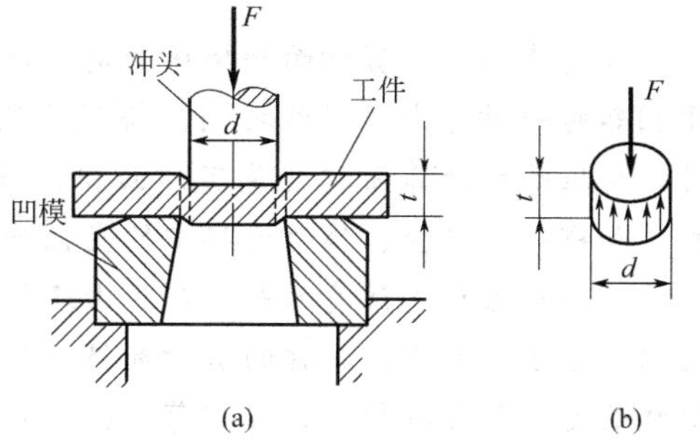

图 8-10

$$\frac{F}{\frac{\pi}{4}d^2} \leqslant [\sigma_{jy}]$$

则

$$d \geqslant \sqrt{\frac{4F}{\pi[\sigma_{jy}]}} = \sqrt{\frac{4\times400\times10^3}{\pi\times440\times10^6}} \approx 34\times10^{-3}(\mathrm{m}) = 34(\mathrm{mm})$$

即：冲剪圆孔的最小直径 $d=34\mathrm{mm}$。

(2) 根据剪切极限应力确定所能冲剪钢板的最大厚度

冲剪时钢板孔壁承受剪切，剪切面的面积 $A=\pi dt$，剪力 $F_S=F$。只有当钢板剪切面上的切应力达到剪切极限应力时，才能冲出孔来。则

$$\tau = \frac{F_S}{A} = \tau_u$$

即

$$\frac{F}{\pi dt} = \tau_u$$

$$t = \frac{F}{\pi d\tau_u} = \frac{400\times10^3}{\pi\times34\times10^{-3}\times300\times10^6} \approx 12.5\times10^{-3}(\mathrm{m}) = 12.5(\mathrm{mm})$$

因此取钢板的最大厚度为 12mm。

本章小结

任何一个结构都是由各种构件通过连接互相组合而成的。本章主要介绍在连接中所用到的各种连接件的工程实用计算方法。这类构件的受力特点是：作用在构件两侧的外力大小相等、方向相反，且外力的作用线相距很近。在这样的外力作用下，构件以剪切变形为主，连接件存在着沿剪切面发生相互错动的可能性，这就是所谓剪切破坏方式。此外，连接件与被连接件之间沿挤压面（或接触面）可能会发生压溃现象，这种破坏方式就是所谓的挤压破坏。

在进行连接件强度计算时，假设切应力 τ 在剪切面上均匀分布，挤压应力在挤压面上均匀分布。在此基础上建立了剪切强度条件和挤压强度条件，它们分别是：

$$\tau = \frac{F_S}{A} \leqslant [\tau]$$

$$\sigma_{jy} = \frac{F_{jy}}{A_{jy}} \leqslant [\sigma_{jy}]$$

确定连接件的剪切面和挤压面是进行强度计算的关键。剪切面总是与作用力平行，且居于相邻的一对外力作用线之间。挤压面则是与作用力垂直的那些接触面，当挤压面为平面时，挤压面的计算面积就是实际面积；当挤压面为曲面时，则将它简化为正投影面积来计算，如铆钉、螺栓、销钉连接中的直径平面。

必须提醒读者注意的是，对于由连接件与被连接件组成的所谓接头来说，它的强度计算问题，除了要考虑连接件的剪切和挤压强度外，还需考虑被连接件的强度。在被连接件的危险截面处是否会被拉断，即“剪、挤、拉”必须统一考虑。此外，连接件与被连接件都可能被挤压坏，应对材料挤压强度较小的构件进行分析计算。

习　题

8-1　夹剪如图 8-11 所示，$a=30\text{mm}$，$b=150\text{mm}$，销子 B 的直径 $d=5\text{mm}$。当加荷载 $F=0.2\text{kN}$，剪直径与销子直径相同的铜丝时，求铜丝与销子横截面上的平均切应力。

答：铜丝 $\tau=50.9\text{MPa}$；销子 $\tau=61.1\text{MPa}$

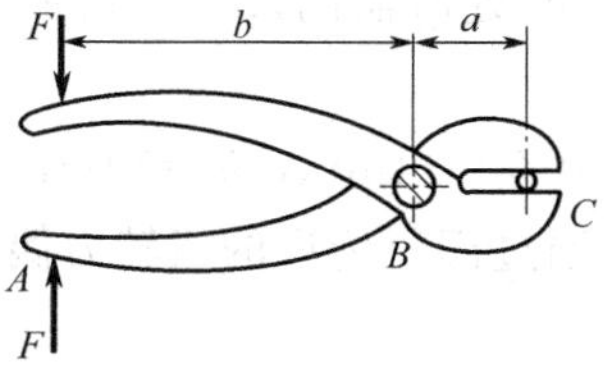

图 8-11　习题 8-1 图

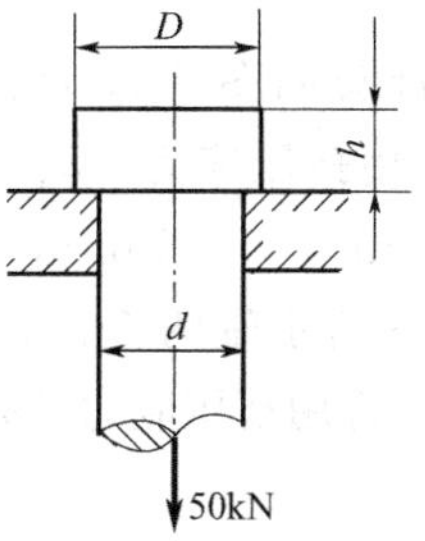

图 8-12　习题 8-2 图

8-2　图 8-12 所示拉杆，$D=32\text{mm}$，$d=20\text{mm}$，$h=12\text{mm}$，杆的许用切应力 $[\tau]=70\text{MPa}$，许用挤压应力 $[\sigma_{jy}]=160\text{MPa}$。试校核拉杆的剪切强度和挤压强度。

答：$\tau=66\text{MPa}$，$\sigma_{jy}=102\text{MPa}$

8-3　图 8-13 所示水轮发电机组中卡环的尺寸和工作情况。已知轴向荷载 $F=1.45\times10^6\text{N}$，卡环材料的许用切应力 $[\tau]=60\text{MPa}$，许用挤压应力 $[\sigma_{jy}]=120\text{MPa}$。试校核此卡环的剪切强度和挤压强度。

答：$\tau=30.4\text{MPa}$，$\sigma_{jy}=44\text{MPa}$

8-4　如图 8-14 所示，两块厚度均为 10mm 的钢板，用两个直径为 17mm 的铆钉连接，钢板受拉力 $F=60\text{kN}$ 作用。已知许用应力 $[\sigma]=160\text{MPa}$. 许用切应力 $[\tau]=140\text{MPa}$，许用挤压应力 $[\sigma_{jy}]=260\text{MPa}$。试校核该铆接件的强度。

答：$\sigma=140\text{MPa}$，$\tau=132\text{MPa}$，$\sigma_{jy}=176\text{MPa}$

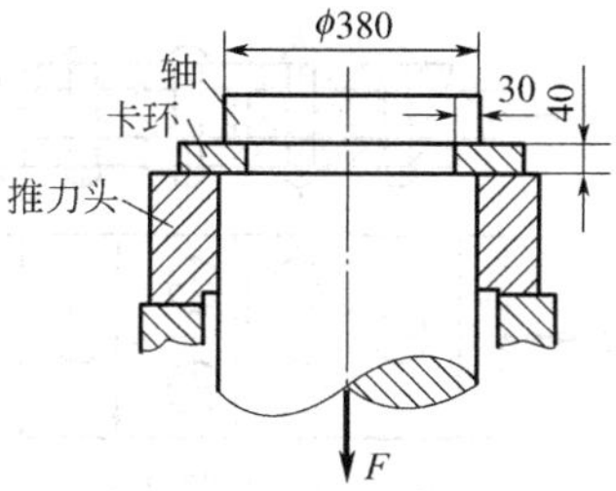

图 8-13　习题 8-3 图

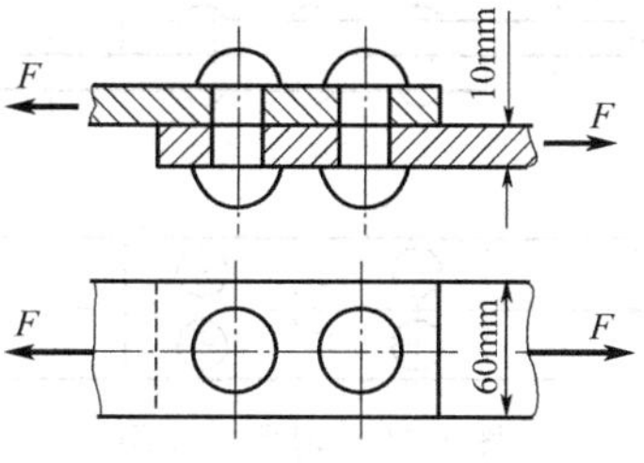

图 8-14　习题 8-4 图

8-5　图 8-15 所示键的尺寸为 $b\times h\times l=8\text{mm}\times7\text{mm}\times35\text{mm}$，许用切应力 $[\tau]=50\text{MPa}$，许用挤压应力 $[\sigma_{jy}]=100\text{MPa}$。试问加在手柄端部的力 F 最大可为多少？

答：245N

8-6　在厚度 $t=5\text{mm}$ 的薄钢板上冲出一个图 8-16 所示形状的孔，钢板剪断时的剪切极限应力 $\tau_u=280\text{MPa}$，求冲床必须具有的冲力 F。

答：719.8kN

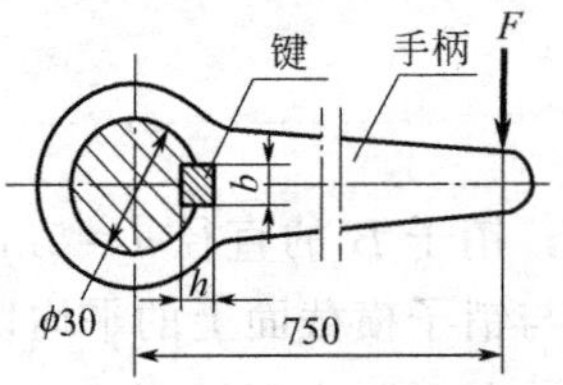

图 8-15　习题 8-5 图

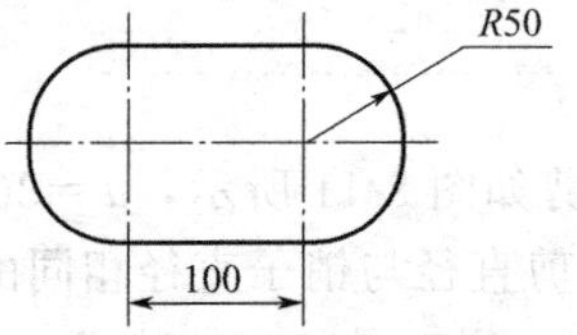

图 8-16　习题 8-6 图

8-7　木榫接头如图 8-17 所示，已知 $F=50\text{kN}$，$b=250\text{mm}$，木材的顺纹许用切应力 $[\tau]=1\text{MPa}$，许用挤压应力 $[\sigma_{jy}]=10\text{MPa}$。试求接头处所需的尺寸 l 和 a。

答：$l=200\text{mm}$，$a=20\text{mm}$

8-8　图 8-18 所示轴的直径 $d=80\text{mm}$，键的尺寸 $b=24\text{mm}$，$h=14\text{mm}$，键的许用切应力 $[\tau]=50\text{MPa}$，许用挤压应力 $[\sigma_{jy}]=80\text{MPa}$，若轴通过键所传递的扭转力偶矩为 3.2kN·m，试求键的长度。

答：143mm

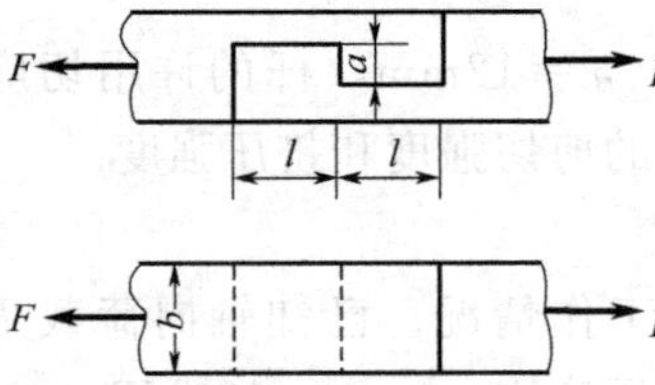

图 8-17　习题 8-7 图

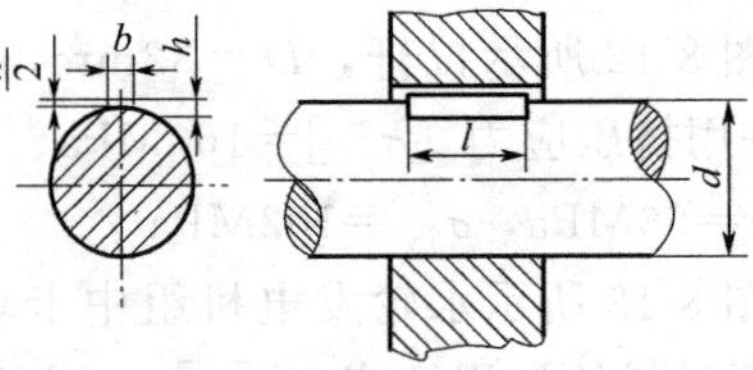

图 8-18　习题 8-8 图

8-9　图 8-19 所示两块钢板厚度分别为 $t_1=8\text{mm}$ 和 $t_2=10\text{mm}$，用 5 个相同直径的铆钉搭接，$F=200\text{kN}$。铆钉的许用切应力 $[\tau]=140\text{MPa}$，许用挤压应力 $[\sigma_{jy}]=280\text{MPa}$，试求铆钉所需的直径 d。

答：19.1mm，可选用直径为 20mm 的铆钉

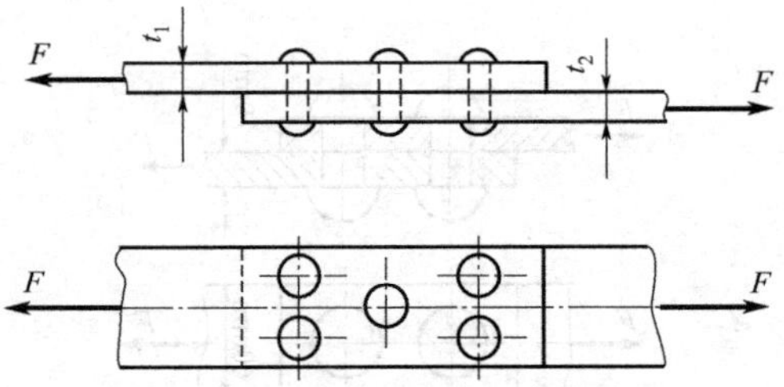

图 8-19　习题 8-9 图

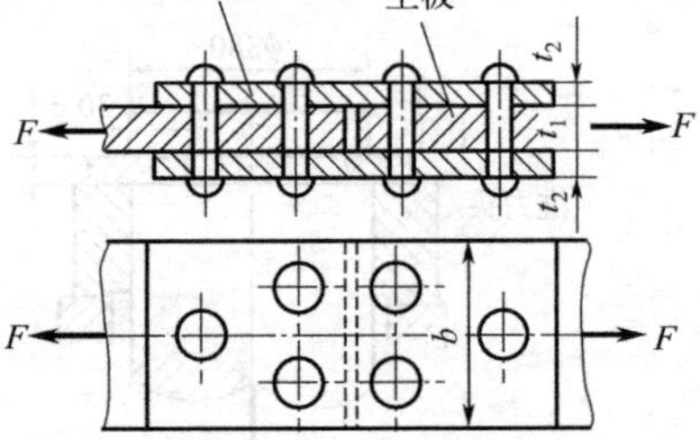

图 8-20　习题 8-10 图

8-10　图 8-20 所示宽度 $b=50\text{mm}$ 的钢板，通过上下两块盖板对接。铆钉与钢板材料相同，许用应力 $[\sigma]=170\text{MPa}$，许用切应力 $[\tau]=100\text{MPa}$，许用挤压应力 $[\sigma_{jy}]=250\text{MPa}$，主板厚度 $t_1=10\text{mm}$，上下盖板的厚度 $t_2=6\text{mm}$，荷载 $F=45\text{kN}$，试设计铆钉直径。

答：10mm

第九章 应力状态分析和强度理论

前面研究杆件的基本变形时，研究了杆件横截面上的应力，并根据横截面上的应力以及相应的实验结果，建立了只有正应力或切应力作用时的强度条件。但对某些杆件来说，其破坏并非沿着横截面。如圆截面铸铁杆扭转时，其破坏发生在与横截面成45°的斜截面上。对材料的力学性能的实验结果分析表明，材料的破坏情况与作用于破坏面的应力情况，尤其是最大正应力和最大切应力有着密切的联系。因此，研究杆件各点的应力情况对分析杆件的破坏、建立相应的强度条件有着非常重要的意义。

本章主要研究一点处的应力状态，从而确定该点的最大正应力、最大切应力、最大线应变及应变能密度，并建立相应的强度理论，进行强度计算。

第一节　平面应力状态分析

一、应力状态的概念

由杆件基本变形的应力分析可知，同一点处在不同截面上的应力一般是不同的。一般来说，受力构件内一点处所有不同方位面上应力的集合，称为一点处的**应力状态**。

为了研究一点处的应力状态，可以围绕该点取出一个微立方体，称为单元体。单元体一般取得极其微小，在三个方向上的尺寸均为无穷小，可以认为：它在每个面上的应力均匀分布，相互平行面上的应力相等。因此，这样的单元体的应力状态就代表了一点处的应力状态。如图 9-1(a) 所示的矩形截面悬臂梁内的一点 A，如果围绕 A 点取一单元体，其左、右两面与横截面平行，前、后两面为纵向截面，单元体如图 9-1(b) 所示，可以看出单元体的前、后两面上应力为零，因此可以将该单元体用平面图形来表示，如图 9-1(c)。

单元体上有一对平面上的应力为零的应力状态，称为**平面应力状态**。

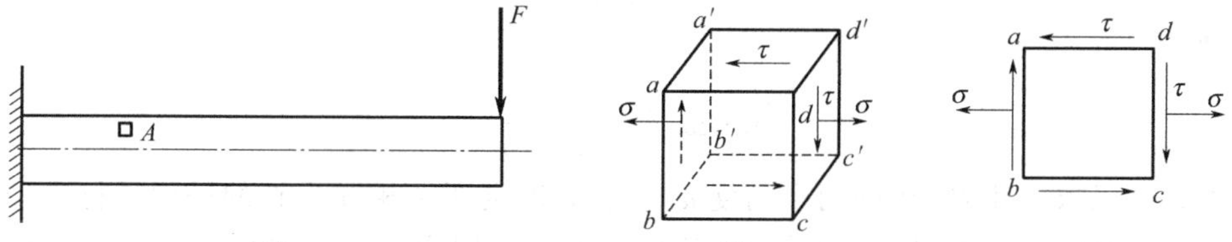

图 9-1

二、斜截面上的应力

处于平面应力状态的单元体，除一对平面上应力为零外，其余两对面上一般均存在正应力和切应力（σ_x、τ_x 和 σ_y、τ_y），如图 9-2(a) 所示。为了求该单元体与前后两平面垂直的任一斜截面上的应力，可应用截面法。取任意的斜截面 ef，其外法线 n 与 x 轴的夹角为 α，称该截面为 α 截面，并规定从 x 轴到外法线 n 逆时针转向为正，反之为负。关于应力的符号规定为：正应力以拉应力为正，压应力为负；切应力以对单元体内任一点有顺时针转动趋势时为正，反之为负。

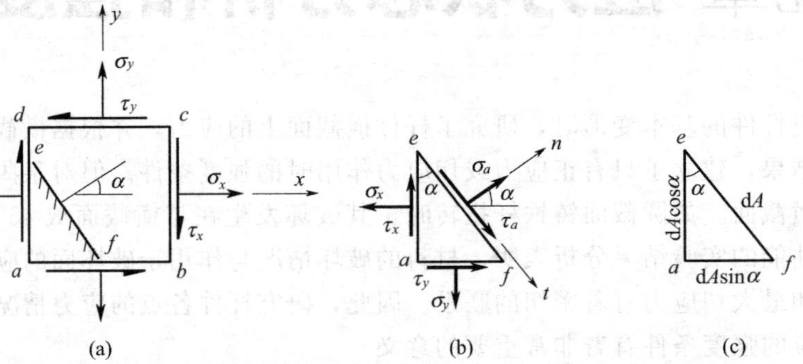

图 9-2

假想沿截面 ef 将单元体分为两部分，研究 aef 的平衡，ef 截面上存在正应力和切应力，以 σ_α 和 τ_α 来表示，如图 9-2(b)。若 ef 截面的面积为 $\mathrm{d}A$，则 af 和 ea 的面积分别为 $\mathrm{d}A\sin\alpha$ 和 $\mathrm{d}A\cos\alpha$，如图 9-2(c)。把作用于 aef 部分的力投影于 ef 面的外法线 n 和切线 t 的方向，所得平衡方程是

$$\sigma_\alpha \mathrm{d}A+(\tau_x \mathrm{d}A\cos\alpha)\sin\alpha-(\sigma_x \mathrm{d}A\cos\alpha)\cos\alpha+(\tau_y \mathrm{d}A\sin\alpha)\cos\alpha-(\sigma_y \mathrm{d}A\sin\alpha)\sin\alpha=0$$

$$\tau_\alpha \mathrm{d}A-(\tau_x \mathrm{d}A\cos\alpha)\cos\alpha-(\sigma_x \mathrm{d}A\cos\alpha)\sin\alpha+(\sigma_y \mathrm{d}A\sin\alpha)\cos\alpha+(\tau_y \mathrm{d}A\sin\alpha)\sin\alpha=0$$

由切应力互等定理可知，τ_x 和 τ_y 在数值上是相等的，将上述平衡方程简化得到

$$\sigma_\alpha=\frac{\sigma_x+\sigma_y}{2}+\frac{\sigma_x-\sigma_y}{2}\cos2\alpha-\tau_x\sin2\alpha \tag{9-1}$$

$$\tau_\alpha=\frac{\sigma_x-\sigma_y}{2}\sin2\alpha+\tau_x\cos2\alpha \tag{9-2}$$

以上两式就是平面应力状态下任一 α 截面上应力 σ_α 和 τ_α 的计算公式，它们都是 α 的函数。利用上述公式还可以确定该点正应力和切应力的极值，并确定它们所在平面的位置。

将式(9-1) 两边同时对 α 求导，若 $\alpha=\alpha_0$ 时 σ_α 取得极值，则应有

$$\left.\frac{\mathrm{d}\sigma_\alpha}{\mathrm{d}\alpha}\right|_{\alpha=\alpha_0}=0$$

于是得到

$$\tan2\alpha_0=-\frac{2\tau_x}{\sigma_x-\sigma_y} \tag{9-3}$$

由上式可以求出相差 90°的两个角度 α_0，它们确定两个相互垂直的平面。将式(9-3) 代入式(9-2) 可得到 $\tau_\alpha=0$，即该两平面上切应力为零。切应力为零的平面称为**主平面**，主平面上的正应力称为**主应力**。可见，在平面应力状态下，主应力是单元体上的正应力极大值和极小值。由式(9-3) 和式(9-1) 可求得两个主应力分别为

$$\left.\begin{matrix}\sigma_{\max}\\ \sigma_{\min}\end{matrix}\right\}=\frac{\sigma_x+\sigma_y}{2}\pm\sqrt{\left(\frac{\sigma_x-\sigma_y}{2}\right)^2+\tau_x^2} \tag{9-4}$$

当只有一个主应力不为零，此时的应力状态称为**单向应力状态**。

同样方法，由式(9-2) 可以解出平面应力状态下切应力的极值及其作用平面 α_1。

$$\tan2\alpha_1=\frac{\sigma_x-\sigma_y}{2\tau_x} \tag{9-5}$$

$$\left.\begin{matrix}\tau_{max}\\ \tau_{min}\end{matrix}\right\}=\pm\sqrt{\left(\frac{\sigma_x-\sigma_y}{2}\right)^2+\tau_x^2} \tag{9-6}$$

比较式(9-3) 和式(9-5) 有

$$\alpha_1=\alpha_0+\frac{\pi}{4}$$

即切应力极大值和极小值所在平面与主平面夹角为 45°。

三、应力圆

从公式(9-1) 和式(9-2) 可以看出，斜截面上的正应力 σ_α 和切应力 τ_α 是 α 的函数，若将 α 看作为参变量，消去 α 后即得

$$\left(\sigma_\alpha-\frac{\sigma_x+\sigma_y}{2}\right)^2+\tau_\alpha^2=\left(\frac{\sigma_x-\sigma_y}{2}\right)^2+\tau_x^2$$

上式是以 σ_α 和 τ_α 为变量的圆方程。(σ_α，τ_α) 是以 $\left(\frac{\sigma_x+\sigma_y}{2},\ 0\right)$ 为圆心、$\sqrt{\left(\frac{\sigma_x-\sigma_y}{2}\right)^2+\tau_x^2}$ 为半径的圆上的点，这种圆称为**应力圆**，它是德国工程师莫尔（Otto Christian Mohr）于 1895 年提出的，所以又称莫尔圆。

下面介绍根据所研究单元体上的已知应力 σ_x、τ_x 和 σ_y、τ_y 作应力圆的方法。取 $\sigma-\tau$ 直角坐标系，在 σ 轴上按一定的比例量取 $\overline{OB_1}=\sigma_x$，再在 B_1 点量取纵坐标 $\overline{B_1D_1}=\tau_x$，则 D_1 点的坐标就代表了 x 面上的正应力和切应力，同样的方法可量取 $\overline{OB_2}=\sigma_y$、$\overline{B_2D_2}=\tau_y$ 得 D_2 点，则 D_2 点的坐标对应于 y 平面上的应力，连接 D_1、D_2 与 σ 轴交于点 C。以 C 点为圆心，$\overline{CD_1}$ 或 $\overline{CD_2}$ 为半径作圆，这个圆即为对应于该单元体应力状态的应力圆，如图 9-3(b)。

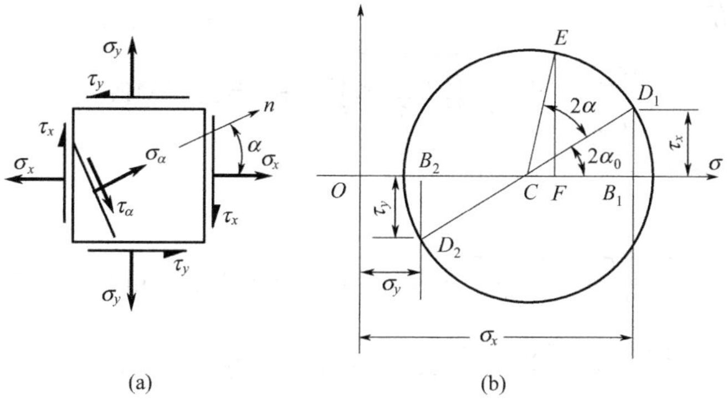

图 9-3

利用应力圆，可以求得任意 α 截面上的应力。由于 α 角是从 x 轴（x 平面外法线）量起，并且 σ_α 和 τ_α 的参变量为 2α，所以取与 x 面对应的 CD_1 为起始半径，按 α 的转动方向量取 2α 角，得到半径 CE，E 点的横坐标和纵坐标就代表了 α 截面上的正应力和切应力，如图 9-3(b) 所示。可以证明，E 点所对应的坐标数值与由公式(9-1) 和式(9-2) 所得的 σ_α 和 τ_α 值是相同的。

例 9-1 图 9-4 所示的单元体。试求：(1) σ_{max} 和 σ_{min} 的值；(2) 主应力作用面方位角；(3) 极值切应力；(4) $\sigma_{-30°}$ 和 $\tau_{-30°}$ 的值。

解法一： 由单元体应力情况有

$$\sigma_x = 20\text{MPa} \quad \sigma_y = -10\text{MPa} \quad \tau_x = 20\text{MPa}$$

(1) 计算 σ_{max} 和 σ_{min}

将上述值代入式(9-4) 有

$$\left.\begin{matrix}\sigma_{max}\\ \sigma_{min}\end{matrix}\right\} = \frac{20-10}{2} \pm \sqrt{\left(\frac{20-(-10)}{2}\right)^2 + 20^2} = \begin{cases}30(\text{MPa})\\ -20(\text{MPa})\end{cases}$$

(2) 计算主平面方位角

利用式(9-3) 有

$$\tan 2\alpha_0 = \frac{-2\tau_x}{\sigma_x - \sigma_y} = \frac{-2\times 20}{20-(-10)} = -\frac{4}{3}$$

$$\alpha_0 = \begin{cases}-26.6^\circ\\ 63.4^\circ\end{cases}$$

将 α_0 分别代入式(9-4)，进一步判别可知 σ_{max} 的作用面方位为 $\alpha_0 = -26.6^\circ$。相应主应力状态单元体如图 9-4(b)。

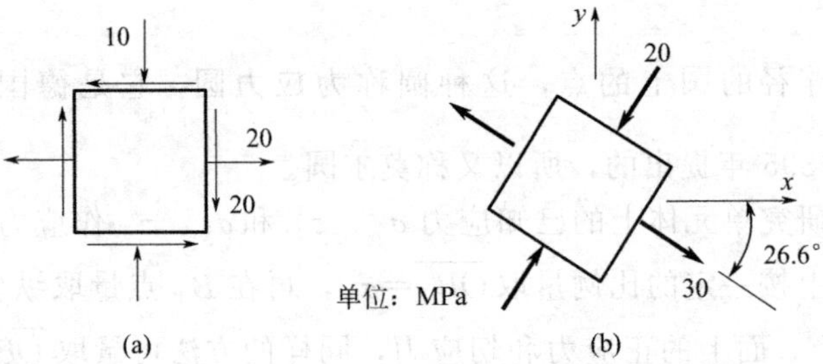

图 9-4

(3) 计算极值切应力

利用式(9-6) 有

$$\left.\begin{matrix}\tau_{max}\\ \tau_{min}\end{matrix}\right\} = \pm\sqrt{\left(\frac{\sigma_x - \sigma_y}{2}\right)^2 + \tau_x^2} = \pm 25\text{MPa}$$

(4) 计算 σ_{-30° 和 τ_{-30°

利用式(9-1) 有

$$\sigma_{-30^\circ} = \frac{\sigma_x + \sigma_y}{2} + \frac{\sigma_x - \sigma_y}{2}\cos[2\times(-30^\circ)] - \tau_x \sin[2\times(-30^\circ)]$$

$$= \frac{20-10}{2} + \frac{20+10}{2}\cos(-60^\circ) - 20\sin(-60^\circ)$$

$$= 29.82(\text{MPa})$$

利用式(9-2) 有

$$\tau_{-30^\circ} = \frac{\sigma_x - \sigma_y}{2}\sin[2\times(-30^\circ)] + \tau_x\cos[2\times(-30^\circ)]$$

$$= \frac{20+10}{2}\sin(-60^\circ) + 20\cos(-60^\circ) = -2.99(\text{MPa})$$

以上是利用解析法求各种不同方位截面上的应力情况，除此以外还可以用应力圆求解。

解法二：

(1) 作应力圆

将图 9-4(a) 所示的应力状态以相应的应力圆表示，如图 9-5，则圆上点 A 和 B 分别代表了图 9-4(a) 中 x 面和 y 面上的应力情况。

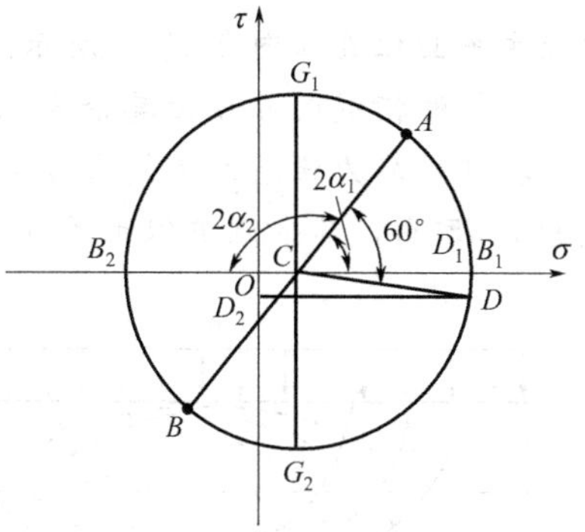

图 9-5

(2) 求 σ_{max} 和 σ_{min} 值

按选定的比例尺量取 $\overline{OB_1}$ 和 $\overline{OB_2}$ 即得

$$\sigma_{max}=\overline{OB_1}=30.5\text{MPa}$$

$$\sigma_{min}=\overline{OB_2}=-19.5\text{MPa}$$

(3) 求主平面方位角

从 $\overline{CA}$ 线起始，分别顺时针转到 $\overline{CB_1}$ 和逆时针转到 $\overline{CB_2}$ 线，即得主平面的方位角为

$$2\alpha_1=-54°，\alpha_1=-27°$$

$$2\alpha_2=126°，\alpha_2=63°$$

(4) 求极值切应力

量取 $\overline{G_1C}$ 和 $\overline{G_2C}$，即得

$$\tau_{max}=\overline{G_1C}=24.5\text{MPa}$$

$$\tau_{min}=\overline{G_2C}=-24.5\text{MPa}$$

(5) 求 $\sigma_{-30°}$ 和 $\tau_{-30°}$

从 $\overline{CA}$ 线起始顺时针量取 $\angle ACD=60°$，从 D 点分别作两轴垂线 $\overline{DD_1}$、$\overline{DD_2}$，量取 $\overline{DD_1}$、$\overline{DD_2}$ 即得

$$\sigma_{-30°}=\overline{DD_2}=29.5\text{MPa}$$

$$\tau_{-30°}=\overline{DD_1}=-3\text{MPa}$$

例 9-2 如图 9-6(a) 所示的横力弯曲下的梁，已算出 mm 截面上一点 A 处的弯曲正应力和切应力分别为：$\sigma=-70\text{MPa}$，$\tau=50\text{MPa}$，试确定 A 点处的主应力及主平面方位，并讨论同一截面上其它点处的应力状态。

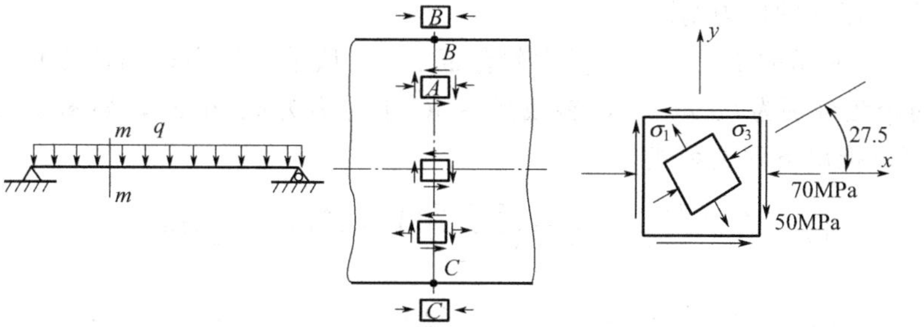

图 9-6

解： 将从 A 点取出的单元体放大如图 9-6(c)，选定坐标轴，则有

$$\sigma_x=-70\text{MPa}，\tau_x=50\text{MPa}，\sigma_y=0$$

由式(9-3) 求解主平面方位角 α_0 有

$$\tan2\alpha_0=-\frac{2\tau_x}{\sigma_x-\sigma_y}=\frac{2\times50}{70+0}=1.429$$

$$\alpha_0=27.5°\text{或 }117.5°$$

此即主平面所在位置，对应的主应力大小，则可将相应的 α_0 代入式(9-1) 得

$$\alpha = 27.5°\text{时}，\sigma_3 = -96\text{MPa}$$

$$\alpha = 117.5°\text{时}，\sigma_1 = 26\text{MPa}$$

对应主平面位置如图 9-6(c) 所示。

在梁的横截面 mm 上其余点均可用相同方法分析，截面上、下边缘处的点处于单向压缩（拉伸）应力状态，横截面为其主平面；中性轴上的点处于纯剪切应力状态，主平面与横截面成 45°角，其余点类似于 A 点，如图 9-6(b) 所示。

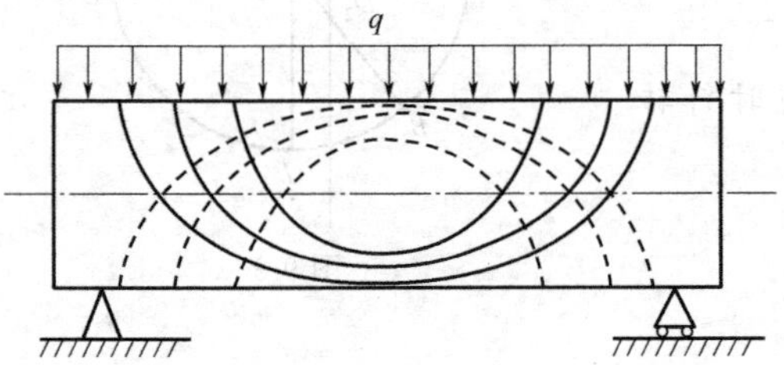

图 9-7

在求出梁截面上一点主应力的方向以后，把其中一个主应力方向延长与相邻截面相交，求出交点主应力方向后再将其延长与下一个截面相交，照此类推，可以得到一条折线，它的极限是一条曲线。在这样的曲线上，任一点的切线方向都代表了该点的主应力方向，这种曲线称为**主应力迹线**。经过梁上每一点均有两条相互垂直的主应力迹线。图 9-7 表示了梁内两组主应力迹线，虚线为主压应力迹线，实线为主拉应力迹线。在钢筋混凝土中，应尽可能使钢筋沿主拉应力迹线放置，以提高其抗拉能力。

第二节　空间应力状态分析

上一节对平面应力状态进行了分析。从分析中知道，对处于平面应力状态的单元体存在两对与前、后面相互垂直的主平面。根据主平面的定义，单元体前、后截面也是主平面，其主应力为零。对受力物体内任一点来讲，它都存在三对相互垂直的主平面，其上作用的主应力分别以 σ_1、σ_2 和 σ_3 表示，并规定 $\sigma_1 \geqslant \sigma_2 \geqslant \sigma_3$。对受力物体内一点处的应力状态最普遍的情况是所取单元体三对平面上均有应力存在，若受力构件内一点处的三个主应力均不为零，这种应力状态称为**空间应力状态**。对空间应力状态的研究较为复杂，这里只讨论当三个主应力已知时任意斜截面的应力情况。

如图 9-8(a) 所示的单元体，以任意斜截面 ABC 从单元体中取出四面体，ABC 的法线 n 的三个方向余弦分别为 l、m、n，斜截面 ABC 上应力为 σ_n 和 τ_n，如图 9-8(b) 所示。根据平衡条件可以推出下列关系式

$$\left(\sigma_n - \frac{\sigma_2 + \sigma_3}{2}\right)^2 + \tau_n^2 = \left(\frac{\sigma_2 - \sigma_3}{2}\right)^2 + l^2(\sigma_1 - \sigma_2)(\sigma_1 - \sigma_3)$$

$$\left(\sigma_n - \frac{\sigma_3 + \sigma_1}{2}\right)^2 + \tau_n^2 = \left(\frac{\sigma_1 - \sigma_3}{2}\right)^2 + m^2(\sigma_2 - \sigma_3)(\sigma_2 - \sigma_1)$$

$$\left(\sigma_n - \frac{\sigma_1 + \sigma_2}{2}\right)^2 + \tau_n^2 = \left(\frac{\sigma_1 - \sigma_2}{2}\right)^2 + n^2(\sigma_3 - \sigma_1)(\sigma_3 - \sigma_2)$$

由于前面已约定 $\sigma_1 \geqslant \sigma_2 \geqslant \sigma_3$，且 l^2、m^2、n^2 均大于或等于零，则由上式可以看出 (σ_n, τ_n) 应在 $\left(\sigma_n - \frac{\sigma_3 + \sigma_1}{2}\right)^2 + \tau_n^2 = \left(\frac{\sigma_1 - \sigma_3}{2}\right)^2$ 所确定的圆周以内，在 $\left(\sigma_n - \frac{\sigma_1 + \sigma_2}{2}\right)^2 + \tau_n^2 = \left(\frac{\sigma_1 - \sigma_2}{2}\right)^2$ 及 $\left(\sigma_n - \frac{\sigma_2 + \sigma_3}{2}\right)^2 + \tau_n^2 = \left(\frac{\sigma_2 - \sigma_3}{2}\right)^2$ 所确定的圆周以外，即图 9-9 所示的阴影区内。

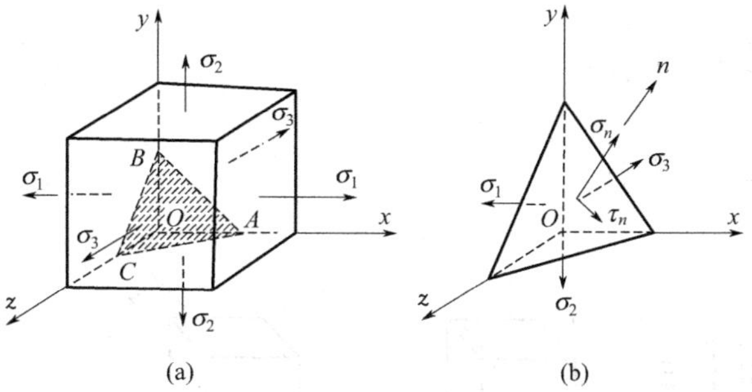

图 9-8

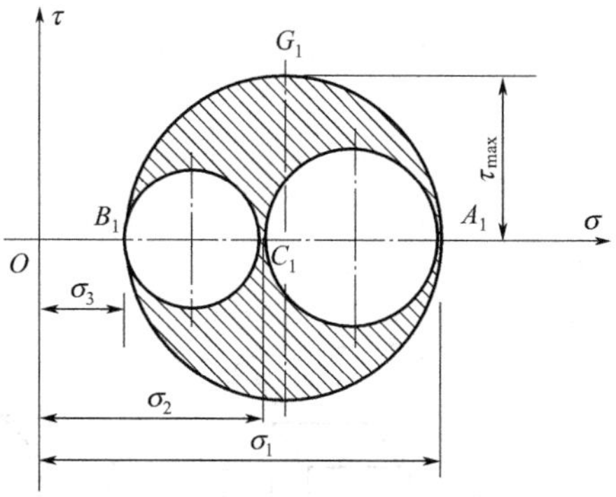

图 9-9

从前面讨论还可以看出，当斜截面与 σ_3 平行时，斜截面上的应力落在 A_1C_1 所确定的圆周上，完全是由 σ_1 和 σ_2 确定，与 σ_3 无关。同样，与 σ_1 平行的斜截面上应力完全由 σ_2 和 σ_3 决定，与 σ_2 平行的斜截面上应力完全由 σ_1 和 σ_3 决定。

从应力圆上还可以看出，该点处的最大正应力和最小正应力为

$$\sigma_{max}=\sigma_1, \sigma_{min}=\sigma_3 \qquad (9\text{-}7)$$

最大切应力为

$$\tau_{max}=\frac{\sigma_1-\sigma_3}{2} \qquad (9\text{-}8)$$

τ_{max} 的作用平面与 σ_1 和 σ_3 所在平面的法线成 45°，与 σ_2 的作用平面垂直。

第三节　广义胡克定律

杆件轴向拉伸（压缩）时，在横截面上产生正应力的同时，沿纵向与横向分别产生纵向线应变 ε 与横向线应变 ε'。对于理想弹性材料，当正应力不超过材料的比例极限时，正应力 σ 与纵向线应变 ε 之间存在下列关系

$$\sigma=E\varepsilon \quad 或 \quad \varepsilon=\frac{\sigma}{E}$$

上式为单向应力状态时的胡克定律。同时横向线应变 ε' 与纵向线应变 ε 及正应力 σ 之间存在下列关系

$$\varepsilon'=-\gamma\varepsilon=-\gamma\frac{\sigma}{E}$$

现在分析空间应力状态下应力和应变的关系。

在最普遍的情况下，描述一点处的应力状态需要有 6 个独立的应力分量：σ_x、σ_y、σ_z、τ_{xy}、τ_{yz}、τ_{zx}，如图 9-10 所示，与之对应的有 6 个独立的应变分量：ε_x、ε_y、ε_z、γ_{xy}、γ_{yz}、γ_{zx}，对于各向同性材料且在线弹性范围内时，线应变只与正应力有关，切应变只与切应力有关。

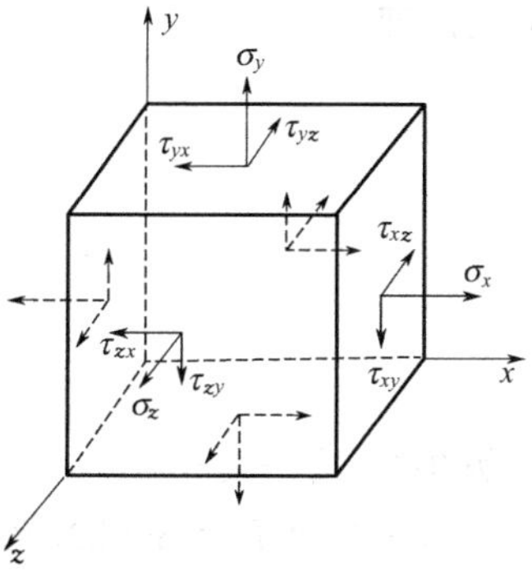

图 9-10

线应变可以运用叠加原理求得。如图 9-11 所示，当 σ_x、σ_y、σ_z 分别单独存在时，x 方向的线应变 ε_x 分别为

$$\varepsilon'_x=\frac{\sigma_x}{E}$$

$$\varepsilon''_x=-\gamma\frac{\sigma_y}{E}$$

$$\varepsilon'''_x=-\gamma\frac{\sigma_z}{E}$$

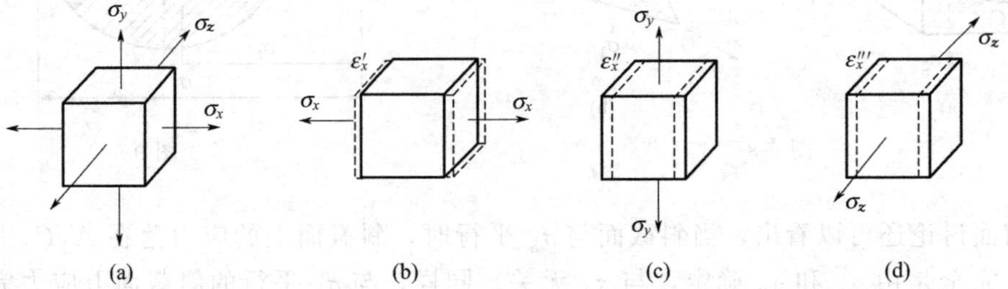

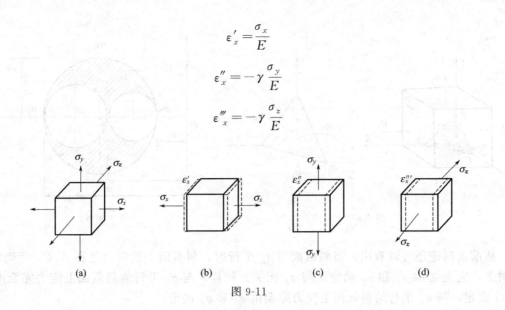

图 9-11

于是当 σ_x、σ_y、σ_z 同时存在时，在 x 方向的线应变为

$$\varepsilon_x=\frac{1}{E}[\sigma_x-\gamma(\sigma_y+\sigma_z)] \tag{9-9a}$$

同理可得 y、z 方向的线应变为

$$\left.\begin{aligned}\varepsilon_y&=\frac{1}{E}[\sigma_y-\gamma(\sigma_x+\sigma_z)]\\\varepsilon_z&=\frac{1}{E}[\sigma_z-\gamma(\sigma_x+\sigma_y)]\end{aligned}\right\} \tag{9-9b}$$

至于切应变，则有

$$\left.\begin{aligned}\gamma_{xy}&=\frac{\tau_{xy}}{G}\\\gamma_{yz}&=\frac{\tau_{yz}}{G}\\\gamma_{zx}&=\frac{\tau_{zx}}{G}\end{aligned}\right\} \tag{9-9c}$$

式(9-9a)、(9-9b) 就是空间应力状态下各向同性材料的**广义胡克定律**。

当单元体的六个面均为主平面时，由式 9-9(a) 可以得到三个沿主应力方向的应变，称之为**主应变**。

$$\left.\begin{aligned}\varepsilon_1&=\frac{1}{E}[\sigma_1-\gamma(\sigma_2+\sigma_3)]\\\varepsilon_2&=\frac{1}{E}[\sigma_2-\gamma(\sigma_1+\sigma_3)]\\\varepsilon_3&=\frac{1}{E}[\sigma_3-\gamma(\sigma_2+\sigma_1)]\end{aligned}\right\} \tag{9-10}$$

例 9-3 有一边长为 $a=200\text{mm}$ 的正方体混凝土块，无空隙地放在刚性凹座里，如图 9-12 所示，上受压力 $F=300\text{kN}$ 的作用，已知混凝土的泊松比为 $\upsilon=1/6$，试求凹座壁上所受的压力 F_N。

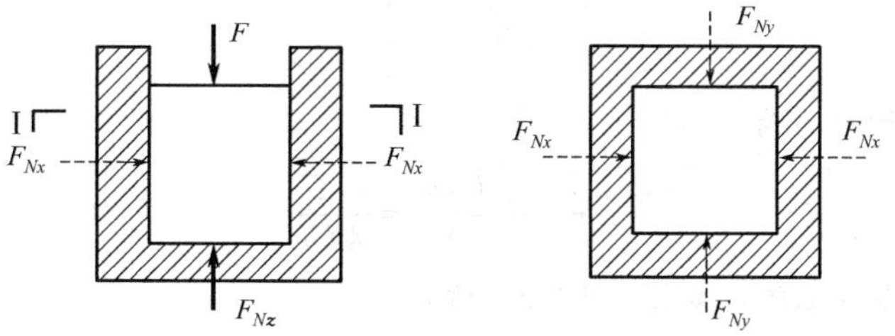

图 9-12

解：混凝土块在 z 方向受压力 F 作用后，将在 x、y 方向发生伸长。但由于 x、y 方向受到座壁的反力 F_{Nx} 和 F_{Ny} 的作用，这些反力又使伸长的混凝土块缩短，由于凹座是刚性的，所以伸长量和缩短量必须相等，于是有

$$\varepsilon_x=\varepsilon_y=0$$

由广义胡克定律有

$$\varepsilon_x=\frac{\sigma_x}{E}-\gamma\frac{\sigma_y}{E}-\gamma\frac{\sigma_z}{E}=0$$

$$\varepsilon_y=\frac{\sigma_y}{E}-\gamma\frac{\sigma_x}{E}-\gamma\frac{\sigma_z}{E}=0$$

式中 $\sigma_x=-\dfrac{F_{Nx}}{a^2}$，$\sigma_y=-\dfrac{F_{Ny}}{a^2}$，$\sigma_z=-\dfrac{F}{a^2}$

根据对称性有

$$F_{Nx}=F_{Ny}$$

解上述方程得

$$\sigma_x=\sigma_y=\frac{\gamma}{1-\gamma}\times\frac{-F}{a^2}$$

壁所受压力为

$$F_{Nx}=F_{Ny}=\sigma_x a^2=-\frac{\gamma}{1-\gamma}F=-\frac{\frac{1}{6}}{1-\frac{1}{6}}\times300=-60(\text{kN})(\text{压力})$$

$$F_{Nz}=-F=-300\text{kN}(\text{压力})$$

例 9-4 已知：如图 9-13(a) 弹性模量为 E，泊松比为 ν，横截面尺寸为 b 和 h，现测出中性层外侧 K 点处 45°方向线应变为 ε。(1) 试画出 K 点处单元体，并求出主应力单元体；(2) 求 F 的大小。

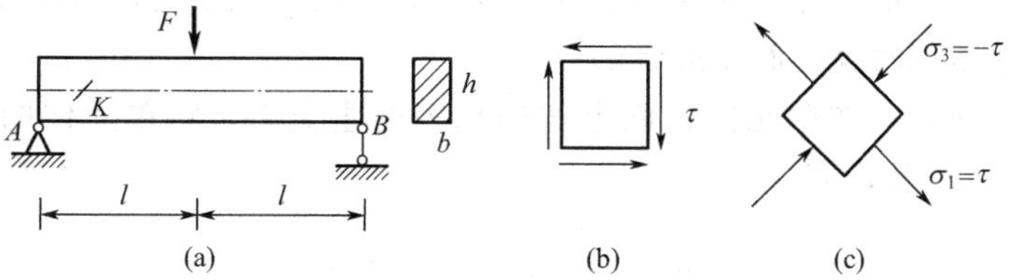

图 9-13

解：(1) K 点处于中性层上，横截面上只有切应力，由此画出 K 点处单元体，如图 9-13(b)

K 处横截面剪力为

$$F_{SK}=\frac{F}{2}$$

K 处横截面上最大切应力为

$$\tau=\frac{3}{2}\frac{F_{SK}}{A}=\frac{3}{4}\frac{F}{bh}$$

由莫尔圆可得主应力单元体，如图 9-13(c) 所示。

(2) 计算 F 的大小

由主应力单元体知测点应变为第三主应变，再由广义胡克定律可得

$$\varepsilon=\varepsilon_3=-\frac{1+\nu}{E}\tau$$

代入切应力表达式解得

$$F=-\frac{4}{3}\frac{E\varepsilon bh}{(1+\nu)}$$

第四节　空间应力状态下的应变能密度

物体受外力作用而产生弹性变形时，在物体内部将积蓄能量，此能量伴随着弹性变形的增减而改变，称为**应变能**。物体每单位体积内所积蓄的应变能称为**应变能密度**，可以证明，单元体处于单向应力状态下，其应变能密度为

$$v=\frac{1}{2}\sigma_x\varepsilon_x$$

当单元体处于空间应力状态，如图 9-14 所示，设主应力 σ_1、σ_2、σ_3 按同一比例由零同时增加到最终数值，将每一个主应力所引起的应变能密度相加，即可得单元体的总应变能密度

$$v=\frac{1}{2}(\sigma_1\varepsilon_1+\sigma_2\varepsilon_2+\sigma_3\varepsilon_3) \tag{9-11}$$

将广义胡克定律代入上式并简化可得

$$v=\frac{1}{2E}[\sigma_1^2+\sigma_2^2+\sigma_3^2-2\upsilon(\sigma_1\sigma_2+\sigma_2\sigma_3+\sigma_3\sigma_1)]$$

一般情况下，单元体在应力作用下将同时发生体积改变和畸变，因此总应变能密度也可分为与之相应的**体积改变能密度**和**畸变能密度**，分别以 v_v 和 v_ε 表示。

为了求出单元体的体积改变能密度和畸变能密度，可使单元体先改变体积，而无畸变，即可求得体积改变能密度 v_v。然后保持单元体体积不变，只改变其形状，可求得畸变能密度 v_ε。

可以证明，当三个主应力之和保持不变，则单元体的体积不变，当施加的三个主应力相等时，单元体只有体积的改变而无形状的改变。

如图 9-14(b) 所示，在单元体各面上作用相等的主应力，将单元体的三个主应力以三个主应力平均值 σ_m 代替，即

$$\sigma_m=\frac{1}{3}(\sigma_1+\sigma_2+\sigma_3)$$

可得体积改变能密度为

$$v_v=\frac{1}{2E}[\sigma_m^2+\sigma_m^2+\sigma_m^2-2\upsilon(\sigma_m^2+\sigma_m^2+\sigma_m^2)]$$

$$v_{\mathrm{v}}=\frac{1-2\upsilon}{6E}(\sigma_1+\sigma_2+\sigma_3)^2 \tag{9-12}$$

如图 9-14(c) 所示，单元体各面上的主应力由 σ_m 变化至最终数值，其畸变能密度为总应变能密度与体积改变能密度之差，即

$$v_\varepsilon=v-v_v$$

由式(9-11) 和式(9-12) 可得

$$v_\varepsilon=\frac{1+\upsilon}{6E}[(\sigma_1-\sigma_2)^2+(\sigma_2-\sigma_3)^2+(\sigma_3-\sigma_1)^2] \tag{9-13}$$

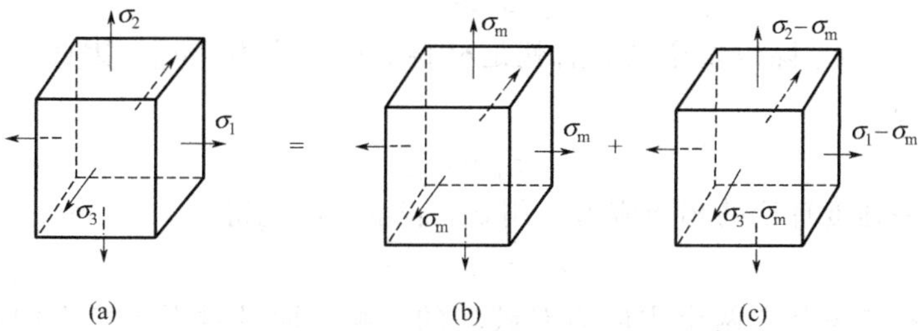

图 9-14

第五节 强度理论

在研究轴向拉伸（压缩）杆的强度问题时，根据杆横截面上的正应力建立了相应的强度条件为

$$\frac{F_{\mathrm{N}}}{A}\leqslant[\sigma]=\frac{\sigma_u}{n}$$

对于纯剪切的问题，根据切应力大小同样可以建立相应的强度条件

$$\tau\leqslant[\tau]=\frac{\tau_u}{n}$$

这种直接根据试验结果建立强度条件的方法，只对危险点是单向应力状态和纯剪切应力状态的特殊情况才是可行的。

在工程实际中，许多构件的危险点往往是处于复杂的应力状态，如果仍按上述的方法建立强度条件，则必须测出材料在主应力 σ_1、σ_2、σ_3 保持各种不同比值时的极限主应力 σ_{1u}、σ_{2u} 和 σ_{3u}，但由于三个主应力的比值有无限多种可能性，因而无法通过试验去测出每种比值下的极限主应力。为了建立复杂应力状态下的强度条件，人们通过大量的观察和长期的研究后发现，材料的破坏主要有两种形式：一种是**脆性断裂**，材料在破坏时没有明显的塑性变形，断裂失效往往和最大拉应力或拉应变有关；另一种是**屈服流动破坏**，材料在破坏时会出现屈服现象或显著的塑性变形，屈服失效往往与最大切应力有关。

人们根据对材料破坏现象的分析和研究，一般认为同一种类型的破坏可能是由某一共同的因素所引起的，并由此提出了种种的假说或学说，这些假说或学说称为**强度理论**。如上所述，材料的破坏有两种形式，因而，相应地存在两类强度理论：一类是以脆性断裂为破坏标志的，主要包括最大拉应力理论和最大伸长线应变理论；另一类是以屈服或发生显著的塑性变形为破坏标志的，主要包括最大切应力理论和畸变能理论。这四个理论也是当前工程实际中最常用的强度理论。

一、常用的四个强度理论

1. 最大拉应力理论

这一强度理论又称为**第一强度理论**，它认为：引起材料断裂破坏的主要因素是最大拉应力。也就是说，无论材料处于何种应力状态，只要最大拉应力 σ 达到某一极限值 σ_u 时，材料就会沿最大拉应力所作用的截面发生脆断破坏。极限应力 σ_u 则可以通过任意一种使试样发生脆断破坏的试验来确定，一般可以通过单向拉伸试验确定。于是，按这一强度理论得到脆断破坏的条件是

$$\sigma_1 > \sigma_u$$

将式中极限应力 σ_u 除以安全系数后就是材料的许用应力 [σ]。因此，用这一强度理论建立的强度条件为

$$\sigma_1 \leqslant [\sigma]$$

上式左端称为第一强度理论的相当应力，用 σ_{r1} 表示，因此得

$$\sigma_{r1} = \sigma_1 \leqslant [\sigma]$$

这一理论没有考虑其它两个主应力对破坏的影响，而且对无拉应力的应力状态也无法使用。

2. 最大伸长线应变理论

这一理论也称为**第二强度理论**，它认为：引起材料断裂破坏的主要因素是最大伸长线应变。即无论材料处于何种应力状态，只要其最大伸长线应变 ε_1 达到某一极限值 ε_u，材料就会沿垂直于最大伸长线应变方向的平面发生脆断破坏。极限应变 ε_u 可以通过任意一种使试样发生脆断破坏的试验来确定。对于单向拉伸时有

$$\varepsilon_u = \frac{\sigma_u}{E}$$

式中，σ_u 就是单向拉伸时横截面上的正应力。于是，按照这一理论可以确定脆断破坏的条件为

$$\varepsilon_1 > \varepsilon_u = \frac{\sigma_u}{E}$$

由广义胡克定律可知，最大伸长线应变为

$$\varepsilon_1 = \frac{1}{E}[\sigma_1 - \gamma(\sigma_2 + \sigma_3)]$$

于是，其破坏条件为

$$\sigma_1 - \gamma(\sigma_2 + \sigma_3) > \sigma_u$$

将 σ_u 除以安全系数后得材料的许用应力 [σ]，因此，其强度条件可以写成

$$\sigma_1 - \gamma(\sigma_2 + \sigma_3) \leqslant [\sigma]$$

上式左端称为第二强度理论的相当应力，以 σ_{r2} 表示，于是得

$$\sigma_{r2} = \sigma_1 - \gamma(\sigma_2 + \sigma_3) \leqslant [\sigma]$$

这一理论从形式上看似乎较第一强度理论完善，它考虑了 σ_2 和 σ_3 对破坏的影响。

3. 最大切应力理论

这一理论也称**第三强度理论**，它认为：引起材料屈服的主要因素是最大切应力。即不论材料处于何种应力状态，只要其最大切应力 τ_{max} 达到某一极限值 τ_u，材料就会沿最大切应力所在截面滑移而发生屈服失效。极限切应力 τ_u 可以通过任意一种使试样发生屈服的试验

来确定。对于轴向拉伸时有

$$\tau_u=\frac{\sigma_u}{2}$$

式中，σ_u 是单向拉伸时试件横截面上的正应力，根据这一理论可得材料流动破坏的条件是

$$\tau_{\max}>\tau_{\mathrm{u}}=\frac{\sigma_u}{2}$$

对于复杂应力状态下一点处最大切应力有

$$\tau_{\max}=\frac{\sigma_1-\sigma_3}{2}$$

于是，破坏条件可改写为

$$\sigma_1-\sigma_3>\sigma_{\mathrm{u}}$$

将上式中的 σ_u 除以安全系数即得材料的许用应力 $[\sigma]$，上式左端称为第三强度理论的相当应力，以 σ_{r3} 表示。因此，用第三强度理论建立的强度条件可写作

$$\sigma_{r3}=\sigma_1-\sigma_3\leqslant[\sigma]$$

这一理论没有考虑 σ_2 对流动破坏的影响。

4. 畸变能密度理论

这一强度理论也称**第四强度理论**，它认为：引起材料屈服的主要因素是畸变能密度。也就是说，无论材料处于何种应力状态，只要其畸变能密度 v_ε 达到某一极限值 $v_{\varepsilon\mathrm{u}}$，该点处的材料就会发生屈服，极限值 v_{du} 可以通过拉伸试验来确定。按照这一理论，材料屈服的条件可以写成

$$v_\varepsilon>v_{\varepsilon\mathrm{u}}$$

式中：$v_\varepsilon=\dfrac{(1+\gamma)}{6E}[(\sigma_1-\sigma_2)^2+(\sigma_2-\sigma_3)^2+(\sigma_3-\sigma_1)^2]$，$v_{\varepsilon\mathrm{u}}=\dfrac{(1+\gamma)}{6E}[2\sigma_u^2]$

σ_u 为单向拉伸时试样横截面上的正应力。于是，上述破坏条件可以写成

$$\sqrt{\frac{1}{2}[(\sigma_1-\sigma_2)^2+(\sigma_2-\sigma_3)^2+(\sigma_3-\sigma_1)^2]}>\sigma_{\mathrm{u}}$$

上式左边称为第四强度理论的相当应力，用 σ_{r4} 表示，将 σ_u 除以安全系数即得许用应力 $[\sigma]$，因此按第四强度理论建立的强度条件为

$$\sigma_{r4}=\sqrt{\frac{1}{2}[(\sigma_1-\sigma_2)^2+(\sigma_2-\sigma_3)^2+(\sigma_3-\sigma_1)^2]}\leqslant[\sigma]$$

前面介绍了常用的四种强度理论，其中第一、第二强度理论是以脆断作为其破坏标志，而第三、第四强度理论以材料屈服流动作为其破坏标志。根据其破坏标志，下面简要说明强度理论选用的一般原则：

(1) 在三向拉应力状态下，不论是塑性材料还是脆性材料，通常发生脆性断裂，宜采用第一强度理论；

(2) 对于脆性材料，除在三向压缩状态及铸铁单向受压等情况以外，其破坏形式通常为脆性断裂，因此宜采用第一或第二强度理论；

(3) 在三向压缩应力状态下，不论是塑性材料还是脆性材料，通常都发生屈服失效，宜采用第三或第四强度理论；

(4) 对于塑性材料，在除三向拉伸应力状态以外的各种复杂应力状态下，都会发生屈服现象，因而宜采用第三或第四强度理论。

此外，第三强度理论比第四强度理论偏于安全，但第四强度理论更经济。

思考：利用抗拉强度极高的碳纤维加固轴向受压混凝土柱时，只要在混凝土柱整个表面上横向包裹一层很薄的碳纤维布（如 0.111mm 厚），抗压强度将明显提高。分析其加固的主要原因。

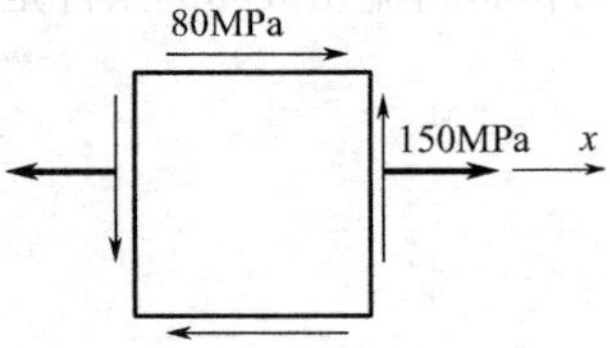

图 9-15

例 9-5 已知单元体应力状态如图 9-15 所示。

(1) 分别按第三和第四强度理论求相当应力；

(2) 若 $\sigma_s=300\text{MPa}$，试计算其安全系数。

解：由图可知，单元体的主应力为

$$\sigma_1=\frac{\sigma_x}{2}+\sqrt{\left(\frac{\sigma_x}{2}\right)^2+\tau_x^2}=\frac{150}{2}+\sqrt{\left(\frac{150}{2}\right)^2+(-80)^2}$$

$$=184.66(\text{MPa})$$

$$\sigma_2=0$$

$$\sigma_3=\frac{\sigma_x}{2}-\sqrt{\left(\frac{\sigma_x}{2}\right)^2+\tau_x^2}=\frac{150}{2}-\sqrt{\left(\frac{150}{2}\right)^2+(-80)^2}$$

$$=-34.66(\text{MPa})$$

按第三和第四强度理论分别计算其相当应力，得

$$\sigma_{r3}=\sigma_1-\sigma_3=219.32\text{MPa}$$

$$\sigma_{r4}=\sqrt{\frac{1}{2}[(\sigma_1-\sigma_2)^2+(\sigma_2-\sigma_3)^2+(\sigma_3-\sigma_1)^2]}=\sqrt{\frac{1}{2}[(\sigma_1-\sigma_3)^2+\sigma_1^2+\sigma_3^2]}$$

$$=204.21(\text{MPa})$$

按第三强度理论计算，其安全系数为

$$n_3=\frac{\sigma_s}{\sigma_{r3}}=\frac{300}{219.32}=1.37$$

按第四强度理论计算，其安全系数为

$$n_4=\frac{\sigma_s}{\sigma_{r4}}=\frac{300}{204.21}=1.47$$

例 9-6 钢梁上的某一点应力状态如图 9-16 所示，若材料的许用应力为 $[\sigma]=170\text{MPa}$，试分别按第三和第四强度理论对该点强度进行校核。

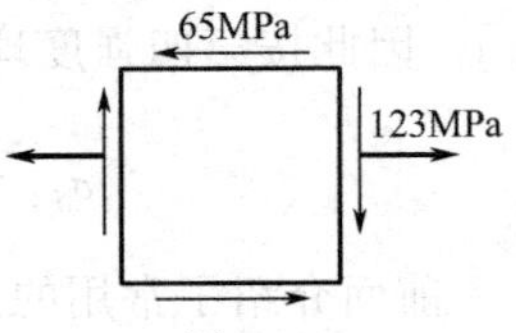

图 9-16

解：根据应力状态图，可得其主应力为

$$\sigma_1=\frac{\sigma}{2}+\sqrt{(\frac{\sigma}{2})^2+\tau^2}$$

$$\sigma_2=0$$

$$\sigma_3=\frac{\sigma}{2}-\sqrt{(\frac{\sigma}{2})^2+\tau^2}$$

由此可得其相当应力

$$\sigma_{r3}=\sigma_1-\sigma_3=\sqrt{\sigma^2+4\tau^2}=\sqrt{123^2+4\times65^2}=179(\text{MPa})>[\sigma]$$

$$\sigma_{r4}=\sqrt{\sigma^2+3\tau^2}=\sqrt{123^2+3\times65^2}=166.7(\text{MPa})<[\sigma]$$

由以上结果可见，σ_{r3} 值超过其许用应力值约 5.3%，工程中通常允许的范围为 5%，因而按第三强度理论校核该点是不安全的，而按第四强度理论校核则是安全的。在工程计算中，对于钢梁一般按第四强度理论计算与实际更为接近。

思考：由圆截面铸铁试件扭转破坏情况能否比较出抗拉能力与抗剪能力的高低？

二、其他强度理论

1. 莫尔强度理论

莫尔强度理论是以各种应力状态下材料的破坏试验资料为依据而建立起来的带有一定经验性的强度理论。它并不是简单地假设材料的破坏是由某一个因素达到其极限而引起的，它承认最大切应力是引起屈服和剪断的主要原因，同时又考虑了剪切面上正应力的影响。通过进一步的分析得到莫尔理论的强度条件为

$$\sigma_{rM}=\sigma_1-\frac{[\sigma_+]}{[\sigma_-]}\sigma_3\leqslant[\sigma_+]$$

式中，$[\sigma_+]$ 为材料的许用拉应力，$[\sigma_-]$ 为材料的许用压应力。从以上的表达式可以看出莫尔强度理论考虑到材料抗拉和抗压能力的不同，这一理论不但可以适用于塑性材料，对脆性材料也同样适用，特别适用于抗拉和抗压强度不同的材料。这一理论的不足之处在于没有考虑中间主应力 σ_2 的影响。不过，在大多数情况下 σ_2 对材料的影响较小。

2. 双切应力强度理论

这一理论认为，在一点处的应力状态中，除了最大主切应力 τ_{13} 外，其他的主切应力也将影响材料的屈服。根据对复杂应力状态的研究可知，三个主切应力 $\tau_{12}=(\sigma_1-\sigma_2)/2$、$\tau_{23}=(\sigma_2-\sigma_3)/2$、$\tau_{13}=(\sigma_1-\sigma_3)/2$ 中只有两个独立量，因而双切应力强度理论只考虑两个较大的主切应力对材料屈服的影响，按照这一理论建立的强度条件为

$$\sigma_{rT}=\sigma_1-\frac{1}{2}(\sigma_2+\sigma_3)\leqslant[\sigma]\qquad(当\ \tau_{12}>\tau_{23}\ 时)$$

或

$$\sigma_{rT}=\frac{1}{2}(\sigma_1+\sigma_2)-\sigma_3\leqslant[\sigma]\qquad(当\ \tau_{12}<\tau_{23}\ 时)$$

这一理论与大多数金属材料的试验结果符合得较好。此外，这一理论也适用于岩石及土壤等材料。

本章小结

本章对受力构件内一点处的应力状态进行了研究，并介绍了与之相关的一些知识，在此基础上介绍了强度理论。

1. 平面应力状态的分析可以用解析法和图解法进行研究。利用解析法研究斜截面上的应力公式为

$$\begin{cases}\sigma_\alpha=\dfrac{\sigma_x+\sigma_y}{2}+\dfrac{\sigma_x-\sigma_y}{2}\cos2\alpha-\tau_x\sin2\alpha\\[2ex]\tau_\alpha=\dfrac{\sigma_x-\sigma_y}{2}\sin2\alpha+\tau_x\cos2\alpha\end{cases}$$

主应力公式为

$$\left.\begin{matrix}\sigma_{\max}\\ \sigma_{\min}\end{matrix}\right\}=\frac{\sigma_x+\sigma_y}{2}\pm\sqrt{\left(\frac{\sigma_x-\sigma_y}{2}\right)^2+\tau_x^2}$$

主平面方位公式为

$$\alpha_0=\frac{1}{2}\arctan\left(-\frac{2\tau_x}{\sigma_x-\sigma_y}\right)$$

利用图解法时，以上各公式计算结果均可在莫尔圆上找到相应点。

2. 主应力迹线的绘制，梁弯曲时在梁上可以绘制两组主应力迹线，每一条迹线上任一点处的切线方向代表了该点处的主应力方向。在钢筋混凝土结构中，为提高结构的抗拉能力，应尽可能使钢筋沿主拉应力迹线放置。

3. 在空间应力状态下，单元体任意斜截面上的应力极值为

$$\begin{cases}\sigma_{\max}=\sigma_1\\ \sigma_{\min}=\sigma_3\\ \tau_{\max}=\dfrac{\sigma_1-\sigma_3}{2}\end{cases}$$

4. 空间应力状态下的广义胡克定律为

$$\begin{cases}\varepsilon_x=\dfrac{1}{E}[\sigma_x-\gamma(\sigma_y+\sigma_z)]\\ \varepsilon_y=\dfrac{1}{E}[\sigma_y-\gamma(\sigma_x+\sigma_z)]\\ \varepsilon_z=\dfrac{1}{E}[\sigma_z-\gamma(\sigma_x+\sigma_y)]\end{cases}$$

$$\begin{cases}\gamma_{xy}=\dfrac{\tau_{xy}}{G}\\ \gamma_{yz}=\dfrac{\tau_{yz}}{G}\\ \gamma_{zx}=\dfrac{\tau_{zx}}{G}\end{cases}$$

5. 空间应力状态下应变能密度是指物体变形时单位体积内所积蓄的能量，它包括畸变能密度和体积改变能密度。

6. 根据对材料破坏现象的分析和研究，针对材料的两种破坏类型建立了相应的强度理论。以脆性断裂破坏为标志建立了第一和第二强度理论，以屈服流动破坏为标志建立了第三和第四强度理论，它们的相当应力表达式分别为

$$\sigma_{r1}=\sigma_1$$

$$\sigma_{r2}=[\sigma_1-\gamma(\sigma_2+\sigma_3)]$$

$$\sigma_{r3}=\sigma_1-\sigma_3$$

$$\sigma_{r4}=\left\{\frac{1}{2}[(\sigma_1-\sigma_2)^2+(\sigma_2-\sigma_3)^2+(\sigma_3-\sigma_1)^2]\right\}^{\frac{1}{2}}$$

7. 其他强度理论有莫尔强度理论和双切应力强度理论。

习　题

9-1　在何种情况下平面应力状态下的应力圆符合以下特征：(1) 一个点圆；(2) 圆心在原点；(3) 与 τ 轴相切。

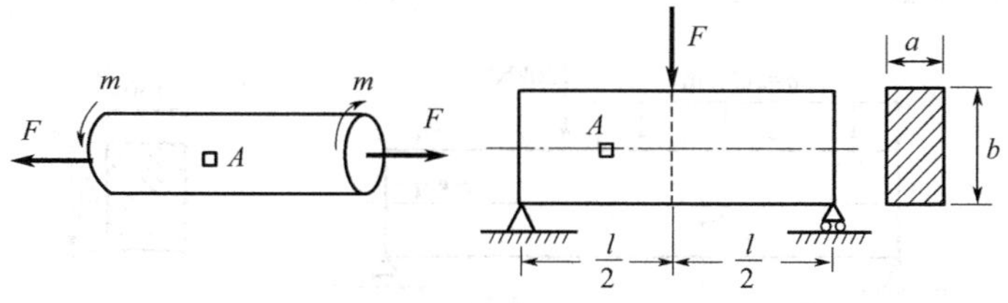

图 9-17　习题 9-2 图

9-2　如图 9-17 所示，试确定下列杆表面 A 点处的应力状态。已知（a）图中直径 $D=100\text{mm}$，$F=150\text{kN}$，$m=7\text{kN}\cdot\text{m}$；（b）图中 $F=50\text{kN}$，$l=1\text{m}$，$a=50\text{mm}$，$b=100\text{mm}$。

答：（a）$\sigma=19.1\text{MPa}$，$\tau=35.7\text{MPa}$　（b）$\tau=7.5\text{MPa}$，$\sigma=0$

9-3　各单元体上应力如图 9-18 所示。试用解析法求指定斜截面上的应力。

答：（a）$\sigma_\alpha=18.12\text{MPa}$，$\tau_\alpha=47.99\text{MPa}$　（b）$\sigma_\alpha=-60.0\text{MPa}$，$\tau_\alpha=10\text{MPa}$　（c）$\sigma_\alpha=40\text{MPa}$，$\tau_\alpha=10\text{MPa}$

9-4　用图解法求题 9-3 中各单元体指定斜截面上的应力。

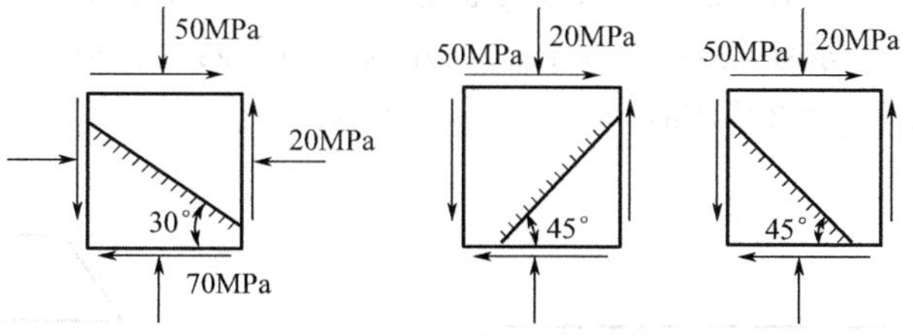

图 9-18　习题 9-3 图

9-5　各单元体上的应力如图 9-19 所示，试用解析法确定各单元体的主应力大小及主平面方位，并在单元体上绘出。

答：（a）$\sigma_1=160\text{MPa}$，$\sigma_3=-30\text{MPa}$，$\alpha_0=23.5°$　（b）$\sigma_1=180\text{MPa}$，$\sigma_2=80\text{MPa}$，$\alpha_0=63.5°$　（c）$\sigma_1=88.3\text{MPa}$，$\sigma_3=-28.3\text{MPa}$，$\alpha_0=-15.5°$

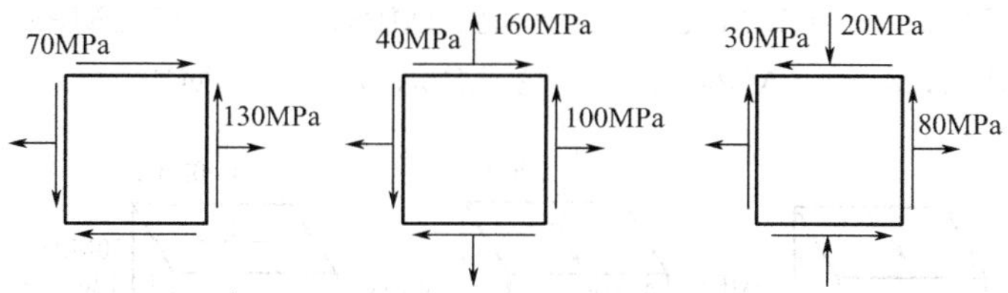

图 9-19　习题 9-5 图

9-6　试用图解法解题 9-5。

9-7　如图 9-20 所示，试确定梁中 A、B 两点处的主应力大小和方位角，并绘出主应力单元体。

答：A 点 $\sigma_1=5.84\text{MPa}$，$\sigma_3=-0.01\text{MPa}$，$\alpha_0=1.86°$；

B 点 $\sigma_1=0.08\text{MPa}$，$\sigma_3=-3.59\text{MPa}$，$\alpha_0=81.66°$

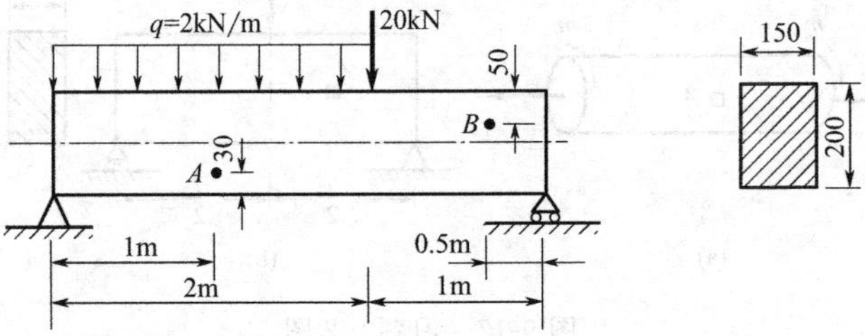

图 9-20　习题 9-7 图

9-8　有一拉伸试件，其横截面为 20mm×5mm 的矩形，在与轴线夹角 $\alpha=45°$斜截面上的切应力 $\tau=75\text{MPa}$ 时，试件上出现滑移线，求此时试件所受的轴向拉力的数值。

答：$F=15\text{kN}$。

9-9　图 9-21 所示锅炉的直径 $D=1\text{m}$，壁厚 $t=1\text{cm}$，内受蒸汽压力 $p=3\text{MPa}$，试求：(1) 壁内主应力及最大切应力；(2) 斜截面 ab 上的应力。

答：$\sigma_1=150\text{MPa}$，$\sigma_2=75\text{MPa}$，$\tau_{\max}=75\text{MPa}$；$\sigma_\alpha=131\text{MPa}$，$\tau_\alpha=-32.5\text{MPa}$

9-10　图 9-22 所示单元体处于平面应力状态，已知 $\sigma_x=100\text{MPa}$，$\sigma_y=40\text{MPa}$，该点最大主应力 $\sigma_1=120\text{MPa}$，求该点的 τ_x 及 $\tau_{\max}$，并求出另外两个主应力。

答：$\tau_x=40\text{MPa}$，$\sigma_2=20\text{MPa}$，$\sigma_3=0$，$\tau_{\max}=60\text{MPa}$

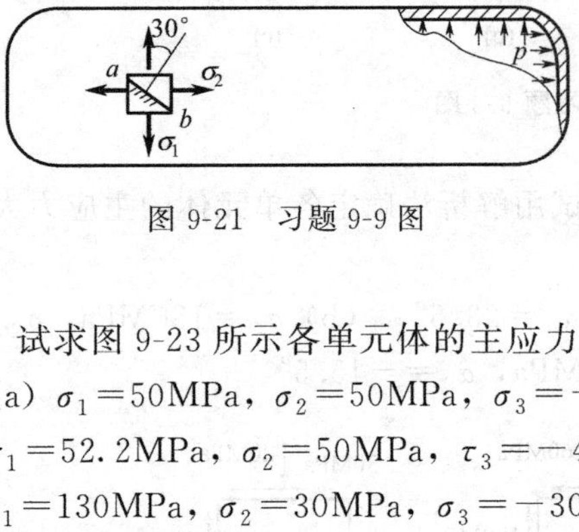

图 9-21　习题 9-9 图

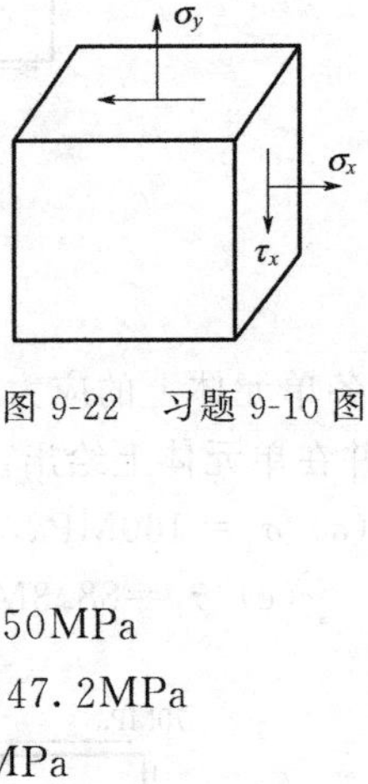

图 9-22　习题 9-10 图

9-11　试求图 9-23 所示各单元体的主应力及最大切应力。

答：(a) $\sigma_1=50\text{MPa}$，$\sigma_2=50\text{MPa}$，$\sigma_3=-50\text{MPa}$，$\tau_{\max}=50\text{MPa}$

(b) $\sigma_1=52.2\text{MPa}$，$\sigma_2=50\text{MPa}$，$\tau_3=-42.2\text{MPa}$，$\tau_{\max}=47.2\text{MPa}$

(c) $\sigma_1=130\text{MPa}$，$\sigma_2=30\text{MPa}$，$\sigma_3=-30\text{MPa}$，$\tau_{\max}=80\text{MPa}$

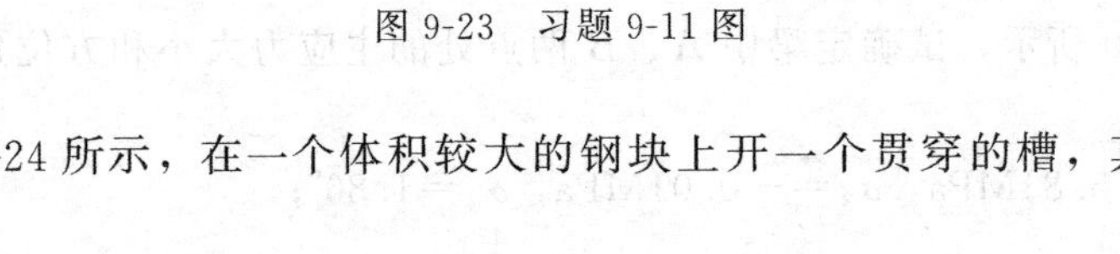

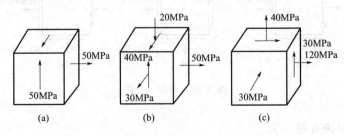

图 9-23　习题 9-11 图

9-12　如图 9-24 所示，在一个体积较大的钢块上开一个贯穿的槽，其宽度和深度都是

1cm。在槽内紧密无隙地嵌入一铝质立方块，它的尺寸是 1cm×1cm×1cm。当铝块受到压力 $F=6\text{kN}$ 的作用时，假设钢块不变形，铝的弹性模量 $E=70\text{GPa}$，$\upsilon=0.33$。试求铝块的三个主应力及相应的变形。

答：$\sigma_1=0$，$\sigma_2=-19.8\text{MPa}$，$\sigma_3=-60\text{MPa}$；

$\Delta l_1=3.76\times10^{-3}\text{mm}$，$\Delta l_2=0$，$\Delta l_3=-7.65\times10^{-3}\text{mm}$

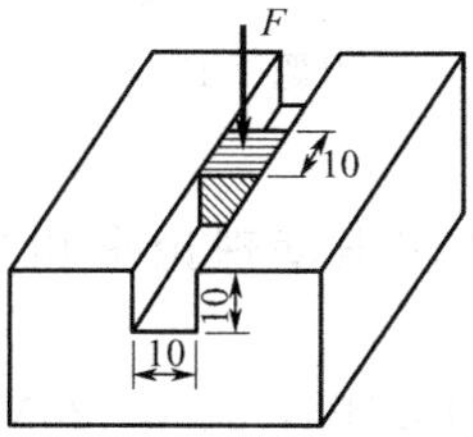

图 9-24　习题 9-12 图

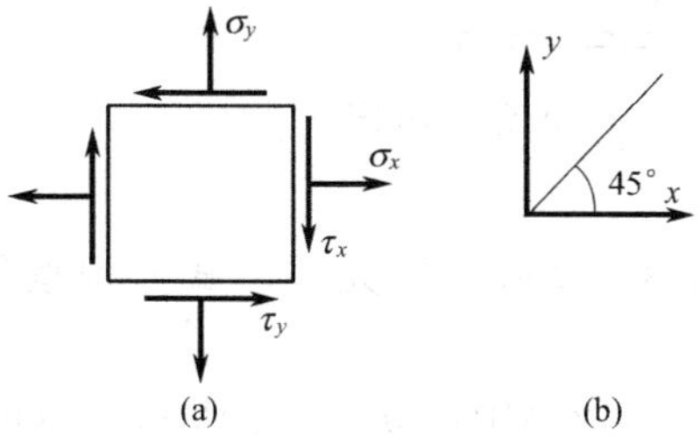

图 9-25　习题 9-13 图

9-13　对于物体内处于平面应力状态的一个点，如图 9-25 所示，已测得沿 x 方向和 y 方向及 45°方向的线应变分别为 ε_x、ε_y、$\varepsilon_{45°}$，试求该点处的 σ_x、σ_y 及 τ_x。

答：$\sigma_x=\dfrac{E}{1-\gamma^2}(\varepsilon_x-\gamma\varepsilon_y)$，$\sigma_y=\dfrac{E}{1-\gamma^2}(\varepsilon_y-\gamma\varepsilon_x)$，$\tau_x=\dfrac{E}{1+\gamma}\left(\dfrac{\varepsilon_x+\varepsilon_y}{2}-\varepsilon_{45°}\right)$

9-14　已知图 9-26 所示单元体材料的弹性模量 $E=200\text{GPa}$，$\gamma=0.3$。试求该单元体的畸变能密度。

答：$v_\varepsilon=12.99\text{kN}\cdot\text{m/m}^3$

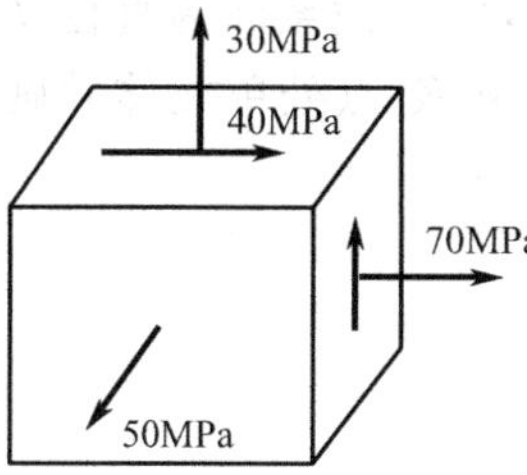

图 9-26　习题 9-14 图

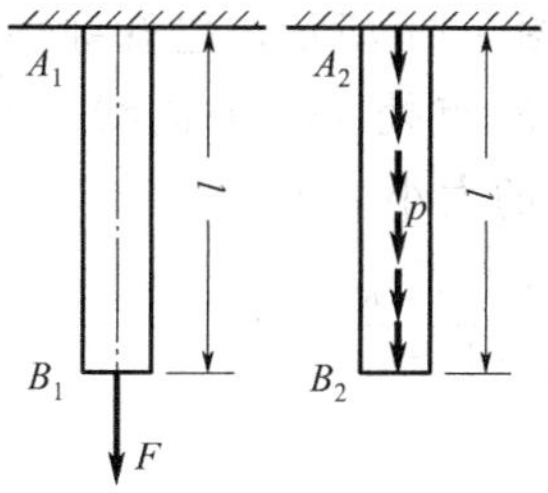

图 9-27　习题 9-15 图

9-15　如图 9-27 所示，两根杆 A_1B_1 和 A_2B_2 的材料相同，它们的长度和横截面也相同，A_1B_1 下端受集中力 F 作用，A_2B_2 杆受沿杆轴线均匀分布的荷载，其集度为 $p=F/l$，求此两杆内的应变能。

答：$v_{A_1B_1}=F^2l/2EA$，$v_{A_2B_2}=F^2l/6EA$

9-16　已知在铸铁构件上某点处所取单元体应力情况如图 9-28 所示，铸铁材料的横向变形系数 $\gamma=0.25$，许用拉应力 $[\sigma_+]=30\text{MPa}$，试按第一和第二强度理论校核该点强度。

答：$\sigma_{r1}=24.3\text{MPa}$，$\sigma_{r2}=26.6\text{MPa}$

9-17　受内压力作用的一容器，其圆管部分的任意一点 A 处的应力状态如图 9-29(b) 所示。当容器受内压时，测得该点处的应变为 $\varepsilon_x=1.88\times10^{-4}$，$\varepsilon_y=7.37\times10^{-4}$。已知该圆筒材料的弹性模量 $E=210\text{GPa}$，横向变形系数 $\gamma=0.3$，许用应力 $[\sigma]=170\text{MPa}$。试按第三强度理论对 A 点进行强度校核。

答：$\sigma_{r3}=183\text{MPa}$

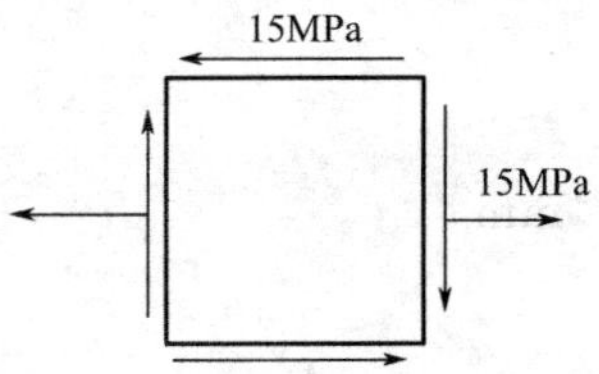

图 9-28　习题 9-16 图

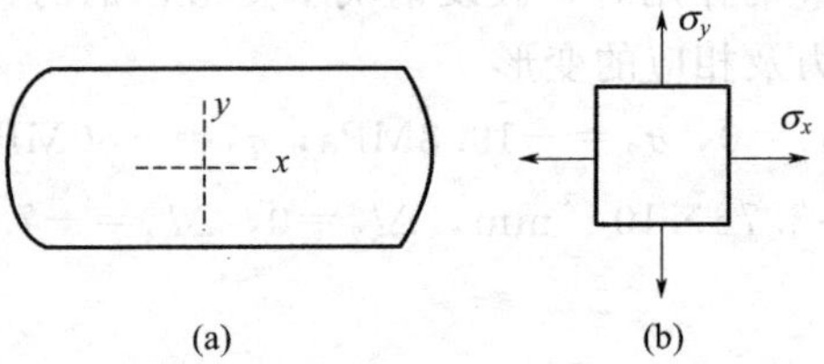

图 9-29　习题 9-17 图

9-18　图 9-30 所示各单元体，试分别按第三和第四强度理论求相当应力（单位：MPa）。

答：(a) $\sigma_{r3}=120\text{MPa}$，$\sigma_{r4}=120\text{MPa}$　(b) $\sigma_{r3}=140\text{MPa}$，$\sigma_{r4}=128\text{MPa}$

(c) $\sigma_{r3}=220\text{MPa}$，$\sigma_{r4}=195\text{MPa}$

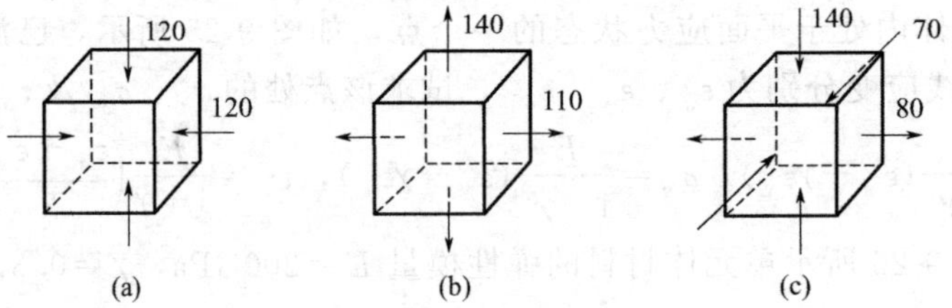

图 9-30　习题 9-18 图

9-19　如图 9-31 所示，已知弹性模量为 E，泊松比为 ν，横截面为直径 d 的圆杆，现测出中性层外侧 K 点处 135°方向线应变为 ε_K。(1) 试画出 K 点处单元体并画出主应力单元体；(2) 求 F 的大小。

答：$F=\dfrac{3\pi d^2 E\varepsilon_K}{16(1+\nu)}$

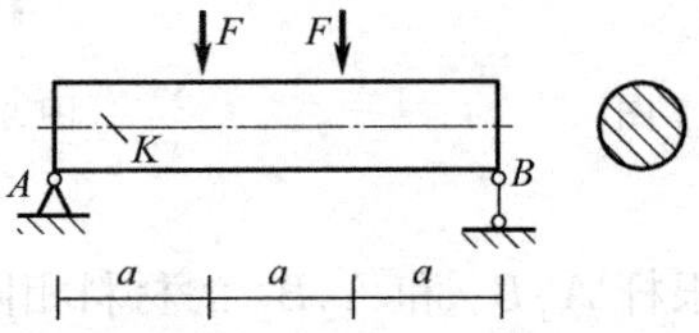

图 9-31　习题 9-19 图

第十章 组合变形

在前面几章中分别研究了杆件轴向拉伸（压缩）、扭转、弯曲等基本变形的强度和刚度问题。但在工程实际问题中，构件在荷载作用下往往会发生两种或两种以上的基本变形。若其中一种变形是主要的，其他形式的变形所引起的应力（或应变）非常小，则构件可按主要的变形形式计算。若几种变形形式所引起的应力为同一数量级，则此时不能忽略其中的任何一种变形形式。像这种由外力引起的变形中包含两种或两种以上基本变形的变形形式称为**组合变形**，如图 10-1(a) 中烟囱的变形为轴向压缩和弯曲的组合变形，图 10-1(b) 中卷扬机的转轴的变形为弯曲和扭转的组合变形。

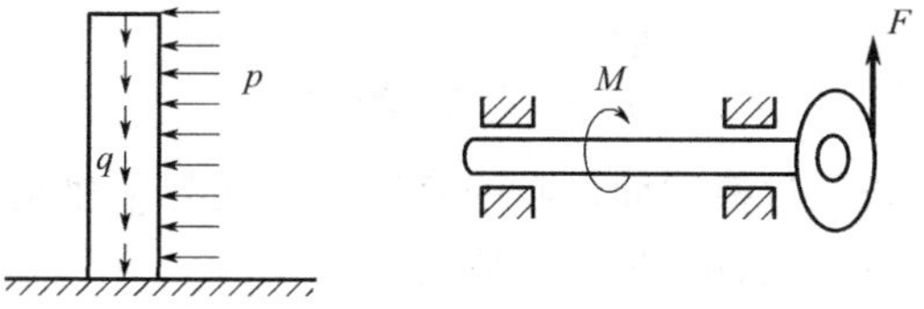

图 10-1

计算组合变形杆件的强度问题时，在线弹性范围内，小变形条件下计算内力、应力、位移等一般可应用**叠加原理**。即假设所有载荷的作用彼此独立互不相关，任一载荷所引起的内力、应力和变形等都不受其他载荷的影响。因此，当杆受到复杂载荷作用产生几种变形时，可先将载荷向截面形心简化，使其分解为几组静力等效的载荷，其中每组载荷产生一种基本变形，然后分别计算各基本变形下所产生的应力，最后将应力叠加，得到组合变形的总应力。

本章主要讨论工程中常见的斜弯曲、偏心拉伸（或压缩）、弯曲与扭转组合变形。

第一节 斜 弯 曲

下面分析两互相垂直的平面内的弯曲。

如图 10-2(a) 所示，双对称截面梁在水平和垂直两纵向对称平面内同时承受横向外力作用的情况，这时梁在 $\boldsymbol{F}_1$ 和 $\boldsymbol{F}_2$ 作用下，分别在水平对称面和铅垂对称面内发生对称弯曲。

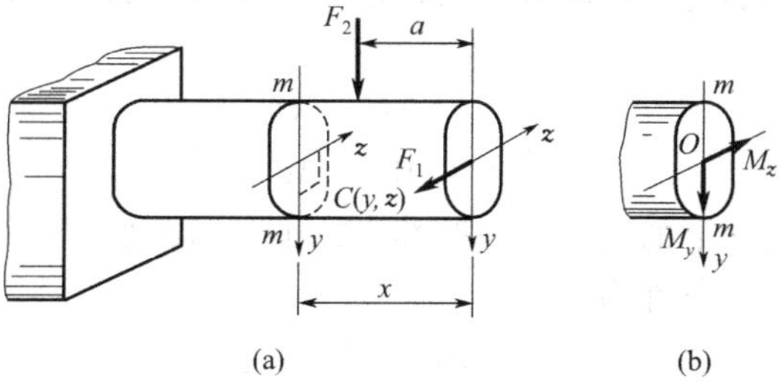

图 10-2

在梁的任一横截面 m-m 上，由 $\boldsymbol{F}_1$ 和 $\boldsymbol{F}_2$ 引起的弯矩值分别为

$$M_y=F_1x \quad , \quad M_z=F_2(x-a)$$

梁的任一横截面 m-m 上任一点 $C(y,\ z)$ 处与弯矩 M_y 和 M_z 相应的正应力分别为

$$\sigma'=\frac{M_y}{I_y}z$$

$$\sigma''=-\frac{M_z}{I_z}y$$

由叠加原理，在 $\boldsymbol{F}_1$ 和 $\boldsymbol{F}_2$ 同时作用下，截面 m-m 上 C 点处的正应力为

$$\sigma=\sigma'+\sigma''=\frac{M_y}{I_y}z-\frac{M_z}{I_z}y \tag{10-1}$$

为确定横截面上最大正应力点的位置，需求截面上中性轴的位置。

由于中性轴上各点处的正应力均为零，令（y_O，z_O）代表中性轴上任一点的坐标，则由式(10-1) 可得中性轴方程为

$$\frac{M_y}{I_y}z_O-\frac{M_z}{I_z}y_O=0$$

由上式可见，中性轴是一条通过横截面形心的直线。设其与 y 轴的夹角为 θ，而合成弯矩矢量和 y 轴的夹角为 φ，如图 10-2(b) 所示，则有

$$\tan\theta=\frac{z_O}{y_O}=\frac{M_z}{M_y}\times\frac{I_y}{I_z}=\frac{I_y}{I_z}\tan\varphi \tag{10-2}$$

由式(10-2) 可知，当 $I_y\neq I_z$ 时，中性轴和合成弯矩的所在的平面并不相互垂直，不属于平面弯曲，一般称为**斜弯曲**。对于圆形、正方形截面仍为平面弯曲。

对于斜弯曲杆件，横截面上拉、压正应力最大值在离中性轴最远处点取得。如图 10-3 (a)～(c) 中 1、2 处。

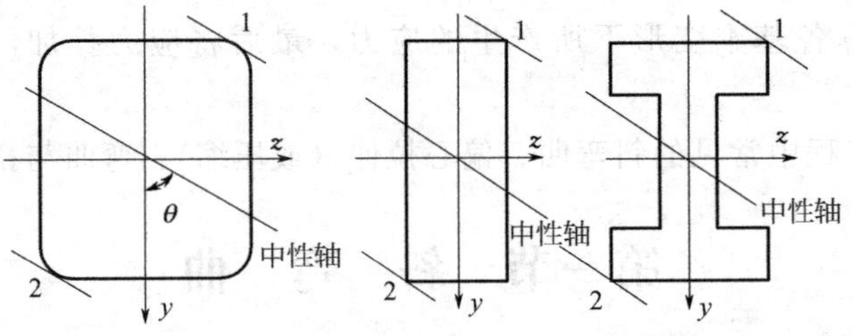

图 10-3

对于矩形、工字形等截面梁，其横截面都有两个对称轴且具有棱角，可见其角点就是最大正应力点，如图 10-3(b)、(c) 中 1、2 处。

在此情况下可以不必确定中性轴方位来找最大正应力点的位置，而可以直接计算出最大正应力为

$$\sigma_{\max}=\frac{M_y}{W_y}+\frac{M_z}{W_z} \tag{10-3}$$

在强度计算中，横截面上的切应力一般都比较小，因此强度计算中可不必考虑。并由此可以确定梁斜弯曲时的强度条件为

$$\sigma_{\max}=\frac{M_y}{W_y}+\frac{M_z}{W_z}\leqslant[\sigma] \tag{10-4}$$

式中，M_y、M_z 为危险截面的弯矩。

思考：对于圆截面和正方形截面能否使用式(10-3) 计算最大正应力？

例 10-1 图 10-4 所示为矩形截面木梁，梁上作用的荷载集度为 $q=0.96\text{kN/m}$，截面尺寸 $h:b=3:2$，该简支梁的跨长 $l=3.6\text{m}$，许用应力为 $[\sigma]=10\text{MPa}$。试设计该梁的截面尺寸。

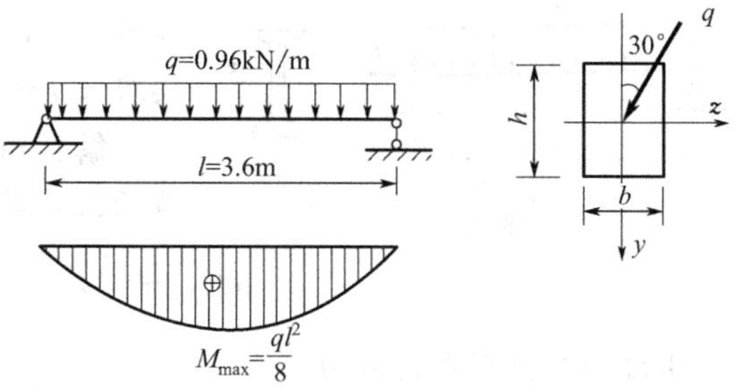

图 10-4

解：对于均布荷载的简支梁，其危险面在跨中截面上，其弯矩值为

$$M_{\max}=\frac{ql^2}{8}=\frac{1}{8}\times 0.96\times 3.6^2$$

$$=1.56(\text{kN}\cdot\text{m})$$

$$M_{y\max}=M_{\max}\sin\theta=0.78(\text{kN}\cdot\text{m})$$

$$M_{z\max}=M_{\max}\cos\theta=1.35(\text{kN}\cdot\text{m})$$

由强度条件

$$\sigma_{\max}=\frac{M_{y\max}}{W_y}+\frac{M_{z\max}}{W_z}\leqslant[\sigma]$$

对于矩形截面有

$$W_y=\frac{hb^2}{6},W_z=\frac{bh^2}{6}$$

$h:b=3:2$ 解得 $b=0.0876\text{m}$，$h=0.131\text{m}$

一般可取整为 $b=0.09\text{m}=90\text{mm}$，$h=0.135\text{m}=135\text{mm}$。

第二节 拉伸（压缩）与弯曲

如图 10-5(a) 所示，杆件为弯曲与拉伸的组合变形。由于轴向拉力引起的弯矩很小可以忽略不计，因此可以分别计算由横向力和轴向力所引起的杆横截面上的正应力，然后按叠加原理求得拉弯组合变形时横截面上的正应力。

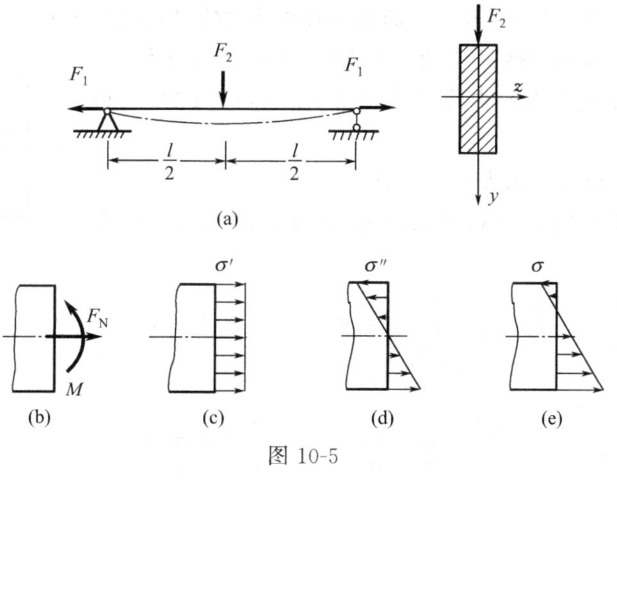

图 10-5

横截面上的正应力按叠加原理计算如下

$$\sigma=\sigma'+\sigma''=\frac{F_N}{A}+\frac{M}{I_z}y$$

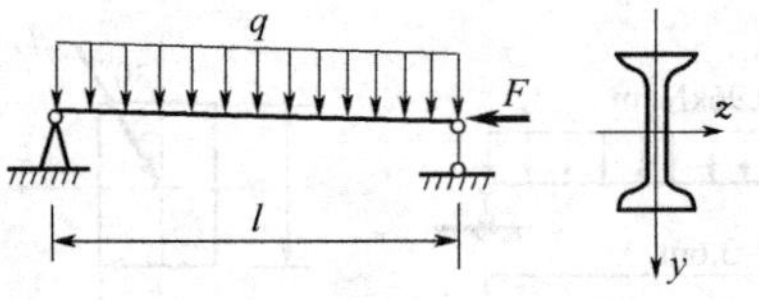

图 10-6

例 10-2 如图 10-6 所示，25a 工字钢简支梁受均布荷载 $q=10\text{kN/m}$ 和轴向压力 $F=20\text{kN}$ 的作用。若简支梁跨长 $l=3\text{m}$，试求梁内的最大正应力。

解：由分布载荷引起的最大弯矩 $M_{\max}$ 发生在跨中截面上，其值为

$$M_{\max}=\frac{1}{8}ql^2=11250(\text{N}\cdot\text{m})$$

由轴向压力引起的轴力为

$$F_N=-20\text{kN}$$

弯矩所引起的最大正应力大小为

$$\sigma'=\frac{M_{\max}}{W_z}$$

由压力 F 所引起的压应力大小为

$$\sigma''=\frac{F_N}{A}$$

于是按叠加原理可得该梁横截面上最大压应力为

$$\sigma_{\max}^{-}=-\sigma'+\sigma''=-\frac{M_{\max}}{W_z}+\frac{F_N}{A}$$

横截面上最大拉应力为

$$\sigma_{\max}^{+}=\sigma'+\sigma''=\frac{M_{\max}}{W_z}+\frac{F_N}{A}$$

由型钢表可以查得 25a 钢的 $A=48.5\text{cm}^2$，$W_z=402\text{cm}^3$。代入以上两式及数据可解得

$$\sigma_{\max}^{-}=-32.12(\text{MPa})(\text{压应力})$$
$$\sigma_{\max}^{+}=23.88(\text{MPa})(\text{拉应力})$$

例 10-3 如图 10-7，已知边长为 a 的正方形截面构件中间挖去一半后，在自由端受两个力作用，大小均为 F。求：m-m 横截面上的最大压应力和最大拉应力。

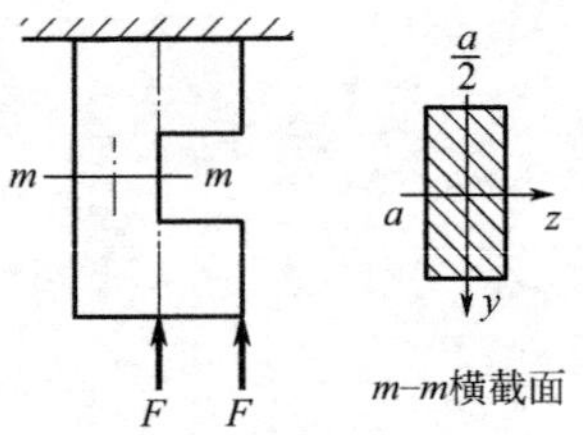

图 10-7

解：(1) m-m 横截面上的内力只有轴力 F_N 和弯矩 M_y，由截面法可知

$$F_N=2F(\text{压力})\qquad M_y=Fa$$

(2) 中间段（开槽段）为轴向压缩和弯曲变形组合，由叠加原理可得

$$\sigma_{C\max}=\frac{F_N}{A}+\frac{M_y}{W_y}=\frac{4F}{a^2}+\frac{Fa}{\frac{1}{6}a\left(\frac{a}{2}\right)^2}=28\frac{F}{a^2}\quad(\text{压应力})$$

$$\sigma_{t\max}=-\frac{F_N}{A}+\frac{M_y}{W_y}=-\frac{4F}{a^2}+\frac{Fa}{\frac{1}{6}a\left(\frac{a}{2}\right)^2}=20\frac{F}{a^2}(\text{拉应力})$$

在工程实际中，除上述的拉（压）弯组合变形外，还常可见到这样一类拉（压）杆，其外力作用线虽与杆轴平行，但不通过截面形心，这种变形称为**偏心拉伸（压缩）**。

如图 10-8(a) 所示为例来说明偏心压缩的正应力计算。

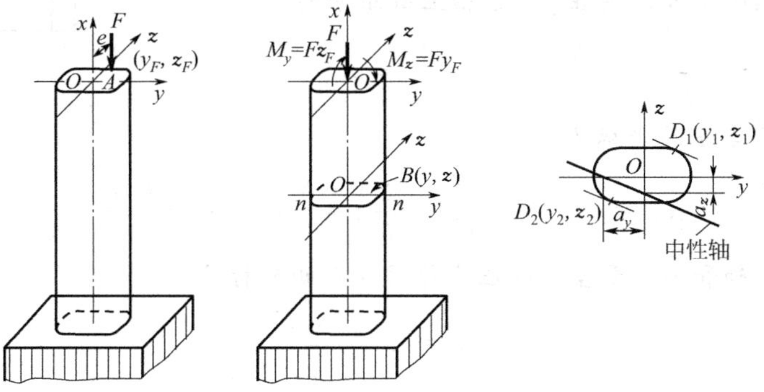

图 10-8

将偏心压力向截面形心简化如图 10-8(b) 所示。在任意横截面上的内力分别为

$$F_N=-F$$

$$M_y=-Fz_F$$

$$M_z=Fy_F$$

式中，(y_F，z_F) 为偏心压力作用点坐标。

按叠加原理可得该梁横截面上任意点（y，z）的正应力为

$$\sigma=\frac{F_N}{A}+\frac{M_y}{I_y}z-\frac{M_z}{I_z}y=-\frac{F}{A}-\frac{Fz_F}{I_y}z-\frac{Fy_F}{I_z}y$$

式中，I_y、I_z 分别为横截面对 y，z 轴的惯性矩，A 为面积。又因惯性矩可用惯性半径表示如下

$$I_y=Ai_y^2,\ I_z=Ai_z^2$$

从而任意点（y，z）的正应力又为

$$\sigma=-\frac{F}{A}\left(1+\frac{z_F}{i_y^2}z+\frac{y_F}{i_z^2}y\right)$$

令中性轴上点坐标为（y_O，z_O）由上式可得中性轴方程为

$$1+\frac{z_F}{i_y^2}z_O+\frac{y_F}{i_z^2}y_O=0 \tag{10-5}$$

设中性轴在 y、z 轴上截距分别为 a_y、a_z，分别令 $z_O=0$，$y_O=0$ 代入式(10-5) 得

$$a_y=-\frac{i_z^2}{y_F}\quad,\quad a_z=-\frac{i_y^2}{z_F} \tag{10-6}$$

由式(10-6) 可知当偏心压力作用点在第一象限内，两截距为负值，可见中性轴与外力作用点分别处于截面形心的两侧如图 10-8(c) 所示。

y_F、z_F 绝对值越小，a_y、a_z 绝对值越大，即外力作用点离形心越近，中性轴距形心越远。当偏心压力作用于某区域时将使中性轴和横截面边界相切，从而使横截面上只有压应力没有拉应力，此作用区域称为**截面核心**。

例 10-4 若偏心受压短柱的截面为矩形，尺寸为 b、h，如图 10-9 所示，试确定截面核心。

解：截面对 y，z 轴的惯性半径的平方分别为

$$i_y^2=\frac{I_y}{A}=\frac{hb^3}{12bh}=\frac{b^2}{12}，i_z^2=\frac{I_z}{A}=\frac{bh^3}{12bh}=\frac{h^2}{12}$$

如中性轴和 AB 重合，则在 y、z 轴上截距分别为

$$a_y=-\frac{i_z^2}{y_F}=-\frac{h}{2}，a_z=-\frac{i_y^2}{z_F}=\infty$$

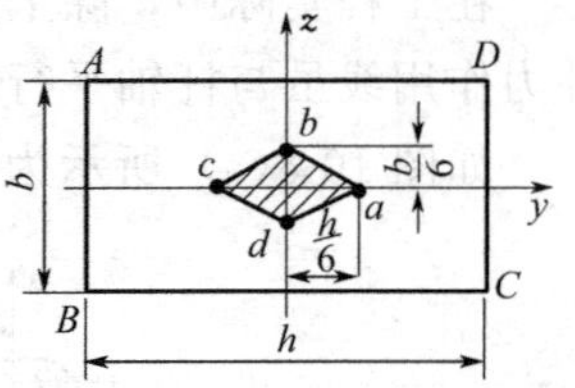

图 10-9

解得压力作用点 a 的坐标为

$$y_F=-\frac{i_z^2}{a_y}=-\frac{h^2}{12}\left(-\frac{2}{h}\right)=\frac{h}{6}，z_F=-\frac{i_y^2}{a_z}=0$$

同理，如中性轴和 BC 重合，则压力作用点 b 的坐标为

$$y_F=0，z_F=\frac{b}{6}$$

当中性轴从截面的侧边 AB 绕点 B 旋转到邻边 BC 时，得到一组通过点 B 但斜率不同的中性轴，将点 B 坐标代入中性轴方程可得

$$1+\frac{z_F}{i_y^2}z_B+\frac{y_F}{i_z^2}y_B=0$$

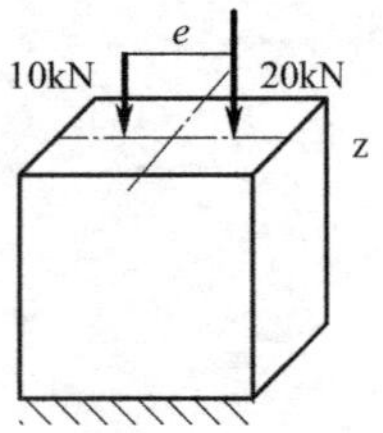

图 10-10

由于点 B 坐标为常数，因此，上式可看作当中性轴绕点 B 旋转时，外力作用点坐标 y_F 和 z_F 的直线方程，即压力作用点移动轨迹为直线 ab。

同理，可确定其他直线 bc、cd、da。截面核心为阴影部分。

对于矩形、工字形等具有棱角截面最大正应力计算可用应力叠加方法。

思考：如图 10-10 所示，置于水平地面上边长为 a 的正方形截面柱受两个力作用，各力作用点距 y 轴为相同距离 $e/2$，当正方体的横截面上不出现拉应力时，e 应该满足的条件？

第三节　扭转与弯曲

在工程实际中经常会遇到弯曲与扭转的组合变形问题，如传动轴、曲柄轴等大多处于弯扭组合变形状态，此类构件称为弯扭构件，这些轴大都是圆截面轴。因此，本节仅限于讨论圆截面轴的弯扭组合变形的强度计算。

以曲拐 ABC 为例，AB 为一等直圆杆，直径为 d，拐臂端面 C 作用一铅垂力 F，如图 10-11(a) 所示。为了分析 AB 轴的应力情况，可将 F 向 B 截面形心简化，如图 10-11(b) 所示。

危险截面 A 的内力分量大小为

$$M=Fl，T=Fa$$

对应最大弯曲正应力和最大扭转切应力值分别为

$$\sigma=\frac{M}{W}$$

$$\tau=\frac{T}{W_P}=\frac{T}{2W}$$

式中，W 为弯曲截面系数，W_P 为扭转截面系数。

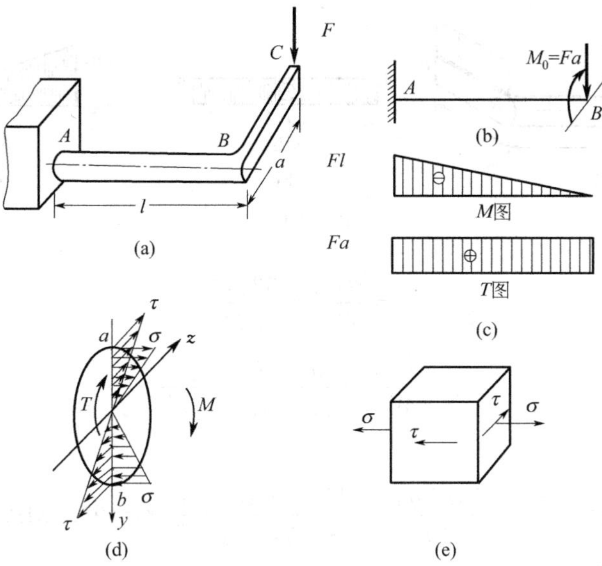

图 10-11

围绕危险点 a 所取单元体的应力如图 10-11(e) 所示，可以解得该点处的三个主应力分别为

$$\sigma_1=\frac{\sigma}{2}+\frac{1}{2}\sqrt{\sigma^2+4\tau^2}，\sigma_2=0，\sigma_3=\frac{\sigma}{2}-\frac{1}{2}\sqrt{\sigma^2+4\tau^2}$$

对于塑性材料制成的轴，应选用第三或第四强度理论来建立强度条件。若用第三强度理论，则相当应力表达式

$$\sigma_{r3}=\sigma_1-\sigma_3$$

经简化后可得

$$\sigma_{r3}=\sqrt{\sigma^2+4\tau^2} \tag{10-7a}$$

或

$$\sigma_{r3}=\frac{\sqrt{M^2+T^2}}{W} \tag{10-7b}$$

式中，M 和 T 分别代表轴危险截面上的弯矩和扭矩，W 代表圆形截面的弯曲截面系数。

若用第四强度理论，则经与上述类似处理后可得相应的相当应力表达式为

$$\sigma_{r4}=\sqrt{\sigma^2+3\tau^2} \tag{10-8a}$$

$$\sigma_{r4}=\frac{\sqrt{M^2+0.75T^2}}{W} \tag{10-8b}$$

例 10-5 如图 10-12(a) 所示曲拐结构，$a=1\text{m}$，AB 段为直径为 50mm 的圆轴，其许用应力 $[\sigma]=155\text{MPa}$。BC 段受到铅垂向下的集度为 $q=1\text{kN/m}$ 分布载荷作用，假设 BC 段具有足够的强度，试用第三强度理论校核该结构的强度（不计剪力引起的切应力影响）。

解： AB 段为弯曲和扭转变形的组合。

AB 段的内力图 10-12(b)、(c) 所示，由内力图知危险截面为 A 截面，相应的危险点为 A 截面的最上端或最下端。请自行作出危险点的应力状态图。

在危险点上相应的应力为

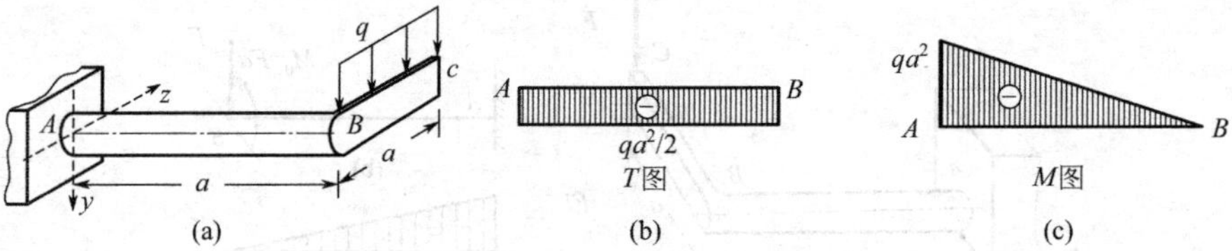

图 10-12

$$\sigma=\frac{M_{\max}}{W_z}=\frac{32qa^2}{\pi d^3}$$

$$\tau=\frac{T_{\max}}{W_p}=\frac{qa^2/2}{\pi d^3/16}=\frac{8qa^2}{\pi d^3}$$

由第三强度理论

$$\sigma_{r3}=\sqrt{\sigma^2+4\tau^2}=\frac{16\sqrt{5}\,qa^2}{\pi d^3}=\frac{16\sqrt{5}\times 10^3\times 1^2}{\pi\times 50^3\times 10^{-9}}\mathrm{Pa}=91.1\mathrm{MPa}\leqslant[\sigma]$$

故结构满足强度要求。

例 10-6 如图 10-13 所示，直径为 d 的圆轴受两力偶 M_1 和 M_2 作用，$M_1=M_2=M_e$，许用应力为 $[\sigma]$，试按第三强度理论写出强度条件表达式。

解： 内力为

$$M=-M_2=-M，T=M_1=M_e$$

由式(10-7b) 得

$$\sigma_{r3}=\frac{\sqrt{M^2+T^2}}{W}\leqslant[\sigma]$$

即强度条件为

$$\frac{\sqrt{M^2+T^2}}{W}=\frac{32\sqrt{2}M_e}{\pi d^3}\leqslant[\sigma]$$

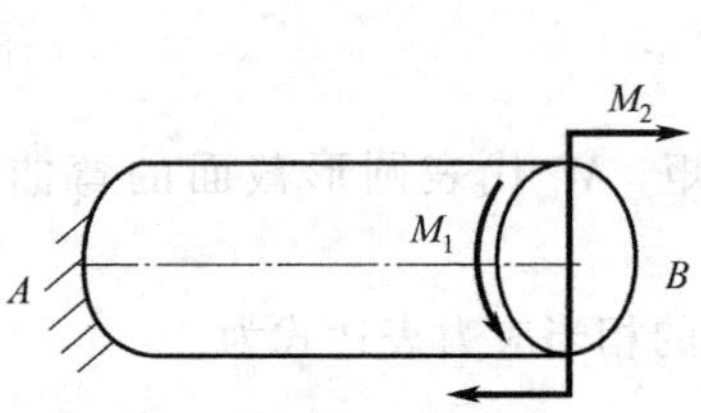

图 10-13

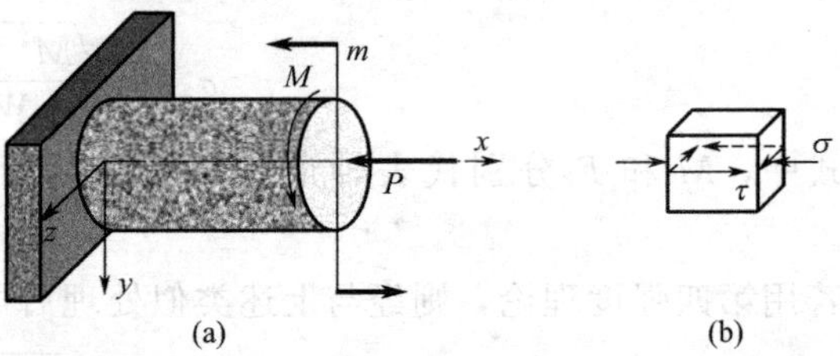

图 10-14

例 10-7 如图 10-14(a) 所示，圆轴受力 F 和两力偶 M 和 m（力偶矩矢方向分别为轴向和垂直轴向）作用，许用应力为$[\sigma]$，按第三强度理论设计直径。

解： 此为 xy 面的弯曲和轴向压缩及扭转变形的组合，各横截面内力相同。

轴力为压力大小为 P，弯矩大小为 m，扭矩大小为 M。

由压缩变形引起的压应力为

$$\sigma'=\frac{F_N}{A}=\frac{4P}{\pi d^2}$$

弯曲变形引起的最大正应力为

$$\sigma''=\frac{M_z}{W_z}=\frac{32m}{\pi d^3}$$

扭转变形引起的最大切应力为

$$\tau=\frac{T}{W_p}=\frac{M}{\pi d^3/16}=\frac{16M}{\pi d^3}$$

由叠加原理知危险点的正应力为

$$\sigma=\sigma'+\sigma''=\frac{4P}{\pi d^2}+\frac{32m}{\pi d^3}$$

由第三强度理论知危险点应为最顶部点（轴上边缘），单元体如图 10-14(b) 示。

根据第三强度理论，可按下式设计直径

$$\sqrt{\sigma^2+4\tau^2}=\sqrt{\left(\frac{4P}{\pi d^2}+\frac{32m}{\pi d^3}\right)^2+4\times\left(\frac{16M}{\pi d^3}\right)^2}\leqslant[\sigma]$$

在地基基础等方面在组合变形时的分析需考虑材料的拉压性能，分析有所不同，如下例。

例 10-8 图 10-15(a) 所示，柱下钢筋混凝土独立基础，底面尺寸 $b=2.5\text{m}$，$l=2\text{m}$，上部结构及基础自重传至基础底面的竖向荷载 $F=900\text{kN}$，力偶矩 M，基础下面为砂土。在下面二种情况下：(1) $M=45\text{kN}\cdot\text{m}$；(2) $M=450\text{kN}\cdot\text{m}$，问基础的最大压应力为多大？

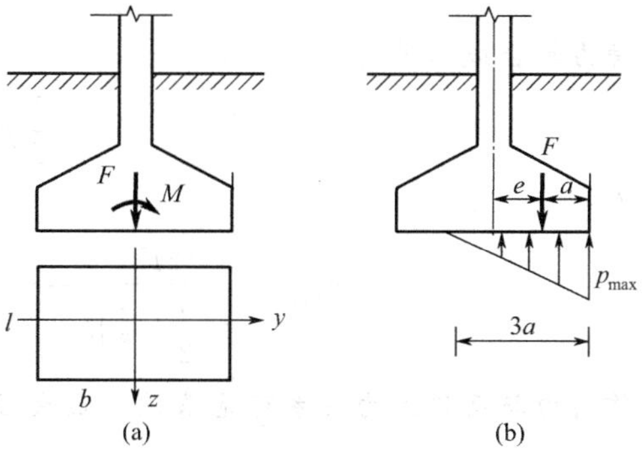

图 10-15

解：对于基础为弯曲和轴向压缩的组合变形。

(1) 当 $M=45\text{kN}\cdot\text{m}$ 时，基础的压应力

$$\sigma_{C\max}=\frac{F_N}{A}+\frac{M}{W_z}=\frac{F}{bl}+\frac{M}{\frac{1}{6}lb^2}=\frac{900}{2.5\times2}+\frac{45}{\frac{1}{6}\times2\times2.5^2}=201.6(\text{kPa})$$

$$\sigma_{C\min}=\frac{F_N}{A}-\frac{M}{W_z}=\frac{F}{bl}-\frac{M}{\frac{1}{6}lb^2}=\frac{900}{2.5\times2}-\frac{45}{\frac{1}{6}\times2\times2.5^2}=158.4(\text{kPa})$$

二个结果均为正值，表示实际的也是压应力，由此可见基础下面的砂土只受压，这表明计算结果有效。

(2) 当 $M=450\text{kN}\cdot\text{m}$ 时，如果仍像上面那样算，则有

$$\sigma_{C\max}=\frac{F_N}{A}+\frac{M}{W_z}=\frac{F}{bl}+\frac{M}{\frac{1}{6}lb^2}=\frac{900}{2.5\times2}+\frac{450}{\frac{1}{6}\times2\times2.5^2}=396(\text{kPa})$$

$$\sigma_{C\min}=\frac{F_N}{A}-\frac{M}{W_z}=\frac{F}{bl}-\frac{M}{\frac{1}{6}lb^2}=\frac{900}{2.5\times2}-\frac{450}{\frac{1}{6}\times2\times2.5^2}=-36(\text{kPa})$$

一个结果为负值说明为拉应力，而基础下面砂土是不可能承受拉应力的，故以上结果是无效的。应力必然重新分布，理论上的受拉区应为零应力区。以下从平衡方面计算。

上部结构及基础自重传至基础底面的竖向荷载 $F=900\text{kN}$，力偶矩 $M=450\text{kN}\cdot\text{m}$ 可合成一合力其偏心距 e 为

$$e=\frac{M}{F}=\frac{450}{900}=0.5\text{m}$$

砂土对基础的作用力只能向上分布情况，

如图 10-15(b)，其合力经三角形形心，即距右边为

$$a=\frac{b}{2}-e$$

从而有分布力的长度为

$$3a=3\left(\frac{b}{2}-e\right)$$

从而砂土有分布力的面积为

$$A=3al=3\left(\frac{b}{2}-e\right)l$$

由静力学合成结果为

$$\frac{1}{2}p_{\max}A=F$$

故有

$$p_{\max}=\frac{2F}{3\left(\frac{b}{2}-e\right)l}=\frac{2\times900}{3\times\left(\frac{2.5}{2}-0.5\right)\times2}=400(\text{kPa})$$

由作用力与反作用力关系可见基础的最大压应力为 400kPa。以上述方法计算适合大偏心基础，而大偏心对于矩形截面由截面核心可知可按 $e\geqslant\frac{b}{6}$ 判定。而小偏心时才可按本例中（1）的方法计算。

本章小结

本章主要研究斜弯曲、拉（压）与弯曲组合变形、扭转与弯曲组合变形。

1. 斜弯曲时杆横截面最大拉（压）应力

$$\sigma_{\max}=\frac{M_y}{W_y}+\frac{M_z}{W_z}$$

2. 拉伸（压缩）与平面弯曲时杆横截面最大拉（压）应力

$$\sigma_{\max}^{+}=\sigma'+\sigma''=\frac{M_{\max}}{W_z}+\frac{F_N}{A}$$

$$\sigma_{\max}^{-}=-\sigma'+\sigma''=-\frac{M_{\max}}{W_z}+\frac{F_N}{A}$$

3. 圆截面轴的弯扭组合变形的强度计算

$$\sigma_{r3}=\frac{\sqrt{M^2+T^2}}{W}$$

$$\sigma_{r4}=\frac{\sqrt{M^2+0.75T^2}}{W}$$

习　　题

10-1　试分析图 10-16 中各段杆件截面分别为矩形和圆时的变形情况。图 10-16(a) 中受两分别平行于 y、z 轴的外力作用；图 10-16(b) 中受一平行于 y 轴的外力作用。

答：(a) 从左到右三段杆件矩形截面时，分别为斜弯曲和扭转的组合，平面弯曲，平面弯曲；圆截面时分别为平面弯曲和扭转的组合，平面弯曲，平面弯曲　(b) 从左到右三段杆件分别为弯曲和扭转的组合，弯曲和扭转的组合，平面弯曲

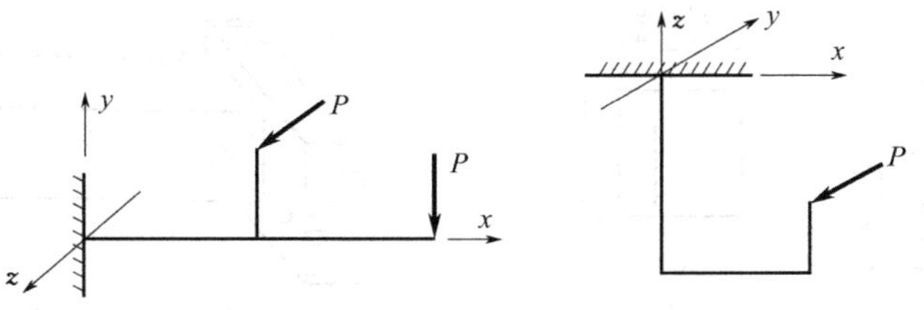

图 10-16　习题 10-1 图

10-2　设有长 $l=2$m 的矩形截面悬臂梁，中点及梁端承受载荷如图 10-17 所示，已知材料的许用应力为 $[\sigma]=10$MPa。试设计截面尺寸 b、h (设 $h/b=2$)。

答：$b=90$mm，$h=180$mm

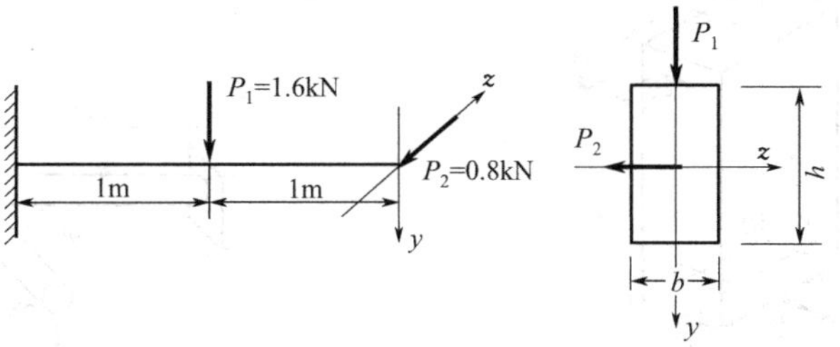

图 10-17　习题 10-2 图

10-3　简支梁受力如图 10-18 所示，已知均布荷载 $q=24$kN/m，集中力 $P=600$kN，偏心距 $e=175$mm，材料的许用拉应力 $[\sigma_+]=30$MPa，许用压应力 $[\sigma_-]=80$MPa。试对该梁进行强度校核。

答：$\sigma_+=28.3$MPa，$\sigma_-=35$MPa，安全

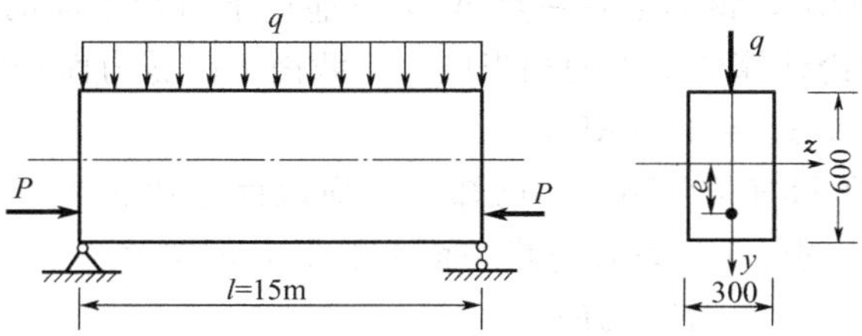

图 10-18　习题 10-3 图

10-4　图 10-19 所示正方形截面柱，边长为 a，顶端受轴向压力 F 用，在右侧挖一个槽，槽深 $a/4$。试求：(1) 开槽后的最大压应力值；(2) 若在槽的对称位置再开一个相同的槽，则最大压应力多大？

答：(1) $\frac{8}{3}\frac{F}{a^2}$，(2) $\frac{2F}{a^2}$

10-5　试计算图 10-20 所示杆件中 A、B、C、D 四点处的正应力，并指出最大拉应力位置。

答：20MPa，－100MPa，20MPa，140MPa

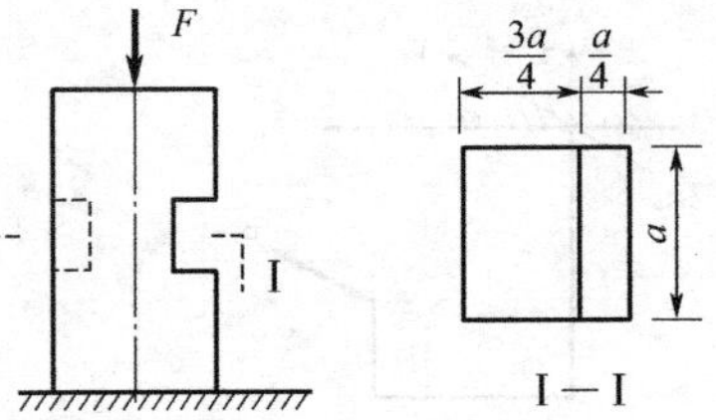

图 10-19　习题 10-4 图

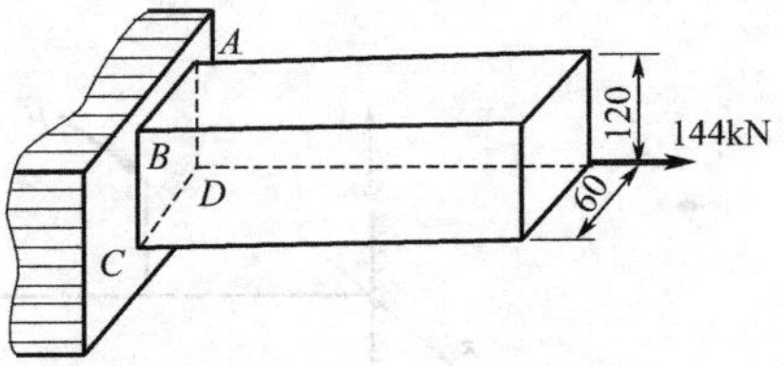

图 10-20　习题 10-5 图

10-6　在力 F_1 和 F_2 联合作用下的短柱如图 10-21 所示。试求固定端截面上角点 A、B、C、D 的正应力。

答：8.83MPa，3.83MPa，－12.17MPa，－7.17MPa

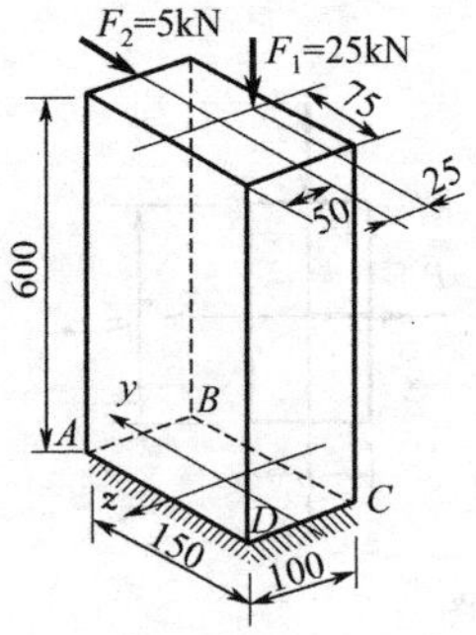

图 10-21　习题 10-6 图

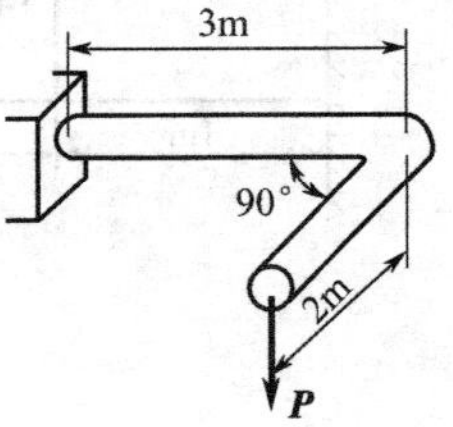

图 10-22　习题 10-7 图

10-7　如图 10-22 所示，一曲拐受载荷 $P=4$kN 作用，曲拐直径 $d=100$mm，许用应力 $[\sigma]=160$MPa。试求杆横截面上的最大正应力和最大切应力，并按第三强度理论校核强度。

答：$\sigma_{r3}=147$MPa，安全

10-8　如图 10-23 所示，钢曲柄轴在点 A 受一垂直于图纸平面的力 $F=20$kN 作用，试根据第三和第四强度理论计算危险点的相当应力。截面上因剪力而产生的切应力略去不计。

答：$\sigma_{r3}=50.5$MPa，$\sigma_{r4}=48.0$MPa

10-9　如图 10-24 所示直角弯刚架，已知各杆横截面是边长为 a 的正方形截面，$AB=BC=l$，外力大小为 F。求：AB 段任意横截面上的最大正应力。

答：最大压应力为 $\sigma_{C\max}=\frac{F}{a^2}+\frac{6Fl}{a^3}$

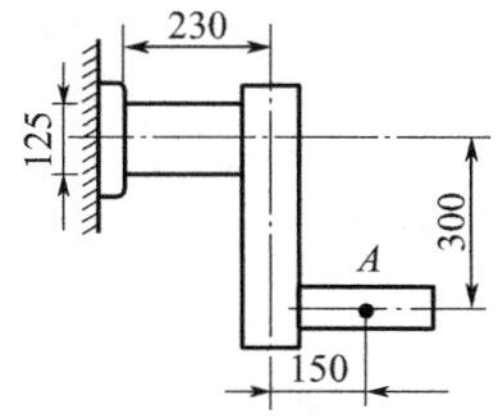

图 10-23　习题 10-8 图

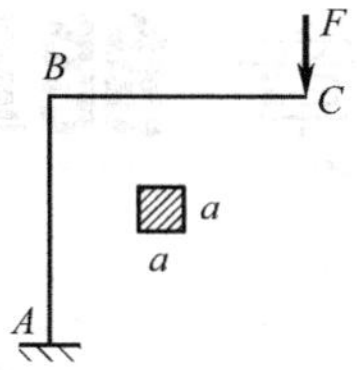

图 10-24　习题 10-9 图

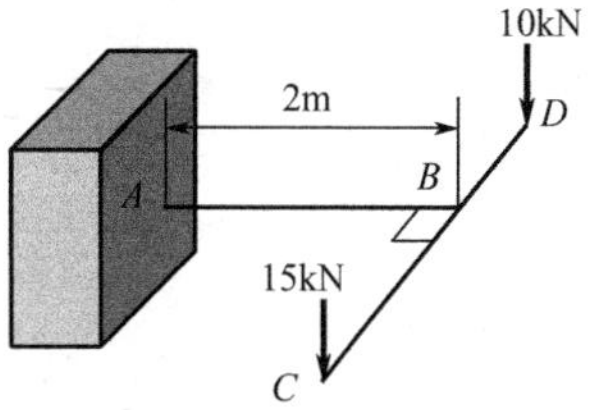

图 10-25　习题 10-10 图

10-10　空心圆杆 AB 和杆 CD 焊接成整体结构，BC 长度为 1.4m，BD 长度为 0.6m，受力如图 10-25 所示。AB 杆的外径 $D=140\text{mm}$，内外径之比 $\alpha=d/D=0.8$，材料的许用应力 $[\sigma]=160\text{MPa}$。试用第三强度理论校核 AB 杆的强度。

答：$\sigma_{r3}=328\text{MPa}$

第十一章 能量法

第一节 杆件应变能

在弹性范围内，弹性体在外力作用下发生变形而在体内积蓄的能量，称为**弹性应变能**，简称**应变能**（又称变形能）。

物体在外力作用下发生变形，物体的应变能在数值上等于外力在加载过程中在相应位移上所做的功，即

$$V_{\varepsilon}=W \tag{11-1}$$

下面按变形情况计算构件应变能。

1. 轴向拉伸（或压缩）**变形**

抗拉刚度为 EA 的等直杆，在线弹性范围内，拉伸图为直线段。若外力从零开始缓慢地增加到最终值 F 和伸长量从零开始缓慢地增加到最终值 Δl，由 $\Delta l=\dfrac{F_N l}{EA}$，$F_N=F$ 则应变能为

$$V_{\varepsilon}=W=\frac{1}{2}F\Delta l=\frac{F_N^2 l}{2EA}$$

一般地

$$V_{\varepsilon}=\int_l \frac{F_N^2(x)\mathrm{d}x}{2EA} \tag{11-2}$$

2. 扭转变形（图 11-1）

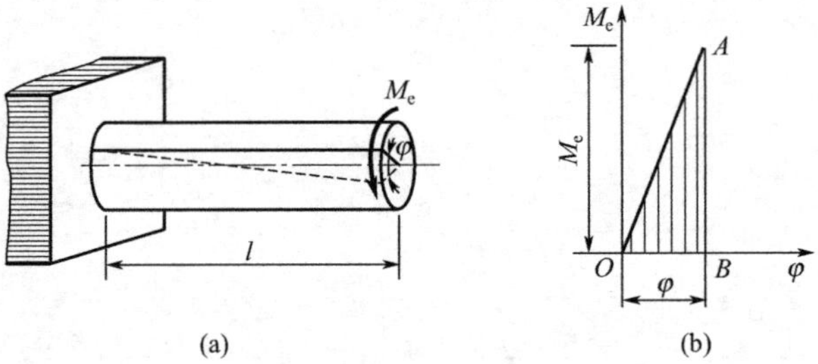

图 11-1

由扭转角公式 $\varphi=\dfrac{Tl}{GI_P}$，$T=M_e$

应变能为

$$V_{\varepsilon}=W=\frac{1}{2}M_e\varphi=\frac{T^2 l}{2GI_P}$$

一般地

$$V_{\varepsilon}=\int_l \frac{T^2(x)\mathrm{d}x}{2GI_P} \tag{11-3}$$

3. 纯弯曲变形（图 11-2）

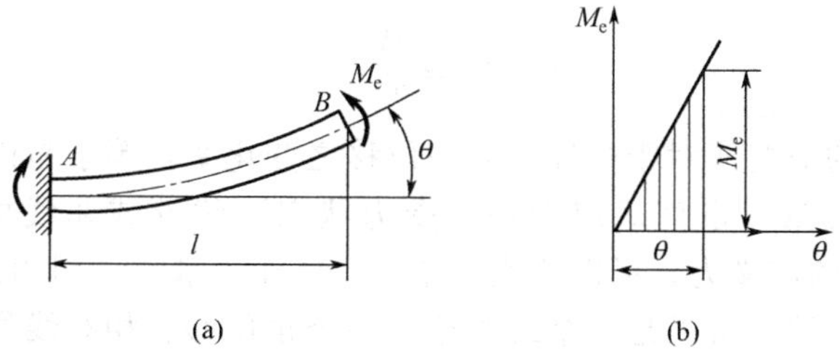

图 11-2

由 $M=M_e$ 及 $\theta=\dfrac{M_e l}{EI}$

应变能为

$$V_\varepsilon=W=\frac{1}{2}M_e\theta=\frac{M^2 l}{2EI}$$

一般地

$$V_\varepsilon=\int_l \frac{M^2(x)\mathrm{d}x}{2EI} \tag{11-4}$$

对于横力弯曲不计剪力影响时应变能可按上式计算。

4. 组合变形

对于内力有轴力、扭矩、弯矩和剪力的组合变形构件，不计剪力影响时应变能为

$$V_\varepsilon=\int_l \frac{F_N^2(x)\mathrm{d}x}{2EA}+\int_l \frac{T^2(x)\mathrm{d}x}{2GI_P}+\int_l \frac{M^2(x)\mathrm{d}x}{2EI} \tag{11-5}$$

第二节　卡氏定理

1. 卡氏第一定理

设图 11-3 中所示梁上有 n 个载荷作用，与这些载荷对应的最后位移分别为 Δ_1，Δ_2，…Δ_i，…Δ_n。

为计算方便，假定这些载荷按比例同时由零增至其最终值 F_1，F_2，…F_i，…F_n。则应变能为

$$V_\varepsilon=W$$

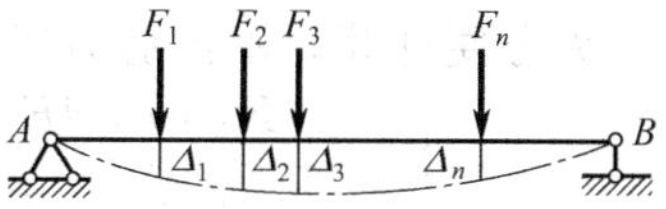

图 11-3

现在假设与第 i 个载荷相应的位移有一微小增量 $\mathrm{d}\Delta_i$ 则梁内应变能的增量$\mathrm{d}V_\varepsilon$ 为

$$\mathrm{d}V_\varepsilon=\frac{\partial V_\varepsilon}{\partial \Delta_i}\mathrm{d}\Delta_i$$

式中，$\dfrac{\partial V_\varepsilon}{\partial \Delta_i}$代表应变能对于位移 Δ_i 的变化率。因仅与第 i 个载荷相应的位移有一微小增量，而与其余各载荷相应的位移均保持不变，因此，对于位移的微小增量$\mathrm{d}\Delta_i$，仅 F_i 作了外力功，于是，外力功的增量为

$$\mathrm{d}W=F_i\mathrm{d}\Delta_i$$

由于外力功增量在数值上等于应变能增量，故有

$$dW = dV_\varepsilon$$

解上各式得

$$F_i = \frac{\partial V_\varepsilon}{\partial \Delta_i} \tag{11-6}$$

上式表明：弹性杆件的应变能对于杆件上某一位移之变化率，等于与该位移相应的载荷，称为**卡氏第一定理**。卡氏第一定理适用于一切受力状态下线性或非线性的弹性杆件。式中，F_i 代表作用在杆件上的广义力，可以代表一个力、一个力偶、一对力或一对力偶；而 Δ_i 则为与之相对应的广义位移，可以是一个线位移、一个角位移、相对线位移或相对角位移。

2. 卡氏第二定理

如图 11-3 所示，设梁上有 n 个集中荷载作用，与这些集中荷载对应的最后位移分别为 Δ_1，Δ_2，$\cdots\Delta_i$，$\cdots\Delta_n$。为计算方便，假定这些荷载按比例同时由零增至其最终值 F_1，F_2，$\cdots F_i$，$\cdots F_n$，材料为线弹性。

$$V_\varepsilon = W = \sum_{i=1}^{n} \frac{1}{2} F_i \Delta_i$$

对于线弹性材料，荷载和位移有线性关系，由上式知 V_ε 为含有变量 F_1，F_2，$\cdots F_i$，$\cdots F_n$ 表示的函数。应变能的增量dV_ε 可表示为

$$dV_\varepsilon = \sum_{i=1}^{n} \frac{\partial V_\varepsilon}{\partial F_i} dF_i$$

现在假设第 i 个荷载 F_i 有一微小增量dF_i，而其余荷载均保持不变，则应变能的增量 dV_ε 由上式可表示为

$$dV_\varepsilon = \frac{\partial V_\varepsilon}{\partial F_i} dF_i$$

外力功的增量为

$$dW = \Delta_i \, dF_i$$

由于外力功增量在数值上等于应变能增量，故有

$$dW = dV_\varepsilon$$

解以上三式得

$$\Delta_i = \frac{\partial V_\varepsilon}{\partial F_i} \tag{11-7}$$

上式表明：线弹性杆件或杆系的应变能对于作用在该杆件或杆系上的某一载荷之变化率，等于与该载荷相应的位移，称为**卡氏第二定理**。卡氏第二定理只适用于线弹性材料。

为方便计算，不计剪力影响时由应变能的表达式(11-5) 代入卡氏第二定理得

$$\Delta_i = \int_l \frac{F_N(x)}{EA} \frac{\partial F_N(x)}{\partial F_i} dx + \int_l \frac{T(x)}{GI_P} \frac{\partial T(x)}{\partial F_i} dx + \int_l \frac{M(x)}{EI} \frac{\partial M(x)}{\partial F_i} dx \tag{11-8}$$

思考：对图 11-4 所示的刚度为 EI 的梁（$AB=BC=CD=l$）用卡氏第二定理求解 D 处位移，采用 $y_D = \frac{\partial V\varepsilon}{\partial F}$，假如其运算无数学错误而计算结果为 y，你认为真实值应为多少?

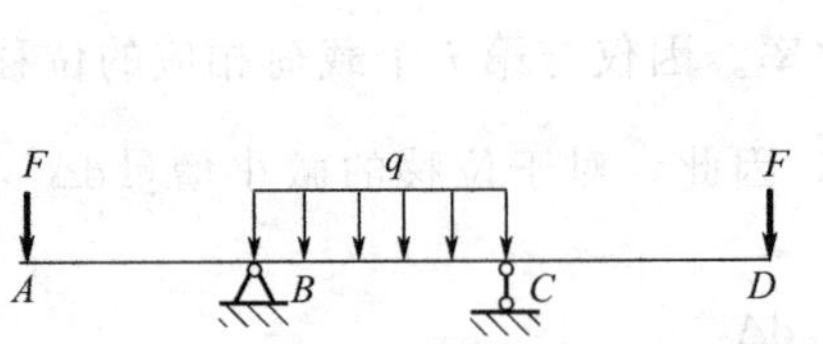

图 11-4

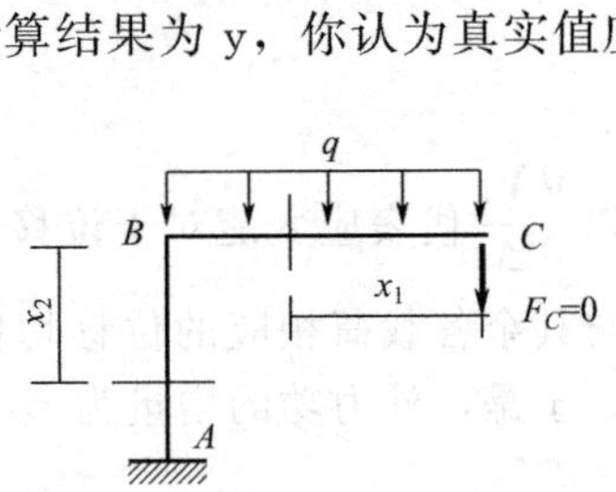

图 11-5

例 11-1 图 11-5 示直角弯刚架，已知各杆弯曲刚度均为 EI，拉伸刚度均为 EA，$AB=BC=l$，分布力集度为 q。只忽略剪力对变形的影响。求 C 截面的铅垂位移 Δ_{Cy}。

解： 由于 C 处无对应于位移的载荷，故虚加一力 $F_C=0$。如图 11-5 示，静力学等效。写出 BC 段内力方程并对 F_C 偏导有

$$F_N(x_1)=0, \qquad M(x_1)=-F_C x_1-\frac{qx_1^2}{2}, \qquad \frac{\partial M(x_1)}{\partial F_C}=-x_1$$

写出 AB 段内力方程并对 F_C 求偏导

$$F_N(x_2)=-ql-F_C, \qquad \frac{\partial F_N(x_2)}{\partial F_C}=-1$$

$$M(x_2)=-\frac{ql^2}{2}-F_C l, \qquad \frac{\partial M(x_2)}{\partial F_C}=-l$$

由式(11-8) 得 C 截面的铅垂位移

$$\Delta_{Cy}=\int_0^l \frac{M(x_1)}{EI}\frac{\partial M(x_1)}{\partial F_C}\mathrm{d}x_1+\int_0^l \frac{M(x_2)}{EI}\frac{\partial M(x_2)}{\partial F_C}\mathrm{d}x_2+\int_0^l \frac{F_N(x_2)}{EA}\frac{\partial F_N(x_2)}{\partial F_C}\mathrm{d}x_2$$

代入 $F_C=0$ 得

$$\Delta_{Cy}=\int_0^l \frac{qx_1^3}{2EI}\mathrm{d}x_1+\int_0^l \frac{ql^3}{2EI}\mathrm{d}x_2+\int_0^l \frac{ql}{EA}\mathrm{d}x_2$$

积分得

$$\Delta_{Cy}=\frac{5ql^4}{8EI}+\frac{ql^2}{EA}$$

计算结果为正表示位移方向和 F_C 方向相同（向下）。

思考： 如何计算 B 处截面转角？

例 11-2 如图 11-6 所示，已知水平梁 AB 的弯曲刚度为 EI，长度为 l，力偶矩大小为 M。B 处为可动铰，A 处为固定端。忽略剪力对变形的影响，求 B 处约束力。

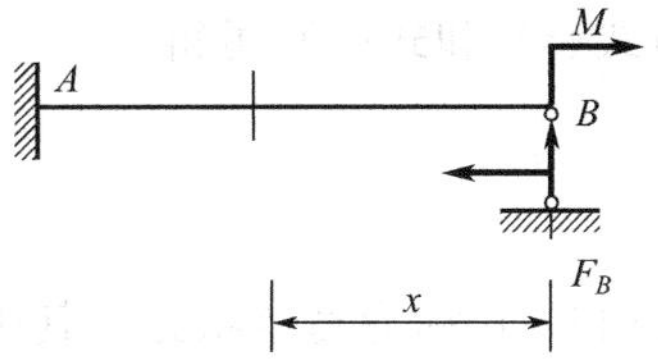

图 11-6

解： 设 B 处约束力为 F_B，则弯矩方程为

$$M(x)=F_B x-M$$

$$\frac{\partial M(x)}{\partial F_B}=x$$

B 处位移为

$$\Delta_{By}=\int_0^l \frac{M(x)}{EI}\frac{\partial M(x)}{\partial F_B}\mathrm{d}x=0$$

即

$$\Delta_{By}=\int_0^l \frac{F_B x^2-Mx}{EI}\mathrm{d}x=0$$

解得

$$F_B=\frac{3M}{2l}$$

第三节 莫尔积分

如图 11-7(a) 所示，设梁上有 n 个载荷作用，任意截面的弯矩 $M(x)$ 为分段函数，可用完全叠加法表示为

$$M(x)=\sum_{i=1}^{n}M_i(x)$$

而图 11-7(b) 示梁任一截面的弯矩 $M_i(x)$ 可用完全叠加法表示为

$$M_i(x)=F_i\overline{M}_i(x)$$

从而

$$M(x)=F_1\overline{M_1}(x)+F_2\overline{M_2}(x)+\cdots+F_i\overline{M}_i(x)+\cdots+F_n\overline{M_n}(x) \tag{a}$$

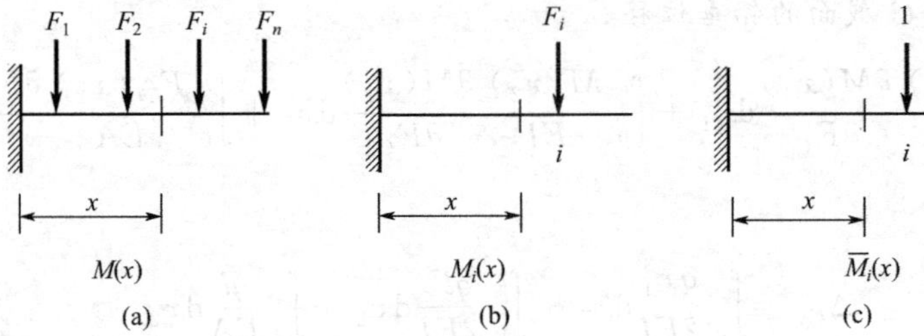

图 11-7

对于梁，不计剪力对变形影响，卡氏第二定理可表示为

$$\Delta_i=\int_l\frac{M(x)}{EI}\frac{\partial M(x)}{\partial F_i}\mathrm{d}x \tag{b}$$

由式(a) 和式(b) 可得

$$\Delta_i=\int_l\frac{M(x)\overline{M}_i(x)}{EI}\mathrm{d}x \tag{11-9}$$

式(11-9) 称为**莫尔积分**，其中 $\overline{M}_i(x)$ 为 i 处施加单位力结构的弯矩方程，弯矩 $M(x)$ 为原结构的弯矩方程。此法又称**单位力法**。对于水平梁，计算 i 处挠度时要在去除原结构全部外力后的结构上 i 处施加竖向单位集中力 1；计算 i 处转角要在去除原结构全部外力后的结构上 i 处施加力偶矩 1。

例 11-3 如图 11-8(a) 梁 AB 的弯曲刚度为 EI，长度为 l，载荷分布集度为 q。求 B 处挠度 y_B 和转角 θ_B。

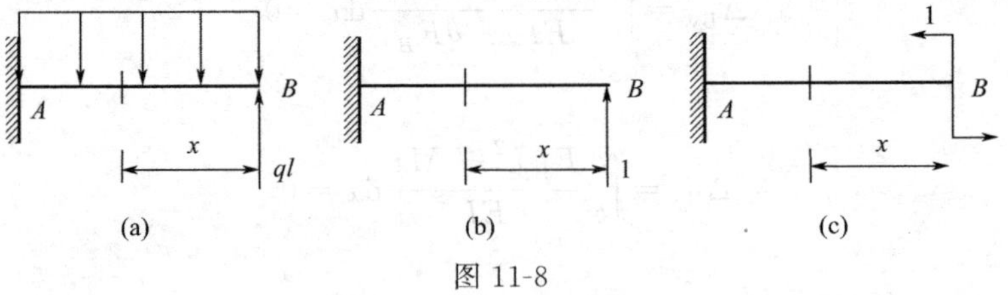

图 11-8

解：如图 11-8(a) 所示，任一截面的弯矩 $M(x)$ 为

$$M(x)=qlx-\frac{qx^2}{2}$$

计算 B 处挠度 y_B 时的单位力结构如图 11-8(b)，任一截面的弯矩 $\overline{M}(x)$ 为

$$\overline{M}(x)=x$$

由莫尔积分得 B 处挠度 y_B 为

$$y_B=\int_0^l \frac{M(x)\overline{M}(x)}{EI}\mathrm{d}x=\int_0^l \frac{qlx^2-\frac{qx^3}{2}}{EI}\mathrm{d}x=\frac{5ql^4}{24EI}$$

计算 B 处转角 θ_B 时的单位力结构如图 11-8 (c)，任一截面的弯矩 $\overline{M}(x)$ 为

$$\overline{M}(x)=1$$

由莫尔积分得 B 处转角 θ_B 为

$$\theta_B=\int_0^l \frac{M(x)\overline{M}(x)}{EI}\mathrm{d}x=\int_0^l \frac{qlx-\frac{qx^2}{2}}{EI}\mathrm{d}x=\frac{ql^3}{3EI}$$

计算结果为正，表示挠度方向和单位集中力方向一致，转角和单位集中力偶转向一致。

例 11-4 如图 11-9 所示平均半径为 R 的细圆环，EI 已知。在切口处嵌入微小块体，使环张开为微小量 e。试用莫尔定理求环中的最大弯矩。不计轴力和剪力对变形的影响。

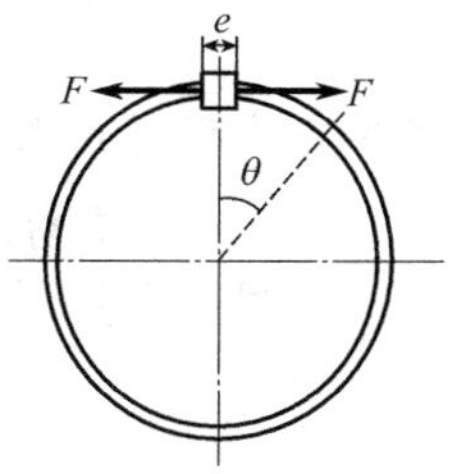

图 11-9

解： 切口处嵌入微小块体相当于有一对力 F 作用

在一对 F 作用下的弯矩方程：

$$M(\theta)=FR(1-\cos\theta) \qquad (0\leqslant\theta\leqslant2\pi)$$

在一对单位力（相当于令 $F=1$ 为单位力结构）作用下的弯矩方程

$$\overline{M}(\theta)=R(1-\cos\theta) \qquad (0\leqslant\theta\leqslant2\pi)$$

由单位载荷法

$$e=\int_0^{2\pi}\frac{M(\theta)\overline{M}(\theta)}{EI}R\,\mathrm{d}\theta$$

$$e=\int_0^{2\pi}\frac{FR^3}{EI}(1-\cos\theta)^2\mathrm{d}\theta=\frac{3\pi FR^3}{EI}\Rightarrow F=\frac{eEI}{3\pi R^3}$$

最大弯矩在 $\theta=\pi$ 处

$$M_{\max}=2FR=\frac{2eEI}{3\pi R^2}$$

由于剪力对变形的影响一般不计，当还有其他内力可推广为

$$\Delta=\int_l \frac{M(x)\overline{M}(x)}{EI}\mathrm{d}x+\int_l \frac{T(x)\overline{T}(x)}{GI_P}\mathrm{d}x+\int_l \frac{F_N(x)\overline{F}_N(x)}{EA}\mathrm{d}x$$

例 11-5 如图 11-10(a) 所示曲拐结构，AB 段为长度 a 的圆轴，弯曲刚度为 EI_1，扭转刚度为 GI_P。BC 段长度为 b，受到铅直向下集度为 q 的分布载荷作用，BC 段弯曲刚度为 EI_2，求：C 处铅直位移（不计剪力对变形的影响）。

解： AB 段为弯曲和扭转的组合变形，BC 段为弯曲变形。AB 段任意截面弯矩和扭矩分别为

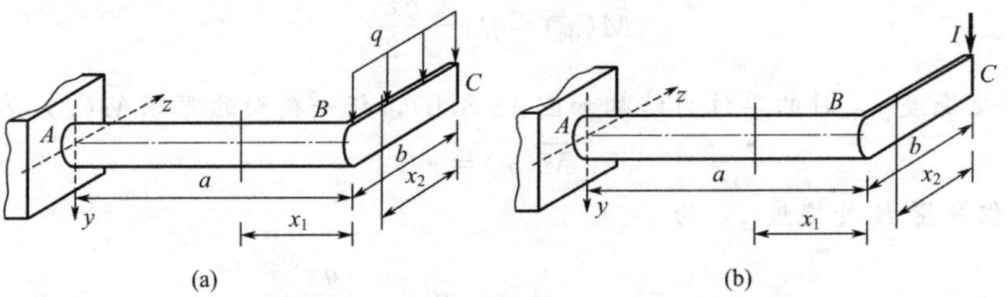

图 11-10

$$M(x_1)=-qbx_1,\quad T(x_1)=-\frac{qb^2}{2}$$

BC 段任意截面弯矩为

$$M(x_2)=-\frac{qx_2^2}{2}$$

计算 C 处铅直位移单位力结构为去掉结构上全部外力而在 C 处加一个铅直向下的单位力 1，如图 11-10(b)，相应的内力方程为

$$\overline{M}(x_1)=-x_1,\overline{T}(x_1)=-b$$

$$\overline{M}(x_2)=-x_2$$

由单位力法可得 C 处铅直位移为

$$\Delta_{Cy}=\int_0^a\frac{M(x_1)\overline{M}(x_1)}{EI_1}\mathrm{d}x_1+\int_0^b\frac{M(x_2)\overline{M}(x_2)}{EI_2}\mathrm{d}x_2+\int_0^a\frac{T(x_1)\overline{T}(x_1)}{GI_p}\mathrm{d}x_1$$

即

$$\Delta_{Cy}=\int_0^a\frac{qbx_1^2}{EI_1}\mathrm{d}x_1+\int_0^b\frac{qx_2^3}{2EI_2}dx_2+\int_0^a\frac{qb^3}{2GI_p}\mathrm{d}x_1=\frac{qa^3b}{3EI_1}+\frac{qb^4}{8EI_2}+\frac{qab^3}{2GI_p}$$

第四节　计算莫尔积分的图形互乘法

在等截面直杆的情况下，莫尔积分中的 EI 为常量，可以提出积分符号。这就只需要计算积分式如下：

$$\int_l M(x)\overline{M}(x)\mathrm{d}x$$

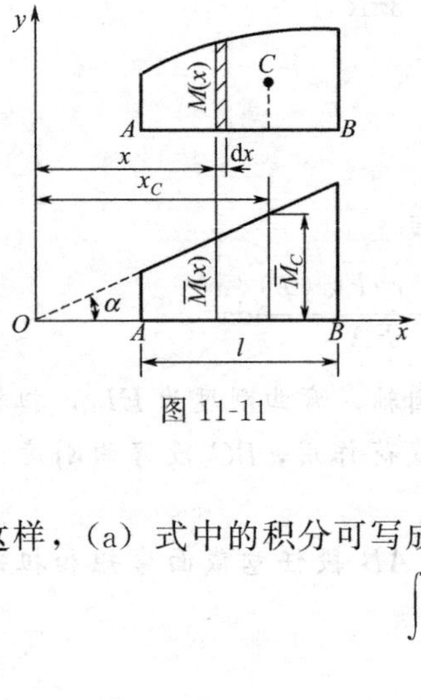

图 11-11

在 $M(x)$ 和 $\overline{M}(x)$ 两个函数中，只要有一个是线性的，以上积分就可简化。例如在图 11-11 中表示出直杆 AB 的 $M(x)$ 图和 $\overline{M}(x)$ 图，其中 $\overline{M}(x)$ 是一斜直线，它的倾角为 α，与 y 轴的交点为 O。如取 O 为原点，则 $\overline{M}(x)$ 图中任意点的纵坐标为

$$\overline{M}(x)=x\tan\alpha$$

这样，(a) 式中的积分可写成

$$\int_l M(x)\overline{M}(x)\mathrm{d}x=\tan\alpha\int_l xM(x)\mathrm{d}x$$

上式中 $M(x)\mathrm{d}x$ 是 $M(x)$ 图中画阴影线的图形的微分面积，而 $xM(x)\mathrm{d}x$ 则是上述图形微分面积对 y 轴的静矩。于是，积分式就是 $M(x)$ 图的面积对 y 轴的静矩。若以 C 代表 $M(x)$ 图形的形心，则有

$$\int_l xM(x)\mathrm{d}x = A_M x_C$$

从而

$$\int_l M(x)\overline{M}(x)\mathrm{d}x = \tan\alpha \int_l xM(x)\mathrm{d}x = A_M x_C \tan\alpha = A_M \overline{M_C}$$

此种不需积分而应用弯矩图计算位移的方法称为**图形互乘法**，简称**图乘法**。

$\overline{M}(x)$ 弯矩图为分段直线时，每一部分使用图乘法，然后求其总和即位移为

$$\Delta = \sum \frac{A_M \overline{M_C}}{EI} \tag{11-10}$$

式(11-10)中，C 代表 $M(x)$ 分段图形的面积形心，A_M 代表 $M(x)$ 分段图形的面积，$\overline{M_C}$ 代表 $\overline{M}(x)$ 弯矩图相应 C 处的纵坐标。

如 $M(x)$ 弯矩图为分段直线时，位移又可表示为

$$\Delta = \sum \frac{A_{\overline{M}} M_C}{EI} \tag{11-11}$$

式(11-11)中，C 代表 $\overline{M}(x)$ 分段图形的面积形心，$A_{\overline{M}}$ 代表 $\overline{M}(x)$ 分段图形的面积，M_C 代表 $M(x)$ 弯矩图相应 C 处的纵坐标。

计算结果为正表示挠度方向和单位集中力方向一致或转角和单位集中力偶转向一致。

思考：在图形互乘法中为何图形同侧相乘取正？

图 11-12 给出几种常见图形的面积和形心位置的计算公式。其中抛物线顶点的切线平行于基线或与基线重合。

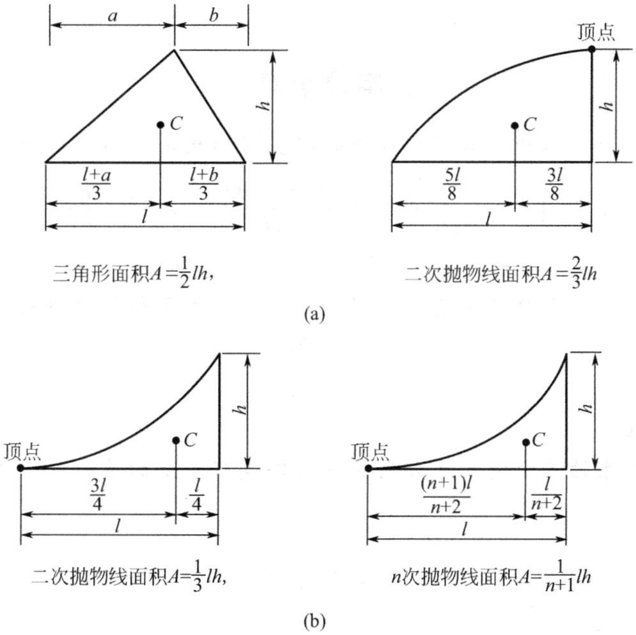

图 11-12

例 11-6 如图 11-13(a) 所示，已知 AC 弯曲刚度 EI、l、m，求 C 处转角和挠度。

解： 画出原结构弯矩图如图 11-13(d)，计算 C 处转角的单位力结构如图 11-13(b)，并画出其弯矩图如图 11-13(e)，图乘分两块图形：三角形和三角形、矩形和矩形。即

$$\theta_C=\frac{1}{EI}\left(\frac{1}{2}\times 2l\times m\times\frac{2}{3}+m\times l\times 1\right)=\frac{5ml}{3EI}$$

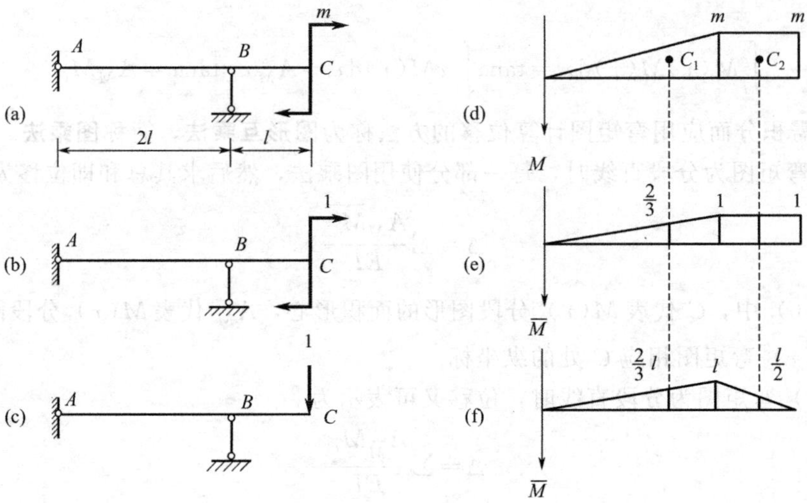

图 11-13

计算 C 处挠度的单位力结构如图 11-13(c)，弯矩图如图 11-13(f)，图乘分两块图形：三角形和三角形、矩形和三角形。即

$$y_C=\frac{1}{EI}\left(\frac{1}{2}\times 2l\times m\times\frac{2l}{3}+m\times l\times\frac{l}{2}\right)=\frac{7ml^2}{6EI}$$

计算结果为正，表示挠度方向和单位集中力方向一致，转角和单位集中力偶转向一致。

本章小结

1. 对于内力有轴力、扭矩、弯矩和剪力的组合变形构件，不计剪力影响时应变能

$$V_\varepsilon=\int_l\frac{F_N^2(x)\mathrm{d}x}{2EA}+\int_l\frac{T^2(x)\mathrm{d}x}{2GI_P}+\int_l\frac{M^2(x)\mathrm{d}x}{2EI}$$

2. 卡氏第一定理

弹性杆件的应变能对于杆件上某一位移之变化率，等于与该位移相应的载荷。

$$F_i=\frac{\partial V_\varepsilon}{\partial\Delta_i}$$

3. 卡氏第二定理

线弹性杆件或杆系的应变能对于作用在该杆件或杆系上的某一载荷之变化率，等于与该载荷相应的位移。

$$\Delta_i=\frac{\partial V_\varepsilon}{\partial F_i}$$

或

$$\Delta_i=\int_l \frac{F_N(x)}{EA}\frac{\partial F_N(x)}{\partial F_i}\mathrm{d}x+\int_l \frac{T(x)}{GI_P}\frac{\partial T(x)}{\partial F_i}\mathrm{d}x+\int_l \frac{M(x)}{EI}\frac{\partial M(x)}{\partial F_i}\mathrm{d}x$$

4. 计算水平梁位移的莫尔积分

$$\Delta_i=\int_l \frac{M(x)\overline{M}_i(x)}{EI}\mathrm{d}x$$

5. 计算莫尔积分的图形互乘法

$$\Delta=\sum\frac{A_M\overline{M_C}}{EI}$$

或

$$\Delta=\sum\frac{A_{\overline{M}}M_C}{EI}$$

习　　题

11-1　图 11-14 所示杆材料为线弹性，已知弹性模量为 E，长度为 l，横截面面积为 A，分布力集度 $f=F/l$，集中力大小为 F。试用卡氏定理求杆伸长量。

答：$\Delta l=\dfrac{3Fl}{2EA}$

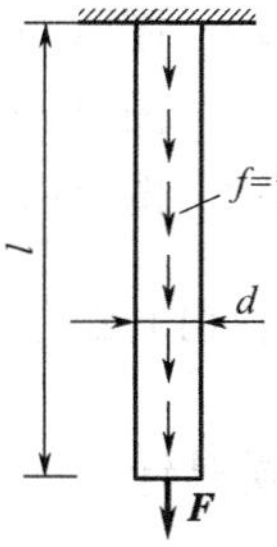

图 11-14　习题 11-1 图

11-2　直径 d_1、d_2 的阶梯形轴，两段轴长度均为$\dfrac{l}{2}$，在其两端承受扭转外力偶矩 M_e。轴材料为线弹性，剪切弹性模量为 G。试用卡氏定理求两端截面的相对转角。

答：$\dfrac{16M_e l}{\pi G}\left(\dfrac{1}{d_1^4}+\dfrac{1}{d_2^4}\right)$

11-3　图 11-15 所示变截面悬臂梁在自由端受集中力 F 作用，弹性模量为 E。试用卡氏定理计算自由端 A 的挠度 y_A。

答：$y_A=\dfrac{3Fl^3}{16EI}$，向下

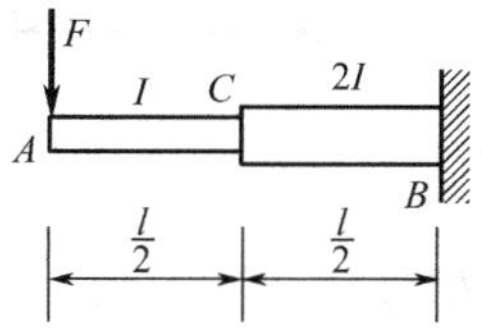

图 11-15　习题 11-3 图

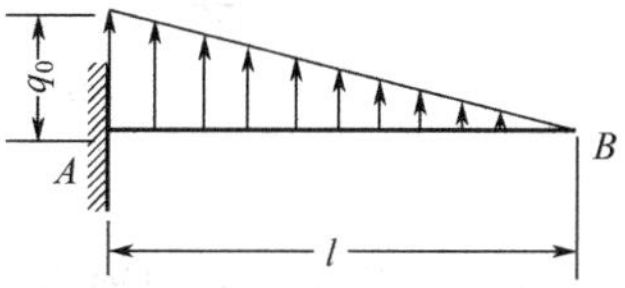

图 11-16　习题 11-4 图

11-4　图 11-16 所示悬臂梁受线性分布荷载作用，已知 q_0，EI 为常数。试用卡氏定理计算自由端 B 的挠度 y_B。

答：$y_B=\dfrac{q_0 l^4}{30EI}$，向上

11-5　试用卡氏定理求图 11-17 所示各超静定梁 B 处约束力。

答：(a) $F_B=\dfrac{14}{27}F$，向上　(b) $F_B=\dfrac{3m}{4a}$，向下　(c) $F_B=\dfrac{22}{32}F$，向上　(d) $F_B=$

$\frac{1}{2}qa$，向上，$M_B=\frac{1}{12}qa^2$ 顺时针

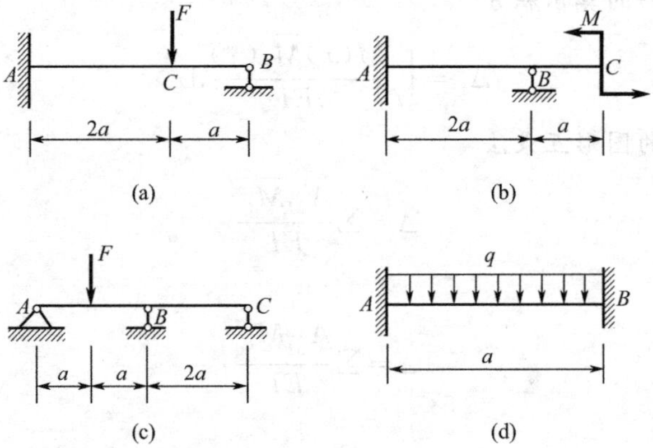

图 11-17　习题 11-5 图

11-6　图 11-18 所示各结构材料均为线弹性，其弯曲刚度为 EI，$F=ql$ 不计剪力和轴力的影响，试用卡氏定理计算：

（1）　图（a）中 A 处水平位移和 B 处转角；

（2）　图（b）中 A 处铅垂位移和 B 处转角；

（3）　图（c）中 B 处转角。

答：（1）$\Delta_{Ax}=\dfrac{17M_ea^2}{6EI}$，向右，$\theta_B=\dfrac{5M_ea}{3EI}$，顺时针　（2）$\Delta_{Ay}=\dfrac{3ql^4}{32EI}$，向上，$\theta_B=\dfrac{ql^3}{2EI}$，逆时针　（3）$\theta_B=\dfrac{5ql^3}{48EI}$，顺时针

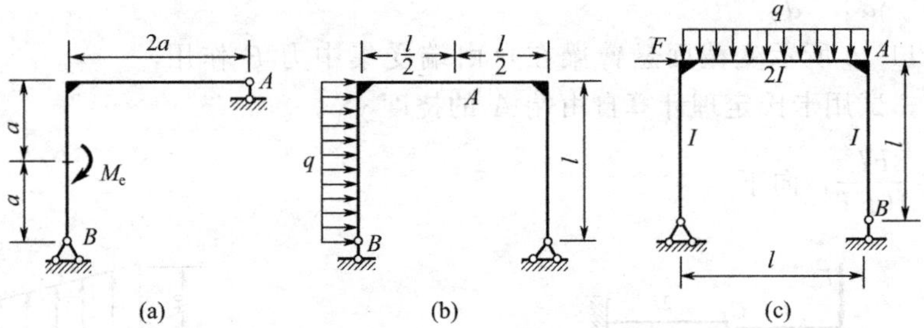

图 11-18　习题 11-6 图

11-7　不计剪力和轴力的影响，用单位力法（莫尔积分）计算习题 11-6。

11-8　不计剪力的影响，用单位力法计算习题 11-3。

11-9　不计剪力的影响，用单位力法计算习题 11-4。

11-10　不计剪力的影响，用图乘法计算习题 11-3。

11-11　不计剪力的影响，用图乘法计算习题 11-6。

11-12　车床主轴如图 11-19 所示，在转化为当量轴以后，其弯曲刚度 EI 可以作为常量。试用图乘法计算截面 C 的挠度和前轴承 B 处的截面转角。

答：$\Delta_{Cy}=\dfrac{5Fa^3}{3EI}$，向下，$\theta_B=\dfrac{4Fa^2}{3EI}$，顺时针

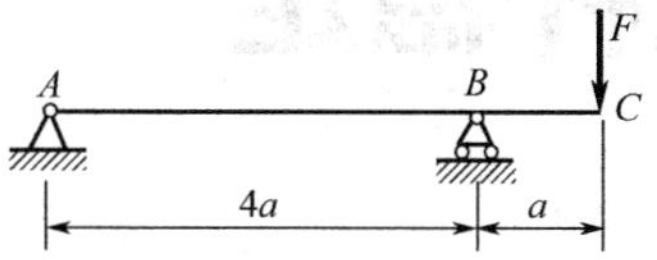

图 11-19　习题 11-12 图

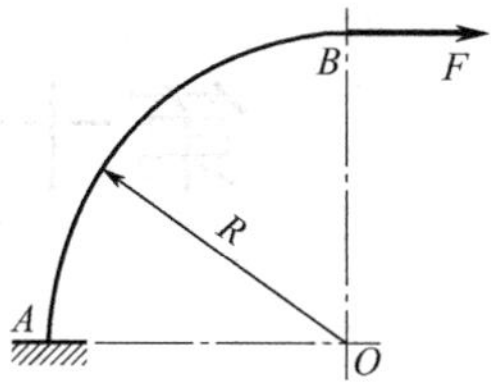

图 11-20　习题 11-13 图

11-13　等截面曲杆如图 11-20 所示半径为 R，弯曲刚度 EI。试求截面 B 的垂直位移。

答：$\Delta_{By}=\dfrac{FR^3}{2EI}$，向下

11-14　图 11-21 所示各梁弯曲刚度 EI 为常数，试求截面 B 处的转角。

答：(a) $\theta_B=\dfrac{qa^3}{6EI}$，顺时针　(b) $\theta_B=\dfrac{Fl^3}{12EI}$，顺时针

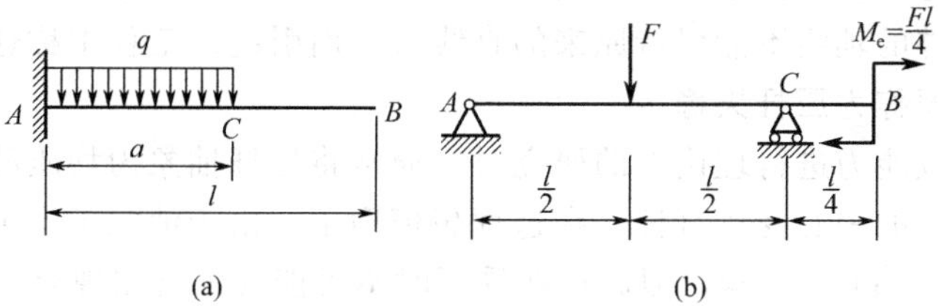

图 11-21　习题 11-14 图

11-15　图 11-22 所示直角弯刚架，已知各杆弯曲刚度均为 EI，拉伸刚度均为 EA，$AB=BC=l$，分布力集度为 q。忽略剪力对变形的影响。求：C 截面的水平位移和转角。

答：$\Delta_{Cx}=\dfrac{ql^4}{4EI}$向右；$\theta_C=\dfrac{2ql^3}{3EI}$ 顺时针

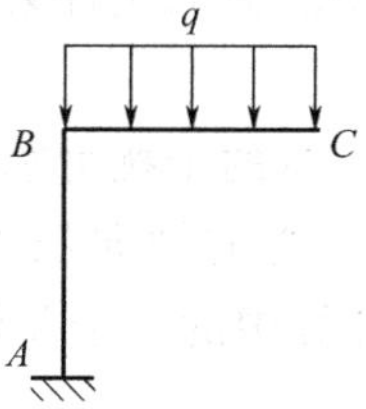

图 11-22　习题 11-15 图

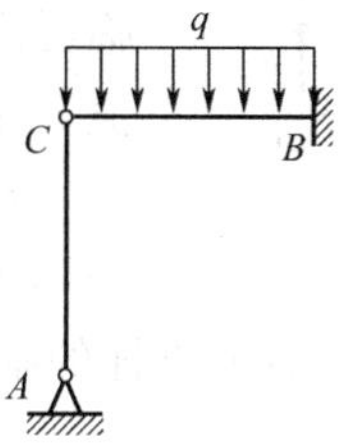

图 11-23　习题 11-16 图

11-16　如图 11-23 所示，已知杆 AC 的抗压刚度 EA，CB 的抗弯刚度为 EI，$AC=CB=l$，分布力集度为 q。忽略剪力对变形的影响，各杆自重不计。求 AC 轴力。

答：$F_N=\dfrac{3Aql^3}{24I+8Al^2}$

第十二章 压杆稳定

第一节 概　　述

在前面的讨论中，当杆件受轴向压力作用时，总是认为杆件是在直线形状下维持平衡的，杆的破坏是由强度不足而引起的，但在实际结构中常常可以发现杆件的另一种破坏形式的存在。例如，一尺寸为 $b=3\text{cm}$、$h=0.5\text{cm}$ 的矩形松木杆，杆长为 100cm，松木的抗压强度极限 $\sigma_b=4000\text{N/cm}^2$，现将其下端置于地面上，在其上端施加压力，按其强度计算该杆应能承受约 6000N 的压力。而事实上，当压力增至 30N 左右时杆便开始弯曲，当压力继续增大，杆将显著弯曲甚至折断。由上面的现象可以看出，对于细长的受压杆件，它的承载能力的丧失是由杆件的轴线不能保持原来的直线形式而引起。工程中称这一现象为压杆因稳定性不足而破坏，简称为**压杆失稳**。

在对压杆的承载能力进行理论上的研究时，通常将压杆抽象为均质的、轴线为直线且压力作用线与轴线重合的中心受压直杆。在这理想模型中，由于消除了产生弯曲变形的初始因素，因此杆在受压时不可能发生弯曲现象。为此在分析其平衡稳定性时假想地在杆上施加一微小的横向干扰力，如图 12-1 所示。实践表明，当轴力不大时，撤去干扰力后杆件的轴线将恢复原来的直线状态，此时杆件的平衡是稳定的平衡；当轴力增大到一定界限值时，撤去干扰力，此时杆件保持弯曲的平衡状态而不能恢复原有的平衡，此时杆件的平衡是不稳平衡。杆件由稳定平衡转化为不稳平衡时所受的轴向压力的临界值称为**临界压力**或**临界力**。对一个具体的压杆来讲，临界力是一个定值，用 F_{cr} 表示。

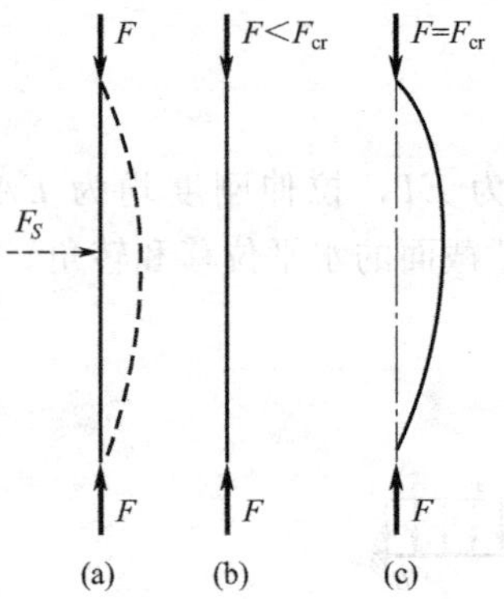

图 12-1

在工程中，引起压杆微弯的干扰力总是存在的，为了使压杆不丧失稳定性，压杆所承受的轴向压力 F 必须小于临界力 F_{cr} 之值。因此，如何确定压杆的临界压力是压杆稳定计算中的一个关键问题。

第二节 细长压杆临界力的计算及欧拉公式

要判断某压杆是否失稳，需要确定临界力的数值，对不同的压杆，其临界力一般是不同的，影响临界力的因素是多方面的，下面用理论分析的方法来推导细长压杆临界力的计算公式。

现以两端球形铰支、长为 l 的等截面细长中心受压直杆为例来推导其临界力的计算公式。设此压杆的临界力为 F_{cr}，杆在 F_{cr} 的作用下维持微弯形状下的平衡，如图 12-2 所示。此时，压杆任一 x 截面沿 y 方向的位移为 $y=f(x)$，而该截面上的弯矩为

$$M(x)=F_{cr}y \tag{a}$$

对于该平衡状态下的压杆，其材料仍处于理想的线弹性范围内，因此它仍满足弯曲的挠曲线近似微分方程，即

$$-EIy''=M(x)=F_{cr}y \qquad \text{(b)}$$

其中，I 为压杆横截面的最小形心主惯性矩。

令上式中 $F_{cr}/(EI)=k^2=$ 常数，则上述微分方程的通解为

$$y=A\sin kx+B\cos kx \qquad \text{(c)}$$

该杆两端为铰支，则杆端边界条件为

$$y|_{x=0}=0,\quad y|_{x=l}=0$$

将边界条件代入，得

$$B=0,\quad A\sin kl=0 \qquad \text{(d)}$$

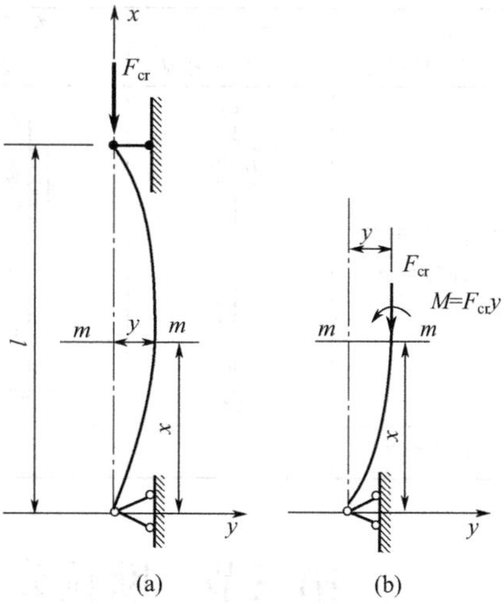

图 12-2

显然，当 $A=0$ 时杆件为直线，与假设的微弯状态相矛盾，则（d）式中只能有 $\sin kl=0$，即

$$kl=n\pi$$

将 $k=\sqrt{F_{cr}/(EI)}$ 代入上式有

$$F_{cr}=n^2\pi^2EI/l^2$$

要使 F_{cr} 取最小值且有实际意义，则 $n=1$，由此可得两端铰支的细长压杆临界力的计算公式

$$F_{cr}=\frac{\pi^2EI}{l^2} \qquad (12\text{-}1)$$

由于此式最早由欧拉（L. Euler）导出，所以通常称为**欧拉公式**。

同样的方法可以推导出杆端在其他约束情况下的临界力计算公式：

（1）一端固定、一端自由时临界力计算公式

$$F_{cr}=\pi^2EI/(2l)^2$$

（2）两端固定时临界力计算公式

$$F_{cr}=\pi^2EI/(0.5l)^2$$

（3）一端固定、一端铰支时临界力计算公式

$$F_{cr}=\pi^2EI/(0.7l)^2$$

（4）一端不可转动但可水平移动、另一端固定时临界力计算公式

$$F_{cr}=\pi^2EI/l^2$$

以上各式读者可自己推导。综合以上各式，可写成统一的形式

$$F_{cr}=\pi^2EI/(\mu l)^2 \qquad (12\text{-}2)$$

式中，μ 称为压杆的长度系数，与杆端的约束情况有关，参见表 12-1，μl 称为压杆的相当长度。由以上计算公式可以看出影响临界力的因素有：

（1）压杆材料，材料弹性模量越小越容易被压弯；

（2）压杆截面尺寸及形状；

（3）压杆长度，杆件越长越容易被压弯；

（4）杆端约束，约束越不牢靠越容易被压弯。

表 12-1　不同约束条件下压杆的长度系数

压杆的支承情况	一端固定 一端竖直移动	一端固定 一端铰支	两端铰支	一端固定 一端自由	一端固定 一端可水平移动但不可转动
压杆失稳时的挠曲线形状		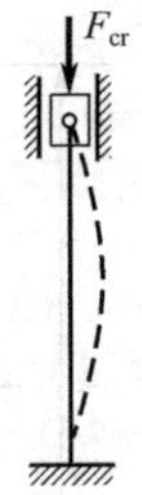	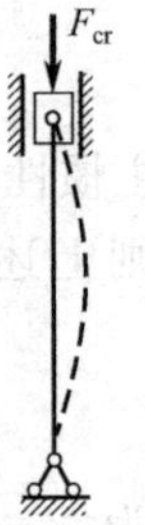		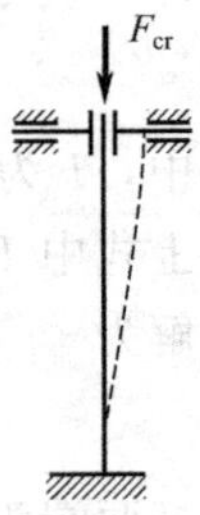
长度系数	0.5	0.7	1	2	1

第三节　欧拉公式的适用范围及临界应力总图

在上一节推导受压直杆的临界力的欧拉公式时假设杆件是在线弹性范围内工作的。按照失稳的概念，如果不受干扰，杆件在临界力的作用下仍将保持平衡，横截面上的压应力可按 $\sigma=F_N/A$ 计算。因此可以把临界状态下压杆横截面上的正应力不超过材料的比例极限作为欧拉公式的适用范围，即

$$\sigma_{cr}\leqslant\sigma_p$$

式中，$\sigma_{cr}=F_{cr}/A$，称为**临界应力**。由欧拉公式可以把临界应力表达为

$$\sigma_{cr}=\frac{F_{cr}}{A}=\frac{\pi^2EI}{[(\mu l)^2A]}=\frac{\pi^2E}{(\mu l)^2}\left(\frac{I}{A}\right)=\frac{\pi^2E}{(\mu l/i)^2}$$

式中，$i=\sqrt{\dfrac{I}{A}}$ 为压杆横截面对中性轴的惯性半径，μl 为压杆的相当长度，$\mu l/i$ 称为压杆的柔度或长细比，为一无量纲参数，通常以 λ 表示，即 $\lambda=\mu l/i$。因此临界应力可表达为

$$\sigma_{cr}=\frac{\pi^2E}{\lambda^2}$$

由欧拉公式的适用范围 $\sigma_{cr}\leqslant\sigma_p$ 可得

$$\sigma_{cr}=\frac{\pi^2E}{\lambda^2}\leqslant\sigma_p$$

或改写成

$$\lambda\geqslant\sqrt{\frac{\pi^2E}{\sigma_p}}=\lambda_p$$

由此可以看出，对中心受压直杆来讲，能够适用欧拉公式的范围为：$\lambda\geqslant\lambda_p$。这类压杆通常称为**大柔度压杆**或**细长压杆**。

工程中所采用的压杆有时不是大柔度压杆，即 $\lambda<\lambda_p$，此时欧拉公式不再适用。此类压杆的临界应力的计算一般使用以试验结果为依据的经验公式，常采用下述直线经验公式

$$\sigma_{cr}=a-b\lambda$$

其中 a、b 与材料的性质有关。常见材料经验公式的系数 a 和 b 可查阅相关的工程手册。

在使用经验公式时也有一个最低限 λ_s，其对应的应力应等于屈服极限 σ_s，即

$$\lambda_s=\frac{a-\sigma_s}{b}$$

由此可得经验公式适用范围为

$$\lambda_p \geqslant \lambda \geqslant \lambda_s$$

这类压杆又称为**中等柔度压杆**。

对于柔度很小的压杆来讲，当它受压力作用时，不可能像大柔度压杆那样变形，其破坏主要是由于正应力达到屈服极限（塑性材料）或强度极限（脆性材料）而引起，此时临界应力就是其屈服极限或强度极限，这类压杆常称为**小柔度压杆**或**短压杆**。

由以上的分析可以看出，对于压杆在不同的柔度范围内的临界应力与柔度的关系可以用图 12-3 的临界应力总图表达。

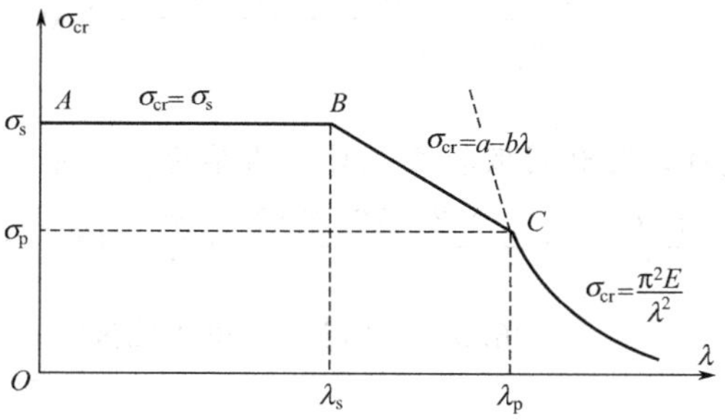

图 12-3

思考：中等柔度压杆误用大柔度压杆欧拉公式计算更偏于安全吗?

第四节　压杆的稳定计算及提高稳定性的措施

在推导压杆的临界力时假定压杆是均质的、轴线为直线的理想杆件。在工程实际中，杆件由于加工等多方面因素的影响，不可能达到这一理想情况，因此，为了保证压杆在荷载作用下不致失稳，杆件必须具备一定的安全储备，其条件是

$$F \leqslant F_{cr}/n_w$$

式中，n_w 为稳定安全系数，一般它较强度安全系数大，具体数值可以参考有关设计手册和专业书籍。利用该条件求解压杆稳定性问题称为**安全系数法**。

对压杆的稳定性计算具体步骤为：

（1）计算压杆柔度 λ；

（2）根据柔度 λ 确定压杆类型，再根据相应公式计算临界力 F_{cr}；

（3）选定稳定安全系数 n_w；

（4）用公式 $n = F_{cr}/F \geqslant n_w$ 进行稳定性校核或计算其许可荷载。

例 12-1　图 12-4 所示的千斤顶由 A3 钢制成，丝杆长 $l=800\text{mm}$，上端自由，下端可视为固定。丝杆的直径为 $d=40\text{mm}$，材料的弹性模量 $E=2.0\times10^5\text{MPa}$，$\sigma_p=200\text{MPa}$，该丝杆的稳定安全系数 $n_w=3$。试求该千斤顶的最大承载力。

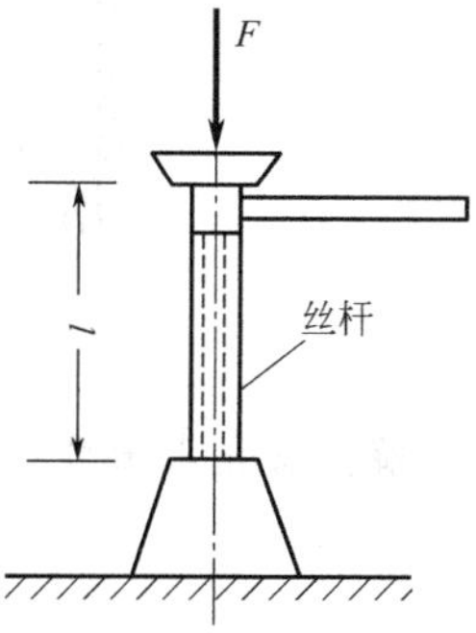

图 12-4

解：先求出丝杆的临界力，然后再由给定的稳定安全系数求容许最大承载力。丝杆一端自由，一端固定，$\mu=2$，丝杆的惯性半径为

$$i=\sqrt{\frac{I}{A}}=\sqrt{\frac{\frac{\pi d^4}{64}}{\frac{\pi d^2}{4}}}=\frac{d}{4}=10\ (\text{mm})$$

柔度为

$$\lambda=\frac{\mu l}{i}=\frac{2\times 800}{10}=160$$

对于 A3 钢

$$\lambda_{p}=\sqrt{\frac{\pi^2 E}{\sigma_{p}}}=\sqrt{\frac{3.14^2\times 2\times 10^5}{200}}=100$$

则 $\lambda>\lambda_{p}$

因此该丝杆为大柔度杆，可利用欧拉公式计算临界荷载，即

$$F_{cr}=\frac{\pi^2 E}{\lambda^2}A=\frac{\pi^2\times 2\times 10^5\times 10^6}{160^2}\times\frac{\pi}{4}\times 40^2\times 10^{-6}$$
$$=96.9\times 10^3(\text{N})=96.9(\text{kN})$$

丝杆的临界荷载为

$$[F]=\frac{F_{cr}}{n_{w}}=\frac{96.9}{3}=32.3(\text{kN})$$

此即千斤顶的最大承载力。

工程中在进行压杆稳定计算时还常使用另一种方法，即**折减系数法**。

在工程实际中所遇到的压杆临界应力会受到诸多因素的影响，如杆件弯曲度、残余应力大小等，因而稳定许用应力计算是非常复杂的。折减系数法就是将压杆的稳定许用应力写作材料的强度许用应力乘以一个随压杆柔度 λ 而改变的稳定系数 $\varphi=\varphi(\lambda)$，即

$$[\sigma]_{w}=\varphi[\sigma]$$

其中 φ 综合考虑了影响压杆稳定的各种因素，包括稳定安全系数随柔度改变的因素。各种压杆的 φ-λ 关系可查阅相关的结构设计规范。

例 12-2 图 12-5(a) 所示承载结构中，BD 杆为正方形截面的木杆，已知 $l=2\text{m}$，$a=0.1\text{m}$，木材的许用应力 $[\sigma]=10\text{MPa}$，试从 BD 杆的稳定性考虑，计算该结构所能承受的最大荷载 F_{max}。

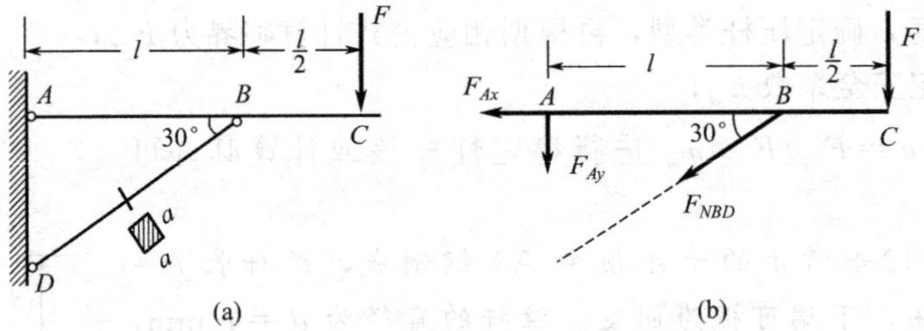

图 12-5

解： 首先求出外载 F 与 BD 所受压力间的关系，考虑 AC 杆的平衡

$$\sum m_A=0\qquad F_{NBD}\frac{l}{2}-F\frac{3l}{2}=0$$

$$F=\frac{1}{3}F_{NBD}$$

依据稳定条件 $F/A\leqslant\varphi[\sigma]$，压杆 BD 所能承载最大压力为

$$F_{NBD}=A\varphi[\sigma]$$

所以结构能承载的最大荷载为

$$F_{max}=\frac{1}{3}F_{NBD}=\frac{1}{3}A\varphi[\sigma]$$

计算 BD 杆的柔度为

$$\lambda=\frac{\mu l_{BD}}{\sqrt{\frac{I}{A}}}=80$$

依据木结构设计规范有 $\lambda=80$ 时 $\varphi=0.470$，结构能承受的最大荷载为

$$F_{max}=\frac{1}{3}A\varphi[\sigma]=\frac{1}{3}\times0.1^2\times0.47\times10\times10^6$$
$$=15.7\times10^3(\mathrm{N})=15.7(\mathrm{kN})$$

通过前面的讨论可以看出，影响压杆的稳定性的因素有：压杆的截面大小及形状，压杆的长度和约束条件，材料的性质等。因而，如何提高压杆的稳定性也从这几个方面入手。

(1) 选择合理的截面形状。从临界应力总图可以看出，材料属于稳定性破坏时，其柔度越小，其临界应力值越高，而由 $\lambda=\mu l/i$ 可见，在不增加面积时，要尽可能地将材料放在距截面形心较远处，以取得较大的 i 值，从而提高临界压力。

(2) 改变压杆的约束条件。从前面讨论可以看出，改变压杆的约束条件直接影响临界力的大小，约束越牢靠时，杆件越不易压弯，因而适当增加压杆的约束，可以提高压杆的稳定性。

(3) 合理选择材料。临界应力与材料强度有关，强度越大的压杆，其稳定性越高，因而提高材料强度也可以提高压杆的稳定性。

本章小结

本章研究中心受压杆件的稳定性，重点是大柔度压杆的稳定性计算，同时介绍了中等柔度压杆和小柔度压杆的破坏情况。

1. 利用欧拉公式计算大柔度压杆的临界压力 $F_{cr}=\pi^2EI/(\mu l)^2$，欧拉公式的适用范围：大柔度压杆。

2. 中等柔度压杆稳定性计算时常采用经验公式 $\sigma_{cr}=a-b\lambda$，而小柔度压杆的破坏为强度破坏，只需进行强度计算。

3. 工程结构中稳定性计算常采用的方法是折减系数法：$[\sigma]_w=\varphi[\sigma]$。

4. 影响压杆稳定性的因素有：压杆的截面大小及形状、压杆的长度及约束条件、材料性质等。

习　题

12-1　图 12-6 所示桁架 ABC 由两根具有相同截面的同种材料的细长杆组成，设 $0<\theta<\pi/2$，确定使荷载 F 为最大时的 θ 角。

答：$\theta=\arctan(\cot^2\beta)$

12-2　如图 12-7 所示，结构由五根圆杆组成，各杆直径均为 $d=35\mathrm{mm}$，$a=1\mathrm{m}$，已知

杆的材料为A3钢，$E=210\text{GPa}$，$[\sigma]=160\text{MPa}$，试确定F的允许值。

答：$F_{cr}=76.97\text{kN}$

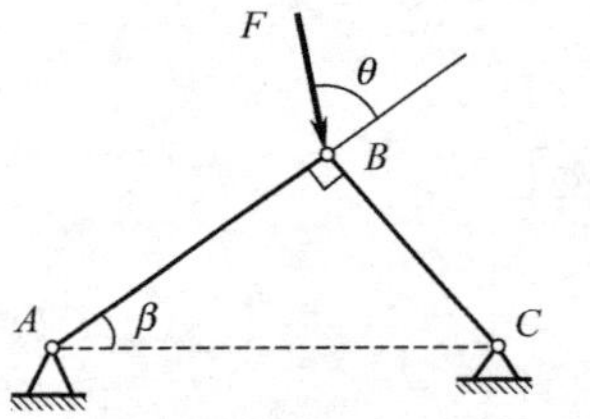

图 12-6　习题 12-1 图

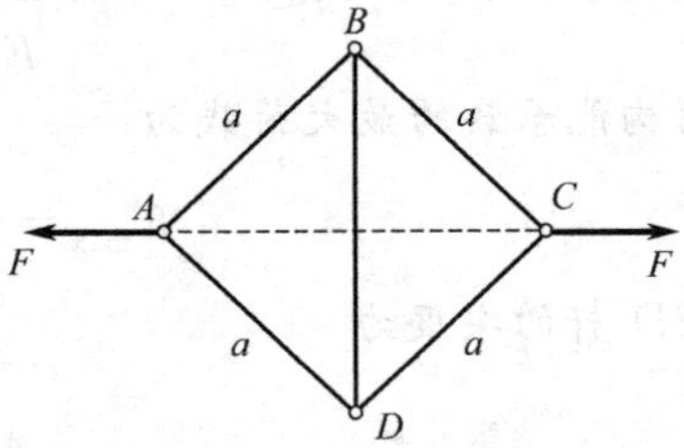

图 12-7　习题 12-2 图

12-3　如图 12-8 所示，长为 5m 的 10 号工字钢，在温度为 5℃时安装在两个固定支座之间，这时杆不受力，已知钢的线膨胀系数为 $\alpha=125\times10^{-7}1/℃$，$E=2.1\times10^{5}\text{MPa}$，$\sigma_p=200\text{MPa}$，问当温度升高多少度时杆将丧失稳定？

答：$t=29℃$

12-4　图 12-9 所示桁架中，两杆的横截面均为 50mm×50mm，材料的 $E=70\times10^{3}\text{MPa}$，试用欧拉公式确定结构失稳时的 F 值。

答：$F_{cr}=150\text{kN}$

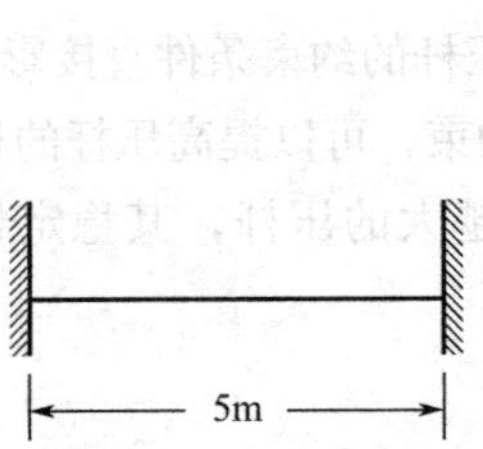

图 12-8　习题 12-3 图

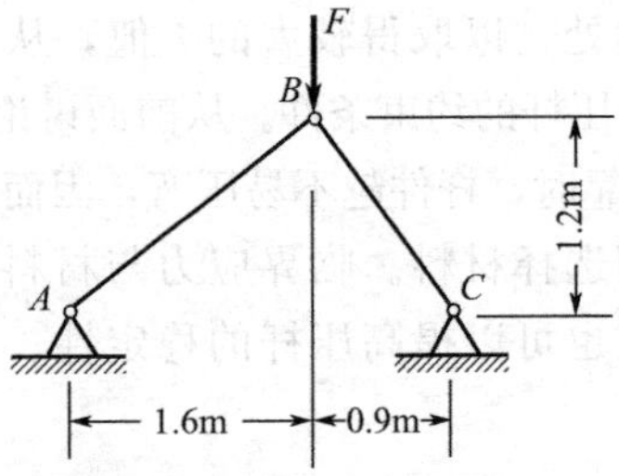

图 12-9　习题 12-4 图

12-5　图 12-10 所示压杆的横截面为矩形，$h=80\text{mm}$，$b=40\text{mm}$，杆长 $l=2\text{m}$，材料为A3钢，$E=210\text{GPa}$，$\sigma_p=200\text{MPa}$。杆端约束如图：(a) 为正视图，面内约束相当于铰链；(b) 为俯视图，面内约束为弹性固定，采用 $\mu=0.8$。试求此杆的临界力。

答：$F_{cr}=345\text{kN}$

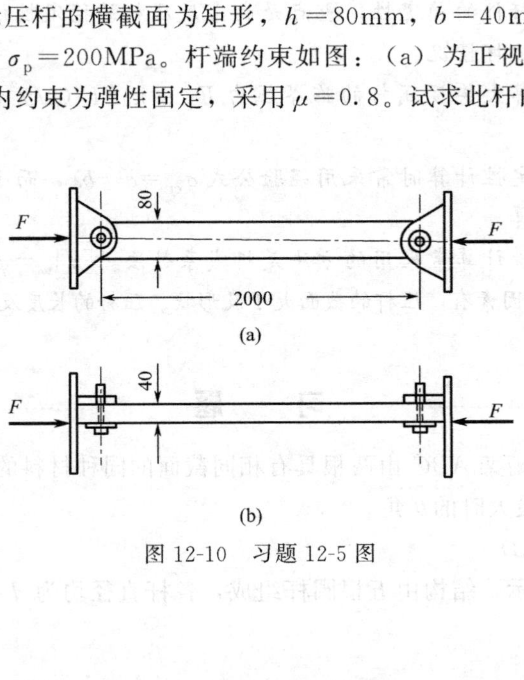

图 12-10　习题 12-5 图

12-6　图 12-11 所示为某型平面磨床的工作台液压驱动装置，推杆的两端可看作铰支，长度 $l=600\text{mm}$，截面直径为 $d=30\text{mm}$，材料为 A3 钢，$\sigma_p=200\text{MPa}$，$E=210\text{GPa}$。当 $\lambda<\lambda_p$ 时，压杆的临界应力采用直线经验公式 $\sigma_{cr}=a-b\lambda$（A3 钢柔度为 80 时的对应系数 $a=310\text{MPa}$，$b=1.14\text{MPa}$），推杆工作时承受的轴向压力为 23kN，若取 $n_w=6$，试校核推杆的稳定性。

答：$n=6.74$，此杆安全

12-7　图 12-12 所示的结构是由两根直径相同的圆杆组成，杆的材料为 A3 钢，已知 $h=0.4\text{m}$，直径 $d=20\text{mm}$，材料的许用应力 $[\sigma]=170\text{MPa}$，荷载 $F=15\text{kN}$，试校核两杆的稳定性（对 A3 钢柔度为 50、60、80 时对应的折减系数分别为 0.888、0.842、0.731。）

答：$\dfrac{F_{AB}}{A\varphi_1}=83\times10^6\text{Pa}<[\sigma]$，$\dfrac{F_{AC}}{A\varphi_2}=128\times10^6\text{Pa}<[\sigma]$，两杆均安全

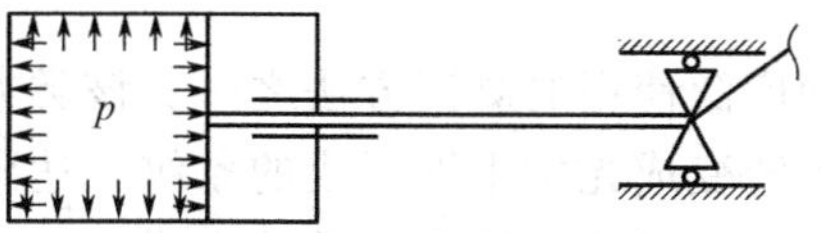

图 12-11　习题 12-6 图

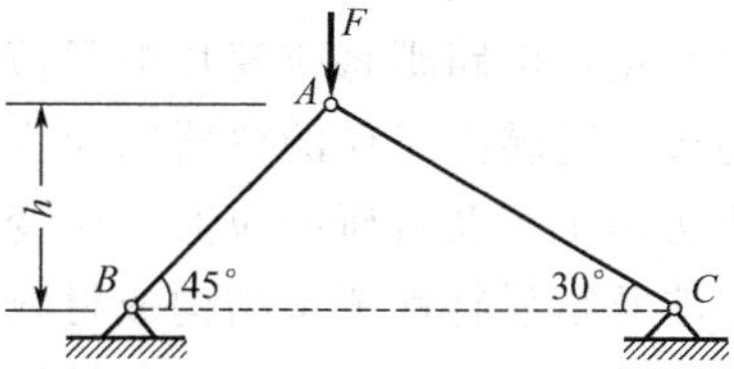

图 12-12　习题 12-7 图

12-8　图 12-13 所示各杆材料和截面均相同，试问哪一根杆能承受的压力最大，哪一根最小［图（f）所示杆在中间支承处不能转动］。

答：（f）最大，（e）最小

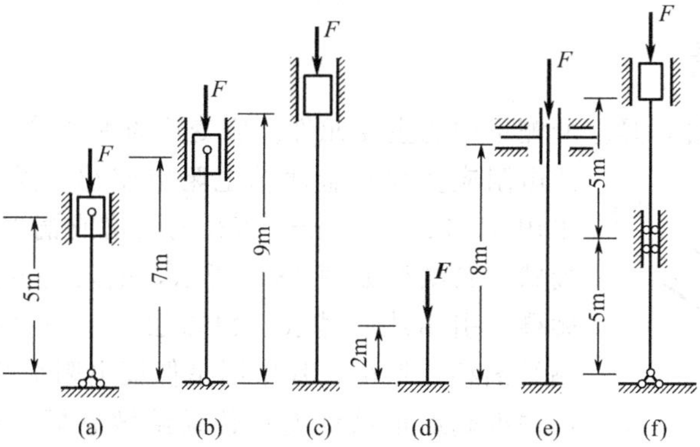

图 12-13　习题 12-8 图

第十三章 实验应力分析基础

电测法和光测法是目前应力、应变测量与分析主要采用的技术。电子学和光学及力学的结合，产生了电测和光测实验力学。随着电子技术的发展，特别是大规模集成电路的发展与激光的问世，使得电测方法中的数据采集、频谱分析、振动模态分析及光测方法中的条纹自动采集与分析处理提高到一个新的水平；激光技术的发展为实验力学提供了许多高灵敏度的测试方法，逐步形成了现代光测力学。

电测法是实验应力分析中使用最广泛和适应性最强的方法之一，该法是将作为检测元件的电阻应变片粘贴或安装在被测构件表面上，并接入测量电路，应变片随构件受力变形其电阻值发生变化，电路则将应变片电阻值的变化转换为电压变化，经放大检波，由仪表指示或记录，完成上述转换工作的仪器叫应变仪。

光测法是工程及科研中应力、应变分析另一种广泛使用的测试方法之一。该类方法是利用光的干涉及衍射特性测量结构或材料的微小变形转变成光学干涉形成的条纹，达到人们直接测量感知的程度。光测法主要包括以晶体光学双折射理论为物理基础的光弹性、光塑性等方法；以及以几何光学和物理光学衍射理论为基础的几何云纹和散斑法等。前者通常称为经典光测力学，后者则称为现代光测力学。

第一节 电阻应变片

一、应变片的构造

应变片又称应变计，是应变测量中的主要元件。应变片的种类繁多，最常应用的是丝绕式电阻应变片和金属箔电阻应变片。丝绕式电阻应变片一般采用0.012～0.05mm直径的镍铬或铜镍（康铜）合金丝绕成栅状，其结构如图13-1所示，电阻应变片由四部分构成：敏感栅、引出线、基底、覆盖层。基底直接与试件接触，并用黏结剂相互粘牢。其作用是保证电阻应变片与试件共同变形，以便准确地把试件变形传递给敏感栅，而且保证试件与敏感栅之间有足够大的绝缘度。常用纸基或胶膜薄片制成。覆盖层的作用是保护敏感栅的几何形状，防止外界有害介质腐蚀，一般选用与基底相同的材料。

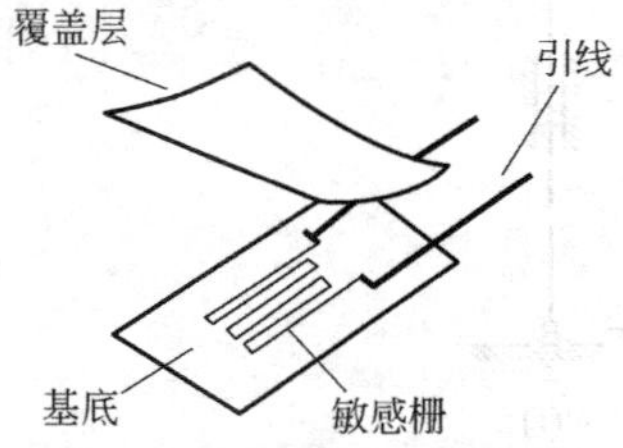

图13-1 电阻应变计构造

二、电阻丝的应变效应

金属导体的电阻随其变形（伸长或缩短）而发生改变的一种物理现象叫金属导线的应变效应。截取一段敏感栅，分析应变与电阻变化率之间的关系，已知导线电阻表达式为

$$R=\rho \frac{l}{A} \tag{13-1}$$

其中，R 是导线的电阻，ρ 是导线的电阻率，l 是导线的长度，A 是导线的横截面面积。考

虑导线电阻率 ρ 为常量时，导体伸长后引起电阻的变化为

$$dR=\frac{l}{A}d\rho+\frac{\rho}{A}dl-\frac{\rho l}{A^2}dA \tag{13-2}$$

将式(13-2) 除以式(13-1)

$$\frac{dR}{R}=\frac{d\rho}{\rho}+\frac{dl}{l}-\frac{dA}{A}=\frac{d\rho}{\rho}+(1+2\nu)\frac{dl}{l} \tag{13-3}$$

实验发现，材料的电阻率的变化与线应变存在如下关系

$$\frac{d\rho}{\rho}=m(1-2\nu)\varepsilon \tag{13-4}$$

其中，ν 是泊桑比，$\varepsilon=dl/l$ 是应变。将式(13-4) 代入式(13-3) 得到

$$\frac{dR}{R}=[(1+2\nu)+m(1-2\nu)]\varepsilon=K_s\varepsilon \tag{13-5}$$

式中，K_s 称为电阻丝灵敏系数。可见电阻变化率与应变量成正比。

三、应变片分类

根据不同的用途和特点，电阻应变片的类型很多，现只介绍几种常用应变片形式。

1. 丝绕式圆角栅应变片

该种应变片敏感栅用绕丝机绕成，基底多用纸，价格便宜。其缺点是端部有半圆形弧段，造成横向效应（可参考更专业的电阻应变测量原理书籍了解横向效应的概念），测量精度不高，耐湿、耐高温性能也不好。

2. 箔式应变片

该种应变片是用厚度 0.001～0.01mm 的金属箔作为敏感栅，箔片材料为康铜、镍铬合金等，利用光刻技术制成。参见图 13-2。它的几何形状和尺寸非常精密，其横向部分可以做成宽栅条，横向效应很小；散热性能好，允许较大电流通过；疲劳寿命长。其缺点是工艺较复杂，制造难度大。

图 13-2　箔式应变片

3. 应变花

为了测量平面应力场中某测点的主应力大小和方向，常常需要测量该点上两个或三个方向上的应变，这就需要在一个基底上粘贴 2～4 个电阻丝栅，它们方向事先已安置妥当，称为应变花。常用的应变花有两片直角、三片直角 45°、三片等角、四片直角等型式。参见图 13-3。

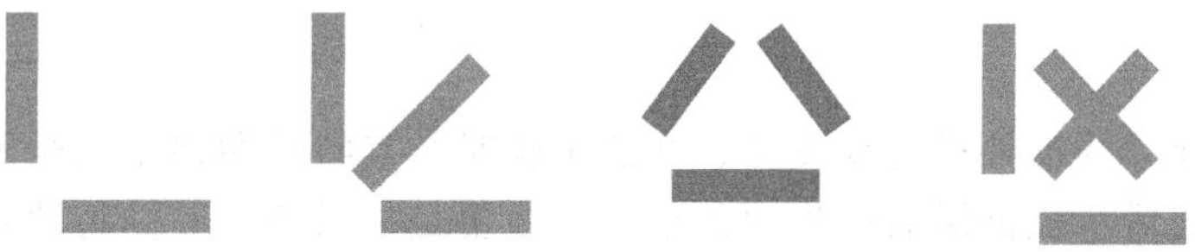

(a) 两片直角　(b) 三片直角45°　(c) 三片等角　(d) 四片直角

图 13-3　常见的应变花示意图

四、电阻应变片的选用

为了合理地选择应变片，可采用如下原则和方法。

1. 按照测试温度选择应变片的基底材料

构件的工作温度是选用应变片基底材料的主要依据，几种基底材料的工作温度见表 13-1。

表 13-1 基底材料的工作温度范围

基底材料	工作环境	基底材料	工作环境
纸基	50～80℃	聚酰亚胺	150～250℃
酚醛树脂	50～180℃	金属片	≤400℃
环氧树脂	50～80℃		

如果用有机黏合剂浸渍玻璃纤维布作为基底，可以使工作温度范围扩大。例如，酚醛玻璃纤维布的工作温度是 240℃左右，有些高温应变片使用石棉片和云母片作基底，最高温度分别达 400℃和 1000℃。目前室温测量和低于 250℃的中温测量广泛使用的是箔式应变片。

2. 敏感栅结构形状和尺寸选择

当构件处于单向应力状态或主应力方向已知的平面应力状态时，可采用单轴（单个敏感栅）应变片。当构件表面处于主应力方向未知的二向应力状态，则需选用三栅或三栅以上的应变花。特殊形状的电阻应变片适用于特殊的用途，如 45℃多栅多轴应变片用于测试扭矩和剪应变；平行轴多栅电阻应变片测应力梯度等。

由于电阻应变片是测量栅长内构件应变的平均值，选择栅长尺寸时，应考虑应力变化的梯度，当构件应力变化的梯度大时选择栅长小的应变片，在应力集中部位，栅长越小越好。

其次从构件材料的均匀性考虑，如混凝土、铸铁，应选择栅长较大的电阻应变片，对于混凝土构件，应变片的栅长应为混凝土最大骨料的 4～5 倍。

3. 根据工作环境条件考虑

在潮湿环境中，考虑使用防潮性能好的胶膜基底电阻应变片，并且涂上防潮剂以免潮气侵入应变片内。在强磁场条件下电阻应变片因磁场影响产生伸长或缩短，在交变磁场内将产生干扰信号，因此应使用防磁电阻应变片。测量混凝土结构内部应变和应力时，选用温度自补偿箔式应变片，或选用混凝土埋入式应变片。

4. 电阻值选择

电阻应变片的电阻值有 120Ω 和 350Ω 等，工程中一般选用标称值 120Ω 的电阻应变片，传感器中常选用 350Ω 的电阻应变片，

五、应变片的工作特性

应变片的性能好坏直接影响应变测量的精确度，因此，应对应变片的性能提出一定的要求。

1. 机械滞后

当对贴有应变片的试件进行反复加、卸载试验时，其特性曲线不完全重合，这种现象称为应变片的机械滞后。机械滞后产生原因很多，主要是电阻应变片的特性差，黏结剂固化处理不当，胶层过厚，局部脱胶等。为了减小机械滞后的影响，在使用应变片测量前，最好先加载数次，以减小滞后影响。

2. 蠕变和零点漂移

当试件在某恒定应变下及某不变的温度下，应变片的指示应变随时间而变化的特性称为蠕变。

零点漂移是在试件不受力的情况，在某恒定温度下应变片的指示应变值随时间而变化的特性。该项测试一般进行三小时。产生零漂的原因是温度效应、黏结剂固化不充分，制造和粘贴应变片过程中造成的初应力、仪器零漂等所造成的。

3. 应变极限

在室温条件下，使试件的应变逐渐加大，当应变片的指示应变与试件实际应变的相对误差达到10%时，此时试件应变为该应变片的应变极限，可认为此时应变片已失去了工作能力。

4. 绝缘电阻

绝缘电阻是应变片引出线与安装应变片的构件之间的电阻值。一般环境下短期测量通常要求在50～200MΩ，测量时用测量电压低于100V的高阻表。

5. 横向效应系数

应变片对垂直于它的主轴线的应变的响应程度称为横向灵敏度 H，又称为横向效应系数。

6. 疲劳寿命

贴在试件上的应变片，在恒定幅值的交变应力作用下，应变片连续工作，不致使应变片产生破坏的循环次数，称为应变片的疲劳寿命。为了提高应变片的寿命，常选用胶基箔式应变片。

第二节　测量电路

使用应变片测量应变时，必须用适当的方法检测其阻值的微小变化。应变片感受的机械应变量一般为 10^{-6}～10^{-2}，电阻变化率也在 10^{-6}～10^{-2} 数量级之间。这样小的电阻变化用一般电阻仪很难测量出，需要采用信号放大电路将微电阻变化率转换成电压或电流的变化，才能用仪表记录或显示出来。测量电路要求满足以下两个方面的要求：①足够的灵敏度；②足够的准确度。

通常采用的测量电路有两种：一种是分压式测量电路（电位计式），这种电路常用来测量频率较高的动态应变（振动和冲击）。另一种是桥式测量电路，常用的是惠斯顿电桥。电阻应变仪中的测量电桥线路如图13-4所示。它以应变片或电阻元件作为桥臂，A、C 为电源端（电桥输入端），B、D 为测量端（电桥的输出端）。可取 R_1 为应变片（1/4桥接法），也可取 R_1，R_2 为应变片（半桥接法）或 R_1～R_4 均为应变片（全桥接法）等形式。

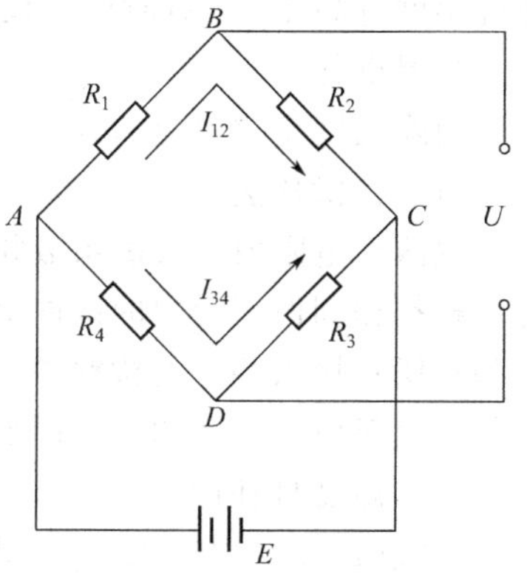

图13-4　电压桥

假设输入电压 E 恒定，输出端 B、D 为开路时，由欧姆定律知 $I_{12}=E/(R_1+R_2)$，$I_{34}=E/(R_3+R_4)$；电阻 R_1、R_4 上电压降分别为 $U_{AB}=U_A-U_B=ER_1/(R_1+R_2)$，$U_{AD}=U_A-U_D=ER_4/(R_3+R_4)$，因此BD端输出电压为

$$U=E(R_1R_3-R_2R_4)/(R_1+R_2)(R_3+R_4) \qquad (13\text{-}6)$$

当 $U=0$ 时，电桥处于平衡，其平衡条件为

$$R_1R_3=R_2R_4 \tag{13-7}$$

一、全桥电路

R_1、R_2、R_3、R_4 分别是四个应变片的初始电阻值，当电阻应变片电阻分别改变ΔR_1、ΔR_2、ΔR_3、ΔR_4 时，电桥的输出电压增量为

$$\Delta U=\frac{(R_1+\Delta R_1)(R_3+\Delta R_3)-(R_2+\Delta R_2)(R_4+\Delta R_4)}{(R_1+\Delta R_1+R_2+\Delta R_2)(R_3+\Delta R_3+R_4+\Delta R_4)}E \tag{13-8}$$

当 $R_1=R_2=R_3=R_4=R$ 时即为全等臂电桥且忽略高阶变量时，上式变为

$$\Delta U=\frac{E}{4}\sum_{n=1}^{4}(-1)^{n+1}\ \frac{\Delta R_n}{R} \tag{13-9a}$$

对应变仪设置合理的灵敏系数，可使应变仪读数与测量桥中应变片测量的应变之间建立如下关系

$$\varepsilon=\varepsilon_1-\varepsilon_2+\varepsilon_3-\varepsilon_4 \tag{13-9b}$$

二、半桥电路

R_1、R_2 是应变片，R_3、R_4 为仪器内的精密无感电阻。选取 $R_1=R_2=R_3=R_4$，当应变片测量应变为 ε_1、ε_2 时，应变仪的读数应变为

$$\varepsilon=\varepsilon_1-\varepsilon_2 \tag{13-10}$$

三、温度变化效应的补偿

1. 温度变化效应的产生

测量构件的应变并不是瞬时完成的，往往需要几个小时有时甚至需要几天。由于环境温度不断地变化，这时应变片的敏感栅电阻也随之发生改变。另外当电阻丝材料的线胀系数与构件材料不同时，电阻丝受到附加的拉伸（或压缩）也造成电阻的变化。

考虑上述两个因素，敏感栅电阻随温度的变化率与温度变化关系如下式

$$\frac{\Delta R}{R}\Big|_T=[\alpha_T+K(\beta_e+\beta_q)]\Delta T \tag{13-11}$$

其中，α_T 是敏感栅电阻温度系数；$\Delta T=T_2-T_1$ 是温度增量；β_e、β_q 分别是构件材料、敏感栅材料线膨胀系数；K 是敏感栅灵敏系数。上述因素给应变测量带来了较大的误差，环境温度升高 1℃，有时应变仪的指示应变可达几十微应变，必须设法排除它。

2. 温度补偿

消除温度变化效应的方法叫做温度补偿。通常采用如下两种方法。

（1）补偿片法

取两片电阻值、灵敏系数相同的应变片，一片贴在受力构件上做工作片，另一片贴在与构件材料相同但不受力的试件上做补偿片，并且受力构件与试件处于同一温度场中。将工作片和补偿片接入相邻的桥臂中，产生的温度变化效应一正一负，互相抵消，亦即消除了温度变化效应对应变测量的不良影响。参见图 13-5。

（2）温度自补偿片

在式(13-11) 中，K，β_q 基本不变，α_T 可以通过热处理，在很大范围内改变。这样，对材料一定的构件，在一定温度范围内，可以使得上式接近零。一般认为在温度范围内平均

热输出小于 0.5$\mu\varepsilon$/℃～1$\mu\varepsilon$/℃的应变片属于温度自补偿片。

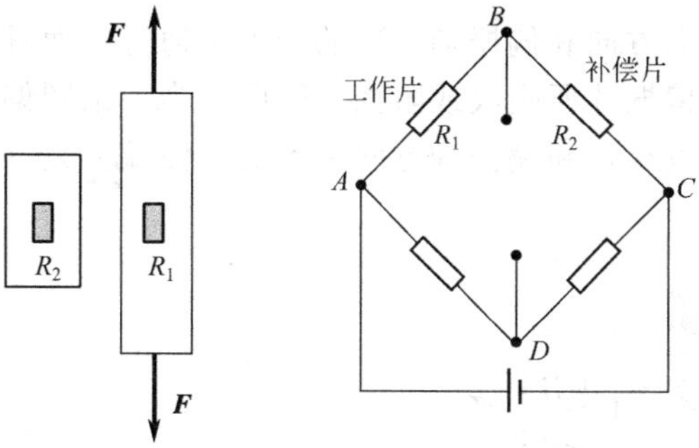

图 13-5 温度效应的补偿

第三节 光测弹性力学基本原理

一、基本光学知识

1. 光的本质

光是一种物质形态，是可见的能量辐射。解释光的本质有两种理论：波动理论和微粒理论。光的波动理论是菲涅尔（Fresnel A J）首先建立的，而麦克斯韦（Maxwell J C）的电磁理论进一步证明了光波是电磁波的一种，波的振动方向与传播方向相互垂直，所以光波是横波（如图 13-6）。微粒理论则认为光的能量是以粒子流（如量子或光量子）的形式传播的。由于波动理论能够有效地解释光的反射、折射、干涉和偏振光学现象，因而在光测弹性力学中被普遍采用。

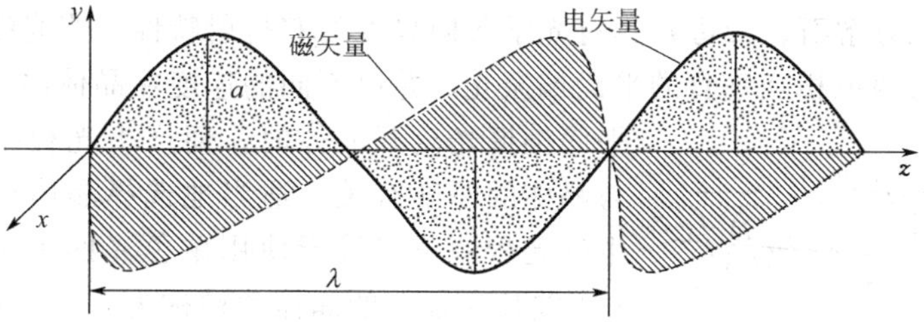

图 13-6 光波

2. 偏振光

普通光源发出的光波通常为自然光，其特点是：其横波振动是杂乱无章的，在垂直于光传播方向的平面内沿任意方向振动的概率都是相同的，因而不表现出方向性。一束自然光可以看成是无数方位上不同振幅的振动所组成，可以表示为很多不同方位的光矢量的组合，而且是均匀对称的。如太阳光、灯光等都是自然光。一束光波在垂直传播方向的平面内作有规则的振动，则称为偏振光。偏振光的特性是由光矢量的运动轨迹来确定的。如果光矢量的方位保持不变，光波只在某个平面内振动，则为平面偏振光或线偏振光。如图 13-6 所示为在 y 方向偏振的平面偏振光（电矢量反映光波的主要特性）。与振动平面垂直的平面叫偏振面。如果光矢量的方位等速变化，而其振幅保持恒定，则光矢量端点运动轨迹的投影为一圆。当一个质点按圆的轨迹运动，在其传播轴 z 的方向上将形成一个圆柱螺旋线向前传播，这种光波称为圆偏振光（见图 13-7）。

3. 偏振片

偏振片只允许光波振动方向和偏振轴一致的光矢量通过，而垂直于偏振轴方向振动的光矢量或光矢量的分量则被偏振片所吸收或阻挡。因此，当一束圆偏振光通过偏振片（此时被称为检偏器）以后，便可以获得和偏振轴方向一致的平面偏振光（图 13-7）。

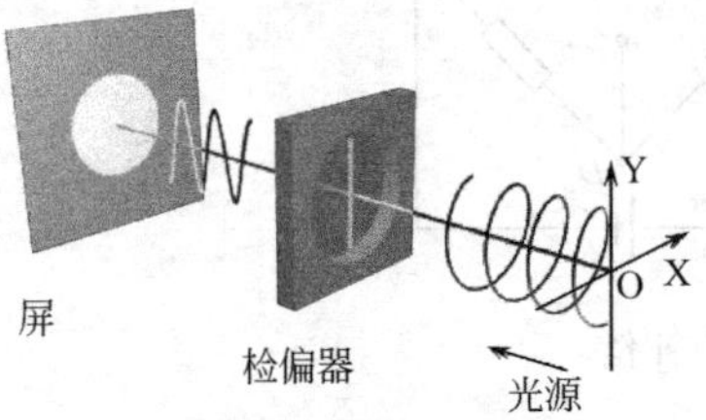

图 13-7　圆偏振光

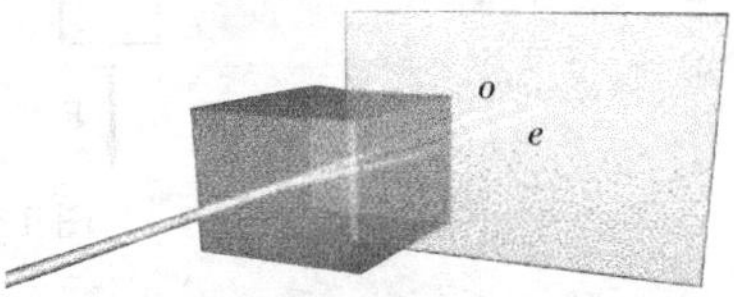

图 13-8　双折射

4. 双折射

当一束光入射某些晶体后，出射时成为两束光（图 13-8），这种现象称为双折射现象。有些材料，如方解石、石英、云母，天然就存在双折射现象，称为永久双折射。当一个物体放在晶体一个面上，从晶体的对面可以看到两个相同的物体。两束光具有如下特征：①其中一束光遵循折射定律，叫寻常光，用字母 o 表示；另一束光不遵循折射定律，叫非常光，用字母 e 表示；②两束光的光矢量的振动方向互相垂直；③两束光通过晶体时速度各不相同。在方解石中，e 光比 o 光快，此类晶体称为负晶体；在石英中，o 光比 e 光快，此类晶体称为正晶体。

在晶体中存在着一个特殊的方向，当光线在晶体内沿着这个方向传播时，不发生双折射，这个特殊的方向称为晶体的光轴。

5. 1/4 波片及其作用

某些晶体（如方解石、云母）具有光学各向异性的双折射特性；当光线法向入射该晶体时，光波将分解为两束相互垂直的平面偏振光，并以不同的速度在晶体内传播，因而当这束平面偏振光离开晶体时，便产生光程差。光程差的大小与晶体的厚度有关。适当地选择晶体片的厚度，使它产生的光程差正好等于使用单色光的 1/4 波长。这种产生 1/4 波长光程差的晶体片被称为 1/4 波片；1/4 波片是获得圆偏振光的重要光学元件。该波片通常用云母制造，也可以用非晶体材料，例如玻璃、赛璐珞等加工制造。

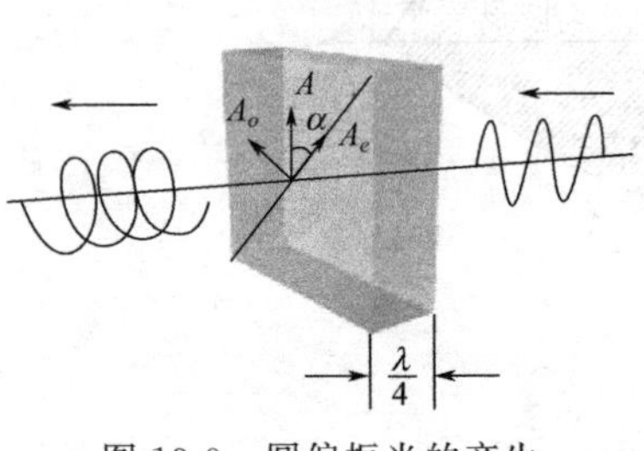

图 13-9　圆偏振光的产生

如图 13-9，当一束平面偏振光的偏振方向和 1/4 波片的光轴成 45°，这束平面偏振光透过 1/4 波片以后，便成为圆偏振光，令光矢量 $\boldsymbol{A}$ 代表入射的平面偏振光，它和 1/4 波片的快轴 f 和慢轴 s 成 45°。为简单起见，A 可以表示为 $A=a\sin\omega t$。当 $\boldsymbol{A}$ 进入 1/4 波片以后将分解为 $\boldsymbol{A_o}$、$\boldsymbol{A_e}$ 两个平面偏振光。

$$A_o=\frac{\sqrt{2}}{2}a\sin\omega t$$
$$A_e=\frac{\sqrt{2}}{2}a\sin\omega t \tag{13-12}$$

当 $\boldsymbol{A}_o$、$\boldsymbol{A}_e$ 离开 1/4 波片时，由于 $\boldsymbol{A}_o$ 落后 $\boldsymbol{A}_e$ 一个 $\lambda/4$ 的光程差（假设 1/4 波片由负晶体材料制成），即位相差 $\pi/2$，此时有

$$\begin{aligned} A_o' &= \frac{\sqrt{2}}{2} a \sin\omega t \\ A_e' &= \frac{\sqrt{2}}{2} a \sin\left(\omega t + \frac{\pi}{2}\right) \end{aligned} \tag{13-13}$$

显然 A_o' 和 A_e' 合成的光矢量端点的轨迹为一圆。当光波沿 z 轴传播，这个圆便展开为一圆的螺旋线。

由上述分析可知：只要使一个偏振片的偏振轴和一个 1/4 波片的光轴成 45°，当一束自然光透过偏振片，再透过 1/4 波片，便可获得圆偏振光。不难证明，当一束圆偏振光透过 1/4 波片以后它们的合成光波将变成平面偏振光。

二、应力-光学定律

1. 暂时双折射

很多非晶体的透明材料，例如玻璃、赛璐珞、环氧树脂、聚碳酸酯塑料等，在有应力的情况下，会呈现类似于双折射晶体一样的双折射效应。这种效应随应力的存在而存在，并随应力的消失而消失，这种效应称为暂时双折射效应或人工双折射，它是建立光测弹性这门学科的基础。

2. 二维光弹性应力-光学定律

当光垂直入射并通过二维应力模型中任一点时，由于模型材料在应力作用下产生双折射现象效应，光波沿模型该点主轴方向（光学主轴与应力主轴重合）分解，该点的主应力与相应的主折射率关系为

$$n_1 - n_0 = C_1\sigma_1 + C_2\sigma_2 \tag{13-14}$$

$$n_2 - n_0 = C_1\sigma_2 + C_2\sigma_1 \tag{13-15}$$

其中，n_0 为无应力时模型材料的折射率，n_1 为 σ_1 方向的折射率，n_2 为 σ_2 方向的折射率，C_1、C_2 是模型材料的应力光学系数。将式(13-14) 与式(13-15) 相减得到

$$n_1 - n_2 = (C_1 - C_2)(\sigma_1 - \sigma_2) \tag{13-16}$$

设模型的厚度为 h，这束偏振光透过应力模型以后，所产生的光程差 Δ 将正比于模型的厚度 h，并和两个主方向偏振光波的主折射率 n_1 和 n_2 有关。则有

$$\Delta = (n_1 - n_2)h \tag{13-17}$$

将式(13-17) 代入式(13-16) 得

$$\Delta = Ch(\sigma_1 - \sigma_2) \tag{13-18}$$

其中，$C = C_1 - C_2$，这就是适用于二维应力状态的光弹性应力一光学定律。由式(13-18) 可知：任一点的光程差，与相应点的主应力差和厚度成正比。

三、等差（色）线、等倾线

如上所述，由于光弹性材料具有暂时双折射效应，因而模型在受力以后可以获得反映主应力差值的光程差 Δ。但是，由于产生光程差的两个平面偏振光具有不同的偏振方向，因而不能产生干涉，也不能产生所需要的干涉条纹。为此，还需置一检偏镜 A 来获得它。因此，采用了如图 13-10 所示的光路图，光源用单色光，令起偏镜 P 的偏振轴方向与 x 轴夹角为 α，检偏镜 A 的偏振方向与 x 轴夹角为 β，应力模型的主应力 σ_1 和 σ_2 的方向分别与 x、y

轴夹角为θ和$\theta+\pi/2$。设ϕ为由起偏镜产生的平面偏振光通过应力模型后产生的相位差，则通过检偏镜 P 后的光强表示为

$$I=E_{A}E_{A}^{*}=I_{A}[\cos^{2}(\beta-\alpha)\cos^{2}(\phi/2)+\cos^{2}(\beta+\alpha-2\theta)\sin^{2}(\phi/2)] \tag{13-19}$$

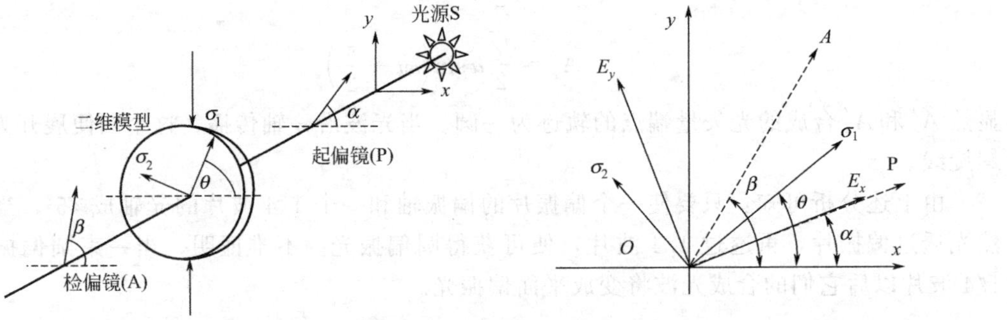

图 13-10　应力模型平面偏振光场布置示意图

当$\alpha=0°$、$\beta=90°$，图 13-10 称为正交平面偏振光学系统，此时透过检偏镜 P 的光强为：

$$I=I_{A}\sin^{2}2\theta\sin^{2}(\phi/2) \tag{13-20}$$

1. 等倾线

对于式(13-20) 考虑如下情况：

当 $\sin 2\theta=0$ 时，有 $I=0$

即：当$\theta=0$或$\theta=\pi/2$时，满足此条件。也就是说只要主应力方向和起偏镜或检偏镜的偏振轴一致，光强等于零，将出现黑色条纹。这种条纹反映了模型上一系列这样的点，它的主应力方向都与偏振轴重合。或者说，同一条黑色条纹上各点的主应力方向相同，所以称为主应力的等方向线，也就是与主应力的倾角相同点的轨迹，所以又称为等倾线。一般说来，受力模型内各点的主应力方向是连续变化的，要获得模型上全场等倾线，首先将起偏镜轴调到水平方向，将检偏镜调到垂直方向，这时获得 0°等倾线。然后利用光弹仪上同步回旋仪将起偏镜、检偏镜同时逆时针方向依次旋转到 10°、20°、30°、…，分别给出 10°、20°、30°、…等倾线。图 13-11 给出了对径受压（即压力沿着圆盘直径方向作用在）圆盘，在白光照明的正交平面偏振光场布置 0°、15°、30°情况下等倾线（图中除圆盘边缘外黑色的区域）与等差线（图中彩色条纹，其中圆盘边缘黑色的区域为零级等差线）耦合在一起的图像。

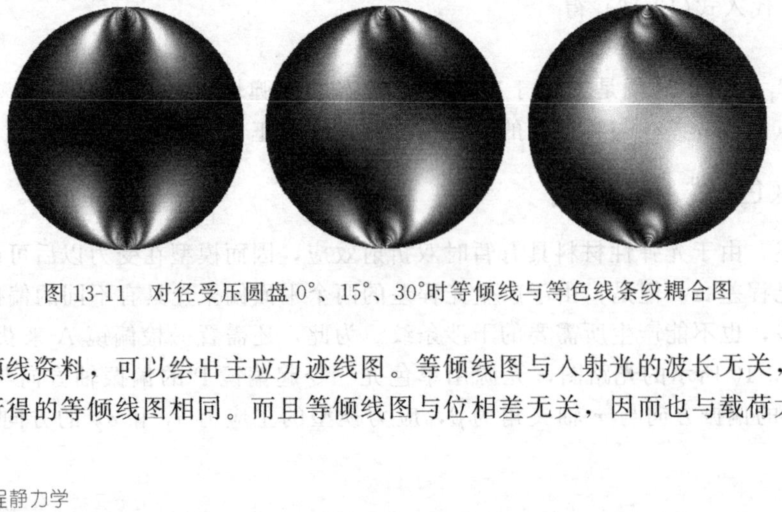

图 13-11　对径受压圆盘 0°、15°、30°时等倾线与等色线条纹耦合图

利用等倾线资料，可以绘出主应力迹线图。等倾线图与入射光的波长无关，无论是单色光或白光，所得的等倾线图相同。而且等倾线图与位相差无关，因而也与载荷大小以及材料

的应力光学系数无关。

2. 等色线（等差线）

对于式(13-20) 的另一种情况，即

$$\text{当}\ \sin^2(\phi/2)=0\text{时，有}\ I=0$$

即此时要求 $\phi/2=\pi(\Delta/\lambda)=n\pi$，($n=0$，1，2，…)。可见只要光程差 Δ 等于波长 λ 的任何整数倍光强都为零，都将出现干涉条纹。根据式(13-18) 的应力—光学定律，光程差 Δ 正比于主应力差，干涉条纹的光强的变化反映了主应力差大小的变化，在同一条暗条纹上模型上各点的主应力差是相等的，所以称这种条纹为等差线。当光源采用白光时，出现彩色条纹，同一颜色条纹的主应力差相同，所以等差线又叫等色线。

如果用波长 λ 的不同倍数 n 来表示光程 Δ，即令 $\Delta=n\lambda$，并代入式(13-18) 的应力-光学定律，则有

$$n\lambda=Ch(\sigma_1-\sigma_2) \tag{13-21}$$

也就是

$$(\sigma_1-\sigma_2)=n\frac{F}{h}=nf \tag{13-22}$$

其中，$F=\lambda/C$，$f=F/h$。f 称为材料条纹值，单位是 Pa/条。它同材料性质有关，也和光源的波长 λ 有关，材料条纹值代表单位厚度的应力模型产生一级干涉条纹（$n=1$）所需要的主应力差值。式(13-22) 是光弹性实验中最常用的应力计算公式，也是应力-光学定律的另一种表达形式。

四、应力模型在圆偏振光场中的效应

式(13-20) 表明，当 $\sin2\theta=0$ 与 $\sin^2(\phi/2)=0$ 同时满足，必有 $I=0$。这意味着在平面偏振光场布置中，等倾线与等差线存在互耦现象。消除等倾线的办法可以采用如图 13-12 所示的正交圆偏振光场的光路布置。在这个光路中，起偏镜 P 和检偏镜 A 的偏振轴互相垂直，两个 1/4 波片的快轴（或慢轴）也互相垂直，但都和偏振片 P 或 A 的偏振轴成 45°夹角。这样，通过起偏镜的平面偏振光在通过 1/4 波片以后就变成了圆偏振光，正是这个圆偏振光提供了消除等倾线的条件。简单来说，这是因为圆偏振光是以传播轴为轴对称的，它不具有方向性，因而不能反映具有方向性的等倾线。即不管主应力方向怎样，圆偏振光在进入模型时都将分解为两个互相垂直、振幅相等的平面偏振光，并在离开应力模型以后产生反映主应力

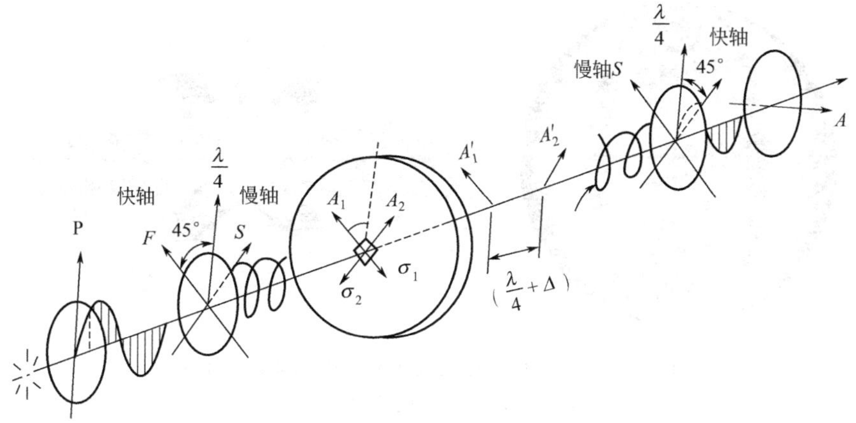

图 13-12　正交圆偏振仪光学系统

差的光程差，这就破坏了产生等倾线的条件。

假定从起偏镜发出的平面偏振光为

$$A_y = a\cos\omega t \tag{13-23}$$

通过第一片 1/4 波片后，变成圆偏振光

$$\begin{aligned} A_F &= \frac{\sqrt{2}}{2}a\cos\omega t\text{（沿快轴）} \\ A_S &= \frac{\sqrt{2}}{2}a\cos\omega t\text{（沿慢轴）} \end{aligned} \tag{13-24}$$

圆偏振光进入并通过受力模型，因为 $\sigma_1 \neq \sigma_2$，设圆偏振光在 σ_1 和 σ_2 方向产生的光程分别为 Δ_1 和 Δ_2，其光程差 $\Delta = \Delta_1 - \Delta_2$。接着光波进入并通过第二个 1/4 波片和检偏镜，合成一个新的光波

$$A_x = a\sin\frac{\Delta\pi}{\lambda}\cos(2\theta + \omega t + \frac{\Delta_1 + \Delta_2}{\lambda}\pi) \tag{13-25}$$

其中，θ 仍为主应力 σ_1 方向与水平轴的夹角，引入 $\phi = 2\pi\Delta/\lambda$，注意 ωt 是与光的频率有关的变量。虽然含有频率项也有干涉现象，但频率极高，每秒钟达百万亿次，人的眼睛难以观测出来。根据光强和振幅的关系，于是光强表达为

$$I = A_x A_x^* = 2a^2\sin^2(\phi/2) \tag{13-26}$$

将上式与正交平面偏振光场时的光强表达式(13-20) 比较，式(13-26) 少了 $\sin^2 2\theta$。

通过以上推导不难发现：

(1) 正交平面偏振场的条纹图

① 等倾线与等色线相互存在于同一幅条纹图。

② 白光场中等倾线总是黑色的，而等差线除了零级条纹为黑色外，其它级为彩色的。因此，绘制等倾线时利用白光场中等倾线总是黑色的特点来描绘，具体做法就是同步反时针方向旋转起偏镜和检偏镜，一般间隔 5°或 10°描绘等倾线，旋转 90°止。

(2) 正交圆偏振场的条纹中只有等差线，因此利用图 13-12 就可获得只有清晰等差线的干涉条纹图，如图 13-13。

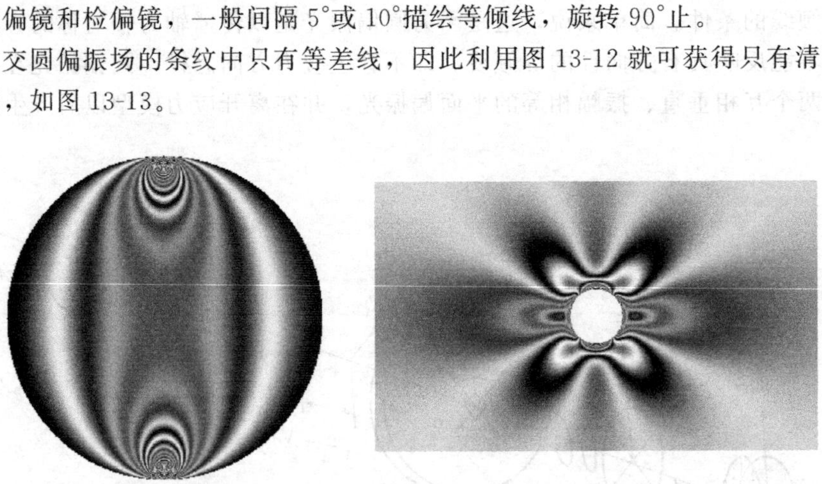

图 13-13　正交圆偏振光场中对径受压圆盘及水平拉伸带圆孔矩形薄板等色线条纹图

第四节　现代光测力学技术简介

一、云纹法

云纹法是用实验方法来测定应变的最基本方法之一，实验时将两块相同栅板重叠，其中一块粘贴在物体表面，当物体发生面内变形时试件栅随物体一起变形导致两个栅板具有不同节距或不同的方位，这时对着亮的背景方向看，就会有明暗相间的条纹出现，称该条纹为“云纹”。

云纹法所用的测量基本原件是栅板，如图 13-14 所示，它是由透光和不透光的等距平行线组成，明和暗相间，暗线称为栅线，相邻两线的间距称为节距 p，p 值的倒数称密率，表示每单位距离的栅线数量，常用栅线的密率为 2～100 栅线每毫米。

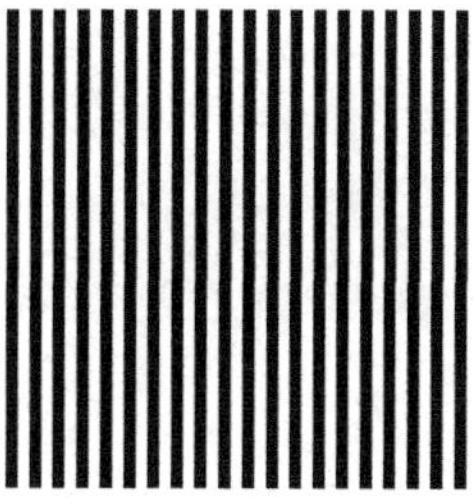

图 13-14　光栅

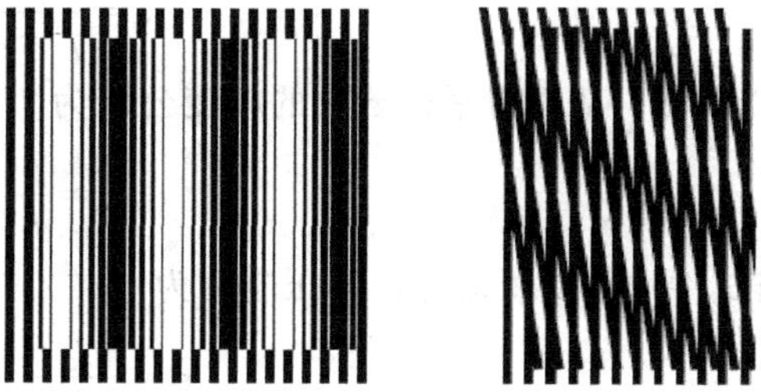

图 13-15　平行云纹和转角云纹

由图 13-15 可以看出，云纹条纹的形成实际上是栅线对光线遮挡引起的现象。

云纹效应是普遍存在的，但常常注意不到。因为视觉处理系统常常使人们分散注意力。生活中产生可见云纹图的其他例子有：

(1) 电视上的建筑物，这里的云纹是由屏幕上的图案和带有像素阵列的电视画面相互作用而产生的；

(2) 从一定距离观察到的桥式支架或格构栅栏；

(3) 窗帘材料的纹理或从背后照亮的窗纱等。

云纹的分布和试件的变形状况有定量的几何关系，故根据云纹图中云纹的位置和间距或转角，将试件栅（specimen grating，即粘贴在试件表面的栅线）和基准栅（master or reference grating，即不变形的栅板）进行比较，就可测出应变和位移。为了测量平面应变，首先要建立云纹与应变之间的基本关系式，通常采用几何方法。

均匀拉伸或压缩时应变测量方法如下。

1. 平行云纹法

实验时在试件表面上用 502 胶贴上试件栅，再用与试件栅等节距的基准栅板安置在紧靠试件栅板的地方，使两个栅板的栅线完全重合。当试件受拉伸后，如图 13-15 所示，试件栅的节距增大，试件栅相对于基准栅产生相对移动。由于栅线对光线的遮挡，形成云纹的暗带是因为一块栅板的黑线条落在另一块栅板的白线条上所形成，该处光强最弱如图 13-16 中 $N=0$、1、2 处所示暗条纹。云纹的亮带形成，则是一块栅板的白线条落在另一块栅板的白线条上，光强最强如图 13-16 中 $N=1/2$、$3/2$ 处所示亮条纹。这种明、暗条纹称为“平行云纹”。

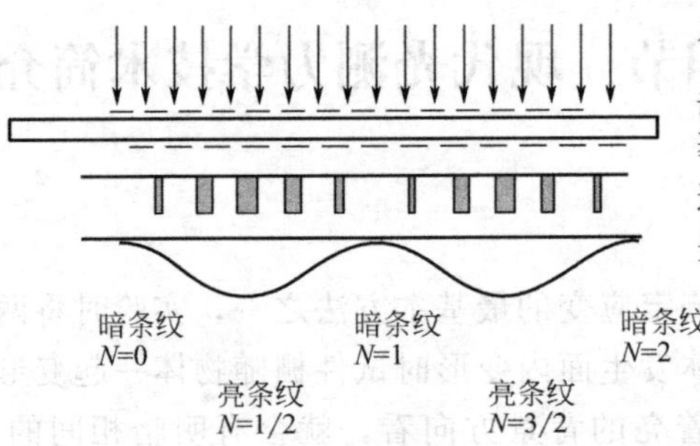

图 13-16　平行云纹的形成

设两条云纹之间距离为 f，则在变形前试件上 $(f-p)$ 的距离内，试件伸长了一个节距 p，故试件的拉伸应变为

$$\varepsilon=\frac{p}{f-p} \tag{13-27}$$

实际上，$f\gg p$，从而得平行云纹的应变公式为

$$\varepsilon=\frac{p}{f} \tag{13-28}$$

同理，当试件均匀受压缩时，其压应变为

$$\varepsilon=\frac{p}{f+p}\approx\frac{p}{f} \tag{13-29}$$

节距 p 是已知的，只要测出云纹间距，利用上面两个公式便可求出垂直于栅线方向的均匀拉（或压）应变。如果不是均匀拉（或压），此值表示两相邻云纹之间长度上的平均应变。在式(13-28) 或式(13-29) 中，p 和 f 均为正值，故无法判断应变正负。采用转动基准栅的办法，并根据云纹的变化情况来判断应变的正负。其原则是：微小转动基准栅时，如果云纹条纹与基准栅转动方向一致，则为拉应变；否则，为压应变。

2. 转角云纹法

试件栅与基准栅重叠并使栅线方向沿垂直于拉伸（或压缩）方向放置，试件变形前，将基准栅有微小转角 θ(0.2°～1.5°)，得到的云纹图像称为“转角云纹”，如图 13-17 中的 OA。拉伸加载变形后，得到的云纹 OA_1 仍称“转角云纹”。

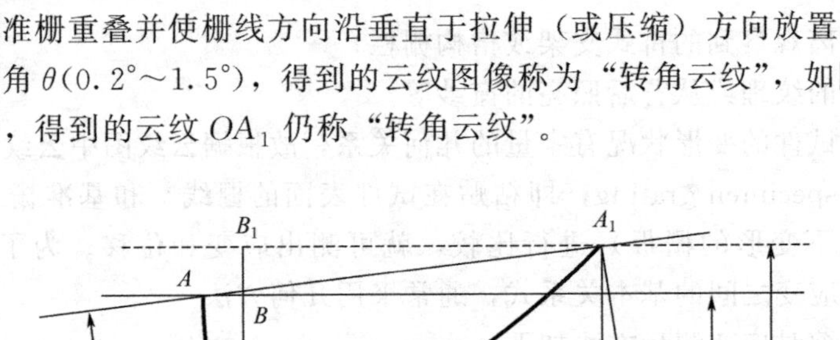

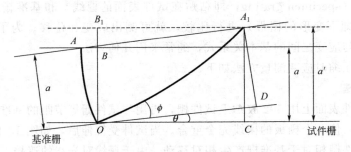

图 13-17　转角云纹相邻栅线（拉伸）变形
（OA 与 OA_1 分别为变形前和变形后的云纹）

当拉伸变形后云纹位置为 OA_1。ϕ 角是 OA_1 与基准栅的栅线夹角，测量时规定 θ 和 ϕ

逆时针转动为正，顺时针转动为负。在均匀拉伸时，假设试件栅变形后每相邻两条栅线保持平行。若基准栅和试件栅在变形前的节距均为 a，则试件的拉伸应变可由图中的几何关系计算，

$$\varepsilon=\frac{BB_1}{OB}=\frac{OB_1-OB}{OB} \tag{13-30}$$

因为 $OB=a$，$OB_1=a'$，所以上式可写成

$$\varepsilon=\frac{a'-a}{a}=\frac{a'}{a}-1 \tag{13-31}$$

在三角形 OA_1C 中，有

$$\sin(\phi+\theta)=\frac{a'}{OA_1}$$

在三角形 OA_1D 中，则有

$$\sin\phi=\frac{a}{OA_1}$$

两式消去 OA_1 得

$$\varepsilon=\frac{\sin(\phi+\theta)}{\sin\phi}-1 \tag{13-32}$$

在此应当指出，只有精确地测量角 θ 和 ϕ，才能得到较准确的应变值。应变的计算公式几点说明：

(1) 当试件栅与基准栅栅距相等，试件没有应变时云纹与基准栅的夹角 $\phi=90°-\theta/2$，与试件栅的夹角是 $90°+\theta/2$；

(2) 实践中 θ 值很小（约 $0.2°\sim1.5°$），故可认为 $\varepsilon=0$ 时转角云纹近似垂直于基准栅栅线；

(3) ϕ 和 θ 角逆时针方向为正，顺时针方向为负，求得应变正号为拉应变，负号为压应变。

上面所介绍的方法，说明了云纹法测量面内变形及应变的基本原理，系采用了最简便的平行栅线型式。在平面应变场测应变时，试件栅按互相垂直方向在试件上粘贴两次，分别得到 u 和 v 两个位移场云纹图而求出应变，此方法限于静态测量。若采用光学信息处理中的空间滤波器处理，可以得到清晰的云纹图像，也适于动态应变测量，详细原理与方法读者请参阅密栅云纹法应用的专著。

图 13-18 为理想情况下云纹法测量得到的对径受压圆盘 u 和 v 位移场云纹图。

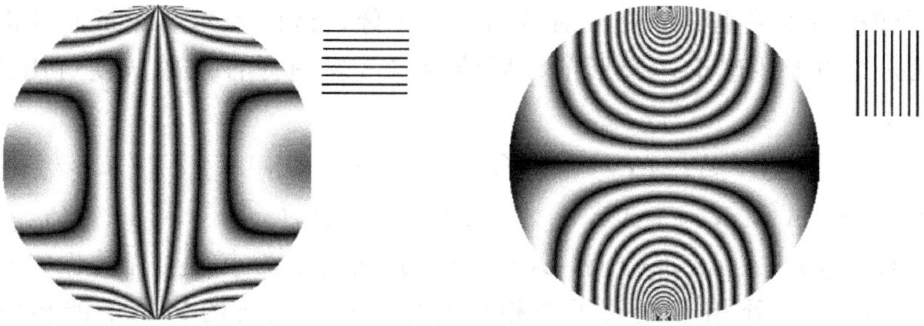

图 13-18 对径受压圆盘 u 和 v 位移场云纹图及相应栅线贴置方向示意图

二、散斑干涉计量技术的基本原理

用相干性好的激光照射漫反射表面的物体，这些表面漫反射光犹如无数小的相干点光源所发出的光，它们之间也是相干光，彼此也要发生干涉，则在物体表面前边的空间形成了无数随机分布的亮点和暗点，称为散斑。

如采用成像透镜，将物体表面前的随机分布的散斑连同物体的像一起用全息底片记录下来，就可得到散斑图。在透镜后面的记录平面上的散斑的平均直径为

$$S=\lambda\frac{F(1+M)}{a}=\lambda f(1+M) \tag{13-33}$$

其中，λ 是激光波长，f 是透镜相对孔径 $f=F/a$，F 是透镜焦距，a 是透镜孔径尺寸；M 是像的放大倍数。图 13-19 是不同透镜相对孔径数下拍摄同一散斑图像，透镜相对孔径对散斑的影响是显而易见的。

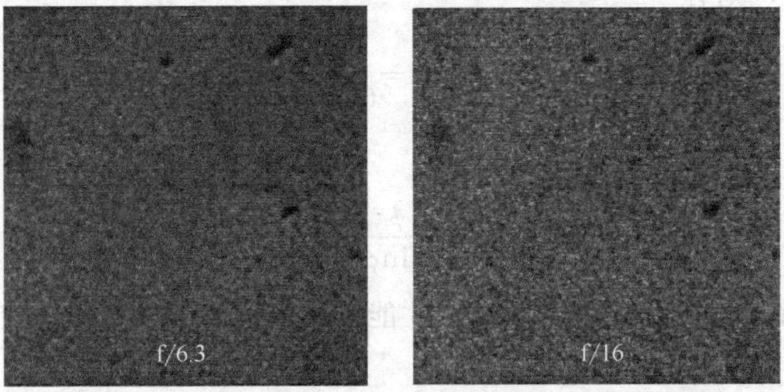

图 13-19 不同透镜相对孔径数下拍摄同一散斑图像

如采用双曝光法散斑照相进行力学测量，即将物体变形前的散斑图与物体变形后的散斑图记录在一张全息底片上，再将这张带有物体表面信息的底片，放在一定的光路系统中，将散斑图中储存的变形信息提取出来。这是把散斑作为计量手段早期（始于 1968 年）的做法。然而随着电子技术与计算机技术的不断进步与发展，现代散斑干涉测量技术主要采用数字图像采集与计算机图像处理技术来进行光测力学信息的快速、准确和分析与提取的自动化。

变形的电子散斑图像干涉（ESPI）测量技术包括以下两种。

1. 面内变形的测量

为了减少离面位移（即垂直于物体表面的位移形变）给测量带来的误差，实验时采用如图 13-20 所示的对称相干光路照明被测模型表面，测量系统中激光光源用来照明并产生散斑，其产生的激光束经分光镜分成两束光，通过扩束镜扩束后以相同的角度照射模型表面。CCD 摄像机用于采集试件变形前后的散斑图像，试件和光学测量元件都固定放在隔振平台上。根据光的干涉理论，变形前、后的两幅散斑图像各点的灰度可用式(13-34) 和式(13-35) 表示。

$$I_0(x,y)=A_1^2(x,y)+A_2^2(x,y)+2A_1(x,y)A_2(x,y)\cos\alpha \tag{13-34}$$

$$I_1(x,y)=A_1^2(x,y)+A_2^2(x,y)+2A_1(x,y)A_2(x,y)\cos[\alpha+\phi(x,y)] \tag{13-35}$$

上两式中，$A_1(x,\ y)$、$A_2(x,\ y)$ 和 $\varphi(x,\ y)$ 分别表示两束入射光的振幅和变形引起对应于物面上点（x，y）处相干光的干涉相位变化，α 为光波的初始干涉相位，并不影响测量。

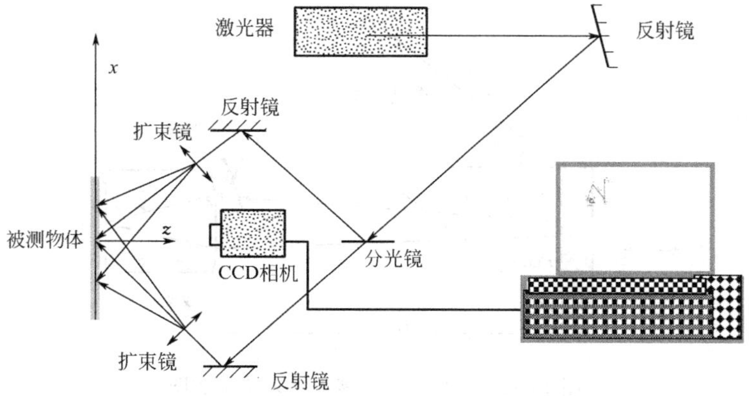

图 13-20　ESPI 面内位移测量系统示意图

对式(13-34) 和 (13-35) 应用图像相减模式可得

$$I(x,y)=|I_0(x,y)-I(x,y)|$$
$$=4A_1(x,y)A_2(x,y)\left|\sin\frac{2\alpha+\phi(x,y)}{2}\right|\cdot\left|\sin\frac{\phi(x,y)}{2}\right| \tag{13-36}$$

上式右端的$|\sin([2\alpha+\varphi(x,y)]/2)|$为高频散斑调制项，而$|\sin[\varphi(x,y)/2]|$为调制有被测信息的干涉条纹项。当被测物体点 $(x,\ y)$ 具有沿 x 方向的面内位移 $u(x,\ y)$ 时，对于以相同入射角 θ 的两束光线干涉光路来说，将产生 $2u(x,y)\sin\theta$ 的光程差，对应的相位变化可表示为

$$\phi(x,y)=\frac{2\pi u(x,y)}{\lambda}\sin\theta \tag{13-37}$$

式中，λ 为相干光波长。从式(13-37) 可以看出，当 $\phi(x,y)=n\pi(n=0,\pm1,\pm2,\cdots)$ 时，$I(x,y)=0$ 即出现暗条纹（对应于位移等值线），此时面内位移 $u(x,\ y)$ 与条纹级次 n 的关系为

$$u(x,y)=\frac{n\lambda}{2\sin\theta} \tag{13-38}$$

图 13-21 为左端固定的悬臂梁（高梁）右端受集中荷载下压时，用 ESPI 方法测得的此时梁上沿水平方向的位移分布，图像中每个条纹代表位移相同点的轨迹。

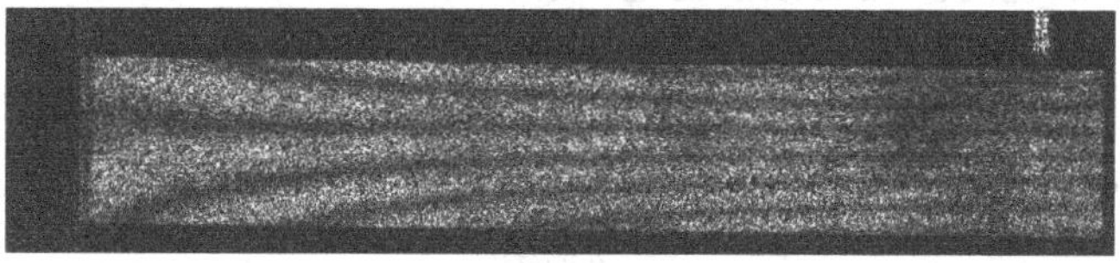

图 13-21　悬臂梁的弯曲变形测量

2. 剪切散斑干涉方法

散斑剪切干涉法中的散斑图记录光路如图 13-22 所示。物体用激光照明，然后由装配有错位元件——光楔的成像仪器。由 CCD 照相机接收成像，并利用图像处理技术处理获得散斑剪切干涉条纹的方法，也称为电子散斑剪切干涉法（Electronic Speckle Shearing Pattern Interferometry，简称 ESSPI)。

测试物体表面被与观测方向成 θ 角倾斜入射的准直相干光照明。由于成像透镜的一半盖

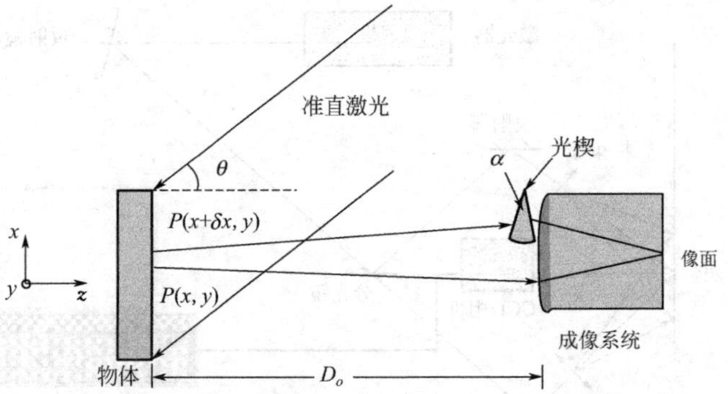

图 13-22　散斑剪切干涉光路系统示意图

有一片薄玻璃光楔，光线透过玻璃光楔时会发生偏折，所以两个像（透镜的每一半都会聚成一个像）将彼此相互产生横向剪切。也就是说，剪切成像系统使得从物体表面上某一点来的散射光与从邻近一点来的散射光发生干涉。适当地安放玻璃光楔和选择它的楔角，使之在 x 方向上发生剪切，因此来自点 $P(x,y)$ 的光与来自邻近点 $P(x+\delta x,\ y)$ 的光相互干涉。在物体表面上，光楔产生的剪切量 δx 与楔角 α 有关，有

$$\delta x = D_o(n-1)\alpha \tag{13-39}$$

式中，D_o 为物体表面到透镜的距离，n 为光楔的折射率。当物体表面发生变形，两点之间将产生相对位移，因而就引起了光的相位也发生了相对变化，为

$$\Delta = \frac{2\pi}{\lambda}\{(1+\cos\theta)[w(x+\delta x,y)-w(x,y)]+\sin\theta[u(x+\delta x,y)-u(x,y)]\} \tag{13-40}$$

式中，u 和 w 分别为沿 x 和 z 方向的位移分量。如果剪切量 δx 很小，相对位移可近似地由位移导数来表示，这样，式(13-40) 可写成

$$\Delta = \frac{2\pi}{\lambda}[(1+\cos\theta)(\partial w/\partial x)+\sin\theta(\partial u/\partial x)]\delta x \tag{13-41}$$

剪切 δx 量等价于计量长度。把光楔绕 z 轴转 90°，则式(13-41) 中的导数就是关于 y 的，此时式(13-41) 中的 u 应由 v 来代替，x 应由 y 来代替。

如果图 13-22 中准直的激光近似于垂直入射，即 $\theta\approx 0$ 时，式(13-41) 可简化为

$$\Delta = \frac{4\pi}{\lambda}\frac{\partial w}{\partial x}\delta x \tag{13-42}$$

同理，当沿 y 方向剪切时

$$\Delta = \frac{4\pi}{\lambda}\frac{\partial w}{\partial y}\delta y \tag{13-43}$$

这样就可以由式(13-42) 和式(13-43) 直接获得 $\partial w/\partial x$ 和 $\partial w/\partial y$。至于本方法原理更详细的论述，可参阅有关现代光测力学的文献。

按照式(13-36) 推导方式，可以得到如下剪切散斑条纹光强表达式为（以沿 x 方向剪切为例）

$$I = 4a(x,y)a(x+\delta x,y)\left|\sin\frac{2\beta+\Delta}{2}\right|\times\left|\sin\frac{\Delta}{2}\right| \tag{13-44}$$

上式中 β 为光波的初始干涉相位。

图 13-23 为周边固定的薄圆盘中心受集中荷载顶压时，用 ESSPI 方法测得的此时圆盘表面上沿水平方向的斜率变化分布，图像中每个条纹代表坡度相同点的轨迹。

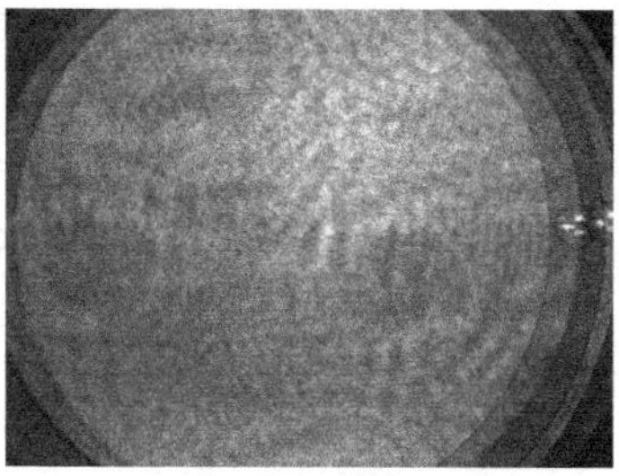

(a) 变形前的散斑图

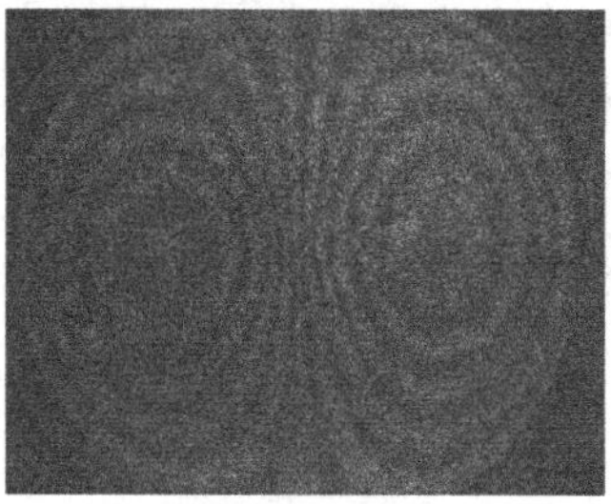

(b) 散斑条纹图

图 13-23 周边固定的薄圆盘中心受集中荷载顶压

散斑测试技术是重要的现代光测技术之一，并且已有一定的实际应用，特别是剪切散斑干涉技术已广泛应用于结构与材料缺陷的无损检测。散斑图的最大问题是它的信噪比为 1，这使提取信号变得非常困难，往往令人感到烦恼，却又令人割舍不下。这是因为散斑干涉技术与其他光测技术相比具有许多优点，诸如：

(1) 对防振措施和对测试物体表面的要求较低，且测试灵敏度和精度都比较高；

(2) 不存在在测试物体表面制栅，从而导致产生难以确定的初始应变/应力问题；

(3) 容易适应各种恶劣环境下进行测量，易于推广应用。

本章小结

电测法是结构工程中应变测量广泛使用的方法之一，它具有如下特点：

1. 测量精度高、范围广。测量范围一般可以从 1 微应变到几千微应变。对高灵敏度测量系统可测取 10^{-2} 量级的微应变。

2. 应变片尺寸小，重量轻，粘贴方便，对试件的工作状态和应力分布影响很小。

3. 频率响应快，机械滞后小。利用该法不仅可测构件在静载作用下的应变，而且可以测动载下和冲击载荷下的应变。

4. 可在恶劣的环境下测量。如在高温、低温、深水结构、强磁场及核辐射等条件下测量。

5. 可对运动状态下的结构实测。如可对高速旋转的飞轮和轴、行驶中的汽车、拖拉机等进行实测。

6. 自动化程度高，可实现遥控测量。将电阻应变仪和微机相结合，可以实现图形显示，磁带记录，多点测量，自动打印等功能，而且可以采用无线或有线遥控测量。

7. 电测法也有一定的局限性

(1) 一枚应变片只能测量一个“点”，而且测出的应变只能代表栅长范围内（最小 0.2mm）的平均应变。当被测结构应变应力集中剧烈时，测量误差较大。

(2) 应变片一般只能测构件表面的应力、应变，对结构内部的三维应力测量很难进行。

(3) 尽管应变片尺寸小，但对应力集中的测量，仍不够精确。

光测方法一般具有非接触、全场测量的优点，但往往对测试环境要求较高。

云纹法采用了最简便的平行栅线型式。在平面应变场测量静态应变时，试件栅按互相垂直方向在试件上粘贴两次，可分别得到 u 和 v 两个位移场云纹图而求出应变。若采用光学信息处理中的空间滤波器处理，可以得到清晰的云纹图像，也适于动态应变测量。

散斑测试技术是重要的现代光测技术之一，并且已有一定的实际应用，特别是剪切散斑干涉技术已广泛应用于结构与材料缺陷的无损检测。散斑干涉技术与其他光测技术相比具有对防振措施和测试物体表面的要求较低、测试灵敏度和精度较高、适应各种恶劣环境等许多优点。

第二篇　工程运动学

运动学是从几何角度研究物体的机械运动，而不涉及物体运动的原因，即不研究物体的运动和物体受力之间的关系。

物体的机械运动，是指物体所在空间位置随时间发生的变化，这空间位置是它对于其他物体的相对位置。通常，选定相对地球静止的物体作为参照物，将固结于选定的参照物的某一坐标系称为参考坐标系，即静系。

运动学以质点、刚体或其组成的系统为研究对象，建立其坐标随时间变化的运动方程，并进一步研究与速度、加速度等有关的问题，从几何角度研究其运动特性。

第十四章　点的运动与刚体的基本运动

在运动学中，根据所考察的物体尺度对研究问题的影响程度，将物体抽象为点和刚体两种模型。点的运动学是研究物体运动的基础，又具有独立的应用意义。本章主要研究点的运动和刚体的基本运动，包括点的运动方程、运动轨迹、速度、加速度及作简单运动刚体的运动规律等。

第一节　点的运动的矢量法

一、点的运动方程

设动点 M 沿任一空间曲线运动（如图 14-1）。选空间的任一位置作为原点 O，则在任意瞬时，动点 M 的位置可用从 O 向动点 M 所作的矢量 $\overrightarrow{OM}$ 来确定，$\overrightarrow{OM}$ 称为点的**矢径**，又称**位置矢量**（位矢），用 $\boldsymbol{r}$ 表示。M 点在任一瞬时的矢径 $\boldsymbol{r}$ 随时间 t 而变化，是 t 的单值连续函数，可写成

$$\boldsymbol{r}=\boldsymbol{r}(t) \tag{14-1}$$

此即以矢径表示点的运动方程。矢径端点所描绘出的曲线（矢径端图）就是点的运动轨迹。

二、点的速度

点的速度是反映点在某一瞬时的运动快慢和方向的物理量。设从瞬时 t 到瞬时 $t+\Delta t$，点的位置由 M 移动到 M'，如图 14-1，则其矢径的改变量 $\Delta\boldsymbol{r}=\boldsymbol{r}(t+\Delta t)-\boldsymbol{r}(t)$，它是动点在 Δt 时间间隔内的位移。比值 $\Delta\boldsymbol{r}/\Delta t$ 称为动点在 Δt 时间内的平均速度，以 $\boldsymbol{v}^*$ 表示，

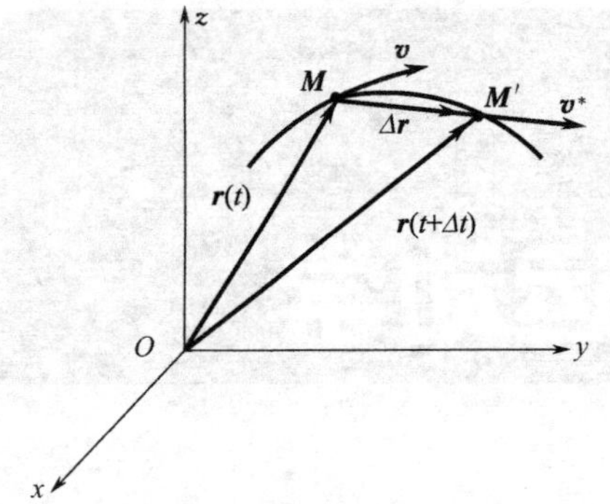

图 14-1

$$\boldsymbol{v}^{*}=\frac{\Delta \boldsymbol{r}}{\Delta t}$$

$\boldsymbol{v}^{*}$ 为一矢量，其方向与 $\Delta \boldsymbol{r}$ 的方向一致。当 $\Delta t \to 0$ 时，$\Delta \boldsymbol{r}$ 的极限方向就是轨迹的切线方向，并与点的运动方向一致，此比值称为动点在瞬时 t 的**瞬时速度**，简称为点的速度。由极限的观念知道

$$\boldsymbol{v}=\lim_{t\to 0}\boldsymbol{v}^{*}=\lim_{t\to 0}\frac{\Delta \boldsymbol{r}}{\Delta t}=\frac{\mathrm{d}\boldsymbol{r}}{\mathrm{d}t}=\dot{\boldsymbol{r}} \tag{14-2}$$

即点的速度等于动点的矢径对时间的一阶导数。速度的大小 $|d\boldsymbol{r}/\mathrm{d}t|$ 称为**速率**，表示点的运动快慢。其方向沿轨迹的切线方向，并与点的运动方向一致。

三、点的加速度

点的加速度是描写点的速度变化快慢的物理量。设动点从瞬时 t 到瞬时 $t+\Delta t$，其速度由 $\boldsymbol{v}$ 变化到 $\boldsymbol{v}'$，如图 14-2 所示，在时间间隔 Δt 内速度矢量的改变量为

$$\Delta \boldsymbol{v}=\boldsymbol{v}'-\boldsymbol{v}$$

比值 $\Delta \boldsymbol{v}/\Delta t$ 称为动点在 Δt 时间内的平均加速度，以 $\boldsymbol{a}^{*}$ 表示，当 $\Delta t\to 0$ 时，则 $\boldsymbol{a}^{*}$ 的极限描述动点的速度在瞬时 t 的变化率，以 $\boldsymbol{a}$ 表示

$$\boldsymbol{a}=\lim_{t\to 0}\boldsymbol{a}^{*}=\frac{\mathrm{d}\boldsymbol{v}}{\mathrm{d}t}=\frac{\mathrm{d}^{2}\boldsymbol{r}}{\mathrm{d}t^{2}}=\ddot{\boldsymbol{r}} \tag{14-3}$$

称为点的**瞬时加速度**，简称为点的加速度，它等于速度对时间的一阶导数，等于矢径对时间的二阶导数。加速度为一矢量，其方向沿 $\Delta t\to 0$ 时 $\Delta \boldsymbol{v}$ 的极限方向。

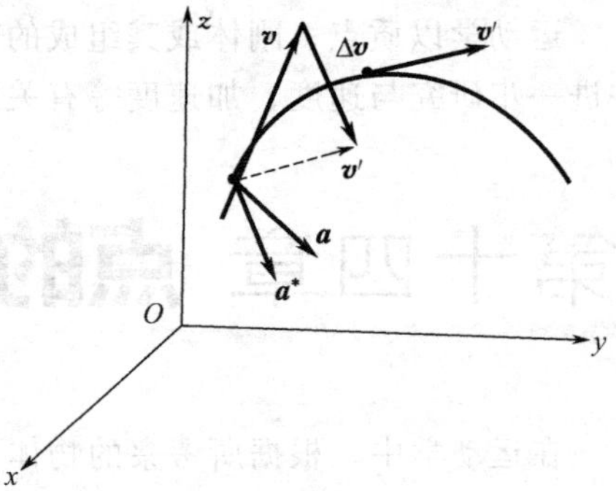

图 14-2

第二节　点的运动的直角坐标法

一、点的运动方程

设动点 M 在空间运动。在空间取一静止参考坐标系 $Oxyz$，则动点的位置可由它的坐标 x、y、z 唯一地决定，如图 14-3，当点运动时，坐标 x、y、z 都是时间 t 的单值连续函数：

$$\left.\begin{aligned} x&=f_1(t)\\ y&=f_2(t)\\ z&=f_3(t)\end{aligned}\right\} \tag{14-4}$$

上式即为以直角坐标形式表示的点的运动方程。若在运动方程中消去时间 t，即可得点的轨迹方程。

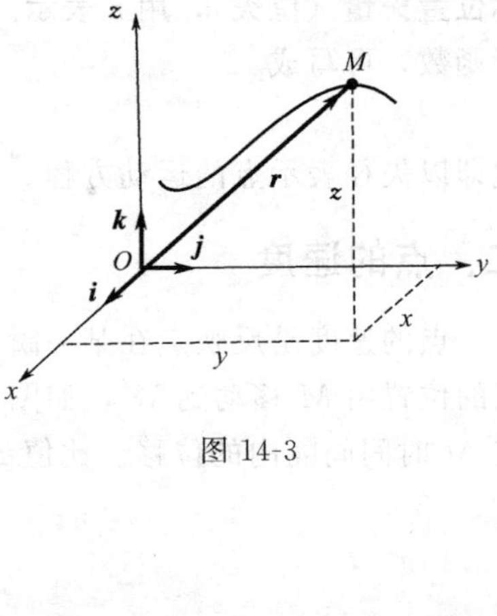

图 14-3

二、点的速度

由图 14-3 可见，可以用点的直角坐标来表示它的矢

径。设 $\boldsymbol{i}$、$\boldsymbol{j}$、$\boldsymbol{k}$ 分别表示沿 x、y、z 的方向单位矢量，则

$$\boldsymbol{r}(t)=x(t)\boldsymbol{i}+y(t)\boldsymbol{j}+z(t)\boldsymbol{k}$$

将上式对时间求一次导数，因单位矢量 $\boldsymbol{i}$、$\boldsymbol{j}$、$\boldsymbol{k}$ 为常矢量，它们对时间的导数为零，则由速度公式有

$$\boldsymbol{v}=\frac{\mathrm{d}\boldsymbol{r}}{\mathrm{d}t}=\frac{\mathrm{d}x}{\mathrm{d}t}\boldsymbol{i}+\frac{\mathrm{d}y}{\mathrm{d}t}\boldsymbol{j}+\frac{\mathrm{d}z}{\mathrm{d}t}\boldsymbol{k}=\dot{x}\boldsymbol{i}+\dot{y}\boldsymbol{j}+\dot{z}\boldsymbol{k} \tag{14-5}$$

如将速度 $\boldsymbol{v}$，直接向坐标轴投影，得到

$$\boldsymbol{v}=v_x\boldsymbol{i}+v_y\boldsymbol{j}+v_z\boldsymbol{k}$$

将上式与式(14-5) 比较，得

$$\left.\begin{aligned} v_x&=\dot{x}\\ v_y&=\dot{y}\\ v_z&=\dot{z}\end{aligned}\right\} \tag{14-6}$$

即点的速度在直角坐标轴上的投影等于对应坐标对时间的一阶导数。

由速度 $\boldsymbol{v}$ 的投影可得，速度大小为

$$v=\sqrt{(\dot{x})^2+(\dot{y})^2+(\dot{z})^2}$$

方向余弦为

$$\cos(\boldsymbol{v},\boldsymbol{i})=\frac{v_x}{v}$$

$$\cos(\boldsymbol{v},\boldsymbol{j})=\frac{v_y}{v}$$

$$\cos(\boldsymbol{v},\boldsymbol{k})=\frac{v_z}{v}$$

三、点的加速度

加速度是速度对时间的变化率，因此将式(14-5) 对时间 t 求导即得点的加速度

$$\boldsymbol{a}=\ddot{x}\boldsymbol{i}+\ddot{y}\boldsymbol{j}+\ddot{z}\boldsymbol{k} \tag{14-7}$$

将加速度在坐标轴上直接投影，有

$$\boldsymbol{a}=a_x\boldsymbol{i}+a_y\boldsymbol{j}+a_z\boldsymbol{k}$$

上式与式(14-7) 比较得

$$\left.\begin{aligned} a_x&=\ddot{x}\\ a_y&=\ddot{y}\\ a_z&=\ddot{z}\end{aligned}\right\} \tag{14-8}$$

即点的加速度在直角坐标轴上的投影等于对应坐标对时间的二阶导数。由加速度的投影，可得加速度 $\boldsymbol{a}$ 的大小为

$$a=\sqrt{a_x^2+a_y^2+a_z^2}$$

方向余弦为

$$\cos(\boldsymbol{a},\boldsymbol{i})=\frac{a_x}{a}$$

$$\cos(\boldsymbol{a},\boldsymbol{j})=\frac{a_y}{a}$$

$$\cos(\boldsymbol{a},\boldsymbol{k})=\frac{a_z}{a}$$

例 14-1 如图 14-4 所示，半圆形凸轮以等速 $v_0=10\text{mm/s}$ 沿水平方向向左运动，从而推动活塞杆 AB 沿铅直方向运动。当运动开始时，活塞杆 A 端在凸轮的最高点上。如凸轮半径 $R=80\text{mm}$，试求活塞 B 相对于地面的运动方程、速度和加速度。

解： 活塞连同活塞杆在铅直方向运动，可用其上一点的运动来描述。以下研究点 A 的运动情况。点 A 相对于地面作直线运动。点 A 的轨迹沿 y 轴，如图 14-4 所示。点 A 的运动方程为

$$y_A=R\cos\vartheta=\sqrt{R^2-(v_0t)^2}=10\sqrt{64-t^2}\,\text{mm}$$

求导得

$$v_A=\dot{y}_A=-\frac{10t}{\sqrt{64-t^2}}\text{mm/s}$$

$$a_A=\dot{v}_A=-\frac{640t}{\sqrt{(64-t^2)^3}}\text{mm/s}^2$$

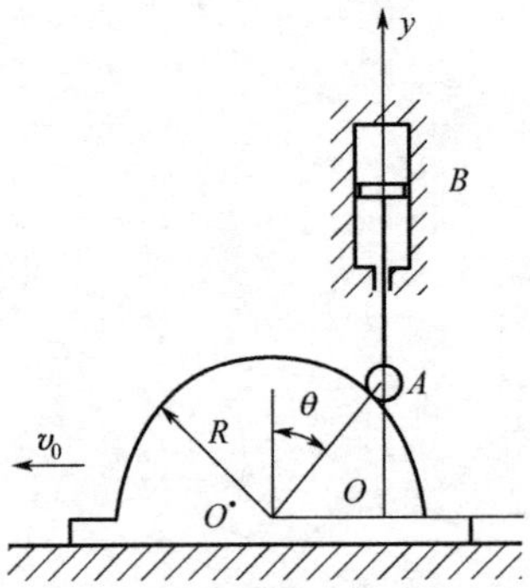

图 14-4

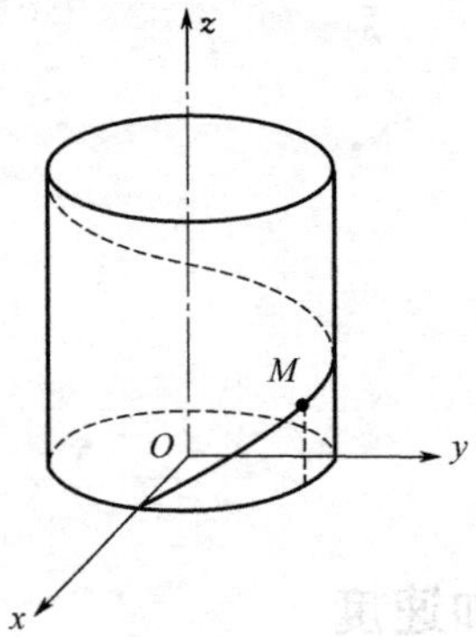

图 14-5

例 14-2 已知点 M 的运动方程为 $x=r\cos\omega t$，$y=r\sin\omega t$，$z=ut$，其中 r、u、ω 是常数。试求点 M 运动的轨迹、速度、加速度。

解：（1）先求点的运动轨迹

由给定的运动方程中消去时间 t 可得点的轨迹方程为

$$\begin{cases}x^2+y^2=r^2\\ x=r\cos\dfrac{\omega z}{u}\end{cases}$$

由方程可看出，其轨迹为一条螺旋线，如图 14-5 所示。

（2）求任意瞬时点的速度

将运动方程对时间求一阶导数即得速度在坐标轴上的投影，得

$$v_x=-r\omega\sin\omega t$$

$$v_y=r\omega\cos\omega t$$

$$v_z=u$$

进而可求得速度的大小和方向为

$$v=\sqrt{v_x^2+v_y^2+v_z^2}=\sqrt{(r\omega)^2+u^2}$$

$$\cos(\boldsymbol{v},\boldsymbol{i})=\frac{v_x}{v}=\frac{-r\omega\sin\omega t}{\sqrt{(r\omega)^2+u^2}}$$

$$\cos(\boldsymbol{v},\boldsymbol{j})=\frac{v_y}{v}=\frac{r\omega\cos\omega t}{\sqrt{(r\omega)^2+u^2}}$$

$$\cos(\boldsymbol{v},\boldsymbol{k})=\frac{v_z}{v}=\frac{u}{\sqrt{(r\omega)^2+u^2}}$$

(3) 求任意瞬时点的加速度

将速度在各坐标轴上的投影对时间求一阶导数即得加速度在各坐标轴上的投影，有

$$a_x=-r\omega^2\cos\omega t$$

$$a_y=-r\omega^2\sin\omega t$$

$$a_z=0$$

进而可求得加速度的大小和方向为

$$a=\sqrt{a_x^2+a_y^2+a_z^2}=r\omega^2$$

$$\cos(\boldsymbol{a},\boldsymbol{i})=\frac{a_x}{a}=-\cos\omega t$$

$$\cos(\boldsymbol{a},\boldsymbol{j})=\frac{a_y}{a}=-\sin\omega t$$

$$\cos(\boldsymbol{a},\boldsymbol{k})=\frac{a_z}{a}=0$$

以上结果可以看出，M 点加速度大小为一常量，其方向与 z 轴垂直。

例 14-3 动点在平面上运动，在任意时刻 t 其加速度矢量由下式给出：$\boldsymbol{a}=(-Aq^2\cos qt)\boldsymbol{i}+(-Bq^2\sin qt)\boldsymbol{j}$，式中 A、B 和 q 皆为已知常数。质点运动的初始条件为：$t=0$ 时，$\boldsymbol{r}_0=A\boldsymbol{i}$，$\boldsymbol{v}_0=Bq\boldsymbol{j}$。试求动点的速度、运动方程和轨迹方程。

解：(1) 矢径法

根据加速度的矢量计算式(14-3) 积分，有

$$\boldsymbol{v}=\int[(-Aq^2\cos qt)\boldsymbol{i}+(-Bq^2\sin qt)\boldsymbol{j}]\mathrm{d}t=(-Aq\sin qt)\boldsymbol{i}+(Bq\cos qt)\boldsymbol{j}+\boldsymbol{C}$$

将初始条件 $t=0$ 时，$\boldsymbol{v}_0=Bq\boldsymbol{j}$ 代入上式，得

$$\boldsymbol{C}=0$$

于是，在任一瞬时 t 动点的速度 $\boldsymbol{v}$ 的表达式为

$$\boldsymbol{v}=(-Aq\sin qt)\boldsymbol{i}+(Bq\cos qt)\boldsymbol{j}$$

根据速度计算式(14-2) 积分，有

$$\boldsymbol{r}=\int[(-Aq\sin qt)\boldsymbol{i}+(Bq\cos qt)\boldsymbol{j}]\mathrm{d}t=(A\cos qt)\boldsymbol{i}+(B\sin qt)\boldsymbol{j}+\boldsymbol{D}$$

将初始条件 $t=0$ 时，$\boldsymbol{r}_0=A\boldsymbol{i}$ 代入上式，得

$$\boldsymbol{D}=0$$

于是，在任一瞬时 t 动点的运动方程的表达式为

$$\boldsymbol{r}=(A\cos qt)\boldsymbol{i}+(B\sin qt)\boldsymbol{j}$$

由矢量 $\boldsymbol{r}$ 的表达式可得动点的轨迹方程为

$$\frac{x^2}{A^2}+\frac{y^2}{B^2}=1$$

(2) 直角坐标法

已知条件在直角坐标系中可表达为

$$a_x = -Aq^2 \cos qt,\ a_y = -Bq^2 \sin qt$$

初始条件可表达为：$t=0$ 时，$x=A$，$y=0$，$v_x=0$，$v_y=Bq$。

由加速度方程积分可得

$$v_x = \int a_x \mathrm{d}t = \int (-Aq^2 \cos qt)\mathrm{d}t = -Aq \sin qt + C_1$$

$$v_y = \int a_y \mathrm{d}t = \int (-Bq^2 \sin qt)\mathrm{d}t = Bq \cos qt + C_2$$

将初始条件 $t=0$ 时，$v_x=0$，$v_y=Bq$ 代入可得

$$C_1=0 \qquad C_2=0$$

于是，在任意瞬时 t，动点的速度方程为

$$v_x = -Aq \sin qt$$
$$v_y = Bq \cos qt$$

由速度方程积分可得

$$x = \int v_x dt = \int (-Aq \sin qt) dt = A \cos qt + D_1$$

$$y = \int v_y dt = \int (Bq \cos qt) dt = B \sin qt + D_2$$

将初始条件 $t=0$ 时，$x=A$，$y=0$ 代入可得

$$D_1=0 \qquad D_2=0$$

于是，在任一瞬时 t 动点的运动方程为

$$x = A \cos qt$$
$$y = B \sin qt$$

将上式消去 t 即可得动点的轨迹方程为

$$\left(\frac{x}{A}\right)^2 + \left(\frac{y}{B}\right)^2 = 1$$

第三节 点的运动的自然法

一、点的运动方程

若动点在空间的运动轨迹已知，这时动点的运动情况完全由动点在已知轨迹上的运动规律确定。在轨迹上取一点 O' 作为原点，并规定在 O' 的某一侧的弧长为正，在另一侧为负（如图 14-6 所示）。于是动点的位置可由弧长 $\overset{\frown}{O'M}$ 来确定，记 $s=\pm\overset{\frown}{O'M}$，称 s 为弧坐标，则动点 M 的位置可由弧坐标唯一确定。当点 M 运动时，弧坐标 s 是时间 t 的单值连续函数，写成

$$s = s(t) \tag{14-9}$$

称为点的弧坐标形式的**运动方程**。

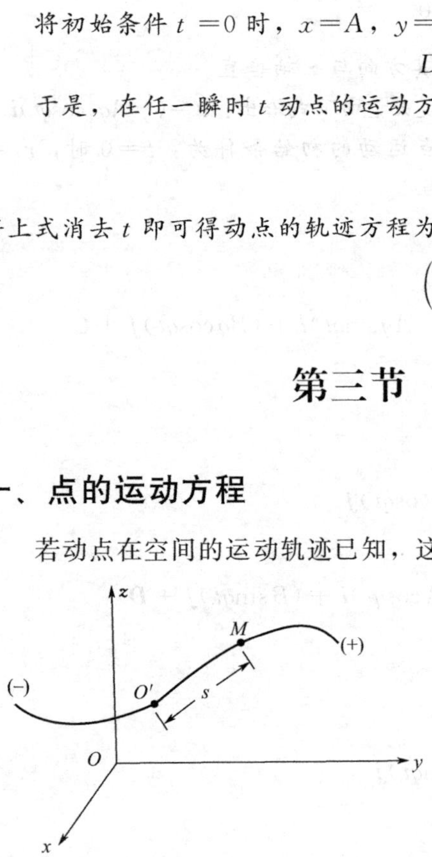

图 14-6

二、点的速度

为确定动点在已知曲线上的运动规律，首先要了解自然轴系及其性质。设空间曲线如图 14-7(a)，曲线在 M 点的切向单位矢量为 $\boldsymbol{\tau}$，在 M 点邻近的 M'点的切向单位矢量为 $\boldsymbol{\tau}'$。将矢量 $\boldsymbol{\tau}'$平移至 M 点，则 $\boldsymbol{\tau}$ 与 $\boldsymbol{\tau}'$的夹角 $\Delta\varphi$ 可以度量曲线在弧长 $\Delta s=\widehat{MM'}$内的弯曲程度，称为曲线在 M 点的曲率，等于该点处曲率半径的倒数，可表示为

$$k=\frac{1}{\rho}=\lim_{\Delta\varphi\to 0}\frac{\Delta\varphi}{\Delta s}=\frac{\mathrm{d}\varphi}{\mathrm{d}s}$$

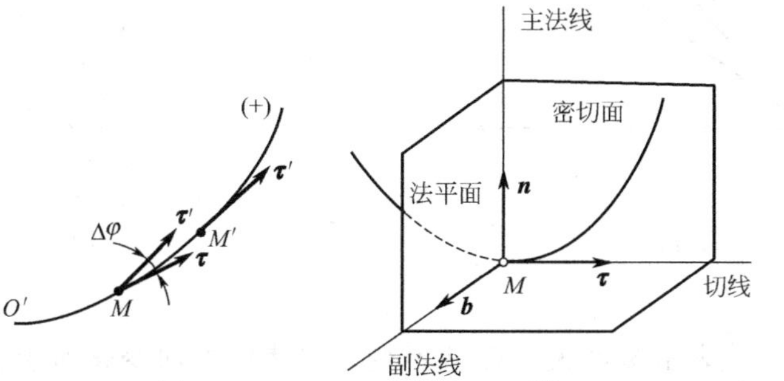

(a) (b)

图 14-7

在图 14-7(a) 中，过 M 点作一平面，使其包含矢量 $\boldsymbol{\tau}$ 和 $\boldsymbol{\tau}'$。当 M' 向点 M 接近时，该平面将趋近于某一极限位置。则这一极限位置所在的平面称为曲线在 M 点的**密切面**。M 点附近无限小的一段弧长可以看作是密切面内的一段曲线。在平面曲线的情况下，密切面就是曲线所在的平面。过 M 点作一平面，使其与 M 点的切线相垂直，则该平面称为**法平面**，显然，该平面内过 M 点的任一直线都是曲线的法线，其中密切面与法平面的交线称为曲线在 M 点的**主法线**，法平面内与主法线垂直的法线称为**副法线**。若以 $\boldsymbol{n}$、$\boldsymbol{\tau}$ 和 $\boldsymbol{b}$ 分别表示主法线、切线和副法线的单位矢量，这三个矢量的轴线构成一相互正交的轴系，称为**自然轴系**[图 14-7(b)]。其中 $\boldsymbol{\tau}$ 指向弧坐标中所规定的正方向，$\boldsymbol{n}$ 指向曲线内凹的一侧，$\boldsymbol{b}$ 的方向由右手法则规定

$$\boldsymbol{b}=\boldsymbol{\tau}\times\boldsymbol{n}$$

注意，自然轴系不是固定的坐标系，$\boldsymbol{\tau}$、$\boldsymbol{n}$ 及 $\boldsymbol{b}$ 的模均为单位一，但它们的方向却随 M 点在曲线上的位置的不同而改变。

设动点作空间曲线运动，从瞬时 t 到瞬时 $t+\Delta t$，动点的位置由 M 移到 M'点，其弧坐标分别为 s 和 $s+\Delta s$，弧坐标增量为 Δs，在 Δt 时间间隔内动点对应的矢径 $\boldsymbol{r}$ 的增量为 $\Delta\boldsymbol{r}$，如图 14-8，当 $\Delta t\to 0$ 时，可得点的瞬时速度为

$$\boldsymbol{v}=\lim_{t\to 0}\frac{\Delta\boldsymbol{r}}{\Delta t}=\frac{\mathrm{d}\boldsymbol{r}}{\mathrm{d}t}=\frac{\mathrm{d}\boldsymbol{r}}{\mathrm{d}s}\frac{\mathrm{d}s}{\mathrm{d}t}=\frac{\mathrm{d}s}{\mathrm{d}t}\boldsymbol{\tau}=\dot{s}\boldsymbol{\tau} \tag{14-10}$$

上式表明点的速度沿轨迹的切线方向，其大小等于弧坐标对时间的一阶导数。

三、点的加速度

将速度对时间求导即得该瞬时的加速度

$$\boldsymbol{a}=\frac{\mathrm{d}\boldsymbol{v}}{\mathrm{d}t}=\frac{\mathrm{d}v}{\mathrm{d}t}\cdot\boldsymbol{\tau}+v\cdot\frac{\mathrm{d}\boldsymbol{\tau}}{\mathrm{d}t}$$

等式右边第一项$\frac{\mathrm{d}v}{\mathrm{d}t}\cdot\boldsymbol{\tau}$表示速度方向不变，仅速度大小变化时所引起的速度变化率，它是加速度沿切线方向的一个分量，称为**切向加速度**，常用$\boldsymbol{a}_\tau$（或$\boldsymbol{a}_t$）表示

$$\boldsymbol{a}_\tau=\frac{\mathrm{d}v}{\mathrm{d}t}\cdot\boldsymbol{\tau}=\ddot{s}\boldsymbol{\tau}$$

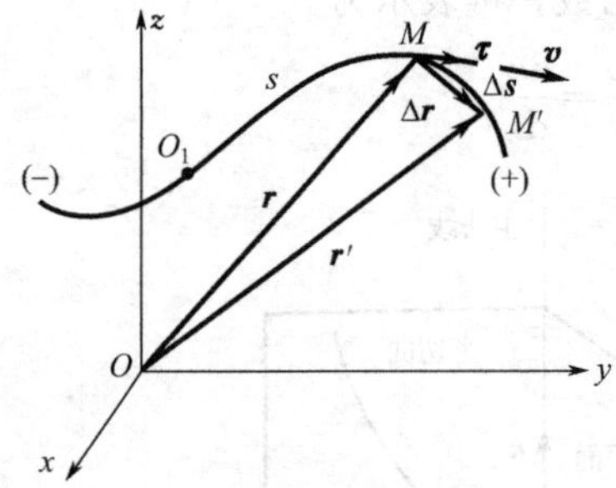

图 14-8

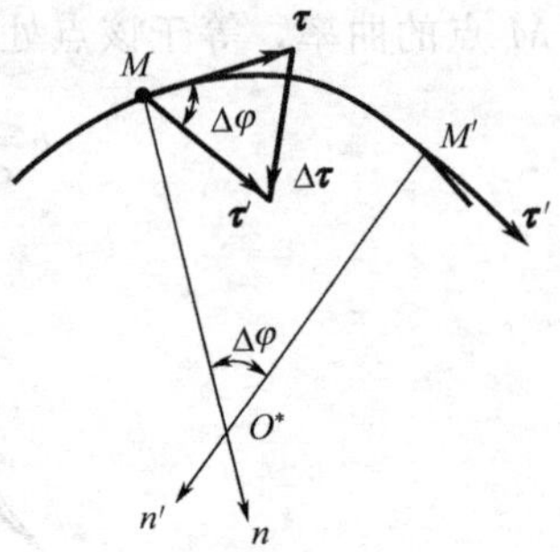

图 14-9

等式右边第二项$v\cdot\frac{\mathrm{d}\boldsymbol{\tau}}{\mathrm{d}t}$表示速度大小保持不变，仅速度方向变化所引起的速度变化率，对$\frac{\mathrm{d}\boldsymbol{\tau}}{\mathrm{d}t}$的计算可由下式计算，如图 14-9，设在时间间隔$\Delta t$内，点走过的弧长为$\Delta s$，切线单位矢量由$\boldsymbol{\tau}$变化到$\boldsymbol{\tau}'$其改变量为$\Delta\boldsymbol{\tau}$。$\boldsymbol{\tau}$与$\boldsymbol{\tau}'$的夹角为$\Delta\varphi$。由矢量导数的定义有

$$\frac{\mathrm{d}\boldsymbol{\tau}}{\mathrm{d}t}=\lim_{\Delta t\to0}\frac{\Delta\boldsymbol{\tau}}{\Delta t}=\lim_{\Delta\varphi\to0}\frac{\Delta\boldsymbol{\tau}}{\Delta\varphi}\cdot\lim_{\Delta s\to0}\frac{\Delta\varphi}{\Delta s}\cdot\lim_{\Delta t\to0}\frac{\Delta s}{\Delta t}=\lim_{\Delta\varphi\to0}\frac{2\sin\frac{\Delta\varphi}{2}\cdot\boldsymbol{n}}{\Delta\varphi}\cdot\lim_{\Delta s\to0}\frac{\Delta\varphi}{\Delta s}\cdot\lim_{\Delta t\to0}\frac{\Delta s}{\Delta t}$$

$$=\boldsymbol{n}\cdot\frac{1}{\rho}\cdot v=\frac{v}{\rho}\cdot\boldsymbol{n}$$

由上式可见，等式第二项是加速度沿主法线方向的一个分量，称为**法向加速度**，以$\boldsymbol{a}_n$表示

$$\boldsymbol{a}_n=v\frac{\mathrm{d}\boldsymbol{\tau}}{\mathrm{d}t}=\frac{v^2}{\rho}\boldsymbol{n}=\frac{\dot{s}^2}{\rho}\boldsymbol{n}$$

概括起来，点的加速度在其自然轴系上的表达式为

$$\boldsymbol{a}=\boldsymbol{a}_\tau+\boldsymbol{a}_n=\ddot{s}\boldsymbol{\tau}+\frac{(\dot{s})^2}{\rho}\boldsymbol{n}\tag{14-11}$$

即点的加速度等于切向速度与法向加速度的矢量和。其大小为

$$a=\sqrt{(\ddot{s})^2+\left[\frac{(\dot{s})^2}{\rho}\right]^2}$$

方向余弦为

$$\cos(\boldsymbol{a},\boldsymbol{n})=\frac{a_n}{a}$$

$$\cos(\boldsymbol{a},\boldsymbol{\tau})=\frac{a_\tau}{a}$$

$$\cos(\boldsymbol{a},\boldsymbol{b})=0$$

由于法向加速$\boldsymbol{a}_n$始终沿主法线正方向，指向曲率中心，故$\boldsymbol{a}$总是指向轨迹曲线内凹的

一侧，如图 14-10 所示。

思考：比较关系式$\frac{d\boldsymbol{r}}{dt}$和$\frac{dr}{dt}$、$\frac{d\boldsymbol{v}}{dt}$和$\frac{dv}{dt}$有何不同。

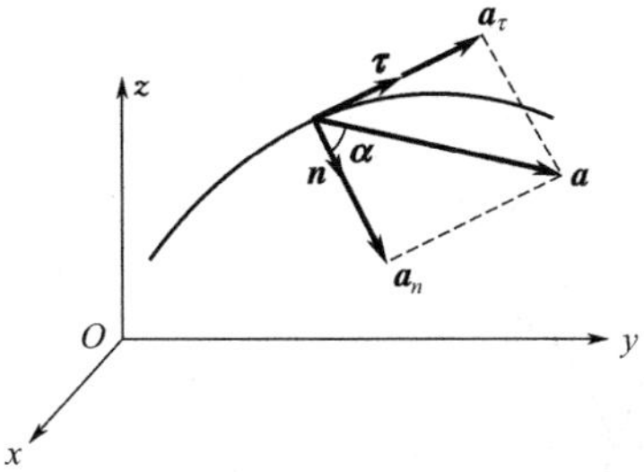

图 14-10

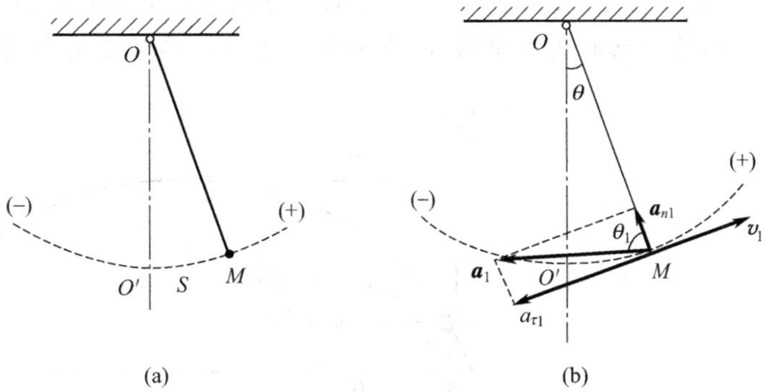

图 14-11

例 14-4 单摆如图 14-11(a)，其摆线长 $l=1$m，在平衡位置 OO' 附近往复摆动，M 点的运动方程为 $s=0.40\sin(\pi/3)t$，s 以米（m）计，t 以秒（s）计。求 $t=1$s 时 M 点的速度和加速度。

解：(1) 求点的瞬时速度

已知点的运动方程，将其对时间 t 求一次导数即得其速度

$$v=\frac{ds}{dt}=0.40\times\frac{\pi}{3}\cos\frac{\pi}{3}t$$

当 $t=1$s 时

$$s_1=0.40\times\sin\left(\frac{\pi}{3}\times1\right)=0.346\text{m}$$

$$v_1=0.40\times\frac{\pi}{3}\cos\left(\frac{\pi}{3}\times1\right)=0.209\text{m/s}$$

其速度方向如图 14-11(b)。

(2) 求点的加速度

将运动方程对时间 t 求二次导数即得切向加速度 $\boldsymbol{a}_\tau$

$$a_\tau=\frac{d^2s}{dt^2}=-0.40\times\frac{\pi^2}{9}\sin\frac{\pi}{3}t$$

动点的法向加速度为

$$a_n=\frac{v^2}{\rho}=\frac{\left(0.40\times\frac{\pi}{3}\cos\frac{\pi}{3}t\right)^2}{1}$$

当 $t=1$s 时

$$a_{\tau1}=-0.40\times\frac{\pi^2}{9}\sin\left(\frac{\pi}{3}\times1\right)=-0.380\text{m/s}^2$$

$$a_{n1}=\frac{v_1^2}{\rho}=\frac{0.209^2}{1}=0.0437\text{m/s}^2$$

全加速度的大小及方向为

$$a_1=\sqrt{a_{\tau1}^2+a_{n1}^2}=\sqrt{(-0.380)^2+0.0437^2}=0.383\text{m/s}^2$$

$$\tan\theta_1=\frac{|a_{\tau1}|}{a_{n1}}=\frac{0.380}{0.0437}=8.70 \quad 即：\theta_1=83.4°$$

例 14-5 半径是 r 的车轮沿固定水平轨道作纯滚动。轮缘上一点 M，在初瞬时与轨道上的 O 点叠合；在瞬时 t 半径 MC 与轨道的垂线 HC 组成交角 $\varphi=\omega t$，其中 ω 是常量。试求在车轮滚动的过程中该 M 点的运动方程，瞬时速度和切向及法向加速度。

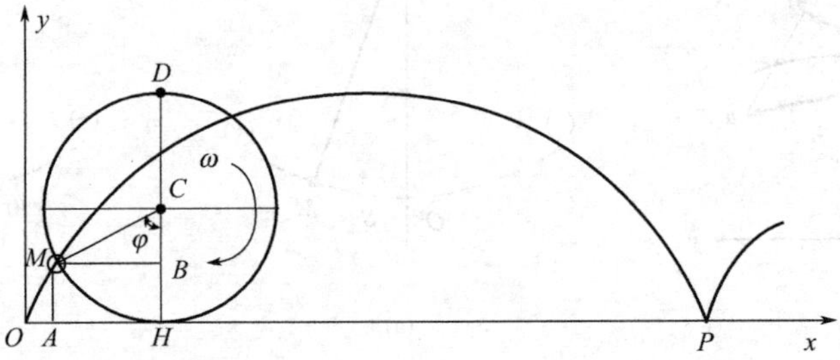

图 14-12

解：(1) 运动方程

建立直角坐标如图 14-12，$t=0$ 时 M 点位于 O 点，车轮在任意瞬时作纯滚动，故有 $OH=\overset{\frown}{MH}$。于是，在图示瞬时动点 M 的坐标为

$$x=OA=OH-AH=r\varphi-r\sin\varphi$$
$$y=AM=HB=HC-BC=r-r\cos\varphi$$

以 $\varphi=\omega t$ 代入，可得 M 点的运动方程

$$x=r(\omega t-\sin\omega t)$$
$$y=r(1-\cos\omega t)$$

M 点的轨迹为滚轮线（即摆线），其周期为 $T=2\pi/\omega$。

(2) 瞬时速度

M 点在任一瞬时的速度 $\boldsymbol{v}$ 可由运动方程对时间求一阶导数得到

$$v_x=\dot{x}=r\omega(1-\cos\omega t)$$
$$v_y=\dot{y}=r\omega\sin\omega t$$

故可得速度 $\boldsymbol{v}$ 大小为

$$v=\sqrt{v_x^2+v_y^2}=r\omega\sqrt{(1-\cos\omega t)^2+\sin^2\omega t}=2r\omega\sin\frac{\omega t}{2}$$

方向为

$$\cos(\boldsymbol{v},\boldsymbol{i})=\frac{v_x}{v}=\sin\frac{\omega t}{2}=\sin\frac{\varphi}{2}=\frac{MB}{MD}$$

$$\cos(\boldsymbol{v},\boldsymbol{j})=\frac{v_y}{v}=\cos\frac{\omega t}{2}=\cos\frac{\varphi}{2}=\frac{BD}{MD}$$

M 点的速度矢恒通过轮子的最高点 D。

(3) 瞬时加速度

M 点在任一瞬时的加速度 $\boldsymbol{a}$ 可由速度对时间求一阶导数得到

$$a_x=\dot{v}_x=r\omega^2\sin\omega t$$
$$a_y=\dot{v}_y=r\omega^2\cos\omega t$$

故可得速度$\boldsymbol{a}$大小为

$$a=\sqrt{a_x^2+a_y^2}=r\omega^2$$

方向为

$$\cos(\boldsymbol{a},\boldsymbol{i})=\frac{a_x}{a}=\sin\varphi=\frac{MB}{MC}$$

$$\cos(\boldsymbol{a},\boldsymbol{j})=\frac{a_y}{a}=\cos\varphi=\frac{BC}{MC}$$

M点的加速度矢恒通过轮子的中心点C。

(4) 切向、法向加速度

M点的切向加速度可由速率对时间求一阶导数得到

$$a_\tau=\dot{v}=r\omega^2\cos\frac{\omega t}{2}$$

可得M点的法向加速度大小为

$$a_n=\sqrt{a^2-a_\tau^2}=r\omega^2\sin\frac{\omega t}{2}$$

方向分别沿MD和MH指向。

第四节 刚体的平移

在工程实际中常常需要研究物体的运动，它们不能简单地抽象为点的运动来研究，如曲柄连杆机构中曲柄和连杆的运动等，它们只能简化为另一种模型——刚体的运动。一般来说，刚体在运动时，刚体上各点的轨迹、速度和加速度示必相同，但由于刚体内各点之间存在着几何约束，因而各点的运动之间总存在一定的联系，可见，对刚体运动的研究也是以点的运动的研究为基础的。

刚体运动的形式是多种多样的，平行移动（平移）和定轴转动（转动）是刚体两种最基本的运动形式，也是工程实际中常见的运动形式，刚体较为复杂的运动也可以看作是这两种运动的组合。

在工程实际中，经常可以看到刚体作这样的一类运动：如车辆在平直轨道上的运动，摆动式送料槽的运动，如图 14-13(a)、(b) 所示。这类运动有一个共同的特点，即在刚体运动过程中，连接刚体内任意两点构成直线的方向始终保持不变，亦即其方向始终与初始方向平行，这种运动称为刚体的**平行移动**，简称**平移**。

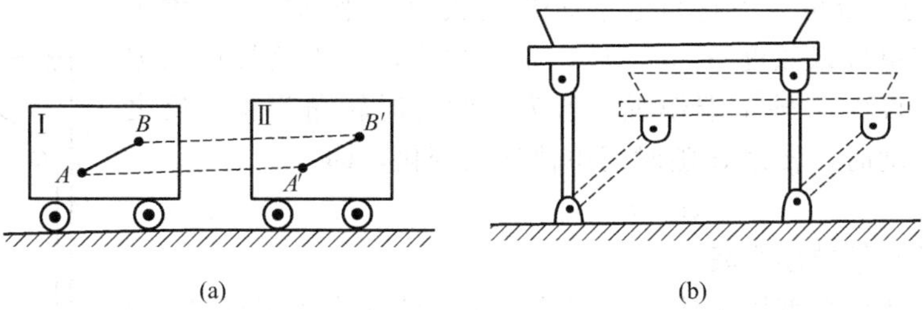

图 14-13

根据刚体平移的特点，可以得到如下的定理：刚体平移时，刚体内各点具有相同的轨迹形状；在同一瞬时，各点具有相同的速度和相同的加速度。

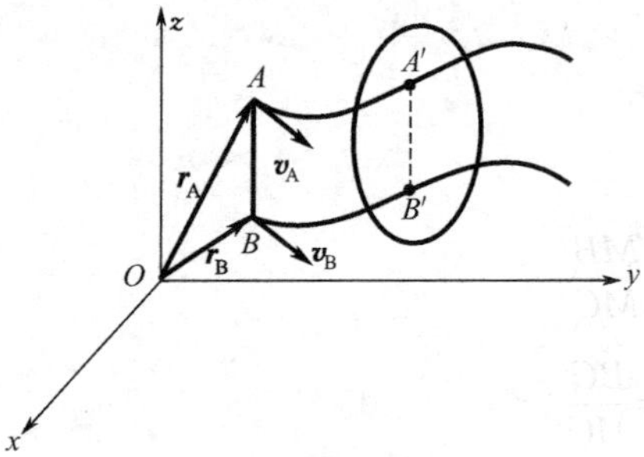

图 14-14

证明：如图 14-14 所示，设刚体作平移，在刚体上任取两点 A 和 B，用 $\boldsymbol{r}_A$ 和 $\boldsymbol{r}_B$ 分别表示 A 和 B 的矢径，有

$$\boldsymbol{r}_A=\boldsymbol{r}_B+\overrightarrow{BA}$$

由于 A、B 是平移刚体上两点，$\overrightarrow{BA}$＝常矢量。因此，只要把 B 的轨迹沿矢量 $\overrightarrow{BA}$ 方向平移一段距离 $|\overrightarrow{BA}|$ 就能与 A 点的轨迹完全重合，这就说明了刚体内各点轨迹形状相同，只是互相平移了一段距离。

如将上式两边对时间分别求一阶导数和二阶导数，并注意到 $\overrightarrow{BA}$ 是常量，其导数为零，得到

$$\frac{\mathrm{d}\boldsymbol{r}_A}{\mathrm{d}t}=\frac{\mathrm{d}\boldsymbol{r}_B}{\mathrm{d}t}, \qquad \boldsymbol{v}_A=\boldsymbol{v}_B$$

$$\frac{\mathrm{d}^2\boldsymbol{r}_A}{\mathrm{d}t^2}=\frac{\mathrm{d}^2\boldsymbol{r}_B}{\mathrm{d}t^2}, \qquad \boldsymbol{a}_A=\boldsymbol{a}_B$$

上式说明，在任一瞬时，刚体上各点的速度和加速度相等。

由以上定理可知，当刚体作平移运动时，刚体内各点的运动规律都相同。因此，刚体的平移问题最终可以归结为点的运动问题。

第五节　刚体的定轴转动

在工程实际中，物体除作平移运动以外，还常可以观察到这样一类运动，如绕固定铰链开关的门窗、变速箱中的齿轮、电机转子等的运动，它们具有一个共同的特点，即当刚体运动时，其上有一直线始终保持不动，这种运动称为刚体的**定轴转动**，简称为转动，刚体上保持不动的直线称为转动轴或转轴。显然，转轴上各点的速度恒为零，除轴上的点，其余各点以轴上的对应一点为圆心在垂直于转轴的平面内作圆周运动。

一、转动方程、角速度和角加速度

为确定转动刚体的空间位置，建立坐标轴 z 轴与转轴重合，并规定 z 的正方向如图 14-15。过 z 轴作一固定平面 P，再过 z 轴作一平面 Q，平面 Q 固结在刚体上并随刚体一起转动，根据刚体的特点，刚体内任一点与动平面 Q 的相对位置是固定的，因而只要知道了动平面 Q 的位置，整个刚体的位置也就完全确定。

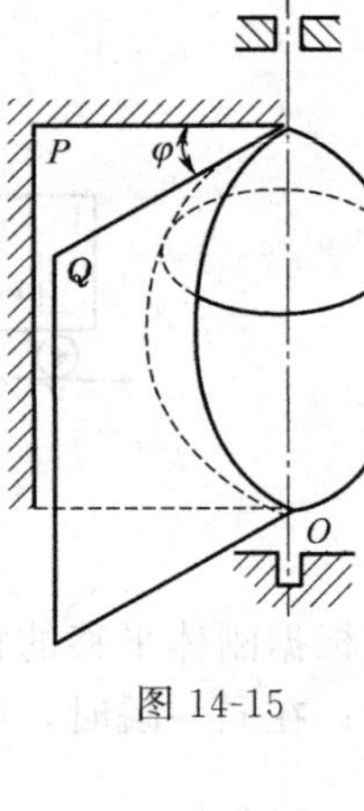

图 14-15

动平面 Q 的位置可以用它与定平面 P 的夹角 φ 来确定。φ 称为刚体的转角，其单位以弧度（rad）计，是代数量，其正负号可根据右手法则确定。设由 z 轴正端俯视，若为逆时针时转角为正，反之为负。当刚体转动时，转角 φ 随时间单值连续变化，即

$$\varphi=f(t) \tag{14-12}$$

上式称为刚体的定轴**转动方程**。

刚体转动的快慢程度用角速度来描绘，设刚体在有限时间 Δt 内的转角增量为 $\Delta\varphi$，则在 Δt 时间间隔内转角的平均角速度为：$\omega^*=\Delta\varphi/\Delta t$，当 $\Delta t\to 0$ 时，这时 ω^* 所趋近的极限 ω 称为刚体的**瞬时角速度**

$$\omega = \lim_{\Delta t \to 0} \omega^* = \lim_{\Delta t \to 0} \frac{\Delta \varphi}{\Delta t} = \frac{d\varphi}{dt} = \dot{\varphi} \tag{14-13}$$

即刚体转动的角速度 ω 是转角 φ 对时间的一阶导数，为一代数量，其单位为弧度/秒（rad/s），其大小表示刚体转动的快慢程度，而正负号则表示转向，按右手法则确定。在工程实际中，刚体转动的快慢程度常以转速 n 来表示，所谓转速，就是每分钟内刚体转过的转数，即转/分钟（r/min），它与角速度关系可表示为

$$\omega = \frac{2\pi n}{60} = \frac{\pi n}{30}$$

刚体角速度变化的快慢和方向用角加速度来描述，设在有限时间 Δt 内刚体的角速度增量为 $\Delta\omega$，则在 Δt 时间间隔内的平均角加速度为：$\alpha^* = \Delta\omega/\Delta t$，当 $\Delta t \to 0$ 时，平均角加速度的极限为转动刚体的**瞬时角加速度**

$$\alpha = \lim_{\Delta t \to 0} \alpha^* = \frac{d\omega}{dt} = \dot{\omega} = \ddot{\varphi} \tag{14-14}$$

即刚体转动的角加速度等于刚体的角速度对时间的一阶导数，等于转角对时间的二阶导数，角加速度也是一个代数量，它的单位为弧度/秒^2（rad/s^2）。当 α 与 ω 符号相同时表示加速转动，反之表示减速转动。

思考：定轴转动时角加速度为正，则刚体一定作加速转动吗？

二、转动刚体内各点的速度与加速度

由定轴转动的刚体的运动特点可以看出，除转轴上的点以外，刚体内任一点均作圆周运动，且圆心位于转轴上，圆周所在的平面与轴线垂直，半径等于该点到转轴的距离。由于刚体上任一点运动的轨迹为已知，故可以用自然法研究刚体内任一点的运动。如图 14-16，M 为刚体上任一点，距转轴的距离为 R，选取刚体转角为零时 M 点所在位置为弧坐标原点，并以转角 φ 的正方向为弧坐标的正方向，则在任一瞬时，M 点的弧坐标为：$s=R\varphi$，则 M 点的速度可表示为

$$v = \frac{ds}{dt} = R\frac{d\varphi}{dt} = R\omega \tag{14-15}$$

其方向沿圆周切线方向，其指向与转动方向一致，与 ω 具有相同的正负号。

M 点的切向加速度为

$$a_\tau = \frac{d^2 s}{dt^2} = R\frac{d^2\varphi}{dt^2} = R\alpha \tag{14-16}$$

其方向沿圆周切线方向，并与 α 具有相同的正负号。

M 点的法向加速度为

$$a_n = \frac{v^2}{\rho} = \frac{(R\omega)^2}{R} = R\omega^2 \tag{14-17}$$

其方向指向轨迹的曲率中心，这里指向圆周中心 O。

M 点的全加速度大小及方向为

$$a = \sqrt{a_\tau^2 + a_n^2} = R\sqrt{\alpha^2 + \omega^4}$$

$$\theta = \arctan\frac{|a_\tau|}{a_n} = \arctan\frac{|\alpha|}{\omega^2}$$

式中，θ 为全加速度与半径的夹角。

从以上分析可以看出，转动刚体内各点的速度与加速度的大小均与转动半径成正比，各点速度的方向垂直于转动半径，并指向刚体转动方向，在同一瞬时，刚体内所有各点的加速度与半径都有相同的偏角，即全加速度与半径的夹角与转动半径无关。垂直于转轴的平面内任一半径上各点的速度和加速度分布分别如图 14-17(a) 和 (b) 所示。

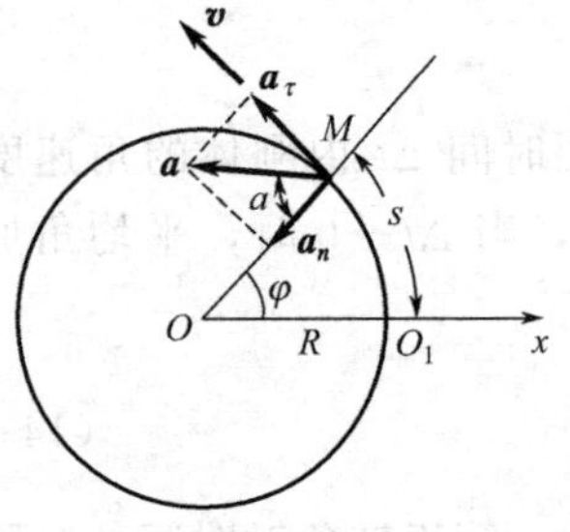

图 14-16

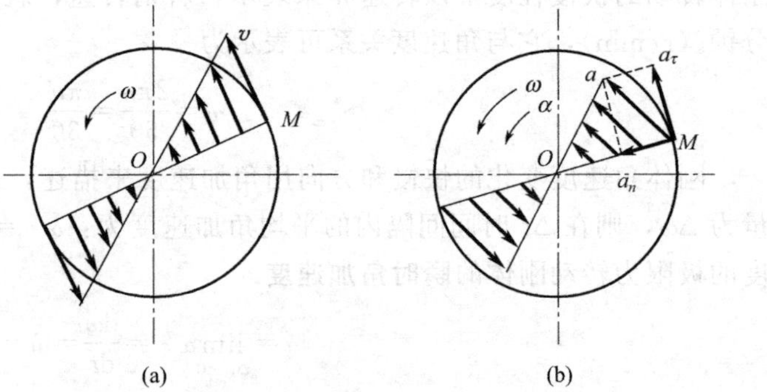

图 14-17

例 14-6 半径 $R=0.1\text{m}$ 的定滑轮上绕一细绳，绳端系一重物 A，如图 14-18(a) 所示。已知定滑轮的转动方程为：$\varphi=t^3-4t^2+2$，其中 t 以 s 计，φ 以 rad 计。求当 $t=1\text{s}$ 时，轮缘上一点 M 的速度、切向加速度、法向加速度和全加速度以及重物 A 的速度和加速度。

解： 已知滑轮的转动方程，将它对时间求导即可得滑轮的角速度和角加速度

$$\omega=\frac{\mathrm{d}\varphi}{\mathrm{d}t}=3t^2-8t$$

$$\alpha=\frac{\mathrm{d}\omega}{\mathrm{d}t}=6t-8$$

当 $t=1\text{s}$ 时，其值为

$$\omega_1=3\times1^2-8\times1=-5\text{rad/s}\ (\curvearrowright)$$

$$\alpha_1=6\times1-8=-2\text{rad/s}^2\ (\curvearrowright)$$

此时，轮缘上 M 点的速度大小为

$$v_M=R|\omega_1|=0.5\text{m/s}$$

方向如图 14-18(b) 所示。

切向和法向加速度的大小分别为

$$a_\tau=R|\alpha_1|=0.2\text{m/s}^2$$

$$a_n=R\omega_1^2=2.5\text{m/s}^2$$

方向如图 14-18(b) 所示。M 点的全加速度的大小及方向为

$$a=\sqrt{a_\tau^2+a_n^2}=\sqrt{0.2^2+2.5^2}=2.51\text{m/s}^2$$

$$\tan\theta=\frac{|\alpha_1|}{\omega_1^2}=\frac{2}{(-5)^2}=0.08 \qquad \text{即}:\theta=4.57°$$

重物 A 的速度及加速度分别等于细绳与滑轮相切点 M' 的速度和切向加速度，即 $v_A=v_{M'}$，$a_A=a_{\tau M'}$。又由于 M 和 M' 同在轮缘上，它们具有相同的速度和切向加速度，因而有

$$v_A=v_M=0.5\text{m/s}$$

$$a_A=a_\tau=0.2\text{m/s}^2$$

方向竖直向上。

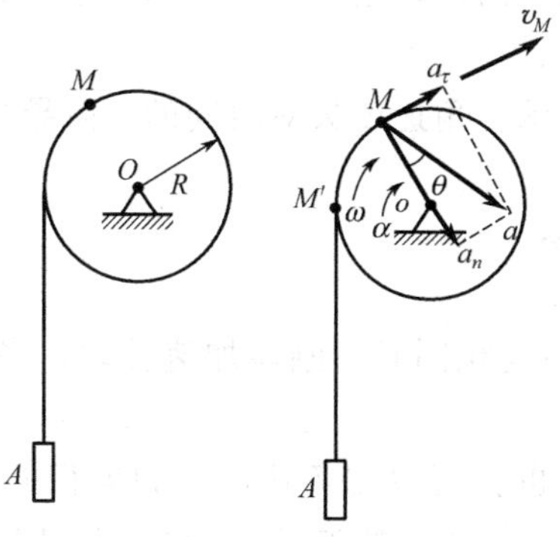

(a) (b)

图 14-18

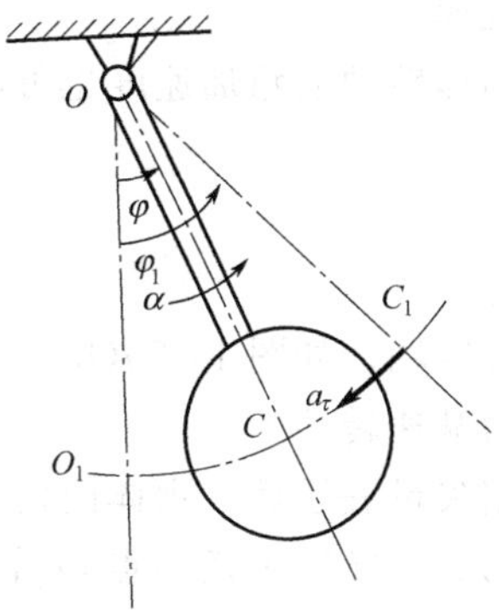

图 14-19

例 14-7 如图 14-19 所示，复摆 OC 按规律 $\varphi=\varphi_0\sin pt$ 绕 O 轴摆动，φ 为从铅垂直线 OO_1 到 OC 线所量的角，规定逆时针转向为正，摆长为 l。试求在 $t=\pi/(2p)$ 瞬时复摆锤 C 的速度和加速度。

解： 复摆绕固定轴摆动，求锤 C 的运动，先分析复摆的运动。

(1) 复摆的运动分析

已知复摆的运动规律为 $\varphi=\varphi_0\sin pt$，则可得其角速度及角加速度

$$\omega=\frac{\mathrm{d}\varphi}{\mathrm{d}t}=\varphi_0 p\cos pt$$

$$\alpha=\frac{\mathrm{d}\omega}{\mathrm{d}t}=-\varphi_0 p^2\sin pt$$

当 $t=\pi/(2p)$ 时，$\varphi_1=\varphi_0$，即复摆摆至右侧最远位置，此时 $\omega_1=0$，$\alpha_1=-\varphi_0 p^2$。

(2) 锤 C 的运动分析

锤 C 为复摆上的点，则根据定轴转动刚体上一点的速度和加速度的计算公式可得锤 C 的速度和加速度分别为

$$v_1=l\omega_1=0$$

$$a_{\tau 1}=l\alpha_1=-l\varphi_0 p^2$$

$$a_{n1}=l\omega_1^2=0$$

即：当 $t=\pi/(2p)$ 时，C 的速度及法向加速度均为零，而切向加速度为最大，且指向弧坐标减小的一侧。

三、角速度矢和角加速度矢

在研究复杂的运动问题时，往往需要明确表示出刚体内一点的速度及加速度的大小和方向，这时采用上一节关于转动刚体内一点的速度和加速度的数量表达式是不够的，采用角速度矢 $\boldsymbol{\omega}$ 和角加速度矢 $\boldsymbol{\alpha}$ 可以方便地进行描述。

角速度矢的表示方法规定如下：当刚体转动时，从转轴上任取一点作为起点，沿转轴作一矢量 $\boldsymbol{\omega}$，使其模等于角速度的绝对值；指向按右手螺旋法则由角速度的转向确定，即从矢量 $\boldsymbol{\omega}$ 的末端向起点看，刚体绕转轴作逆时针方向的转动。该矢量 $\boldsymbol{\omega}$ 称为转动刚体的**角速度矢**。如图 14-20(a) 所示，其角速度矢可表述为

$$\boldsymbol{\omega}=\omega\boldsymbol{k}$$

角速度矢起点不是固定的，但必须是转动轴上的点，它是一个滑动矢量，其合成也符合矢量合成的规律。

同样，刚体转动的角加速度也可以用矢量表示。角速度矢对时间的一阶导数即为**角加速度矢**，即

$$\boldsymbol{\alpha}=\frac{\mathrm{d}\boldsymbol{\omega}}{\mathrm{d}t}$$

其方位仍沿着转轴，如图 14-20(b)。当 $\boldsymbol{\alpha}$ 与 $\boldsymbol{\omega}$ 指向相同时，刚体加速转动，当 $\boldsymbol{\alpha}$ 与 $\boldsymbol{\omega}$ 指向相反时，则为减速转动。

角速度用矢量表示后，刚体内任一点的速度也就可以用角速度矢和矢径的矢积来表示。如图 14-21(a)，从转轴上任一点 O 作角速度矢 $\boldsymbol{\omega}$ 及 M 点的矢径 $\boldsymbol{r}$，M 点的速度大小为

$$v=R\omega=r\omega\sin(\boldsymbol{\omega},\boldsymbol{r})=|\boldsymbol{\omega}\times\boldsymbol{r}|$$

式中，($\boldsymbol{\omega}$，$\boldsymbol{r}$) 表示矢量 $\boldsymbol{\omega}$ 与 $\boldsymbol{r}$ 间的夹角，图中用 θ 表示。

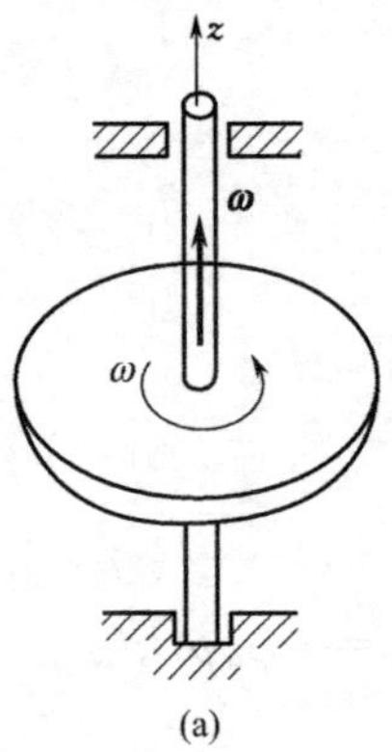

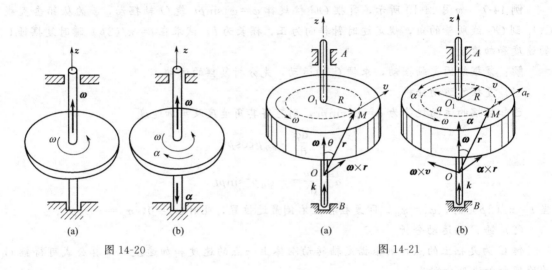

图 14-20

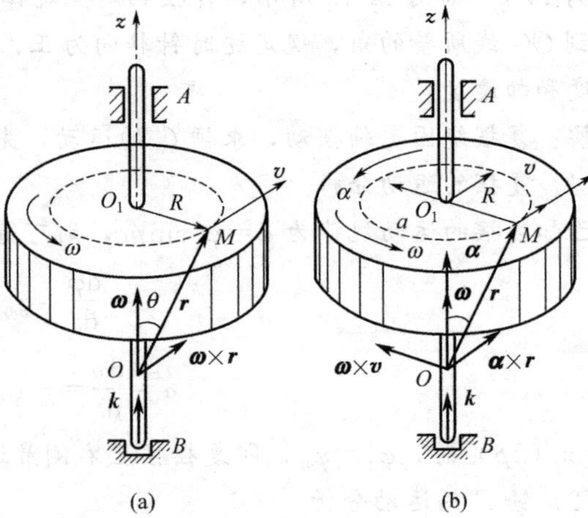

图 14-21

根据矢积的定义可以看出 $\boldsymbol{\omega}\times\boldsymbol{r}$ 的大小等于 M 点速度 v 的大小，而方向垂直于 $\boldsymbol{r}$ 和 $\boldsymbol{\omega}$ 所组成的平面，并可以看出其指向与 $\mathrm{d}\boldsymbol{r}$ 一致，即与 M 点速度一致，因而 M 点的速度可以表示为

$$\boldsymbol{v}=\boldsymbol{\omega}\times\boldsymbol{r} \tag{14-18}$$

即定轴转动刚体上任意点 M 的速度矢 $\boldsymbol{v}$ 等于角速度矢 $\boldsymbol{\omega}$ 与该点矢径 $\boldsymbol{r}$ 的矢积。

将式(14-18) 对时间求导，得到点 M 的加速度矢量为

$$\boldsymbol{a}=\frac{\mathrm{d}\boldsymbol{v}}{\mathrm{d}t}=\frac{\mathrm{d}}{\mathrm{d}t}(\boldsymbol{\omega}\times\boldsymbol{r})=\frac{\mathrm{d}\boldsymbol{\omega}}{\mathrm{d}t}\times\boldsymbol{r}+\boldsymbol{\omega}\times\frac{\mathrm{d}\boldsymbol{r}}{\mathrm{d}t}=\boldsymbol{\alpha}\times\boldsymbol{r}+\boldsymbol{\omega}\times\boldsymbol{v}$$

其中第一项 $\boldsymbol{\alpha}\times\boldsymbol{r}$ 大小为

$$|\boldsymbol{\alpha}\times\boldsymbol{r}|=\alpha r\sin(\boldsymbol{\alpha},\boldsymbol{r})=R\alpha=a_\tau$$

方向与 M 点切向加速度 $\boldsymbol{a}_\tau$ 方向一致，为 M 的切向加速度。第二项 $\boldsymbol{\omega}\times\boldsymbol{v}$ 大小为

$$|\boldsymbol{\omega}\times\boldsymbol{v}|=\omega v\sin(\boldsymbol{\omega},\boldsymbol{v})=R\omega^2=a_n$$

方向指向圆心 O_1，与 M 点法向加速度 $\boldsymbol{a}_n$ 方向一致，为 M 点的法向加速度，由此可得

$$\left.\begin{aligned}\boldsymbol{a}_\tau&=\boldsymbol{\alpha}\times\boldsymbol{r}\\\boldsymbol{a}_n&=\boldsymbol{\omega}\times\boldsymbol{v}\end{aligned}\right\} \tag{14-19}$$

即定轴转动刚体上点的切向加速度 $\boldsymbol{a}_\tau$ 等于刚体角加速度矢 $\boldsymbol{\alpha}$ 与该点矢径 $\boldsymbol{r}$ 的矢积，法向加速度 $\boldsymbol{a}_n$ 等于角速度矢 $\boldsymbol{\omega}$ 与该点速度 $\boldsymbol{v}$ 的矢积。

例 14-8 如图 14-22 所示，设直角坐标系固定不动，已知某瞬时刚体以角速度 $\omega=18\text{rad/s}$ 绕通过原点 O 和点 A 的轴 OA 转动，A 点坐标为（10,40,80）。求此瞬时刚体上坐标为（20,−10,10）的点 M 的速度 v_M。坐标单位长度以 mm 计。

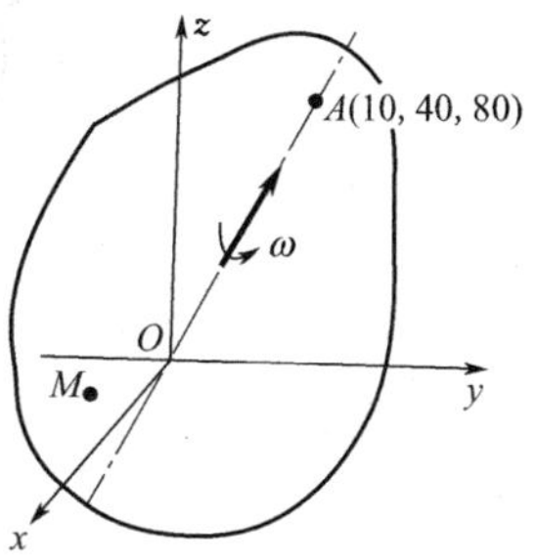

图 14-22

解：(1) 为列出角速度矢量的表达式，先求转轴的方向余弦

$$OA=\sqrt{10^2+40^2+80^2}=90$$

方向余弦为

$$\cos\alpha=1/9$$
$$\cos\beta=4/9$$
$$\cos\gamma=8/9$$

其角速度矢为

$$\boldsymbol{\omega}=|\omega|(\cos\alpha\boldsymbol{i}+\cos\beta\boldsymbol{j}+\cos\gamma\boldsymbol{k})=18\left(\frac{1}{9}\boldsymbol{i}+\frac{4}{9}\boldsymbol{j}+\frac{8}{9}\boldsymbol{k}\right)=(2\boldsymbol{i}+8\boldsymbol{j}+16\boldsymbol{k})\text{rad/s}$$

(2) 求 M 点的速度

M 点矢径： $\boldsymbol{r}=20\boldsymbol{i}-10\boldsymbol{j}+10\boldsymbol{k}$

由式(14-18) 有，M 点速度

$$\begin{aligned}\boldsymbol{v}_M&=\boldsymbol{\omega}\times\boldsymbol{r}=(2\boldsymbol{i}+8\boldsymbol{j}+16\boldsymbol{k})\times(20\boldsymbol{i}-10\boldsymbol{j}+10\boldsymbol{k})\\&=(240\boldsymbol{i}+300\boldsymbol{j}-180\boldsymbol{k})\text{mm/s}\end{aligned}$$

求得 M 点的速度大小为

$$v_M=\sqrt{240^2+300^2+180^2}=424\text{mm/s}$$

方向为

$$\cos(\boldsymbol{v}_M,\boldsymbol{i})=0.566$$
$$\cos(\boldsymbol{v}_M,\boldsymbol{j})=0.707$$
$$\cos(\boldsymbol{v}_M,\boldsymbol{k})=0.424$$

第六节　定轴轮系的传动比

在工程机械中，经常会遇到轮系传动的问题，利用轮系的传动可以满足各种机械对转速的要求。常见的定轴轮系的传动有带轮传动、齿轮传动和摩擦轮传动等。

现以圆柱齿轮为例说明传动规律，设有一对啮合的圆柱齿轮，齿轮传动可分为外啮合和内啮合，分别如图 14-23(a)、(b) 所示，设主动轮Ⅰ和从动轮Ⅱ分别绕轴 O_1 和轴 O_2 转动，其半径、角速度和角加速度分别为 R_1、ω_1、α_1 和 R_2、ω_2、α_2。若两齿轮节圆切点 M_1 和 M_2 没有相对滑动，则它们的速度和切向加速度必定相同，即

$$\left.\begin{aligned}v_1&=v_2\\a_{\tau1}&=a_{\tau2}\end{aligned}\right\}\tag{14-20}$$

由式(14-15) 和式(14-16) 有

$$v_1=R_1\omega_1\qquad v_2=R_2\omega_2$$

及

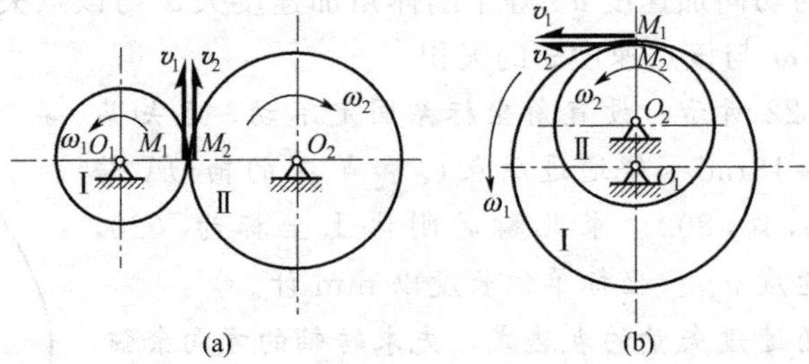

图 14-23

$$a_{\tau 1}=R_1\alpha_1 \qquad a_{\tau 2}=R_2\alpha_2$$

将上式代入式(14-20)。

整理有

$$i_{12}=\frac{\omega_1}{\omega_2}=\frac{\alpha_1}{\alpha_2}=\frac{R_2}{R_1} \tag{14-21}$$

其中 i_{12} 表示主动轮与从动轮角速度之比 ω_1/ω_2，称为**传动比**。

对带轮的传动问题，如图 14-24 所示，设轮 1 和轮 2 的角速度分别为 ω_1、ω_2，A 和 B 分别为两轮缘上的点，则有

$$v_A=r_1\omega_1 \qquad v_B=r_2\omega_2$$

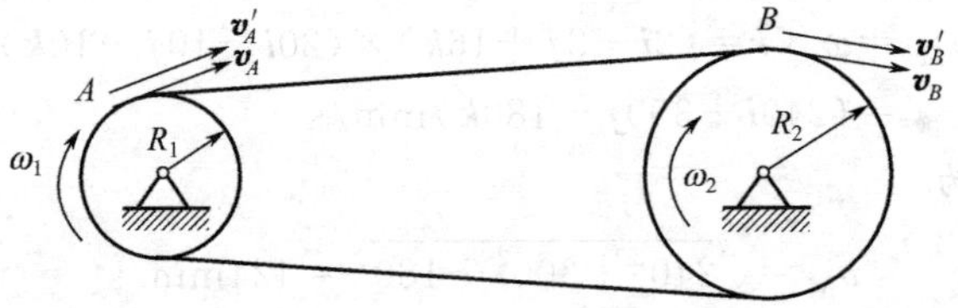

图 14-24

由于皮带和带轮之间不打滑，皮带不可伸长，因此可得皮带上各点速度大小相等，且等于带轮边缘点的速度大小，即

$$v_A=v'_A=v'_B=v_B$$

于是有

$$i_{12}=\frac{\omega_1}{\omega_2}=\frac{R_2}{R_1}$$

类似以上推导可以得到带轮的角加速度关系：

$$i_{12}=\frac{\alpha_1}{\alpha_2}=\frac{\omega_1}{\omega_2}=\frac{R_2}{R_1}$$

上式表明，传动比公式(14-21) 对带轮传动同样适用。

从齿轮传动的要求知道，相互啮合的两个齿轮之半径与其齿数成正比，即

$$R_1/R_2=z_1/z_2$$

因此，式(14-21) 又可写成

$$i_{12}=\frac{\omega_1}{\omega_2}=\frac{\alpha_1}{\alpha_2}=\frac{R_2}{R_1}=\frac{z_2}{z_1} \tag{14-22}$$

即：在齿轮传动中，啮合齿轮的角速度和角加速度与其半径成反比，与其齿数成反比。上式同样适用于圆锥齿轮、链轮的传动。

例 14-9 如图 14-25 所示，一带式输送机，已知由电动机带动的主动轮Ⅰ的转速为 $n=1200\text{r/min}$，其齿数 $z_1=24$；齿轮Ⅲ和Ⅳ用链条传动，其齿数分别为 $z_3=15$，$z_4=45$；轮Ⅴ的直径为 46cm，传送带的速度为 2.4m/s，求轮Ⅱ应有的齿数 z_2。

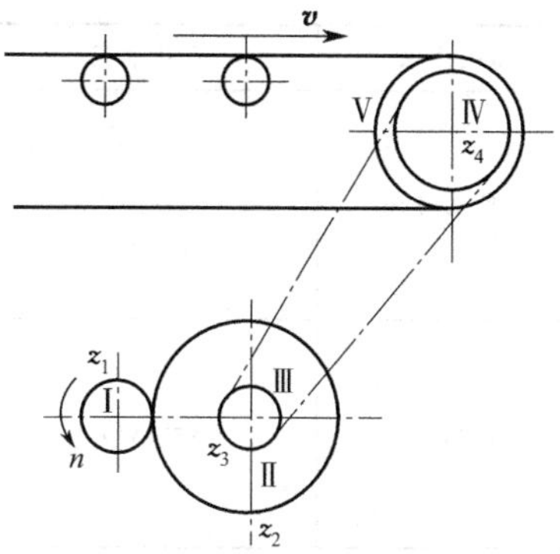

图 14-25

解：由于直接啮合或用链条传动的一对齿轮，转动的角速度与其齿数成反比，即

$$\frac{\omega_1}{\omega_2}=\frac{z_2}{z_1},\quad \frac{\omega_3}{\omega_4}=\frac{z_4}{z_3}$$

同时，轮Ⅱ与轮Ⅲ为固连的同轴齿轮，因而有 $\omega_2=\omega_3$，于是

$$\frac{\omega_1}{\omega_4}=\frac{z_2z_4}{z_1z_3} \tag{a}$$

由 $n_1=1200\text{r/min}$，有

$$\omega_1=\frac{2\pi n}{60}=\frac{2\times1200\times\pi}{60}=40\pi\text{rad/s}$$

轮Ⅳ与轮Ⅴ连在一起，有 $\omega_4=\omega_5$，因而有

$$\frac{\omega_1}{\omega_5}=\frac{\omega_1}{\omega_4}=\frac{z_2z_4}{z_1z_3} \tag{b}$$

传送带的速度应等于轮Ⅴ边缘上点的速度，于是有

$$v=\frac{d_5}{2}\omega_5 \quad 或 \quad \omega_5=\frac{2v}{d_5} \tag{c}$$

将（c）代入（b）整理得

$$z_2=\frac{\omega_1}{\omega_5}\frac{z_1z_3}{z_4}=\frac{40\pi}{\dfrac{2\times240}{46}}\times\frac{24\times15}{45}=96.3$$

齿轮齿数应为整数，因而取 $z_2=96$。

本章小结

1. 本章着重介了对点的运动的描述方法和刚体的两种基本运动，即刚体的平移与定轴转动。

2. 对点的运动的描述方法有矢径法、直角坐标法和自然法。矢径法表达形式简单，适用于理论推导，具体计算则常采用直角坐标法和自然法。

3. 为了确定点沿轨迹运动的性质或轨迹的曲率半径等，一般宜采用自然法，并将加速度沿切向和法向进行分解。

4. 从点的运动方程出发，推出了在矢径法、直角坐标法和自然法中点的运动的速度和加速度的表达式，如下表所示：

描述方法	运动方程	速度	加速度	备注
矢径法	$\boldsymbol{r}=\boldsymbol{r}(t)$	$\boldsymbol{v}=\dot{\boldsymbol{r}}$	$\boldsymbol{a}=\dot{\boldsymbol{v}}=\ddot{\boldsymbol{r}}$	适用于理论分析和公式推导

描述方法	运动方程	速度	加速度	备注
直角坐标法	$\left.\begin{array}{l}x=f_1(t)\\y=f_2(t)\\z=f_3(t)\end{array}\right\}$	$\left.\begin{array}{l}v_x=\dot{x}\\v_y=\dot{y}\\v_z=\dot{z}\end{array}\right\}\to \boldsymbol{v}$	$\left.\begin{array}{l}a_x=\ddot{x}\\a_y=\ddot{y}\\a_z=\ddot{z}\end{array}\right\}\to \boldsymbol{a}$	适用于一般情况，无论轨迹知道与否
自然法	$s=s(t)$	$\boldsymbol{v}=\dot{s}\boldsymbol{\tau}$	$\left.\begin{array}{l}\boldsymbol{a}_\tau=\ddot{s}\boldsymbol{\tau}\\\boldsymbol{a}_n=\dfrac{\dot{s}^2}{\rho}\boldsymbol{n}\end{array}\right\}\to \boldsymbol{a}$	适用于轨迹已知情况

5. 平移特征可以看出平移刚体上各点的轨迹形状、同一瞬时的速度和加速度均完全相同，于是对平移刚体的研究可以简化为对刚体上任一点的研究。

6. 对定轴转动的刚体，其转动方程、角速度和角加速度可以描述为

$$\varphi=f(t)$$

$$\omega=\frac{\mathrm{d}\varphi}{\mathrm{d}t}$$

$$\alpha=\frac{\mathrm{d}\omega}{\mathrm{d}t}=\frac{\mathrm{d}^2\varphi}{\mathrm{d}t^2}$$

7. 定轴转动刚体内点的速度、切向加速度、法向加速度及全加速度大小的描述为

$$v=r\omega$$

$$a_\tau=r\alpha$$

$$a_n=r\omega^2$$

$$a=r\sqrt{\alpha^2+\omega^4}$$

任一瞬时，刚体内各点的全加速度与转动半径的夹角都相同，与转动半径无关，即

$$\theta=\arctan\frac{|\alpha|}{\omega^2}$$

8. 为描述刚体在空间的转动情况，可用刚体的角速度矢及角加速度矢表示，定轴转动刚体内点的速度及切向、法向加速度可以用相应的矢积表示，即

$$\boldsymbol{v}=\boldsymbol{\omega}\times\boldsymbol{r}$$

$$\boldsymbol{a}_\tau=\boldsymbol{\alpha}\times\boldsymbol{r}$$

$$\boldsymbol{a}_n=\boldsymbol{\omega}\times\boldsymbol{v}$$

9. 定轴轮系的传动比，利用接触点无相对滑动的条件推导出轮系的传动比公式

$$i_{12}=\frac{\omega_1}{\omega_2}=\frac{n_1}{n_2}=\frac{\alpha_1}{\alpha_2}=\frac{R_2}{R_1}=\frac{z_2}{z_1}$$

习　题

14-1　已知点的运动方程为 $\boldsymbol{r}=\sin 2t\boldsymbol{i}+\cos 2t\boldsymbol{j}$，其中 t 以 s 计，$\boldsymbol{r}$ 的大小以 m 计，$\boldsymbol{i}$、$\boldsymbol{j}$ 分别为 x、y 方向的单位矢量。求 $t=\pi/8$s 时，点的速度和加速度。

答：$v=2$m/s，$\alpha=-\pi/4$；$a=4$m/s^2，$\alpha'=-3\pi/4$

14-2　如图 14-26 所示，AB 杆以匀角速度 ω 绕 A 轴转动，并带动套在水平杆 OC 上的

环 M 运动，已知开始时，AB 杆在铅垂位置，$OA=h$，求环 M 沿 OC 杆滑动的速度和相对于 AB 杆的运动速度。

答：$v=\dfrac{h\omega}{\cos^2\omega t}$；$v_r=\dfrac{h\omega}{\cos^2\omega t}\sin\omega t$

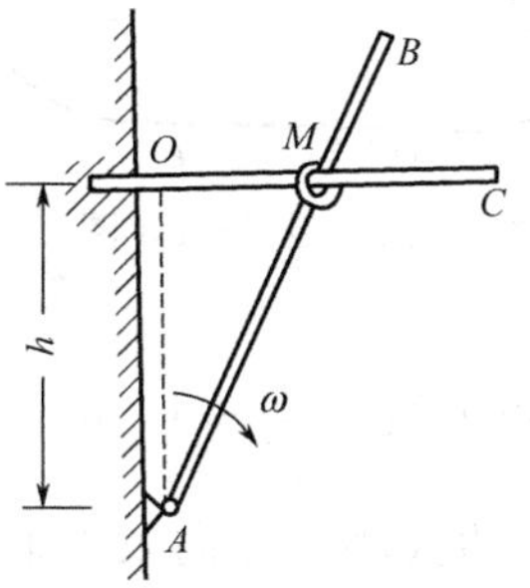

图 14-26 习题 14-2 图

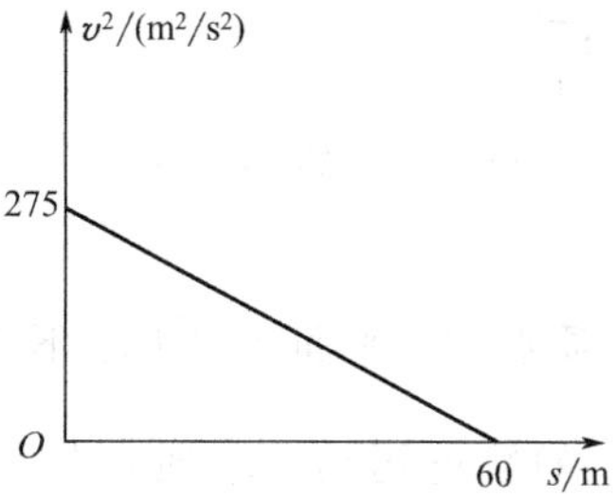

图 14-27 习题 14-3 图

14-3 物体作直线运动，其速度的平方随距离 s 的变化关系如图 14-27。求物体走过距离 60m 时所需的时间 t 和在停止前的最后 3s 内走过的距离。

答：$t=7.24\text{s}$；$s=10.3\text{m}$

14-4 已知点的运动方程：$\boldsymbol{r}=at\boldsymbol{i}+b(\cos\omega t)\boldsymbol{j}+c(\sin\omega t)\boldsymbol{k}$，式中 a、b、c 和 ω 均为已知常数。试求在某瞬时 t 该点的加速度的大小和方向余弦的表达式。

答：$a=b\omega^2\left[\cos^2\omega t+\left(\dfrac{c}{b}\right)^2\sin^2\omega t\right]^{\frac{1}{2}}$

$\cos(\boldsymbol{a},\boldsymbol{i})=0$

$\cos(\boldsymbol{a},\boldsymbol{j})=-b\cos\omega t/[b^2\cos^2\omega t+c^2\sin^2\omega t]^{\frac{1}{2}}$

$\cos(\boldsymbol{a},\boldsymbol{k})=-c\sin\omega t/[b^2\cos^2\omega t+c^2\sin^2\omega t]^{\frac{1}{2}}$

14-5 已知点的加速度 $\boldsymbol{a}=-9.81\boldsymbol{j}\ \text{m/s}^2$，而在 $t=0$ 时，$\boldsymbol{v}_0=10\boldsymbol{i}\text{m/s}$ 和 $\boldsymbol{r}_0=100\boldsymbol{j}\ \text{m}$。试求：(1) 在任一瞬时 t 动点的矢径 $\boldsymbol{r}$；(2) 动点轨迹的直角坐标方程。

答：$\boldsymbol{r}=10t\boldsymbol{i}+(100-4.9t^2)\boldsymbol{j}\ \text{m}$；$y=100-0.49x^2$

14-6 火车在半径 $r=800\text{m}$ 的圆弧弯道上匀减速行驶，其初速为 54km/h，末速为 18km/h，走过的路程为 800m，求火车在这段路程的起点和终点时加速度的大小，并求火车走过这段路程所需的时间。

答：$a_0=0.307\text{m/s}^2$，$a_1=0.129\text{m/s}^2$；$t=80\text{s}$

14-7 如图 14-28 所示，杆长为 l 的 AB 杆，滑块 A 和 C 各沿 y 和 x 轴作直线运动，设 $BC=a$，$\theta=kt$（k 为常数）。试求 B 点的运动方程，并求轨迹方程。

答：运动方程为 $x=l\sin kt$，$y=a\cos kt$；轨迹方程为 $\dfrac{x^2}{l^2}+\dfrac{y^2}{a^2}=1$

14-8 如图 14-29 所示，平面封闭曲线由两根等直线段和两个半径 $R=30\text{m}$ 的半圆组成，总长为 1000m，一物体沿此曲线匀速运动，在 75s 内通过全程。求该物体在运动中加速度的最大值和最小值。

答：$a_{\max}=5.93\text{m/s}^2$，$a_{\min}=0$

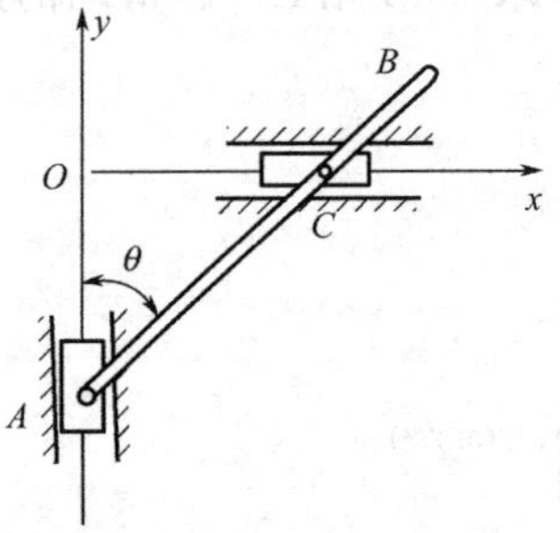

图 14-28 习题 14-7 图

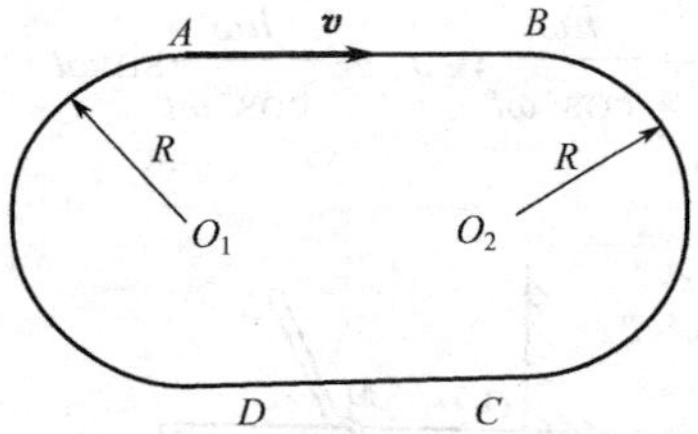

图 14-29 习题 14-8 图

14-9 一质点在水平面上以大小不变的速度 v_0 沿方程为$\frac{x^2}{b^2}+\frac{y^2}{c^2}=1$（$b>c$，$b$、$c$ 为大于零的常数）的轨迹运动，求质点的最大与最小加速度的大小、方向及在轨迹上相应的位置。

答：$a_{max}=\frac{bv_0^2}{c^2}$，$a_{min}=\frac{cv_0^2}{b}$，均指向中心，位置分别在长短轴的两顶点

14-10 点在平面上运动，在直角坐标系 Oxy 内的运动方程为 $x=at\cos\omega t$，$y=at\sin\omega t$，其中 a、ω 均为大于零的常数。求在起始时刻（$t=0$）和 $t\to\infty$时刻该点轨迹的曲率半径。

答：$t=0$ 时，$\rho=\frac{a}{2\omega}$；$t\to\infty$时，$\rho=\infty$

14-11 在输送散粒的摆动式运输机中，$O_1O_2=AB$，$O_1A=O_2B=l$。如某一瞬时曲柄 O_2B 与铅垂线成θ 角，且此瞬时其角速度和角加速度分别为 ω_0 和 α_0（方向如图 14-30）。试求输送槽一颗粒 M 的速度和加速度，设此颗粒附着于槽上。

答：$v=l\omega_0$；$a=l\sqrt{\alpha_0^2+\omega_0^4}$

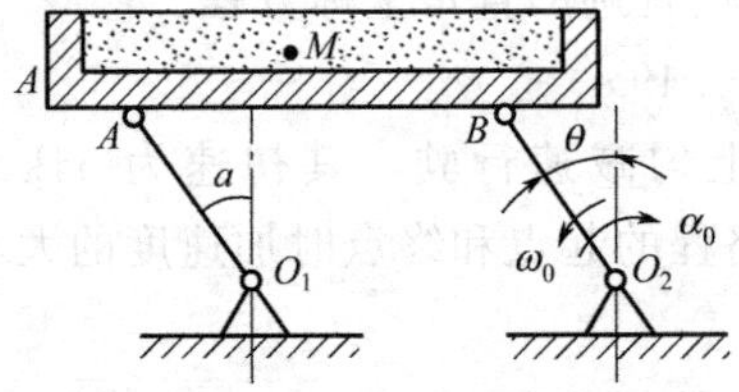

图 14-30 习题 14-11 图

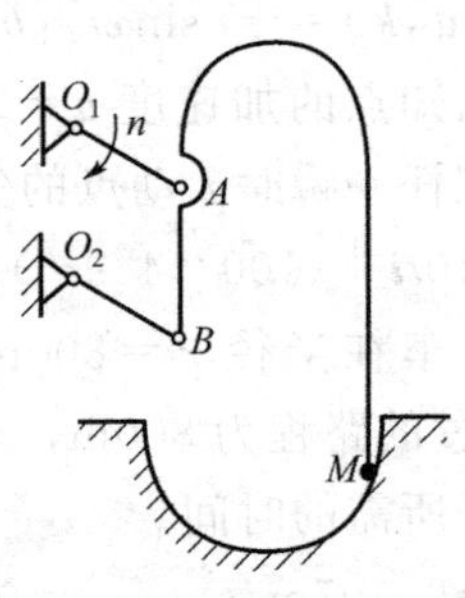

图 14-31 习题 14-12 图

14-12 搅拌机构如图 14-31，已知 $O_1A=O_2B=R$，$O_1O_2=AB$，杆 O_1A 以不变的转速n r/min 转动。试分析构件 BAM 上 M 点的轨迹及其速度和加速度。

答：$v=\frac{R\pi n}{30}$；$a=\frac{R\pi^2n^2}{900}$

14-13 如图 14-32 所示，揉茶叶的揉筒由三个互相平行的曲柄来带动 ABC 和$A'B'C'$为两个等边三角形，已知每曲柄长均为 $r=15$cm，均以匀角速 $n=45$r/min 分别绕 A、B、C 转动。求揉桶中心 O 点的轨迹、速度和加速度。

答：$v=70.7\text{cm/s}$；$a=333\text{cm/s}^2$

14-14 圆盘的转动角速度按下列规律变化：$\omega=20(1+2t/3-t^2/3)$ 式中 ω 以 rad/s 计。求 $t=2\text{s}$ 和 $t=3\text{s}$ 的时间间隔内圆盘的转数 n，并求 $t=3\text{s}$ 时圆盘的角速度和角加速度。

答：$n=1.77$；$\omega=0$；$\alpha=-26.7\text{rad/s}^2$

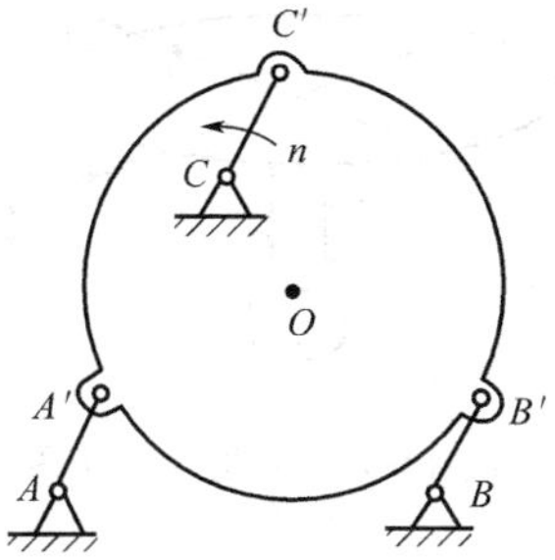

图 14-32 习题 14-13 图

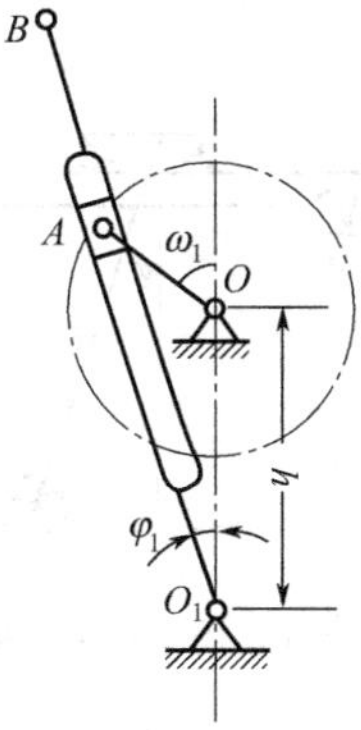

图 14-33 习题 14-15 图

14-15 如图 14-33 所示的曲柄摇杆机构，曲柄 OA 的长为 r，以匀角速度 ω 绕 O 轴转动，其 A 端用铰链与滑块相连，滑块可以沿杆 O_1B 的槽子滑动，且 $OO_1=h$。求摇杆的转动方程，角速度及角加速度，并分析其转动特点。

答：$\varphi_1=\arctan\dfrac{r\sin\omega t}{h+r\cos\omega t}$；$\omega_1=\dfrac{r^2\omega+hr\omega\cos\omega t}{h^2+r^2+rh\cos\omega t}$；$\alpha_1=-\dfrac{hr(h^2-r^2)\omega^2\sin\omega t}{(h^2+r^2+hr\cos\omega t)^2}$

14-16 如图 14-34 所示，提升重物的机构由两个固连在一起的滑轮 1 和 2 组成，其半径分别为 r_1 和 r_2，在其上各绕一绳子，在一条绳子的一端 C 悬挂上重物 3，在另一绳子的一端系重物 4。当重物 4 沿斜面下滑时，就带动滑轮转动，从而提起重物 3。设绳子不可伸长，若重物 4 的位移规律为 $s=at^2$，在初瞬时，系统处于静止状态。求重物 3 的速度和加速度。

答：$v_3=\dfrac{2r_1}{r_2}at$；$a_3=\dfrac{2ar_1}{r_2}$

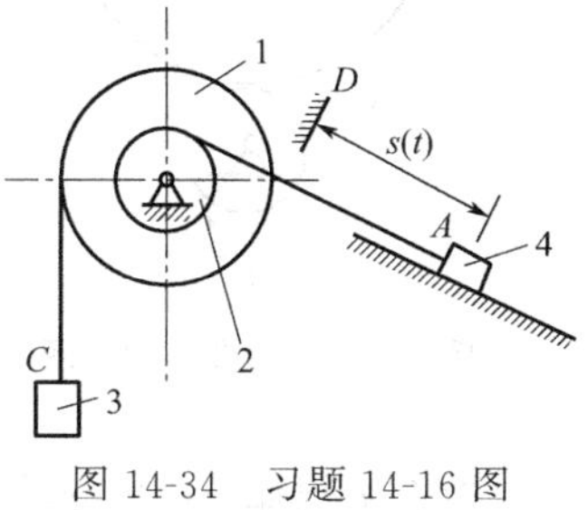

图 14-34 习题 14-16 图

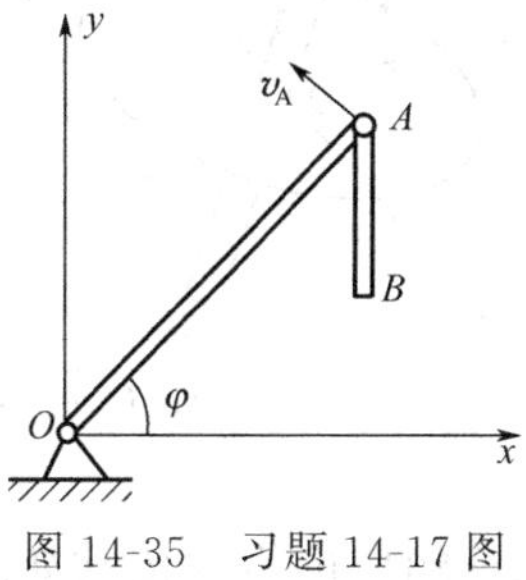

图 14-35 习题 14-17 图

14-17 如图 14-35 所示机构，曲柄 OA 长为 1.5m，在 A 端铰接杆 AB 长 0.8m，曲柄 OA 在铅垂面内绕 O 点转动，杆 AB 始终铅垂向下，为了使 B 端的速度大小为常数且等于 0.05m/s，求 OA 的运动方程及点 B 的轨迹方程。

答：$\varphi=\dfrac{t}{30}\text{rad}$；$x^2+(y+0.8)^2=2.25m^2$

14-18 如图 14-36 所示的行车上，由于小车突然刹住而引起吊重在图面内摆动，已知钢丝绳上端到吊重重心的长度为 $l=4.9\text{m}$，绳和铅垂线之间的夹角按规律 $\varphi=\sin(\sqrt{2}t)/6$ 变化，t 以 s 计，φ 以 rad 计。求 $t=0$ 时，吊重重心 C 的加速度。

答：$a=0.272\text{m/s}^2$，铅垂向上

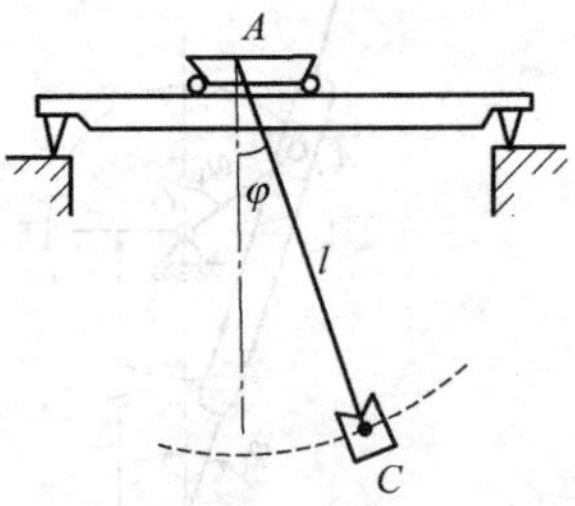

图 14-36　习题 14-18 图

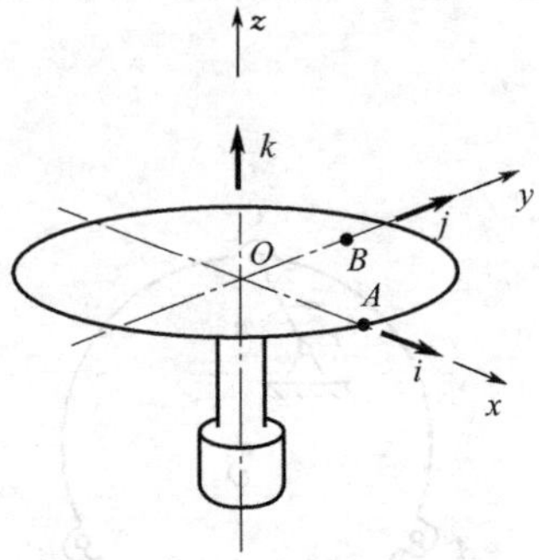

图 14-37　习题 14-19 图

14-19　圆盘绕铅垂轴 z 转动，如图 14-37 所示，已知某瞬时圆盘上 B 点的速度为 $\boldsymbol{v}_B=20\boldsymbol{i}\,\text{cm/s}$，$A$ 点的切向加速度为 $\boldsymbol{a}_\tau=45\boldsymbol{j}\,\text{cm/s}^2$。求该瞬时圆盘的角速度和 B 点的全加速度的向量表达式。已知此时 $OA=15\text{cm}$，$OB=10\text{cm}$。

答：$\boldsymbol{\omega}=-2\boldsymbol{k}\,\text{rad/s}$；$\boldsymbol{a}_B=-30\boldsymbol{i}-40\boldsymbol{j}\,\text{cm/s}^2$

14-20　如图 14-38 所示，圆盘以匀角速度 $\omega=50\text{rad/s}$ 绕其对称轴 z' 转动，该对称轴在 Oyz 平面内与 z 轴的夹角 $\theta=\arctan(3/4)$，若某瞬时 P 点的矢径为 $\boldsymbol{r}=60\boldsymbol{i}+64\boldsymbol{j}+48\boldsymbol{k}\,\text{mm}$，求该瞬时 P 点的速度和加速度矢量表达式。

答：$\boldsymbol{v}=-4\boldsymbol{i}+2.4\boldsymbol{j}+1.8\boldsymbol{k}\,\text{m/s}$；$\boldsymbol{a}=-150\boldsymbol{i}-160\boldsymbol{j}-120\boldsymbol{k}\,\text{m/s}^2$

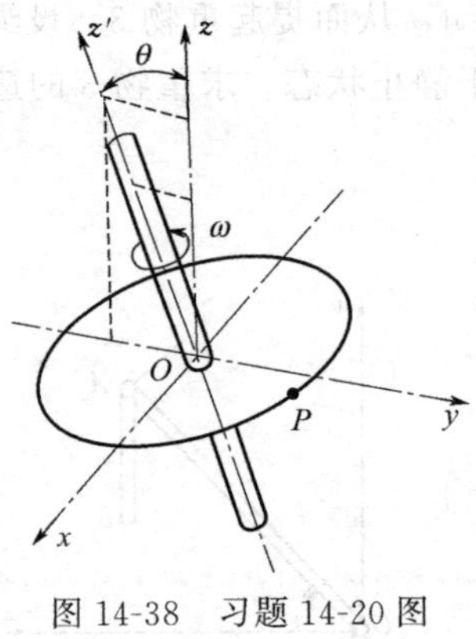

图 14-38　习题 14-20 图

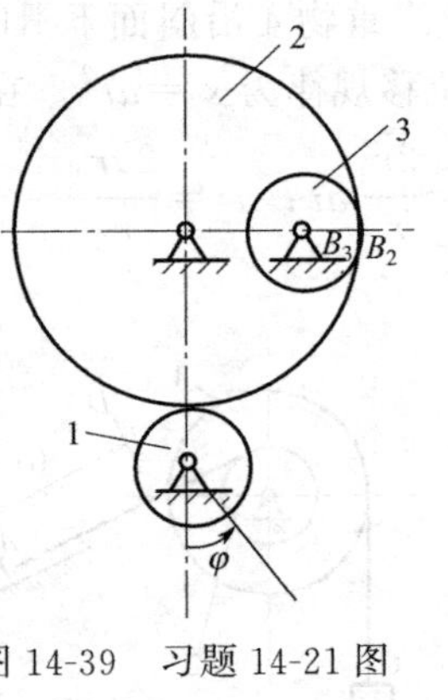

图 14-39　习题 14-21 图

14-21　减速箱中的齿轮传动如图 14-39 所示。已知轮 1 按规律 $\varphi(t)=bt^2$ 转动，三个齿轮的半径依次为 r_1、r_2、r_3，求轮 3 的角速度和角加速度及轮 2、轮 3 接触点 B_2 和 B_3 的速度和加速度。

答：$\omega_3=\dfrac{2r_1bt}{r_3}$；$\varepsilon_3=\dfrac{2br_1}{r_3}$；$a_{B_2}=2br_1\sqrt{\dfrac{1+4b^2t^2r_1^2}{r_2^2}}$；$a_{B_3}=2br_1\sqrt{\dfrac{1+4b^2t^2r_1^2}{r_3^2}}$

14-22　如图 14-40 所示的指针指示器机构中，齿条 1 带动齿轮 2，在齿轮 2 的轴上装一与齿轮 4 啮合的齿轮 3，齿轮 4 上带有一指针。如已知齿条运动的方程为 $x=a\sin kt$，且各

齿轮的半径分别为 r_2、r_3 和 r_4。求指针的角速度和转动方程。

答：$\omega=\dfrac{r_3}{r_2 r_4}ka\cos kt$；$\varphi=\dfrac{r_3}{r_2 r_4}a\sin kt$

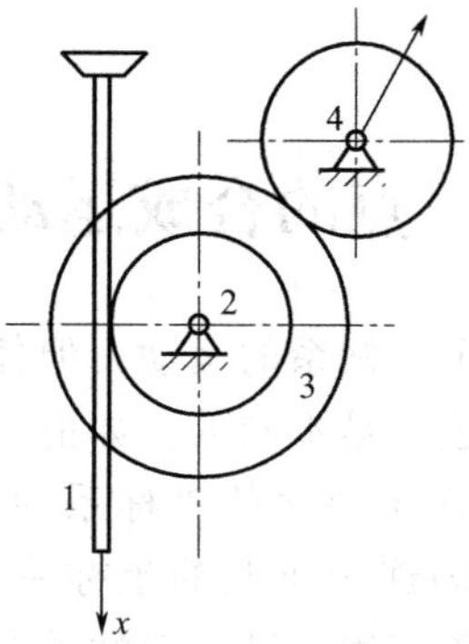

图 14-40　习题 14-22 图

第十五章 点的合成运动

第一节 点的合成运动的概念

前面已经研究了动点相对于一个坐标系的运动，但任何物体的运动都是相对的，即使是同一动点，它在不同参考系中的描述也是不同的。如前一章研究平直轨道上滚动的车轮，如果观察者站在地面上，一般选取固连于地面的坐标系为参考系，此时车轮上的点作摆线运动，但如果在车厢里观察，此时将固连于车厢的坐标系作为参考系，车轮上的点作圆周运动，显然这是两种不同的运动。本章应用运动相对性的观点建立动点相对于不同参考系的运动之间的关系，并利用这些关系将点的复杂运动分解成几个简单运动来研究，从而使运动学的问题得以简化。这种方法无论在理论上或工程实际上都具有重要的意义。

一、绝对运动、相对运动和牵连运动

在点的合成运动中，将所考察的点称为**动点**。动点可以是运动刚体上的一个点，也可以是一个被抽象为点的物体。为了描述动点相对于不同参考系的运动，通常将固连于地面的坐标系称为**定（静）坐标系**（简称定系），而将相对于定坐标系有运动的坐标系称为**动坐标系**（简称动系），将动点相对于动系的运动称为**相对运动**，动点相对于定系的运动称为**绝对运动**，动系相对于定系的运动称为**牵连运动**。注意牵连运动是刚体运动，它可以是平移或定轴转动，也可以是其他的复杂运动。如图 15-1 所示的桥式起重机，固连于地面的坐标系 Oxy 为定系，固连于行车上的坐标系 $O'x'y'$ 为动系，当起吊重物时，考察重物 M 的运动，则重物 M 相对于定系 Oxy 沿弧 $\widehat{MM_1}$ 的平面曲线运动为绝对运动，而相对于动系 $O'x'y'$ 沿 MM' 的直线运动为相对运动，动系 $O'x'y'$ 相对于定系 Oxy 水平平移为牵连运动。

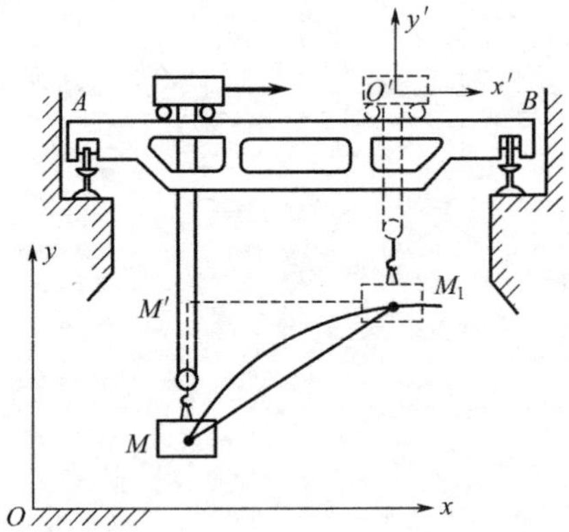

图 15-1

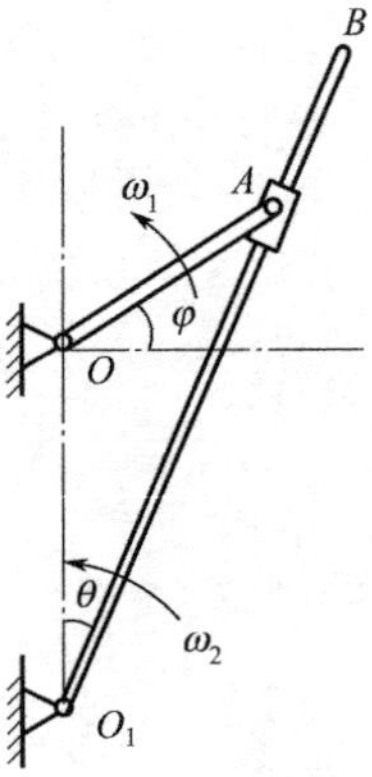

图 15-2

图 15-1 中，如果行车静止，则重物 M 相对于行车（动系）的运动与相对于地面（定系）的运动完全相同，如果重物 M 相对于行车静止，则它将随行车（动系）一起相对于地面（定系）作水平运动。因而动点 M 相对于定系的运动可以看作是相对于动系的竖直运动

和动系牵引下的水平运动的合成运动。这类运动称为**点的合成运动**或**复合运动**。

用合成运动的方法研究问题的关键在于合理地选择动点、动系。动点、动系选择的原则是：①动点相对于动系有相对运动；②动点的相对轨迹应简单、直观。如图 15-2 所示的曲柄摇杆机构中，取滑块 A 为动点，动系固连于杆 O_1B，动点的相对轨迹为沿着 AB 的直线。若取杆 O_1B 上和滑块 A 点重合的点为动点，动系固连于杆 OA，动点的相对轨迹较难直观地判断。对比这两种选择方法可见，两相对运动部件存在一不变的接触点时，选取该接触点为动点，其相对轨迹较为简单。

在点的合成运动中涉及到三种运动，相应地有三种运动轨迹、速度和加速度。下面分别就三种运动对对应的运动轨迹、速度和加速度加以描述。

二、绝对运动方程、绝对速度、绝对加速度

设动点 M 在定系中运动，则 M 在定系中的位置可以用位置坐标表示，它们是时间 t 的单值连续函数，这一函数称为动点 M 的**绝对运动方程**。动点相对于定系运动的速度称为**绝对速度**，常以 $\boldsymbol{v}_a$ 表示，相对于定系的加速度称为**绝对加速度**，常以 $\boldsymbol{a}_a$ 表示。这在点的运动里已有详细的描述，这里不再赘述。

三、相对运动方程、相对速度、相对加速度

如图 15-3 所示，设动系 $O'x'y'z'$ 对定系 $Oxyz$ 有一定的运动，而动点 M 又在动系中运动，设动点 M 在动系中的位置坐标分别为 x'、y'、z'。可见 x'、y'、z' 是时间的单值连续函数。

$$\left.\begin{aligned} x'&=f_1(t)\\ y'&=f_2(t)\\ z'&=f_3(t)\end{aligned}\right\} \tag{15-1}$$

这组方程就是动点的**相对运动方程**。

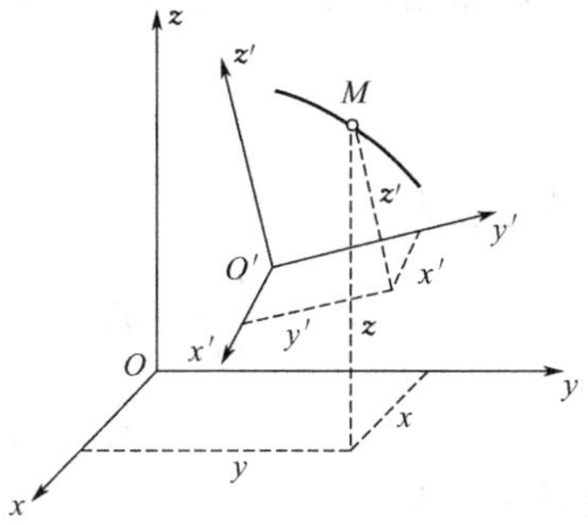

图 15-3

动点相对于动系的速度和加速度分别称为**相对速度**和**相对加速度**，以符号 $\boldsymbol{v}_r$ 和 $\boldsymbol{a}_r$ 表示。动点 M 的相对速度和相对加速度在动坐标轴上的投影为

$$v_{rx'}=\frac{dx'}{dt},v_{ry'}=\frac{dy'}{dt},\ v_{rz'}=\frac{dz'}{dt}$$

$$a_{rx'}=\frac{d^2x'}{dt^2},\ a_{ry'}=\frac{d^2y'}{dt^2},\ a_{rz'}=\frac{d^2z'}{dt^2}$$

令 $\boldsymbol{i}'$、$\boldsymbol{j}'$、$\boldsymbol{k}'$ 表示动坐标轴正方向的单位矢量，则其相对速度和相对加速度为

$$\boldsymbol{v}_r=v_{rx'}\boldsymbol{i}'+v_{ry'}\boldsymbol{j}'+v_{rz'}\boldsymbol{k}' \tag{15-2}$$

$$\boldsymbol{a}_r=a_{rx'}\boldsymbol{i}'+a_{ry'}\boldsymbol{j}'+a_{rz'}\boldsymbol{k}' \tag{15-3}$$

四、牵连运动方程、牵连速度、牵连加速度

设动系在定系中运动，则动系在定系中的方位可由动系原点在定系中的坐标及动坐标轴与静坐标轴的夹角来确定，它们都是时间 t 的单值连续函数，这组函数称为**牵连运动方程**，由于牵连运动较为复杂，对于牵连运动方程不作进一步叙述。

动点在动系中运动，在某一瞬时，动系中与动点 M 重合的点 M' 称为动点 M 在此瞬时的牵连点，牵连点相对于定系的速度与加速度称为动点 M 在此瞬时的**牵连速度**和**牵连加速**

度，以符号 $\boldsymbol{v}_e$ 和 $\boldsymbol{a}_e$ 表示。

值得注意的是牵连速度和牵连加速度是牵连点相对定系而言，牵连点是动系内的一个位置点，在不同的瞬时，与动点对应的牵连点是不同的。

思考：能否说牵连速度是动系相对于静系的速度？

第二节 点的速度合成定理

上一节已经介绍了相对速度、牵连速度和绝对速度的概念，因为点的速度是由位移的概念导出的，故从绝对位移和相对位移之间的关系来研究三种速度之间的关系。

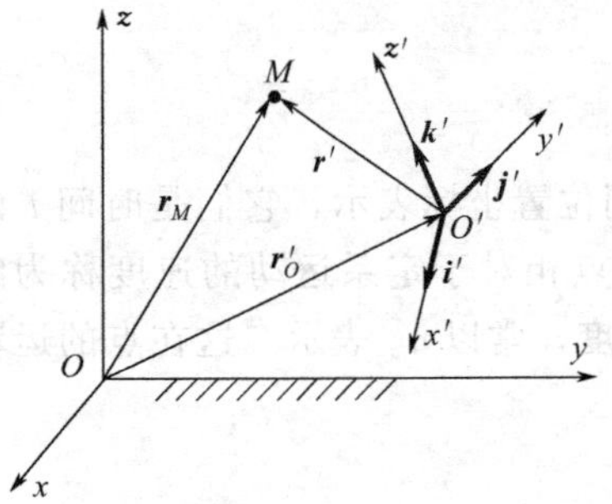

图 15-4

如图 15-4 所示，设动点为 M，定系为 $Oxyz$，动系为 $O'x'y'z'$，动点 M 在定系中的位矢为 $\boldsymbol{r}_M$。在动系中的位矢 $\boldsymbol{r}'$，动系原点在定系中的位矢 $\boldsymbol{r}_{O'}$，牵连点在定系中的位矢 $\boldsymbol{r}_{M'}$，在动系中的位矢 $\boldsymbol{r}'_{M'}$，各矢径之间存在如下关系

$$\boldsymbol{r}_M=\boldsymbol{r}_{O'}+\boldsymbol{r}',\ \boldsymbol{r}_{M'}=\boldsymbol{r}_{O'}+\boldsymbol{r}'_{M'}$$

由于牵连点与动点重合，因而

$$\boldsymbol{r}_{M'}=\boldsymbol{r}_M,\ \boldsymbol{r}'=\boldsymbol{r}'_{M'}$$

根据相对速度、牵连速度和绝对速度的概念，动点 M 的相对速度为

$$\boldsymbol{v}_r=\frac{\tilde{\mathrm{d}}\boldsymbol{r}'}{\mathrm{d}t}=\dot{x}'\boldsymbol{i}'+\dot{y}'\boldsymbol{j}'+\dot{z}'\boldsymbol{k}'$$

牵连速度为

$$\boldsymbol{v}_e=\frac{\mathrm{d}\boldsymbol{r}_{M'}}{\mathrm{d}t}=\dot{\boldsymbol{r}}_{O'}+\dot{x}'_{M'}\boldsymbol{i}'+\dot{y}'_{M'}\boldsymbol{j}'+\dot{z}'_{M'}\boldsymbol{k}'+x'_{M'}\dot{\boldsymbol{i}}'+y'_{M'}\dot{\boldsymbol{j}}'+z'_{M'}\dot{\boldsymbol{k}}'$$

$$=\dot{\boldsymbol{r}}_{O'}+x'_M\dot{\boldsymbol{i}}'+y'_M\dot{\boldsymbol{j}}'+z'_M\dot{\boldsymbol{k}}$$

绝对速度为

$$\boldsymbol{v}_a=\frac{\mathrm{d}\boldsymbol{r}_M}{\mathrm{d}t}=\dot{\boldsymbol{r}}_{O'}+\dot{x}'\boldsymbol{i}'+\dot{y}'\boldsymbol{j}'+\dot{z}'\boldsymbol{k}'+x'\dot{\boldsymbol{i}}'+y'\dot{\boldsymbol{j}}'+z'\dot{\boldsymbol{k}}'$$

由于在动系中动点和牵连点重合，于是可得

$$\frac{\mathrm{d}\boldsymbol{r}_M}{\mathrm{d}t}=\frac{\mathrm{d}\boldsymbol{r}_{M'}}{\mathrm{d}t}+\frac{\tilde{\mathrm{d}}\boldsymbol{r}'}{\mathrm{d}t}$$

即

$$\boldsymbol{v}_a=\boldsymbol{v}_e+\boldsymbol{v}_r \tag{15-4}$$

这一关系式称为点的**速度合成定理**。即在任一瞬时，动点的绝对速度等于其牵连速度与相对速度的矢量和。由于定理的证明中对于牵连运动未加任何限制，因而速度合成定理对于任何形式的牵连运动都是适用的。

例 15-1 如图 15-5(a) 所示，塔式起重机的水平悬臂以角速度 $\omega=0.1\mathrm{rad/s}$ 绕 OO_1 轴转动，跑车 A 带动重物 B 沿着悬臂以 0.5m/s 速度向左移动。求跑车 A 在图示位置时的绝对速度。

解：以跑车为动点，将动系固接于水平悬臂上，定系 Oxy 固接在塔身上。跑车沿水平悬臂的运动为相对运动，由题意，其相对速度 $\boldsymbol{v}_r$ 的大小为

$$v_r = 0.5\text{m/s}$$

方向沿着水平悬臂，并指向 OO_1 轴。

水平悬臂绕 OO_1 轴的转动是牵连运动。在图示位置时，跑车的牵连点是在动系上并与跑车重合的一点，故其牵连速度 $\boldsymbol{v}_e$ 的大小为

$$v_e = O'A \cdot \omega = 10 \times 0.1 = 1\text{m/s}$$

方向与 $O'A$ 垂直，指向纸面以内。求出 $\boldsymbol{v}_e$ 和 $\boldsymbol{v}_r$ 后，由速度合成定理，可作出速度矢量平行四边形，如图 15-5(b)。由几何关系可知 $\boldsymbol{v}_a$ 的大小为

$$v_a = \sqrt{v_r^2 + v_e^2} = \sqrt{0.5^2 + 1^2} = 1.118\text{m/s}$$

其方向可由 $\boldsymbol{v}_a$ 与 $\boldsymbol{v}_r$ 的夹角 α 决定，且

$$\alpha = \arctan\frac{v_e}{v_r} = \arctan\frac{1}{0.5} = 63°26'$$

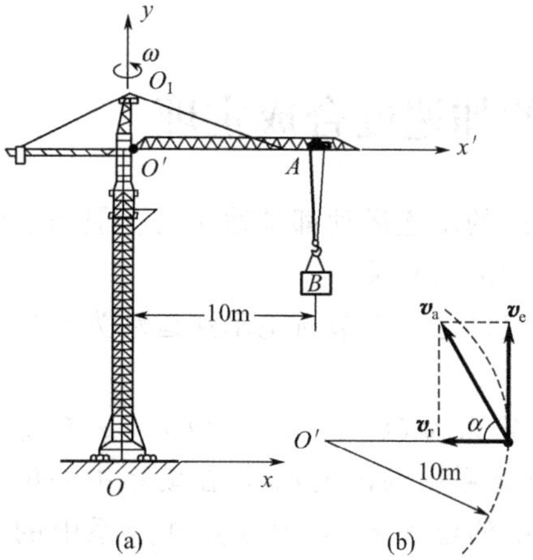

图 15-5

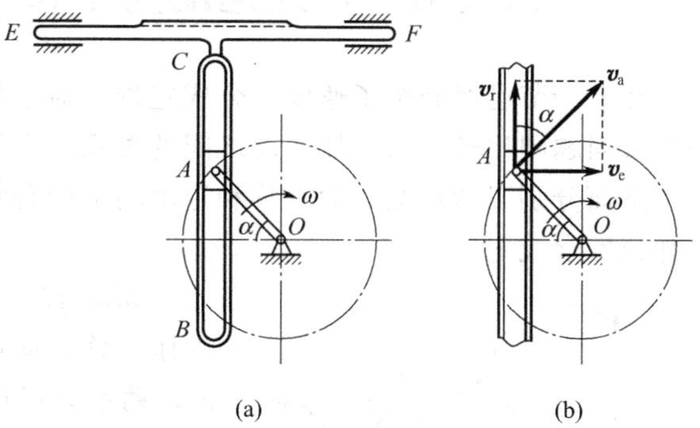

图 15-6

例 15-2 图 15-6(a) 所示正弦机构，曲柄长 $OA = r$，以匀角速度 ω 绕水平轴 O 转动。导槽 BC 与齿条 EF 固连且相互垂直，齿条 EF 可沿水平导轨平移。试求曲柄与水平线的夹角为 α 时齿条 EF 的速度。

解： 齿条 EF 与导槽 BC 组成为一个整体，由曲柄上的滑块 A 带动在水平方向平移，而滑块 A 绕轴 O 作圆周运动。取曲柄上的滑块 A 为动点，将动系固连于齿条和导槽，定系固连于地面。则 A 点的绝对运动是绕轴 O 的圆周运动，绝对速度

$$v_a = v_A = r\omega$$

方向垂直 OA，指向由 ω 的转向确定。

动点 A 的相对运动是沿导槽的直线运动，相对速度 $\boldsymbol{v}_r$ 沿 BC 方向，即竖直指向。

牵连运动是齿条与导槽的水平直线平移，牵连速度 $\boldsymbol{v}_e$ 为导槽上与 A 点重合的点的速度，也就是齿条 EF 的速度，方向水平。在 $\boldsymbol{v}_a$、$\boldsymbol{v}_e$ 和 $\boldsymbol{v}_r$ 中只有 $\boldsymbol{v}_e$ 和 $\boldsymbol{v}_r$ 的大小共两个未知量，因而根据速度合成定理

$$\boldsymbol{v}_a = \boldsymbol{v}_e + \boldsymbol{v}_r$$

作速度矢量平行四边形，如图 15-6(b) 所示，故齿条 EF 的速度为

$$v_{EF} = v_e = r\omega\sin\alpha$$

方向水平向右。

对于这类点的复合运动的问题的求解，关键是动点、动系和定系的选取。动点、动系和定系的选取一般遵循以下原则。

（1）动点、动系和定系必须分别取在三个物体上，定系一般固定在不动的物体上，动点和动系根据研究的问题恰当地选取。

（2）动点相对于动系的运动轨迹要明显、简单（比如轨迹是直线、圆或某一确定的曲线），并且动参考系要有明确的运动（如平移、定轴转动或其他运动等）。

对于没有约束联系的，一般情况下根据题意取所研究的点为动点，而动系固连于另一物体上。如已知雨滴和车辆的运动情况，求雨滴相对于车辆的速度，此时可取雨滴为动点，而将动坐标系固连于车辆。

对于有约束联系的问题，如机构传动问题，动点多取在主动件与从动件的接触点，如例 15-2 中的滑块 A，当选定了某构件上的一点为动点时，则动系必须固连于另一构件上。若一个点在另一个物体上运动，这类问题的特点是相对运动轨迹已知，动点就选为运动的点，动系固连于运动的物体上。

第三节　牵连运动为平移时点的加速度合成定理

在上一节已经介绍了速度的合成定理，对于任何形式的牵连运动都是适用的。但加速度的合成问题则比较复杂，加速度之间的关系与牵连运动的形式有关。

下面分别以牵连运动为平移和定轴转动两种情况加以讨论，本节讨论牵连运动为平移时的加速度合成定理。

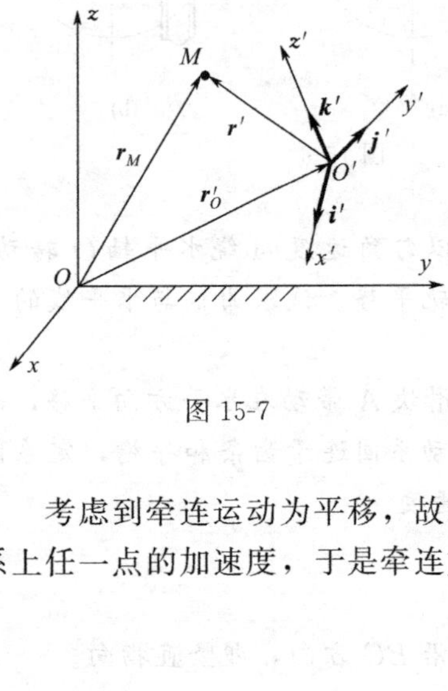

图 15-7

如图 15-7 所示，定系为 $Oxyz$，动系 $O'x'y'z'$ 在定系中作平移，动点 M 在定系中的位矢 $\boldsymbol{r}_M$，在动系中的位矢 $\boldsymbol{r}'$，动系原点在定系中的位矢 $\boldsymbol{r}_{O'}$，牵连点在定系中的位矢 $\boldsymbol{r}_{M'}$，由于牵连点与动点重合，因而各矢径之间存在如下关系：

$$\boldsymbol{r}_{M'}=\boldsymbol{r}_M=\boldsymbol{r}_{O'}+\boldsymbol{r}'$$

根据相对加速度速度、牵连加速度和绝对加速度的概念，动点 M 的相对加速度为

$$\boldsymbol{a}_{\mathrm{r}}=\frac{\tilde{\mathrm{d}}^2\boldsymbol{r}'}{\mathrm{d}t^2}=\ddot{x}'\boldsymbol{i}'+\ddot{y}'\boldsymbol{j}'+\ddot{z}'\boldsymbol{k}'$$

考虑到牵连运动为平移，故动系上与动点 M 重合点（牵连点）的加速度应等于动坐标系上任一点的加速度，于是牵连加速度为

$$\boldsymbol{a}_{\mathrm{e}}=\frac{\mathrm{d}^2\boldsymbol{r}_{M'}}{\mathrm{d}t^2}=\frac{\mathrm{d}^2\boldsymbol{r}_{O'}}{\mathrm{d}t^2}$$

绝对加速度为

$$\boldsymbol{a}_{\mathrm{a}}=\frac{\mathrm{d}^2\boldsymbol{r}_M}{\mathrm{d}t^2}=\frac{\mathrm{d}^2\boldsymbol{r}_{O'}}{\mathrm{d}t^2}+\frac{\mathrm{d}^2\boldsymbol{r}'}{\mathrm{d}t^2}$$

牵连运动为平移时，动系坐标轴方向单位矢量导数为零，此时 $\boldsymbol{r}'$ 相对导数与绝对导数相等，即

$$\frac{\mathrm{d}^2\boldsymbol{r}'}{\mathrm{d}t^2}=\frac{\tilde{\mathrm{d}}^2\boldsymbol{r}'}{\mathrm{d}t^2}$$

由此可以得出

$$\frac{d^2 \boldsymbol{r}_M}{dt^2}=\frac{d^2 \boldsymbol{r}_{M'}}{dt^2}+\frac{\tilde{d}^2 \boldsymbol{r}'}{dt^2}$$

即

$$\boldsymbol{a}_a=\boldsymbol{a}_e+\boldsymbol{a}_r \tag{15-5}$$

这一关系式称为牵连运动为平移时点的**加速度合成定理**，即：当牵连运动为平移时，动点在任意瞬时的绝对加速度等于其牵连加速度与相对加速度的矢量和。

例 15-3 如图 15-8(a) 所示为一往复式送料机，曲柄 OA 长为 l，它带动导杆 BC 和送料槽 D 作往复运动，用以运送物料。设某瞬时曲柄与铅垂线成 θ 角。曲柄的角速度为 ω_0，角加速度为 α_0，方向如图所示。试求此瞬时送料槽 D 的速度和加速度。

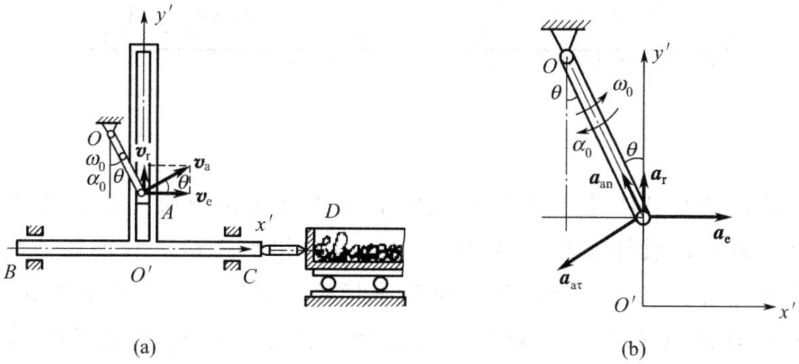

图 15-8

解：因送料槽 D 与导杆 BC 相固结，而且均沿水平直线平移，两者的运动一致，所以，求送料槽的运动就归结为求导杆的运动。

在图示机构中，滑块 A 同时与曲柄 OA 和导杆 BC 相连接，A 滑块又相对于导杆沿滑槽作相对运动。因此，选滑块 A 为动点，动坐标系固结于导杆上，A 的绝对运动为绕 D 点的圆周运动，相对运动为沿滑槽的直线运动，而牵连运动为沿水平直线的平移。

由速度合成定理

$$\boldsymbol{v}_a=\boldsymbol{v}_e+\boldsymbol{v}_r$$

其中绝对速度 $\boldsymbol{v}_a$ 方向与 OA 垂直，大小为 $l\omega_0$；牵连速度 $\boldsymbol{v}_e$ 方向水平，大小未知；相对速度 $\boldsymbol{v}_r$ 方向竖直，大小未知。由速度平行四边形可得

$$v_D=v_e=v_a\cos\theta=l\omega_0\cos\theta$$

根据牵连运动为平移时的加速度合成定理

$$\boldsymbol{a}_a=\boldsymbol{a}_e+\boldsymbol{a}_r$$

其中 A 的绝对加速度可分解为切向和法向分量

$$\boldsymbol{a}_a=\boldsymbol{a}_{a\tau}+\boldsymbol{a}_{an}$$

因而有如下形式

$$\boldsymbol{a}_{a\tau}+\boldsymbol{a}_{an}=\boldsymbol{a}_e+\boldsymbol{a}_r$$

式中，$\boldsymbol{a}_{an}$ 指向 O 点，大小为 $l\omega_0^2$；$\boldsymbol{a}_{a\tau}$ 方向与 OA 垂直，指向左下方，大小 $l\alpha_0$；$\boldsymbol{a}_e$ 方向水平，假设指向右，大小未知；$\boldsymbol{a}_r$ 方向竖直，大小未知。作加速度矢量图 15-8(b)，投影可得

$$a_e=-a_{a\tau}\cos\theta-a_{an}\sin\theta=-l(\alpha_0\cos\theta+\omega_0^2\sin\theta)$$

$\boldsymbol{a}_e$ 即为送料槽 D 的加速度 $\boldsymbol{a}_D$，其指向与图中假设的 $\boldsymbol{a}_e$ 的指向相反。

例 15-4 如图 15-9(a) 所示凸轮机构，半径为 R 的半圆形凸轮沿水平方向向右移动，使顶杆 AB 沿铅直导槽上下运动。在凸轮中心 O 和点 A 的连线 AO 与水平方向的夹角 $\varphi=60°$ 时，凸轮的速度为 $\boldsymbol{v}_0$，加速度为 $\boldsymbol{a}_0$，试求该瞬时顶杆 AB 的加速度。

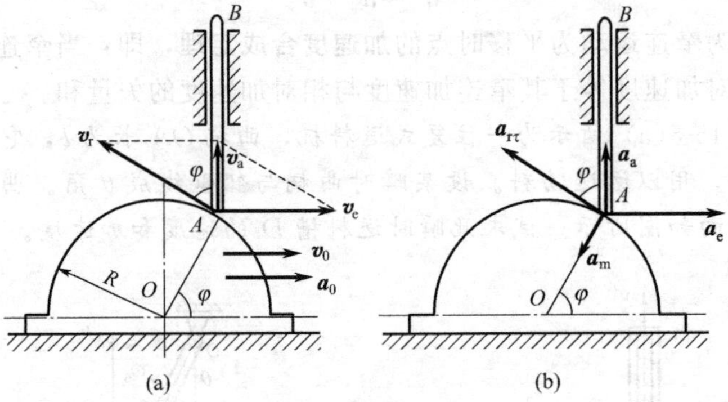

图 15-9

解： 由图可见，顶杆 AB 是通过其上端点 A 与凸轮相接触的。凸轮运动时推动顶杆使其沿铅直导槽上下运动，顶杆上的点 A 与凸轮之间有相对运动。取顶杆上的点 A 为动点，将动系固连于凸轮，则动点 A 的绝对运动是沿导槽的上下运动，绝对速度 $\boldsymbol{v}_a$ 和绝对加速度 $\boldsymbol{a}_a$ 皆为铅垂方向；动点 A 始终沿凸轮的圆周运动，相对速度 $\boldsymbol{v}_r$ 沿凸轮表面切线方向，如图 15-9(a)。相对加速度 $\boldsymbol{a}_r$ 应有切向和法向两个分量；切向分量 $\boldsymbol{a}_{r\tau}$ 沿凸轮表面切线方向，法向分量 $\boldsymbol{a}_{rn}$ 大小为：$a_{rn}=v_r^2/R$，由 A 指向圆心 O，如图 15-9(b)。

牵连运动为凸轮的水平直线平移，其牵连速度为 $\boldsymbol{v}_0$，牵连加速度为 $\boldsymbol{a}_0$ 皆为已知。由速度合成定理

$$\boldsymbol{v}_a=\boldsymbol{v}_e+\boldsymbol{v}_r$$

作出速度平行四边形，如图 15-9(a)，由图中的几何关系可得

$$v_r=v_e/\sin\varphi=v_0/\sin\varphi$$

当 $\varphi=60°$ 时，

$$v_r=v_0/\sin60°=\frac{2}{\sqrt{3}}v_0$$

由牵连运动为平移时的加速度合成定理

$$\boldsymbol{a}_a=\boldsymbol{a}_e+\boldsymbol{a}_r=\boldsymbol{a}_e+\boldsymbol{a}_{r\tau}+\boldsymbol{a}_{rn}$$

画出各加速度的矢量图，如图 15-9(b)，可用投影法求解 $\boldsymbol{a}_a$

$$a_a\sin\varphi=a_e\cos\varphi-a_{rn}=a_0\cos\varphi-\frac{v_r^2}{R}$$

$$a_a=\frac{1}{\sin\varphi}\left(a_0\cos\varphi-\frac{v_r^2}{R}\right)$$

当 $\varphi=60°$ 时，顶杆 AB 的加速度

$$a_{AB}=a_a=\frac{1}{\sin60°}\left[a_0\cos60°-\left(\frac{2}{\sqrt{3}}v_0\right)^2/R\right]=\frac{\sqrt{3}}{3}\left(a_0-\frac{8v_0^2}{3R}\right)$$

方向竖直向上。

第四节　牵连运动为转动时点的加速度合成定理

上节推导了牵连运动为平移时点的绝对加速度等于牵连加速度与相对加速度的矢量和，但当牵连运动为定轴转动时，由于牵连运动与相对运动的相互影响，会产生附加的加速度，称为科里奥利加速度，简称科氏加速度。

如图 15-10 所示，设动点为 M，定系为 $Oxyz$，动系 $O'x'y'z'$ 以角速度矢 $\boldsymbol{\omega}$、角加速度矢 $\boldsymbol{\alpha}$ 作定轴转动，不失一般性，把定轴取为定系的 z 轴，动点 M 在定系中的位矢 $\boldsymbol{r}_M$，在动系中的位矢 $\boldsymbol{r}'$，动系原点在定系中的位矢 $\boldsymbol{r}_{O'}$，牵连点在定系中的位矢 $\boldsymbol{r}_{M'}$，在动系中的位矢 $\boldsymbol{r}'_{M'}$，根据加速度的定义有

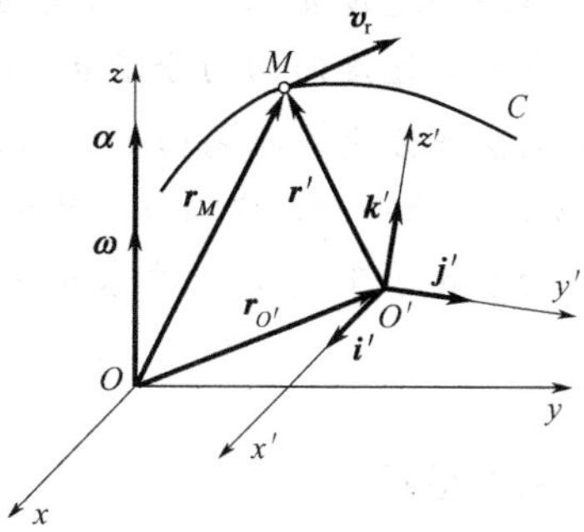

图 15-10

相对加速度

$$\boldsymbol{a}_{\mathrm{r}}=\frac{\tilde{\mathrm{d}}^2\boldsymbol{r}'}{\mathrm{d}t^2}=\ddot{x}'\boldsymbol{i}'+\ddot{y}'\boldsymbol{j}'+\ddot{z}'\boldsymbol{k}'$$

牵连加速度

$$\boldsymbol{a}_{\mathrm{e}}=\boldsymbol{\alpha}\times\boldsymbol{r}_{M'}+\boldsymbol{\omega}\times\boldsymbol{v}_{\mathrm{e}}$$

由速度合成定理：$\boldsymbol{v}_{\mathrm{a}}=\boldsymbol{v}_{\mathrm{e}}+\boldsymbol{v}_{\mathrm{r}}$，两边同时求导有

$$\boldsymbol{a}_{\mathrm{a}}=\frac{\mathrm{d}\boldsymbol{v}_{\mathrm{a}}}{\mathrm{d}t}=\frac{\mathrm{d}\boldsymbol{v}_{\mathrm{e}}}{\mathrm{d}t}+\frac{\mathrm{d}\boldsymbol{v}_{\mathrm{r}}}{\mathrm{d}t}$$

当牵连运动为定轴转动时

$$\begin{aligned}\frac{\mathrm{d}\boldsymbol{v}_{\mathrm{e}}}{\mathrm{d}t}&=\frac{\mathrm{d}(\boldsymbol{\omega}\times\boldsymbol{r}_M)}{\mathrm{d}t}=\frac{\mathrm{d}\boldsymbol{\omega}}{\mathrm{d}t}\times\boldsymbol{r}_M+\boldsymbol{\omega}\times\frac{\mathrm{d}\boldsymbol{r}_M}{\mathrm{d}t}=\boldsymbol{\alpha}\times\boldsymbol{r}_M+\boldsymbol{\omega}\times(\boldsymbol{v}_{\mathrm{e}}+\boldsymbol{v}_{\mathrm{r}})\\&=\boldsymbol{\alpha}\times\boldsymbol{r}_M+\boldsymbol{\omega}\times\boldsymbol{v}_{\mathrm{e}}+\boldsymbol{\omega}\times\boldsymbol{v}_{\mathrm{r}}\end{aligned}$$

$$\begin{aligned}\frac{\mathrm{d}\boldsymbol{v}_{\mathrm{r}}}{\mathrm{d}t}&=\frac{\mathrm{d}(\dot{x}'\boldsymbol{i}'+\dot{y}'\boldsymbol{j}'+\dot{z}'\boldsymbol{k}')}{\mathrm{d}t}=\ddot{x}'\boldsymbol{i}'+\ddot{y}'\boldsymbol{j}'+\ddot{z}'\boldsymbol{k}'+\dot{x}'\dot{\boldsymbol{i}}'+\dot{y}'\dot{\boldsymbol{j}}'+\dot{z}'\dot{\boldsymbol{k}}'\\&=\boldsymbol{a}_{\mathrm{r}}+\boldsymbol{\omega}\times\boldsymbol{v}_{\mathrm{r}}\end{aligned}$$

整理得

$$\boldsymbol{a}_{\mathrm{a}}=\boldsymbol{a}_{\mathrm{e}}+\boldsymbol{a}_{\mathrm{r}}+2\boldsymbol{\omega}\times\boldsymbol{v}_{\mathrm{r}}$$

可见，由于牵扯连运动与相对运动的相互影响，会产生附加的**科氏加速度**，常以符号 $\boldsymbol{a}_{\mathrm{C}}$ 表示，$\boldsymbol{a}_{\mathrm{C}}=2\boldsymbol{\omega}\times\boldsymbol{v}_{\mathrm{r}}$，点的绝对加速度可写成

$$\boldsymbol{a}_{\mathrm{a}}=\boldsymbol{a}_{\mathrm{e}}+\boldsymbol{a}_{\mathrm{r}}+\boldsymbol{a}_{\mathrm{C}}\tag{15-6}$$

上式表明：当牵连运动为转动时，在任一瞬时，动点的绝对加速度等于动点的牵连加速度、相对加速度和科氏加速度的矢量和。这就是牵连运动为转动时点的加速度合成定理。

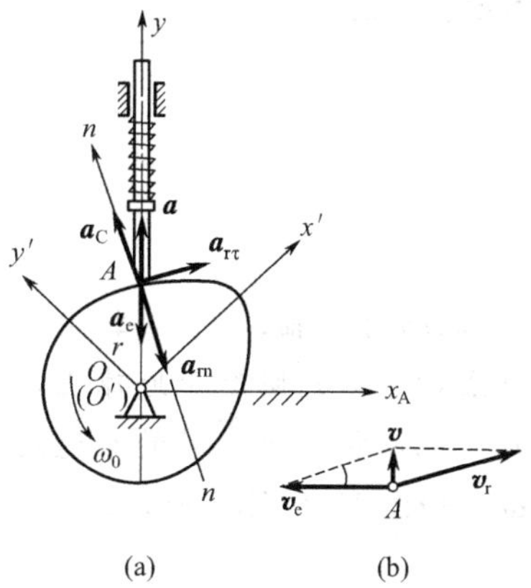

图 15-11

例 15-5　如图 15-11 所示的一汽阀凸轮机构。设此瞬时，$OA=r$，凸轮轮廓曲线在 A 点的曲率半径为 ρ，其法线 n-n 与 OA 的夹角为 θ。凸轮绕固定轴 O 以等角速 ω_0

转动，试求此时顶杆平移的加速度。

解： 选顶杆端点 A 为动点，将动系固连于凸轮。则 A 点的绝对运动为沿 Oy 轴的直线运动，牵连运动为定轴转动，相对运动是点 A 沿凸轮轮廓的运动。根据牵连运动为定轴转动时点的加速度合成定理，有

$$\boldsymbol{a}_a=\boldsymbol{a}_e+\boldsymbol{a}_r+\boldsymbol{a}_C$$

其中绝对加速度 $\boldsymbol{a}_a$ 的方向铅垂，大小未知；

牵连加速度 $\boldsymbol{a}_e$ 的方向指向凸轮的转动中心 O，大小为 $a_e=r\omega_0^2$；

相对加速度的切向分量 $\boldsymbol{a}_{r\tau}$ 沿凸轮轮廓的切线方向，大小未知，法向分量 $\boldsymbol{a}_{rn}$ 沿凸轮在 A 点的法线方向，指向曲率中心，大小为：$a_{rn}=v_r^2/\rho$；科氏加速度 $\boldsymbol{a}_C$ 的方向垂直于 $\boldsymbol{v}_r$ 与 $\boldsymbol{\omega}_0$ 所决定的平面，它与 $\boldsymbol{a}_{rn}$ 的方向相反，大小为 $a_C=2\omega_0 v_r\sin 90°=2\omega_0 v_r$。

为求 $\boldsymbol{a}_{rn}$ 及 $\boldsymbol{a}_C$，应先求出 $\boldsymbol{v}_r$。为此作速度平行四边形［图 15-11(b)］，可求得

$$v_r=\frac{v_e}{\cos\theta}=r\omega_0\sec\theta$$

从而得到

$$a_{rn}=\frac{v_r^2}{\rho}=\frac{r^2\omega_0^2}{\rho}\sec^2\theta$$

$$a_C=2\omega_0 v_r=2r\omega_0^2\sec\theta$$

画出各加速度的分量，如图 15-11(a)，利用解析法可解 A 点的加速度

$$-a\cos\theta=a_e\cos\theta+a_{rn}-a_C$$

从而得

$$a=\frac{-1}{\cos\theta}\left(r\omega_0^2\cos\theta+\frac{r^2}{\rho}\omega_0^2\sec^2\theta-2r\omega_0^2\sec\theta\right)=-r\omega_0^2\left(1+\frac{r}{\rho}\sec^3\theta-2\sec^2\theta\right)$$

此即为顶杆 A 的加速度。

例 15-6 北半球纬度为 φ 处有一河流，河水沿着与正东成 ψ 角的方向流动，流速为 v_r，如图 15-12(a) 所示。考虑地球自转的影响，试求河水的科氏加速度。

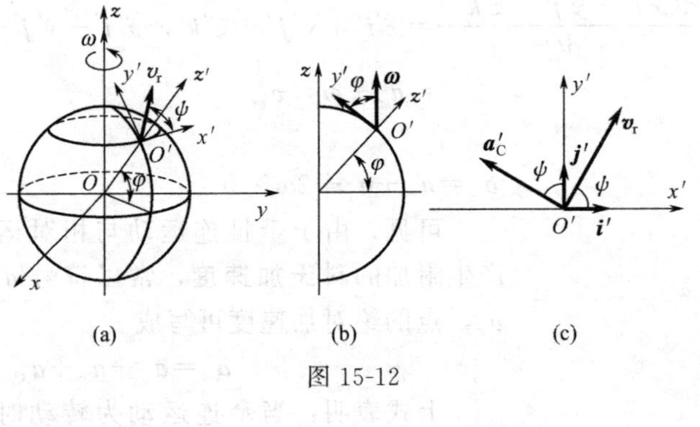

图 15-12

解： 因为要考虑地球自转的影响，可取地心系为静系，以地轴为 z 轴，x、y 轴由地心 O 分别指向两颗遥远的恒星。以水流所在处 O' 为原点，将动系 $O'x'y'z'$ 固结于地球上，轴 x'、y' 在水平面内，轴 x' 指向东，轴 y' 指向北，轴 z' 指向天。地球绕 z 轴自转的角速度以 $\boldsymbol{\omega}$ 表示。为了便于求 $\boldsymbol{a}_C$，过点 O' 画出地球自转的角速度矢 $\boldsymbol{\omega}$，如图 15-12(b) 所示。

科氏加速度为 $\boldsymbol{a}_C=2\boldsymbol{\omega}\times\boldsymbol{v}_r$

由图可见

$$\boldsymbol{\omega}=\omega\cos\varphi\boldsymbol{j}'+\omega\sin\varphi\boldsymbol{k}'$$

$$\boldsymbol{v}_{\mathrm{r}}=v_{\mathrm{r}}\cos\psi\boldsymbol{i}'+v_{\mathrm{r}}\sin\psi\boldsymbol{j}'$$

式中，$\boldsymbol{i}'$、$\boldsymbol{j}'$和$\boldsymbol{k}'$为沿x'、y'和z'轴的单位矢量。于是

$$\boldsymbol{a}_{\mathrm{C}}=2\boldsymbol{\omega}\times\boldsymbol{v}_{\mathrm{r}}=2\omega v_{\mathrm{r}}(-\sin\varphi\sin\psi\boldsymbol{i}'+\sin\varphi\cos\psi\boldsymbol{j}'-\cos\varphi\cos\psi\boldsymbol{k}') \tag{a}$$

由此得

$$a_{\mathrm{C}}=2\omega v_{\mathrm{r}}\sqrt{\sin^2\varphi\sin^2\psi+\sin^2\varphi\cos^2\psi+\cos^2\varphi\cos^2\psi}=2\omega v_{\mathrm{r}}\sqrt{\sin^2\varphi+\cos^2\varphi\cos^2\psi} \tag{b}$$

由式(b)可知，当$\psi=0°$或$180°$，即水流向东或向西流动时，a_{C}具有极大值$2\omega v_{\mathrm{r}}$，当$\psi=90°$或$270°$，即水流向北或向南流动时，a_{C}具有极小值$2\omega v_{\mathrm{r}}\sin\varphi$。

下面求$\boldsymbol{a}_{\mathrm{C}}$在水平面$O'x'y'$上的投影$\boldsymbol{a}_{\mathrm{C}}'$，这只需取式(a)右边的前两项，即

$$\boldsymbol{a}_{\mathrm{C}}'=2\omega v_{\mathrm{r}}(-\sin\varphi\sin\psi\boldsymbol{i}'+\sin\varphi\cos\psi\boldsymbol{j}')=2\omega v_{\mathrm{r}}\sin\varphi[\cos(90°+\psi)\boldsymbol{i}'+\sin(90°+\psi)\boldsymbol{j}'] \tag{c}$$

$\boldsymbol{a}_{\mathrm{C}}'$的大小为：$2\omega v_{\mathrm{r}}\sin\varphi$。计算结果表明，不论$\psi$为何值，即不论水流的方向如何，科氏加速度在水平面上的投影都等于$2\omega v_{\mathrm{r}}\sin\varphi$。

由式(c)可知，$\boldsymbol{a}_{\mathrm{C}}'$的方向与$x'$轴成$90°+\psi$，即与$\boldsymbol{v}_{\mathrm{r}}$垂直。由图15-12(c)可以看出，顺$\boldsymbol{v}_{\mathrm{r}}$方向看去，$\boldsymbol{a}_{\mathrm{C}}'$是向左的。

由牛顿第二定律可知，水流有向左的科氏加速度是由于河的右岸对水流作用有向左的力。根据作用与反作用定律，水流对右岸必有反作用力。由于这个力长年累月的作用使河的右岸受到冲刷。这就解释了在自然界观察到的一种现象：在北半球，顺水流的方向看，江河的右岸都受到较明显的冲刷。

本章小结

1. 本章主要研究同一个点对于两个不同坐标系的运动之间的关系。应用运动合成与分解的办法将点的绝对运动分解为相对运动和牵连运动，并运用这一方法来解决较为复杂的运动问题。

2. 恰当地选取动点、动系和定系。对于机构的运动分析，应从已知运动规律的刚体着手，注意连接点（或接触点）的运动情况。

3. 应用速度合成定理$\boldsymbol{v}_{\mathrm{a}}=\boldsymbol{v}_{\mathrm{e}}+\boldsymbol{v}_{\mathrm{r}}$，进行速度分析。

4. 根据牵连运动是平移还是转动，应用加速度合成定理

$$\boldsymbol{a}_{\mathrm{a}}=\boldsymbol{a}_{\mathrm{e}}+\boldsymbol{a}_{\mathrm{r}}\quad 或\quad \boldsymbol{a}_{\mathrm{a}}=\boldsymbol{a}_{\mathrm{e}}+\boldsymbol{a}_{\mathrm{r}}+\boldsymbol{a}_{\mathrm{C}}$$

进行加速度的分析。

习　题

15-1　为卸取颗粒材料，在运输机胶带上方装置了固定挡板，如图15-13所示，若材料沿挡板的运动速度$v=0.14\mathrm{m/s}$，挡板与运输机纵轴的夹角$\alpha=60°$，胶带速度$u=0.6\mathrm{m/s}$，求颗粒相对于胶带的速度$\boldsymbol{v}_{\mathrm{r}}$的大小和方向。

答：$v_{\mathrm{r}}=0.544\mathrm{m/s}$，与纵轴夹角$\beta=12°52'$

15-2　图15-14所示曲柄滑道机构，曲柄长$OA=r$，它以匀角速度ω绕O轴转动。装在水平杆上的滑槽DE与水平线成$60°$角。求当曲柄与水平线的交角分别为$\varphi=0°$、$30°$、$60°$时，杆BC速度。

答：(1) $v=\frac{\sqrt{3}}{3}r\omega$，向左　(2) $v=0$；(3) $v=\frac{\sqrt{3}r\omega}{3}$，向右

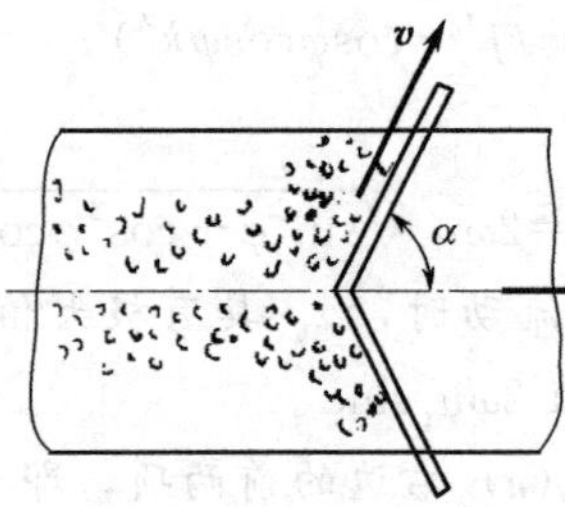

图 15-13　习题 15-1 图

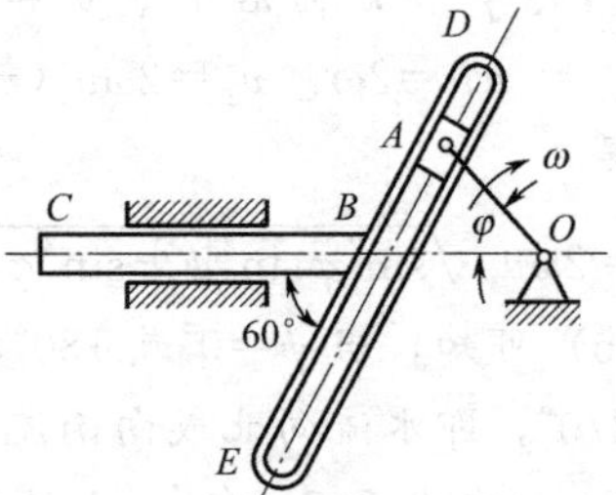

图 15-14　习题 15-2 图

15-3　如图 15-15，欲在车床上车一螺纹，工件直径为 20mm，车床主轴的转速 $n=180\text{r/min}$，刀具横向走刀速度 u 为常数，如欲使螺距为 2.5mm，此时 u 值应取多少？

答：$u=7.5\text{mm/s}$。

15-4　如图 15-16，若 M 点对于定系 Oxy 的运动方程为 $x=0$、$y=a\cos(kt+\beta)$，如将 M 点放映到银幕上，此银幕以匀速度 v_e 向左运动。试分析 M 的牵连、相对和绝对运动。并求 M 点映在银幕上的轨迹。

答：$y_r=a\cos\left(\frac{k}{v_e}x_r+\beta\right)$

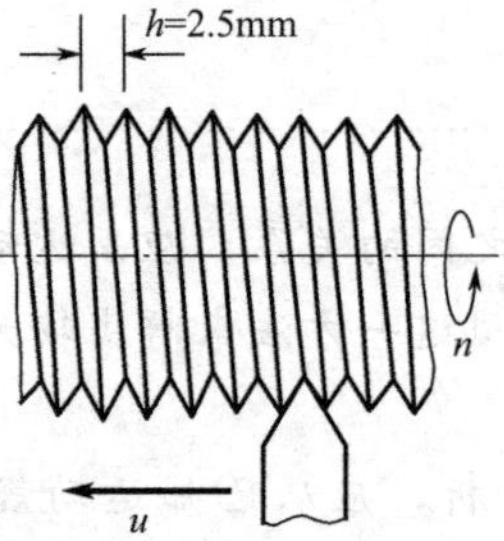

图 15-15　习题 15-3 图

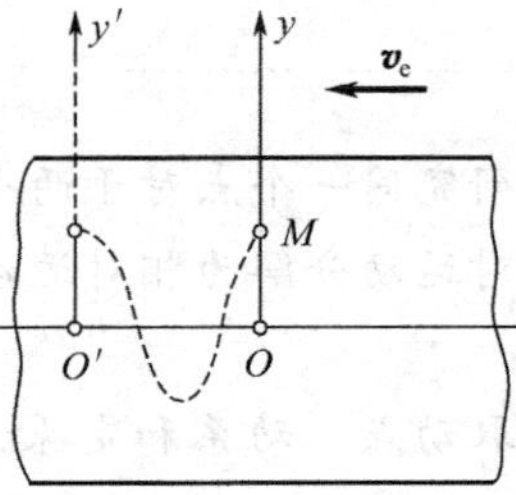

图 15-16　习题 15-4 图

15-5　如图 15-17，河两岸相互平行，一船由 A 点朝与岸垂直方向驶出，经 10min 后到达对岸，这时船到达 A 点下游 120m 的 C 点。为使船能从 A 点到达岸的垂线 AB 上的 B 点处，船应逆流并保持与 AB 成某一角度的方向航行。在此情况下，船经 12.5min 到达对岸。求河宽 l 及船对水的相对速度 u 及水的流速 v。

答：$l=200\text{m}$，$u=20\text{m/min}$，$v=12\text{m/min}$

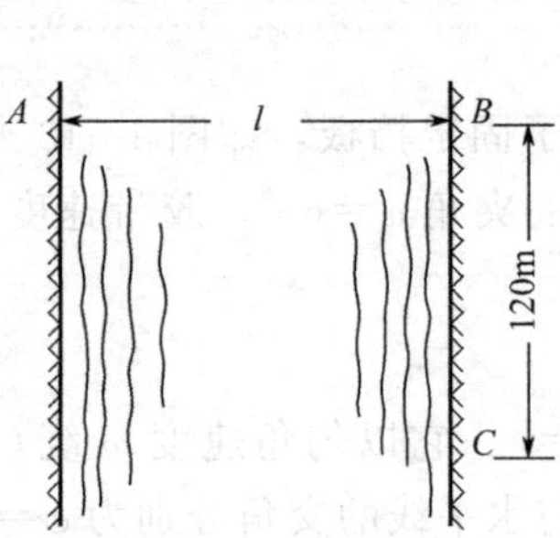

图 15-17　习题 15-5 图

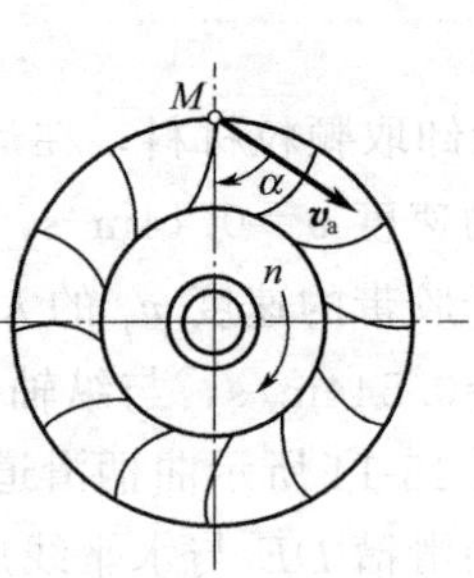

图 15-18　习题 15-6 图

15-6　如图 15-18 水流在水轮机工作轮入口处的绝对速度 $v_a=15\text{m/s}$，与铅垂直径夹角为 $\theta=60°$。工作轮的半径 $R=2\text{m}$，转速 $n=30\text{r/min}$。为避免水流与工作轮叶片相冲击，叶片应恰当地安装，以使水流对工作轮的相对速度与叶片相切。求在工作轮外缘处水流对工作轮的相对速度的大小和方向。

答：$v_r=10.06\text{m/s}$，$\angle(\boldsymbol{v}_r, \boldsymbol{r})=41°50'$

15-7　四连杆机构由杆 O_1A、O_2B 及半圆板 ADB 组成，各构件均在图 15-19 所示平面内运动。动点 M 沿圆弧运动，起点为 B。已知 $O_1A=O_2B=18\text{cm}$，$R=18\text{cm}$，$\varphi=\pi t/18$，$s=\widehat{BM}=\pi t^2\text{cm}$。求 $t=3\text{s}$ 时，M 的绝对速度及加速度的大小。

答：$v=6.57\pi\text{cm/s}$. $a=21\text{cm/s}^2$

15-8　图 15-20 所示两种滑道摇杆机构中，已知：两垂直于图面且互相平行的轴之间的距离为 $OO_1=20\text{cm}$，在某瞬时，$\theta=20°$，$\varphi=30°$，$\omega_1=6\text{rad/s}$，试分别求两种机构中角速度 ω_2 的值。

答：(1) $\omega_2=3.09\text{rad/s}$，(2) $\omega_2=1.82\text{rad/s}$

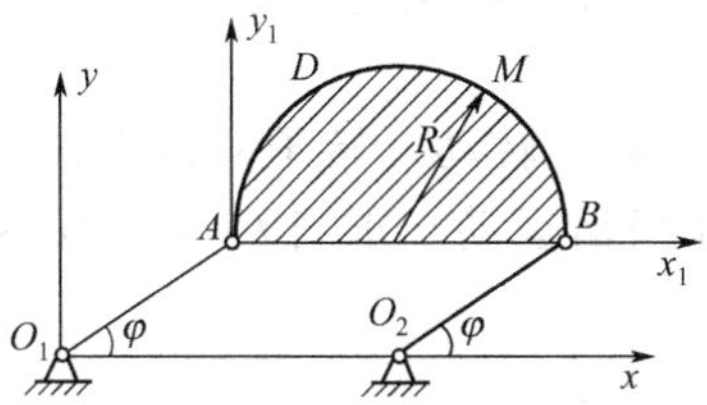

图 15-19　习题 15-7 图

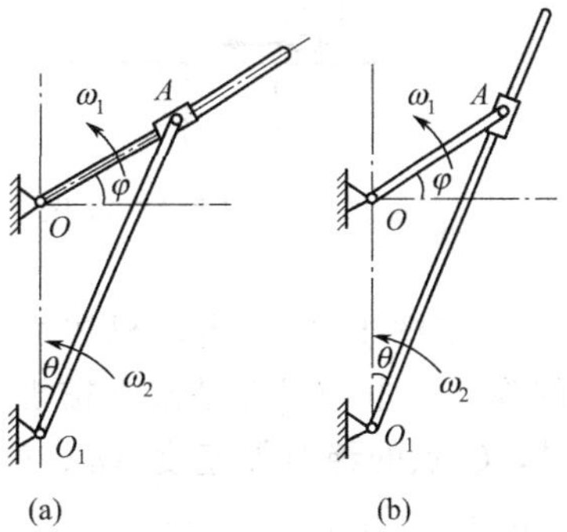

图 15-20　习题 15-8 图

15-9　导槽 BC 和 EF 之间放一小圆柱销 M，导槽 BC 运动时带动圆柱销 M 在固定的导槽 EF 中运动，如图 15-21 所示。已知曲柄 AB 以 $\varphi=\varphi_0\sin\omega t$ 的规律绕轴 A 左右摆动，式中 $\varphi_0=60°$，$\omega=1\text{rad/s}$，且 $AD=BC$，$AB=CD=r=0.20\text{m}$。试求当 $\varphi=30°$时，圆柱销 M 在导槽 EF 及 BC 中的速度及加速度。

答：$v_a=0.09\text{m/s}$，$a_a=0.09\text{m/s}^2$；$v_r=0.157\text{m/s}$，$a_r=0.173\text{m/s}^2$

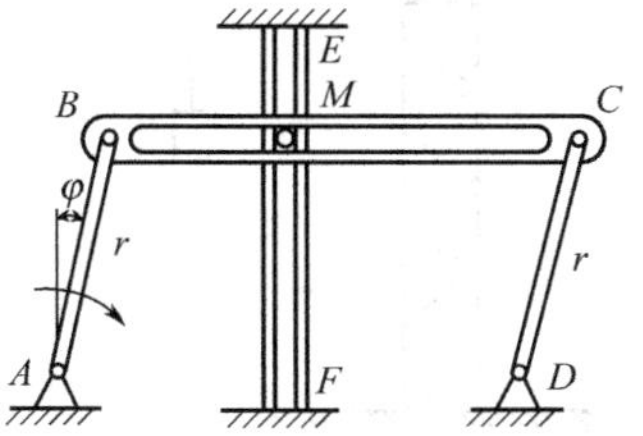

图 15-21　习题 15-9 图

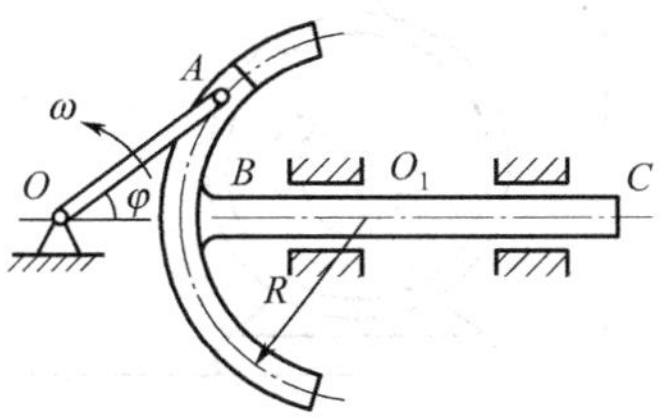

图 15-22　习题 15-10 图

15-10　图 15-22 所示曲柄滑道机构中，导杆上有圆弧形滑槽，其半径 $R=10\text{cm}$，圆心在导杆上。曲柄长 $OA=10\text{cm}$，以匀角速度 $\omega=4\pi\text{rad/s}$ 绕 O 轴转动。求当 $\varphi=30°$时导杆 CB 的速度及加速度。

答：$v=1.26\text{m/s}$，$a=27.3\text{m/s}^2$

15-11　如图 15-23 所示汽车 A 以匀速 25km/h 向东开，A 经过交叉处时，汽车 B 从相距 30m 处由静止开始向南以 1.2m/s^2 的等加速度行驶，问 A 经过交叉处后 5s 时 B 相对于 A 的位置、速度、加速度。

答：$s_{AB}=37.8\text{m}$；$v=9.17\text{m/s}$；$a=1.2\text{m/s}^2$

15-12　图 15-24 所示平底顶杆凸轮机构，顶杆 AB 可沿铅直导轨上下平动，偏心凸轮绕轴 O 转动，轴 O 位于顶杆的轴线上，工作时顶杆的平底始终接触凸轮表面。设凸轮的半径为 R，偏心距 $OC=e$，在 OC 与水平线的夹角为 θ 时，凸轮的角速度为 ω，角加速度为 α。试求在该瞬时，顶杆 AB 的速度和加速度。

答：$v=e\omega\cos\theta$；$a=e\alpha\cos\theta-e\omega^2\sin\theta$

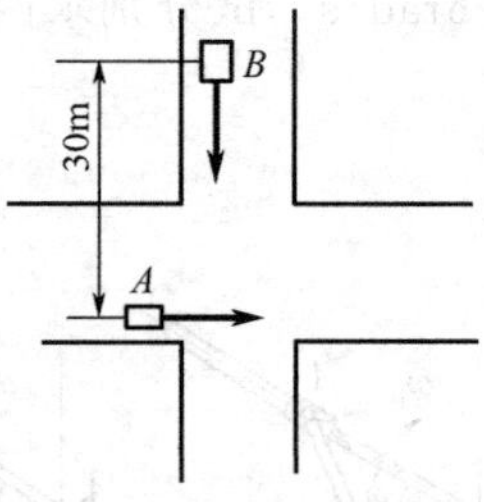

图 15-23　习题 15-11 图

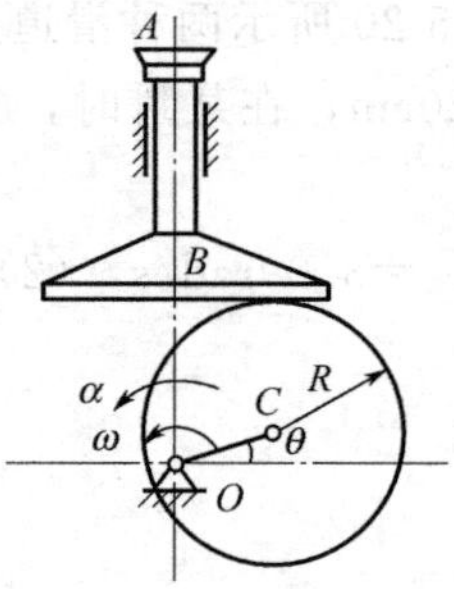

图 15-24　习题 15-12 图

15-13　如图 15-25，电动机按照方程 $\varphi=\omega t$（ω 为常数）转动，转子的偏心距为 e。由于基础的弹性，电动机在基础上按规律 $y=l+a\cos\omega t$ 作简谐运动。求当 $t=\pi/(2\omega)\text{s}$ 和 $t=2\pi/\omega\text{s}$ 时，C 点的绝对加速度（a、l 为常数）。

答：$a_1=e\omega^2$；$a_2=\omega^2(e+a)$

15-14　如图 15-26，塔式起重机的起重臂 OC 以匀角速 $\omega=2\text{rad/s}$ 绕中心轴转动，小车 A 沿起重臂运动，重物 B 匀速垂直下降，当小车位于 A 点时，其相对速度为 $v_1=3\text{m/s}$，相对加速度 $a_1=4\text{m/s}^2$，且 $OA=3\text{m}$。试求此时重物 B 的绝对加速度。

答：$a=14.42\text{m/s}^2$

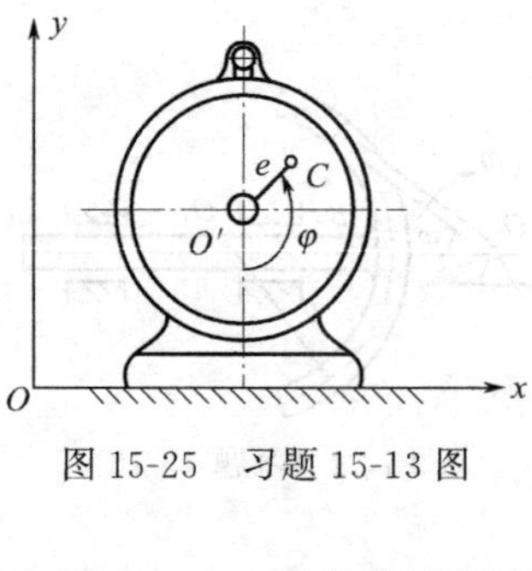

图 15-25　习题 15-13 图

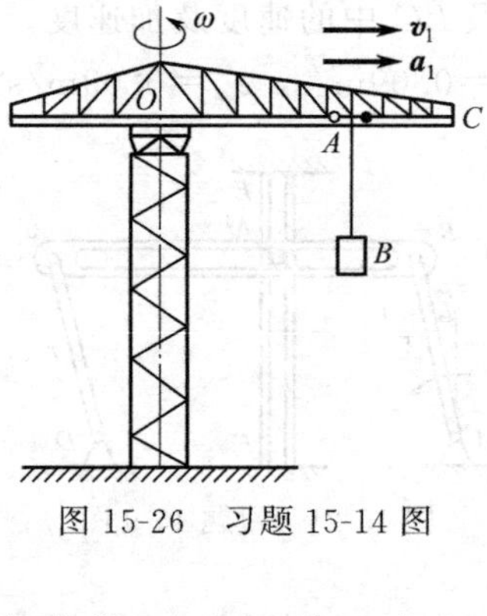

图 15-26　习题 15-14 图

15-15　如图 15-27，圆盘绕水平轴 AB 转动，其角速度 $\omega=2t\text{rad/s}$，盘上 M 点沿半径按 $OM=r=4t^2$ 的规律运动，单位分别为 cm、s，OM 与 AB 轴成 60°倾角。求当 $t=1\text{s}$ 时，M 点的绝对加速度。

答：$a=35.55\text{cm/s}^2$

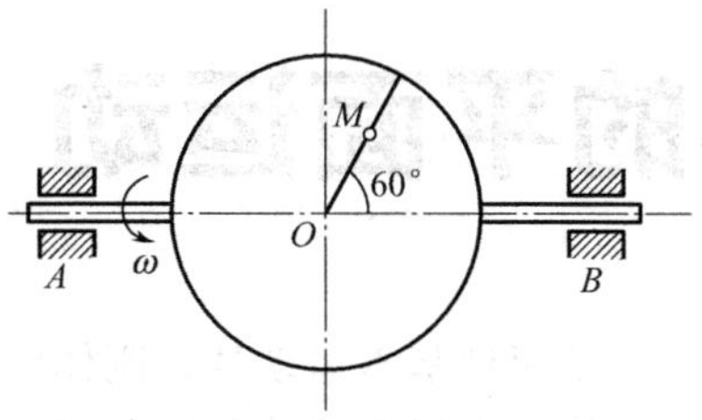

图 15-27　习题 15-15 图

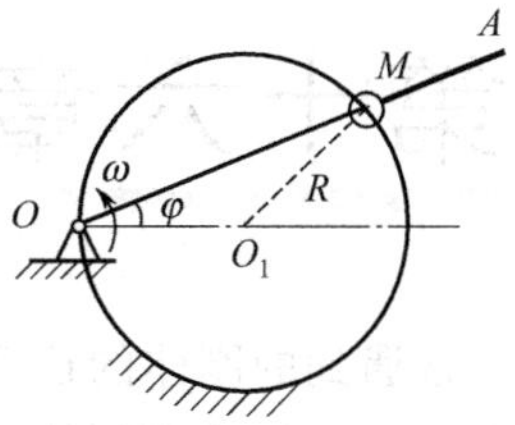

图 15-28　习题 15-16 图

15-16　图 15-28 所示机构中的小环 M，同时套在半径为 R 的固定圆环和摇杆 OA 上，摇杆 OA 绕 O 轴以等角速度 ω 转动。运动开始时，摇杆 OA 在水平位置。当摇杆转过 φ 角时，求小环 M 的速度和加速度以及相对于 OA 杆的速度与加速度。

答：$v_a=2R\omega$；$v_r=2R\omega\sin\omega t$；$a_a=4R\omega^2$；$a_r=-2R\omega^2\cos\omega t$

第十六章 刚体的平面运动

工程上经常遇到的刚体的运动除了平移和定轴转动两种基本运动外，刚体的平面运动也是常见的运动。本章将研究刚体的平面运动，分析刚体平面运动的简化与分解、平面运动刚体的角速度与角加速度以及刚体上点的速度与加速度。

第一节 刚体的平面运动及其简化

如图 16-1(a) 所示的车轮沿直线轨道的滚动，图 16-1(b) 所示的曲柄连杆机构中连杆 AB 的运动等。当观察这些刚体的运动时，发现刚体内任意直线的方向不能始终与原来的方向平行，也找不到永久不动的直线，可见这些刚体的运动既不是平移，也不是定轴转动。但是这些运动却具有一个共同的特征，即：当刚体运动时，刚体内各点到某一固定平面的距离保持不变。刚体的这种运动称为**平面运动**。

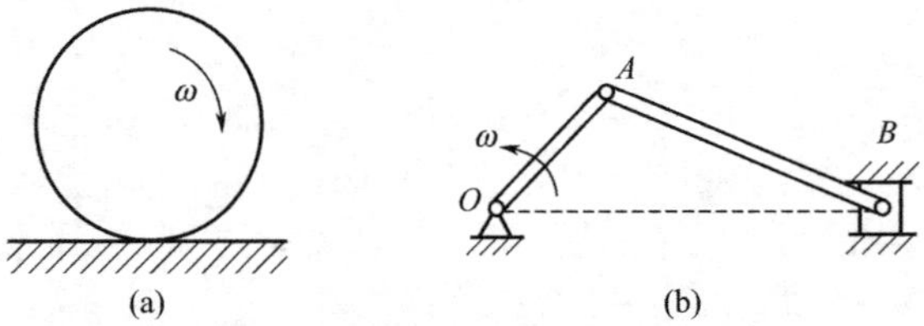

图 16-1

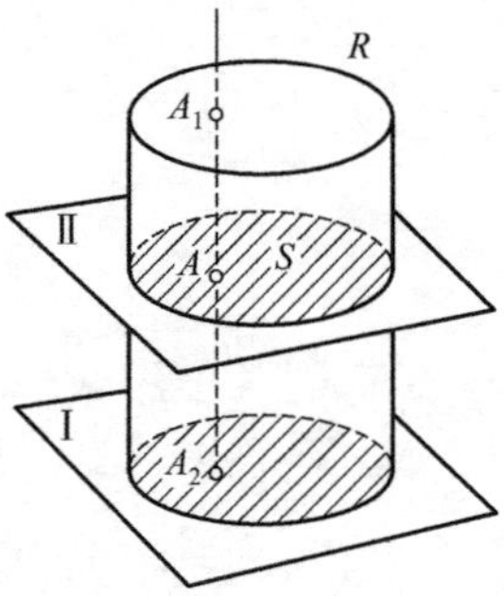

图 16-2

在研究刚体平面运动时，根据平面运动的上述特点，可把问题加以简化。

设刚体 R 作平面运动，其上各点到固定平面Ⅰ的距离保持不变，如图 16-2 所示。作平面Ⅱ平行于平面Ⅰ，并与刚体相交，截出一平面图形 S。按照平面运动的定义，刚体运动时平面图形 S 始终保持在平面Ⅱ中运动。若在刚体内任取与图形 S 相垂直的直线 A_1A_2，它与图形 S 的交点记为 A。则当刚体运动时，直线 A_1A_2 显然作平行移动，因而，直线上各点的运动都相同。由此可见，直线与图形的交点 A 的运动即可代表整个直线 A_1A_2 的运动，平面图形 S 内各点的运动即可代表整个刚体的运动。于是可将刚体的平面运动简化为平面图形在其自身平面内的运动来研究。

第二节 平面运动的分解及运动方程

一、平面运动的分解

运动的合成与分解的思想也可以应用于刚体的运动。下面就平面运动的分解作进一步说明。在平面图形上任取两点 A 及 B，并作这两点的连线 AB，如图 16-3 所示，则这条直线的位置即可代表图形的位置。设图形的初始位置为Ⅰ，作平面运动后的位置为Ⅱ，以直线 AB 及 $A'B'$ 分别表示图形在位置Ⅰ及位置Ⅱ的情形。显然当直线从位置 AB 变到 $A'B'$ 时可视为由两步完成：第一步先使直线 AB 平行移动至位置 $A'B''$，然后绕点 A 转一个角 $B''A'B'$，最后达到位置 $A'B'$。这就说明：平面运动可分解为平移和转动，也就是说，平面运动可视为平移与转动的合成运动。

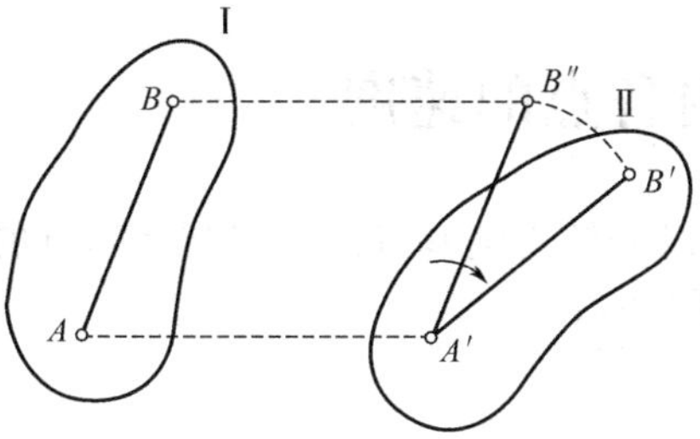

图 16-3

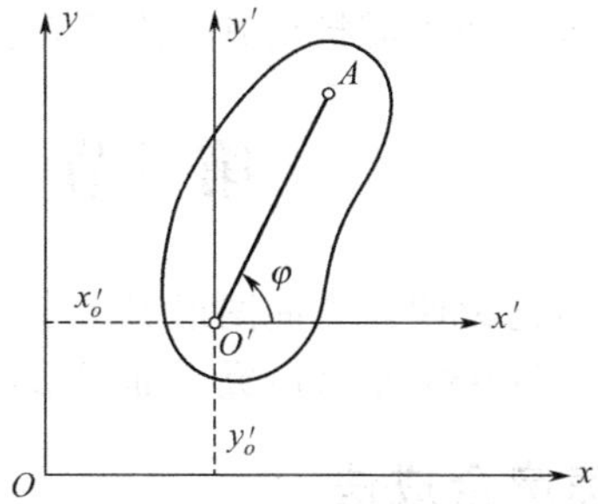

图 16-4

二、平面运动方程

为了描述图形的运动，在固定平面内选取定系 Oxy，并在图形上选一基点 O'，以 O' 为原点取动系 $O'x'y'$，并使动坐标轴的方向与静坐标轴的方向始终保持平行，如图 16-4 所示。于是平面运动可视为随同以基点 O' 为原点的动系 $O'x'y'$ 的平移（牵连运动）与绕基点 O' 的转动（相对运动）的合成运动。根据平移的特点，基点的运动即代表刚体的平移，其运动方程为 $x_{O'}=f_1(t)$，$y_{O'}=f_2(t)$。由于动坐标轴的方向在运动时始终不变，所以绕基点的转动即代表了刚体的转动，其方程为 $\varphi=f_3(t)$。于是刚体的平面运动方程可写成

$$\left.\begin{aligned} x_{O'}&=f_1(t)\\ y_{O'}&=f_2(t)\\ \varphi&=f_3(t)\end{aligned}\right\} \tag{16-1}$$

在以上的讨论中，图形内基点 O' 的选取是任意的，因此当所选的基点不同时，图形平移的速度和加速度也各不相同，但图形对于不同基点转动的角速度及角加速度却都是一样的，现说明如下：

设图形由位置Ⅰ运动到位置Ⅱ，可由直线 AB 及 $A'B'$ 来表示，如图 16-5。由图示可知当分别选取不同的基点 A 和 B 时，平移的位移 $\overrightarrow{AA'}$ 和 $\overrightarrow{BB'}$ 显然是不同的，因而平移的速度和加速度也不相同，但对于绕不同基点转过的角位移 $\Delta\varphi$ 和 $\Delta\varphi'$ 的大小及转向总是相同的，即 $\Delta\varphi=\Delta\varphi'$。根据

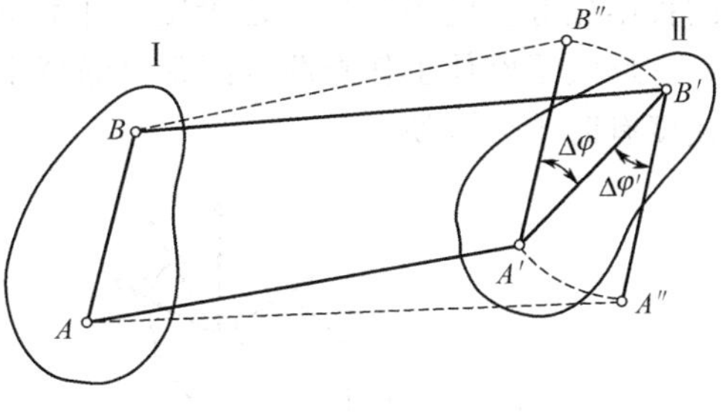

图 16-5

$$\omega=\frac{\mathrm{d}\varphi}{\mathrm{d}t},\omega'=\frac{\mathrm{d}\varphi'}{\mathrm{d}t}$$

及

$$\alpha=\frac{d\omega}{dt},\ \alpha'=\frac{d\omega'}{dt}$$

可知

$$\omega=\omega',\ \alpha=\alpha'$$

由此可见，在任一瞬时，图形绕其平面内任何点转动的角速度及角加速度都相同，即平面图形的角速度和角加速度与基点的选择无关。以后就把它们直接称为平面图形的角速度和角加速度，而无需指出其基点所在。

第三节　平面图形内各点的速度

上节已说明，平面图形 S 在其平面内的运动可以分解为随基点的平移与绕基点的转动。现在利用这个关系来研究平面图形内各点速度之间的关系。

一、速度合成法

设在某一瞬时，在平面图形内任取一点 A 作为基点，如图 16-6，已知该点的速度为 $\boldsymbol{v}_A$，图形的角速度为 ω，则图形上任一点 B 的牵连速度为：$\boldsymbol{v}_e=\boldsymbol{v}_A$，而 B 点对于 A 的相对速度就是以 A 为中心的圆周运动的速度，其大小为 $|\boldsymbol{v}_r|=|\boldsymbol{v}_{BA}|=\omega\cdot\overline{AB}$，其方向与半径 AB 垂直。根据速度合成定理，B 点的绝对速度的矢量表达式为

$$\boldsymbol{v}_B=\boldsymbol{v}_A+\boldsymbol{v}_{BA} \tag{16-2}$$

即：平面图形内任一点的速度等于基点的速度与绕基点转动速度的矢量和，这就是平面运动的**速度合成法**，也称**基点法**。由于图形内任一点都可以作为基点，所以上式表明了平面图形内任意两点速度之间的关系。根据这个公式可以求出两个未知量。

二、速度投影法

将式(16-2) 投影到 AB 的连线上，并注意到 $\boldsymbol{v}_{BA}$ 总是垂直于 AB，因而其在 AB 上的投影等于零，故知 A、B 两点的速度在其连线上的投影相等，即

$$[\boldsymbol{v}_B]_{AB}=[\boldsymbol{v}_A]_{AB} \tag{16-3}$$

这就是**速度投影定理**，它表示：在任一瞬时，平面图形上任意两点的速度在这两点连线上的投影相等。应当指出，这个定理不仅适用于刚体的平面运动而且适用于刚体的任何运动，它反映了刚体上任意两点间距离保持不变的特征。应用这个定理求解平面图形内任一点的速度有时十分方便。

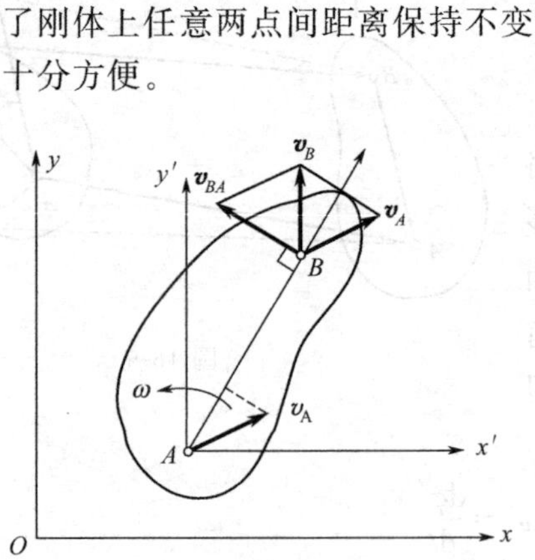

图 16-6

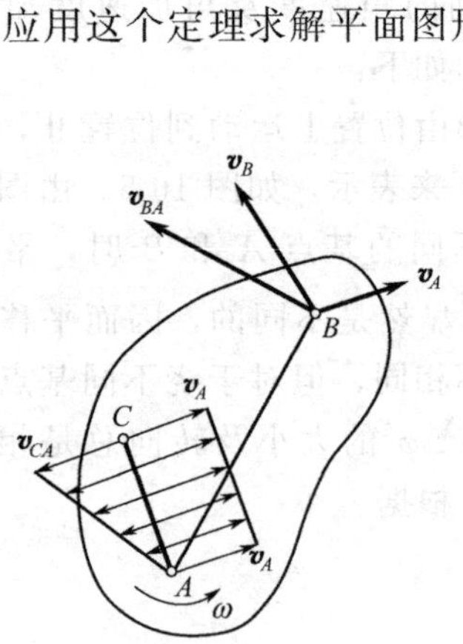

图 16-7

三、速度瞬心法

由速度合成法可知，平面图形上任一点的速度等于基点速度与绕基点转动速度的矢量和，而基点的选择是任意的。如果平面图形上存在着瞬时速度等于零的点，那么，选该点为基点进行计算就会方便得多。下面证明这样的点通常是存在的。

设某瞬时，平面图形的角速度为 ω，在图形内任取一点 B，如图 16-7 所示，可知基点的速度$\boldsymbol{v}_A$ 与绕基点转动的速度$\boldsymbol{v}_{BA}$ 不在同一直线上，显然这两个速度的矢量和不等于零。因此速度等于零的点必须在通过 A 点而与$\boldsymbol{v}_A$ 垂直的直线上，在这条直线上显然可以找到一点 C 使得$\boldsymbol{v}_A$ 与$\boldsymbol{v}_{CA}$ 的大小相等而方向相反，其合速度为零。因而 C 点的位置应满足以下的关系

$$\overline{AC}\cdot\omega=v_{CA}=v_A \text{ 或 } \overline{AC}=\frac{v_A}{\omega}$$

此时 C 点的绝对速度将等于零，即

$$v_C=v_A-\overline{AC}\cdot\omega=0$$

这样的 C 点称为平面图形在此瞬时的速度中心，简称**速度瞬心**。

如果已知速度瞬心 C 的位置，并选点 C 为基点，由于基点的速度为零，则图形上其它点在此瞬时的绝对速度即等于绕速度瞬心的转动速度，如点 B，其速度大小为 $v_B=\overline{CB}\cdot\omega$，方向与 CB 垂直，指向图形转动的一侧。由此可见，平面运动问题在速度分析时可归结为绕瞬心的瞬时转动问题。

应该指出，在任一瞬时平面图形的速度瞬心是唯一，它可以在平面图形内也可以位于图形之外。速度瞬心的位置一般是随时间而改变的，即平面图形在不同的瞬时具有位置不同的速度瞬心。

速度瞬心法是求平面图形内任意一点速度的较为简便的方法，应用这个方法时，首先必须确定速度瞬心的位置，此时应注意到，当刚体绕瞬心转动时，刚体上任意点的速度应与该点至瞬心的连线垂直，由此可确定速度瞬心的位置。下面介绍几种情况下速度瞬心的确定方法：

(1) 平面图形在另一个固定面上滚动而不滑动时，如图 16-8 所示，不难看出这两个面的接触点的速度为零，此点即为平面图形在此瞬时的速度瞬心。

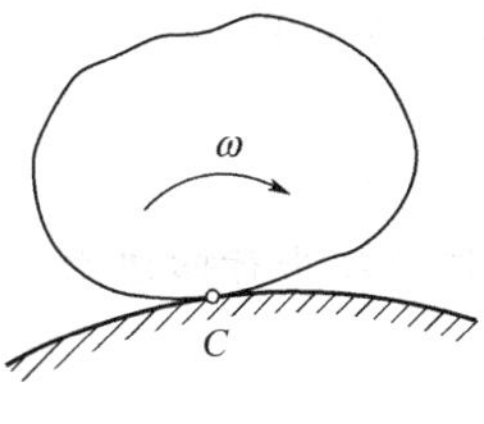

图 16-8

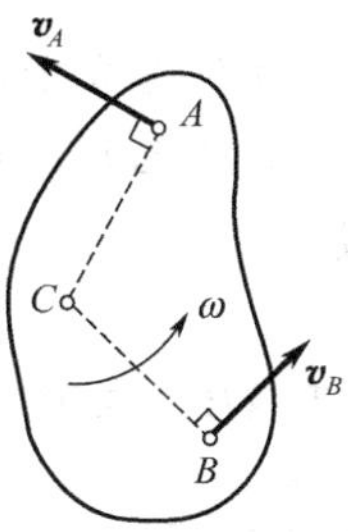

图 16-9

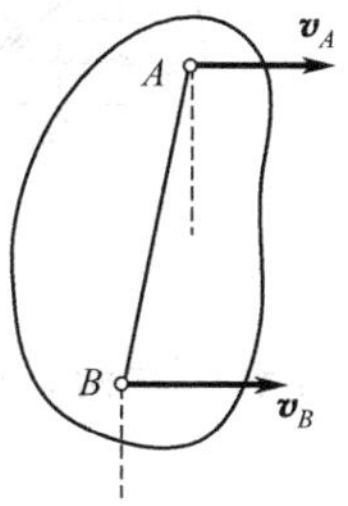

图 16-10

(2) 已知某瞬时平面图形上 A、B 两点速度的方向。

由于瞬心 C 至A、B 两点的连线CA 及CB 应分别垂直这两点的速度矢量，因此瞬心 C 的位置应在与 $\boldsymbol{v}_A$ 及 $\boldsymbol{v}_B$ 分别垂直的两直线AC 及BC 的交点上，如图 16-9 所示。

在特殊情形下，若 A、B 两点的速度$\boldsymbol{v}_A$ 与$\boldsymbol{v}_B$ 互相平行但AB 连线不与$\boldsymbol{v}_A$ 或$\boldsymbol{v}_B$ 的方向

垂直，如图 16-10 所示，则速度瞬心 C 将位于无穷远处，这时 $\omega=v_A/AC=0$，这说明在此瞬时平面图形内各点的速度都相同，刚体作瞬时平移。

(3) 在某瞬时，已知图形上 A、B 两点的速度 $\boldsymbol{v}_A$ 及 $\boldsymbol{v}_B$ 大小，其方向均与 AB 连线垂直。

在 $\boldsymbol{v}_A$ 与 $\boldsymbol{v}_B$ 的指向相同的情形下，如图 16-11(a)，作 AB 连线的延长线，再作速度 $\boldsymbol{v}_A$、$\boldsymbol{v}_B$ 端点的连线，则这两条连线的交点 C 即为速度瞬心。

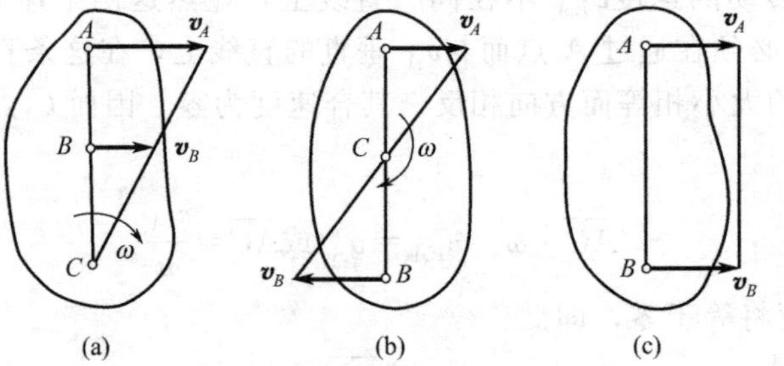

图 16-11

在 $\boldsymbol{v}_A$ 与 $\boldsymbol{v}_B$ 的指向相反的情况下，如图 16-11(b) 所示，作 AB 连线，再作通过两速度端点的连线，则这两条连线的交点 C 即为速度瞬心。

若 $\boldsymbol{v}_A$ 与 $\boldsymbol{v}_B$ 的大小相等且指向相同，如图 16-11(c) 所示，速度瞬心的位置将在无穷远处，此时，平面图形内各点的速度都相同，刚体作瞬时平移。

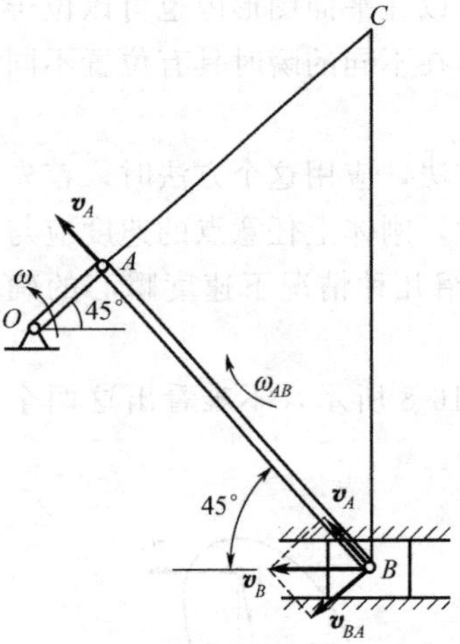

图 16-12

例 16-1 在图 16-12 所示的曲柄连杆机构中，已知曲柄 OA 长 0.2m，连杆 AB 长 1m，OA 以匀角速度 $\omega=10\text{rad/s}$ 绕 O 点转动。求在图示位置滑块 B 的速度及 AB 杆的角速度。

解：AB 杆作平面运动，杆上一点 B 的速度，可以用三种方法进行求解。

(1) 速度合成法

AB 杆上的点 A 也是曲柄 OA 上的点，由 OA 的转动可求出 A 点速度 $\boldsymbol{v}_A$ 的大小为

$$v_A=\overline{OA}\times\omega=0.2\times10=2\text{m/s}$$

$\boldsymbol{v}_A$ 的方位垂直于 OA，指向与 ω 转向一致。

$\boldsymbol{v}_A$ 既已知，可选 A 点为基点，由式(16-2) 求 B 点的速度 $\boldsymbol{v}_B$

$$\boldsymbol{v}_B=\boldsymbol{v}_A+\boldsymbol{v}_{BA}$$

现已知 $\boldsymbol{v}_B$ 沿水平方向，而 $\boldsymbol{v}_{BA}$ 垂直于 AB，在 B 点处按上式作速度平行四边形。由图可见

$$v_B=\frac{v_A}{\cos45^\circ}=\frac{2}{0.707}=2.83\text{m/s}$$

指向左边。同时有

$$v_{BA}=v_B\sin45^\circ=2.83\times0.707=2\text{m/s}$$

由此可求出杆 AB 的角速度

$$\omega_{AB}=\frac{v_{BA}}{\overline{AB}}=\frac{2}{1}=2\text{rad/s}$$

指向是顺时针转向。

(2) 速度投影法

由式(16-3)

$$[\boldsymbol{v}_B]_{AB}=[\boldsymbol{v}_A]_{AB}$$

即

$$v_B\cos45°=v_A$$

于是

$$v_B=\frac{v_A}{\cos45°}=\frac{2}{0.707}=2.83\text{m/s}$$

与 (1) 中所得结果完全相同。

(3) 速度瞬心法

过 A 点和 B 点分别作$\boldsymbol{v}_A$ 和$\boldsymbol{v}_B$ 的垂线相交于 C 点，该点就是 AB 杆在图示瞬时的速度瞬心。故有

$$\frac{v_B}{\overline{BC}}=\frac{v_A}{\overline{AC}}$$

$$v_B=\frac{\overline{BC}}{\overline{AC}}v_A=\frac{1}{\cos45°}v_A=2.83\text{m/s}$$

根据$\boldsymbol{v}_A$ 的方向可以确定 AB 杆绕 C 点的转动是顺时针转向的，所以 $\boldsymbol{v}_B$ 指向向左。AB 杆的角速度 ω_{AB} 可以确定如下：

$$\omega_{AB}=\frac{v_A}{\overline{CA}}=2\text{rad/s}$$

转向如图 16-12 所示。结果与前面的一致，说明平面图形的角速度与基点选择无关。

比较以上三种解法，可见在本例所给条件下，求 $\boldsymbol{v}_B$ 以速度投影法较方便。但若同时要求 ω_{AB}，则以速度瞬心法比较简便。

例 16-2 图 16-13 所示机构中，已知各杆长 $OA=20\text{cm}$，$AB=80\text{cm}$，$BD=60\text{cm}$，$O_1D=40\text{cm}$，角速度 $\omega_0=10\text{rad/s}$。求机构在图示位置时杆 BD 的角速度、杆 O_1D 的角速度及杆 BD 中点 M 的速度。

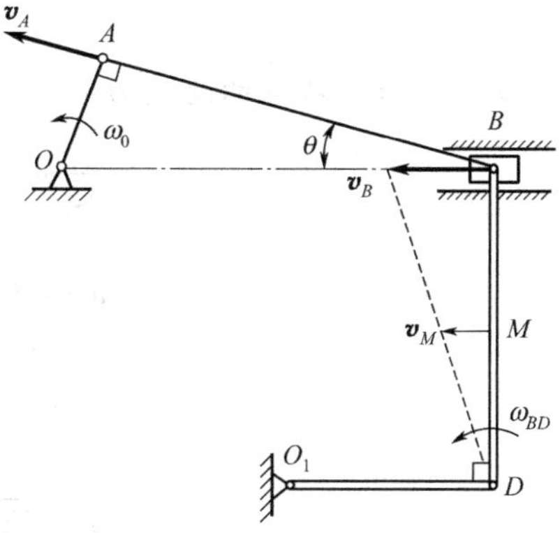

图 16-13

分析：图示机构中，杆 AB 和杆 BD 作平面运动，欲求 ω_{BD}、$\boldsymbol{v}_M$ 和 ω_{O_1D}，首先要求出 $\boldsymbol{v}_B$。求 $\boldsymbol{v}_B$ 的最简便的方法是取 AB 杆研究，用速度投影法求解。求出$\boldsymbol{v}_B$ 后，再由 BD 杆用瞬心法求出 ω_{BD}、$\boldsymbol{v}_M$ 及$\boldsymbol{v}_D$。O_1D 杆作定轴转动，求出 $\boldsymbol{v}_D$ 后即可求出 ω_{O_1D}。

解：取 AB 杆研究求$\boldsymbol{v}_B$。先求 $\boldsymbol{v}_A$ 为

$$v_A=\omega_0\times\overline{OA}=10\times20=200\text{cm/s}$$

由速度投影定理知

$$v_A=v_B\cos\theta$$

在直角三角形 OAB 中

$$\tan\theta=\frac{\overline{OA}}{\overline{AB}}=\frac{20}{80}=\frac{1}{4}$$

则

$$\cos\theta=\frac{4}{\sqrt{17}}$$

代入前式可得

$$v_B=\frac{v_A}{\cos\theta}=206\text{cm/s}$$

取 BD 杆研究，在图示位置 BD 杆的速度瞬心为 $\boldsymbol{v}_B$ 和 $\boldsymbol{v}_D$ 的垂线的交点。因 $\boldsymbol{v}_B\perp BD$，$\boldsymbol{v}_D\perp O_1D$，故 BD 杆的瞬心就在 D 点。由速度瞬心法得

$$v_B=\overline{BD}\omega_{BD}$$

$$\omega_{BD}=\frac{v_B}{\overline{BD}}=\frac{206}{60}=3.43\text{rad/s}$$

转向为逆时针方向。

BD 杆中点 M 的速度为

$$v_M=\overline{MD}\cdot\omega_{BD}=30\times3.43=103\text{cm/s}$$

方向水平向左。

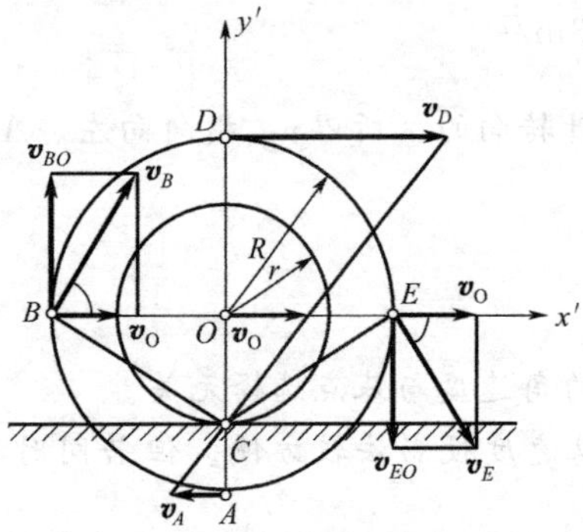

图 16-14

由于 BD 杆上的 D 点与瞬心重合，故 $v_D=0$，由此得 O_1D 杆的角速度 ω_{O_1D} 亦为零。

例 16-3 火车轮沿直线轨道作无滑动的滚动，已知轮心的速度 $\boldsymbol{v}_O$，凸缘及车轮的大小半径分别为 R 和 r，求轮缘上 A、B、D、E 各点的速度（图 16-14）。

解：由于车轮沿轨道作无滑动的滚动。故车轮与轨道的接触点 C 就是速度瞬心。设车轮的角速度为 ω，由 $v_O=r\omega$ 可得

$$\omega=\frac{v_O}{r}$$

其转向如图示。

进一步求出各点的速度为

$$v_A=\omega\cdot\overline{CA}=\omega(R-r)=v_O\left(\frac{R}{r}-1\right)$$

$$v_B=\omega\cdot\overline{CB}=\frac{\sqrt{R^2+r^2}}{r}v_O=v_O\sqrt{1+\left(\frac{R}{r}\right)^2}$$

$$v_D=\omega\cdot\overline{CD}=(R+r)\frac{v_O}{r}=\left(1+\frac{R}{r}\right)v_O$$

$$v_E=\omega\cdot\overline{CE}=\frac{\sqrt{R^2+r^2}}{r}v_O=v_O\sqrt{1+\left(\frac{R}{r}\right)^2}$$

各点速度的方向分别垂直于各点与瞬心 C 的连线如图 16-14 所示。

由速度合成法亦可得到同样的结果，但较速度瞬心法要麻烦些，这里就不再赘述。

第四节　平面图形内各点的加速度

前面已经知道平面运动可以分解为随同基点的平移与绕基点的相对转动，如图 16-15。

于是平面图形内任一点 B 的加速度可以应用加速度合成定理求出。因为牵连运动是平移，故 B 点的绝对加速度等于牵连加速度与相对加速度的矢量和，其矢量表达式为

$$\boldsymbol{a}_a=\boldsymbol{a}_e+\boldsymbol{a}_r$$

其中牵连加速度（即平移加速度）等于 $\boldsymbol{a}_A$，相对加速度 $\boldsymbol{a}_{BA}$（即绕 A 点转动的加速度）可分解为两个分量：相对转动的切向加速度 $\boldsymbol{a}_{BA}^{\tau}$，方向垂直于 AB，大小等于 $\overline{AB}\alpha$；法向加速度 $\boldsymbol{a}_{BA}^{n}$ 方向由 B 点指向 A 点，大小等于 $\overline{AB}\omega^2$，故上式又可写为

$$\boldsymbol{a}_B=\boldsymbol{a}_A+\boldsymbol{a}_{BA}=\boldsymbol{a}_A+\boldsymbol{a}_{BA}^{n}+\boldsymbol{a}_{BA}^{\tau} \quad (16\text{-}4)$$

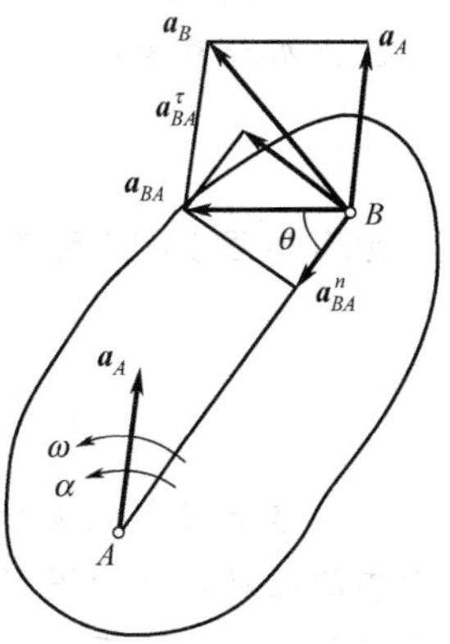

图 16-15

这就是说：平面图形内任一点的加速度等于基点的加速度与绕基点转动的切向加速度和法向加速度的矢量和，这就是平面运动的加速度合成法，又称基点法。在具体计算时，往往需将矢量式(16-4) 向恰当选取的两轴投影，然后求解。

思考： 如图 16-16，半径为 R 的圆柱在水平面上又滚又滑向右运动，试确定各运动量之间的关系。

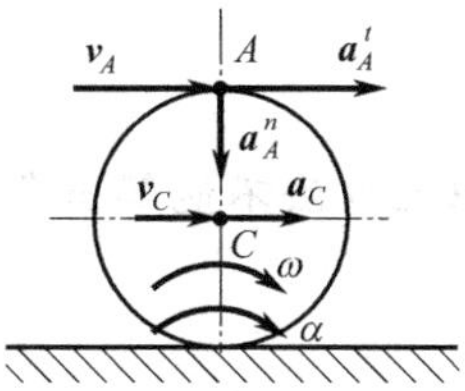

图 16-16

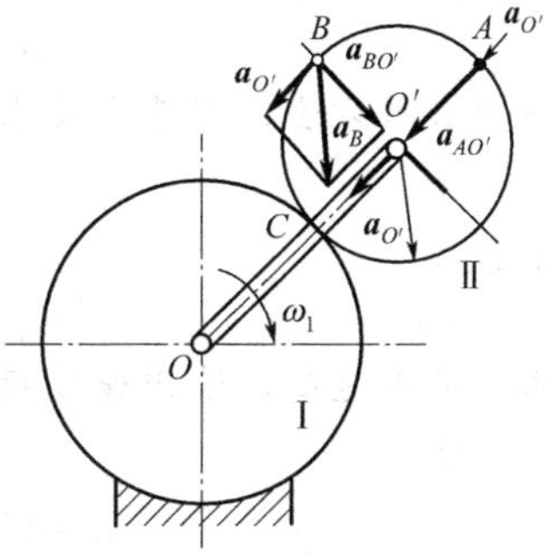

图 16-17

例 16-4 曲柄 $OO'=l$，以匀角速度 ω_1 绕定轴 O 转动，如图 16-17 所示，同时带动可绕曲柄一端的轴销 O' 转动的轮Ⅱ沿固定轮Ⅰ作无滑动的滚动。已知轮Ⅱ的半径为 r，求在图示位置轮缘上 A、B 两点的加速度 $\boldsymbol{a}_A$ 及 $\boldsymbol{a}_B$。A 点在 OO' 的延长线上，B 点位于通过 O' 点并与 $O'O$ 垂直的半径上。

解： 取 O' 点为基点，基点 O' 作半径为 l、中心为 O 的圆周运动，其速度及加速度为

$$v_{O'}=l\omega_1$$
$$a_{O'}=l\omega_1^2$$

因轮Ⅱ沿轮Ⅰ滚动而不滑动，故知轮Ⅱ的角加速度 α 等于零，因而 A、B 两点的相对加速度仅有相对法向加速度，且均等于

$$a_{AO'}=a_{BO'}=r\omega^2=\frac{l^2}{r}\omega_1^2$$

其方向则由 A、B 两点分别指向圆心 O'。

根据加速度合成定理，A 点加速度的大小为

$$a_A=a_{O'}+a_{AO'}=l\omega_1^2+\frac{l^2}{r}\omega_1^2=l\omega_1^2\left(1+\frac{l}{r}\right)$$

方向由 A 点指向 O'。

B 点加速度大小为

$$a_B=\sqrt{a_{O'}^2+a_{BO'}^2}=l\omega_1^2\sqrt{1+\frac{l_2}{r^2}}$$

方向如图 16-17 所示。

本章小结

1. 本章采用合成法研究刚体的平面运动。刚体的平面运动可以简化为平面图形在其自身平面内的运动，平面图形的运动通常可分解为随同基点的牵连平移和绕基点的相对转动，其平移与基点的选取有关，而转动与基点的选取无关。

刚体的平面运动方程为

$$\left.\begin{aligned}x_{O'}&=f_1(t)\\y_{O'}&=f_2(t)\\\varphi&=f_3(t)\end{aligned}\right\}$$

2. 平面图形上点的速度求法：

（1）速度合成法（基点法）

$$\boldsymbol{v}_B=\boldsymbol{v}_A+\boldsymbol{v}_{BA}$$

基点法是一种基本方法，用基点法求解时，一般选取速度已知的点作为基点，利用速度合成定理。

（2）速度投影法

$$[\boldsymbol{v}_B]_{AB}=[\boldsymbol{v}_A]_{AB}$$

如果只求解刚体上某点速度，选用速度投影法快捷简单，但此方法不能解出角速度。

（3）速度瞬心法

$$v_M=CM\cdot\omega,\ \boldsymbol{v}_M\perp CM$$

速度瞬心法是平面运动分析的常见方法，在角速度的求解中较直观简单，速度瞬心是速度分布中心，虽然在某一瞬时平面图形上速度瞬心的速度为零，但其加速度并不等于零，因此平面图形绕瞬心的转动与刚体绕定轴的转动有本质的不同。在不同的瞬时，平面图形具有不同的速度瞬心。

3. 平面图形上点的加速度采用基点法求解，即

$$\boldsymbol{a}_B=\boldsymbol{a}_A+\boldsymbol{a}_{BA}=\boldsymbol{a}_A+\boldsymbol{a}_{BA}^n+\boldsymbol{a}_{BA}^\tau$$

习　题

16-1　如图 16-18，半径为 R 的圆柱 A 卷绕一根不可伸长的细绳，绳的 B 端固定。圆柱自静止落下，已知柱心 A 的速度 $v_A=\frac{2}{3}\sqrt{3gh}$，其中 g 为重力加速度，h 为圆柱柱心至初始位置下落的高度，求圆柱的平面运动方程。

答：$x_A=0$；$y_A=\frac{1}{3}gt^2$；$\varphi=\frac{g}{3r}t^2$

16-2　直杆 AB 的 A 端沿水平面以匀速度 v_0 向右作直线运动。在运动过程中，它恒与一半径为 R 的圆柱表面相切，如图 16-19 所示。若直杆与水平线间的夹角为 θ。试求以 θ 角

表示杆 AB 在运动时的角速度。

答：$\omega=\dfrac{v_0\sin^2\theta}{R\cos\theta}$

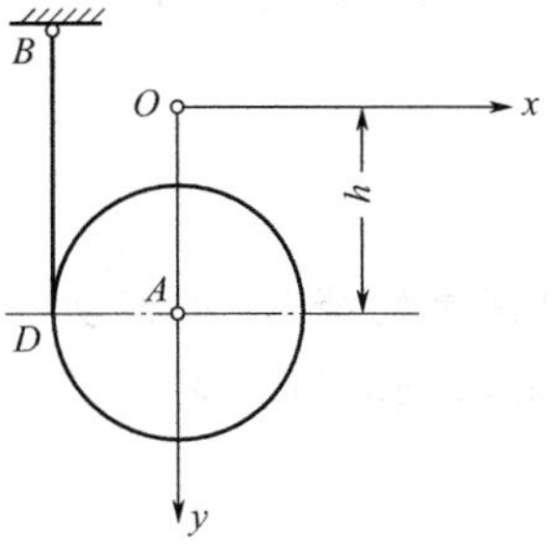

图 16-18　习题 16-1 图

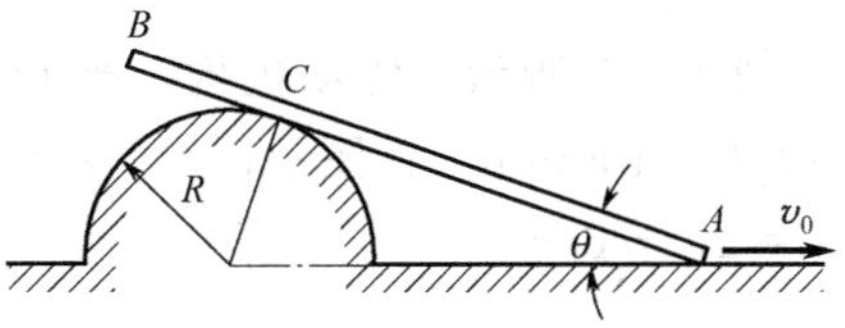

图 16-19　习题 16-2 图

16-3　两齿条以速度 v_1 和 v_2 作同向直线平移（图 16-20），两齿条间夹一半径为 r 的齿轮；求齿轮的角速度及其中心 O 的速度。

答：$\omega=\dfrac{v_1-v_2}{2r}$，$v_O=\dfrac{v_1+v_2}{2}$

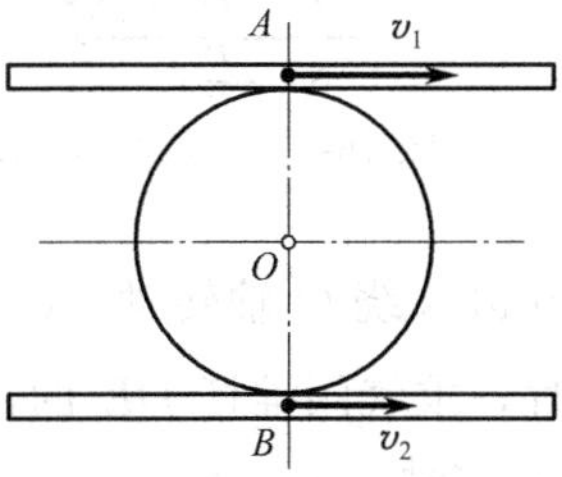

图 16-20　习题 16-3 图

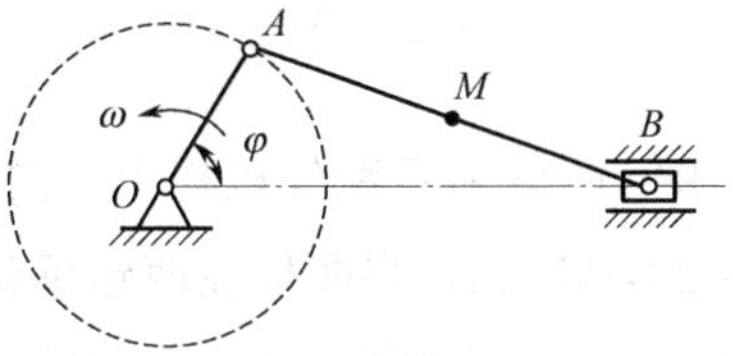

图 16-21　习题 16-4 图

16-4　图 16-21 所示曲柄连杆机构中，曲柄 $OA=40\text{cm}$，连杆 $AB=100\text{cm}$，若曲柄以转速 $n=180\text{r/min}$ 绕 O 轴匀速转动。求当 $\varphi=45°$时连杆 AB 的角速度及其中点 M 的速度。

答：$\omega=5.56\text{rad/s}$，$v_M=668\text{cm/s}$

16-5　图 16-22 所示四连杆机构中，$OA=O_1B=AB/2$，曲柄以角速度 $\omega=3\text{rad/s}$ 绕 O 轴转动。求在图示位置时杆 AB 和杆 O_1B 的角速度。

答：$\omega_{AB}=3\text{rad/s}$，$\omega_{O_1B}=5.2\text{rad/s}$

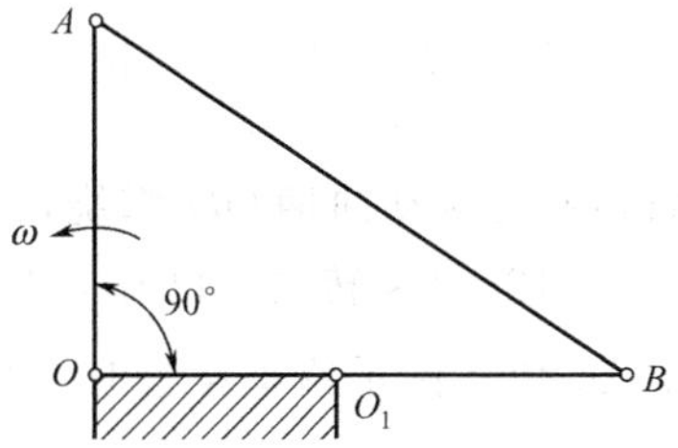

图 16-22　习题 16-5 图

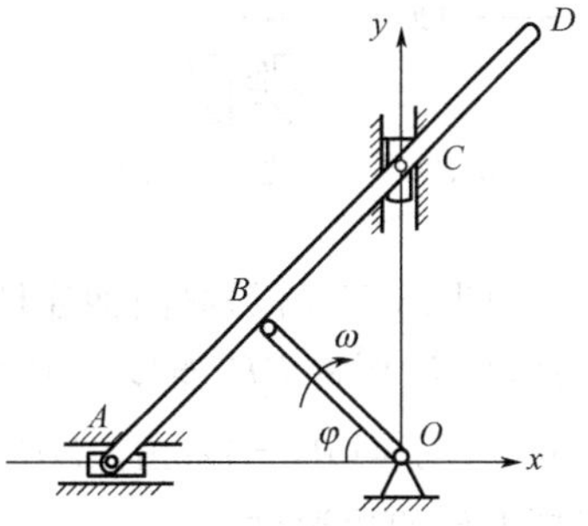

图 16-23　习题 16-6 图

16-6　如图 16-23，杆 OB 以 $\omega=2\text{rad/s}$ 的匀角速度绕 O 转动，并带动杆 AD，杆 AD 上的 A 点沿水平轴 Ox 运动，C 点沿铅垂轴 Oy 运动。已知 $AB=OB=BC=CD=120\text{mm}$，

求当 $\varphi=45°$时杆上 D 点的速度。

答：$v_D=537\text{mm/s}$

16-7　图 16-24 所示曲柄摇块机构中，曲柄 OA 以角速度ω_0 绕 O 轴转动，带动连杆 AC 在摇块 B 内滑动，摇块及与其刚连的 BD 杆则绕 B 铰转动，杆 BD 长 l。求图示位置时摇块的角速度及 D 点的速度。

答：$\omega_B=\dfrac{\omega_0}{4}$，$v_D=\dfrac{l\omega_0}{4}$

16-8　图 16-25 所示一传动机构，当 OA 往复摇摆时可使圆轮绕 O_1 轴转动。设 $OA=150\text{mm}$，$O_1B=100\text{mm}$，在图示位置，$\omega=2\text{rad/s}$。试求圆轮转动的角速度。

答：$\omega=2.6\text{rad/s}$

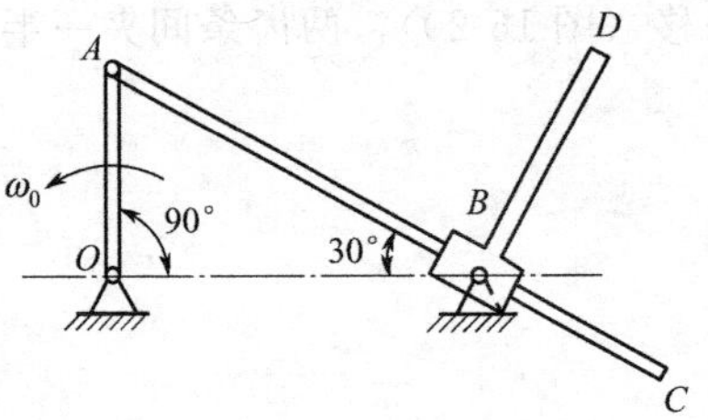

图 16-24　习题 16-7 图

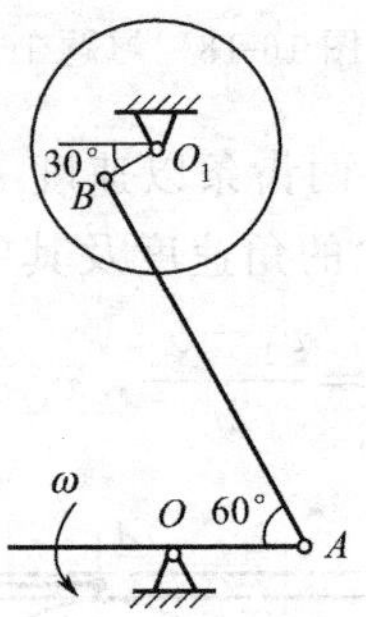

图 16-25　习题 16-8 图

16-9　图 16-26 所示配气机构中，曲柄以匀速度 $\omega=20\text{rad/s}$ 绕 O 轴转动，$OA=40\text{cm}$，$AC=CB=20\sqrt{37}\,\text{cm}$，当曲柄在两铅垂位置和两水平位置时，求气阀推杆 DE 的速度。

答：当 $\varphi=0$ 和 180°时，$v_{DE}=400\text{cm/s}$；当 $\varphi=90°$和 270°时，$v_{DE}=0$

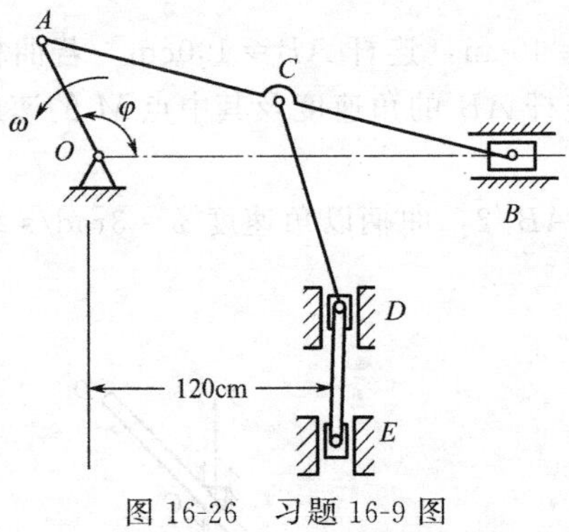

图 16-26　习题 16-9 图

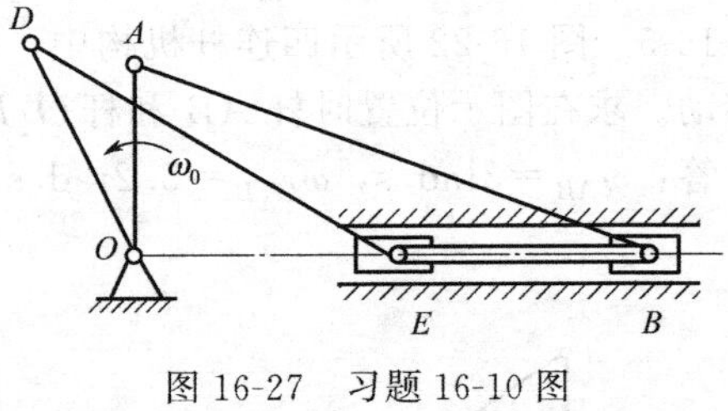

图 16-27　习题 16-10 图

16-10　图 16-27 所示双曲柄连杆机构中，主动曲柄 OA 与从动曲柄 OD 都绕 O 轴转动，滑块 B 与滑块 E 用杆 BE 连接。主动曲柄以匀角速度 $\omega_0=12\text{rad/s}$ 转动，已知 $OA=10\text{cm}$，$AB=26\text{cm}$，$BE=OD=12\text{cm}$，$DE=12\sqrt{3}$。求当曲柄 OA 位于图示铅垂位置时，从动曲柄 OD 和连杆 DE 的角速度。

答：$\omega_{OD}=10\sqrt{3}\,\text{rad/s}$；$\omega_{DE}=\dfrac{10}{3}\sqrt{3}\,\text{rad/s}$

16-11　如图 16-28 所示，鼓轮 A 转动时，通过绳索使管子 ED 上升。已知鼓轮的转速

为 $n=10\mathrm{r/min}$，$R=150\mathrm{mm}$，$r=50\mathrm{mm}$。设管子与绳索间没有滑动。求管子中心的速度。

答：$v_O=52.36\mathrm{mm/s}$

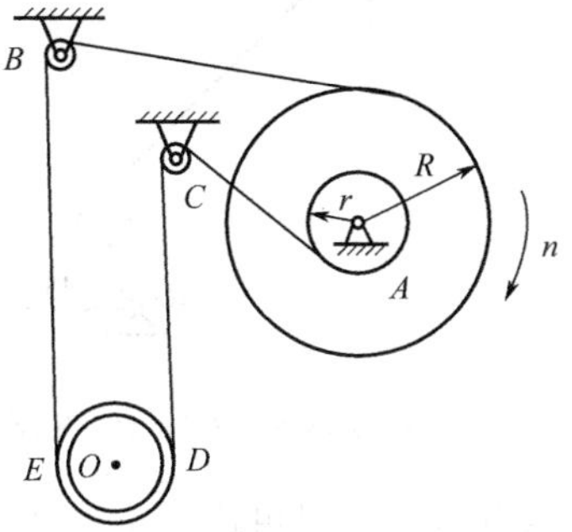

图 16-28　习题 16-11 图

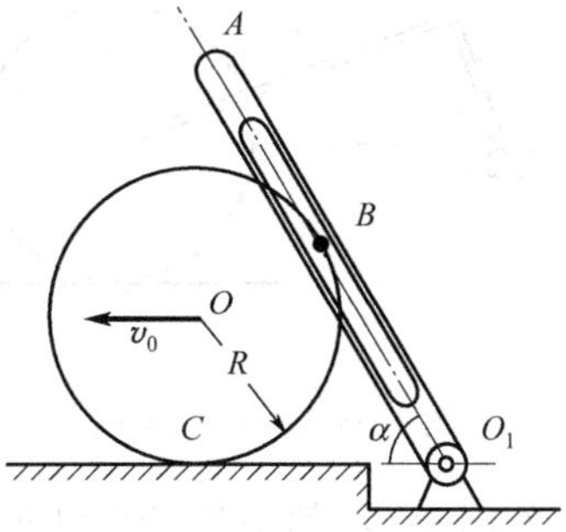

图 16-29　习题 16-12 图

16-12　如图 16-29，轮 O 在水平面内滚动而不滑动，轮缘上固定销钉 B，此销钉在摇杆 O_1A 的槽内滑动，并带动摇杆绕 O_1 轴转动。已知轮的半径 $R=50\mathrm{cm}$，在图示位置时 AO_1 是轮的切线，轮心的速度 $v_0=20\mathrm{cm/s}$，摇杆与水平面的交角 $\alpha=60°$。求摇杆的角速度。

答：$\omega_{O_1A}=0.2\mathrm{rad/s}$

16-13　如图 16-30 所示曲柄连杆机构带动摇杆 O_1C 绕 O_1 轴摆动，连杆 AD 上装有两个滑块，滑块 B 在水平槽内滑动，而滑块 D 在摇杆 O_1C 的槽内滑动。已知曲柄长 $OA=5\mathrm{cm}$，其绕 O 轴的角速度 $\omega_0=10\mathrm{rad/s}$，在图示位置时，曲柄与水平线成 90°角，摇杆与水平线成 60°角，距离 $O_1D=7\mathrm{cm}$。求摇杆的角速度。

答：$\omega_{O_1C}=6.19\mathrm{rad/s}$

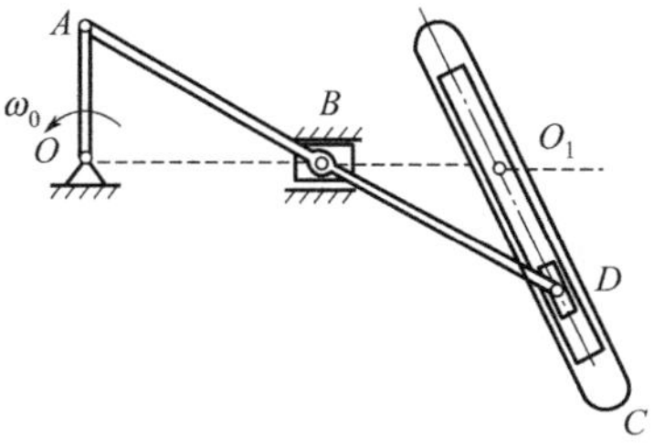

图 16-30　习题 16-13 图

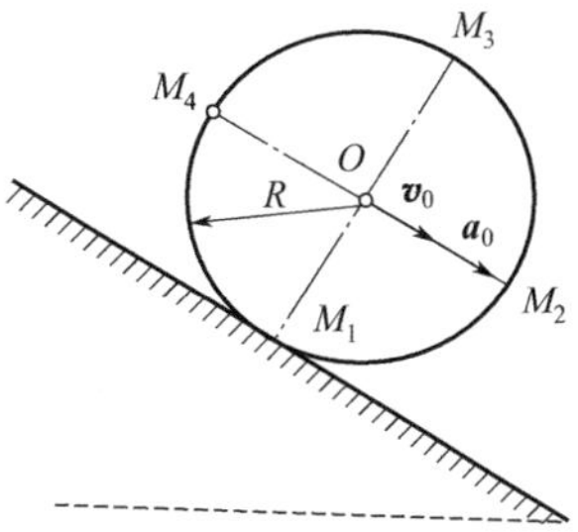

图 16-31　习题 16-14 图

16-14　如图 16-31，车轮在铅垂平面内沿倾斜直线轨道滚动而不滑动。轮的半径 $R=0.5\mathrm{m}$，轮心 O 在某瞬时的速度 $v_0=1\mathrm{m/s}$，加速度 $a_0=3\mathrm{m/s^2}$。求在轮上两相互垂直直径的端点的加速度。

答：$a_1=2\mathrm{m/s^2}$，$a_2=3.16\mathrm{m/s^2}$，$a_3=6.32\mathrm{m/s^2}$，$a_4=5.83\mathrm{m/s^2}$

16-15　滚压机的滚子沿水平面滚动而不滑动。已知曲柄 OA 长 $r=10\mathrm{cm}$，以匀转速 $n=30\mathrm{r/min}$ 转动。连杆 AB 长 $l=17.3\mathrm{cm}$，滚子半径 $R=10\mathrm{cm}$，求在图 16-32 所示位置时滚子的角速度及角加速度。

答：$\omega_B=3.62\mathrm{rad/s}$；$\alpha_B=2.2\mathrm{rad/s^2}$

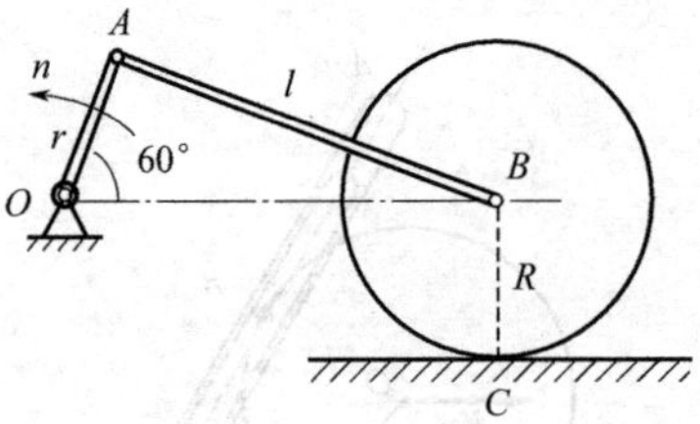

图 16-32　习题 16-15 图

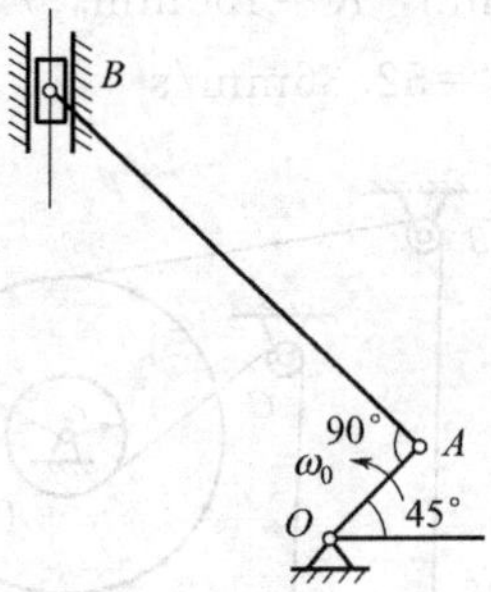

图 16-33　习题 16-16 图

16-16　如图 16-33 所示曲柄连杆机构中，曲柄长 20cm，以匀角速度 $\omega_0=10\text{rad/s}$ 转动，连杆长 100cm。求在图示位置时连杆的角速度与角加速度以及滑块 B 的加速度。

答：$\omega_{AB}=2\text{rad/s}$，$\alpha_{AB}=16\text{rad/s}^2$；$a_B=565\text{cm/s}^2$

第三篇　工程动力学

动力学是研究物体的机械运动与作用力之间的关系。动力学分为质点动力学和质点系动力学。前者是后者的基础。动力学又可分为矢量动力学和分析动力学。

第十七章 质点动力学

第一节　动力学基本定律

在动力学中经常用到的理想力学模型是质点和质点系（包括刚体）。**质点**是具有一定质量而形状和大小可以忽略不计的物体。有限个或无限个质点的集合称为**质点系**。刚体是任意两质点间的距离不变的质点系。

动力学的基本定律是牛顿在总结前人特别是伽利略的研究成果的基础上，在1687年发表的名著《自然哲学的数学原理》中提出的三个定律，通常称为**牛顿运动三定律**。其内容如下。

第一定律（惯性定律） 质点如不受外力作用，则始终保持静止或匀速直线运动状态。

定律表明质点具有保持静止或匀速直线运动状态的特性，这个特性称为**惯性**，所以此定律又称为**惯性定律**。惯性是质点的重要特性。定律还表明：如果质点的运动状态发生改变，则质点必然受其他物体的作用力。

第二定律（力与加速度关系定律） 质点因受力作用而产生的加速度其大小与力成正比，与质量成反比。或质点的质量与质点加速度的乘积等于作用在质点上的力。

如果质量为 m 的质点上受力系 $\boldsymbol{F}_1$，$\boldsymbol{F}_2$，…，$\boldsymbol{F}_i$，…，$\boldsymbol{F}_n$ 作用，则其加速度 $\boldsymbol{a}$ 和质量及作用力的关系可表示为

$$m\boldsymbol{a}=\sum \boldsymbol{F}_i \tag{17-1}$$

根据式（17-1）可知，如果对两个质点作用相同的合力，则质量较大的质点产生较小的加速度。这表明质点的质量越大就越难改变它的原有运动状态。因此，质量是质点惯性的度量。

物体仅受重力作用而自由降落的加速度 $\boldsymbol{g}$ 称为重力加速度。按照上式可以确定物体的重量 P 和质量 m 关系

$$P=mg \tag{17-2}$$

物体质量认为是不变的，但是在不同的地方重力加速度的大小略有差异，即物体的重量

在地面上略有差异。一般工程问题中可以认为 g 是不变的，并取 $g=9.80665\mathrm{m/s^2}$。

第三定律（作用与反作用定律） 两质点相互作用的力，总是大小相等，方向相反，沿同一直线同时分别作用于这两个质点上。这个定律对于静力学和动力学都是普遍适用的。

牛顿运动三定律构成动力学的基础，在此基础上建立的力学体系称为**经典力学**。在宏观（物体远大于微观粒子）、低速（速度远小于光速）的情况下，经典力学的分析结果是充分精确的。

由运动学可知运动的描述与选择的参考系有关。因此，牛顿运动三定律只适用于某特定的参考系，这种参考系称为**惯性参考系**。天文学上采用日心参考系，它以太阳中心为坐标原点，三坐标轴分别指向三个相对遥远的恒星保持不变，是较精确的惯性参考系。当日心参考系的坐标原点换为地球中心则为地心参考系。地心参考系相当于略去了地球绕太阳公转的影响。对于一般工程问题，地心参考系可以认为是足够精确的惯性参考系。

第二节　质点运动微分方程

牛顿第二定律建立了质点的加速度和作用外力的关系。如质点的位置矢量用 $\boldsymbol{r}$ 表示，则式(17-1) 可以写为

$$m\ddot{\boldsymbol{r}}=\sum \boldsymbol{F}_i \tag{17-3}$$

这就是**质点运动微分方程的矢量表达式**。

将上式两侧同时投影于直角坐标系上则得

$$\left.\begin{aligned} m\ddot{x}&=\sum F_x\\ m\ddot{y}&=\sum F_y\\ m\ddot{z}&=\sum F_z \end{aligned}\right\} \tag{17-4}$$

式中，x、y、z 为质点在直角坐标系下的运动方程。式（17-4）称为**直角坐标形式的质点运动微分方程**。

在质点轨迹已知的前提下，将上式两侧同时投影于自然轴系上则得

$$\left.\begin{aligned} m\ddot{s}&=\sum F_t\\ m\frac{\dot{s}^2}{\rho}&=\sum F_n\\ 0&=\sum F_b \end{aligned}\right\} \tag{17-5}$$

式中，s 为质点弧坐标形式的运动方程，ρ 为曲率半径。式(17-5) 称为**弧坐标形式的质点运动微分方程**。

一般动力学问题可分为两类基本问题：①已知质点的运动规律，求作用于质点上的力；②已知作用于质点上的力，求质点的运动规律。对于第一类问题（已知运动方程求力），通常是将质点的运动方程对时间求导后代入质点运动微分方程便可求解，数学上是一个微分问题。而对于第二类问题（已知受力求运动），通常是将已知力代入运动微分方程后进行积分运算，结合初始条件可求出运动方程，数学上是一个积分问题。

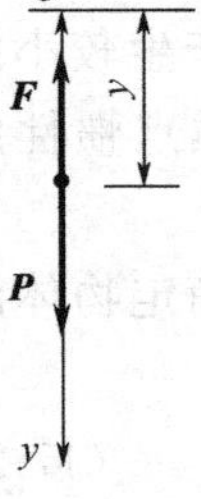

图 17-1

例 17-1　如图 17-1 所示，已知：质量为 m 的质点在空气中自由下落，初速度为零，假设任意时刻空气阻力的大小与质点的速度大小的平方成正比，比例系数为 k。求质点的运动规律。

解：这是动力学第二类问题。

质点作直线运动，以初始下落点为坐标原点 O 建立坐标轴 Oy，用坐标 y 描述质点的运动。如图 17-1 所示。

质点受重力 $\boldsymbol{P}$ 和空气阻力 $\boldsymbol{F}$ 的作用。画出质点在任意位置的受力图，且有

$$P=mg,\ F=kv^2=k\dot{y}^2$$

建立质点的运动微分方程为

$$m\ddot{y}=mg-k\dot{y}^2$$

或

$$m\dot{v}=mg-kv^2$$

随着下落速度的增加，加速度将变小，当加速度为零后，速度和加速度都不再变化，此时的速度称为极限速度，用 c 表示，根据上式可解出为

$$v_{极限}=\sqrt{\frac{mg}{k}}=c$$

运动微分方程可改写为

$$\frac{\mathrm{d}v}{\mathrm{d}t}=\frac{g}{c^2}\ (c^2-v^2)$$

运动微分方程是速度的非线性函数，采用分离变量法积分，并考虑初始条件有

$$\int_0^v \frac{\mathrm{d}v}{c^2-v^2}=\int_0^t \frac{g\,\mathrm{d}t}{c^2}$$

积分得

$$\frac{1}{2c}\ln\frac{c+v}{c-v}=\frac{gt}{c^2}$$

解得

$$v=c\,\frac{e^{\frac{2gt}{c}}-1}{e^{\frac{2gt}{c}}+1}$$

或

$$v=c\tanh\left(\frac{gt}{c}\right)$$

对上式定积分可得物体运动方程为

$$y=\frac{c^2}{g}\ln\left[\cosh\left(\frac{gt}{c}\right)\right]$$

高空跳伞时，跳伞员马上张开降落伞后在空气阻力的作用下能较快达到极限速度，大约为 5m/s，能安全落地。延迟张开降落伞，由于比例系数 k 和物体的最大横截面面积成正比，将使比例系数更小，极限速度更大，大约能达到 70m/s。

例 17-2 质量-弹簧系统，质点质量为 m，弹簧刚度为 k，弹簧原长为 l_0，水平面光滑。质点处于弹簧原长位置时为坐标原点 O，质点初始位置坐标为 x_0，初速度为 v_0。求质点运动方程。

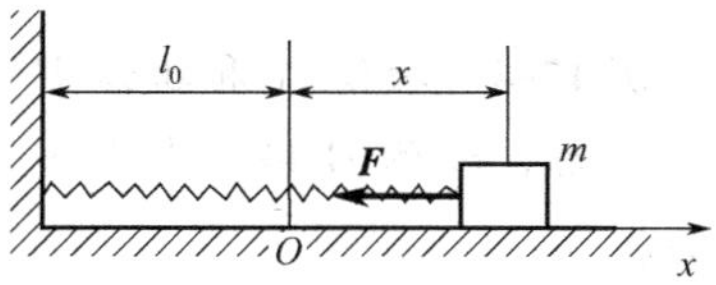

图 17-2

解：分析质点，其在铅垂方向受力平衡，水平方向受向左弹簧恢复力 $\boldsymbol{F}$（如图 17-2），$\boldsymbol{F}$ 在坐标轴上的投影为

$$F_x=-kx$$

质点的运动微分方程为

$$m\ddot{x}=-kx$$

或

$$\ddot{x}+\omega_0^2 x=0,\ \omega_0=\sqrt{\frac{k}{m}}$$

微分方程的通解为

$$x=A\sin(\omega_0 t+\alpha)$$

代入初始条件：$t=0$ 时，$x=x_0$，$\dot{x}=v_0$，可解出

$$A=\sqrt{x_0^2+\frac{v_0^2}{\omega_0^2}},\ \alpha=\arctan\left(\frac{\omega_0 x_0}{v_0}\right)$$

这种质点只在恢复力作用下的振动称为自由振动。由运动方程可知质量-弹簧系统的自由振动为**简谐振动**。A 为**振幅**，α 为振动的初相位，ω_0 为**圆频率**。自由振动的振幅和初相位取决于运动的初始条件。简谐振动为周期运动，**周期** T 可表示为

$$T=\frac{2\pi}{\omega_0}=2\pi\sqrt{\frac{m}{k}} \tag{17-6}$$

周期 T 的倒数称为频率 f，表示单位时间内的振动次数。

$$f=\frac{1}{T}=\frac{\omega_0}{2\pi}=\frac{1}{2\pi}\sqrt{\frac{k}{m}} \tag{17-7}$$

式(17-7) 表明：自由振动的频率与初始条件无关，而完全取决于质点质量和弹簧刚度，质点质量越大，振动频率越低，弹簧刚度越大，振动频率越高。

例 17-3 一振动筛以 $y=A\sin\omega t$ 的规律振动，要使其上的质量为 m 的颗粒离开筛面，圆频率 ω 最小值为多少？

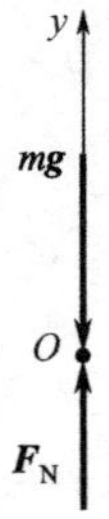

图 17-3

解：这是动力学第一类问题。分析在离开筛面前时的颗粒，将随振动筛以同样规律振动，受筛面支持力 $\boldsymbol{F}_N$ 和重力 $m\boldsymbol{g}$ 的作用，如图 17-3 所示。

列出运动微分方程为

$$m\ddot{y}=F_N-mg$$

或

$$-mA\omega^2\sin\omega t=F_N-mg$$

颗粒离开筛面的条件是：不受筛面支持力作用即 $F_N=0$。代入上式得

$$\omega^2\sin\omega t=\frac{g}{A}$$

当 $\sin\omega t=1$ 时，圆频率 ω 取得最小值 ω_{min} 为

$$\omega_{min}=\sqrt{\frac{g}{A}}$$

例 17-4 物体 A 和物体 B 质量分别为 m_1 和 m_2，用弹簧连接。物体 A 按 $y=b\cos kt$ 规律运动，物体 B 静放在水平固定面上，不计摩擦和弹簧质量。求水平面对物体 B 的约束力。

解：这是已知运动规律求作用力，属于动力学第一类问题，如图 17-4(a) 所示。

由于系统中两个物体的运动规律不相同，所以要分别分析物体 A 和物体 B。分析物体 A，受重力 $m_1\boldsymbol{g}$ 和弹性力 $\boldsymbol{F}$ 作用而简谐振动。如图 17-4(b) 所示。

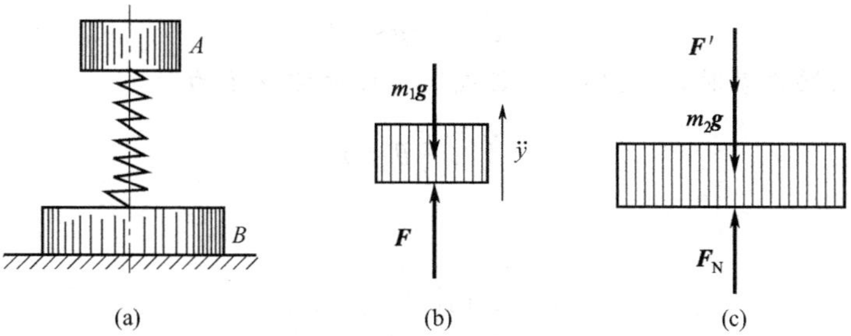

图 17-4

由运动微分方程得

$$m_1\ddot{y}=F-m_1g$$

将物体 A 运动方程代入上式得

$$-m_1bk^2\cos kt=F-m_1g$$

分析物体 B，受重力 $m_2\boldsymbol{g}$，水平面约束力 F_N 和弹性力 $\boldsymbol{F}'$ 作用而平衡。如图 17-4(c) 所示。

由平衡方程得

$$F_N-F'-m_2g=0$$

由作用与反作用定律知

$$F=F'$$

联解方程得水平面对物体 B 的约束力大小为

$$F_N=(m_1+m_2)g-m_1bk^2\cos kt$$

在上式中，前一项相当于系统静止时物体 B 受水平面的约束力，一般称为静约束力，后一项由于系统的运动而产生的附加约束力，故称为附加动约束力。运动系统中约束力一般称为动约束力，它是静约束力与附加动约束力的和。在本例中，最大动约束力最大值大小为

$$F_{N\max}=(m_1+m_2)g+m_1bk^2$$

思考：上例中最小动约束力为多少？

例 17-5 单摆由长为 l 的细线和质量为 m 的小球组成，作微幅振动。求单摆运动规律和任意位置时细线对小球的约束力。

解：这题包含了动力学的两类问题。由于小球运动轨迹为半径 l 的圆弧，可以用自然轴系求解。用角度 θ 表示单摆任意位置与铅垂方向夹角，小球在铅垂方向位置为弧坐标原点，如图 17-5 所示。小球的运动方程可表示为

$$s=l\theta \qquad \text{(a)}$$

小球受重力 $\boldsymbol{P}$ 和细线的约束力 $\boldsymbol{F}_T$ 作用。

由弧坐标形式的质点运动微分方程可以写出小球的运动微分方程为

$$m\frac{\dot{s}^2}{l}=F_T-mg\cos\theta \qquad \text{(b)}$$

$$m\ddot{s}=-mg\sin\theta \qquad \text{(c)}$$

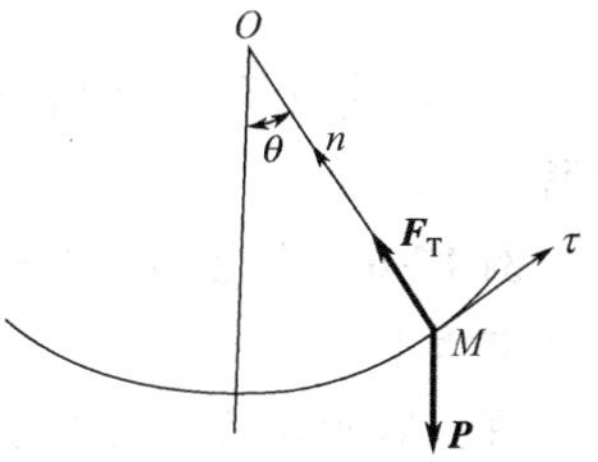

图 17-5

将式(a) 分别代入式(b)、(c) 中得

$$ml\dot{\theta}^2=F_T-mg\cos\theta \qquad \text{(d)}$$

$$l\ddot{\theta} = -g\sin\theta \tag{e}$$

考虑小球作微幅振动时，$\sin\theta \approx \theta$，则式(e) 可近似表示为

$$\ddot{\theta} + \frac{g}{l}\theta = 0$$

其解为

$$\theta = A\sin\left(\sqrt{\frac{g}{l}}t + \alpha\right) \tag{f}$$

振幅 A 和初相位 α 由初始条件确定。单摆的周期 T 为

$$T = 2\pi\sqrt{\frac{l}{g}}$$

按照式(f) 运动规律成为已知，再由式(d) 得约束力为

$$F_T = ml\dot{\theta}^2 + mg\cos\theta$$

若为大幅摆动，则式(e) 为非线性运动微分方程，求解析解的过程相当复杂，表达式要用椭圆函数表示。当振幅为10°时，用线性运动微分方程求解的周期误差只有0.2%。

第三节 质点在非惯性系中的运动

牛顿运动定律只适用于惯性参考系，但工程中有时需要解决物体相对非惯性参考系的运动问题。例如人在超重或失重的条件下，人体的血液相对于人体的运动，此时固连于人体的参考系已不是惯性参考系。

以质点为研究对象，非惯性参考系为动系，惯性参考系为定系。设运动质点的质量为 m，绝对加速度为 $\boldsymbol{a}_a$，相对加速度为 $\boldsymbol{a}_r$，牵连加速度为 $\boldsymbol{a}_e$，科氏加速度为 $\boldsymbol{a}_C$。由点的复合运动知识知

$$\boldsymbol{a}_a = \boldsymbol{a}_e + \boldsymbol{a}_r + \boldsymbol{a}_C$$

在定系中按照牛顿第二定律有

$$m\boldsymbol{a}_a = \sum \boldsymbol{F}$$

将前式代入后式可得

$$m\boldsymbol{a}_r = \sum \boldsymbol{F} - m\boldsymbol{a}_e - m\boldsymbol{a}_C$$

引入记号：**牵连惯性力 $\boldsymbol{F}_{Ie}$，科氏惯性力 $\boldsymbol{F}_{IC}$**，且有

$$\boldsymbol{F}_{Ie} = -m\boldsymbol{a}_e,\quad \boldsymbol{F}_{IC} = -m\boldsymbol{a}_C = -2m\boldsymbol{\omega} \times \boldsymbol{v}_r \tag{17-8}$$

则得

$$m\boldsymbol{a}_r = \sum \boldsymbol{F} + \boldsymbol{F}_{Ie} + \boldsymbol{F}_{IC} \tag{17-9}$$

式(17-9) 建立了质点相对非惯性参考系的运动和力的关系，称为**质点的相对运动微分方程**。

例 17-6 在电梯中有一磅秤，电梯以不变的加速度 $\boldsymbol{a}$ 上升，问质量为 m 的物体在磅秤上称重为多少？

解： 取物体为研究对象，动系固连于电梯上。由于牵连运动为平移，不存在科氏加速度，科氏惯性力为零。物体由电梯带动一起上升，故相对加速度 $\boldsymbol{a}_r$ 为零，牵连加速度 $\boldsymbol{a}_e$ 等于 $\boldsymbol{a}$，在非惯性参考系中存在牵连惯性力 $\boldsymbol{F}_{Ie}$，其方向与牵连加速度的相反，方向向下。物体还受重力 $m\boldsymbol{g}$ 和磅秤的约束力 $\boldsymbol{F}_N$ 作用，如图 17-6 所示。

由质点的相对运动微分方程得

$$0=F_N-mg-ma$$

磅秤对物体的约束力为

$$F_N=m(g+a)$$

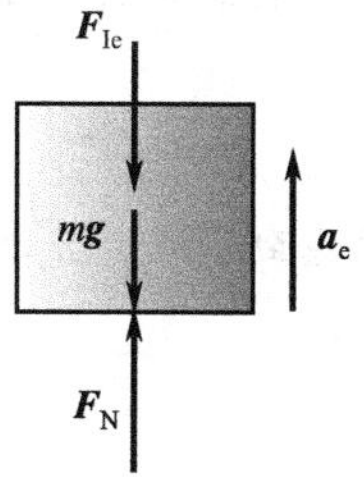

图 17-6

按作用与反作用定律可知物体对磅秤的压力是同上式相同的，故磅秤上称重为上式。它大于物体的重量，这种现象称为非惯性参考系中的超重现象。加速度 $\boldsymbol{a}$ 反向时，则产生失重现象。

当飞行员在处于超重状态时，以某粒血液为研究对象，动系固连于人体上，则在牵连惯性力的作用下，血液加速向下流动，容易造成脑部缺血，出现黑视现象或生命危险。人采用站姿时，普通人能够耐受的超重状态是加速度 $\boldsymbol{a}$ 的大小不超过 $2g$，采用卧姿时可以耐受 $5g$ 左右。因此运载火箭发射时宇航员采用卧姿。

例 17-7 质量 m 的滑块 M 可沿光滑杆 OA 运动，而杆 OA 又在水平面（Oxy）内以匀角速度 ω 绕铅垂轴（Oz）转动，如图 17-7(a) 所示。设滑块 M 在距转轴为 ρ_0 处无初速释放。试将滑块 M 沿杆 OA 运动的相对速度 v_r 表示为距离 ρ（OM）的函数，并求杆 OA 作用在滑块上的横向（平行于 x 方向）约束力大小。

解： 运动分析。取 M 为动点，动系固连于 OA。加速度分析如图 17-7(b) 所示。

牵连加速度为 $\boldsymbol{a}_e$，相对加速度为 $\boldsymbol{a}_r$，科氏加速度为 $\boldsymbol{a}_C$。则有

$$a_e=\rho\omega^2,\ a_C=2\omega v_r$$

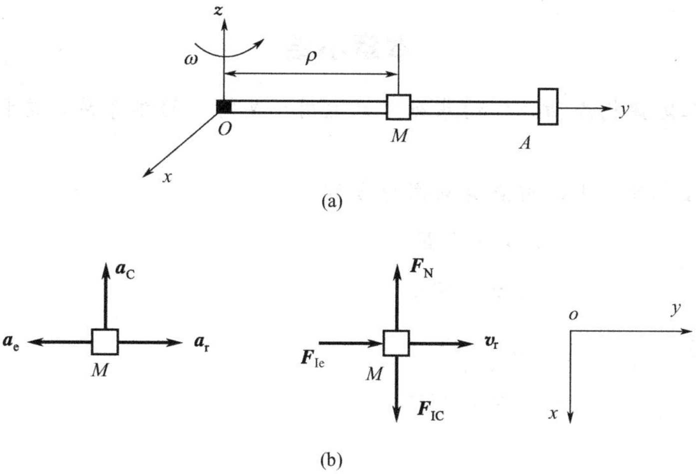

图 17-7

受力分析如图 17-7(b) 所示。牵连惯性力为 $\boldsymbol{F}_{Ie}$，科氏惯性力为 $\boldsymbol{F}_{IC}$，杆 OA 作用在滑块上横向（平行于 x 方向）约束力为 $\boldsymbol{F}_N$，由于平行 z 方向的重力和杆 OA 作用在滑块上此方向上的约束力相平衡，对问题的解没有影响，受力图中没有画出，在质点的相对运动微分方程中可不写出。牵连惯性力和科氏惯性力的大小为

$$F_{Ie}=ma_e=m\rho\omega^2,\ F_{IC}=ma_C=2m\omega v_r$$

由质点的相对运动微分方程得

$$m\boldsymbol{a}_r=\boldsymbol{F}_{Ie}+\boldsymbol{F}_{IC}+\boldsymbol{F}_N$$

将上式分别投影于 x、y 轴得

$$0=F_{\mathrm{N}}-F_{\mathrm{IC}}$$
$$ma_{\mathrm{r}}=F_{\mathrm{Ie}}$$

考虑到，$v_{\mathrm{r}}=\dot{\rho}$，$a_{\mathrm{r}}=\ddot{\rho}$，可得

$$m(\ddot{\rho}-\rho\omega^2)=0 \tag{a}$$
$$F_{\mathrm{N}}=2m\omega\dot{\rho} \tag{b}$$

因有

$$\ddot{\rho}=\frac{\mathrm{d}v_{\mathrm{r}}}{\mathrm{d}t}=\frac{\mathrm{d}\rho}{\mathrm{d}t}\cdot\frac{\mathrm{d}v_{\mathrm{r}}}{\mathrm{d}\rho}=v_{\mathrm{r}}\frac{\mathrm{d}v_{\mathrm{r}}}{\mathrm{d}\rho}$$

将上式代入式(a) 可得

$$v_{\mathrm{r}}\mathrm{d}v_{\mathrm{r}}=\omega^2\rho\mathrm{d}\rho$$

对上式定积分

$$\int_0^{v_{\mathrm{r}}}v_{\mathrm{r}}\mathrm{d}v_{\mathrm{r}}=\int_{\rho_0}^{\rho}\omega^2\rho\mathrm{d}\rho$$

则滑块 M 沿杆 OA 运动的相对速度大小为

$$v_{\mathrm{r}}=\omega\sqrt{\rho^2-\rho_0^2}$$

将上式代入式(b) 可得杆 OA 作用在滑块上的横向约束力大小为

$$F_{\mathrm{N}}=2m\omega^2(\rho^2-\rho_0^2)$$

本章小结

1. 牛顿运动三定律构成动力学的基础。只适用于某特定的参考系，这种参考系称为惯性参考系。

2. 质点在惯性参考系下的质点运动微分方程

矢量形式 $$m\ddot{\boldsymbol{r}}=\sum\boldsymbol{F}_i$$

直角坐标形式 $$\left.\begin{aligned}m\ddot{x}&=\sum F_x\\ m\ddot{y}&=\sum F_y\\ m\ddot{z}&=\sum F_z\end{aligned}\right\}$$

弧坐标形式 $$\left.\begin{aligned}m\ddot{s}&=\sum F_t\\ m\frac{\dot{s}^2}{\rho}&=\sum F_n\\ 0&=\sum F_b\end{aligned}\right\}$$

利用质点运动微分方程可以求解两类动力学基本问题。第一类问题：已知运动方程求力，数学上主要是微分问题；第二类问题：已知受力求运动，对运动微分方程进行积分运算，结合初始条件可求出运动方程，数学上是一个积分问题。

3. 质点在非惯性参考系下的质点相对运动微分方程

$$m\boldsymbol{a}_{\mathrm{r}}=\sum\boldsymbol{F}+\boldsymbol{F}_{\mathrm{Ie}}+\boldsymbol{F}_{\mathrm{IC}}$$

牵连惯性力 $\boldsymbol{F}_{\mathrm{Ie}}$，科氏惯性力 $\boldsymbol{F}_{\mathrm{IC}}$，且有

$$\boldsymbol{F}_{\mathrm{Ie}}=-m\boldsymbol{a}_{\mathrm{e}},\ \boldsymbol{F}_{\mathrm{IC}}=-m\boldsymbol{a}_{\mathrm{C}}=-2m\boldsymbol{\omega}\times\boldsymbol{v}_{\mathrm{r}}$$

习　题

17-1　用绞车沿斜面提升质量 m 的重物 M（图 17-8），已知倾角为 θ，斜面与重物间的动滑动摩擦系数为 f。若绞车的鼓轮半径为 r，且鼓轮按 $\theta=0.5at^2$ 规律作匀加速转动，试求钢索的拉力。

答：$F=m(r\alpha+gf\cos\theta+g\sin\theta)$

17-2　图 17-9 所示物体与弹簧连接，物体质量 $m=2\mathrm{kg}$，弹簧刚度系数 $k=1.25\mathrm{N/mm}$。物体可沿光滑的水平面作直线运动。现将物体从平衡位置向右移过距离 60mm，然后无初速地释放。试求物体的运动规律、周期、最大速度和最大加速度值。

答：$x=0.06\cos(25t)\mathrm{m}$，0.25s，1.5m/s，$37.5\mathrm{m/s^2}$

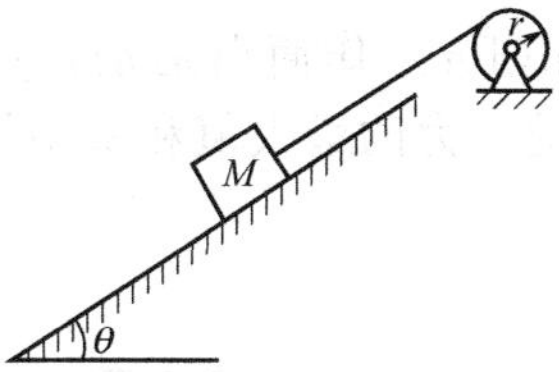

图 17-8　习题 17-1 图

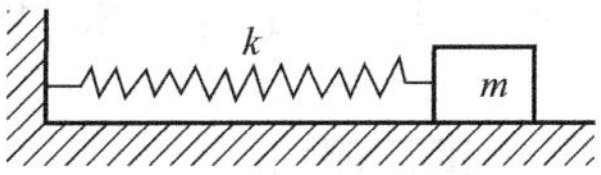

图 17-9　习题 17-2 图

17-3　质量为 m 的重物挂在弹簧刚度系数分别为 k_1、k_2 的两弹簧下面，如图 17-10 所示。试求两种情况下重物上下振动的圆频率：(1) 两弹簧串联；(2) 两弹簧并联（设重物悬挂位置正好使弹簧在振动时的变形相同）。

答：(1) $\sqrt{\dfrac{k_1k_2}{m(k_1+k_2)}}$；(2) $\sqrt{\dfrac{k_1+k_2}{m}}$

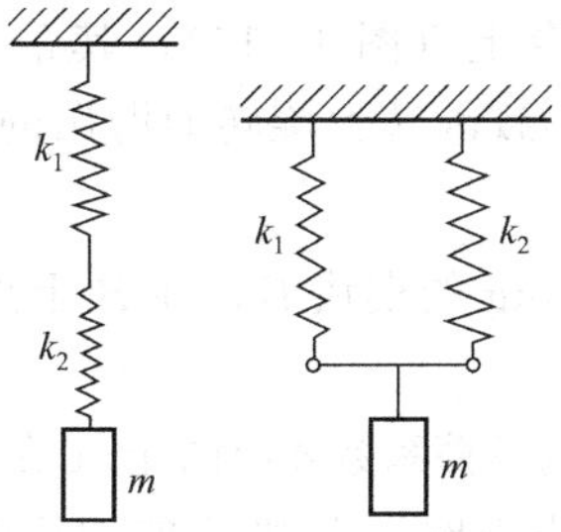

图 17-10　习题 17-3 图

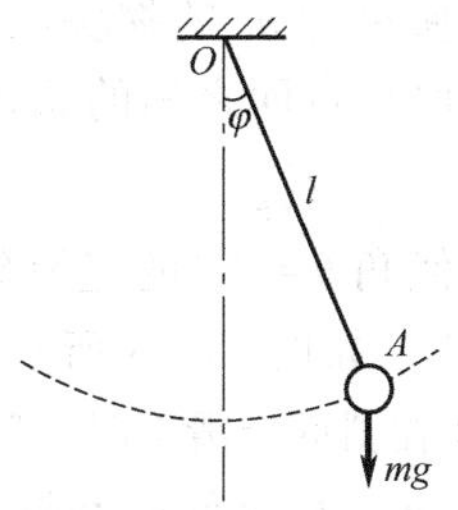

图 17-11　习题 17-4 图

17-4　如图 17-11，单摆的摆长为 l，摆锤 A 的质量为 m，按 $\varphi=\varphi_0\sin\left(\sqrt{\dfrac{gt}{l}}\varphi\right)$ 规律作微幅摆动。求摆锤经过最高位置和最低位置的瞬时绳受的拉力大小。

答：$mg\cos\varphi_0$，$mg(\varphi_0^2+1)$

17-5　质量为 m 的球用两根各长 l 的杆支持（图 17-12）。球和杆一起以匀角速度 ω 绕铅垂轴 AB 转动。如果 $AB=2a$，杆的两端均为铰接，杆重忽略不计，求各杆所受的力。

答：$F_{AM}=\dfrac{1}{2}ml\left(\omega^2+\dfrac{g}{a}\right)$，$F_{BM}=\dfrac{1}{2}ml\left(\omega^2-\dfrac{g}{a}\right)$

17-6　如图 17-13，调速器内有两重块 A、B，质量均为 30kg，可沿调速器的直径方向

MN 滑动。两重块分别用弹簧连接在 M、N 两点，其重心分别同弹簧的末端重合。弹簧的刚度$k=19600\text{N/m}$，弹簧在没有变形时其末端到轴 O 的距离等于 0.05m。当调速器以 $n=120\text{r/min}$ 绕铅垂轴 O 匀速转动时，求重块的重心到轴 O 的距离。

答：0.065m

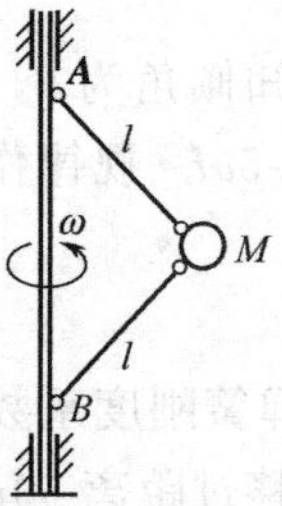

图 17-12　习题 17-5 图

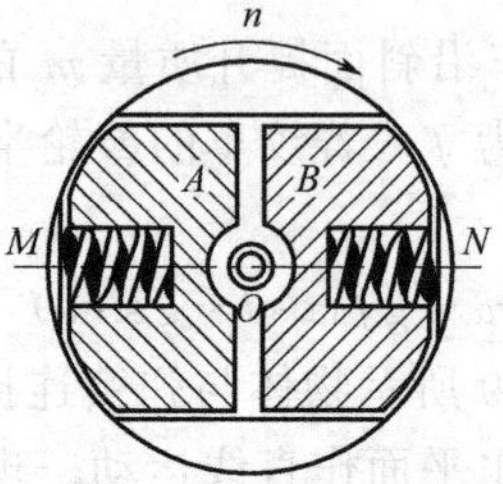

图 17-13　习题 17-6 图

17-7　物块 A、B 质量分别为 $m_A=100\text{kg}$，$m_B=200\text{kg}$，并与质量不计的弹簧连接，如图 17-14 所示。设物块 A 沿铅垂线按规律 $y=0.02\sin(10t)$ 作简谐运动，y 轴以物块 A 静平衡位置为坐标原点，向上为正。试求水平支承面所受压力的最大值和最小值。

答：$F_{\max}=3.14\text{kN}$，$F_{\min}=2.74\text{kN}$

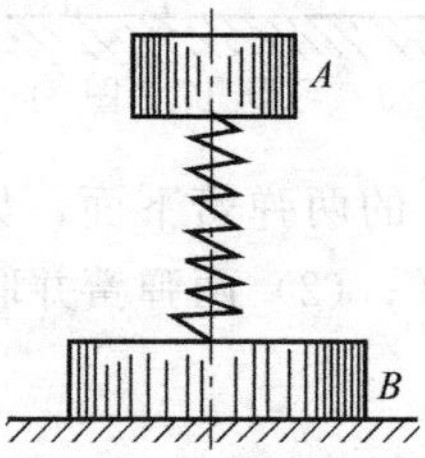

图 17-14　习题 17-7 图

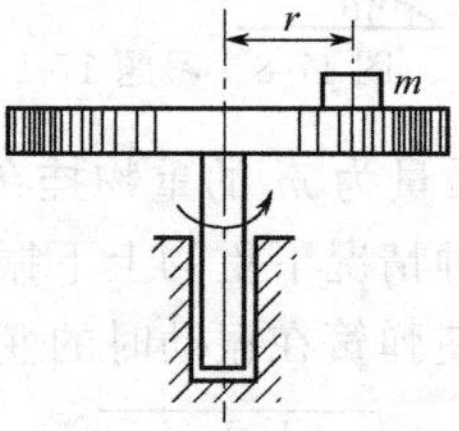

图 17-15　习题 17-8 图

17-8　一质量为 m 的物块放在匀速转动的水平转台上（图 17-15），其重心距转轴的距离为 r，如物块与台面之间的摩擦系数为 f_s，求物块不致因转台旋转而滑出的最大速度。

答：$v_{\max}=\sqrt{rf_s g}$

17-9　在倾角 $\theta=30°$ 的光滑斜面上有一质量 $m_B=5\text{kg}$ 的楔块 B，在 B 上放一质量$m_A=10\text{kg}$ 的物块 A，如图 17-16 所示。

(1) 当 B 在斜面上滑下时，问 A、B 之间应有多大的摩擦系数才能防止 A 在 B 上滑动？

(2) 如果 A、B 之间的摩擦系数为零，求 B 开始下滑时，A 和 B 的加速度。

答：(1) $f_S=0.577$　(2) $a_A=4.9\text{m/s}^2$，$a_B=9.8\text{m/s}^2$

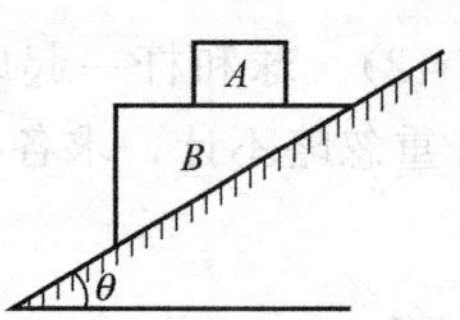

图 17-16　习题 17-9 图

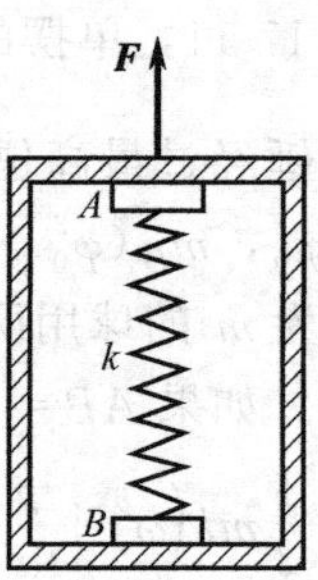

图 17-17　习题 17-10 图

17-10　如图 17-17 所示重量都是 200N 的物块 A 和 B，连接在弹簧两端，再一起放进框架内。这时弹簧被压缩了 10mm。设弹簧刚度系数 $k=10\text{N/mm}$，弹簧和框架的重量可以不计。现以铅直力 $F=500\text{N}$ 向上拉动框架，试分别求出物块 A 和 B 对框架的压力。

答：150kN，650N

17-11　质量为 m 的质点 M 在均匀重力场中以速度 v_0 水平抛出，如图 17-18 所示。设空气阻力 $\boldsymbol{F}$ 与速度成正比，即 $\boldsymbol{F}=-k\boldsymbol{v}$，式中 k 为比例常数。试求该质点的运动方程。

答：$x=\dfrac{mv_0}{k}(1-e^{-\frac{k}{m}t})$，$y=\dfrac{mg}{k}\left[t-\dfrac{m}{k}(1-e^{-\frac{k}{m}t})\right]$

17-12　一直径 $4a$ 的圆盘在水平面 Oxy 内绕铅垂轴 O 匀角速度 ω 转动（图 17-19），质量为 m 的质点 M 在光滑槽中运动。质点运动初始位置 $x=a$，初始速度为零。求质点相对于槽的运动规律、质点逃出槽的时间及所受水平约束力。

答：$x=\text{ch}\omega t$，$F_N=2ma\omega^2\text{sh}\omega t$，$t=\dfrac{1.31}{\omega}$

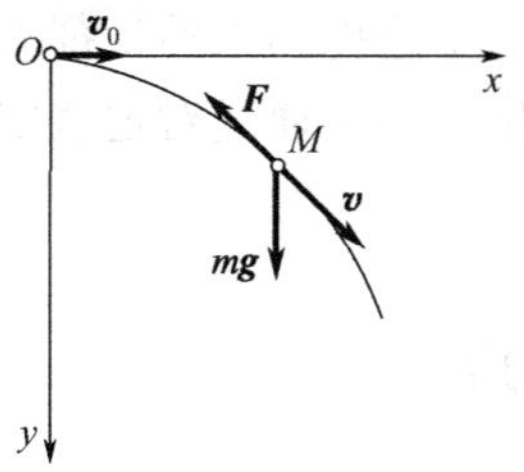

图 17-18　习题 17-11 图

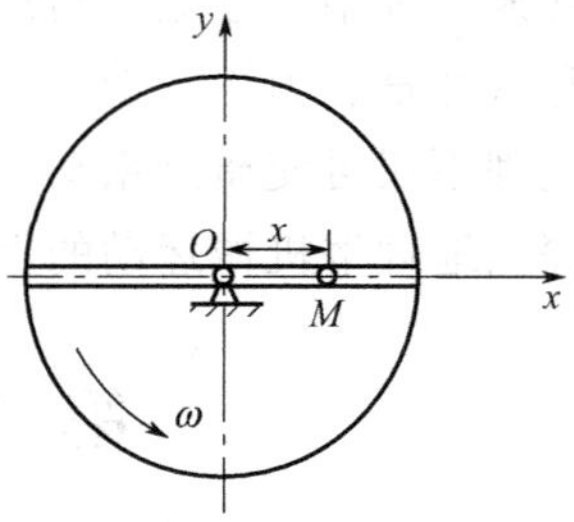

图 17-19　习题 17-12 图

第十八章 动力学普遍定理

第一节 概 述

理论上利用质点运动微分方程可以解决动力学两大基本问题，但是在许多实际复杂问题中会显得繁琐。比如对于质点系动力学问题需要逐个列出每一质点的运动微分方程，并根据约束情况确定各质点间相互的作用力和运动方面的关系，毫无疑问联解方程组的计算困难更为显著。为了进一步解决动力学问题，从本章开始研究动力学普遍定理即动量定理、动量矩定理和动能定理。

在动力学普遍定理中，建立了与运动有关的瞬时特征量（动量、动量矩、动能）以及与作用力有关的量（冲量、力矩、功）之间的普遍关系。由于这些相关的量都有明显的物理意义，因此这些定理不仅可使质点系动力学问题的求解简化，而且通过对这些定理的研究，还可使我们更加深入地理解机械运动的性质。

第二节 动量定理

一、动量和冲量的概念

1. 动量

质点的动量是度量质点机械运动强度的一个物理量，这个量不但与质点的速度有关，而且也与质点的惯性有关。如子弹虽小，但其速度很大，当它遇到障碍物时，冲击力就很大，甚至可以穿透钢板；轮船靠码头时，速度虽小，但其质量却很大，也具有很大的撞击力，如操作不当就会撞坏船体和码头。因此质点的动量可用质点的质量与其速度的乘积表示。

质点的质量与其速度的乘积称为质点的**动量**。

若质点的质量为 m，某瞬时的速度为 $\boldsymbol{v}$ 则动量记为 $m\boldsymbol{v}$。质点的动量是矢量。它的方向与速度的方向相同。国际单位是千克·米/秒（kg·m/s）。

质点系内各质点动量的矢量和称为质点系的**动量**。记为

$$\boldsymbol{p}=\sum_{i=1}^{n} m_i \boldsymbol{v}_i \tag{18-1}$$

式中，n 为质点数，m_i 为第 i 个质点的质量，$\boldsymbol{v}_i$ 为该质点的速度。

质点系的**动量**又可表示为质心的速度与其全部质量的乘积。即

$$\boldsymbol{p}=m\boldsymbol{v}_C \tag{18-2}$$

式中，m 为全部质点的质量，$\boldsymbol{v}_C$ 为该质点系的质心速度。证明如下：

设质点 i 的矢径为$\boldsymbol{r}_i$，则该质点的速度$\boldsymbol{v}_i$ 可表示为

$$\boldsymbol{v}_i=\frac{\mathrm{d}\boldsymbol{r}_i}{\mathrm{d}t}$$

$$\boldsymbol{p}=\sum_{i=1}^{n} m_i \boldsymbol{v}_i=\sum_{i=1}^{n} m_i \frac{\mathrm{d}\boldsymbol{r}_i}{\mathrm{d}t}=\frac{\mathrm{d}}{\mathrm{d}t}\sum_{i=1}^{n} m_i \boldsymbol{r}_i$$

设质心 C 的矢径为$\boldsymbol{r}_C$，则有

$$\boldsymbol{r}_C=\frac{\sum m_i \boldsymbol{r}_i}{\sum m_i}=\frac{\sum m_i \boldsymbol{r}_i}{m}$$

从而有

$$\boldsymbol{p}=\frac{\mathrm{d}}{\mathrm{d}t}\sum_{i=1}^{n} m_i \boldsymbol{r}_i=\frac{\mathrm{d}}{\mathrm{d}t}(m\boldsymbol{r}_C)=m\boldsymbol{v}_C$$

质点系的动量的投影式：

$$p_x=mv_x,\ p_y=mv_y,\ p_z=mv_z \tag{18-3}$$

思考：求图 18-1 中系统的动量，OA 和OB 质量均为 m，各物体均为匀质。

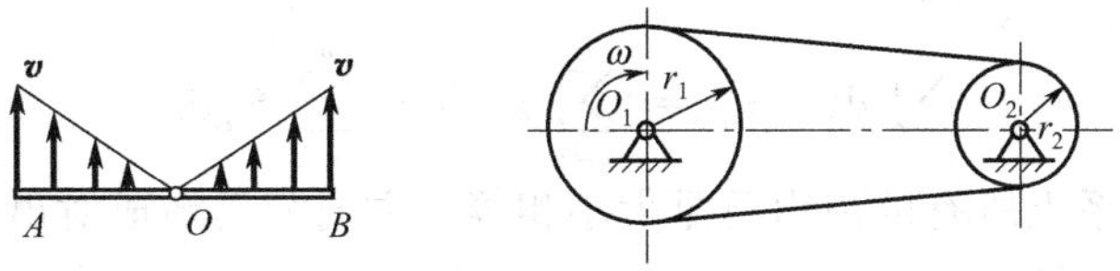

图 18-1

2. 冲量

经验告诉我们，一个物体运动的改变，不仅决定于作用在物体上的力，而且与力作用的时间有关，因此将力在一段时间间隔内的累积效应称为**力的冲量**。

作用力与作用时间的乘积称为常力的冲量。冲量是矢量，其方向与力的方向相同，它的国际单位是牛顿·秒（N·s）。

若作用于质点的力 $\boldsymbol{F}$ 保持不变，作用时间为 t，则该常力的冲量为

$$\boldsymbol{I}=\boldsymbol{F}t \tag{18-4}$$

如果力 $\boldsymbol{F}$ 是变量，在微小时间间隔 $\mathrm{d}t$ 内其冲量称为**元冲量**，即

$$\mathrm{d}\boldsymbol{I}=\boldsymbol{F}\mathrm{d}t$$

力 $\boldsymbol{F}$ 在时间间隔 t 内力的冲量为

$$\boldsymbol{I}=\int_0^t \boldsymbol{F}\mathrm{d}t \tag{18-5}$$

二、质点的动量定理

设质点的质量为 m，作用力的合力为 $\boldsymbol{F}$，从质点动力学基本方程已知

$$m\boldsymbol{a}=m\frac{\mathrm{d}\boldsymbol{v}}{\mathrm{d}t}=\boldsymbol{F}$$

因为 m 为常量，上式亦可写为

$$\frac{\mathrm{d}}{\mathrm{d}t}(\mathrm{m}\boldsymbol{v})=\boldsymbol{F}$$

或

$$d(\mathrm{m}\boldsymbol{v})=\boldsymbol{F}\mathrm{d}t \tag{18-6}$$

即质点的动量的增量等于作用于该质点上的力的元冲量，这就是微分形式的质点的**动量定理**。

若以$\boldsymbol{v}_1$ 和$\boldsymbol{v}_2$ 分别表示质点在瞬时 t_1 和 t_2 的速度，由上式在时间间隔内积分，得

$$mv_2 - mv_1 = \int_{t_1}^{t_2} F\mathrm{d}t = I \tag{18-7}$$

式(18-7) 为积分形式的质点的**动量定理**也称为**冲量定理**。即任一时间间隔内质点的动量变化，等于在同一时间内作用在该质点上的力的冲量。

三、质点系的动量定理

设质点系由 n 个质点所组成。质点系内各质点所受的力可分为内力和外力，质点系内各质点间相互作用的力称为质点系的**内力**，以 $\boldsymbol{F}_i^i$ 表示。质点系以外的物体作用于质点系的力称为质点系的**外力**，以 $\boldsymbol{F}_i^e$ 表示。

对第 i 个质点的动量定理得

$$\mathrm{d}(m_i\boldsymbol{v}_i) = \boldsymbol{F}_i^i\mathrm{d}t + \boldsymbol{F}_i^e\mathrm{d}t \ (i=1,2,\cdots,n)$$

将这样的 n 个方程相加，得到

$$\sum_{i=1}^{n}\mathrm{d}(m_i\boldsymbol{v}_i) = \sum_{i=1}^{n}\boldsymbol{F}_i^i\mathrm{d}t + \sum_{i=1}^{n}\boldsymbol{F}_i^e\mathrm{d}t$$

由于作用于质点系上所有的内力总是大小相等、方向相反地成对出现的，故所有内力的冲量矢量和恒等于零，即

$$\sum_{i=1}^{n}\boldsymbol{F}_i^i\mathrm{d}t = 0$$

而

$$\sum_{i=1}^{n}\mathrm{d}(m_i\boldsymbol{v}_i) = \mathrm{d}\sum_{i=1}^{n}(m_i\boldsymbol{v}_i) = \mathrm{d}\boldsymbol{p}$$

于是得到质点系动量定理的微分形式为

$$\mathrm{d}\boldsymbol{p} = \sum_{i=1}^{n}\boldsymbol{F}_i^e\mathrm{d}t = \sum_{i=1}^{n}\mathrm{d}\boldsymbol{I}_i^e \tag{18-8}$$

微分形式的**质点系动量定理**即质点系动量的增量等于作用于该质点系上的全部外力元冲量矢量和。

式(18-8) 又可写为

$$\frac{\mathrm{d}\boldsymbol{p}}{\mathrm{d}t} = \sum_{i=1}^{n}\boldsymbol{F}_i^e \tag{18-9}$$

即质点系动量对时间的导数等于作用于质点系的外力的矢量和（或外力的主矢）。

若以 $\boldsymbol{p}_1$ 和 $\boldsymbol{p}_2$ 分别表示质点在瞬时 t_1 和 t_2 的动量，由上式在时间间隔内积分，得

$$\boldsymbol{p}_2 - \boldsymbol{p}_1 = \Sigma\boldsymbol{I}_i^e \tag{18-10}$$

式中，$\boldsymbol{I}_i^e$ 为作用于第 i 个质点的外力在时间间隔内的冲量。式(18-10) 为积分形式的质点系的动量定理，也称为**质点系的冲量定理**。即：质点系的动量在某一时间间隔内的改变量等于在这段时间内作用于质点系外力冲量的矢量和。

动量定理在应用时一般取投影式，式(18-9) 的在直角坐标系中的投影式为

$$\frac{\mathrm{d}p_x}{\mathrm{d}t} = \Sigma F_x^e,\ \frac{\mathrm{d}p_y}{\mathrm{d}t} = \Sigma F_y^e,\ \frac{\mathrm{d}p_z}{\mathrm{d}t} = \Sigma F_z^e \tag{18-11}$$

式(18-10) 在直角坐标系中的投影式为

$$p_{2x} - p_{1x} = \Sigma I_x^e,\ p_{2y} - p_{1y} = \Sigma I_y^e,\ p_{2z} - p_{1z} = \Sigma I_z^e \tag{18-12}$$

思考：汽车水平加速运动时其动量的变化是直接由发动机提供的作用力引起的吗？

例 18-1 重锤的质量 $m=3000\text{kg}$，从高度 $h=1.5\text{m}$ 处自由下落锻压的工件，工件发生变形，历时 $\Delta t=0.01\text{s}$，求重锤对于工件的平均作用力大小。

解：取锤为研究对象，作用于锤上的力有重力 $\boldsymbol{G}$ 及与工件接触后工件的反力。工件的反力是变力，在短暂的时间间隔 Δt 内迅速变化，这里用平均反力 $\boldsymbol{F}_{\text{N}}$ 来表示，取 y 轴铅垂向上（如图 18-2）。

设锤自由下落 h 经过时间为 t，由运动学知

$$t=\sqrt{\frac{2h}{g}}$$

根据题意，由锤开始自由下落到工件变形完成这一过程中，锤的初速度 $v_{1y}=0$，故初始动量在 y 轴上投影为零，经过时间 $\Delta t+t$ 后的速度 $v_{2y}=0$，故末位置时动量在 y 轴上投影为零；重力的冲量在 y 轴上投影为 $-G(\Delta t+t)$，反力的冲量在 y 轴上投影为 $F_{\text{N}}\Delta t$。

由动量定理得

$$0-0=-G(t+\Delta t)+F_{\text{N}}\Delta t$$

由此求得

$$F_{\text{N}}=G\left(\frac{t}{\Delta t}+1\right)=G\left(\frac{1}{\Delta t}\sqrt{\frac{2h}{g}}+1\right)$$

$$=3000\times 9.8\left(\frac{1}{0.01}\sqrt{\frac{2\times 1.5}{9.8}}+1\right)=1656(\text{kN})$$

锤对工件的平均作用力与反力大小相等、方向相反。与锤的重量 $G=29.4\text{kN}$ 相比，锤对工件的平均作用力是它的 56 倍，可见这个力是相当大的，锻压效果好。

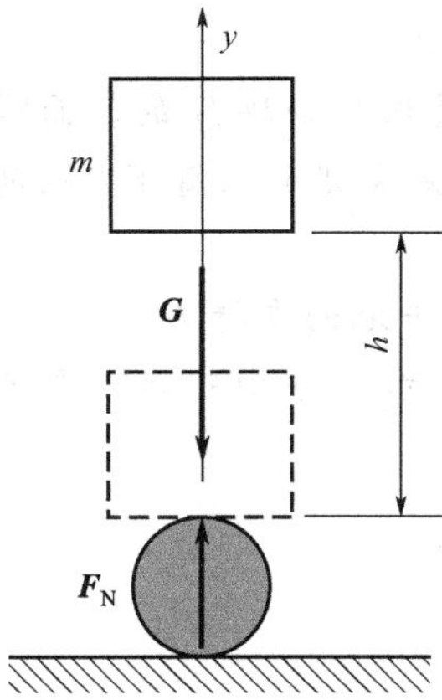

图 18-2

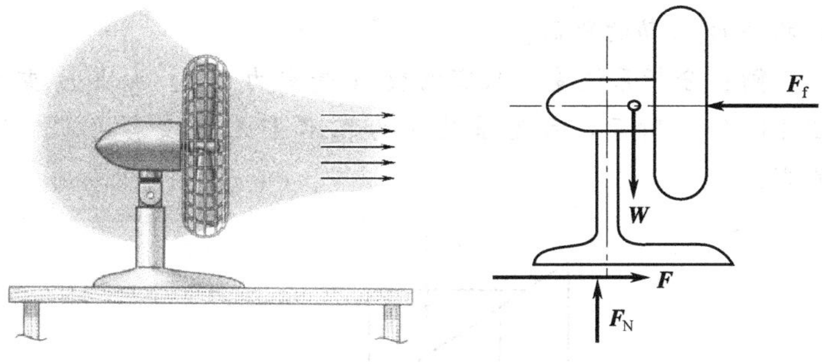

图 18-3

例 18-2 如图 18-3，空气流从台式风扇排出，出口处滑流边界直径为 D，排出空气流速度为 v，密度为 ρ，风扇所受重力为 W。求：风扇不致滑落的风扇底座与台面之间的最小摩擦系数 f。

解：空气流风扇叶片，在叶片周围由叶片转动所形成的边界所限定。气流没有进入叶片之前，横截面尺寸很大，在入口处气流的速度与出口处相比很小，即 $v_1=0$，出口处气流的速度 $v_2=v$。考察刚要进入和刚刚排出的一段空气流。空气流所受叶片的约束力为 $\boldsymbol{F}'_f$，这一段空气流都处于大气的包围之中，两侧截面所受大气的总压力差近似为 0。单位时间内空气进出的质量即质量流量为 $q_{m=}\rho v_2 A$，A 为出口处截面积，Δt 时间内进出的质量为 $q_m\Delta t$。

分析不包括空气流的风扇受力，有重力 $\boldsymbol{W}$，静滑动摩擦力 $\boldsymbol{F}$，台面对风扇的支持力 $\boldsymbol{F}_N$ 空气流对风扇的反作用力 $\boldsymbol{F}_f$。

对风扇框架水平方向列平衡方程

$$\sum F_x=0, \quad F=F_f$$

由于空气流动稳定，可以对 Δt 时间内进出的空气用动量定理

$$q_m \Delta t v_2-q_m \Delta t v_1=F'_f \Delta t$$

即

$$q_m v_2-q_m v_1=F'_f$$

即

$$q_m v=F'_f \leqslant fW$$

故风扇不致滑落的风扇底座与台面之间的最小摩擦系数 f 为

$$f=\frac{q_m v}{W}=\frac{\pi D^2 \rho v^2}{4W}$$

四、质点系动量守恒定律

(1) 若质点系不受外力的作用，即外力的主矢恒为零，按式(18-9)，则有

$$\boldsymbol{p}=\text{恒矢量} \tag{18-13}$$

(2) 若外力的主矢在某一坐标轴（如 x 轴）上投影为零，如 $\sum F_x^e=0$，按式(18-11) 则有

$$p_x=\text{常量} \tag{18-14}$$

以上结论称为质点系动量守恒定律。前者为动量完全守恒，后者为动量投影守恒。实际动力学问题中主要是后者。

例 18-3 质量为 m_A 的均质物块 A 在重力作用下沿质量为 m_B 的均质物块 B 的斜面滑下，斜面倾角为 α，若系统初始处于静止，各接触面均光滑，求：物块 A 沿斜面滑下 l 距离时物块 B 移动的距离。

解： 分析系统受力只有物块 A 受重力 $\boldsymbol{G}_A$、物块 B 重力 $\boldsymbol{G}_B$ 和水平地面支持力 $\boldsymbol{F}_N$，如图 18-4(a) 所示，可见系统受力在水平方向投影为零。故系统动量水平方向守恒，即恒为零。

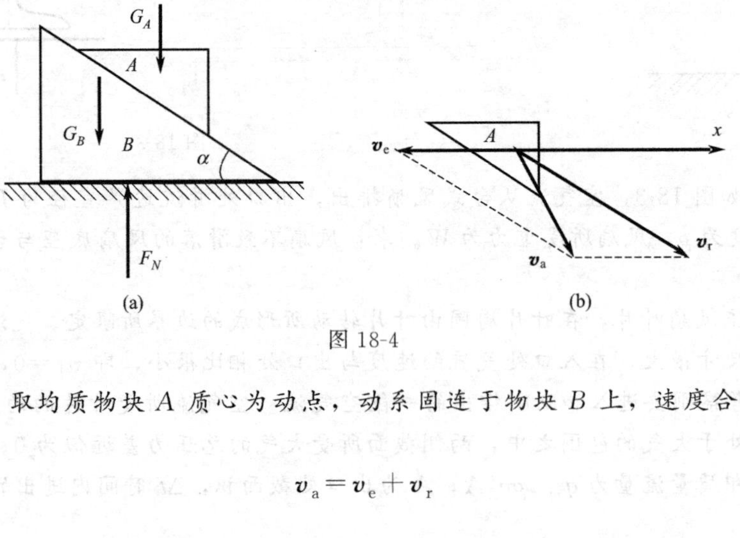

图 18-4

运动分析：取均质物块 A 质心为动点，动系固连于物块 B 上，速度合成图如图 18-4 (b) 所示。

$$\boldsymbol{v}_a=\boldsymbol{v}_e+\boldsymbol{v}_r$$

将上矢量式投影于 x 轴得

$$v_{ax}=v_{r}\cos\alpha-v_{e}$$

式中，v_{ax} 表示物块 A 质心速度在 x 轴上投影，$\boldsymbol{v}_{r}$ 表示物块 A 相对 B 的速度，$\boldsymbol{v}_{e}$ 表示物块 B 速度。

由系统动量投影守恒得

$$m_{A}v_{ax}-m_{B}v_{e}=0$$

解得物块 B 速度为

$$v_{e}=\frac{m_{A}\cos\alpha}{m_{A}+m_{B}}v_{r}$$

设运动时间为 t，滑块 B 的位移为 d，则有

$$d=\int_{0}^{t}v_{e}\mathrm{d}t=\int_{0}^{t}\frac{m_{A}\cos\alpha}{m_{A}+m_{B}}v_{r}\mathrm{d}t=\frac{m_{A}\cos\alpha}{m_{A}+m_{B}}\int_{0}^{t}v_{r}\mathrm{d}t=\frac{m_{A}\cos\alpha}{m_{A}+m_{B}}l$$

五、质心运动定理

1. 质心运动定理

由于质点系的动量等于质心的速度与其全部质量的乘积即

$$\boldsymbol{p}=m\boldsymbol{v}_{C}$$

动量定理可表示为

$$\frac{\mathrm{d}\boldsymbol{p}}{\mathrm{d}t}=\frac{\mathrm{d}}{\mathrm{d}t}(m\boldsymbol{v}_{C})=\sum_{i=1}^{n}\boldsymbol{F}_{i}^{e}$$

对于质量不变的质点系，上式可写为

$$m\frac{\mathrm{d}\boldsymbol{v}_{C}}{\mathrm{d}t}=\sum_{i=1}^{n}\boldsymbol{F}_{i}^{e}$$

或

$$m\boldsymbol{a}_{C}=\sum_{i=1}^{n}\boldsymbol{F}_{i}^{e} \tag{18-15}$$

式中，$\boldsymbol{a}_{C}$ 为质心的加速度。上式表明质点系的质量与质心的加速度的乘积等于质点系上的全部外力的矢量和，此规律称为**质心运动定理**。质点系质心的运动犹如一个质点的运动，该质点的质量等于整个质点系的质量，而作用于其上的力等于作用在整个质点系上所有外力的矢量和。

质心运动定理在直角坐标系下的投影形式为

$$ma_{Cx}=\sum F_{x},ma_{Cy}=\sum F_{y},ma_{Cz}=\sum F_{z} \tag{18-16}$$

从质心运动定理可知，质点系的内力不影响质心的运动，外力才能改变其运动。例如，汽车发动机的内力不能使质心运动，只有后轮的摩擦力大于汽车前进的阻力才能使汽车运动。

同样的道理，人们在光滑的平面上只靠自己肌肉的力量是不能行走的。

2. 质心运动守恒

在特殊情况下，若质点系不受外力的作用，或作用于质点系的所有外力的矢量和恒等于零，则 $\boldsymbol{v}_{C}$＝常矢量，这就表明质心处于静止或作匀速直线运动。

如果所有作用于质点系的外力在 x 轴上投影的代数和恒等于零，则 v_{Cx}＝常量。

以上两种情况都为**质心运动守恒**。

思考：如图 18-5 所示，容器左半部分盛有水静放在光滑水平桌面上，当抽去隔板后将会发生什么现象？

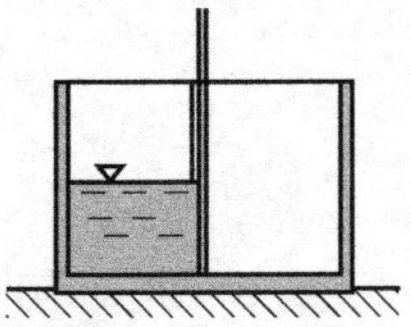

图 18-5

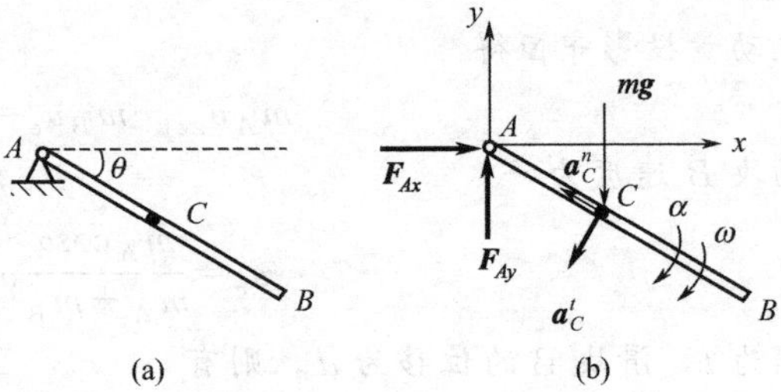

图 18-6

例 18-4　如图 18-6(a) 所示，质量为 m 长为 l 的均质细长杆 AB，在图示位置 θ 时，角速度为 ω，角加速度为 α。求 A 处约束力。

解：分析 AB 受力受重力 $m\boldsymbol{g}$、A 处约束力 $\boldsymbol{F}_{Ax}$、$\boldsymbol{F}_{Ay}$。

质心加速度分析如图 18-6(b) 所示。

$$a_C^t=\frac{l}{2}\alpha \qquad a_C^n=\frac{l}{2}\omega^2$$

$$\boldsymbol{a}_C=\boldsymbol{a}_C^t+\boldsymbol{a}_C^n$$

将上矢量式分别投影于 x、y 轴得

$$a_{Cx}=-a_C^t\sin\theta-a_C^n\cos\theta=-\frac{l}{2}\alpha\sin\theta-\frac{l}{2}\omega^2\cos\theta$$

$$a_{Cy}=-a_C^t\cos\theta+a_C^n\sin\theta=-\frac{l}{2}\alpha\cos\theta+\frac{l}{2}\omega^2\sin\theta$$

由质心运动定理得

$$ma_{Cx}=F_{Ax}，ma_{Cy}=F_{Ay}-mg$$

解得

$$F_{Ax}=-\frac{ml}{2}(\alpha\sin\theta+\omega^2\cos\theta)$$

$$F_{Ay}=\frac{ml}{2}(-\alpha\cos\theta+\omega^2\sin\theta)+mg$$

例 18-5　如图 18-7，质量为 m 长为 l 的均质细长杆 AB 和同质量半径为 l 的均质圆盘在 B 处铰结，水平地面光滑，由静止开始运动，问 AB 中点 D 的运动规律？

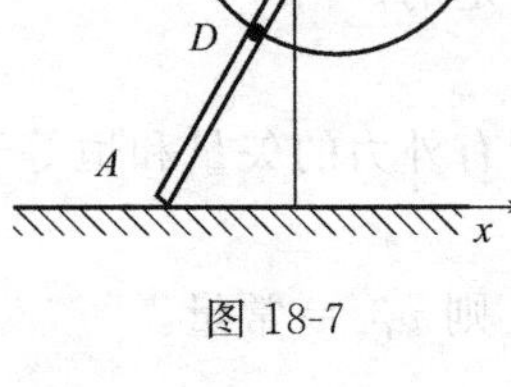

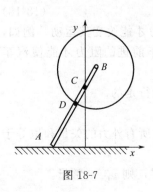

图 18-7

解：分析系统受力，只有重力和地面支持力，水平方向不受力，系统质心 C 的横坐标不变，此处建立坐标系使之为零。由质心公式可知

$$AC=\frac{m\dfrac{l}{2}+ml}{2m}=\frac{3l}{4}$$

设 AB 中点 D 的坐标为 $(x，y)$，由图 18-7 几何关系知系统质心 C 的坐标为 $(0，3y/2)$，CD 长度为 $l/4$，由距离公式得

$$x^2+\left(y-\frac{3}{2}y\right)^2=\left(\frac{l}{4}\right)^2$$

即

$$x^2+\frac{y^2}{4}=\frac{l^2}{16}$$

可见，D 的运动轨迹为椭圆的一部分。

第三节　动量矩定理

一、质点的动量矩和质点系的动量矩

1. 质点的动量矩

设某瞬时质点 M 的动量为 $m\boldsymbol{v}$，质点相对于点 O 的矢径为 $\boldsymbol{r}$。**动量矩**定义为：质点的动量对于点 O 的矩。即

$$\boldsymbol{L}_O=\boldsymbol{M}_O(m\boldsymbol{v})=\boldsymbol{r}\times m\boldsymbol{v} \tag{18-17}$$

其大小计算及方向的确定类似于力对点的力矩矢。

2. 质点系的动量矩

质点系对点 O 的动量矩等于各质点对于点 O 的动量矩的矢量和，即

$$\boldsymbol{L}_O=\sum \boldsymbol{M}_O(m_i\boldsymbol{v}_i) \tag{18-18}$$

质点系对某轴如 z 轴的动量矩等于各质点对于此轴动量矩的代数和，即

$$L_z=\sum M_z(m_i\boldsymbol{v}_i) \tag{18-19}$$

对于平移刚体计算动量矩时，可按质量集中于质心作为一个质点计算。

对于定轴转动刚体，设定轴为 z 轴，其角速度为 ω，其上任一质点 i 到定轴距离为 r_i，则其对定轴的动量矩为

$$L_z=\sum M_z(m_i\boldsymbol{v}_i)=\sum m_iv_ir_i=\sum m_i\omega r_ir_i$$

$$L_z=\omega\sum m_ir_i^2$$

令刚体对 z 轴的转动惯量为 J_z

$$J_z=\sum m_ir_i^2$$

则定轴转动刚体对定轴 z 的动量矩为

$$L_z=J_z\omega \tag{18-20}$$

二、质点的动量矩定理

设质点动量为 $m\boldsymbol{v}$，质点对于定点 O 的动量矩 $\boldsymbol{M}_O(m\boldsymbol{v})$，质点上作用力 $\boldsymbol{F}$ 为对点 O 矩矢为 $\boldsymbol{M}_O(\boldsymbol{F})$，矢径为 $\boldsymbol{r}$。将动量矩对时间求导得

$$\frac{\mathrm{d}}{\mathrm{d}t}\boldsymbol{M}_O(m\boldsymbol{v})=\frac{\mathrm{d}}{\mathrm{d}t}(\boldsymbol{r}\times m\boldsymbol{v})=\frac{\mathrm{d}\boldsymbol{r}}{\mathrm{d}t}\times m\boldsymbol{v}+\boldsymbol{r}\times\frac{\mathrm{d}(m\boldsymbol{v})}{\mathrm{d}t}$$

由质点的动量定理知

$$\frac{\mathrm{d}(m\boldsymbol{v})}{\mathrm{d}t}=\boldsymbol{F}$$

且 O 为定点，则有

$$\boldsymbol{v}=\frac{\mathrm{d}\boldsymbol{r}}{\mathrm{d}t}$$

方向相同的两矢量之矢积 $\boldsymbol{v}\times m\boldsymbol{v}$ 等于零，于是得

$$\frac{\mathrm{d}}{\mathrm{d}t}\boldsymbol{M}_O(m\boldsymbol{v})=\boldsymbol{r}\times\boldsymbol{F}$$

即

$$\frac{\mathrm{d}}{\mathrm{d}t}\boldsymbol{M}_O(m\boldsymbol{v})=\boldsymbol{M}_O(F) \tag{18-21}$$

式(18-21) 即为**质点的动量矩定理**：质点对于某一定点的动量矩对时间的一阶导数等于作用在质点上的力对于同一点的矩。

三、质点系的动量矩定理

设质点系由 n 个质点所组成。取系中任一质点 M_i，其动量为 $m_i\boldsymbol{v}_i$，质点所受的力有内力和外力，内力以 $\boldsymbol{F}_i^i$ 表示和外力以 $\boldsymbol{F}_i^e$ 表示，由质点的动量矩定理得

$$\frac{\mathrm{d}}{\mathrm{d}t}\boldsymbol{M}_O(m_i\boldsymbol{v}_i)=\boldsymbol{M}_O(\boldsymbol{F}_i^e)+\boldsymbol{M}_O(\boldsymbol{F}_i^i)$$

将这样的 n 个方程相加，得到

$$\sum\frac{\mathrm{d}}{\mathrm{d}t}\boldsymbol{M}_O(m_i\boldsymbol{v}_i)=\sum\boldsymbol{M}_O(\boldsymbol{F}_i^e)+\sum\boldsymbol{M}_O(\boldsymbol{F}_i^i)$$

由于内力总是成对出现，故所有内力对于 O 点之矩的矢量和恒等于零，即

$$\sum\boldsymbol{M}_O(\boldsymbol{F}_i^i)=0$$

而

$$\sum\frac{\mathrm{d}}{\mathrm{d}t}\boldsymbol{M}_O(m_i\boldsymbol{v}_i)=\frac{\mathrm{d}}{\mathrm{d}t}\sum\boldsymbol{M}_O(m_i\boldsymbol{v}_i)=\frac{\mathrm{d}\boldsymbol{L}_O}{\mathrm{d}t}$$

从而得

$$\frac{\mathrm{d}\boldsymbol{L}_O}{\mathrm{d}t}=\sum\boldsymbol{M}_O(\boldsymbol{F}_i^e) \tag{18-22}$$

式(18-22) 即为**质点系的动量矩定理**：质点系对于某一定点的动量矩对时间的一阶导数等于作用在质点系上的外力对于同一点的矩的矢量和。

将式(18-22) 投影在直角坐标轴上，则得投影式为

$$\frac{\mathrm{d}L_x}{\mathrm{d}t}=\sum M_x(\boldsymbol{F}_i^e),\frac{\mathrm{d}L_y}{\mathrm{d}t}=\sum M_y(\boldsymbol{F}_i^e),\frac{\mathrm{d}L_z}{\mathrm{d}t}=\sum M_z(\boldsymbol{F}_i^e) \tag{18-23}$$

思考：为什么质点或质点系的动量矩定理的以上表达式只适用于对于固定点或定轴？

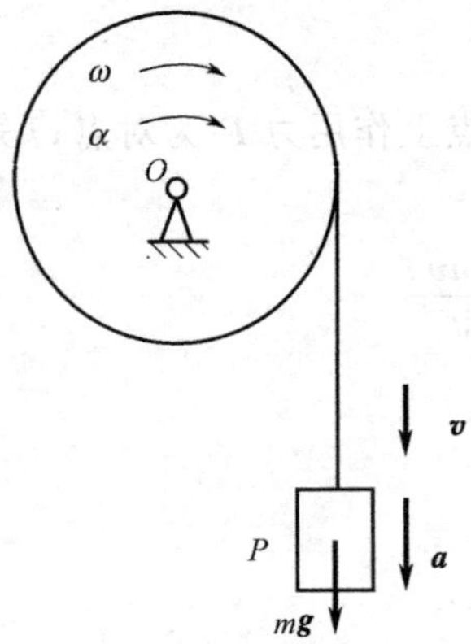

图 18-8

例 18-6 如图 18-8 圆轮半径为 R、重心经过点 O，对转轴 O 的转动惯量为 J，轮在重物 P 带动下绕定轴 O 转动，已知重物质量为 m。求重物 P 下落的加速度。

解：设任意瞬时圆轮角加速度为 α，角速度为 ω，重物 P 下落的加速度为 $\boldsymbol{a}$，速度为 $\boldsymbol{v}$，系统受外力有：重物 P 重力 mg 和 O 处约束力，圆轮重力（由于此二力对转轴 O 的矩为零，没有画出）。如图 18-8 所示。

以顺时针转向为正，系统对转轴 O 动量矩为

$$L_O=J\omega+mvR$$

$$\frac{\mathrm{d}L_O}{\mathrm{d}t}=\frac{\mathrm{d}}{\mathrm{d}t}(J\omega+mvR)=J\alpha+mRa$$

相应动量矩转向，以顺时针转向为正，系统外力对转轴 O 的矩为

$$\sum M_O(F_i^e)=mgR$$

由质点系的动量矩定理得

$$J\alpha+mRa=mgR$$

由定轴转动知识得

$$a=R\alpha$$

解得重物 P 加速度大小为

$$a=\frac{mgR^2}{J+mR^2}$$

四、质点系动量矩守恒定律

当所有外力对于某一固定点的矩始终等于零时，由质点系的动量矩定理式(18-22）得

$$\boldsymbol{L}_O=\text{常矢量}$$

当所有外力对于某一固定轴 z 的矩始终等于零时，由质点系的动量矩定理式(18-23）得

$$\boldsymbol{L}_z=\text{常量}$$

这表明，若作用于质点系的所有外力对于某一固定点（或轴）的矩恒等于零时，则质点系对于该点（或轴）的动量矩保持不变，这就是质点系的动量矩守恒定律。

如果作用于质点的力的作用线始终通过某固定点 O，这种力称为**有心力**，O 点称为**力心**。太阳对行星的引力就是一种有心力。显然，有心力对力心的矩恒为零。因此，在有心力作用下运动的质点，对于力心的动量矩矢保持方向和大小不变。因为地心坐标系可以看作惯性参考系，所以地球对人造卫星的引力也可当作是有心力。如果略去空气阻力和其他扰动力，人造卫星对地心的动量矩矢将保持不变，故离地心近时速度大，远地心时速度小。

例 18-7 如图 18-9，转子 A 静止，转子 B 角速度为 ω_B，现离合器 C 将 A 和 B 突然连接在一起。转子对转轴的转动惯量分别为 J_A 和 J_B。求连接后 A 和 B 共同转动的角速度 ω。

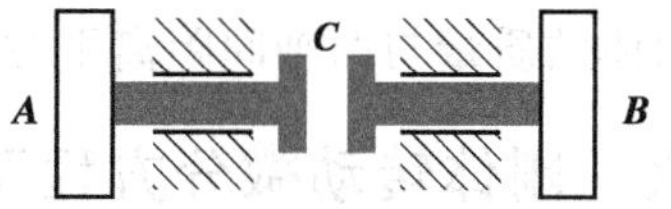

图 18-9

解：取 A 和 B 为研究对象。离合器的作用力为内力，系统所受外力：重力和轴承反力，对转轴的矩为零。

由动量矩守恒定理得

$$J_B\omega_B=J_A\omega+J_B\omega$$

连接后 A 和 B 共同转动的角速度为

$$\omega=\frac{J_B\omega_B}{J_A+J_B}$$

五、刚体对轴的转动惯量

刚体的转动惯量是刚体转动惯性的度量，其大小与质量大小及质量分布有关，而与刚体的运动状态无关。刚体对任意轴的**转动惯量**为

$$J_z=\sum m_i r_i^2 \tag{18-24}$$

转动惯量的国际单位是千克·米^2（kg·m^2）

1. 简单形状均质物体的转动惯量

对于均质细长杆、均质圆盘、均质圆柱和均质圆球等简单形状物体，可用积分法计算。

$$J_z=\int r^2\mathrm{d}m$$

如图 18-10，质量为 m，半径为 R，面积密度为 ρ 的均质圆盘对经过圆心 O 与盘面垂直的 O 轴的惯性矩可如下计算：

$$J_O=\int_0^R r^2 2\pi r\rho \mathrm{d}r=\frac{\pi R^4}{2}\rho=\frac{1}{2}mR^2$$

如图 18-11，对于质量为 m，长为 l 均质细长杆，不难直接利用积分法算出：

$$J_z=\frac{1}{3}ml^2,\ J_{zC}=\frac{1}{12}ml^2$$

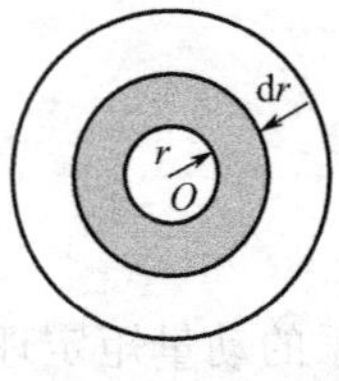

图 18-10

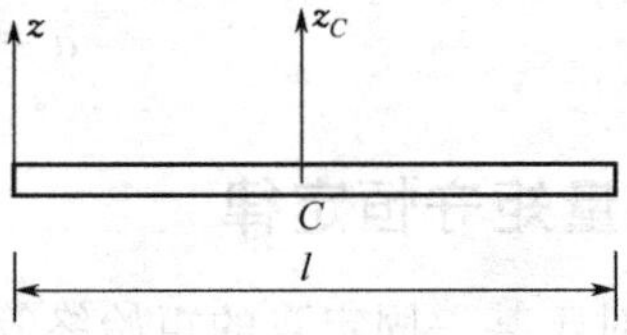

图 18-11

2. 惯性半径

工程实际中常将刚体的转动惯量 J_z 表示为刚体质量 m 与**惯性半径** ρ_z 的平方的乘积，即

$$J_z=m\rho_z^2 \tag{18-25}$$

常见简单形状均质物体的转动惯量和惯性半径如表 18-1。

3. 平行轴定理

利用转动惯量定义式，不难证明质量 m 的刚体对任一轴 z 转动惯量与对与其平行的距离为 d 的形心轴 z_C 转动惯量的关系为

$$J_z=J_{z_C}+md^2 \tag{18-26}$$

上式表明：刚体对任一轴的转动惯量，等于刚体对平行于该轴的质心轴的转动惯量加上刚体的质量与两轴间距离平方的乘积，这就是转动惯量的**平行移轴定理**。

六、刚体转动微分方程及平面运动微分方程

1. 刚体定轴转动的微分方程

如刚体绕固定轴 z 转动，角速度为 ω，对 z 轴的转动惯量为 J_z，则其对 z 轴的动量矩为

$$L_z=J_z\omega$$

代入动量矩定理式(18-23)，可得

$$J_z\frac{\mathrm{d}\omega}{\mathrm{d}t}=J_z\alpha=\sum M_z(\boldsymbol{F}_i^e) \tag{18-27}$$

式(18-27) 称为**刚体定轴转动的微分方程**。它表明定轴转动刚体的转动惯量与角加速度的乘积等于作用在刚体上的所有外力对转轴之矩的代数和。

表 18-1　简单形状均质物体的转动惯量和惯性半径

物体种类	简图	转动惯量 J_z	惯性半径 ρ_z
细长杆	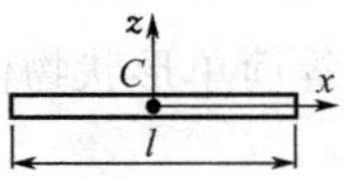	$\frac{1}{12}ml^2$	$\sqrt{\frac{1}{12}}l$

物体种类	简图	转动惯量 J_z	惯性半径 ρ_z
矩形板	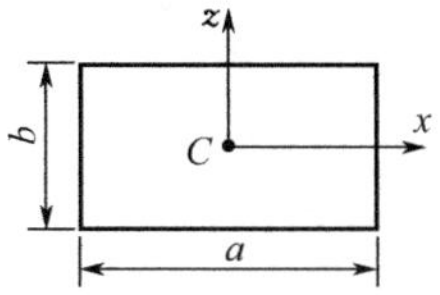	$\frac{1}{12}ma^2$	$\sqrt{\frac{1}{12}}a$
薄圆板	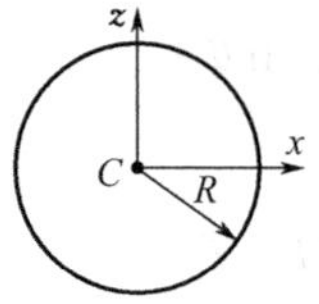	$\frac{1}{4}mR^2$	$\frac{R}{2}$
长方体	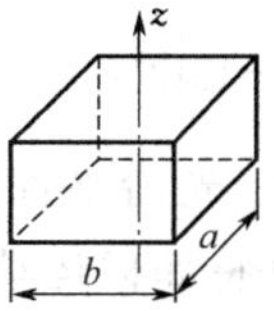	$\frac{1}{12}m(a^2+b^2)$	$\sqrt{\frac{1}{12}(a^2+b^2)}$
圆柱体	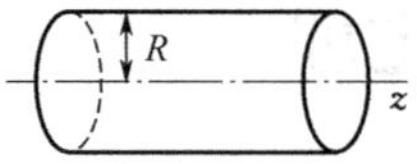	$\frac{1}{2}mR^2$	$\frac{\sqrt{2}}{2}R$
实心球	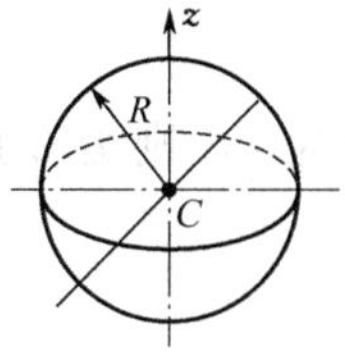	$\frac{2}{5}mR^2$	$\sqrt{\frac{2}{5}}R$

2. 刚体平面运动的微分方程

质点系相对于质心平移系的的动量矩定理可证明有如下形式：

$$\frac{\mathrm{d}\boldsymbol{L}_C}{\mathrm{d}t}=\sum \boldsymbol{M}_C(\boldsymbol{F}_i^e)$$

刚体相对于质心的动量矩可写为

$$\boldsymbol{L}_C=J_C\boldsymbol{\omega}$$

结合质心运动定理可得直角坐标系下**刚体平面运动的微分方程**为

$$ma_{Cx}=\sum F_x,ma_{Cy}=\sum F_y,J_C\alpha=\sum M_C(\boldsymbol{F}_i^e) \tag{18-28}$$

例 18-8 如图 18-12，质量为 m，半径为 r 的均质圆轮，在倾角 θ 的固定斜面上，由静止开始向下作无滑动的滚动。求：(1) 圆轮滚动到任意位置时，质心的加速度；(2) 圆轮在斜面上不发生滑动所需要的最小摩擦系数。

解：分析均质圆轮受力有重力 $m\boldsymbol{g}$、摩擦力 $\boldsymbol{F}$、支持力 $\boldsymbol{F}_N$ 如图 18-12 所示，设任意位置时圆轮角加速度为 α，质心的加速度为 $\boldsymbol{a}_C$。

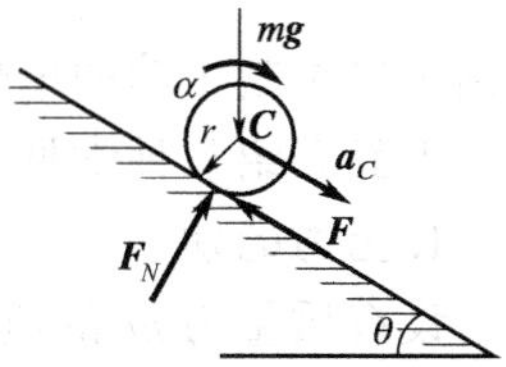

图 18-12

由平面运动微分方程得

$$ma_C=mg\sin\theta-F$$

$$0=F_N-mg\cos\theta$$

$$J_C\alpha=Fr$$

$$J_C=\frac{1}{2}mR^2$$

由运动学关系知

$$a_C=r\alpha$$

解得

$$a_C=\frac{2}{3}g\sin\theta,\ F=\frac{1}{3}mg\sin\theta$$

设圆轮不发生滑动所需要的最小静摩擦系数为 f_s，则有

$$F=F_N f_s$$

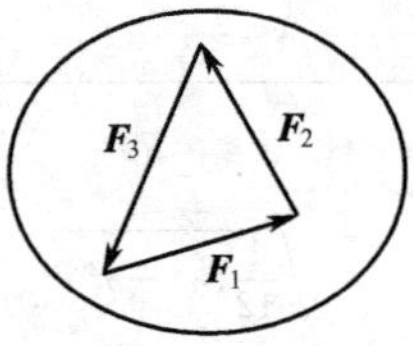

图 18-13

解得

$$f_s=\frac{1}{3}\tan\theta$$

思考：如图 18-13 所示，一放于光滑平面上的均质圆盘其上作用图示三个力（形成力三角形），圆盘将如何运动？

第四节　动能定理

一、力的功

设有常力 $\boldsymbol{F}$ 作用在质点 M 上，沿直线走过的路程为 s，则力在此路程内积累的效应，用力的**功**度量，记为 W。

$$W=F\cos\theta\cdot s$$

任意变力 $\boldsymbol{F}$ 作用在质点 M 上并使其沿曲线运动时，力在无限小位移 $\mathrm{d}\boldsymbol{r}$ 中可视为常力，在无限小位移中力的功称为元功，记为 δW。

$$\delta W=\boldsymbol{F}\cdot\mathrm{d}\boldsymbol{r} \tag{18-29}$$

作用在质点上任意变力 $\boldsymbol{F}$ 从 M_1 运动到 M_2 过程中的功为

$$W=\int_{M_1}^{M_2}\boldsymbol{F}\cdot\mathrm{d}\boldsymbol{r} \tag{18-30}$$

在直角坐标系下，有

$$\boldsymbol{F}=F_x\boldsymbol{i}+F_y\boldsymbol{j}+F_z\boldsymbol{k},\ \mathrm{d}\boldsymbol{r}=\mathrm{d}x\boldsymbol{i}+\mathrm{d}y\boldsymbol{j}+\mathrm{d}z\boldsymbol{k}$$

从而任意力 $\boldsymbol{F}$ 从 M_1 运动到 M_2 过程中的功为

$$W=\int_{M_1}^{M_2}(F_x\mathrm{d}x+F_y\mathrm{d}y+F_z\mathrm{d}z) \tag{18-31}$$

在国际单位制中功的单位为牛顿·米（N·m），称为焦耳（J）。

下面介绍几种常见力的功的计算。

1. 重力的功

设有质量为 m 的质点 M 由 $M_1(x_1,\ y_1,\ z_1)$ 处沿曲线移至 $M_2(x_2,\ y_2,\ z_2)$，其重力在直角坐标系中投影为

$$F_x=0,\ F_y=0,\ F_z=-mg$$

$$W=\int_{z_1}^{z_2}-mg\,\mathrm{d}z=mg(z_1-z_2)=mgh \tag{18-32}$$

式中，h 为质点下降的高度。这表明，**重力的功**等于质点的重量与起止位置间的高度差的乘积，而与质点的运动路径无关。当质点位置降低时，重力做正功，反之，做负功。

2. 弹性力的功

记初始和末了位置弹簧变形量分别为 δ_1、δ_2，则可以证明**弹性力的功**为

$$W=\frac{k}{2}(\delta_1^2-\delta_2^2) \tag{18-33}$$

这表明，弹性力的功也只取决于初始和末了位置弹簧变形量。

3. 力偶的功

刚体上作用一力偶（$\boldsymbol{F}$，$\boldsymbol{F}'$），力偶矩为 M，可以证明**力偶的元功**为

$$\delta W=M\mathrm{d}\varphi$$

刚体从角 φ_1 转到角 φ_2 力偶的功为

$$W=\int_{\varphi_1}^{\varphi_2}M\mathrm{d}\varphi \tag{18-34a}$$

对于常力偶，刚体转过角度 φ 其功为

$$W=M\varphi \tag{18-34b}$$

思考：摩擦力什么时候做功？

4. 刚体中内力的功

由于作用于质点系的内力总是成对出现，因此单纯从力或力矩所产生的作用而言，其作用的总效应永远相互抵消，但是内力的功的总和一般并不等于零。只有在刚体内因任何两点间的距离保持不变，故在刚体中内力的功之和恒等于零。

二、动能

1. 质点的动能

设质点的质量为 m，速度为 $\boldsymbol{v}$，则**质点的动能**为

$$T=\frac{1}{2}mv^2 \tag{18-35}$$

即质点的动能等于它的质量与速度平方的乘积的一半。同动量一样都是表征机械运动的量，但动能是恒正的标量，动量是矢量。

在国际单位制中，动能的单位为焦耳（J）。

2. 质点系的动能

设质点系由 n 个质点组成，其中任一质点的质量为 m_i，速度为 $\boldsymbol{v}_i$，则各质点动能的总和称为**质点系的动能**。

$$T=\sum\frac{1}{2}m_iv_i^2 \tag{18-36}$$

对于刚体来说，随着其运动形式的不同，动能的表达式也不同。

（1）平移刚体的动能

刚体作平动这时，在同一瞬时，刚体内各点的速度都相同，设刚体质量为 m，速度为 $\boldsymbol{v}$

则平移刚体的动能为

$$T=\frac{1}{2}mv^2 \tag{18-37}$$

(2) 定轴转动刚体的动能

刚体作定轴转动当刚体绕定轴转动时，刚体内所有各点的角速度都相同，于是**转动刚体的动能**为

$$T=\sum\frac{1}{2}m_iv_i^2=\sum\frac{1}{2}m_ir_i^2\omega^2=\frac{1}{2}\omega^2\sum m_ir_i^2$$

上式中，$J_z=\sum m_ir_i^2$是刚体对于转轴 z 的转动惯量。因此，转动刚体的动能可表示为刚体对于转轴的转动惯量与角速度平方乘积的一半。即

$$T=\frac{1}{2}J_z\omega^2 \tag{18-38}$$

(3) 平面运动刚体的动能

刚体作平面运动时，可视为绕通过速度瞬心 P 并与运动平面垂直的瞬时轴的转动，**平面运动刚体动能**表达式可写为

$$T=\frac{1}{2}J_P\omega^2 \tag{18-39a}$$

式中，J_P 为刚体对于瞬时轴的转动惯量，ω 是刚体的角速度。

如刚体的质心 C，刚体对于经过质心 C 与瞬时轴平行的轴的转动惯量为 J_C，设两平行轴间的距离 $PC=d$，根据转动惯量的平行轴定理有

$$J_P=J_C+md^2$$

代入上式则得

$$T=\frac{1}{2}J_P\omega^2=\frac{1}{2}(J_C+md^2)\omega^2=\frac{1}{2}J_C\omega^2+\frac{1}{2}m(d\omega)^2$$

而质心 C 的速度的大小 $v_C=d\omega$，因此平面运动刚体的动能又可表示为

$$T=\frac{1}{2}mv_C^2+\frac{1}{2}J_C\omega^2 \tag{18-39b}$$

上式表明，平面运动刚体的动能等于随同质心平移的动能与绕通过质心的转轴转动的动能之和。

三、质点动能定理

由质点的动量定理

$$\frac{\mathrm{d}(m\boldsymbol{v})}{d\mathrm{t}}=\boldsymbol{F}$$

二边同时点乘 $\mathrm{d}\boldsymbol{r}$ 得

$$m\frac{\mathrm{d}\boldsymbol{v}}{\mathrm{d}t}\cdot\mathrm{d}\boldsymbol{r}=\boldsymbol{F}\cdot\mathrm{d}\boldsymbol{r}$$

即

$$m\boldsymbol{v}\cdot\mathrm{d}\boldsymbol{v}=\boldsymbol{F}\cdot\mathrm{d}\boldsymbol{r}$$

或

$$d\left(\frac{1}{2}mv^2\right)=\delta W \tag{18-40}$$

上式为**质点动能定理的微分形式**：质点动能的微分等于质点所受力的元功。

设质点在位置 M_1 和 M_2 处的速度分别为 $\boldsymbol{v}_1$ 和 $\boldsymbol{v}_2$，积分可得**质点动能定理的积分形式**

$$\frac{1}{2}mv_2^2-\frac{1}{2}mv_1^2=W$$

上式表明，在某一路程中质点的动能的变化，等于作用在质点上的力在此路程上所作的总功。

四、质点系的动能定理

设由 n 个质点组成的质点系中的任一质点 M_i 的质量为 m_i，速度为 $\boldsymbol{v}_i$，根据质点动能定理有

$$\mathrm{d}\left(\frac{1}{2}m_iv_i^2\right)=\delta W_i$$

式中，δW_i 表示作用于质点 M_i 上的外力和内力所作的元功。

对于质点系内每一质点都写出这样一个方程，并将这 n 个方程相加，即得

$$\sum\mathrm{d}\left(\frac{1}{2}m_iv_i^2\right)=\sum\delta W_i$$

或

$$\mathrm{d}\left[\sum\left(\frac{1}{2}m_iv_i^2\right)\right]=\sum\delta W_i$$

即

$$\mathrm{d}T=\sum\delta W_i \tag{18-41}$$

上式就是**质点系的动能定理的微分形式**：质点系动能的微小增量，等于作用在质点系上的所有外力和内力的元功之和。

上式积分可得**质点系动能定理的积分形式**为

$$T_2-T_1=\sum W_i \tag{18-42}$$

上式表明：在任一运动过程中，质点系动能的变化，等于作用于质点系上的所有外力和内力的功之和。

上述两种表达形式的动能定理，在实际应用中都很广泛，动能定理所处理的问题比较普遍，使用它不但可以求解作用于物体的主动力或物体所行的距离，而且可以求解物体运动的速度（或角速度）和加速度（或角加速度）。此外应用这个定理解决问题时也很方便，因为动能定理的表达式是标量方程，不必考虑各有关物理量的方向问题。

例 18-9 如图 18-14 所示，质量为 $m_1=2m$，长 $l=2R$ 的均质杆 OA 和质量为 $m_2=m$，半径为 R 的均质圆盘在圆心处固接，初始系统用手托住静止于水平位置，然后放手。当杆 OA 转至竖直位置时，求角加速度。

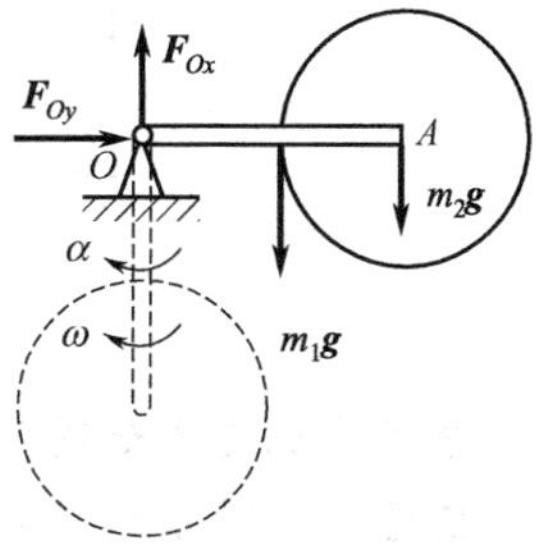

图 18-14

解： 分析系统受力，系统作定轴转动，设 OA 转至与水平夹角任意角度 θ 时，角加速度为 α，角速度为 ω，如图 18-14 所示。

任意位置时系统动能为

$$T=\frac{1}{2}J_O\omega^2$$

$$J_O=\frac{1}{3}m_1l^2+\left(\frac{1}{2}m_2R^2+m_2l^2\right)$$

即

$$T=\frac{43}{12}mR^2\omega^2$$

由静止到任意位置系统受力的功为

$$W=m_1 g\ \frac{l}{2}\sin\theta+m_2 gl\sin\theta=4mgR\sin\theta$$

由质点系的动能定理的微分形式得

$$\frac{43}{6}mR^2\omega\mathrm{d}\omega=4mgR\cos\theta\mathrm{d}\theta$$

上式两边同除于 $\mathrm{d}t$，并由

$$\omega=\frac{\mathrm{d}\theta}{\mathrm{d}t}$$

解得

$$\alpha=\frac{\mathrm{d}\omega}{\mathrm{d}t}=\frac{24g\cos\theta}{43R}$$

当杆 OA 转到竖直位置时，即 $\theta=\frac{\pi}{2}$，代入上式得角加速度为

$$\alpha=0$$

思考：如何用质点系的动能定理的积分形式计算杆转到竖直位置时的计算角加速度和角速度？如何用定轴转动微分方程计算角加速度？

五、动力学普遍定理综合运用举例

例 18-10　质量为 $m_1=2m$，长 $l=2R$ 的均质杆 OA 和质量为 $m_2=m$，半径为 R 的均质圆盘在圆心处铰结，初始系统用手托住静止于水平位置，然后放手。当杆 OA 转止竖直位置时，求角加速度、角速度和 O 处约束力。

解：分析均质圆盘受力如图 18-15(b) 所示。

由平面运动微分方程得

$$J_A\alpha_A=0$$

圆盘角加速度恒为零，即圆盘角速度恒为常数，由初始系统静止知其恒为零，这说明均质圆盘作平移。

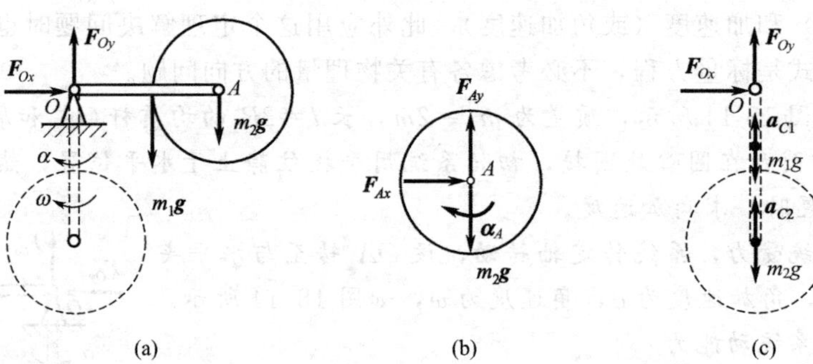

图 18-15

分析系统受力如图 18-15(a) 所示。

任意位置时系统动能为

$$T=\frac{1}{2}\times\frac{1}{3}m_1l^2\omega^2+\frac{1}{2}m_2(l\omega)^2$$

化简得

$$T=\frac{10}{3}mR^2\omega^2$$

由静止到均质杆 OA 与水平夹角任意角度 θ 系统受力的功为

$$W=m_1g\ \frac{l}{2}\sin\theta+m_2gl\sin\theta=4mgR\sin\theta$$

由质点系的动能定理的微分形式得

$$\frac{20}{3}mR^2\omega\mathrm{d}\omega=4mgR\cos\theta\mathrm{d}\theta$$

上式两边同除于 $\mathrm{d}t$，化简得

$$\alpha=\frac{\mathrm{d}\omega}{\mathrm{d}t}=\frac{3g\cos\theta}{5R}$$

当杆 OA 转止竖直位置时，即 $\theta=\frac{\pi}{2}$，代入上式得杆 OA 角加速度为

$$\alpha=0$$

为计算当杆 OA 转止竖直位置时，杆 OA 角速度，运用动能定理的积分形式。

系统初始动能为

$$T_1=0$$

设当杆 OA 转止竖直位置，杆 OA 角速度为 ω，系统动能为

$$T_2=\frac{10}{3}mR^2\omega^2$$

系统受力的功为

$$W=m_1g\ \frac{l}{2}+m_2gl=4mgR$$

由动能定理的积分形式得

$$\frac{10}{3}mR^2\omega^2-0=4mgR$$

解得杆 OA 转止竖直位置时角速度为

$$\omega=\sqrt{\frac{6g}{5R}}$$

利用质心运动定理计算 O 处约束力，如图 18-15(c) 所示。$\boldsymbol{a}_{C1}$、$\boldsymbol{a}_{C2}$ 分别表示杆 OA 和圆盘质心的加速度。由杆 OA 定轴转动知

$$a_{C1}=\omega^2\ \frac{l}{2}=\omega^2R,\ a_{C2}=\omega^2l=2\omega^2R$$

由质心运动定理得

$$F_{Ox}=0$$

$$m_1a_{C1}+m_2a_{C2}=F_{Oy}-m_1g-m_2g$$

解得

$$F_{Oy}=\frac{39}{5}mg$$

可见，动约束力较静约束力（$3mg$）大得多。本例中综合运用了动力学三大定理方面知识。

例 18-11 如图 18-16(a)，质量为 m 长为 l 的均质细长杆 AB 用两根不可伸长的绳 OA 和 OB 吊挂。求剪断 OB 瞬时，AB 的角加速度和绳子 OA 的约束力。

解： 剪断 OB 瞬时均质细长杆 AB 受力有重力 mg 和拉力 $\boldsymbol{F}$。在运动瞬时，绳 OA 和细长杆 AB 的角速度为零。由于绳 OA 不可伸长，点 A 的运动将是圆周运动，其加速度即为切向加速度 $\boldsymbol{a}_A$。设运动瞬时杆 AB 的角加速度为 α，如图 18-16(b) 所示。为了求杆 AB 质心 C 的加速度，取 A 为基点。加速度合成矢量图如图 18-16(b)。由加速度合成定理得

$$\boldsymbol{a}_C = \boldsymbol{a}_A + \boldsymbol{a}_{CA}$$

将上矢量式分别投影于 x、y 轴得

$$a_{Cx} = a_A + \frac{\sqrt{2}}{2} a_{CA}$$

$$a_{Cy} = -\frac{\sqrt{2}}{2} a_{CA}$$

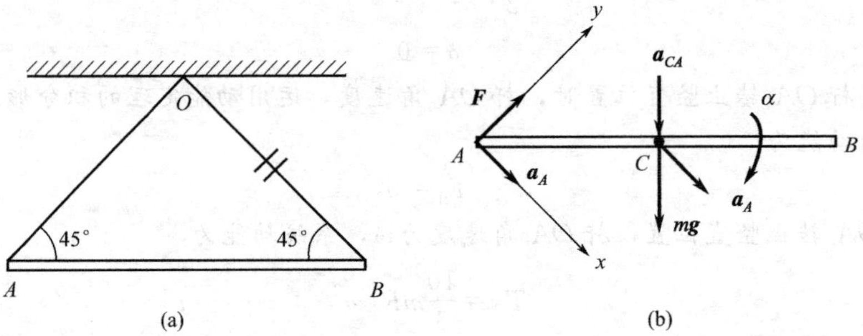

图 18-16

由运动学知

$$a_{CA} = \frac{l}{2}\alpha$$

由质心运动定理得

$$ma_{Cx} = \frac{\sqrt{2}}{2} mg$$

$$ma_{Cy} = F - \frac{\sqrt{2}}{2} mg$$

$$\frac{1}{12} ml^2 \alpha = \frac{\sqrt{2}}{4} Fl$$

联解以上各方程得

$$\alpha = \frac{6g}{5l}$$

$$F = \frac{\sqrt{2}}{5} mg$$

本例中综合运用了运动学和动力学方面知识。

本章小结

1. 质点的动量定理

$$d(m\boldsymbol{v}) = \boldsymbol{F}dt$$

$$m\boldsymbol{v}_2 - m\boldsymbol{v}_1 = \int_{t_1}^{t_2} \boldsymbol{F}dt = \boldsymbol{I}$$

2. 质点系的动量定理

$$\frac{d\boldsymbol{p}}{dt} = \sum_{i=1}^{n} \boldsymbol{F}_i^e$$

$$\boldsymbol{P}_2 - \boldsymbol{P}_1 = \sum_{i=1}^{n} \boldsymbol{I}_i^e$$

3. 质心运动定理

$$m\boldsymbol{a}_C = \sum_{i=1}^{n} \boldsymbol{F}_i^e$$

在直角坐标系下的投影形式为

$$ma_{Cx} = \sum F_x,\ ma_{Cy} = \sum F_y,\ ma_{Cz} = \sum F_z$$

4. 质点的动量矩定理

$$\frac{d}{dt}\boldsymbol{M}_O(m\boldsymbol{v}) = \boldsymbol{M}_O(F)$$

5. 质点系的动量矩定理

$$\frac{dL_O}{dt} = \sum \boldsymbol{M}_O(\boldsymbol{F}_i^e)$$

在直角坐标轴上投影式为

$$\frac{dL_x}{dt} = \sum M_x(\boldsymbol{F}_i^e),\ \frac{dL_y}{dt} = \sum M_y(\boldsymbol{F}_i^e),\ \frac{dL_z}{dt} = \sum M_z(\boldsymbol{F}_i^e)$$

6. 刚体定轴转动的微分方程

$$J_z\alpha = \sum M_z(\boldsymbol{F}_i^e)$$

7. 刚体平面运动的微分方程

直角坐标系下刚体平面运动的微分方程为

$$ma_{Cx} = \sum F_x,\ ma_{Cy} = \sum F_y,\ J_C\alpha = \sum M_C(\boldsymbol{F}_i^e)$$

8. 质点的动能定理

$$d\left(\frac{1}{2}mv^2\right) = \delta W$$

$$\frac{1}{2}mv_2^2 - \frac{1}{2}mv_1^2 = W$$

9. 质点系的动能定理

$$dT = \sum \delta W_i$$

$$T_2 - T_1 = \sum W_i$$

习　题

18-1　质量为 m、半径为 R 的均质圆，已知 $G=mg$ 在图 18-17 中下列两种情况下，圆盘的角加速度分别为多少？

答：角加速度分别为$\frac{2g}{R}$、$\frac{2g}{3R}$顺时针

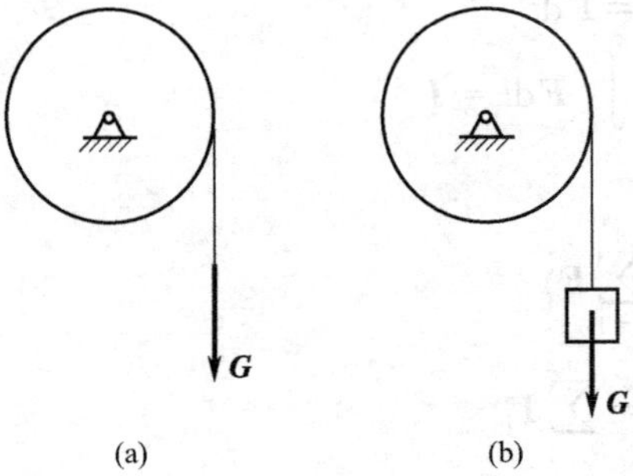

图 18-17　习题 18-1 图

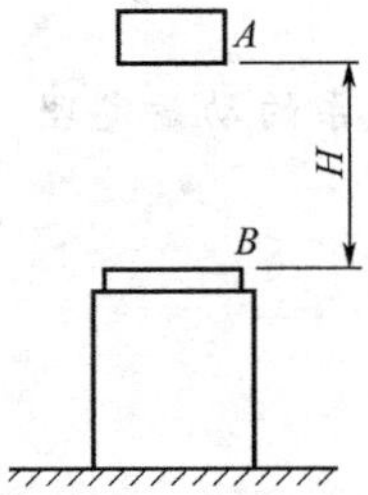

图 18-18　习题 18-2 图

18-2　质量为 250kg 的锻锤 A，从高度 $H=2\text{m}$ 处无初速地自由落下，锻击工件 B，如图 18-18 所示。设锻击时间为 1/40s，锻锤没有反跳，锻击时间内重力的冲量不计。试求平均锻击力。

答：62.63kN

18-3　质量 1kg 的物体以 4m/s 的速度向固定面撞去（图 18-19），设物体弹回的速度仅改变了方向，未改变大小，且 $\alpha+\beta=90°$。求固定面作用于物体上的冲量的大小。

答：$I=5.66\text{N}\cdot\text{s}$

18-4　物体沿倾角为 α 的斜面下滑，其与斜面间的动摩擦系数为 f' 且 $\tan\alpha>f'$。如物体下滑的初速度为 v_0，求物体速度增加一倍时，所经过的时间。

答：$t=\frac{v_0}{g(\sin\alpha-f'\cos\alpha)}$

18-5　均质的三棱柱 A 放在水平面上，其上又放着另一均质的三棱柱 B，两个三棱柱的横截面为相似的直角三角形。若三棱柱 A 的质量为三棱柱 B 的 3 倍，其尺寸如图 18-20 所示，各接触面都是光滑的。三棱柱 B 自图示位置由静止开始沿三棱柱 A 向下滑，当刚接触水平面时，试求三棱柱 A 的位移。

答：向左位移大小为$\frac{a-b}{4}$

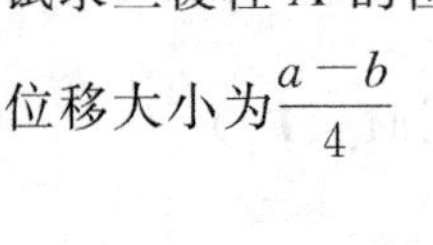

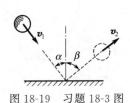

图 18-19　习题 18-3 图

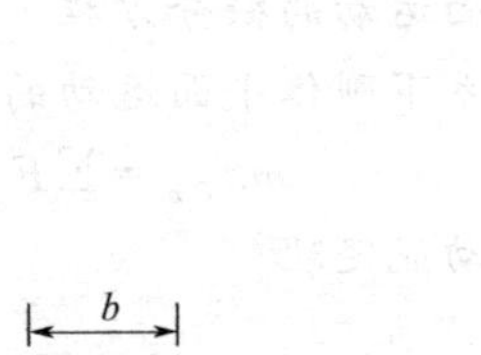

图 18-20　习题 18-5 图

18-6　跳伞员的质量为 60kg，自停留在高空的直升机中跳出，当下落速度为 $v_1=50\text{m/s}$ 时将伞打开，经过时间 $t=1.2\text{s}$ 后，下落速度减到 $v_2=5\text{m/s}$。若不计伞重，试求这段时间作用在跳伞员身上的平均阻力。

答：平均阻力大小为 2838N

18-7　胶带输送机沿水平方向运送的物料重为20kg/s（图18-21）。若已知胶带的速度为1.5m/s，试求在匀速传动时胶带作用于物料上总的水平推力。

答：$F=30\text{N}$

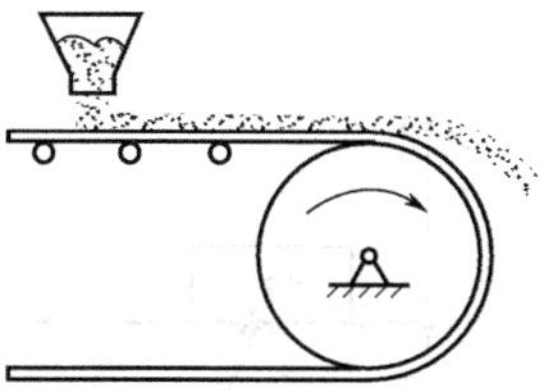

图18-21　习题18-7图

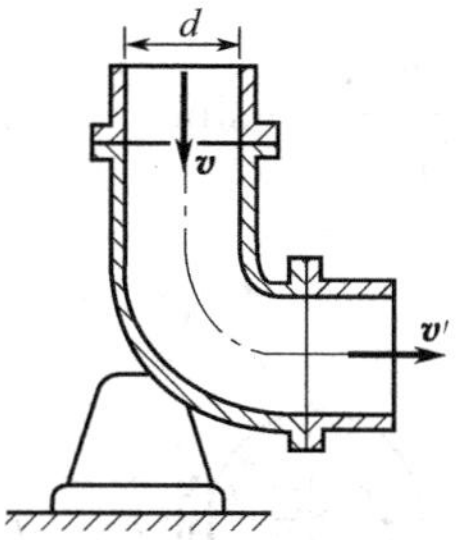

图18-22　习题18-8图

18-8　水以 $v=v'=2\text{m/s}$ 的进出速度沿直径 $d=300\text{mm}$ 的水管流动（图18-22），求在弯头处支座上所受的附加动压力的水平分力大小。

答：283N

18-9　一重为 P 的人手上拿着一个重 Q 的物体，此人以与地平线成 θ 角的速度 v_0 向前跳去，当他到达最高点时将物体以相对速度 $\boldsymbol{u}$ 水平向后抛出。问由于物体的抛出，跳的距离增加了多少？

答：$\dfrac{Qu}{P+Q}\dfrac{v_0\sin\theta}{g}$

18-10　长为 $2l$ 的均质杆 AB（图18-23），其一端 B 搁置在光滑水平面上，并与水平成 α 角。求当杆由静止下落时 A 点的轨迹方程。

答：$(x-l\cos\alpha)^2+\dfrac{y^2}{4}=l^2$

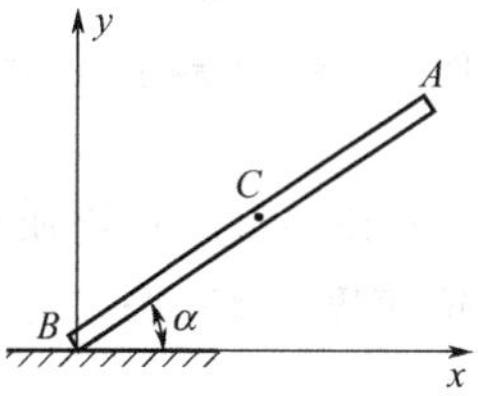

图18-23　习题18-10图

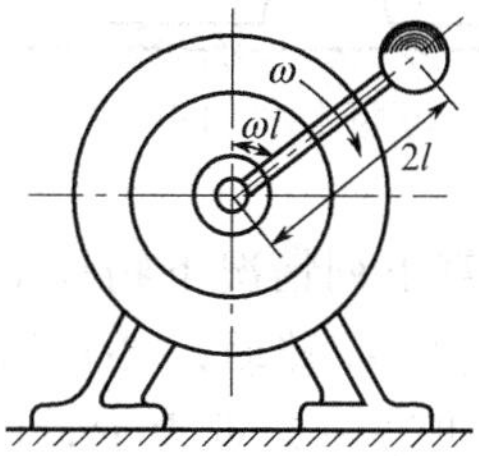

图18-24　习题18-11图

18-11　重为 P 的电机放在光滑的水平地基上（图18-24），长为 $2l$ 重为 P 的均质杆的一端与电机的轴垂直地固结，另一端则焊上一重物 Q。如电机转动的角速度保持为 ω，电机外壳用螺栓固定在基础上，则作用于螺栓的最大水平力大小为多少？

答：$\dfrac{P+2Q}{g}l\omega^2$

18-12　图18-25所示凸轮机构中，半径为 r、偏心距为 e 的圆形凸轮，绕轴 A 以匀角速度 ω 顺时针转动，并带动滑杆 B 在套筒 E 中作水平方向的往复运动。已知凸轮重 P，滑杆重 Q，求在任一瞬时机座与螺钉的动约束反力。

答：$F_x=-\dfrac{P+Q}{g}e\omega^2\cos\omega t$，$F_y=P+Q-\dfrac{Q}{g}e\omega^2\sin\omega t$

18-13　椭圆摆由一滑块 A 与小球 B 所构成（图 18-26）。滑块的质量为 m_1，可沿光滑水平面滑动，小球的质量为 m_2，用长为 l 的杆 AB 与滑块相连。在运动的初瞬时，杆与铅垂线的偏角为 φ_0，且无初速地释放。不计杆的质量，求用偏角 φ 表示的滑块 A 的位移。

答：$\Delta x=\dfrac{m_2 l}{m_1+m_2}(\sin\varphi_0-\sin\varphi)$，向右

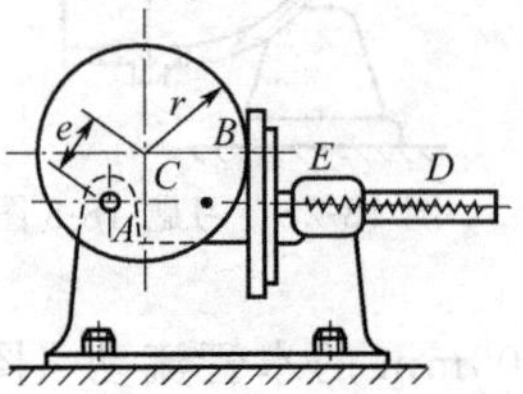

图 18-25　习题 18-12 图

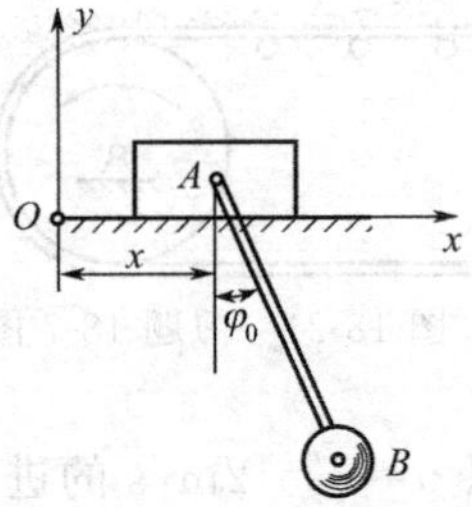

图 18-26　习题 18-13 图

18-14　两小车 A、B 的质量各为 600kg、800kg（图 18-27），在水平轨道上分别以匀速 $v_A=1\text{m/s}$，$v_B=0.4\text{m/s}$ 运动，一质量为 40kg 的重物 C 以速度 $v_C=2\text{m/s}$ 落进 A 车内，A 车与 B 车相碰后紧接在一起运动。试求两车共同的速度。设摩擦不计。

答：$v=0.687\text{m/s}$

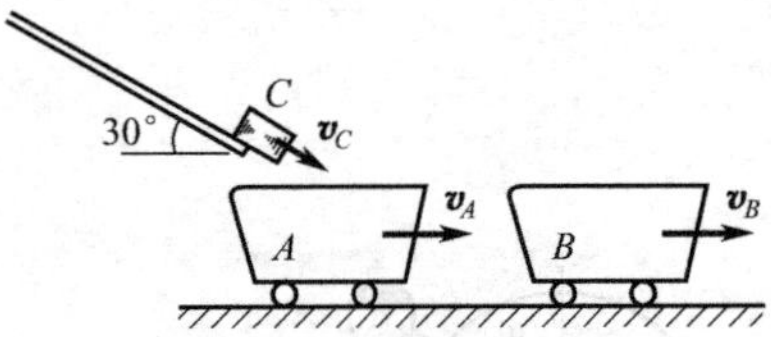

图 18-27　习题 18-14 图

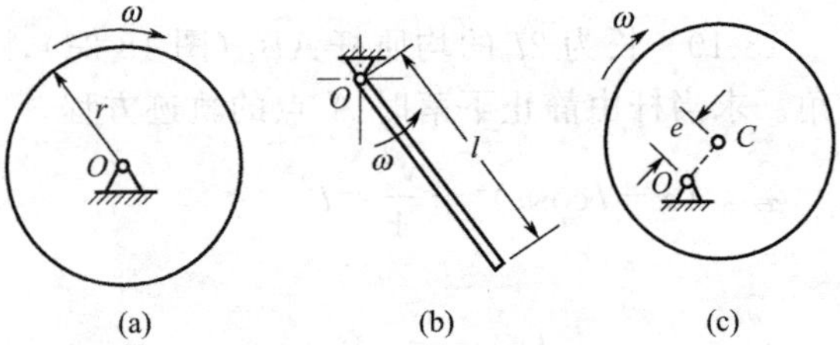

图 18-28　习题 18-15 图

18-15　计算下列情况下物体对转轴 O 的动量矩（图 18-28）：(a) 均质圆盘半径为 r、重为 P，以角速度 ω 转动；(b) 均质杆长 l、重为 P，以角速度 ω 转动；(c) 均质偏心圆盘半径为 r、偏心距为 e，重为 P，以角速度 ω 转动。

18-16　我国在 1970 年 4 月发射了第一颗人造卫星，地球中心是椭圆轨道的一焦点，近地点为 439km，远地点为 2384km，如卫星在近地点的速度为 $v_1=8.12\text{km/s}$，地球的半径为 6370km，求卫星在远地点的速度 v_2。

答：$v_2=6.34\text{km/s}$

18-17　质量为 m 的小球系于细绳的一端（图 18-29），绳的另一端穿过光滑水平面上的小孔 O，使小球在此水平面上沿半径为 r 的圆周作匀速运动，其速度为 v。如将绳下拉，使圆周半径缩小为 $r/2$，问此时小球的速度和绳的拉力 T 各为多少？

答：$v_1=2v_0$，$T=\dfrac{8mv_0^2}{r}$

18-18　光滑水平面上均质水平圆盘重为 P，半径为 r，可绕通过其中心 O 的铅垂固定轴转动（图 18-30）。一重为 Q 的人按 $s=at^2/2$ 的规律沿盘缘顺时针行走。设开始时圆盘是

静止的，求圆盘的角速度 ω 及角加速度 α。

答：$\omega=\dfrac{2Pat}{(P+2Q)r}$，$\alpha=\dfrac{2Pa}{(P+2Q)r}$，逆时针

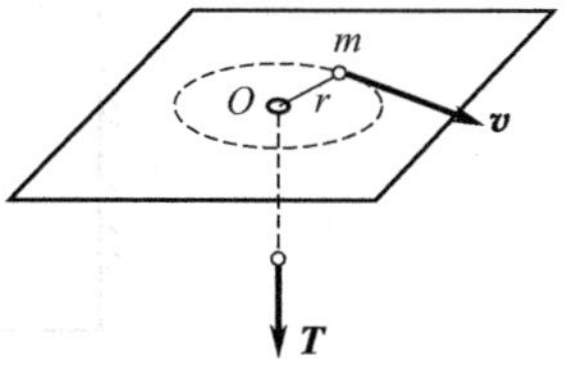

图 18-29　习题 18-17 图

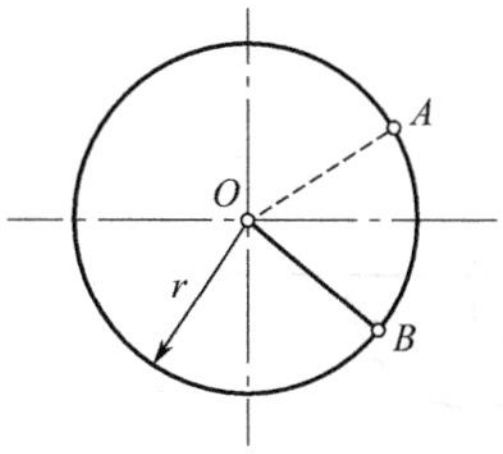

图 18-30　习题 18-18 图

18-19　均质圆轮重 W、半径为 r，对转轴的回转半径为 ρ，以角速度 ω_0 绕水平轴 O 转动（图 18-31）。今用闸杆制动，设动摩擦系数为 f，要求在 t 秒钟内停止，问需加多大的铅垂力 P？

答：$P=\dfrac{\rho^2\omega_0 bW}{gflRt}$

18-20　滑轮重 Q、半径为 R，对转轴 O 的回转半径为 ρ，绳绕在滑轮上，另一端系一重为 P 的物体 A（图 18-32）。滑轮上作用一不变转矩 M，忽略绳的质量。求重物 A 上升的加速度和绳的拉力。

答：$a=\dfrac{M-PR}{PR^2+Q\rho^2}Rg$，$T=\dfrac{(MR+Q\rho^2)\ P}{PR^2+Q\rho^2}$

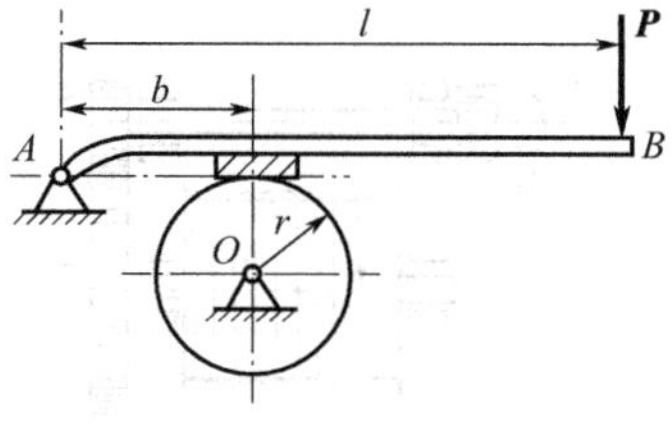

图 18-31　习题 18-19 图

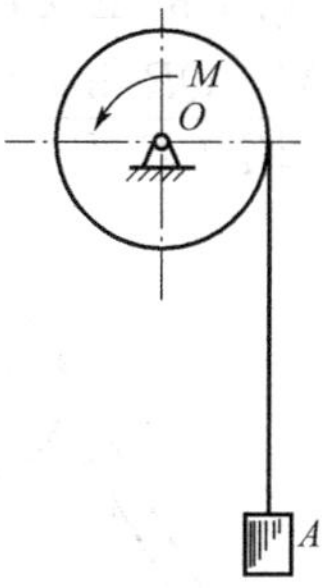

图 18-32　习题 18-20 图

18-21　半径为 R、质量为 m 的均质半圆盘如图 18-33 所示。求：(1) 半圆盘对 x 轴的转动惯量；(2) 对垂直于圆盘平面且过圆盘中心的 O 轴的转动惯量；(3) 对平行于 O 轴的质心轴 C 的转动惯量。

答：$J_x=\dfrac{1}{4}mR^2$，$J_O=\dfrac{1}{2}mR^2$，$J_C=\left(\dfrac{1}{2}-\dfrac{16}{9\pi^2}\right)mR^2$

18-22　均质细长杆重 P_1、长为 l（图 18-34）。均质等厚圆盘，重 P_2、半径为 R。求摆对于轴 O 的转动惯量。

答：$J_0=\dfrac{P_1}{3g}l^2+\dfrac{P_2}{2g}R^2+\dfrac{P_2}{g}(l+R)^2$

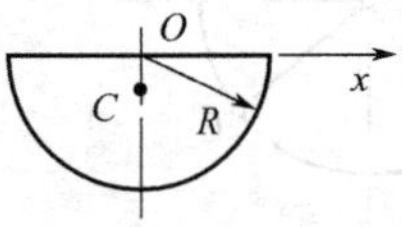

图 18-33　习题 18-21 图

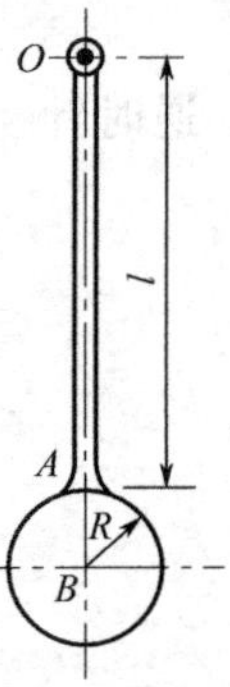

图 18-34　习题 18-22 图

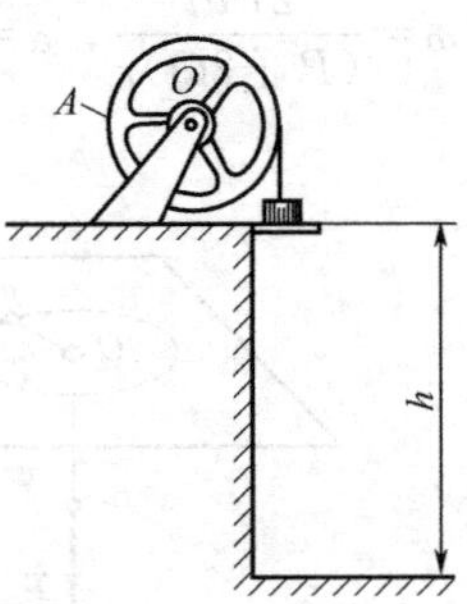

图 18-35　习题 18-23 图

18-23　如图 18-35，为求半径 R 的飞轮 A 对于通过其质心轴的转动惯量，在飞轮上绕以细绳，绳的末端系一质量 m_1 的重锤，重锤自高度 h 处落下，测得落下的时间 t_1。为消去轴承摩擦的影响，再用质量 m_2 的重锤作第二次实验，此重锤自同一高度处落下的时间为 t_2。假定摩擦力矩为一常数，且与重锤质量无关，求飞轮的转动惯量。

$$答：J=R^2\frac{\dfrac{g}{2h}(m_1-m_2)-\left(\dfrac{m_1}{t_1^2}-\dfrac{m_2}{t_2^2}\right)}{\left(\dfrac{1}{t_1^2}-\dfrac{1}{t_2^2}\right)}$$

18-24　高炉上运送矿料的卷扬机如图 18-36 所示。半径为 R 的卷筒可以看作是均质圆柱，它的重量为 P，可绕水平轴 O 转动。沿倾角为 α 的斜轨被提升的小车 A，连同矿料共重 Q。作用在卷筒上的主动转矩为 M。设绳重和摩擦均可略去。求小车的加速度。

$$答：a=\frac{2(M-QR\sin\alpha)}{(2Q+P)R}g$$

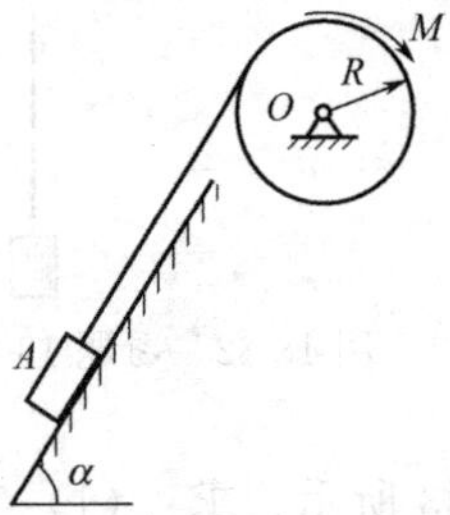

图 18-36　习题 18-24 图

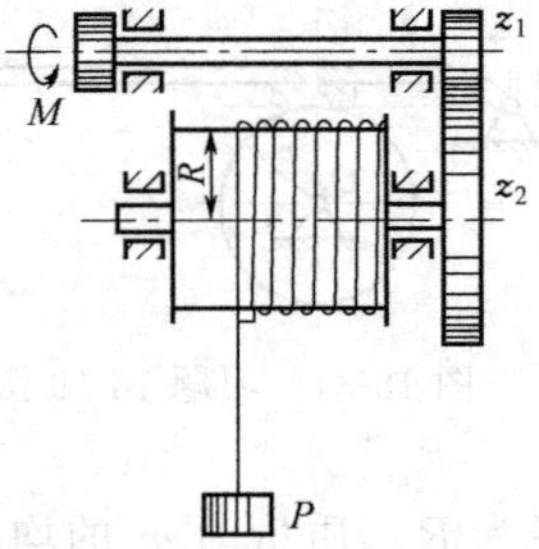

图 18-37　习题 18-25 图

18-25　电动绞车提升一重 P 的物体（图 18-37），在其主动轴上作用有不变转矩 M，主动轴和从动轴部件对各自转轴的转动惯量分别为 J_1 和 J_2，传动比为 i，鼓轮半径为 R，求重物的加速度。

$$答：a=R\frac{Mi-PR}{J_1i^2+J_2+\dfrac{PR^2}{g}}$$

18-26　均质圆柱重 P、半径为 r，放置如图 18-38，并给以初角速度 ω_0。设在 A 和 B 处的摩擦系数皆为 f，问经过多少时间圆柱才静止？

答：$t=\dfrac{1+f^2 r\omega_0}{f(1+f)2g}$

18-27　如图 18-39，两带轮的半径各为 R_1 和 R_2，重量各为 P_1 和 P_2，如在轮 O_1 上作用一转矩 M，在轮 O_2 上作用一阻力矩 M'，带轮视为均质圆盘，胶带的质量和轴承摩擦略去不计，求轮 O 的角加速度。

答：$\dfrac{2g(MR_2-M'R_1)}{(P_1+P_2)R_1^2R_2}$

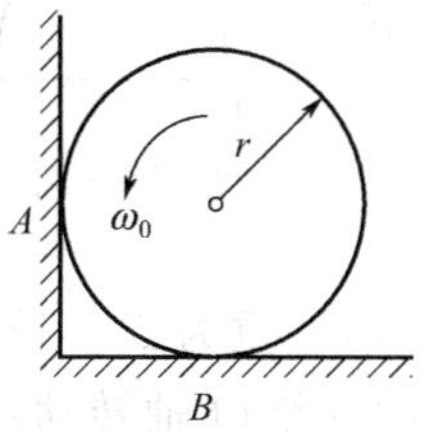

图 18-38　习题 18-26 图

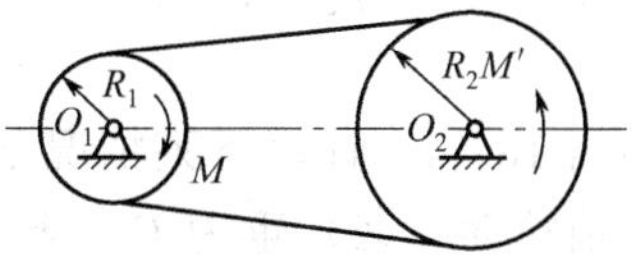

图 18-39　习题 18-27 图

18-28　均质圆滚子的重量为 G，半径为 R，放在粗糙的水平面上。在滚子的鼓轮上绕以绳索，其上作用一常力 T，方向与水平成 α 角，如图 18-40 所示。若鼓轮半径为 r，整个滚子对水平轴 O 的回转半径为 i_O，滚子自静止开始向右作纯滚动，试求其点 O 的加速度。

答：$a_0=\dfrac{TR(R\cos\alpha-r)}{m(R^2+i_0^2)}$

18-29　图 18-41 所示均质杆 AB 的质量为 m，长度为 l，搁在铅垂平面内，由图示位置自静止开始倒下。若杆与两接触面的摩擦均可略去不计，试求杆在开始运动时的角加速度。

答：角加速度为$\dfrac{3}{2}\dfrac{g}{l}\sin\theta$

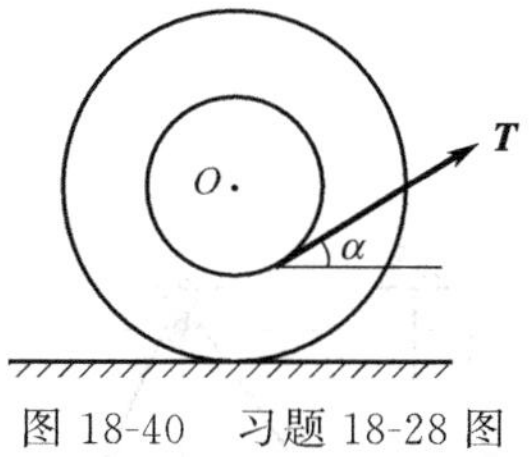

图 18-40　习题 18-28 图

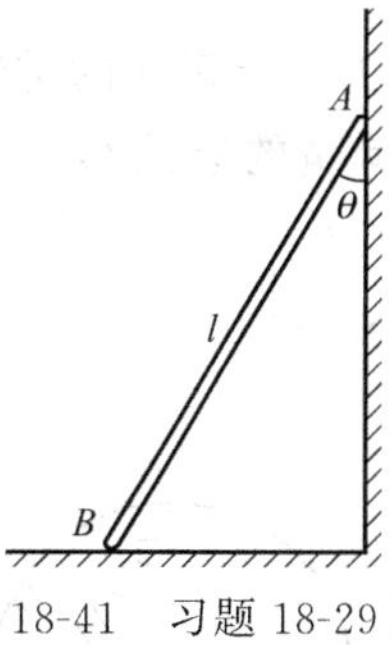

图 18-41　习题 18-29 图

18-30　纯滚动均质圆轮重 P（图 18-42），半径为 R 和 r，拉力 T 与水平成 α 角，轮与支承水平面间的静摩擦系数为 f，滚动摩阻系数为 δ，求轮心 C 移动距离为 s 的过程中力的总功。

答：$W=Ts\left(\cos\alpha+\dfrac{r}{R}\right)-\delta(P-T\sin\alpha)\dfrac{s}{R}$

18-31　固定在直径 R 的圆上点 O 处，原长为 R 的弹簧其弹簧常数 k。若已知 BC 垂直于OA，点C为圆心。当弹簧的另一端由图18-43所示的点B拉到点A时，求弹性力在此过程中所做的功。

答：$W=-(\sqrt{2}-1)kR^2$

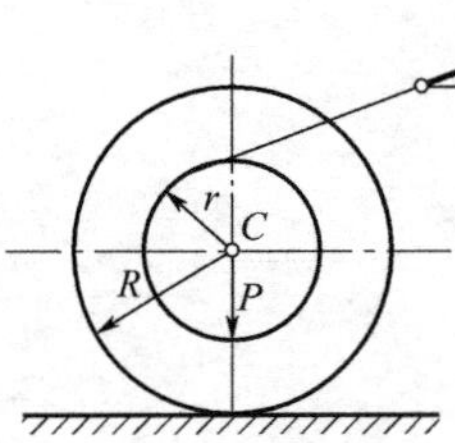

图18-42　习题18-30图

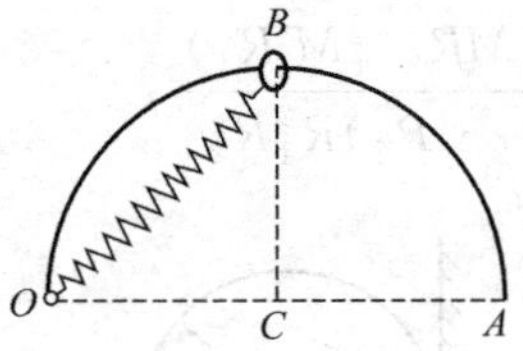

图18-43　习题18-31图

18-32　如图18-44，计算下列情况下各均质物体的动能：(1) 重为P、长为l的直杆以角速度ω绕O轴转动；(2) 重为P、半径为r的圆盘以角速度ω绕O轴转动；(3) 重为P、半径为r的圆轮在水平面上作纯滚动，质心C的速度为v；(4) 重为P、长为l的杆以角速度ω绕球铰O转动，杆与铅垂线的夹角为α。

答：(1) $T=\dfrac{P}{6g}l^2\omega^2$　(2) $T=\dfrac{P}{4g}(r^2+2e^2)\omega$　(3) $T=\dfrac{3}{4}\dfrac{p}{g}v^2$　(4) $T=\dfrac{P}{6g}l^2\omega^2\sin^2\alpha$

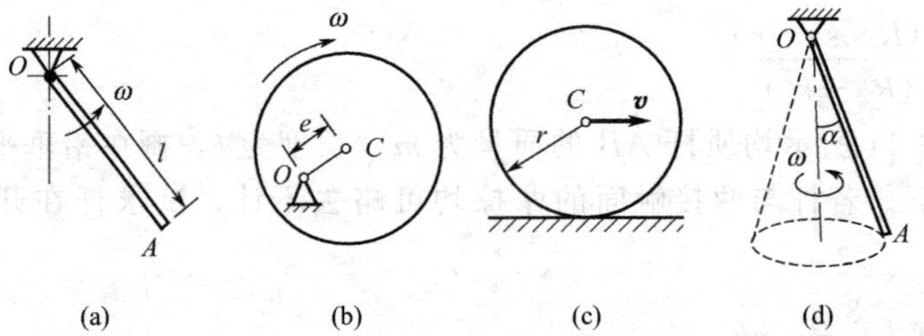

图18-44　习题18-32图

18-33　质量为$m=5\text{kg}$的重物系于弹簧上（图18-45），沿半径$r=20\text{cm}$的光滑圆环自A点静止滑下，弹簧的原长$OA=20\text{cm}$。欲使重物在B点时对圆环的压力等于零，则弹簧的刚性系数应多大？

答：$k=4.9\text{N/cm}$

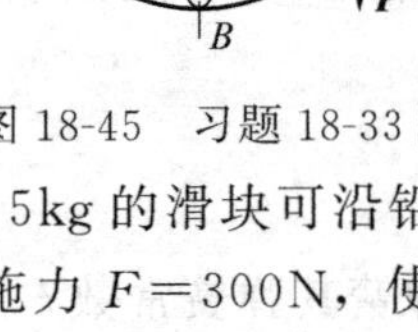

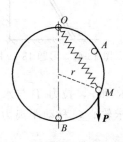

图18-45　习题18-33图

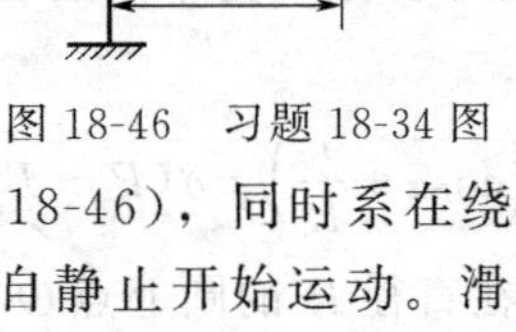

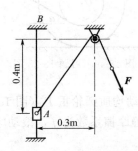

图18-46　习题18-34图

18-34　质量5kg的滑块可沿铅垂导杆滑动（图18-46），同时系在绕过滑轮的绳的一端。绳的另一端施力$F=300\text{N}$，使滑块由图标位置自静止开始运动。滑块与导杆间的动摩擦系数为 0.10。不计滑轮尺寸和质量，求滑块运动到和滑轮中心同一高度时其速度大小。

答：$v=3.49\text{m/s}$

18-35　质量 $m=50\text{kg}$ 的物体放在光滑的水平面上，紧靠于弹簧的一端。弹簧原长 0.9m，弹簧常数 $k=3\text{kN/m}$。现将物体推向左方把弹簧压缩到长度为 0.6m，如图 18-47 所示，图中尺寸以米为单位。突然释放后，弹簧伸展将物体弹射落到地面的 B 点。求距离 OB。

答：$OB=1.82\text{m}$

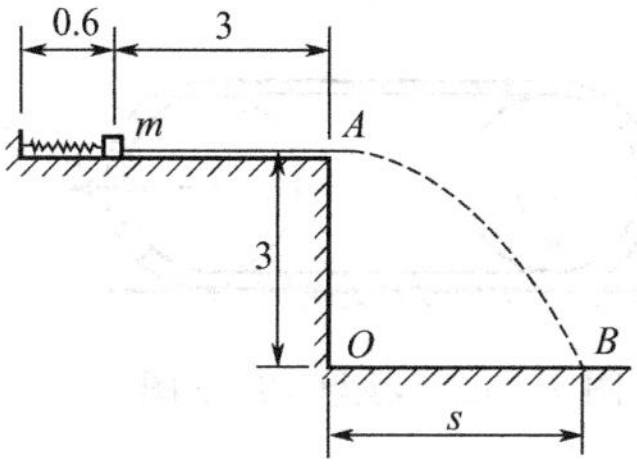

图 18-47　习题 18-35 图

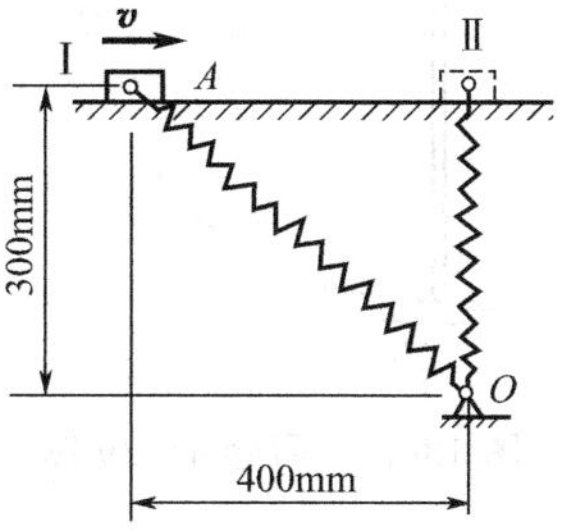

图 18-48　习题 18-36 图

18-36　图 18-48 所示质量 $m=50\text{kg}$ 的滑块 A 与弹簧相连接，弹性常数 $k=1\text{kN/m}$，弹簧原长为 380mm。开始时滑块在位置Ⅰ，初速度 $v_0=2\text{m/s}$，方向向右。求滑块沿光滑水平面运动到位置Ⅱ时的速度。

答：$v=2.04\text{m/s}$

18-37　如图 18-49 所示，质量为 M 的滑块以匀速度沿水平直线运动。滑块上的 O 点悬挂一单摆，摆长为 l，摆锤质量为 m。单摆的转动方程 $\varphi=\varphi(t)$ 已知。试写出滑块与单摆所组成的质点系的动能表示式。

答：$T=\frac{1}{2}(M+m)v^2+ml^2\dot{\varphi}^2+mlv\dot{\varphi}\cos\varphi$

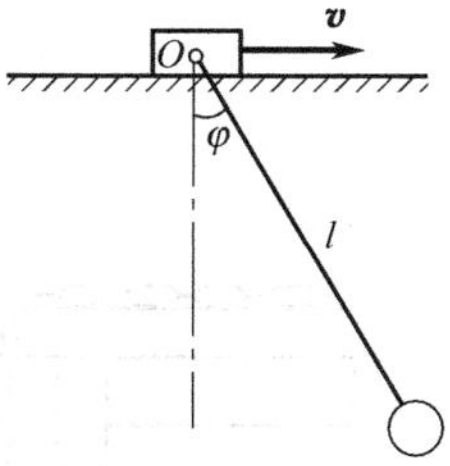

图 18-49　习题 18-37 图

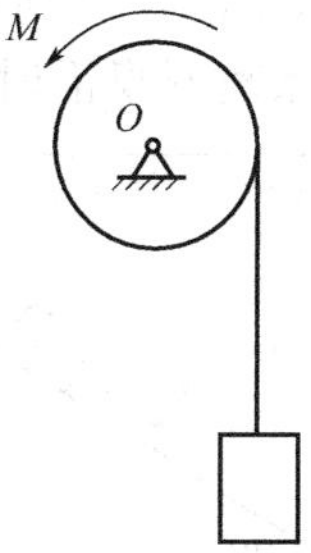

图 18-50　习题 18-38 图

18-38　图 18-50 所示鼓轮的半径为 R，对水平轴 O 的转动惯量为 J。鼓轮上作用一力偶，其矩 M 为常量。重物质量为 m，从静止开始被提升。绳索质量和摩擦均可不计。试求当鼓轮转过 φ 角时重物的速度和加速度。

答：$v=\sqrt{\frac{2(M-mgR)}{J+mR^2}}\varphi$，$a=\frac{(M-mgk)R}{J+mR^2}$

18-39　均质细杆质量为m，长度$OA=l$，可绕水平轴O转动，如图 18-51 所示。(1) 为使杆能从图示铅直位置转到水平位置，在铅直位置时杆的初角速度ω_0至少应有多大？(2) 若杆在铅直位置时获得初速度$\omega_0=\sqrt{6g/l}$，求杆在初始铅直位置和通过水平位置这两瞬时O处的反力。

答：$\omega_0=\sqrt{\dfrac{3g}{l}}$；$F_O=4mg$；$F_O=\dfrac{\sqrt{37}}{4}mg$

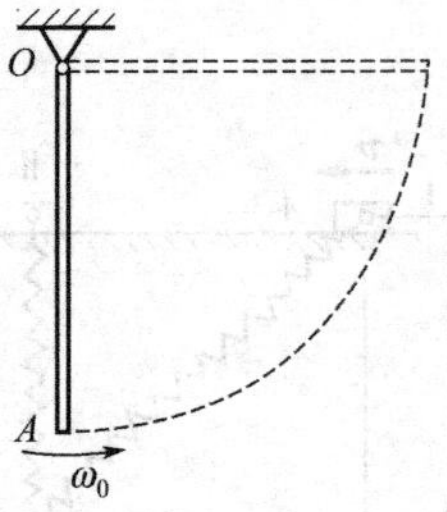

图 18-51　习题 18-39 图

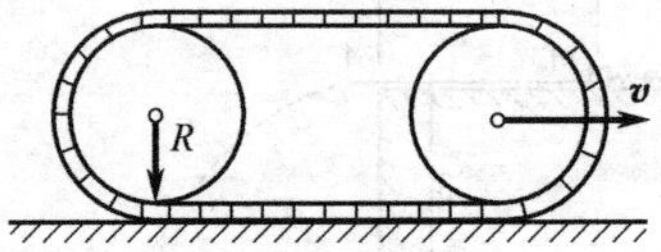

图 18-52　习题 18-40 图

18-40　履带式拖拉机的车轮可视为均质圆盘（图 18-52），其半径为R、各圆盘重量均为G_1。若前后轮轴间的距离不变，履带的总重量为G_2，当此拖拉机以速度v前进时，试计算此物体系统总动能。

答：$T=\dfrac{3G_1+G_2}{2g}v^2$

18-41　滑块A的质量为m_1，以相对速度v_1沿滑块B的斜面滑下。与此同时，质量为m_2的滑块B则以速度v_2向右运动，如图 18-53 所示。试求该物体系统动能。

答：$T=\dfrac{1}{2}m_1v_1^2+\dfrac{1}{2}(m_1+m_2)v_2^2-\dfrac{\sqrt{3}}{2}m_1v_1v_2$

18-42　链条的全长为l，重量为G，放在光滑的桌面上，其中一段下垂在桌沿外面，下垂的长度为d，如图 18-54 所示，由于链条的自重而使整个链条自静止开始下滑，若不计摩擦，试求整个链条离开桌沿时的速度。

答：$v=\sqrt{g(l^2-d^2)/l}$

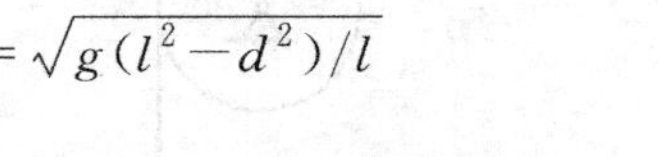

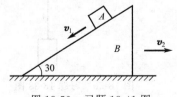

图 18-53　习题 18-41 图

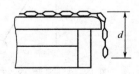

图 18-54　习题 18-42 图

18-43　两均质细杆AD、BD的重量都是P，长度都是l，以铰链D连接，放置在光滑水平面上，如图 18-55 所示。开始时，D点高度为h。由于A、B两端向外滑动，两杆从静止开始在铅直面内对称地滑下。试求D点到达地面时的速度。

答：$v=\sqrt{3gh}$

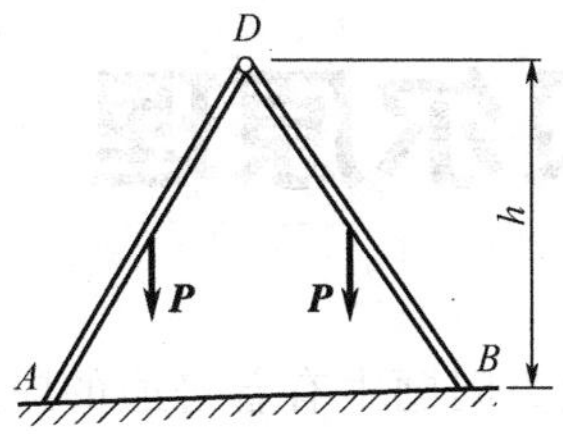

图 18-55　习题 18-43 图

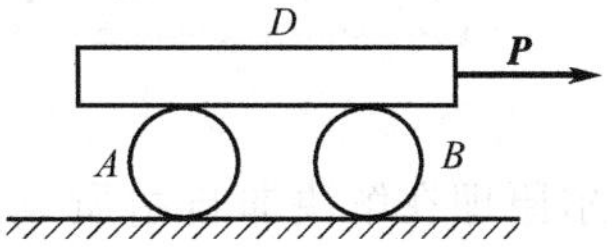

图 18-56　习题 18-44 图

18-44　图 18-56 所示均质板 D 的重量为 Q，搁在两个滚子 A、B 上。滚子重量各为 $Q/2$，半径各为 r，可当做是均质圆柱。在板上作用水平力 P。设滚子与水平面和平板间都没有滑动，试求平板 D 的加速度。

答：$a=\dfrac{8Pg}{11Q}$

第十九章 达朗贝尔原理

达朗贝尔原理在解决非自由质点系动力学问题及动应力问题中有着普遍的应用。这种方法的特点是用静力学中研究平衡的方法来研究动力学的问题，故称为**动静法**。

第一节 质点的达朗贝尔原理

设有一非自由质点 $\boldsymbol{M}$ 质量为 m 受主动力 $\boldsymbol{F}$ 和约束反力 $\boldsymbol{F}_N$ 作用，其加速度为 $\boldsymbol{a}$，如图 19-1 所示，由牛顿第二定律知

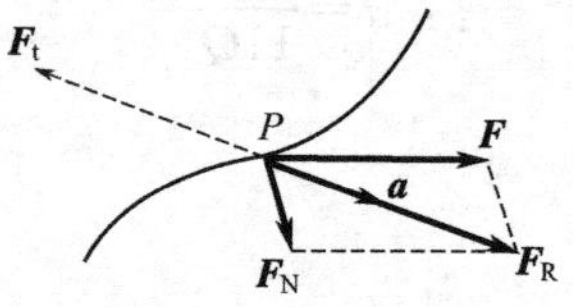

图 19-1

$$m\boldsymbol{a}=\boldsymbol{F}+\boldsymbol{F}_N$$

即
$$\boldsymbol{F}+\boldsymbol{F}_N+(-m\boldsymbol{a})=0$$

令

$$\boldsymbol{F}_I=-m\boldsymbol{a} \tag{19-1}$$

则有

$$\boldsymbol{F}+\boldsymbol{F}_N+\boldsymbol{F}_I=0 \tag{19-2}$$

$\boldsymbol{F}_I$ 称为质点的**惯性力**。质点惯性力的大小等于质点的质量与其加速度的乘积，方向与加速度的方向相反。它是一种假想的力，属于虚加的一种力，在受力图上一般用虚线箭头表示，没有实际的施力物体。如质点做匀速圆周运动时的离心力就是惯性力。

式(19-2) 表明：在质点运动的任一瞬时，作用于质点的主动力、约束反力和虚加的惯性力在形式上组成平衡力系，这就是**质点的达朗贝尔原理**。

由于虚加惯性力后，质点形式上受平衡力系作用，从而可列静力学平衡方程求解。这种将动力学的问题转化为静力学问题研究的方法，称为**动静法**。

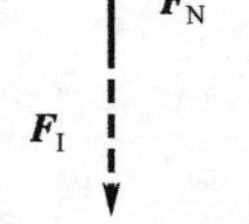

图 19-2

例 19-1 振动筛振动方程为 $y=A\sin\omega t$，筛面上质量为 m 的颗粒要脱离台面，振动筛的圆频率 ω 要满足什么条件？

解：分析颗粒受力、运动情况如图 19-2 所示。

施加惯性力方向与加速度方向相反即向上，大小为 F_I

$$F_I=ma=m\ddot{y}=-mA\omega^2\sin\omega t$$

列平衡方程

$$\sum F_y=0，F_N-F_I-mg=0$$

即
$$F_N=mg-mA\omega^2\sin\omega t$$

颗粒脱离台面条件为：$F_N=0$

当 $\sin\omega t=1$ 时，圆频率 ω 最小，即

$$\omega_{min}=\sqrt{\frac{g}{A}}$$

第二节　质点系的达朗贝尔原理

设质点系由 n 个质点组成，取系中任一质点 i，其质量为 m_i，受主动力的合力 $\boldsymbol{F}_i$ 和约束反力的合力 $\boldsymbol{F}_{\mathrm{N}i}$ 的作用下，具有加速度 $\boldsymbol{a}_i$，则惯性力为 $\boldsymbol{F}_{\mathrm{I}i}=-m_i\boldsymbol{a}_i$。由质点的达朗贝尔原理得

$$\boldsymbol{F}_i+\boldsymbol{F}_{\mathrm{N}i}+\boldsymbol{F}_{\mathrm{I}i}=0 \quad (i=1,2.\cdots,n) \tag{19-3}$$

式(19-3) 表明：在质点系中，作用于每一质点上的主动力，约束反力和其惯性力在形式上组成平衡力系，这就是**质点系的达朗贝尔原理**。

如作用于任一质点 i 上的力分为外力和内力，分别记为 $\boldsymbol{F}_i^e$ 和 $\boldsymbol{F}_i^i$，则有

$$\boldsymbol{F}_i^e+\boldsymbol{F}_i^i+\boldsymbol{F}_{\mathrm{I}i}=0 \ (i=1,2,\cdots,n)$$

即作用于质点系的外力、内力和其惯性力系在形式上组成平衡力系。由静力学知，力系平衡的充要条件为力系主矢和对于任意点 O 的主矩应为零，即

$$\sum\boldsymbol{F}_i^e+\sum\boldsymbol{F}_i^i+\sum\boldsymbol{F}_{\mathrm{I}i}=0$$

$$\sum\boldsymbol{M}_O(\boldsymbol{F}_i^e)+\sum\boldsymbol{M}_O(\boldsymbol{F}_i^i)+\sum\boldsymbol{M}_O(\boldsymbol{F}_{\mathrm{I}i})=0$$

由于内力总是成对出现，故有

$$\sum\boldsymbol{F}_i^e+\sum\boldsymbol{F}_{\mathrm{I}i}=0 \tag{19-4a}$$

$$\sum\boldsymbol{M}_O(\boldsymbol{F}_i^e)+\sum\boldsymbol{M}_O(\boldsymbol{F}_{\mathrm{I}i})=0 \tag{19-4b}$$

式(19-4a) 和式(19-4b) 是质点系的达朗贝尔原理的另一表达形式：作用于质点系的外力、和虚加于每一质点上的惯性力组成平衡力系。

需要指出的是，惯性力是虚拟的，并不真实地作用于质点或质点系上。因此达朗贝尔原理只是提供了一种用静力学方法写出动力学方程的简单而显明的手段，即引入惯性力，把动力学方程写成平衡方程的形式，实质仍是动力学问题。

第三节　刚体惯性力系的简化

应用动静法解决质点系的动力学问题时，如要直接在质点系内每一个质点上虚加上它的惯性力，这在理论上是可行的，但是实际上，当质点系的质点很多时，特别是对于由无穷多质点组成的刚体来说，要在每个质点上加惯性力就非常麻烦，甚至是不可能的。这时就应将惯性力系进行简化。

由静力学中力系的简化理论知道：任一力系向已知点简化的结果可得到一个作用于简化中心的力和一个力偶，它们由力系的主矢和对于简化中心的主矩决定，其中力系的主矢与简化中心的选择无关。

首先研究惯性力系的主矢 $\boldsymbol{F}_{\mathrm{IR}}$。设刚体内任一质点 i 的质量为 m_i，加速度为 $\boldsymbol{a}_i$，刚体的质量为 m，其质心的加速度为 $\boldsymbol{a}_C$，则惯性力系的主矢为

$$\boldsymbol{F}_{\mathrm{IR}}=\sum(-m_i\boldsymbol{a}_i)$$

由质心运动定理得

$$\boldsymbol{F}_{\mathrm{IR}}=-m\boldsymbol{a}_C \tag{19-5}$$

上式表明，无论刚体作什么运动，惯性力系的主矢都等于刚体的质量与其质心加速度的乘积，方向与质心加速度的方向相反。

惯性力系的主矩，一般来说，随刚体运动的不同而变化。

下面仅就刚体在平移、定轴转动和平面运动这三种情况下惯性力系的简化结果说明如下。

1. 刚体的平移

当刚体平移时其上各点的加速度都相同，惯性力系是为平行力系，故其惯性力系可简化为通过质心 C 的一个合力。当简化中心为质心 C 时，惯性力系的主矩为零。

$$\boldsymbol{M}_{IC}=0$$

惯性力系可简化为经过质心 C 的一个合力即

$$\boldsymbol{F}_{IR}=-m\boldsymbol{a}_C$$

或表示为合力大小：$F_{IR}=ma_C$，方向与质心加速度 $\boldsymbol{a}_C$ 方向相反。

思考：一列火车在加速启动中，哪一节车厢的挂钩受力最大?

2. 刚体定轴转动

仅讨论刚体具有质量对称平面且转轴垂直于此平面的情形如图 19-3(a)，例如飞轮、齿轮、皮带轮、电动机转子等。此时可将刚体的空间惯性力系简化为在对称平面内的平面力系。再将此平面力系向对称平面与转轴 z 的交点 O 简化如图 19-3(b)。对于 O 点的主矩为

$$\boldsymbol{M}_{IO}=\sum\boldsymbol{M}_O(\boldsymbol{F}_{Ii})=\sum\boldsymbol{M}_O(\boldsymbol{F}^t_{Ii})=\sum\boldsymbol{r}_i\times(-m_i\boldsymbol{r}_i\times\boldsymbol{\alpha})=-J_O\boldsymbol{\alpha}$$

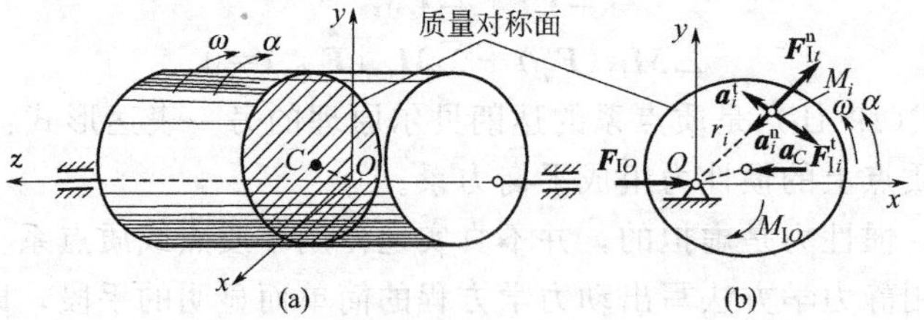

图 19-3

由上式可知主矩大小为

$$M_{IO}=J_O\alpha\text{（转向和角加速度 }\alpha\text{ 相反）}\tag{19-6}$$

惯性力系简化为经过简化中心 O 的一个力和一个力偶。经过简化中心 O 的力为

$$\boldsymbol{F}_{IR}=-m\boldsymbol{a}_C$$

3. 刚体平面运动

仅讨论刚体具有质量对称平面的刚体平面运动。由于平面运动可分解为随同质心 C 点的平移和绕 C 点的转动，将此平面力系向质心 C 点简化为经过质心 C 的一个力和力偶如图 19-4。从而对于简化中心 C 点的主矩为

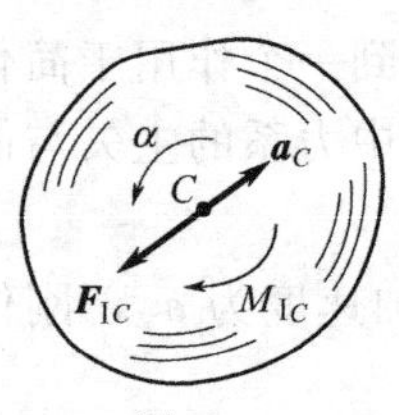
图 19-4

$$\boldsymbol{M}_{IC}=-J_C\boldsymbol{\alpha}$$

主矩大小为

$$M_{IC}=J_C\alpha\text{（转向和角加速度 }\alpha\text{ 相反）}\tag{19-7}$$

经过简化中心 C 的力为

$$\boldsymbol{F}_{IR}=-m\boldsymbol{a}_C$$

例 19-2 如图 19-5 所示，均质圆轮半径为 R、质量为 m，轮在重物 P 带动下绕定轴 O 转动，已知重物 P 质量为 m。求圆轮的角加速度。

解：系统受力及运动分析如图 19-5 所示。设圆轮的角加速度为 α，重物 P 的加速度为 $\boldsymbol{a}$，由运动学则有

$$a = R\alpha$$

对于定轴转动圆轮，因质心加速度为零，故惯性力系简化为一力偶，其矩为

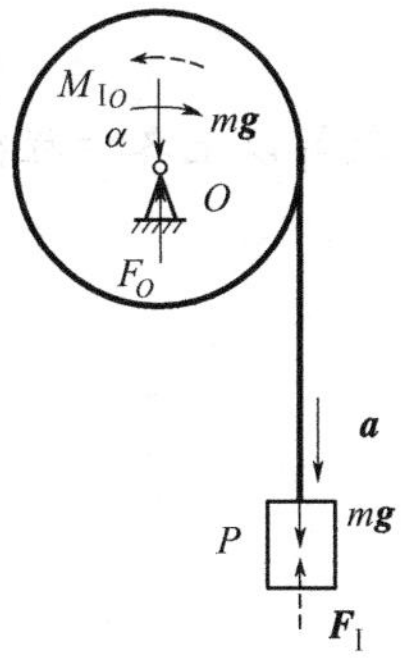

图 19-5

$$M_{IO} = J_O\alpha = \frac{1}{2}mR^2\alpha$$

其转向与角加速度相反，即逆时针转向。

重物 P 为平移，故惯性力系简化为经过其质心的一个力，其方向与加速度方向相反即向上。其大小为

$$F_I = ma$$

列平衡方程

$$\sum M_O = 0, \qquad M_{IO} - mgR + F_I R = 0$$

联解以上各方程得

$$\alpha = \frac{2g}{3R}$$

思考：为何在上例计算时，M_{IO}、F_I 不用负号？

例 19-3 如图 19-6(a)，质量为 m，长为 l 的均质细长杆 AB 用两根不可伸长的绳 OA 和 OB 吊挂。求剪断 OB 瞬时，AB 的角加速度、点 A 加速度和绳子 OA 的约束力。

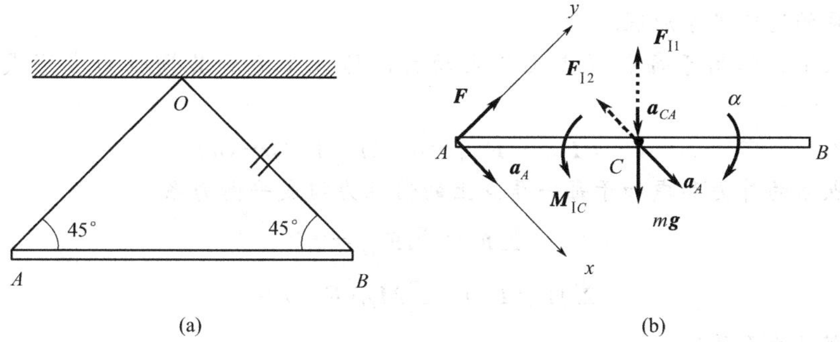

图 19-6

解：剪断 OB 瞬时 AB 的角速度为零，点 A 的速度为零。设 AB 的角加速度为 α，点 A 的加速度为 $\boldsymbol{a}_A$。以 A 为基点分析点 C 加速度，如图 19-6(b) 所示。$\boldsymbol{a}_C = \boldsymbol{a}_{CA} + \boldsymbol{a}_A$

故惯性力系主矢为：$\boldsymbol{F}_{IR} = -m\boldsymbol{a}_C = -m(\boldsymbol{a}_{CA} + \boldsymbol{a}_A) = \boldsymbol{F}_{I1} + \boldsymbol{F}_{I2}$

惯性力系向质心 C 简化为：$\boldsymbol{F}_{I1}$、$\boldsymbol{F}_{I2}$ 和 M_{IC}

$$F_{I1} = ma_{CA} = m\frac{l\alpha}{2}$$

$$F_{I2} = ma_A$$

$$M_{IC} = J_C\alpha = \frac{1}{12}ml^2\alpha$$

列平衡方程

$$\sum F_x = 0, \quad -F_{I2} - \frac{\sqrt{2}}{2}F_{I1} + \frac{\sqrt{2}}{2}mg = 0$$

$$\sum F_y = 0, \quad F + \frac{\sqrt{2}}{2}F_{I1} - \frac{\sqrt{2}}{2}mg = 0$$

$$\sum M_C=0,\ M_{IC}-\frac{\sqrt{2}}{2}F\cdot\frac{1}{2}=0$$

联解以上各方程得

$$\alpha=\frac{6g}{5l}$$

$$F=\frac{\sqrt{2}}{5}mg$$

$$a_A=\frac{\sqrt{2}}{5}g$$

本章小结

1.质点的达朗贝尔原理

在质点运动的任一瞬时，作用于质点的主动力、约束反力和虚加的惯性力在形式上组成平衡力系。

$$\boldsymbol{F}+\boldsymbol{F}_N+\boldsymbol{F}_I=0$$
$$\boldsymbol{F}_I=-m\boldsymbol{a}$$

2.质点系的达朗贝尔原理

在质点系中，作用于每一质点上的主动力，约束反力和其惯性力在形式上组成平衡力系。

$$\boldsymbol{F}_i+\boldsymbol{F}_{Ni}+\boldsymbol{F}_{Ii}=0\quad(i=1,2,\cdots,n)$$

或作用于质点系的外力和虚加于每一质点上的惯性力组成平衡力系。

$$\sum\boldsymbol{F}_i^e+\sum\boldsymbol{F}_{Ii}=0$$

$$\sum\boldsymbol{M}_O(\boldsymbol{F}_i^e)+\sum\boldsymbol{M}_O(\boldsymbol{F}_{Ii})=0$$

3.刚体惯性力系的简化

(1) 刚体平移时

惯性力系可简化为通过质心 C 的一个合力。当简化中心为质心 C 时，惯性力系的主矩为零。

$$\boldsymbol{M}_{IC}=0$$

(2) 刚体定轴转动时

惯性力系简化为经过简化中心 O 的一个力和一个力偶。

$$M_{IO}=J_O\alpha\ （转向和角加速度\ \alpha\ 相反）$$

经过简化中心 O 的力为

$$\boldsymbol{F}_{IR}=-m\boldsymbol{a}_C$$

(3) 刚体平面运动时

惯性力系简化为为经过质心 C 的一个力和力偶。

$$M_{IC}=J_C\alpha\quad（转向和角加速度\ \alpha\ 相反）$$

经过简化中心 C 的力为

$$\boldsymbol{F}_{IR}=-m\boldsymbol{a}_C$$

习　题

19-1　图 19-7 中均为质量为 m 的匀质物体匀角速度转动，如何表示惯性力系的简化结果？

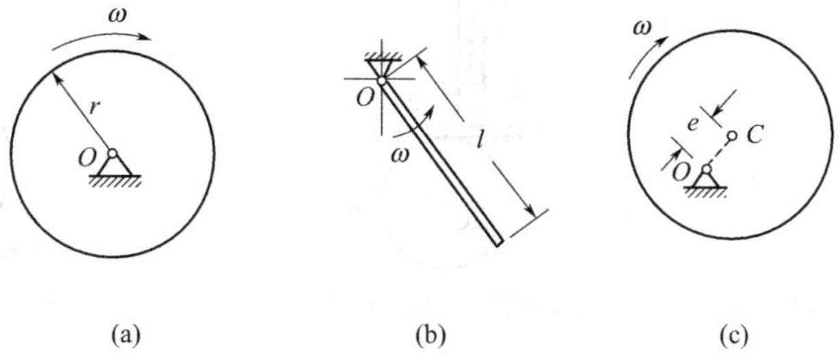

图 19-7　习题 19-1 图

答　(a) $M_{IO}=0$，$F_I=0$；(b) $M_{IO}=0$，$F_I=\dfrac{m\omega^2 l}{2}$；(c) $M_{IO}=0$，$F_I=m\omega^2 e$。

19-2　提升矿石用皮带运输机的传送带与水平成倾角 α（图 19-8）。设传送带以匀加速度 a 运动，为保证矿石正常运输，试用动静法求传送带和矿石间的摩擦系数最小应为多少？

答：$\dfrac{a}{g\cos\alpha}+\tan\alpha$

19-3　矿车重 P 以速度 v，沿倾角为 α 的斜坡匀速下降，运动摩擦系数为 f，尺寸如图 19-9 所示，不计轮对轴的转动惯量，试用动静法求 (1) 钢丝绳的拉力？(2) 如制动时，矿车作匀减速运动，制动时间为 t，求此时钢丝绳的拉力？

答：(1) $P(\sin\alpha-f\cos\alpha)$；(2) $P\left(\sin\alpha-f\cos\alpha+\dfrac{v}{gt}\right)$

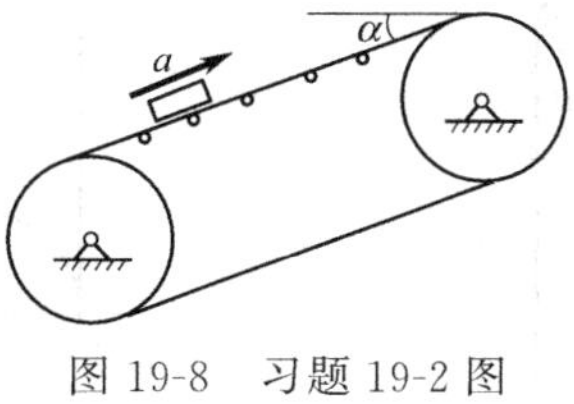

图 19-8　习题 19-2 图

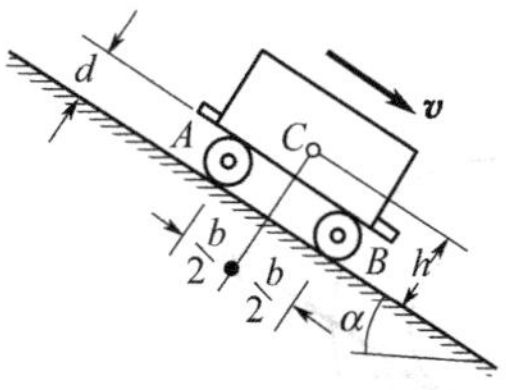

图 19-9　习题 19-3 图

19-4　离心调速器如图 19-10 所示。两个相同重为 Q 的球 A、B 与四根各长为 l 的无重刚杆相铰接。套筒 C 重为 P。$OABC$ 在同一平面内，并随着转轴 OD 以匀角速度 ω 转动。已知球 A、B 重均为 Q，试用动静法求张角 α 与角速度 ω 之间的关系。

答：$Ql\omega^2\cos\alpha=(Q+P)g$

19-5　如图 19-11 所示凸轮导板机构，偏心轮绕 O 轴以匀角速度 ω 转动，偏心距 $OA=e$，当导板 CB 在最低位置时，弹簧的压缩为 b，导板重为 P。为使导板在运动过程中始终不离开偏心轮，则弹簧的弹性系数 k 应为多少？

答：$k\geqslant\dfrac{P(e\omega^2-g)}{g(b+2e)}$

19-6　均质圆盘质量为 m、半径为 R（图 19-12），在水平常力 $\boldsymbol{F}$ 作用下沿水平面纯滚动，试用动静法求圆盘的角加速度 α 及圆盘与地面间摩擦力 $\boldsymbol{F}_S$。

答：$\alpha=\frac{4F}{3mR}$，$F_S=\frac{F}{3}$水平向右

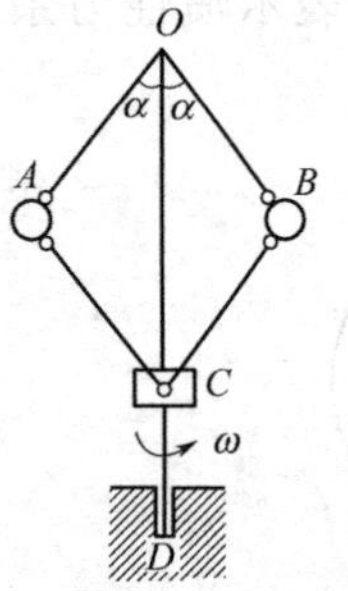

图 19-10　习题 19-4 图

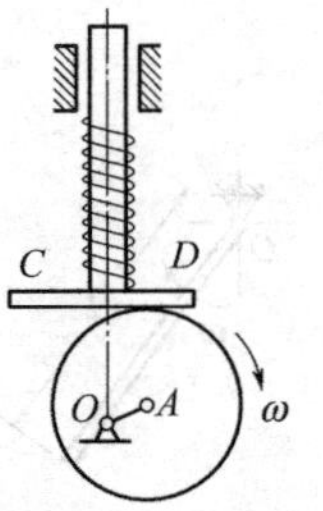

图 19-11　习题 19-5 图

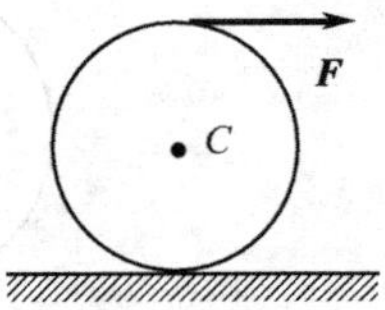

图 19-12　习题 19-6 图

19-7　均质圆滚子的重量为 $\boldsymbol{G}$，半径为 R，放在粗糙的水平面上。在滚子的鼓轮上绕以绳索，其上作用一常力 $\boldsymbol{T}$，方向与水平成 α 角，如图 19-13 所示。若鼓轮半径为 r，整个滚子对水平轴 O 的回转半径为 i_O，滚子自静止开始向右作纯滚动，试动静法求点 O 的加速度。

答：$a_O=\frac{TR(R\cos\alpha-r)}{m(R^2+i_O^2)}$

19-8　如图 19-14 所示均质杆 AB 的质量为 m，长度为 l，搁在铅垂平面内，由图示位置自静止开始倒下。若杆与两接触面的摩擦均可略去不计，试用动静法求杆在开始运动时的角加速度。

答：$\alpha=\frac{3g}{3l}\sin\theta$

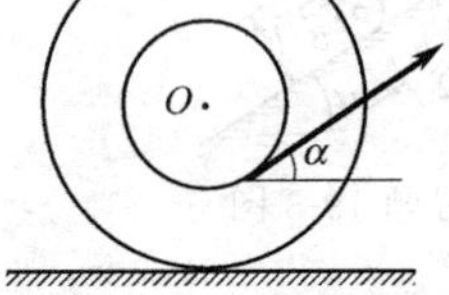

图 19-13　习题 19-7 图

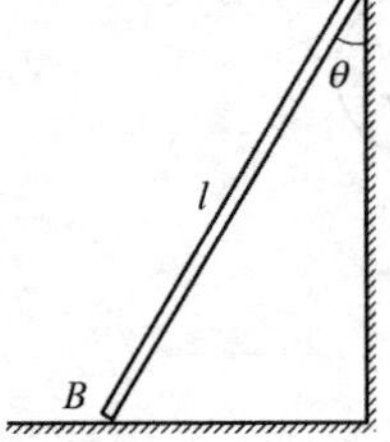

图 19-14　习题 19-8 图

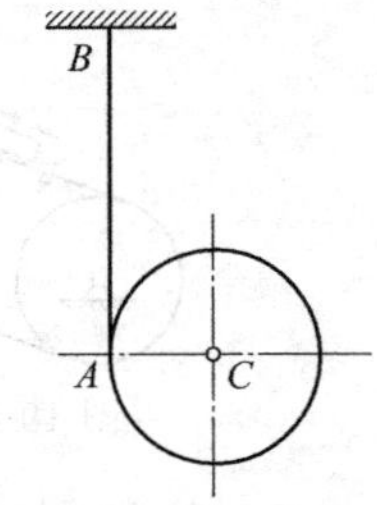

图 19-15　习题 19-9 图

19-9　均质圆柱的质量为 m，在圆柱中部缠绕细绳，绳的一端 B 固定，如图 19-15 所示。圆柱体因细绳解开而下降，设在此过程中细绳的已解开部分 AB 保持铅直。试用动静法求细绳所受的拉力。

答：$T=\frac{1}{3}mg$

第二十章 虚位移原理

第一节 基本概念

1. 约束

在分析力学中，将限制质点或质点系运动的条件称为**约束**。约束条件的数学表达式称为**约束方程**。

限制质点系在空间的几何位置的约束称为**几何约束**。约束方程中不显示时间的约束称为**定常约束**。约束方程中显含时间的约束称为**非定常约束**。

在图 20-1 所示由质点和绳子构成的单摆，质点 P 可绕固定点 O 在平面 Oxy 内摆动，摆长 $l(t)$ 随时间不断变短，设单摆原长为 l_0，拉动绳子的速度大小 v_0 为常数。这时绳子对质点的限制条件是：质点 P 必须在以点 O 为圆心、以 $l(t)=l_0-v_0t$ 半径的圆周上运动。若以 (x, y) 表示质点 P 的坐标，则其约束方程为

$$x^2+y^2=(l_0-v_0t)^2$$

由上式可见，约束方程中显含时间为非定常约束。

除了几何约束外，还有限制质点系运动情况的运动学条件，称为运动约束。在运动约束中约束方程含有坐标对时间的导数。如果约束方程中包含坐标对时间的导数，而且方程不可能积分为有限形式，这类约束称为**非完整约束**。当约束方程中虽包含坐标对时间的导数，但积分为有限形式时，实质上相当于把运动约束化为了几何约束。几何约束和约束方程能积分为有限形式的约束统称为**完整约束**。受完整约束的质点系称为**完整系统**。

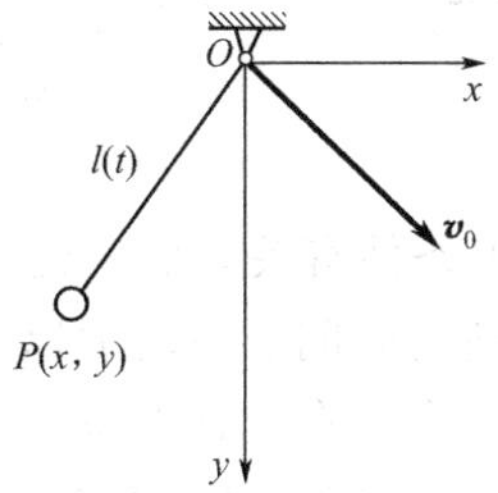

图 20-1

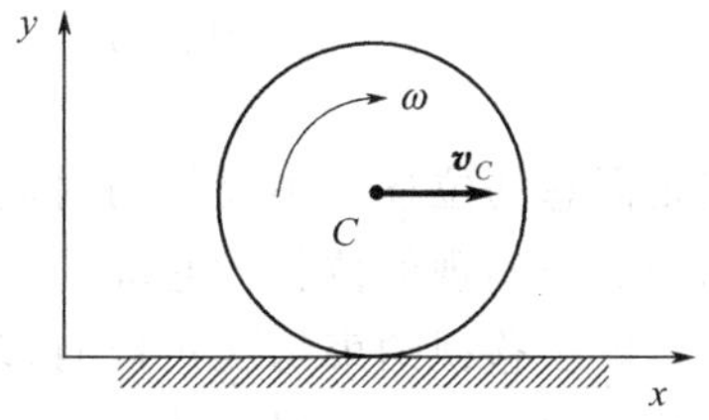

图 20-2

例如，图 20-2 所示半径为 r 的车轮在水平面上作纯滚动时，车轮受到几何约束

$$y_C=r$$

同时受到运动约束

$$v_C=r\omega$$

设 x_C 和 φ 分别为点 C 的坐标及车轮的转角，则约束方程可改写为

$$\dot{x}_C=r\dot{\varphi}$$

此约束方程虽然是微分形式，但它可积分为有限形式

$$x_C-x_{C0}=r(\varphi-\varphi_O)$$

式中，x_{C0} 和 φ_0 分别表示初始位置时点 C 的坐标及车轮的转角。可见，该约束仍是完整约束。

约束方程是等式的约束称为**双侧约束**。约束方程为不等式的约束称为**单侧约束**。

2. 广义坐标和自由度

质点系中各质点在空间中的位置的集合称为质点系的**位形**。确定一个自由质点在空间中的位置在直角坐标系中只需要 3 个独立的坐标。由 n 个质点组成的自由质点系各质点在空间中的位置需要用 $3n$ 个独立的坐标，如果质点系受到 s 个完整约束（有 s 个几何约束方程），则此非质点系中只有 $N=3n-s$ 个独立的坐标。确定质点系的**位形**的独立坐标称为质点系的**广义坐标**，一般记作 q_1，q_2，…，q_N。在完整系统中广义坐标的数目 N 称为**自由度**。

一般地，由 n 个质点组成的完整系统，如果自由度数为 N，则可选 N 个广义坐标 q_1，q_2，…，q_N 来确定质点系的位形，可表示为

$$\left.\begin{aligned}x_i&=x_i(q_1,q_2,\cdots,q_N,t)\\y_i&=y_i(q_1,q_2,\cdots,q_N,t)\\z_i&=z_i(q_1,q_2,\cdots,q_N,t)\end{aligned}\right\}i=1,2,\cdots,n \tag{20-1}$$

3. 虚位移和理想约束

在某瞬时，质点或质点系在约束允许的条件下，假想产生的任意无限小的位移为质点或质点系**虚位移**。虚位移可以是线位移，也可以是角位移。虚位移用对坐标的变分 δr、δx、δy、δz、$\delta\varphi$ 等表示，其计算同微分相似。如图 20-3 所示。

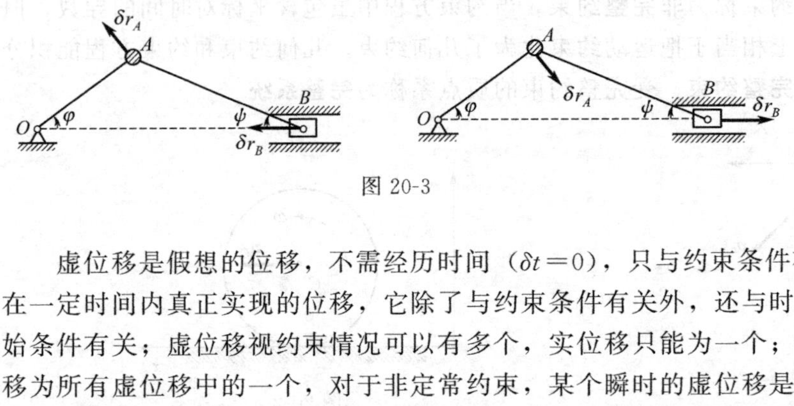

图 20-3

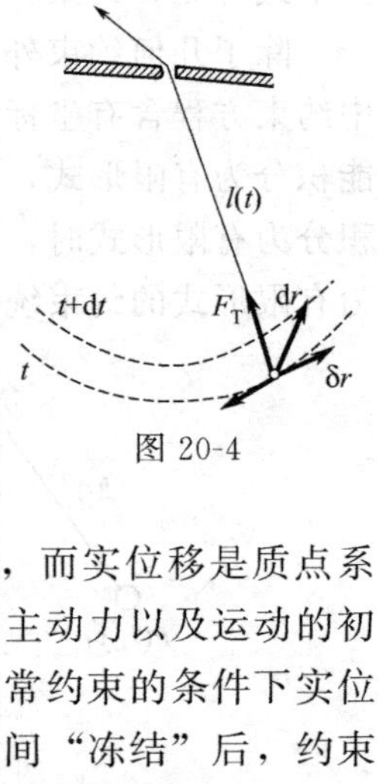

图 20-4

虚位移是假想的位移，不需经历时间（$\delta t=0$），只与约束条件有关，而实位移是质点系在一定时间内真正实现的位移，它除了与约束条件有关外，还与时间、主动力以及运动的初始条件有关；虚位移视约束情况可以有多个，实位移只能为一个；在定常约束的条件下实位移为所有虚位移中的一个，对于非定常约束，某个瞬时的虚位移是将时间“冻结”后，约束所允许的虚位移，而实位移是不能“冻结”时间的，所以这时实位移不一定是虚位移中的一个。如图 20-4 所示变长度摆中虚位移有两个为 δr，实位移只有一个为 $\mathrm{d}\boldsymbol{r}$。

对式(20-1) 进行变分计算，考虑到 $\delta t=0$，可得

$$\left.\begin{aligned}\delta x_i&=\frac{\partial x_i}{\partial q_1}\delta q_1+\frac{\partial x_i}{\partial q_2}\delta q_2+\cdots+\frac{\partial x_i}{\partial q_N}\delta q_N=\sum_{j=1}^{N}\frac{\partial x_i}{\partial q_j}\delta q_j\\\delta y_i&=\frac{\partial y_i}{\partial q_1}\delta q_1+\frac{\partial y_i}{\partial q_2}\delta q_2+\cdots+\frac{\partial y_i}{\partial q_N}\delta q_N=\sum_{j=1}^{N}\frac{\partial y_i}{\partial q_j}\delta q_j\\\delta z_i&=\frac{\partial z_i}{\partial q_1}\delta q_1+\frac{\partial z_i}{\partial q_2}\delta q_2+\cdots+\frac{\partial z_i}{\partial q_N}\delta q_N=\sum_{j=1}^{N}\frac{\partial z_i}{\partial q_j}\delta q_j\end{aligned}\right\}$$

由上式可知各质点的虚位移是 δx_i，δy_i，δz_i 是 N 个广义（虚）位移 δq_j 的线性函数。第 i 个质点的虚位移也可写成矢量形式

$$\delta \boldsymbol{r}_i=\frac{\partial \boldsymbol{r}_i}{\partial q_1}\delta q_1+\frac{\partial \boldsymbol{r}_i}{\partial q_2}\delta q_2+\cdots+\frac{\partial \boldsymbol{r}_i}{\partial q_N}\delta q_N=\sum_{j=1}^{N}\frac{\partial \boldsymbol{r}_i}{\partial q_j}\delta q_j \tag{20-2}$$

约束力在质点系中各质点任意虚位移上元功之和为零的约束称为**理想约束**。可表示为

$$\sum_{i=1}^{n}\boldsymbol{F}_{\mathrm{N}i}\cdot\delta \boldsymbol{r}_i=0 \tag{20-3}$$

式中，$\boldsymbol{F}_{\mathrm{N}i}$ 为第 i 个质点受到的约束力，$\delta\boldsymbol{r}_i$ 为第 i 个质点的虚位移。

在动能定理一章中分析过的光滑固定面约束、光滑铰链、无重刚杆、不可伸长的柔索、固定端等约束为理想约束，现从虚位移上元功角度看这些约束也为理想约束。在图 20-4 所示变长度摆中的约束虽为非定常约束，但绳的约束力 $\boldsymbol{F}_T$ 在虚位移 $\delta\boldsymbol{r}$ 上元功为零，可见仍属于理想约束。

第二节　虚位移原理

拉格朗日于 1764 年提出**虚位移原理**又称**虚功原理**。虚位移原理叙述为：具有完整、定常、理想约束的质点系保持平衡的充分必要条件是作用于系统上的主动力在任意虚位移中的元功之和为零。即

$$\delta W=\sum_{i}^{n}\boldsymbol{F}_i\cdot\delta \boldsymbol{r}_i=0 \tag{20-4}$$

式中，$\boldsymbol{F}_i$ 为第 i 个质点上受的主动力，$\delta\boldsymbol{r}_i$ 为第 i 个质点的虚位移。

必要性的证明：如果质点系保持平衡，则式(20-4) 成立。设质点系处于静止平衡状态，第 i 个质点受到的约束力为 $\boldsymbol{F}_{\mathrm{N}i}$，第 i 个质点上受的主动力为 $\boldsymbol{F}_i$，由第 i 个质点平衡条件得

$$\boldsymbol{F}_{\mathrm{N}i}+\boldsymbol{F}_i=0$$

质点系在虚位移 $\delta\boldsymbol{r}_i$ 上的总虚功为

$$\sum_{i=1}^{n}(\boldsymbol{F}_{\mathrm{N}i}+\boldsymbol{F}_i)\cdot\delta \boldsymbol{r}_i=0$$

因理想约束有

$$\sum_{i=1}^{n}\boldsymbol{F}_{\mathrm{N}i}\cdot\delta \boldsymbol{r}_i=0$$

从而式(20-4) 成立，必要性得证。

充分性的证明采用反证法。假设满足式(20-4) 的对质点系在主动力和约束力作用下由静止开始运动，则各质点的合力 $\boldsymbol{F}_{\mathrm{N}i}+\boldsymbol{F}_i$ 方向和实位移 $\mathrm{d}\boldsymbol{r}_i$ 方向相同，故有

$$\sum_{i=1}^{n}(\boldsymbol{F}_{\mathrm{N}i}+\boldsymbol{F}_i)\cdot\mathrm{d}\boldsymbol{r}_i>0$$

由于质点系受定常约束，实位移为所有虚位移中的一个。取此实位移为虚位移，$\mathrm{d}\boldsymbol{r}_i=\delta\boldsymbol{r}_i$ 则

$$\sum_{i=1}^{n}(\boldsymbol{F}_{\mathrm{N}i}+\boldsymbol{F}_i)\cdot\delta \boldsymbol{r}_i>0$$

在理想约束条件下上式化为

$$\sum_{i=1}^{n} \boldsymbol{F}_i \cdot \delta \boldsymbol{r}_i > 0$$

上式和假设式(20-4) 相矛盾，充分性得证。

将第 i 个质点上受的主动力 $\boldsymbol{F}_i$ 为和虚位移分别向 x、y、z 轴投影，虚位移原理可表示为

$$\sum_{i=1}^{n} (F_{xi}\delta x_i + F_{yi}\delta y_i + F_{yi}\delta y_i) = 0 \tag{20-5}$$

应该指出，虽然应用虚位移原理的条件是质点系应具有理想约束，但也可以用于有摩擦的情况，只要把摩擦力当作主动力，在虚功方程中计入摩擦力所作的虚功即可。

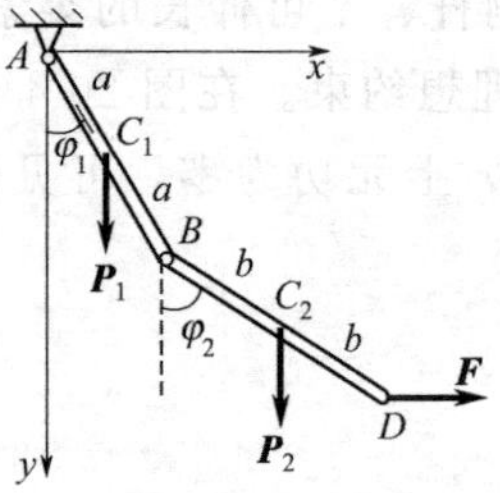

图 20-5

例 20-1 均质杆 AB 和 BD 长度分别为 $2a$、$2b$，重量分别为 P_1、P_2，由中间铰 B 连接，D 端作用水平力 $\boldsymbol{F}$，如图 20-5 所示。求平衡时两杆分别与铅垂方向的夹角。

解：这是两个自由度的系统。建立坐标系如图 20-5 所示。以广义坐标 φ_1 和 φ_2 表示 AB、BD 中点纵坐标及点 D 横坐标

$$\left.\begin{aligned} y_{C1} &= a\cos\varphi_1 \\ y_{C2} &= 2a\cos\varphi_1 + b\cos\varphi_2 \\ x_D &= 2a\sin\varphi_1 + 2b\sin\varphi_2 \end{aligned}\right\}$$

对上式进行变分得

$$\left.\begin{aligned} \delta y_{C1} &= -a\sin\varphi_1\delta\varphi_1 \\ \delta y_{C2} &= -2a\sin\varphi_1\delta\varphi_1 - b\sin\varphi_2\delta\varphi_2 \\ \delta x_D &= 2a\cos\varphi_1\delta\varphi_1 + 2b\cos\varphi_2\delta\varphi_2 \end{aligned}\right\} \tag{a}$$

由虚位移原理得

$$P_1\delta y_{C1} + P_2\delta y_{C2} + F\delta x_D = 0 \tag{b}$$

给定一组广义虚位移 $\delta\varphi_1 = 0$，$\delta\varphi_2 \neq 0$ 代入式(a) 得

$$\left.\begin{aligned} \delta y_{C1} &= 0 \\ \delta y_{C2} &= -b\sin\varphi_2\delta\varphi_2 \\ \delta x_D &= 2b\cos\varphi_2\delta\varphi_2 \end{aligned}\right\} \tag{c}$$

将式(c) 代入式(b) 得

$$\varphi_2 = \arctan\frac{2F}{P_2}$$

给定另一组广义虚位移 $\delta\varphi_1 \neq 0$，$\delta\varphi_2 = 0$ 代入式(a) 后的结果再代入式(b) 同理可得

$$\varphi_1 = \arctan\frac{2F}{P_1 + 2P_2}$$

例 20-2 如图 20-6(a) 所示静定梁，已知 F，a，$M = Fa$。求 C 处约束力、A 处约束力偶。

解：(1) 这是静定梁结构，不可能产生虚位移，为了求解 C 处约束力，可先解除 C 处约束以约束力 $\boldsymbol{F}_C$ 代之，此时的系统中将产生图 20-6(b) 所示的虚位移。

由几何关系得

$$\delta r_C = a\delta\theta$$

由虚位移原理得

$$-M\delta\theta + F_C\delta r_C = 0$$

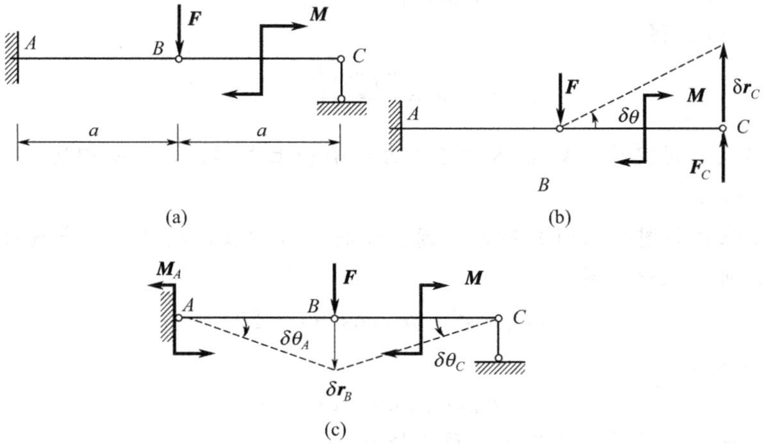

(a) (b) (c)

图 20-6

解得

$$F_C=\frac{M}{a}=F$$

(2) 解除固定端 A 处部分约束，以固定铰代替，A 处加上约束力偶矩 M_A，此时的系统中将产生图 20-6(c) 所示的虚位移。

由几何关系得

$$\delta r_B=a\delta\theta_A\text{，}\delta\theta_A=\delta\theta_B$$

由虚位移原理得

$$-M_A\delta\theta_A+F\delta r_B-M\delta\theta_C=0$$

解得

$$M_A=0$$

用虚位移原理求解结构的平衡问题时，首先需解除某支座约束或部分约束而代之以约束力，使结构变为机构，把约束力当作主动力，在然后用虚位移原理求解。若需求多个约束力，有时需要多次解除约束用虚位移原理求解，这样求解往往不如用平衡方程求解方便。

例 20-3 如图 20-7(a) 所示曲柄式压榨机，已知受水平力 $\boldsymbol{F}_P$ 作用，两杆长均为 l，各物体自重不计，求图示倾角为 θ 而平衡时 M 物体所受压力。

解： 这是一个自由度的系统。下面用三种方法求解。

解法 1： 解析法

在图 20-7(a) 中建立定系 Oxy，取 θ 为广义坐标。则有

$$x_A=l\sin\theta\text{，}\ y_B=2l\cos\theta$$

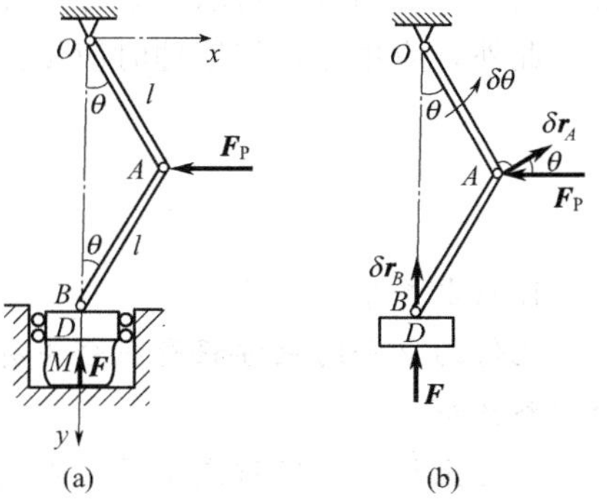

(a) (b)

图 20-7

对上式进行变分得

$$\delta x_A=l\cos\theta\delta\theta\text{，}$$

$$\delta y_B=-2l\sin\theta\delta\theta \tag{a}$$

由虚位移原理得

$$-F_P\delta x_A - F\delta y_B = 0 \tag{b}$$

联解式(a)、(b) 得

$$F=\frac{F_P\cot\theta}{2}$$

按照作用与反作用定律，M 物体所受压力大小和上式相同，方向相反。

解法 2：几何法

A、B 点虚位移如图 20-7(b) 所示。因 AB 杆不可伸长，故 A、B 点虚位移在 AB 连线上投影必相等，可得几何关系

$$\delta r_B\cos\theta=\delta r_A\cos(90°-2\theta)$$

由虚位移原理得

$$-F_P\delta r_A\cos\theta+F\delta r_B=0 \tag{c}$$

从而可解得同样的结果。此法虚位移比较直观。

解法 3：虚速度法

假想虚位移 $\delta\boldsymbol{r}_A$ 和 $\delta\boldsymbol{r}_B$ 是在时间 $\mathrm{d}t$ 内发生，这时把 $\boldsymbol{v}_A=\frac{\delta\boldsymbol{r}_A}{\mathrm{d}t}$ 和 $\boldsymbol{v}_B=\frac{\delta\boldsymbol{r}_B}{\mathrm{d}t}$ 称为**虚速度**，虚位移的关系转换成虚速度（或虚角速度）间的关系。

由速度投影定理得

$$v_B\cos\theta=v_A\cos(90°-2\theta)$$

将式(c) 除以 $\mathrm{d}t$ 后将上式代入可解得同样的结果。此法分析虚位移关系时可运用前面所学的运动学知识。

由以上例题可见，用虚位移原理求解机构的平衡问题，关键是找出各虚位移之间的关系，一般可采用下列三种方法建立各虚位移之间的关系。

(1) 建立坐标系，选定合适的自变量，写出各有关点的坐标，对各坐标进行变分运算，确定各虚位移之间的关系，此法为**解析法**，(如例 20-1)。

(2) 设机构某处产生虚位移，作图给出机构各处的虚位移，直接按几何关系，确定各有关虚位移之间的关系，此法为**几何法**，(如例 20-2)。

(3) 按运动学知识，设某处产生虚速度，计算各相关点的虚速度。计算各虚速度时，可采用运动学中各种方法，如点的合成运动方法，刚体平面运动的基点法，速度投影定理，瞬心法及写出运动方程再求导数等。此法为**虚速度法**，(如例 20-3)。

此外，应用虚位移原理时应该注意虚功做正功还是负功。

本章小结

1. 基本概念

几何约束和约束方程能积分为有限形式的约束统称为完整约束。受完整约束的质点系称为完整系统。

广义坐标：确定质点系的位形的独立坐标称为质点系的广义坐标。

自由度：在完整系统中广义坐标的数目称为自由度。

虚位移：在某瞬时，质点或质点系在约束允许的条件下，假想产生的任意无限小的位移为质点或质点系虚位移。建立各虚位移之间的关系可用解析法、几何法等。

理想约束：约束力在质点系中各质点任意虚位移上元功之和为零的约束。

2. 虚位移原理

具有完整、定常、理想约束的质点系保持平衡的充分必要条件是作用于系统上的主动力在任意虚位移中的元功之和为零。即

$$\delta W=\sum_{i}^{n}\boldsymbol{F}_i\cdot\delta\boldsymbol{r}_i=0,\qquad \sum_{i=1}^{n}(F_{xi}\delta x_i+F_{yi}\delta y_i+F_{yi}\delta y_i)=0$$

应用虚位移原理研究刚体系统的平衡问题，是求解静力学平衡问题的另一途径。用虚位移原理求解机构的平衡问题，关键是找出各虚位移之间的关系，一般可采用几何法、解析法等建立各虚位移之间的关系。

习　　题

20-1　图 20-8 所示的四连杆机构中，画出点 B 和点 C 的虚位移。正确的画法有哪些？

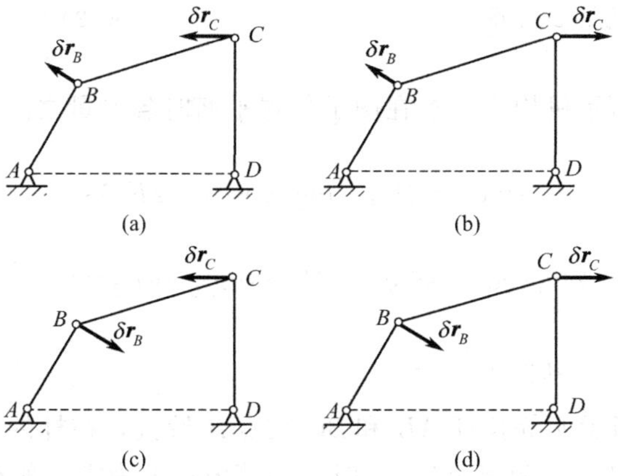

图 20-8　习题 20-1 图

20-2　图 20-9 所示连杆机构中，当曲柄 OC 绕摆动时，滑块 A 沿曲柄自由滑动，从而带动杆 AB 在铅垂导槽 K 内移动。已知：$OC=a$，$OK=l$，转角 φ，在点 C 垂直于曲柄作用一力 $\boldsymbol{F}_1$，而在点 B 沿 BA 作用一力 $\boldsymbol{F}_2$。求机构平衡时，力 $\boldsymbol{F}_1$ 和 $\boldsymbol{F}_2$ 的大小关系。各杆重不计。

答：$F_1=\dfrac{F_2 l}{a}\sec^2\varphi$

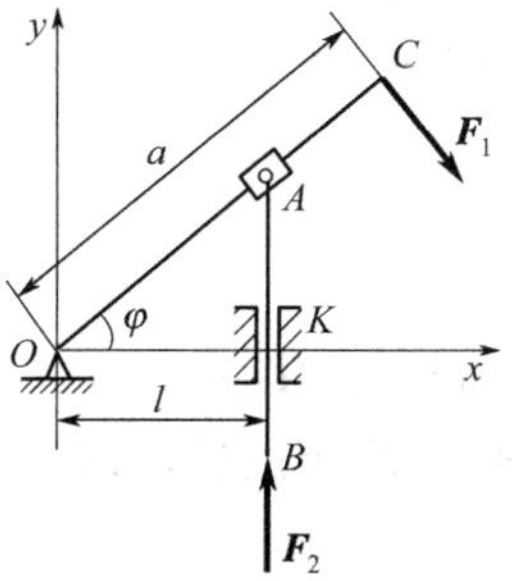

图 20-9　习题 20-2 图

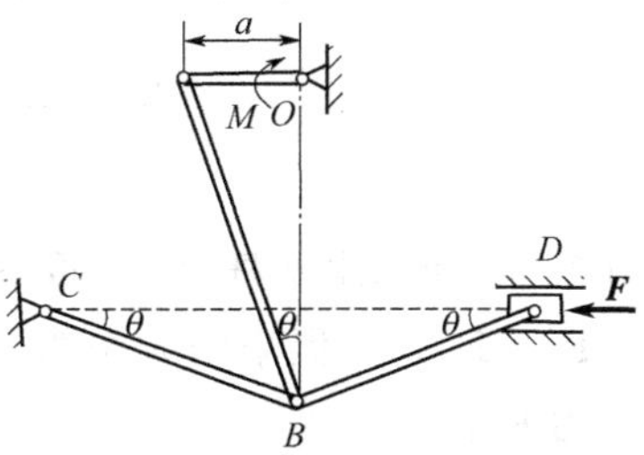

图 20-10　习题 20-3 图

20-3　如图 20-10 所示机构中，曲柄 OA 上作用一力偶，力偶矩为 M。另一滑块 D 上作用一水平力 $\boldsymbol{F}$，有关尺寸和角度如图示。各杆重均不计。求当机构在图示位置平衡时 F 和 M 的关系。

答：$F=\dfrac{M}{a}\cot 2\theta$

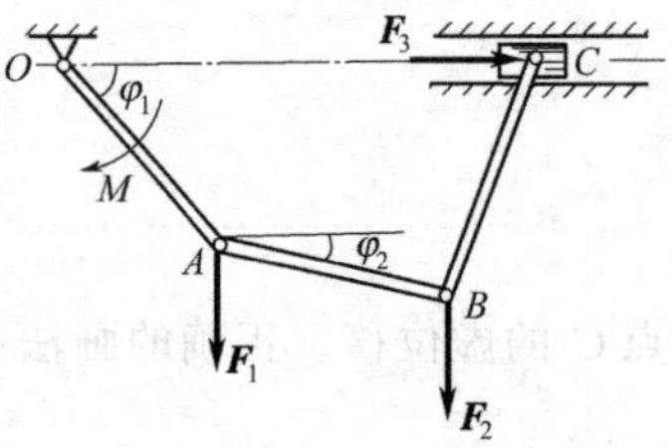

图 20-11　习题 20-4 图

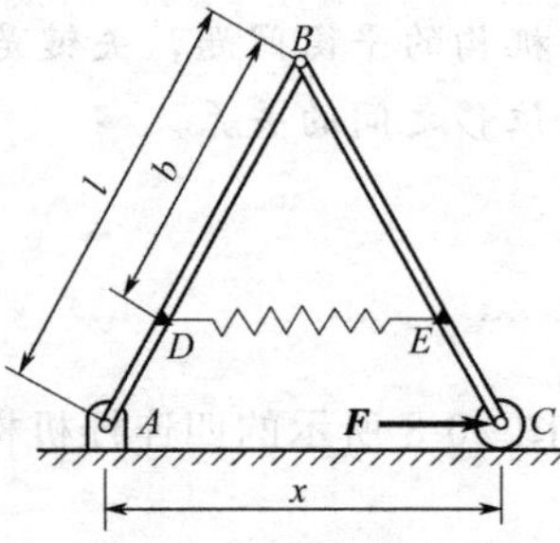

图 20-12　习题 20-5 图

20-4　如图 20-11 所示机构中，求在图示位置平衡时各参量之间的关系。

答：$(F_1+F_2)\cos\varphi_1-F_3\sin\varphi_1-2F_3\lambda\sin\varphi_1\cos\varphi_1-2F_3\lambda\sin\varphi_1\cos\varphi_2-\dfrac{M}{l}=0$

$F_2\cos\varphi_2-F_3\sin\varphi_2-2F_3\lambda\cos\varphi_1\sin\varphi_2-2F_3\lambda\sin\varphi_2\cos\varphi_2=0$

式中 $\lambda=[1-(\sin\varphi_1+\sin\varphi_2)^2]^{-\frac{1}{2}}$

20-5　如图 20-12 所示两等长杆 AB 和 BC 在点 B 铰接，在杆的 D 和 E 两点水平连一弹簧，弹簧的刚度系数为 k，当距离 $AC=a$ 时，弹簧内拉力为零。如在点 C 作用一水平力 F，杆系处于平衡。设 $AB=l$，$BD=b$，杆重不计。求 AC 距离 x。

答：$x=a+\dfrac{Fl^2}{kb^2}$

20-6　如图 20-13 所示的组合梁上作用有载荷：$q=2\text{kN/m}$，$F=5\text{kN}$，$M=6\text{kN}\cdot\text{m}$，梁的尺寸：$a=2\text{m}$。试用虚位移原理求固定端 A 的约束力。

答：$M_A=12\text{kN}\cdot\text{m}$（逆时针），$F_{Ax}=0$，$F_{Ay}=7\text{kN}$（向上）

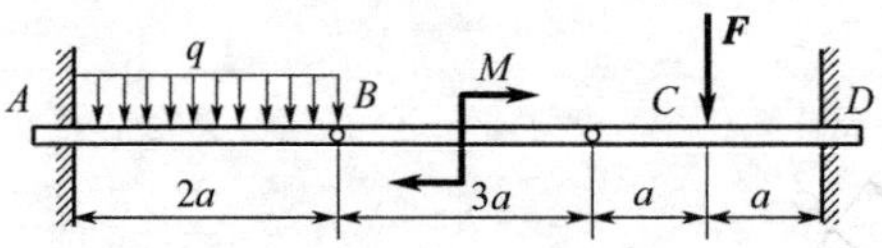

图 20-13　习题 20-6 图

20-7　如图 20-14 所示水平杆 AB，受固定铰支座 A 和斜杆 CD 的约束。在杆 AB 的 B 端作用一力偶（$\boldsymbol{F}'$，$\boldsymbol{F}$），力偶矩的大小为 50N·m，如不计各杆重量，试用虚位移原理求斜杆 CD 所受的力 $\boldsymbol{F}_{CD}$。

答：$F_{CD}=200\text{N}$

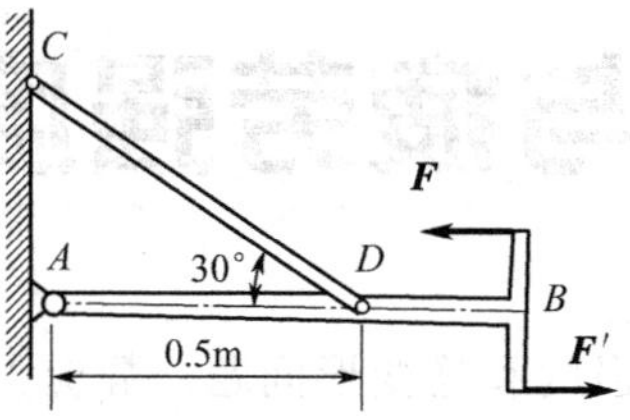

图 20-14　习题 20-7 图

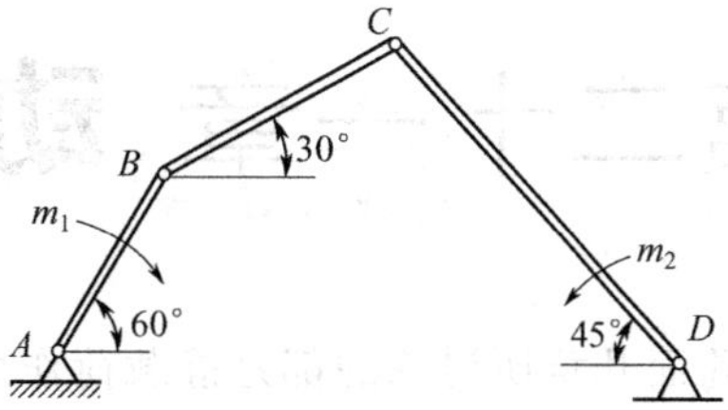

图 20-15　习题 20-8 图

20-8　平面机构 $ABCD$，AB 和 CD 上各作用一力偶，在图 20-15 所示位置平衡。已知 $m_1=0.4\text{N}\cdot\text{m}$，$AB=10\text{cm}$，$CD=22\text{cm}$，杆重不计，试用虚位移原理求力偶矩 m_2 的大小。

答：$F_A=F_D=8\text{N}$，$m_2=1.7\text{N}\cdot\text{m}$

第二十一章 动载荷与疲劳强度

本书前面几章所讨论的都是静载荷作用下杆件的静强度和静变形问题。静应力和静变形的特点，一是与加速度无关；二是不随时间变化。**静载荷**是指缓慢加载至最终数值且不再变化的载荷。若载荷明显地随时间变化，或者构件速度发生显著变化而产生的载荷，则称为**动载荷**。工程中一些高速旋转或者以很高的加速度运动的构件，以及承受冲击物作用的构件，其上作用的载荷，属于动载荷。构件上由于动载荷引起的应力，称为**动应力**。此外，构件在交变应力作用下，会产生疲劳失效。

本章主要讨论三类问题：运动构件的动应力、在冲击作用下构件的动应力及疲劳强度问题。

第一节　匀加速直线运动构件的动应力

一、匀加速度直线运动时构件上的惯性力

对于以匀加速度作直线运动构件，只要确定其上各点的加速度，就可以应用达朗贝尔原理施加惯性力。如果一质点的质量为 m，其加速度为 $\boldsymbol{a}$，则质点上惯性力 $\boldsymbol{F}_{\mathrm{I}}$ 为

$$\boldsymbol{F}_{\mathrm{I}}=-m\boldsymbol{a} \tag{21-1}$$

其大小为

$$F_{\mathrm{I}}=ma$$

其方向与加速度方向相反。

如果是连续分布质量构件，则可在质量微元上施加惯性力，从而在构件上施加惯性力系。由于考虑的构件为变形体，故不宜将惯性力系按刚体的动静法进行简化。由于施加惯性力系后构件形式上受平衡力系作用，故可用截面法计算内力。

例 21-1　如图 21-1(a) 所示，均质细长杆在外力作用下加速度为 $\boldsymbol{a}$，杆的重力集度为 q，求任意横截面轴力。

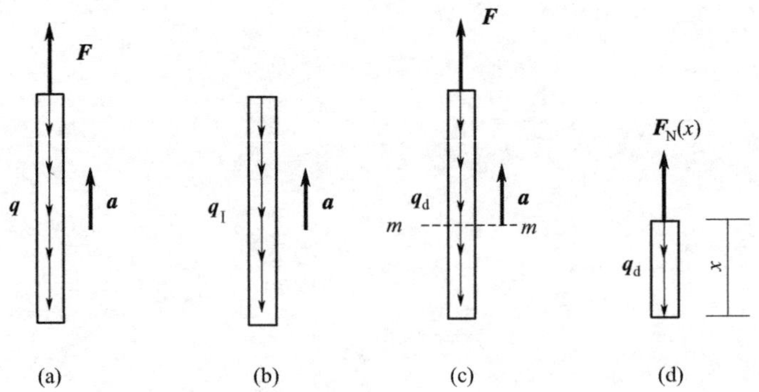

图 21-1

解：均质细长杆上各点加速度相同，故可在单位长度上施加惯性力系如图 21-1(b) 所

示，其集度为 q_{I}。

$$q_{\mathrm{I}}=\frac{q}{g}a$$

施加惯性力系后均质细长杆受力如图 21-1(c) 所示，形式上为平衡力系。分布力集度为

$$q_{\mathrm{d}}=q_{\mathrm{I}}+q=q\left(1+\frac{a}{g}\right)$$

对于任意横截面 m-m 用截面法计算内力如图 21-1(d) 所示，列平衡方程得

$$\sum F_x=0,\ F_{\mathrm{N}}(x)-q_d x=0$$

故任意横截面轴力为

$$F_{\mathrm{N}}(x)=q\left(1+\frac{a}{g}\right)x$$

思考：为何惯性力系不能简化为经过质心的一个合力？

二、匀加速度直线运动时构件上的动应力

如图 21-2(a) 所示，设等截面直杆以匀加速度 $\boldsymbol{a}$ 向上运动杆长为 l，横截面面积为 A，密度为 ρ。作用于这部分杆件上的重力集度为

$$q_{\mathrm{st}}=\rho g A$$

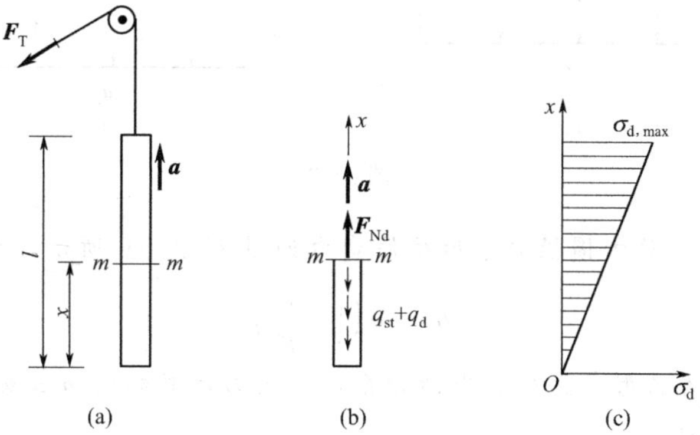

图 21-2

施加惯性力系其集度为

$$q_{\mathrm{I}}=\rho A a$$

由达朗贝尔原理可知，外力与惯性力构成平衡力系。分布力集度为

$$q_{\mathrm{d}}=q_{\mathrm{st}}+q_{\mathrm{I}}$$

用截面法求内力 $\boldsymbol{F}_{\mathrm{Nd}}$，研究 m-m 截面以下部分，如图 21-2(b) 所示。

列平衡方程得

$$\sum F_x=0,\ F_{\mathrm{Nd}}-(q_{\mathrm{st}}+q_{\mathrm{I}})x=0$$

$$F_{\mathrm{Nd}}=\rho g A x\left(1+\frac{a}{g}\right)$$

杆件横截面上的动应力 σ_{d} 线性分布，如图 21-2(c) 所示。其大小为

$$\sigma_{\mathrm{d}}=\frac{F_{\mathrm{Nd}}}{A}=\rho g x\left(1+\frac{a}{g}\right)$$

当 $a=0$ 时，得到由重力产生的静应力为

$$\sigma_{st}=\rho g x$$

令

$$K_d=\frac{\sigma_d}{\sigma_{st}}$$

则有

$$K_d=1+\frac{a}{g}$$

$$\sigma_d=K_d\sigma_{st} \tag{21-2}$$

K_d 称为**动荷系数**。式(21-2) 表明：动应力等于静应力乘以动荷系数。

动强度条件为

$$\sigma_{d,max}=K_d\sigma_{st,max}\leqslant[\sigma] \tag{21-3}$$

例 21-2 如图 21-3(a) 所示，均质细长杆长为 l，在外力作用下加速度为 $\boldsymbol{a}$，杆的重力集度为 q，弯曲截面模量为 W，求横截面最大正应力。

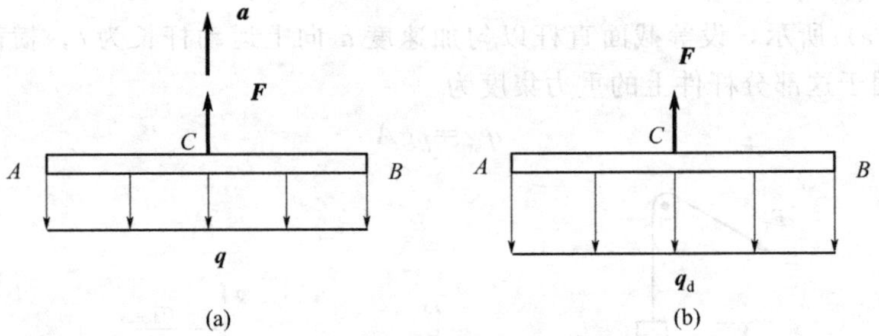

图 21-3

解：类似于例 21-1 施加惯性力系后构件受力如图 21-3(b) 所示，分布力集度为

$$q_d=q\left(1+\frac{a}{g}\right)$$

由于外力与惯性力系形式上构成平衡力系，由内力计算的简易法易知中间截面为最大弯矩所在截面，其大小为

$$M_{max}=\frac{1}{8}q_d l^2$$

横截面最大动应力为

$$\sigma_d=\frac{M_{max}}{W}=\frac{q}{8W}\left(1+\frac{a}{g}\right)l^2$$

第二节 旋转构件的动应力

匀速转动构件由于其上各质点存在法向加速度，也会产生惯性力。以高速旋转圆环为例，设圆环以匀角速 ω 绕过圆心并垂直于圆环平面的定轴旋转如图 21-4(a) 所示。由于是匀角速转动，环内各点只有法向加速度。若环的平均直径 D 远大于厚度，可近似认为环内各点加速度相等。

设圆环径向截面面积为 A，密度为 ρ，则沿直径为 D 的圆周线均布的惯性力系集度为

$$q_d=\rho A a_n=\frac{\rho A D\omega^2}{2}$$

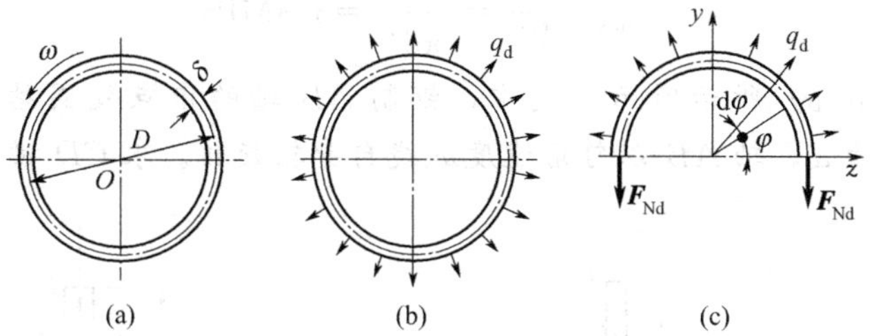

图 21-4

其方向与法向加速度方向相反，如图 21-4(b) 所示。取截面沿直径将圆环一分为二，研究上半部分，如图 21-4(c) 所示。列平衡方程得

$$\sum F_y = 0,\int_0^{\pi} q_d \sin\varphi \frac{D}{2} d\varphi - 2F_{Nd} = 0$$

$$F_{Nd} = \frac{\rho A D^2 \omega^2}{4}$$

如用圆环上各点速度 v 表示，则有

$$F_{Nd} = \rho A v^2$$

故圆环径向截面上的应力为

$$\sigma_d = \frac{F_{Nd}}{A} = \rho v^2 \tag{21-4}$$

匀速旋转圆环的动强度条件为

$$\sigma_d = \rho v^2 \leqslant [\sigma] \tag{21-5}$$

式(21-5) 表明，环内动应力仅与密度 ρ 和速度 v 有关，而与径向截面面积 A 无关。因此，要保证速旋转圆环有足够的动强度，应限制圆环的转速而增加径向截面面积并不能提高圆环动强度。

思考：在转速不变的情况下，欲降低洗衣机甩干筒的筒壁动应力，可采取哪些措施？

例 21-3 图 21-5 所示飞轮的转动惯量 $J_x = 0.5\text{kN}\cdot\text{m}\cdot\text{s}^2$，转速为 $n = 100\text{r/min}$，轴的直径 $d = 100\text{mm}$。在轴另一端刹车后，使轴在 $t = 5\text{s}$ 内以匀减速停止转动，轴的质量可略去不计。试计算轴横截面上最大切应力。

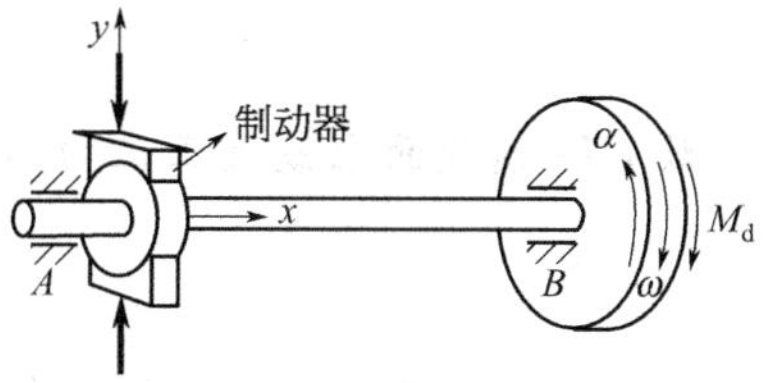

图 21-5

解：飞轮做匀减速运动，角加速度大小为

$$\alpha = \frac{\omega}{t} = \frac{\pi n}{30t} = \frac{\pi \times 100}{30 \times 5} = \frac{2\pi}{3}(\text{rad/s}^2)$$

转向与角速度相反，惯性力偶矩 M_d 与角加速度 α 转向相反，大小为

$$M_d = J_x \alpha = 0.5 \times \frac{2\pi}{3} = \frac{\pi}{3}(\text{kN}\cdot\text{m})$$

由达朗贝尔原理可知，加上惯性力偶矩 M_d 后构成平衡力系。由截面法可求得转轴横截面上扭矩 T_d 为

$$T_d = M_d = \frac{\pi}{3}(\text{kN}\cdot\text{m})$$

故横截面上最大扭转切应力为

$$\tau_{dmax}=\frac{T_d}{W_p}=\frac{16T_d}{\pi d^3}=5.3\text{MPa}$$

例 21-4 图 21-6(a) 所示所示结构中，钢制 AB 轴的中点处固结与之垂直的均质杆 CD，$CD=l$，直径为 d，轴 AB 以匀角速度 ω 绕自身轴旋转。求 CD 横截面上最大正应力。

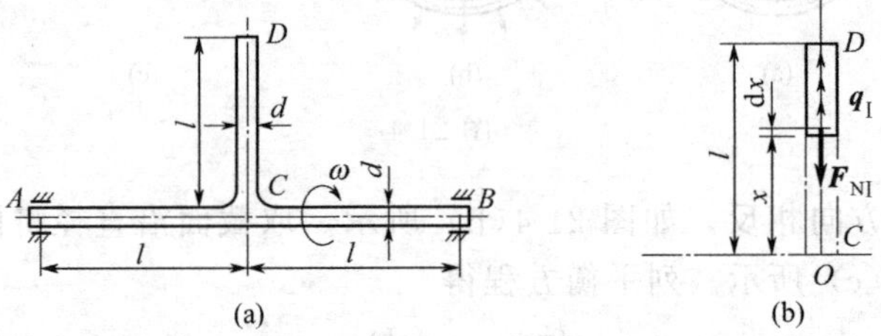

图 21-6

解： 轴 AB 以匀角速度旋转时，杆 CD 上的各个质点具有数值不同的向心加速度。可表示为

$$a_n=\omega^2 x$$

设杆 CD 轴线上单位长度的惯性力为 q_I，

则微段长度 dx 上的惯性力为

$$q_I dx=(dm)a_n=\rho A dx(\omega^2 x)$$

从而有

$$q_I=\rho A\omega^2 x$$

式中 $A=\frac{\pi d^2}{4}$ 为杆 CD 截面积。

用截面法求内力 F_{NI}，如图 21-6(b) 所示。

$$F_{NI}=\int_x^l q_I dx=\int_x^l \rho A\omega^2 x\,dx=\frac{\rho A\omega^2}{2}(l^2-x^2)$$

在 $x=0$ 的截面上有最大轴力为

$$F_{NImax}=\frac{\rho A\omega^2 l^2}{2}$$

故 CD 横截面上最大正应力为

$$\sigma_{dmax}=\frac{F_{NImax}}{A}=\frac{\rho\omega^2 l^2}{2}$$

思考： 上例中如何计算轴 AB 上最大正应力？

第三节 冲击变形与应力

一、计算冲击载荷所用的基本假定

具有一定速度的运动物体，向着静止的构件冲击时，冲击物的速度在很短的时间内发生了很大变化，即冲击物得到了很大的负值加速度。此时，冲击物也将很大的力施加于被冲击的构件上，这种力在工程实际中称为**冲击载荷**。由于冲击载荷要比相应的静载荷大很多，因此大多数工程中应使构件避免或减轻冲击，而在打桩和锻锤工程中等却是利用了冲击的作用。

由于冲击过程中，构件上的应力和变形分布比较复杂，因此，精确地计算冲击载荷，以及被冲击构件中由冲击载荷引起的应力和变形，是很困难的。由于很短的时间内加速度发生了很大变化，动静法不便应用。

在工程中大都采用简化计算方法-**能量法**，这种简化计算基于以下假设。

(1) 假设冲击物的变形可以忽略不计，从开始冲击到冲击产生最大位移时，冲击物与被冲击构件一起运动，而不发生回弹。

(2) 忽略被冲击构件的质量，认为冲击载荷引起的应力和变形，在冲击瞬时遍及被冲击构件，并假设被冲击构件仍处在弹性范围内。

(3) 假设冲击过程中没有其他形式的能量转换，机械能守恒定律仍成立。

二、冲击载荷计算

现以简支梁为例，说明应用机械能守恒定律计算冲击载荷的简化方法。

图 21-7 所示为简支梁，在其上方高度 h 处，有一重量为 G 的物体，自由下落后冲击在梁的中点。冲击刚结束时，冲击载荷及梁中点的位移都达到最大值，分别记为 F_d 和 δ_d。

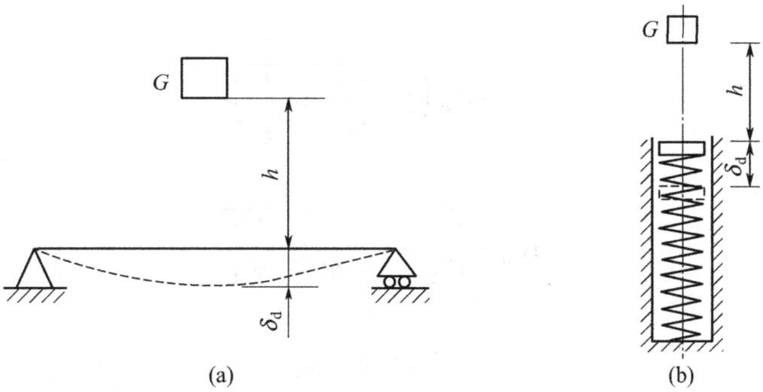

图 21-7

将梁等效为一刚度系数为 k 的弹簧。

设冲击之前、梁没有发生变形时的位置为位置 1，刚结束时，为位置 2。考察这两个位置时系统的动能和势能。

重物下落前和刚结束时，其速度均为零，因而在位置 1 和 2，系统的动能均为零，即

$$T_1 = T_2 = 0 \tag{a}$$

以位置 1 为势能零点，即系统在位置 1 的势能为零

$$V_1 = 0 \tag{b}$$

重物和梁（等效弹簧）在位置 2 时的重力势能和弹性势能分别记为 $V_2(G)$ 和 $V_2(k)$，则

$$V_2(G) = -G(h + \delta_d)$$

$$V_2(k) = \frac{1}{2}k\delta_d^2$$

上述二式中，$V_2(G)$ 为重物的重力从位置 2 回到位置 1（势能零点）所做的功，因为力与位移方向相反，故为负值；$V_2(k)$ 为梁发生变形（从位置 1 到位置 2）后，储存在梁内的应变能，又称为**弹性势能**，数值上等于冲击力从位置 1 到位置 2 时所做的功。

位置 2 势能为

$$V_2=V_2(k)+V_2(G)=\frac{1}{2}k\delta_d^2-G(h+\delta_d) \tag{c}$$

因为假设在冲击过程中，被冲击构件仍在弹性范围内，故冲击力 F_d 和冲击位移 δ_d 之间存在线性关系，即

$$F_d=k\delta_d \tag{d}$$

静载荷作用于刚度系数为 k 的等效弹簧时，力 G 与静位移 δ_{st} 关系相似：

$$G=k\delta_{st} \tag{e}$$

上述二式中表明：将梁等效为一刚度系数为 k 的弹簧，动载与静载时弹簧的刚度系数相同。δ_{st} 作为静载 $\boldsymbol{G}$ 施加在冲击处时，梁在该处的位移。

根据机械能守恒定律，重物下落前和冲击刚结束时，系统的机械能守恒，即

$$T_1+V_1=T_2+V_2$$

由式(a)、(b) 和 (c) 得

$$\frac{1}{2}k\delta_d^2-G(h+\delta_d)=0 \tag{f}$$

由式(e)、(f) 得关于 δ_d 的二次方程为

$$\delta_d^2-2\delta_{st}\delta_d-2\delta_{st}h=0$$

解二次方程得

$$\delta_d=\delta_{st}\left(1+\sqrt{1+\frac{2h}{\delta_{st}}}\right) \tag{g}$$

则冲击动荷系数为

$$K_d=\frac{\delta_d}{\delta_{st}}=1+\sqrt{1+\frac{2h}{\delta_{st}}} \tag{21-6}$$

由以上各式可得

$$\begin{cases}F_d=K_dG\\ \delta_d=K_d\delta_{st}\\ \sigma_d=K_d\sigma_{st}\end{cases} \tag{21-7}$$

可见只要求出动荷系数 K_d，然后乘以静载荷、静变形和静应力，即可求得冲击时的动载荷、变形和应力。

在式(21-6) 中 $h=0$ 时，得到 $K_d=2$，这相当于将重物突然放置在梁上，这时梁上的实际载荷是重物重量的两倍。这时的载荷称为**突加载荷**。

思考： 如重量为 G 的物体在 h 高处有向下初速度 v，动荷系数如何表示？

例 21-5 同样的两根刚度为 EI 的钢梁中点处受重 P 的重物的冲击，其中一梁支于刚性支座上，另一梁支于两根刚度系数为 k 的弹簧支座上，弯曲截面模量为 W。冲击重物高度为 h。试分别计算钢梁上最大动应力、最大动转角和最大动位移。

解： (1) 对于刚性支承的梁如图 21-8(a) 所示。将力 P 直接作用于梁中点处（冲击处），最大静位移为

$$\delta_{st}=\frac{Pl^3}{48EI}$$

冲击动荷系数为

$$K_d=1+\sqrt{1+\frac{2h}{\delta_{st}}}=1+\sqrt{1+\frac{96EIh}{Pl^3}}$$

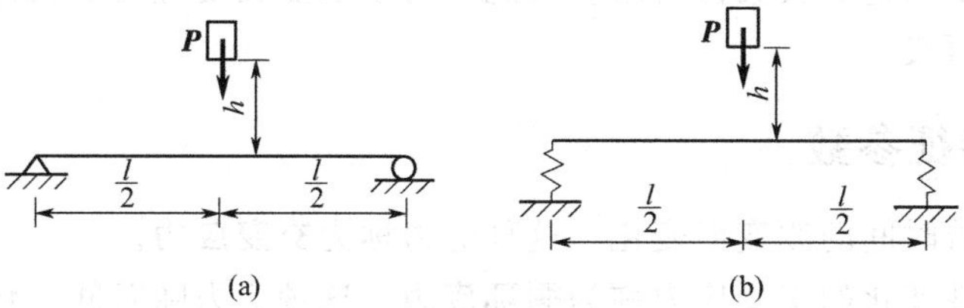

图 21-8

最大静转角为

$$\theta_{st,max}=\frac{Pl^2}{16EI}$$

最大静应力为

$$\sigma_{st,max}=\frac{M_{max}}{W}=\frac{Pl}{4W}$$

故最大动应力为

$$\sigma_d=K_d\sigma_{st,max}=\left(1+\sqrt{1+\frac{96EIh}{Pl^3}}\right)\frac{Pl}{4W}$$

最大动转角为

$$\theta_{d,max}=K_d\theta_{st,max}=\left(1+\sqrt{1+\frac{96EIh}{Pl^3}}\right)\frac{Pl^2}{16EI}$$

最大动位移为

$$\delta_{d,max}=K_d\delta_{st}=\left(1+\sqrt{1+\frac{96EIh}{Pl^3}}\right)\frac{Pl^3}{48EI}$$

(2) 对于弹簧支承的梁如图 21-8(b) 所示。将力 P 直接作用于梁中点处（冲击处即中点处），静位移有两部分构成。一是弹簧压缩引起的中点处刚性位移；一是梁变形引起的中点处变形位移。

$$\delta_{st}=\frac{P}{2k}+\frac{Pl^3}{48EI}$$

冲击动荷系数为

$$K_d=1+\sqrt{1+\frac{2h}{\delta_{st}}}=1+\sqrt{1+\frac{2h}{\frac{P}{2k}+\frac{Pl^3}{48EI}}}$$

以下求解类似（1），从略。

比较两根梁的动荷系数表达式可知，增加受冲构件的静位移，使其缓冲能力提高，降低了动荷系数，从而使冲击应力降低。对于其他冲击问题，也可采用加缓冲弹簧的办法来提高构件抗冲击能力。

第四节　疲劳强度概述

工程结构中有一些构件或零部件中的应力的大小或方向随着时间而变化，这种应力称为交变应力。在交变应力作用下发生的失效，称为**疲劳失效**，简称为**疲劳**。统计结果表明，在各种机械的断裂事故中，大约有 70%～90%是由于疲劳失效引起的。疲劳失效过程往往表现为突发性事故，从而造成灾难性后果。因此，对于承受交变应力的构件，疲劳分析在设计中具有十分重要的意义。

一、交变应力特征参数

一点的应力随着时间的改变而变化，这种应力称为**交变应力**。

随时间做周期性变化的交变应力称为**循环应力**。这种应力随时间变化的曲线，称为**应力谱**（图 21-9）。应力每重复变化一次，称为一个**应力循环**。最小应力与最大应力之比称为**应力比**，用 r 表示，即

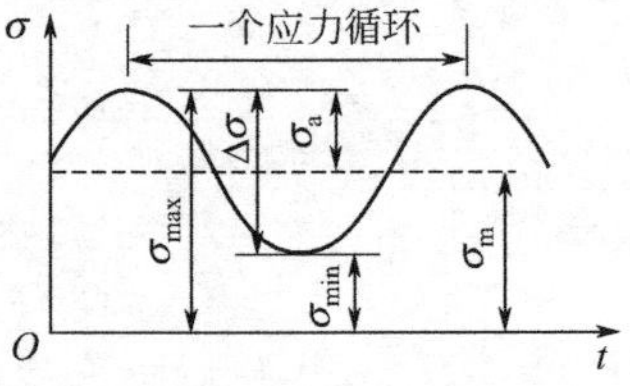

图 21-9

$$r=\frac{\sigma_{min}}{\sigma_{max}} \quad (当|\sigma_{min}|\leqslant|\sigma_{max}|时) \tag{21-8a}$$

或

$$r=\frac{\sigma_{max}}{\sigma_{min}} \quad (当|\sigma_{min}|>|\sigma_{max}|时) \tag{21-8b}$$

最小应力与最大应力的平均值称为应力循环中的**平均应力**。用 σ_m 表示，即

$$\sigma_m=\frac{\sigma_{min}+\sigma_{max}}{2} \tag{21-9}$$

σ_a 称为应力循环中的**应力幅**，即

$$\sigma_a=\frac{\sigma_{max}-\sigma_{min}}{2} \tag{21-10}$$

$\Delta\sigma$ 称为**应力范围**，即

$$\Delta\sigma=\sigma_{max}-\sigma_{min} \tag{21-11}$$

若 $\sigma_{max}=\sigma_{min}$，则由上各式得交变应力的特征参数：

$$r=-1,\ \sigma_m=0,\ \sigma_a=\sigma_{max},\ \Delta\sigma=0$$

满足上式的应力循环称为**对称循环**。其他则统称为**非对称循环**。其中，$r=0$ 时，称为**脉动循环**。$r=+1$ 时，为静应力情形。上述名词术语及相关表达式也适用于循环切应力的情况，只需将上述公式中的正应力改为切应力。疲劳失效和交变应力的特征参数有关。

二、疲劳失效特点与疲劳极限

材料在交变应力作用下的破坏情况与静应力破坏有本质的不同。材料在交变应力作用下破坏的主要特征是：

(1) 因交变应力产生破坏时，最大应力值一般低于静载荷作用下材料的抗拉（压）强度极限，有时甚至低于屈服极限。

(2) 材料的破坏为脆性断裂，一般没有显著的塑性变形，即使是塑性材料也是如此。在构件破坏的断口上，明显地存在着两个区域：光滑区和颗粒粗糙区。

对于金属疲劳失效通常可分为疲劳裂纹萌生、疲劳裂纹扩展和瞬时断裂三个阶段。

(1) 疲劳裂纹萌生。疲劳裂纹常在金属构件表面开始形成，这是因为构件表面处应力通常最大，在交变应力作用下，构件表面的应力集中区或冶金缺陷处，有可能产生微观的疲劳裂纹。由于晶粒的取向不同以及存在各种宏观或微观缺陷，每个晶粒的强度在相同的受力方向上是各不相同的。当构件应力水平较低时，整体金属还处于弹性状态，而个别薄弱晶粒已进入塑性应变状态。这些首先屈服的晶粒，可以看成是应力集中区。在循环载荷作用下，该弱晶粒出现应变硬化，形成微观裂纹。

（2）疲劳裂纹扩展。在循环载荷作用下，裂纹继续扩展，到达一定深度后，裂纹扩展速度和深度逐渐增大。

（3）瞬时断裂。经过一定数量的应力循环后，承受载荷的横截面面积不断减小，最终导致瞬时脆性断裂。

构件的疲劳断口可分成三个区域，与疲劳裂纹的形成、扩展和瞬断三个阶段相对应，分别称为疲劳源区、疲劳扩展区和瞬时断裂区（如图 21-10）。在裂纹形成后，裂纹的两侧面在循环应力下时而分开时而压紧，不断反复，形成表面平滑而呈现出似贝壳光泽的扩展区。而突然脆性断裂则形成了粗糙颗粒状的瞬断区。

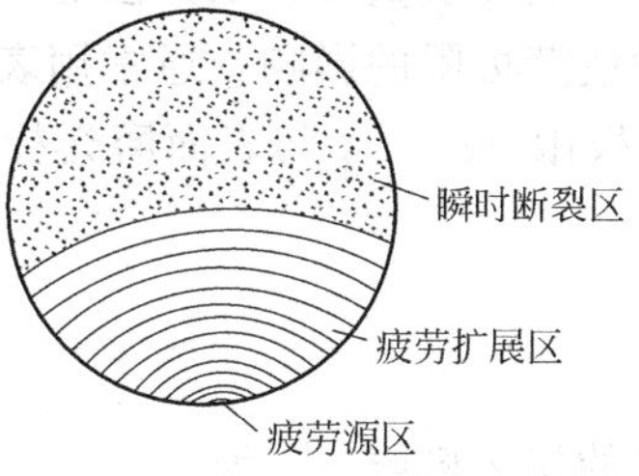

图 21-10

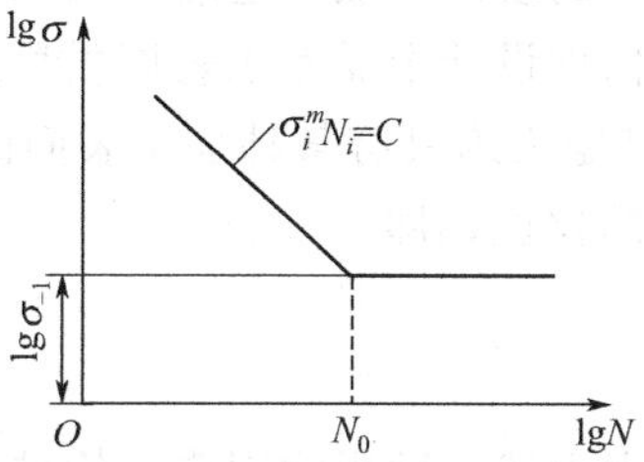

图 21-11

材料在循环应力下的疲劳强度可用疲劳试验来测定。光滑小试样疲劳破坏时所经历的应力循环次数 N，称为材料的**疲劳寿命**。通过测定一组承受不同应力的试样寿命，以应力 σ 为纵坐标，以疲劳寿命 N 为横坐标，可绘出材料在循环应力下的 σ-N 曲线。一般用对数坐标绘出，如图 21-11 所示。

σ-N 曲线拟合方程为 $\sigma_i^m N_i = C$

式中，C 和 m 为材料常数，N_i 为应力循环次数。在对数坐标中，近似为二直线。二线交点的纵坐标就是对称循环下材料的**疲劳极限**。即材料可经历无限次对称应力循环而不发生疲劳破坏的最大应力，又称为**持久极限**记为 σ_{-1}。按此进行疲劳强度设计，称为无限寿命设计。给定一个 N_i，在斜直线上就有对应的一个最大应力 σ_i，称为疲劳寿命为 N_i 材料的**条件疲劳极限**。按条件疲劳极限进行疲劳强度设计，称为有限寿命设计。

三、影响构件疲劳强度的因素

实际构件的疲劳极限不但与材料有关，而且还受构件形状、尺寸大小、表面质量等因素的影响。因此，用光滑小试样测定的材料的疲劳极限 σ_{-1} 并不能代表实际构件的疲劳极限。下面讨论影响构件疲劳极限的几种主要因素。

1. 应力集中的影响

构件截面的突然变化，例如构件上有槽、孔、缺口、轴肩等，将引起应力集中。在应力集中的局部区域更易形成疲劳裂纹，使构件的疲劳强度显著降低，可用**有效应力集中系数** K_σ 来表示。

$$K_\sigma = \frac{\sigma_{-1}}{(\sigma_{-1})_k} \tag{21-12}$$

式中，σ_{-1} 为无应力集中光滑小试样疲劳极限，$(\sigma_{-1})_k$ 为应力集中光滑小试样疲劳极限。

2. 尺寸的影响

构件尺寸大小对其疲劳强度影响很大。一般来说，构件尺寸增大时其疲劳强度降低。这是因为大尺寸构件表面积和体积较大，所包含的缺陷比小尺寸构件多，更易在表面形成疲劳裂纹。另外，若构件截面上应力为线性分布，且表面最大应力相同，则大尺寸构件的高应力区比小构件大，形成疲劳裂纹的可能性更大。这种疲劳强度随构件尺寸增大而降低的现象称为**尺寸效应**，可用**尺寸系数** ε 来表征，其定义为尺寸为 d 的构件的疲劳极限 $(\sigma_{-1})_d$ 与几何相似的标准尺寸光滑小试样的疲劳极限之比 σ_{-1}，即

$$\varepsilon=\frac{(\sigma_{-1})_d}{\sigma_{-1}} \tag{21-13}$$

3. 表面质量的影响

标准试样的表面一般经过磨削加工，而实际构件的表面质量因加工方法的不同有多种多样，所以在构件设计中需考虑表面质量或加工方法对疲劳极限的影响，通常用**表面质量系数** β 来表示。其定义为具有某种加工表面的试样的疲劳极限 $(\sigma_{-1})_\beta$ 与表面磨光标准试样的疲劳极限 σ_{-1} 的比值，即

$$\beta=\frac{(\sigma_{-1})_\beta}{\sigma_{-1}} \tag{21-14}$$

综合考虑上述三种影响因素，构件在对称循环下的持久极限 σ_{-1}^0 为

$$\sigma_{-1}^0=\frac{\beta\varepsilon}{K_\sigma}\sigma_{-1} \tag{21-15}$$

四、提高构件疲劳强度的措施

在不改变构件的基本尺寸和材料的前提下，可采用减缓应力集中程度和改善表面质量的方法，提高构件的疲劳强度。

1. 减缓应力集中

应力集中是疲劳破坏的重要原因，应避免在构件表面设计带尖角的孔或槽，应适当加大截面突变处的过渡圆角，以减缓应力集中，从而显著提高构件的疲劳强度。

2. 提高构件表层质量

由于最大应力常发生于构件表面，所以疲劳裂纹通常从构件表面开始形成和扩展。因此，通过机械的或化学的方法改善构件表面层质量，可大大提高构件的疲劳强度。为了强化构件的表面层，可采用热处理和化学处理的方法，例如表面高频淬火、渗碳、渗氮和氰化等。也可采用机械的方法，例如表面滚压和喷丸等。这些表面处理方法一方面可使构件表层的材料强度提高，另一方面可以在构件表层中产生残余压应力，减小易产生裂纹的表面拉应力，抑制疲劳裂纹的形成和扩展，从而提高构件的疲劳强度。

本章小结

1. 匀加速度直线运动时构件上的惯性力

$$\boldsymbol{F}_{\mathrm{I}}=-m\boldsymbol{a}$$

如果是质量连续分布构件，则可在质量微元上施加惯性力，从而在构件上组成惯性力系和其他力形式上平衡。由于考虑的构件为变形体，故不宜将惯性力系按刚体的动静法进行简化。施加惯性力系后构件形式上受平衡力系作用，故可用截面法计算内力。

2. 匀速旋转圆环的动强度条件为

$$\sigma_d=\rho v^2\leqslant[\sigma]$$

3. 竖向冲击动荷系数为

$$K_d=\frac{\delta_d}{\delta_{st}}=1+\sqrt{1+\frac{2h}{\delta_{st}}}$$

冲击时的动载荷、变形和应力为

$$\begin{cases}F_d=K_dG\\ \delta_d=K_d\delta_{st}\\ \sigma_d=K_d\sigma_{st}\end{cases}$$

4. 交变应力特征参数

应力比为

$$r=\frac{\sigma_{min}}{\sigma_{max}}\quad（当|\sigma_{min}|\leqslant|\sigma_{max}|时）或$$

$$r=\frac{\sigma_{max}}{\sigma_{min}}\quad（当|\sigma_{min}|>|\sigma_{max}|时）$$

平均应力为

$$\sigma_m=\frac{\sigma_{min}+\sigma_{max}}{2}$$

应力幅为

$$\sigma_a=\frac{\sigma_{max}-\sigma_{min}}{2}$$

应力范围为

$$\Delta\sigma=\sigma_{max}-\sigma_{min}$$

5. 影响构件疲劳强度的因素

构件在对称循环下的持久极限 σ_{-1}^0 为

$$\sigma_{-1}^0=\frac{\beta\varepsilon}{K_\sigma}\sigma_{-1}$$

习　题

21-1　如图 21-12 所示，槽钢用绳子吊着以匀加速度下降，$a=6\text{m/s}^2$，$l=6\text{m}$，$b=1\text{m}$。试求槽钢中最大的弯曲正应力。

答：$\sigma_{max}=59.1\text{MPa}$

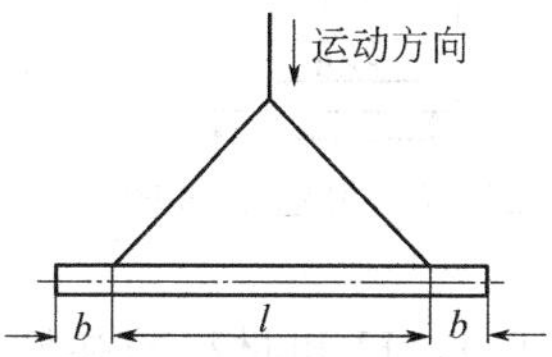

图 21-12　习题 21-1 图

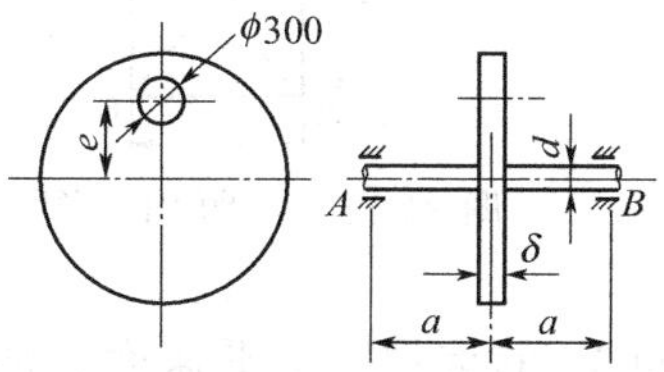

图 21-13　习题 21-2 图

21-2　钢制圆轴 AB 上装有一开孔的匀质圆盘如图 21-13 所示。圆盘厚度为 $\delta=30\text{mm}$，孔直径为 $\phi=300\text{mm}$。圆盘和轴一起以匀角速度 $\omega=40\text{rad/s}$ 转动。若已知：$a=1000\text{mm}$，轴直径 $d=120\text{mm}$，$e=300\text{mm}$，圆盘材料密度 $\rho=7800\text{kg/m}^3$。求由于开孔引起的轴内最

大弯曲正应力。

答：$\sigma_{max}=22.4MPa$

21-3　钢轴 AB 直径为 $d=80mm$（图 21-14），轴上连有另一直径为 $d=80mm$ 的钢质圆杆 CD。若轴 AB 以匀角速度 $\omega=40rad/s$ 旋转，材料的许用应力 $[\sigma]=70MPa$，材料密度 $\rho=7960kg/m^3$。试校核轴 AB 及杆 CD 的强度。

答：AB 杆 $\sigma_{d,max}=2.3MPa$，安全；CD 杆 $\sigma_{d,max}=68.8MPa$，安全

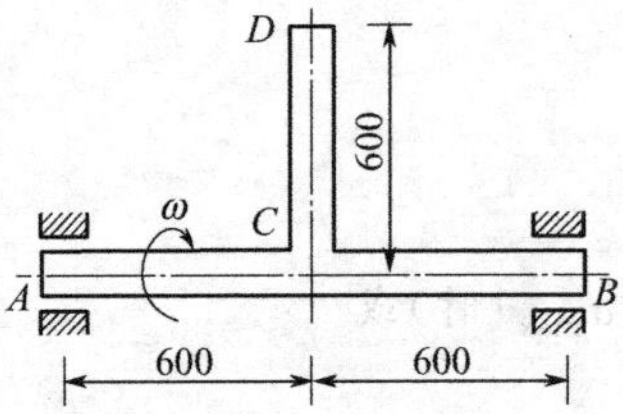

图 21-14　习题 21-3 图

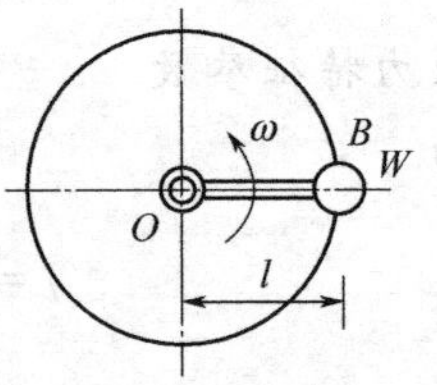

图 21-15　习题 21-4 图

21-4　有一重 W 的钢球装在长 l 的转臂 OB 的端部（图 21-15），以匀角速度 ω 在光滑水平面上绕 O 旋转所示。若已知转臂横截面面积为 A，自重为 W_1，弹性模量为 E，试求转臂的伸长 Δl。

答：$\Delta l=\dfrac{\omega^2 l^2}{3EAg}(3W+W_1)$

21-5　质量为 m 的匀质矩形平板用两根平行且等长的轻杆悬挂。已知平板的尺寸为 h、l。若将平板在图 21-16 所示位置无初速度释放，试求此瞬时两杆所受的轴向力。

答：$F_A=\dfrac{mg}{4l}(\sqrt{3}l+h)$，$F_B=\dfrac{mg}{4l}(\sqrt{3}l-h)$

21-6　计算图 21-17 所示汽轮机叶片的受力时，可近似将叶片视为等截面匀质杆。若已知叶轮的转速 $n=3000r/min$，叶片长度 $l=250mm$，叶片根部处叶轮的半径 $R=600mm$。试求叶片根部横截面上的最大拉应力。

答：140MPa

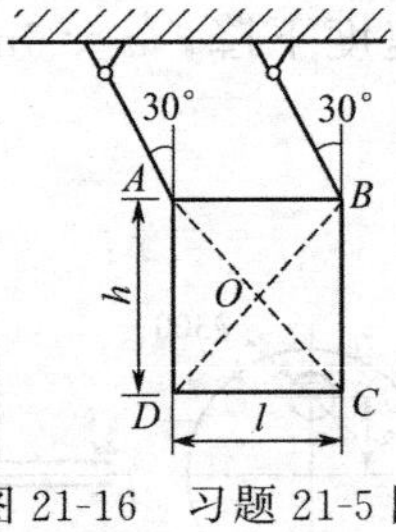

图 21-16　习题 21-5 图

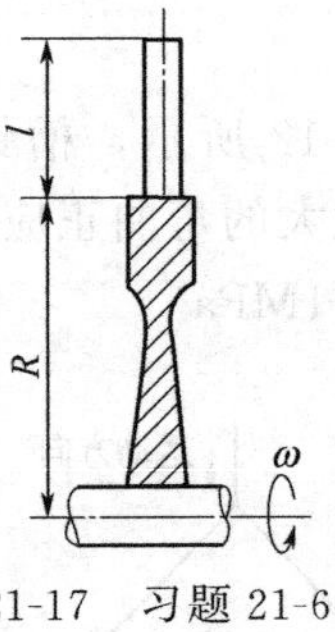

图 21-17　习题 21-6 图

21-7　重 W 的重物以水平速度 v 冲击直杆上（图 21-18），已知材料的弹性模量及尺寸分别为 E、h_1、h 和 b。试求直杆最大水平位移和杆内的最大正应力。

答：$\Delta_d=v\sqrt{\dfrac{4Wh_1^3}{Egbh^3}}$，$\sigma_{d,max}=\dfrac{3v}{bh}\sqrt{\dfrac{WEbh}{gh_1}}$

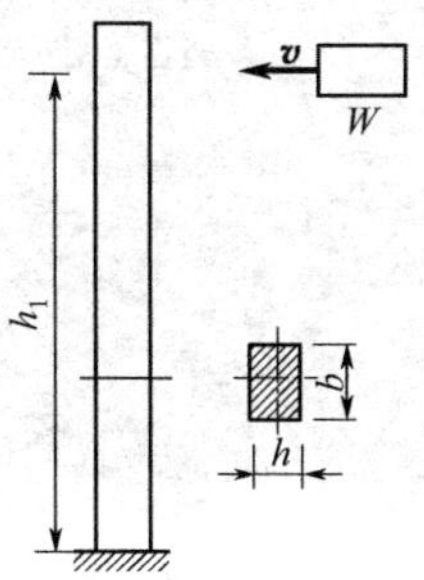

图 21-18　习题 21-7 图

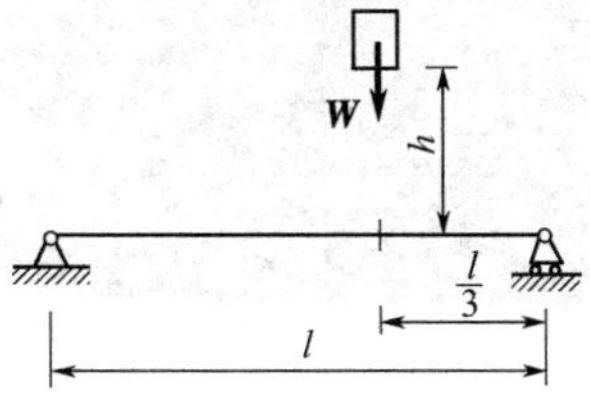

图 21-19　习题 21-8 图

21-8　重量为 W 的重物自高度 h 下落在梁上（图 21-19），设梁的刚度 EI 及弯曲截面模量 W_z 为已知。试求冲击时梁内的最大正应力。

答：$\sigma_{d,\max}=\dfrac{2Wl}{9W_z}\left(1+\sqrt{1+\dfrac{243EIh}{2Wl^3}}\right)$

21-9　重量为 W 的重物自由下落冲击刚架（图 21-20），设刚度 EI 及弯曲截面模量 W_z 为已知。试求冲击时刚架内的最大正应力（轴力影响不计）。

答：$\sigma_{d,\max}=\dfrac{Wa}{W_z}\left(1+\sqrt{1+\dfrac{3EIh}{2Wa^3}}\right)$

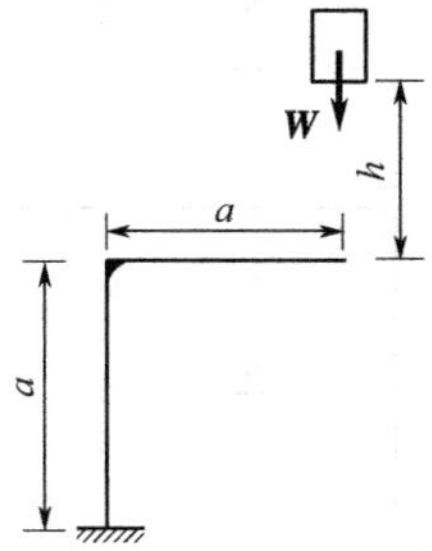

图 21-20　习题 21-9 图

附　　录

附录一　常用截面的几何性质计算公式

截面形状和形心轴的位置	面积 A	惯性矩		惯性半径	
		I_x	I_y	i_x	i_y
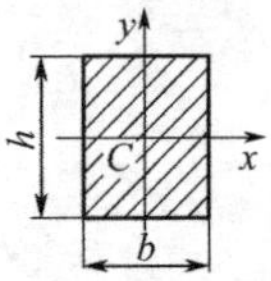	bh	$\frac{bh^3}{12}$	$\frac{b^3h}{12}$	$\frac{h}{2\sqrt{3}}$	$\frac{b}{2\sqrt{3}}$
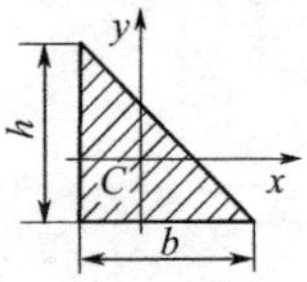	$\frac{bh}{2}$	$\frac{bh^3}{36}$	$\frac{b^3h}{36}$	$\frac{h}{3\sqrt{2}}$	$\frac{b}{3\sqrt{2}}$
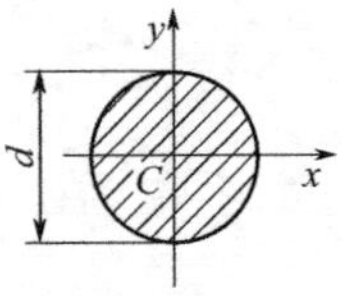	$\frac{\pi d^2}{4}$	$\frac{\pi d^4}{64}$	$\frac{\pi d^4}{64}$	$\frac{d}{4}$	$\frac{d}{4}$
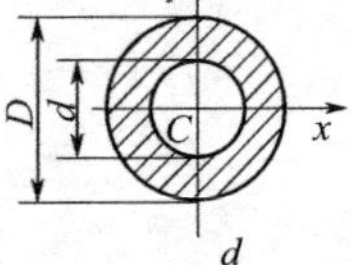 $\alpha=\frac{d}{D}$	$\frac{\pi D^2}{4}(1-\alpha^2)$	$\frac{\pi D^4}{64}(1-\alpha^4)$	$\frac{\pi D^4}{64}(1-\alpha^4)$	$\frac{D}{4}\sqrt{1+\alpha^2}$	$\frac{D}{4}\sqrt{1+\alpha^2}$
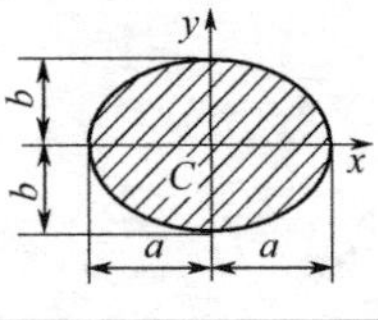	πab	$\frac{\pi}{4}ab^3$	$\frac{\pi}{4}a^3b$	$\frac{b}{2}$	$\frac{a}{2}$

注：在本附录中所用的坐标系与本书各章中所用的不同。在有关对称弯曲的问题中，截面的中性轴可以是本附录中的 x 轴或 y 轴；但对本附录中的三角形截面，x、y 轴均非这样的中性轴，需要注意。

附录二 简单荷载作用下梁的挠度和转角

悬臂梁

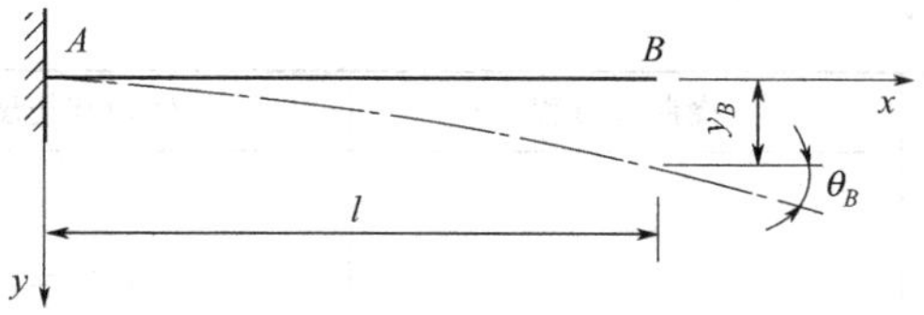

y：沿 y 方向的挠度

$y_B=y(l)$：梁右端处的挠度

$\theta_B=y'(l)$：梁右端处的转角

序号	梁上荷载及弯矩图	挠曲线方程	转角和挠度
1	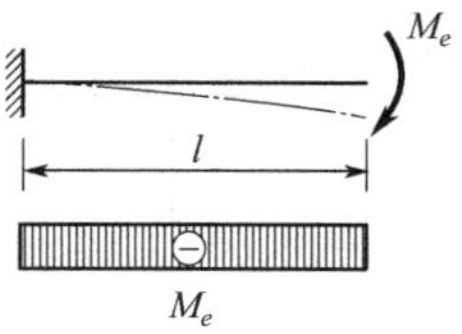	$y=\dfrac{M_e x^2}{2EI}$	$\theta_B=\dfrac{M_e l}{EI}$ $y_B=\dfrac{M_e l^2}{2EI}$
2	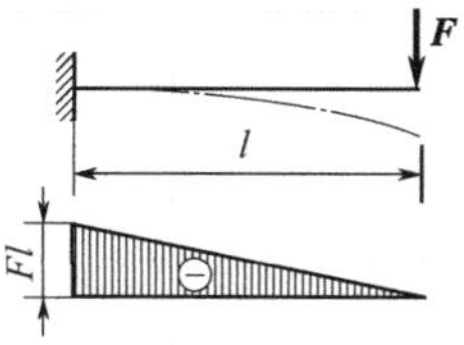	$y=\dfrac{Fx^2}{6EI}(3l-x)$	$\theta_B=\dfrac{Fl^2}{2EI}$ $y_B=\dfrac{Fl^3}{3EI}$
3	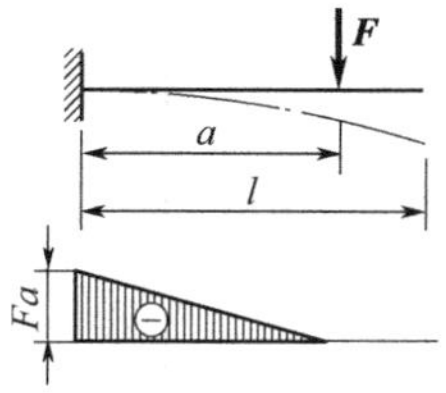	$y=\dfrac{Fx^2}{6EI}(3a-x)$ $(0\leqslant x\leqslant a)$ $y=\dfrac{Fa^2}{6EI}(3x-a)$ $(a\leqslant x\leqslant l)$	$\theta_B=\dfrac{Fa^2}{2EI}$ $y_B=\dfrac{Fa^2}{6EI}(3l-a)$
4	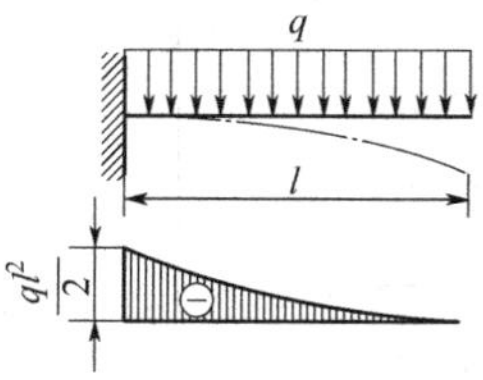	$y=\dfrac{qx^2}{24EI}(x^2+6l^2-4lx)$	$\theta_B=\dfrac{ql^3}{6EI}$ $y_B=\dfrac{ql^4}{8EI}$

简支梁

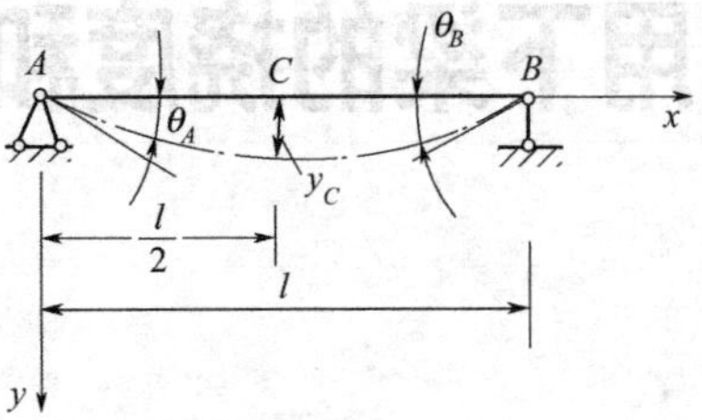

y：沿 y 方向的挠度

$y_C=y\left(\frac{l}{2}\right)$：梁的中点挠度

$\theta_A=y'(0)$：梁左端处的转角

$\theta_B=y'(l)$：梁右端处的转角

序号	梁上荷载及弯矩图	挠曲线方程	转角和挠度
5	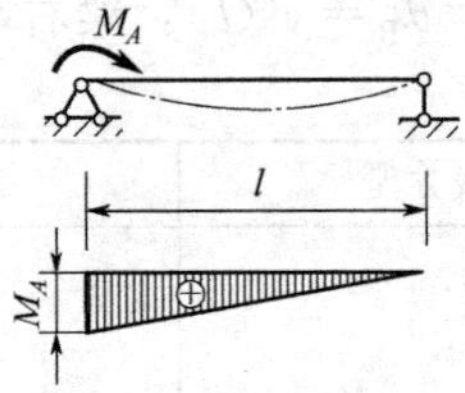	$y=\frac{M_A x}{6EIl}(l-x)(2l-x)$	$\theta_A=\frac{M_A l}{3EI}$ $\theta_B=-\frac{M_A l}{6EI}$ $y_C=\frac{M_A l^2}{16EI}$
6	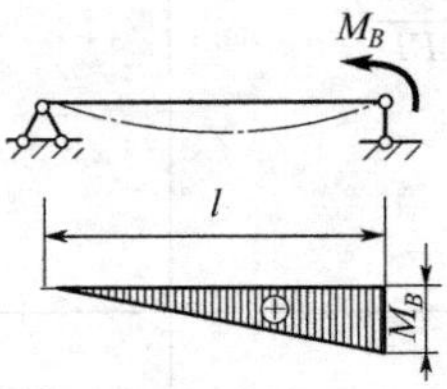	$y=\frac{M_B x}{6EIl}(l^2-x^2)$	$\theta_A=\frac{M_B l}{6EI}$ $\theta_B=-\frac{M_B l}{3EI}$ $y_C=\frac{M_B l^2}{16EI}$
7	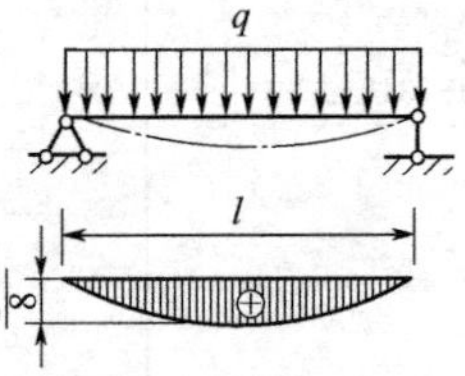	$y=\frac{qx}{24EI}(l^3-2lx^2+x^3)$	$\theta_A=\frac{ql^3}{24EI}$ $\theta_B=-\frac{ql^3}{24EI}$ $y_C=\frac{5ql^4}{384EI}$
8	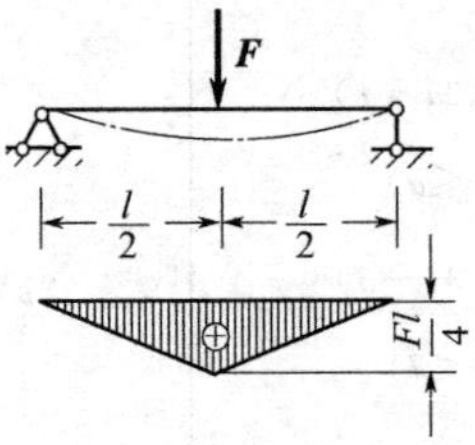	$y=\frac{Fx}{48EI}(3l^2-4x^2)$ $(0\leqslant x\leqslant\frac{l}{2})$	$\theta_A=\frac{Fl^2}{16EI}$ $\theta_B=-\frac{Fl^2}{16EI}$ $y_C=\frac{Fl^3}{48EI}$
9	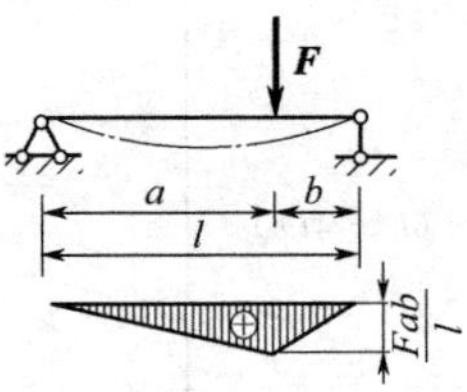	$y=\frac{Fbx}{6EIl}(l^2-x^2-b^2)$ $(0\leqslant x\leqslant a)$ $y=\frac{Fb}{6EIl}\left[\frac{l}{b}(x-a)^3+(l^2-b^2)x-x^3\right]$ $(a\leqslant x\leqslant l)$	$\theta_A=\frac{Fab(l+b)}{6EIl}$ $\theta_B=-\frac{Fab(l+a)}{6EIl}$ $y_C=\frac{Fb(3l^2-4b^2)}{48EI}$ (当 $a\geqslant b$ 时)

序号	梁上荷载及弯矩图	挠曲线方程	转角和挠度
10	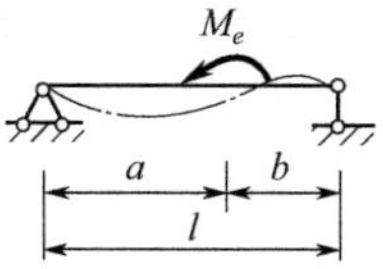 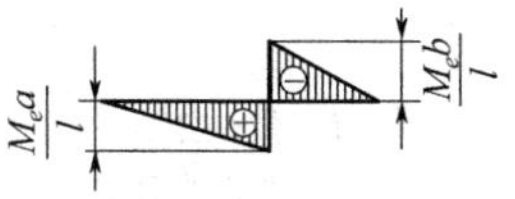	$y=\frac{M_e x}{6EIl}(6al-3a^2-2l^2-x^2)$ $(0\leqslant x\leqslant a)$ 当 $a=b=\frac{l}{2}$ 时， $y=\frac{M_e x}{24EIl}(l^2-4x^2)$ $\left(0\leqslant x\leqslant \frac{l}{2}\right)$	$\theta_A=\frac{M_e}{6EIl}(6al-3a^2-2l^2)$ $\theta_B=\frac{M_e}{6EIl}(l^2-3a^2)$ 当 $a=b=\frac{l}{2}$ 时， $\theta_A=\frac{M_e l}{24EI}$ $\theta_B=\frac{M_e l}{24EI}$， $y_C=0$

附录三 型钢规格表

表 1 热轧等边角钢（GB 9787—1988）

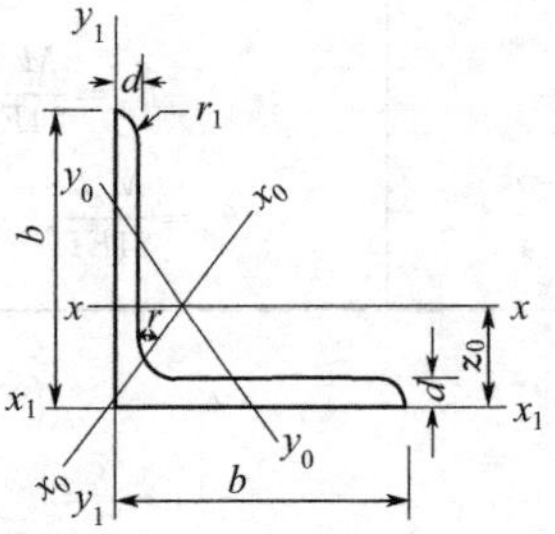

符号意义：

b—边宽度； I—惯性矩；

d—边厚度； i—惯性半径；

r—内圆弧半径； W—弯曲截面系数；

r_1—边端内圆弧半径； z_0—重心距离。

角钢号数	尺寸/mm			截面面积/cm^2	理论质量/(kg/m)	外表面积/(m^2/m)	参考数值										z_0/cm
							x-x			x_0-x_0			y_0-y_0			x_1-x_1	
	b	d	r				I_x/cm^4	i_x/cm	W_x/cm^3	I_{x_0}/cm^4	i_{x_0}/cm	W_{x_0}/cm^3	I_{y_0}/cm^4	i_{y_0}/cm	W_{y_0}/cm^3	I_{x_1}/cm^4	
2	20	3	3.5	1.132	0.889	0.078	0.40	0.59	0.29	0.63	0.75	0.45	0.17	0.39	0.20	0.81	0.60
		4		1.459	1.145	0.077	0.50	0.58	0.36	0.78	0.73	0.55	0.22	0.38	0.24	1.09	0.64
2.5	25	3		1.432	1.124	0.098	0.82	0.76	0.46	1.29	0.95	0.73	0.34	0.49	0.33	1.57	0.73
		4		1.859	1.459	0.097	1.03	0.74	0.59	1.62	0.93	0.92	0.43	0.48	0.40	2.11	0.76
3.0	30	3	4.5	1.749	1.373	0.117	1.46	0.91	0.68	2.31	1.15	1.09	0.61	0.59	0.51	2.71	0.85
		4		2.276	1.786	0.117	1.84	0.90	0.87	2.92	1.13	1.37	0.77	0.58	0.62	3.63	0.89
3.6	36	3	4.5	2.109	1.656	0.141	2.58	1.11	0.99	4.09	1.39	1.61	1.07	0.71	0.76	4.68	1.00
		4		2.756	2.163	0.141	3.29	1.09	1.28	5.22	1.38	2.05	1.37	0.70	0.93	6.25	1.04
		5		3.382	2.654	0.141	3.95	1.08	1.56	6.24	1.36	2.45	1.65	0.70	1.09	7.84	1.07
4.0	40	3	5	2.359	1.852	0.157	3.59	1.23	1.23	5.69	1.55	2.01	1.49	0.79	0.96	6.41	1.09
		4		3.086	2.422	0.157	4.60	1.22	1.60	7.29	1.54	2.58	1.91	0.79	1.19	8.56	1.13
		5		3.791	2.976	0.156	5.53	1.21	1.96	8.76	1.52	3.01	2.30	0.78	1.39	10.74	1.17
4.5	45	3		2.659	2.088	0.177	5.17	1.40	1.58	8.20	1.76	2.58	2.14	0.90	1.24	9.12	1.22
		4		3.486	2.736	0.177	6.65	1.38	2.05	10.56	1.74	3.32	2.75	0.89	1.54	12.18	1.26
		5		4.292	3.369	0.176	8.04	1.37	2.51	12.74	1.72	4.00	3.33	0.88	1.81	15.25	1.30
		6		5.076	3.985	0.176	9.33	1.36	2.59	14.76	1.70	4.64	3.89	0.88	2.06	18.36	1.33
5.0	50	3	5.5	2.971	2.332	0.197	7.18	1.55	1.96	11.37	1.96	3.22	2.98	1.00	1.57	12.50	1.34
		4		3.897	3.059	0.197	9.26	1.54	2.56	14.70	1.94	4.16	3.82	0.99	1.96	16.69	1.38
		5		4.803	3.770	0.196	11.21	1.53	3.13	17.79	1.92	5.03	4.64	0.98	2.31	20.90	1.42
		6		5.688	4.465	0.196	13.05	1.52	3.68	20.68	1.91	5.58	5.42	0.98	2.63	25.14	1.46

角钢号数	尺寸/mm			截面面积/cm^2	理论质量/(kg/m)	外表面积/(m^2/m)	参考数值										z_0/cm
							x-x			x_0-x_0			y_0-y_0			x_1-x_1	
	b	d	r				I_x/cm^4	i_x/cm	W_x/cm^3	I_{x_0}/cm^4	i_{x_0}/cm	W_{x_0}/cm^3	I_{y_0}/cm^4	i_{y_0}/cm	W_{y_0}/cm^3	I_{x_1}/cm^4	
5.6	56	3	6	3.343	2.624	0.221	10.19	1.75	2.48	16.14	2.20	4.08	4.24	1.13	2.02	17.56	1.48
		4		4.390	3.446	0.220	13.18	1.73	3.24	20.92	2.18	5.28	5.46	1.11	2.52	23.43	1.53
5.6	56	5	6	5.415	4.251	0.220	16.02	1.72	3.97	25.42	2.17	6.42	6.61	1.10	2.98	29.33	1.57
		8	7	8.367	6.568	0.219	23.63	1.68	6.03	37.37	2.11	9.44	9.89	1.09	4.16	47.24	1.68
6.3	63	4	7	4.978	3.907	0.248	19.03	1.96	4.13	30.17	2.46	6.78	7.89	1.26	3.29	33.35	1.70
		5		6.143	4.822	0.248	23.17	1.94	5.08	36.77	2.45	8.25	9.57	1.25	3.90	41.73	1.74
		6		7.288	5.721	0.247	27.12	1.93	6.00	43.03	2.43	9.66	11.20	1.24	4.46	50.14	1.78
		8		9.515	7.469	0.247	34.46	1.90	7.75	54.56	2.40	12.25	14.33	1.23	5.47	67.11	1.85
		10		11.657	9.151	0.246	41.09	1.88	9.39	64.85	2.36	14.56	17.33	1.22	6.36	84.31	1.93
7	70	4	8	5.570	4.372	0.275	26.39	2.18	5.14	41.80	2.74	8.44	10.99	1.40	4.17	45.74	1.86
		5		6.875	5.397	0.275	32.21	2.16	6.32	51.08	2.73	10.32	13.34	1.39	4.95	57.21	1.91
		6		8.160	6.406	0.275	37.77	2.15	7.48	59.93	2.71	12.11	15.61	1.38	5.67	68.73	1.95
		7		9.424	7.398	0.275	43.09	2.14	8.59	68.35	2.69	13.81	17.82	1.38	6.34	80.29	1.99
		8		10.667	8.373	0.274	48.17	2.12	9.68	76.37	2.68	15.43	19.98	1.37	6.98	91.92	2.03
7.5	75	5	9	7.367	5.818	0.295	39.97	2.33	7.32	63.30	2.92	11.94	16.63	1.50	5.77	70.56	2.04
		6		8.797	6.905	0.294	46.95	2.31	8.64	74.38	2.90	14.02	19.51	1.49	6.67	84.55	2.07
		7		10.160	7.976	0.294	53.57	2.30	9.93	84.96	2.89	16.02	20.18	1.48	7.44	98.71	2.11
		8		11.503	9.030	0.294	59.96	2.28	11.20	95.07	2.88	17.93	20.86	1.47	8.19	112.97	2.15
		10		14.126	11.089	0.293	71.98	2.26	13.64	113.92	2.84	21.48	30.05	1.46	9.56	141.71	2.22
8	80	5	9	7.712	6.211	0.315	48.79	2.48	8.34	77.33	3.13	13.67	20.25	1.60	6.66	85.36	2.15
		6		9.397	7.376	0.314	57.35	2.47	9.87	90.98	3.11	16.08	23.72	1.59	7.65	102.50	2.19
		7		10.860	8.525	0.314	65.58	2.46	11.37	104.07	3.10	18.40	27.09	1.58	8.58	119.70	2.23
		8		12.303	9.658	0.314	73.49	2.44	12.83	116.60	3.08	20.61	30.39	1.57	9.46	136.97	2.27
		10		15.126	11.874	0.313	88.43	2.42	15.64	140.09	3.04	24.76	36.77	1.56	11.08	171.74	2.35
9	90	6	10	10.637	8.350	0.354	82.77	2.79	12.61	131.26	3.51	20.63	34.28	1.80	9.95	145.87	2.44
		7		12.301	9.656	0.354	94.83	2.78	14.54	150.47	3.50	23.64	39.18	1.78	11.19	170.30	2.48
		8		13.944	10.946	0.353	106.47	2.76	16.42	168.97	3.48	26.55	43.97	1.78	12.35	194.80	2.52
		10		17.167	13.476	0.353	128.58	2.74	20.07	203.90	3.45	32.04	53.26	1.76	14.52	244.07	2.59
		12		20.306	15.940	0.352	149.22	2.71	23.57	236.21	3.41	37.12	62.22	1.75	16.49	293.76	2.67
10	100	6	12	11.932	9.366	0.393	114.95	3.01	15.68	181.98	3.90	25.74	47.92	2.00	12.69	200.07	2.67
		7		13.796	10.830	0.393	131.86	3.09	18.10	208.97	3.89	29.55	54.74	1.99	14.26	233.54	2.71
		8		15.638	12.276	0.393	148.84	3.08	20.47	235.07	3.88	33.24	61.41	1.98	15.75	267.09	2.76
		10		19.261	15.120	0.392	179.51	3.05	25.06	284.68	3.84	40.26	74.35	1.96	18.54	334.48	2.84
		12		22.800	17.898	0.391	208.90	3.03	29.48	330.95	3.81	46.80	86.84	1.95	21.08	402.34	2.91
		14		26.256	20.611	0.391	236.53	3.00	33.73	374.06	3.77	52.90	99.00	1.94	23.44	470.75	2.99
		16		29.627	23.257	0.390	262.53	2.98	37.82	414.16	3.74	58.57	110.89	1.94	25.63	539.80	3.06

续表

角钢号数	尺寸/mm			截面面积/cm^2	理论质量/(kg/m)	外表面积/(m^2/m)	参考数值										z_0/cm
							x-x			x_0-x_0			y_0-y_0			x_1-x_1	
	b	d	r				I_x/cm^4	i_x/cm	W_x/cm^3	I_{x_0}/cm^4	i_{x_0}/cm	W_{x_0}/cm^3	I_{y_0}/cm^4	i_{y_0}/cm	W_{y_0}/cm^3	I_{x_1}/cm^4	
11	110	7	12	15.196	11.928	0.433	117.16	3.41	22.05	280.94	4.30	30.12	73.38	2.20	17.51	310.64	2.96
		8		17.238	13.532	0.433	199.46	3.40	24.95	316.49	4.28	40.69	82.42	2.19	19.39	355.20	3.01
		10		21.261	16.690	0.432	242.19	3.38	30.60	384.39	4.25	49.42	99.98	2.17	22.91	444.65	3.09
		12		25.200	19.782	0.431	282.55	3.35	36.05	448.17	4.22	57.62	116.93	2.15	26.15	534.60	3.16
		14		29.056	22.809	0.431	320.71	3.32	41.31	508.01	4.18	65.31	113.40	2.14	29.14	625.16	3.24
12.5	125	8	14	19.750	15.504	0.492	297.03	3.88	32.52	470.89	4.88	53.28	123.16	2.50	25.86	521.01	3.37
		10		24.373	19.133	0.491	361.67	3.85	39.97	573.89	4.85	64.93	149.46	2.48	30.62	651.93	3.45
		12		28.912	22.696	0.491	423.16	3.83	41.17	671.44	4.82	75.96	174.88	2.46	35.03	783.42	3.53
		14		33.367	26.193	0.490	481.65	3.80	54.16	763.73	4.78	86.41	199.57	2.45	39.13	915.61	3.61
14	140	10	14	27.373	21.488	0.551	514.65	4.34	50.58	817.27	5.46	82.56	212.04	2.78	39.20	915.11	3.82
		12		32.512	25.522	0.551	603.68	4.31	59.80	958.79	5.43	96.85	248.57	2.76	45.02	1099.28	3.90
		14		37.567	29.490	0.550	688.81	4.28	68.75	1093.56	5.40	110.47	284.06	2.75	50.45	1284.22	3.98
		16		42.539	33.393	0.549	770.24	4.26	77.46	1221.81	5.36	123.42	318.67	2.74	55.55	1470.07	4.06
16	160	10	16	31.502	24.729	0.630	779.53	4.98	66.70	1237.30	6.27	109.36	321.76	3.20	52.76	1365.33	4.31
		12		37.441	29.391	0.630	916.58	4.95	78.98	1445.68	6.24	128.67	377.49	3.18	60.74	1639.57	4.39
		14		43.296	33.987	0.629	1048.36	4.92	90.95	1665.02	6.20	147.17	431.70	3.16	68.244	1914.68	4.47
		16		49.067	38.518	0.629	1175.08	4.89	102.63	1865.57	6.17	164.89	484.59	3.14	75.31	2190.82	4.55
18	180	12	16	42.241	33.159	0.710	1321.35	5.59	100.82	2100.10	7.05	165.00	542.61	3.58	78.41	2332.80	4.89
		14		48.896	38.388	0.709	1514.48	5.56	116.25	2407.42	7.02	189.14	625.53	3.56	88.38	2723.48	4.97
		16		55.467	43.542	0.709	1700.99	5.54	131.13	2703.37	6.98	212.40	698.60	3.55	97.83	3115.29	5.05
		18		61.955	48.634	0.708	1875.12	5.50	145.64	2988.24	6.94	234.78	762.01	3.51	105.14	3502.43	5.13
20	200	14	18	54.642	42.894	0.788	2103.55	6.20	144.70	3343.26	7.82	236.40	863.83	3.98	111.82	3734.10	5.46
		16		62.013	48.680	0.788	2366.15	6.18	163.65	3760.89	7.79	265.93	971.41	3.96	123.96	4270.39	5.54
		18		69.301	54.401	0.787	2620.64	6.15	182.22	4164.54	7.75	294.48	1076.74	3.94	137.72	4808.13	5.62
		20		76.505	60.056	0.787	2867.30	6.12	200.42	4554.55	7.72	322.06	1180.04	3.93	146.55	5347.51	5.69
		24		90.611	71.168	0.785	2338.25	6.07	236.17	5294.97	7.64	374.41	1381.53	3.90	166.55	6457.16	5.87

注：截面图中的 $r_1=d/3$ 及表中 r 值的数据用于孔型设计，不作为交货条件。

表 2　热轧不等边角钢（GB 9788—1988）

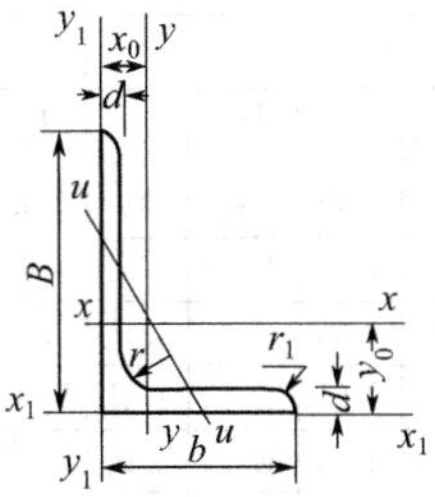

符号意义：

B—边长宽度；　b—短边宽度；

d—边厚度；　r—内圆弧半径；

r_1—边端内圆弧半径；I—惯性矩；

i—惯性半径；　W—弯曲截面系数；

x_0—形心坐标；　y_0—形心坐标。

角钢号数	尺寸/mm				截面面积/cm²	理论质量/(kg/m)	外表面积/(m²/m)	参考数值															
								x-x			y-y			x_1-x_1		y_1-y_1		u-u			
	B	b	d	r				I_x/cm⁴	i_x/cm	W_x/cm³	I_y/cm⁴	i_y/cm	W_y/cm³	I_{x_1}/cm⁴	y_0/cm	I_{y_1}/cm⁴	x_0/cm	I_u/cm⁴	i_u/cm	W_u/cm³	tanα
2.5/1.6	25	16	3	3.5	1.162	0.912	0.080	0.70	0.78	0.43	0.22	0.44	0.19	1.56	0.86	0.43	0.42	0.14	0.34	0.16	0.392
			4		1.499	1.176	0.079	0.88	0.77	0.55	0.27	0.43	0.24	2.09	0.90	0.59	0.46	0.17	0.34	0.20	0.381
3.2/2	32	20	3		1.492	1.171	0.102	1.53	1.01	0.72	0.46	0.55	0.30	3.27	1.08	0.82	0.49	0.28	0.43	0.25	0.382
			4		1.939	1.522	0.101	1.93	1.00	0.93	0.57	0.54	0.39	4.37	1.12	1.12	0.53	0.35	0.42	0.32	0.374
4/2.5	40	25	3	4	1.890	1.484	0.127	3.08	1.28	1.15	0.93	0.70	0.49	6.39	1.32	1.59	0.59	0.56	0.54	0.40	0.386
			4		2.467	1.936	0.127	3.93	1.26	1.49	1.18	0.69	0.63	8.53	1.37	2.14	0.63	0.71	0.54	0.52	0.381
4.5/2.8	45	28	3	5	2.149	1.687	0.143	4.45	1.44	1.47	1.34	0.79	0.62	9.10	1.47	2.23	0.64	0.80	0.61	0.51	0.383
			4		2.806	2.203	0.143	5.69	1.42	1.91	1.70	0.78	0.80	12.13	1.51	3.00	0.68	1.02	0.60	0.66	0.380
5/3.2	50	32	3	5.5	2.431	1.908	0.161	6.24	1.60	1.81	2.02	0.91	0.82	12.49	1.60	3.31	0.73	1.20	0.70	0.68	0.404
			4		3.177	2.494	0.160	8.02	1.59	2.39	2.58	0.90	0.06	16.65	1.65	4.45	0.77	1.53	0.69	0.87	0.402
5.6/3.6	56	36	3	6	2.743	2.153	0.181	8.88	1.80	2.32	2.92	1.03	1.05	17.54	1.78	4.70	0.80	1.73	0.79	0.87	0.408
			4		3.590	2.818	0.180	11.25	1.79	3.03	3.76	1.02	1.37	23.39	1.82	6.33	0.85	2.23	0.79	1.13	0.408
			5		4.415	3.466	0.180	13.86	1.77	3.71	4.49	1.01	1.65	29.25	1.87	7.94	0.88	2.67	0.78	1.36	0.404
6.3/4	63	40	4	7	4.058	3.185	0.202	16.49	2.02	3.87	5.23	1.14	1.70	33.30	2.04	8.63	0.92	3.12	0.88	1.40	0.398
			5		4.993	3.920	0.202	20.02	2.00	4.74	6.31	1.12	2.71	41.63	2.08	10.86	0.95	3.76	0.87	1.71	0.396
			6		5.908	4.638	0.201	23.36	1.96	5.59	7.29	1.11	2.43	49.98	2.12	13.12	0.99	4.34	0.86	1.99	0.393
			7		6.802	5.339	0.201	26.53	1.98	6.40	8.24	1.10	2.78	58.07	2.15	15.47	1.03	4.97	0.86	2.29	0.389
7/4.5	70	45	4	7.5	4.547	3.570	0.226	23.17	2.26	4.86	7.55	1.29	2.17	45.92	2.24	12.26	1.02	4.40	0.98	1.77	0.410
			5		5.609	4.403	0.225	27.95	2.23	5.92	9.13	1.28	2.65	57.10	2.28	15.39	1.06	5.40	0.98	2.19	0.407
			6		6.647	5.218	0.225	32.54	2.21	6.95	10.62	1.26	3.12	68.35	2.32	18.58	1.09	6.35	0.98	2.59	0.404
			7		7.657	6.011	0.225	37.22	2.20	8.03	12.01	1.25	3.57	79.99	2.36	21.84	1.13	7.16	0.97	2.94	0.402
7.5/5	75	50	5	8	6.125	4.808	0.245	34.86	2.39	6.83	12.61	1.44	3.30	70.00	2.40	21.04	1.17	7.41	1.10	2.74	0.435
			6		7.260	5.699	0.245	41.12	2.38	8.12	14.70	1.42	3.88	84.30	2.44	25.37	1.21	8.54	1.08	3.19	0.435
			8		9.467	7.431	0.244	52.39	2.35	10.52	18.53	1.40	4.99	112.50	2.52	34.23	1.29	10.87	1.07	4.10	0.429
			10		11.590	9.098	0.244	62.71	2.33	12.79	21.96	1.38	6.04	140.80	2.60	43.43	1.36	13.10	1.06	4.99	0.423

续表

角钢号数	尺寸/mm				截面面积 /cm^2	理论质量 /(kg/m)	外表面积 /(m^2/m)	参考数值													
								x-x			y-y			x_1-x_1		y_1-y_1		u-u			
	B	b	d	r				I_x /cm^4	i_x /cm	W_x /cm^3	I_y /cm^4	i_y /cm	W_y /cm^3	I_{x_1} /cm^4	y_0 /cm	I_{y_1} /cm^4	x_0 /cm	I_u /cm^4	i_u /cm	W_u /cm^3	tanα
8/5	80	50	5	8	6.375	5.005	0.255	41.96	2.56	7.78	12.82	1.42	3.32	85.21	2.60	21.06	1.14	7.66	1.10	2.74	0.388
			6		7.560	5.935	0.255	49.49	2.56	9.25	14.95	1.41	3.91	102.53	2.65	25.41	1.18	8.85	1.08	3.20	0.387
			7		8.724	6.848	0.255	56.16	2.54	10.58	16.96	1.39	4.48	119.33	2.69	29.82	1.21	10.18	1.08	3.70	0.384
			8		9.867	7.745	0.254	62.83	2.52	11.92	18.85	1.38	5.03	136.41	2.73	34.32	1.25	11.38	1.07	4.16	0.381
9/5.6	90	56	5	9	7.212	5.661	0.287	60.45	2.90	9.92	18.32	1.59	4.21	121.32	2.91	29.53	1.25	10.98	1.23	3.49	0.385
			6		8.557	6.717	0.286	71.03	2.88	11.74	21.42	1.58	4.96	145.59	2.95	35.58	1.29	12.90	1.23	4.18	0.384
			7		9.880	7.756	0.286	81.01	2.86	13.49	24.36	1.57	5.70	169.66	3.00	41.71	1.33	14.67	1.22	4.72	0.382
			8		11.183	8.779	0.286	91.03	2.85	15.27	27.15	1.56	6.41	194.17	3.04	47.93	1.36	16.34	1.21	5.29	0.380
10/6.3	100	63	6	10	9.617	7.550	0.320	99.06	3.21	14.64	30.94	1.79	6.35	199.71	3.24	50.50	1.43	18.42	1.38	5.25	0.394
			7		11.111	8.722	0.320	113.45	3.29	16.88	35.26	1.78	7.29	233.00	3.28	59.14	1.47	21.00	1.38	6.02	0.393
			8		12.584	9.878	0.319	127.37	3.18	19.08	39.39	1.77	8.21	266.32	3.32	67.88	1.50	23.50	1.37	6.78	0.391
			10		15.467	12.142	0.319	153.81	3.15	23.32	47.12	1.74	9.98	333.06	3.40	85.73	1.58	28.33	1.35	8.24	0.387
10/8	100	80	6	10	10.637	8.350	0.354	107.04	3.17	15.19	61.24	2.40	10.16	199.83	2.95	102.68	1.97	31.65	1.72	8.37	0.627
			7		12.301	9.656	0.354	122.73	3.16	17.52	70.08	2.39	11.71	233.20	3.00	119.98	2.01	36.17	1.72	9.60	0.626
			8		13.944	10.946	0.353	137.92	3.14	19.81	78.58	2.37	13.21	166.61	3.04	137.37	2.05	40.58	1.71	10.80	0.625
			10		17.167	13.476	0.353	166.87	3.12	24.24	94.65	2.35	16.12	333.63	3.12	172.48	2.13	49.10	1.69	13.12	0.622
11/7	110	70	6	10	10.637	8.350	0.354	133.37	3.54	17.85	42.92	2.01	7.90	265.78	3.53	69.08	1.57	25.36	1.54	6.53	0.403
			7		12.301	9.656	0.354	153.00	3.53	20.60	49.01	2.00	9.90	310.07	3.57	80.82	1.61	28.95	1.53	7.50	0.402
			8		13.944	10.946	0.353	172.04	3.51	23.30	54.87	1.98	10.25	354.39	3.62	92.70	1.65	32.45	1.53	8.45	0.401
			10		17.167	13.476	0.353	208.39	3.48	28.54	65.88	1.96	12.48	443.13	3.70	116.83	1.72	39.20	1.51	10.29	0.397
12.5/8	125	80	7	11	14.096	11.066	0.403	227.98	4.02	26.86	74.42	2.30	12.01	454.99	4.01	120.32	1.80	43.81	1.76	9.92	0.408
			8		15.989	12.551	0.403	256.77	4.01	30.41	83.49	2.28	13.56	519.99	4.06	137.85	1.84	49.15	1.75	11.18	0.407
			10		19.712	15.474	0.402	312.04	3.98	37.33	100.67	2.26	16.56	650.09	4.04	173.40	1.92	59.45	1.74	13.64	0.404
			12		23.351	18.330	0.402	364.41	3.95	44.01	116.67	2.24	19.43	780.39	4.22	209.67	2.00	69.35	1.72	16.11	0.400
14/9	140	90	8	12	18.038	14.160	0.453	365.64	4.50	38.48	120.69	2.59	17.34	730.53	4.50	195.79	2.04	70.83	1.98	14.31	0.411
			10		22.261	17.475	0.452	445.50	4.47	47.31	146.03	2.56	21.22	913.20	4.58	245.92	2.12	85.82	1.96	17.48	0.409
			12		26.400	20.724	0.451	521.59	4.44	55.87	169.79	2.54	24.95	1096.09	4.66	296.89	2.19	100.21	1.95	20.54	0.406
			14		30.456	23.908	0.451	594.10	4.42	64.18	192.10	2.51	28.54	1279.26	4.74	348.82	2.27	114.13	1.94	23.52	0.403
16/10	160	100	10	13	25.315	19.872	0.512	668.69	5.14	62.13	205.03	2.85	26.56	1362.89	5.24	336.59	2.28	121.74	2.19	21.92	0.390
			12		30.054	23.592	0.511	784.91	5.11	73.49	239.06	2.82	31.28	1635.56	5.32	405.94	2.36	142.33	2.17	25.79	0.388
			14		34.709	27.247	0.510	896.30	5.08	84.56	271.20	2.80	35.83	1908.50	5.40	476.42	2.43	162.23	2.16	29.56	0.385
			16		39.281	30.835	0.510	1003.04	5.05	59.33	301.60	2.77	40.24	2181.79	5.48	548.22	2.51	182.57	2.16	33.44	0.382
18/11	180	110	10	14	28.373	22.273	0.571	956.25	5.80	78.96	278.11	3.13	32.49	1940.40	5.89	447.22	2.44	166.50	2.42	26.88	0.376
			12		33.712	26.464	0.571	1124.72	5.78	93.53	325.03	3.10	38.32	2328.38	5.98	5538.94	2.52	194.87	2.40	31.66	0.374
			14		38.967	30.589	0.570	1286.91	5.75	107.76	369.55	3.08	43.97	2716.60	6.06	631.95	2.59	222.30	2.39	36.32	0.372
			16		44.139	34.649	0.569	1443.06	5.72	121.64	411.85	3.06	49.44	3105.15	6.14	726.46	2.67	248.94	2.38	40.87	0.369
20/12.5	200	125	12		37.912	29.761	0.641	1570.90	6.44	116.73	483.16	3.57	49.99	3193.85	6.54	787.74	2.83	285.79	2.74	41.23	0.392
			14		43.867	34.436	0.640	1800.97	6.41	134.65	550.83	3.54	57.44	3726.17	6.02	922.47	2.91	326.58	2.73	47.34	0.390
			16		49.739	39.045	0.639	2023.35	6.38	152.18	615.44	3.52	64.69	4258.86	6.70	1058.86	2.99	366.21	2.71	53.32	0.388
			18		55.526	43.588	0.639	2238.30	6.35	169.33	677.19	3.49	71.74	4792.00	6.78	1197.13	3.06	404.83	2.70	59.18	0.385

注：1. 括号内型号不推荐使用。

2. 截面图中的 $r_1=d/3$ 及表中 r 的数据用于孔型设计，不作为交货条件。

表 3　热轧工字钢（GB 706—1988）

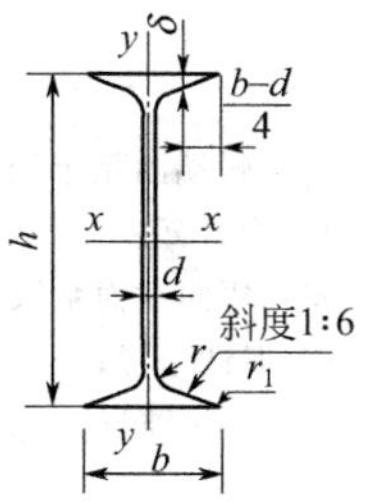

符号意义：

h—高度；
b—腿宽度；
d—腰厚度；
δ—平均腿厚度；
r—内圆弧半径；
r_1—腿端圆弧半径；
I—惯性矩；
W—弯曲截面系数；
i—惯性半径；
S—半截面的静矩。

型号	尺寸/mm						截面面积/cm²	理论质量/(kg/m)	参数数值						
									x-x				y-y		
	h	b	d	δ	r	r_1			I_x/cm⁴	W_x/cm³	i_x/cm	$I_x:S_x$/cm	I_y/cm⁴	W_y/cm³	i_y/cm
10	100	68	4.5	7.6	6.5	3.3	14.3	11.2	245	49	4.14	8.59	33	9.72	1.52
12.6	126	74	5	8.4	7	3.5	18.1	14.2	488.43	77.529	5.195	10.85	46.906	12.677	1.609
14	140	80	5.5	9.1	7.5	3.8	21.5	16.9	712	102	5.76	12	64.4	16.1	1.73
16	160	88	6	9.9	8	4	26.1	20.5	1130	141	6.58	13.8	93.1	21.2	1.89
18	180	94	6.5	10.7	8.5	4.3	30.6	24.1	1660	185	7.36	15.4	122	26	2
20a	200	100	7	11.4	9	4.5	35.5	27.9	2370	237	8.15	17.2	158	31.5	2.12
20b	200	102	9	11.4	9	4.5	39.5	31.1	2500	250	7.96	16.9	169	33.1	2.06
22a	220	110	7.5	12.3	9.5	4.8	42	33	3400	309	8.99	18.9	225	40.9	2.31
22b	220	112	9.5	12.3	9.5	4.8	46.4	36.4	3570	325	8.78	18.7	239	42.7	2.27
25a	250	116	8	13	10	5	48.5	38.1	5023.54	401.88	10.18	21.58	280.046	48.283	2.403
25b	250	118	10	13	10	5	53.5	42	5283.96	422.72	9.938	21.27	309.297	52.423	2.404
28a	280	122	8.5	13.7	10.5	5.3	55.45	43.4	7114.14	508.15	11.32	24.62	345.051	56.565	2.495
28b	280	124	10.5	13.7	10.5	5.3	61.05	47.9	7480	534.29	11.08	24.24	379.496	61.209	2.493
32a	320	130	9.5	15	11.5	5.8	67.05	52.7	11075.5	692.2	12.84	27.46	459.93	70.758	2.619
32b	320	132	11.5	15	11.5	5.8	73.45	57.7	11621.4	726.33	12.58	27.09	501.53	75.989	2.614
32c	320	134	13.5	15	11.5	5.8	79.95	62.8	12167.5	760.47	12.34	26.77	543.81	81.166	2.608
36a	360	136	10	15.8	12	6	76.3	59.9	15760	875	14.4	30.7	552	81.2	2.69
36b	360	138	12	15.8	12	6	83.5	65.6	16530	919	14.1	30.3	582	84.3	2.64
36c	360	140	14	15.8	12	6	90.7	71.2	17310	962	13.8	29.9	612	87.4	2.6
40a	400	142	10.5	16.5	12.5	6.3	86.1	67.6	21720	1090	15.9	34.1	660	93.2	2.77
40b	400	144	12.5	16.5	12.5	6.3	94.1	73.8	22780	1140	15.6	33.6	692	96.2	2.71
40c	400	146	14.5	16.5	12.5	6.3	102	80.1	23850	1190	15.2	33.2	727	99.6	2.65
45a	450	150	11.5	18	13.5	6.8	102	80.4	32240	1430	17.7	38.6	855	114	2.89
45b	450	152	13.5	18	13.5	6.8	111	87.4	33760	1500	17.4	38	894	118	2.84
45c	450	154	15.5	18	13.5	6.8	120	94.5	35280	1570	17.1	37.6	938	122	2.79
50a	500	158	12	20	14	7	119	93.6	46470	1860	19.7	42.8	1120	142	3.07
50b	500	160	14	20	14	7	129	101	48560	1940	19.4	42.4	1170	146	3.01
50c	500	162	16	20	14	7	139	109	50640	2080	19	41.8	1220	151	2.96
56a	560	166	12.5	21	14.5	7.3	135.25	106.2	65585.6	2342.31	22.02	47.73	1370.16	165.08	3.182
56b	560	168	14.5	21	14.5	7.3	146.45	115	68512.5	2446.69	21.63	47.17	1486.75	174.25	3.162
56c	560	170	16.5	21	14.5	7.3	157.85	123.9	71439.4	2551.41	21.27	46.66	1558.39	183.34	3.158
63a	630	176	13	22	15	7.5	154.9	121.6	93916.2	2981.47	24.62	54.17	1700.55	193.24	3.314
63b	630	178	15	22	15	7.5	167.5	131.5	98083.6	3163.38	24.2	53.51	1812.07	203.6	3.289
63c	630	180	17	22	15	7.5	180.1	141	10251.1	3298.42	23.82	52.92	1924.91	213.88	3.268

表 4 热轧槽钢（GB 707—1988）

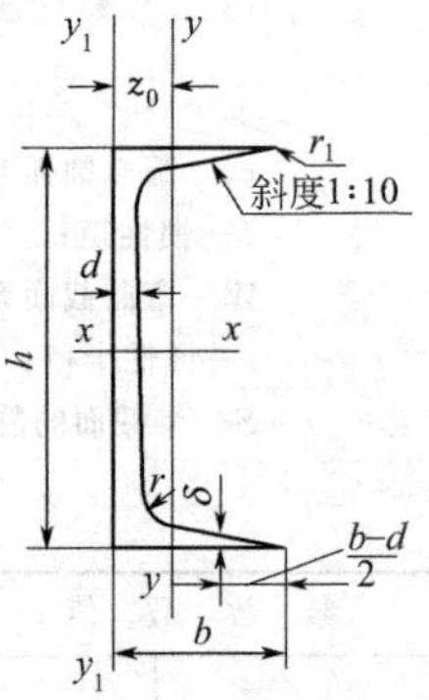

符号意义：

h—高度；
b—腿宽度；
d—腰厚度；
δ—平均腿厚度；
r—内圆弧半径；
r_1—腿端圆弧半径；
I—惯性矩；
W—弯曲截面系数；
i—惯性半径；
z_0—y-y 轴与 y_1-y_1 轴间距。

型号	尺寸/mm						截面面积/cm²	理论质量/(kg/m)	参数数值							z_0/cm
									x-x			y-y			y_1-y_1	
	h	b	d	δ	r	r_1			W_x/cm³	I_x/cm⁴	i_x/cm	W_y/cm³	I_y/cm⁴	i_y/cm	I_{y_1}/cm⁴	
5	50	37	4.5	7	7	3.5	6.93	5.44	10.4	26	1.94	3.55	8.3	1.1	20.9	1.35
6.3	63	40	4.8	7.5	7.5	3.75	8.444	6.63	16.123	50.786	2.453	4.50	11.872	1.185	28.38	1.36
8	80	43	5	8	8	4	10.24	8.04	25.3	101.3	3.55	5.79	16.6	1.27	37.4	1.43
10	100	48	5.3	8.5	8.5	4.25	12.74	10	39.7	198.3	3.95	7.8	25.6	1.41	54.9	1.52
12.6	126	53	5.5	9	9	4.5	15.69	12.37	62.137	391.466	4.953	10.242	37.99	1.567	77.09	1.59
14a	140	58	6	9.5	9.5	4.75	18.51	14.53	80.5	563.7	5.52	13.01	53.2	1.7	107.1	1.71
14b	140	60	8	9.5	9.5	4.75	21.31	16.73	87.1	609.4	5.35	14.12	61.1	1.69	120.6	1.67
16a	160	63	6.5	10	10	5	21.95	17.23	108.3	866.2	6.28	16.3	73.3	1.83	144.1	1.8
16b	160	65	8.5	10	10	5	25.15	19.74	116.8	934.5	6.1	17.55	83.4	1.82	160.8	1.75
18a	180	68	7	10.5	10.5	5.25	25.69	20.17	141.4	1272.7	7.04	20.03	98.6	1.96	189.7	1.88
18b	180	70	9	10.5	10.5	5.25	29.29	22.99	152.2	1369.9	6.84	21.52	111	1.95	210.1	1.84
20a	200	73	7	11	11	5.5	28.83	22.63	178	1780.4	7.86	24.2	128	2.11	244	2.01
20b	200	75	9	11	11	5.5	32.83	25.77	191.4	1913.7	7.64	25.88	143.6	2.09	268.4	1.95
22a	220	77	7	11.5	11.5	5.75	31.84	24.99	217.6	2393.9	8.67	28.17	157.8	2.23	298.2	2.1
22b	220	79	9	11.5	11.5	5.75	36.24	28.45	233.8	2571.4	8.42	30.05	176.4	2.21	326.3	2.03
a	250	78	7	12	12	6	34.91	27.47	269.597	3369.62	9.823	30.607	175.529	2.243	322.256	2.065
25b	250	80	9	12	12	6	39.91	31.39	282.402	3530.04	9.405	32.657	196.421	2.218	353.187	1.982
c	250	82	11	12	12	6	44.91	35.32	295.236	3690.45	9.065	35.926	218.415	2.206	384.133	1.921
a	280	82	7.5	12.5	12.5	6.25	40.02	31.42	340.328	4764.59	10.91	35.718	217.989	2.333	387.566	2.097
28b	280	84	9.5	12.5	12.5	6.25	45.62	35.81	366.46	5130.45	10.6	37.929	242.144	2.304	427.589	2.016
c	280	86	11.5	12.5	12.5	6.25	51.22	40.21	392.594	5496.32	10.35	40.301	267.602	2.286	426.597	1.951
a	320	88	8	14	14	7	48.7	38.22	474.879	7598.06	12.49	46.473	304.787	2.502	552.31	2.242
32b	320	90	10	14	14	7	55.1	43.25	509.012	8144.2	12.15	49.157	336.332	2.471	592.933	2.158
c	320	92	12	14	14	7	61.5	48.28	543.145	8690.33	11.88	52.642	374.175	2.467	643.299	2.092
a	360	96	9	16	16	8	60.89	47.8	659.7	11874.2	13.97	63.54	455	2.73	818.4	2.44
36b	360	98	11	16	16	8	68.09	53.45	702.9	12651.8	13.63	66.85	496.7	2.7	880.4	2.37
c	360	100	13	16	16	8	75.29	50.1	746.1	13429.4	13.36	70.02	536.4	2.67	947.9	2.34
a	400	100	10.5	18	18	9	75.05	58.91	878.9	17577.9	15.30	78.83	592	2.81	1067.7	2.49
40b	400	102	12.5	18	18	9	83.05	65.19	932.2	18644.5	14.98	82.52	640	2.78	1135.6	2.44
c	400	104	14.5	18	18	9	91.05	71.47	985.6	19711.2	14.71	86.19	687.8	2.75	1220.7	2.42

参 考 文 献

[1] 孙训方，方孝淑，关来泰.材料力学.北京：高等教育出版社，2009.
[2] 刘鸿文.材料力学.北京：高等教育出版社，2004.
[3] 哈尔滨工业大学理论力学教研室.理论力学.北京：高等教育出版社，2009.
[4] 李晋山，顾成军.理论力学.北京：人民交通出版社，1999.
[5] 顾成军，李晋山.材料力学.北京：人民交通出版社，1999.
[6] Beer，Johnston. Mechanics of materials. 2nd ed. New York：McGraw-Hill，1985.
[7] 范钦珊，殷雅俊.材料力学.北京：清华大学出版社，2004.
[8] 范钦珊.工程力学.北京：高等教育出版社，2002.
[9] 戴福隆.实验力学.北京：高等教育出版社，2010.
[10] 龙驭球，包世华.结构力学.北京：高等教育出版社，2000.
[11] 刘德华，程光均.工程力学.重庆：重庆大学出版社，2010.
[12] 金江，刘荣桂.工程力学.北京：科学出版社，2006.